"十二五"普通高等教育本科国家级规划教材

国 家 精 品 课 程 教 材

普通高等教育"十一五"国家级规划教材

食品加工与保藏原理

第三版

曾庆孝　主编

李汴生　陈　中　张立彦　阮　征　副主编

U0267998

化学工业出版社

·北京·

本书较系统阐述了食品加工与保藏过程涉及的主要工艺原理和技术，以及过程的安全与质量控制。内容包括绪论，食品加工、制造的主要原料特性及其保鲜，食品热处理和杀菌，食品的非热杀菌与除菌，食品的低温处理与保藏，食品的干燥，食品浓缩和结晶，食品的微波处理，食品的辐照，食品的发酵、腌渍和烟熏，食品的化学保藏，食品包装等。

本书可供高等院校食品科学与工程及食品质量与安全等专业作为教材，也可供食品科技工作者参考。

图书在版编目（CIP）数据

食品加工与保藏原理/曾庆孝主编 . —3 版 . —北京：化学工业出版社，2014.12（2024.2 重印）

"十二五"普通高等教育本科国家级规划教材

国家精品课程教材

普通高等教育"十一五"国家级规划教材

ISBN 978-7-122-21892-6

Ⅰ.①食… Ⅱ.①曾… Ⅲ.①食品加工②食品贮藏

Ⅳ.①TS205

中国版本图书馆 CIP 数据核字（2014）第 220725 号

责任编辑：张　彦　梁　虹　　　　　　　文字编辑：向　东
责任校对：宋　玮　　　　　　　　　　　装帧设计：张　辉

出版发行：化学工业出版社（北京市东城区青年湖南街 13 号　邮政编码 100011）
印　　装：涿州市般润文化传播有限公司
787mm×1092mm　1/16　印张 27¾　字数 734 千字　2024 年 2 月北京第 3 版第 12 次印刷

购书咨询：010-64518888　　　　　　　售后服务：010-64518899
网　　址：http://www.cip.com.cn
凡购买本书，如有缺损质量问题，本社销售中心负责调换。

定　　价：89.00 元

第三版前言

《食品加工与保藏原理》2007 年再版以来，已经印刷 8 次，2013 年被华南理工大学列入
"'十二五'本科教材建设项目"第一批立项项目，也是"十二五"普通高等教育本科国家级
规划教材。2009 年我国食品安全法等食品安全监管法规先后发布实施，国家食品安全标准
体系不断完善，食品生产经营者是食品安全的第一责任人，因此，食品生产与保藏过程的安
全保障也成为本课程应该覆盖的重要内容，而且科学研究和技术的发展也促使我们对第二版
教材进行必要的修订和补充。

第三版《食品加工与保藏原理》基本保留第二版书的编写原则和定位以及章节的划分。
新版教材文字和内容都有较大变动，更新或增加新的生产知识及技术原理，尤其是食品生产
加工过程中质量安全控制的基本知识和相关法规要求。根据国家食品工业发展计划及相关食
品安全标准，对绪论进行修改；在第一章"食品加工、制造的主要原料特性及其保鲜"中
增改了食品原（辅）料可能携带或残留的有害物质及常规的危害控制措施；第二章增加
了高温较长时间加热会带来的安全问题；第三章增加了食品的非热杀菌与除菌的新技术，
修改了食品工厂洁净区对空气质量的要求；第四章增加了速冻食品的有关概念及冷链物
流知识；第五章对"食品的干燥保藏原理"一节进行了较大的修改，增加了 a_w 对淀粉老
化和蛋白质变性的影响；第七章对"微波技术的应用"一节进行了较大的修改，增加了
微波烹调；第八章增补了我国自己设计制造的辐照装置及其应用；第十章根据我国食品
添加剂法规新要求进行修编；第十一章对"食品包装的安全、包装设计及标签"一节也
按照我国有关食品包装标签法规要求进行较大的修改。我们希望，新版教材能够为高等
院校"食品科学与工程"及"食品质量与安全"等专业的教学以及食品科技工作者提供
有益的知识和技术。

编写团队秉承与时俱进，不断改进创新的编写思想，力争在教材修订、重印时，持续增
加能够体现教学改革新成果，专业发展新技术、新方法、新成就的案例或工程训练内容，以
体现学科发展和适应时代发展要求。

本书共分十一章，改编分工如下：绪论由曾庆孝承担，第一章、第三章第二节、第三
节、第六章、第七章由张立彦承担，第二章、第四章由李汴生和曾庆孝承担，第三章第一

节、第五章由阮征承担，第八章由朱志伟承担，第九～十一章由陈中承担。全书由曾庆孝修改和审核。

本书作为国家级精品课程及国家级精品资源共享课"食品加工与保藏原理"的配套书面教材，读者还可通过相关网站，或进入华南理工大学网站 http：//www.scut.edu.cn/course/"华南理工大学精品资源共享课"，进入本课程的学习和测评。

本书再版得到不少有关食品高等学校教学第一线任课教师的建议和帮助，在此表示衷心的感谢！

由于编者水平有限，书中难免会有不足之处，恳请批评指正，编者将不胜感激。

曾庆孝

于华南理工大学

第一版前言

食品加工与保藏原理作为本科食品科学与工程专业的必修学位课程，其教学大纲和内容已在华南理工大学实践多年。随着高等学校教育改革的深入，"厚基础、强能力、宽适应"的方针已成为学校专业课程设置与建设、教学内容与方法改革的指南。在本科教学中，专业课程所占的教学学时逐渐减少，在有限的课堂教学学时内，如何使食品科学与工程专业的学生能够掌握较广泛的专业基础理论与知识，学会分析与解决食品加工、制造中的主要问题，是本书编写过程几易其稿的主要原因。

传统的"食品工艺学"课程的教学，都把"食品保藏学"作为工艺的基本理论课，再配合相关制品的"生产工艺学"来完成此项任务。这种教学模式的最大缺陷是占用学时多、缺乏系统性，也难以拓宽知识面。现代的食品加工、制造过程，对食品品质（包括食品安全卫生和物化指标）的工艺控制已经扩大到整个食品产业链的重要环节。作为食品加工与保藏的基本理论与知识也应该尽量覆盖整个食品产业链，本书的内容既包括食品加工、制造过程，也包括食品原料特性及其采收、贮运，食品包装与流通控制，这是本书编写的主要特色。

食品加工与保藏的主要目的都是为了保持或增加食品的食用品质，延长货架期，方便食用。它们都通过某种加工方法和保藏条件来达到目的。实际上在控制工艺条件时常难以将加工与保藏目的明确分开，因为所有的食品都有保藏要求。但作为加工目的，其采用的加工方法及工艺条件，与保藏目的常常是有区别的。因此，本书注重在单元操作理论的叙述基础上，加强了工艺条件控制的分析与讨论，使读者明确工艺条件和方法的选择依据，进一步掌握工艺理论及应用。

为了便于不同食品领域的读者自学，编者注重基本概念的表述，并尽力将食品加工、制造中涉及的主要工艺理论知识及近年发展的新技术汇聚在本书中，并注意内容的系统性与实用性。

本书共分十章。其中，绪论、第四章、第五章第一、二、五节、第六、七、十章由曾庆孝撰稿，第一章由芮汉明，第二、三章由李汴生，第八、九章由陈中，第五章第三、四节由成坚撰稿。全书由曾庆孝统稿。阮征、张立彦及其他同志为本书稿的电子化及出版做了大量的工作，在此谨表示衷心的感谢。

由于编者水平所限，时间仓促，谬误之处请批评指正。

编者
2002. 3. 8

第二版前言

《食品加工与保藏原理》自 2002 年 11 月出版以来，经历 3 次印刷，深受读者喜爱。本书作为华南理工大学重点建设的专业技术课程——"食品加工与保藏原理"的配套教材，经多年的实践教学，已形成自己的风格。"食品加工与保藏原理"2003 年被华南理工大学列入第一批重点建设的精品课程；2005 年被评为国家级精品课程；同时《食品加工与保藏原理》也列入国家"十一五"规划建设的教材。可以说，形势迫使我们加快对原有教材进行重版及修改工作的进展。

新版《食品加工与保藏原理》基本承袭原版书的编写原则和定位：即本教材必须适应"食品科学与工程专业"本科必修学位课程的要求；根据"厚基础、强能力、宽适应"的方针组织课程内容，注重对食品加工与保藏中重要单元操作理论叙述的基础上，加强工艺条件控制的分析和讨论；突出全书各知识点的分配，力求使读者通过有关知识的学习，掌握较广泛的专业基础理论与知识，学会分析与解决食品生产加工中的主要问题。

新版教材更新和增加新的知识和生产工艺及技术原理，尤其是食品生产加工过程中质量安全控制所急需的基本知识，增加了食品的非热杀菌与除菌一章，介绍重要的非热杀菌及空气、食品生产用水的净化除菌理论和技术。由于食品质量安全问题愈来愈受重视，再版注意各章中的相关内容，并在第一章"食品加工、制造的主要原料特性及其保鲜"中增加食品原（辅）料的安全性一节，介绍食品原（辅）料可能携带或残留的危害及常规的控制措施，使食品原（辅）料的加工特性更全面。食品发酵也是"食品科学与工程专业"学生应该掌握的知识内容，第二版中适当增加该内容的分量，有针对性选择几类典型发酵产品说明其发酵菌种及工艺特点。本书每一章都附有复习思考题，供读者复习、掌握教材的知识点。

读者还可通过相关网站，或进入华南理工大学网站 http：//www. scut. edu. cn 主页"精品课程"，再进入本课程网站学习和测评。

本书共分十一章，编写与改版分工如下：绪论、第五、六、七、八、十一章由曾庆孝承担，第一章由芮汉明承担，第二、三章由李汴生承担，第四章由李汴生、张立彦承担，第九、十章由陈中承担，全书由曾庆孝修改、补充、完善和审核。

本书编写出版得到教育部高等学校食品科学与工程专业教学指导委员会专家及不少高等学校教学第一线教授的大力支持和帮助，在此表示衷心的感谢！也感谢阮征、朱志伟老师和本实验室研究生张釜、陶红丽等同志对本书出版的辛勤工作。

　　由于编者水平有限，书中难免会有错漏之处，恳请批评指正，编者将不胜感激。

曾庆孝
于华南理工大学
2007 年 5 月 8 日

目 录

绪　论

一、食品工业及其在国民经济中的作用

（一）食物、食品与食品工业

食物是指可供食用的物质，主要有动物类（包括水产类）、植物类和微生物类等可食用部位及其加工品，包括生的及熟制的产品，它是人类生存和发展的重要物质基础。在人类的生活发展史中，根据食物的来源和特点，可划分为两个阶段：大约公元前 8000 年以前的时代，人类以生吃肉食，采集野生植物、果实为主，称为食物采集时期（food-gathering period）；公元前 8000 年以后，进入食物生产时期（food-procesing period），即人类已经开始有目的地种植（养殖）及加工食物。在我国历史记载中，燧人氏发明钻木取火，人类才开始熟吃食物；伏羲氏在饮食上，"结网罟以教佃渔，养牺牲以充庖厨"，神农氏的"耕而陶"，才开创了中国农业；到了黄帝时代，人类懂得使用炊具和制盐，开始学会烹调方法。由于制盐和加热等技术的出现，才真正开始食物的制作（或加工）及保藏。可以说，利用自然界的天然条件，如冬季的低温和冰冻、太阳照射和干燥的气候及地理条件进行食物的低温和干燥保藏等，是人类最早掌握和采用的食品加工和保藏技术。

随着工业时代的到来以及农业革命，使种植、养殖、捕捞业迅速发展，农产品的局部和暂时过剩，以及生活与政治、经济、军事的需要，推动食品加工与保藏技术的发展和应用，产生现代的食品工业。社会经济的发展以及人类生活水平的提高，已经使天然食物、加工食品（食物）在人类饮食中的结构和比例发生极大变化，饮食给人们生活带来的不仅是生活上物质的需要和享受，而且在维护人体健康和激发精神快乐等方面具有重要的作用，已成为一个国家和民族的重要文化特征。

食品是"指各种供人食用或者饮用的成品和原料以及按照传统既是食品又是中药材的物品，但是不包括以治疗为目的的物品"，这是《中华人民共和国食品安全法》对食品的法律定义。该定义明确食品与药品的重要区别，即食品不能宣传其治疗疾病的作用。从商品特性考虑，食品是指经处理（handling）或加工（processing），作为商品可供流通的食物。而预包装食品，是指预先定量包装或者制作在包装材料和容器中的食品。

食品作为商品的最主要特征是每种食品都要符合其安全（卫生）与质量标准，确保其食用质量和安全性。从经济与价值考虑，食品产品不仅包括可食用的包装内容物（称为实体），还包括为了保藏、流通和消费等目的所采用的各种包装材料、方式和标签等（称为形体），以及市场流通、销售服务等。食品应具有以下基本特征：

① 拥有该食品特有的感官指标，包括色泽（或外观）、风味（包括气味和滋味）、组织

1

状态（组织、状态或质构）等；

② 有合适的营养成分构成及要求；

③ 符合该食品质量及安全（卫生）标准；

④ 包装和标签要符合相关标准的要求；

⑤ 在合适保藏（鲜）条件下，有一定的保质期或保鲜期；

⑥ 安全、方便使用。

食品工业是指有一定生产规模、固定的生产厂房（场所）、相当的生产设施，采用科学的管理方法和生产技术，生产商品化的安全食品、饮品和其他与食品工业相关的配料、辅料等产物的产业。食品工业是关系国计民生的生命工业，也是一个国家、一个民族经济发展水平和人民生活质量的重要标志。

现代的食品加工（food processing）不只是停留在传统的农副产品初级加工的范畴，而是指对可食资源原料进行必要的技术处理，以保持和提高其可食性和利用价值，开发适合人类需求的各种食品和工业产物的全过程。本书所指的食品加工包括了食品的处理、加工与制造，即食品的工业生产过程。

（二）食品工业在国民经济中的作用

经过长期的发展，我国食品工业已经成为国民经济的重要产业，在经济社会发展中具有举足轻重的地位和作用。

1. 食品工业已是我国国民经济的支柱产业

食品工业是我国国民经济的支柱产业，也是世界各国的主要工业。发达国家（如美国、日本等）其食品工业产值位居其国内各行业之首，占其工业产值的 15%～18%。据美国《财富》杂志评选的世界经济 500 强中，每年至少有 20 个涉及食品的集团公司入选，这充分显示食品工业在全球经济中所占的位置。

我国食品工业发展迅速，1952 年全国食品工业总产值仅 82.8 亿元，1962 年 126.9 亿元，1970 年 197.9 亿元，1980 年 568.0 亿元，1990 年 1360.0 亿元，2000 年 6672.1 亿元，2010 年 6.1 万亿元，到 2012 年全国食品工业总产值已经达到近 9 万亿元。

2010 年全国食品工业总产值 6.1 万亿元，比 2005 年增长 201.5%，年均增长 24.7%，年均增幅比"十五"时期提高 5.3%；实现利税 10659.6 亿元，增长 214.0%，年均增长 25.7%；从业人员 696 万人，比 2005 年增长 53.9%，年均增长 9.0%。食品工业总产值占工业总产值的比重由 2005 年的 8.1% 提高到 2010 年的 8.8%，与农业总产值之比由 2005 年的 0.52∶1 提高到 2010 年的 0.88∶1。"十一五"计划期间主要食品产量及平均增长速度见表 0-1。

表 0-1 我国"十一五"计划期间主要食品产量及平均增长速度[①]

名　　称	2005 年	2010 年	累计增长/%	年均增长/%
大米	1766.2 万吨	8244.4 万吨	366.7	36.1
小麦粉	3992.3 万吨	10118.5 万吨	153.5	20.4
食用植物油	1612 万吨	2005 万吨	24.4	4.5
肉类	7700.0 万吨	7925.0 万吨	2.9	0.6
水产品	4419.9 万吨	5373.0 万吨	21.6	4.0
成品糖	912.4 万吨	1102.9 万吨	20.9	3.9
乳制品	1204.4 万吨	2159.6 万吨	79.3	12.4
糕点	42.9 万吨	150.5 万吨	250.8	28.5

名　称	2005 年	2010 年	累计增长/%	年均增长/%
罐头	500.3 万吨	918.6 万吨	83.6	12.9
饮料酒	3565.8 万米³	5673.6 万米³	59.1	9.7
其中白酒(折65%,体积分数)	852.8 万米³	890.6 万米³	4.4	0.9
啤酒	3126.1 万米³	4483.1 万米³	43.4	7.5
葡萄酒	43.4 万米³	108.8 万米³	150.7	20.2
软饮料	3380.4 万吨	9983.8 万吨	195.3	24.2
精制茶	52.4 万吨	143 万吨	172.9	22.2

① 数据来自国家发展与改革委员会、工业与信息化部制定的食品工业"十二五"发展规划。

以 2011 年为例：全国规模以上食品企业 31735 家，实现现价食品工业总产值 78078.32 亿元，同比增长 31.6%，高出全国工业总产值增速 3.7%，占全国工业总产值比重 9.1%。在 29 类列入工业统计食品中，有 15 类食品产量增长速度超过 20%，26 类增长超过 10%，出现全面增长局面。食品工业人均实现利润 7.08 万元，比上年同期增加 1.28 万元；人均上缴税金 9.16 万元，增加 1.02 万元；规模以上食品工业企业主营业务收入利润率 6.87%，比上年提高 0.31%，高出全国工业平均水平 0.73%。2011 年完成食品工业总产值位列前 10 位的地区是山东、河南、四川、广东、辽宁、江苏、湖北、湖南、吉林、福建，以上 10 个地区共完成食品工业总产值 51838.81 亿元，占全国食品工业总产值比重 66.4%。

食品工业的发展不仅为社会提供日常生活最急需的物品，也为改善及提高国民体质发挥重要的作用，充足的食品供给才能保障社会的稳定和和谐发展。

食品工业的发展离不开农业、机械、化工、材料、电子、信息等产业，因此，食品工业的发展也推动农业、工业及第三产业的发展。而且，食品工业具有投资少、建设周期短、收效快的特点，已经成为国内外贸易及技术投资的重要产业。

2. 通过食品加工与保藏，延长食品的保质期

据统计，20 世纪末我国农产品采后损失率粮食为 9%，水果为 25%，蔬菜为 30%，禽蛋为 7%；而发达国家粮食为 1%，水果为 5%。这说明农产品的保鲜（保藏）与加工技术应用仍是当前急需解决的问题。

许多食品加工与保藏技术通过减少或消除微生物和酶等生物活性物质来防止和减少农产品（食品）的腐败、变质，延长食品的保质期。通过合理的加工，将食物资源充分利用，既可减少浪费及对环境的污染，也可提高产品的附加值。

3. 改善我国居民的饮食结构、提高国民的营养与健康水平

改革开放以来，我国人民的生活水平不断提高，已经整体脱离贫困饥饿，基本解决温饱问题，并正向小康生活过渡，人们的膳食结构也发生了深刻的变化，摄入营养过剩和营养不平衡已经成为新的社会问题。

随着城市居民人口的增加，家庭人口的小型化，以及现代生活节奏、方式的改变，消耗在家庭内食品制作的时间愈来愈少，因此加工食品在食品消费中的比例增加。社会要求食品工业能提供日常（包括旅游等）生活所需的各种方便食品，也要为社会的特殊人群提供营养及有利于健康的食品，并加强食品流通环节的服务质量。加快食物发展，改善食物结构，增加加工食品在食品消费中的比例，提高全民的营养摄入水平，增进人民身体健康，是提高国民整体素质的需要，也是我国社会主义现代化建设的重大任务。

恩格尔系数是反映食物支出金额占总支出金额的比例数，是表示生活水平高低的一个指标。恩格尔系数越低，生活水平就越高。根据联合国粮农组织提出的标准，恩格尔系数在

59％以上为贫困，50％～59％为温饱，40％～50％为小康，30％～40％为富裕，低于30％为最富裕。据统计，1990年到2000年，全国居民人均收入从904元增加到1625元（1990年不变价）。人均食物消费支出占生活消费总支出的比重逐步降低，城镇居民消费的恩格尔系数已从1990年的54.2％下降至2001年的37.9％，农村地区的这一数值也从58.8％下降至47.7％。到2011年，城镇居民消费的恩格尔系数已经下降到36.3％，农村居民家庭恩格尔系数已经下降到40.4％。

食品生产加工可根据消费者的不同要求，通过配方设计和加工，生产出色、香、味、质构、营养等符合不同人群需要的各种安全、营养、方便和经济的食品，丰富人们的饮食内容，改善摄入营养，提高营养与健康水平。

工业技术的不断革新和社会信息化，使食品加工业不断得到发展和深化，食品制造业在食品工业中的比重也越来越大，工程（化）食品将在现代食品工业中占有更为重要的地位。

工程（化）食品是指采用先进的工程技术和工业化的生产方法，将有限的天然资源加以合理利用，提出其有效成分，或去除其有害成分，然后以此有效成分为基本材料，根据预期营养要求，做科学的重组，生产出更有营养，更有针对性，更方便和耐藏的安全食品。工程（化）食品常以植物性原料代替动物性原料，或以产量多的原料代替紧缺的原料，利用食品加工技术，去除食物资源中存在的有害物质，添加或补充人体需要的营养物质，重新组织、生产食品。其目的在于有效利用资源，平衡营养成分，降低生产成本，满足特殊需要。工程（化）食品是食品新配料开发，食品工艺理论和新技术应用的产物。现代的分离提取、挤压技术、超微粉碎、生物技术、超高压灭菌和无菌包装技术等的应用确保食品新配料和新产品的开发成功。随着食品新配料的开发，各种植物蛋白及其他资源蛋白质、食品功能成分及食品添加剂的不断涌现，将给食品制造及工程（化）食品的发展带来新的推动力。

4. 为国防和抗灾、救灾等突发事件提供重要的物资

许多食品经加工及包装，有较长的常温保藏期，方便流通和消费，有利于调节不同时间、地点及环境下的食品供给和市场需求。如罐头食品、干燥食品、方便食品、饮料、瓶（罐）装水等都是突发事件不可少的应急物资。随着食品生产技术的提高以及工程化食品、功能食品等产品的开发，适应不同环境条件，特定人群需要的专用食品，如太空食品、运动食品、保健食品等将拥有更大的市场。

5. 食品工业推动和引导农业产业化的发展

按照我国国民经济行业分类，农业、林业、牧业和渔业等作为大类归入农、林、牧和渔业门类。本书所指的农业即指通常所说的大农业，包括农业、林业、牧业和渔业等。由农业的种植（养殖）业、捕捞业，饲料业，食品加工、制造业，流通业，餐饮业和相关产业（如信息网络、机械、化工、包装、医药等）、部门（如进出口、监督、检测、教育、科研等）等所组成的农业生产—食品工业—流通体系，通常称为食品产业链。食品工业在食品产业链中起重要的作用。

（1）农业是食品工业的基础　我国食用生物资源种类繁多，据不完全统计，维管植物有3000多属，其中可供食用植物有2000种以上，香料植物200多种，而且我国是稻、粟、稷、荞麦、大豆、茶、桑、梨、桃、柑橘、荔枝、龙眼、山楂、猕猴桃的起源地之一。陆栖脊椎动物2070种，其中家养畜禽品种有390多种，全国有记录的淡水鱼类近600种，海水鱼在1000种以上，主要经济鱼类有50多种，其他如虾、蟹、贝、螺、龟、鳖等有食用价值的水产品也相当丰富。农业为食品工业提供基础原料，如粮食、油料、糖料、果蔬、肉、禽、蛋、奶和水产品等。农产品加工业在我国这类农业大国占有重要的地位。

（2）食品加工提高农产品的商品价值和农业经济效益　世界发达国家的农业增值最大的环节在加工转化，如：美国的农产品总价值构成中，产前部门转移价值占21％，农业生产创造的价值占17%，而产后部门创造的附加值占62%。流通和加工环节的增值是生产环节创造价值的3.6倍。由初级农产品加工向深度加工和精度加工发展，经过加工转化后，可以几倍、几十倍乃至成百倍地多层次增值。

农产品加工业的发展，不仅带动相关工业的发展，还会带动商业、运输、旅游、服务等第三产业的发展。第三产业多是劳动密集型产业，其发展吸引大量农村剩余劳动力，反过来又加快了小城镇的发展。我国不少地方涌现出一批农产品加工业专业合作社、专业镇，并在一定区域内形成了由众多农产品加工企业组成的特色块状经济格局。如浙江的水产品加工，山东、陕西的果品贮藏与加工，河北、河南的优质专用小麦加工和肉类加工，吉林的玉米加工和牛肉加工，黑龙江的优质大米和土特产加工，湖南、四川的水稻和饲料加工，内蒙古的乳品加工和羊绒加工，河北的皮革、羊绒加工，江苏、浙江等省的羽绒制品加工，安徽、江西、福建、江苏、浙江等省的茶叶加工，新疆的棉花、葡萄和番茄加工等，都已形成特色鲜明的产业体系。

食品加工是农业发展的必由之路。但是，随着社会主义市场经济的发展，食品工业对农业的依赖关系已发生了变化，食品工业不再是农业生产的附属产品。传统的农民种（养）什么，食品加工业就加工什么，消费者只能购买什么的局面，已经逐步为市场需求什么，食品工业生产什么，农业种（养）什么所代替。市场、食品流通对食品工业及农业的启动和引导作用愈显重要，市场消费需求已成为食品开发与农业结构调整的重要依据，这要求从事农业生产者改变传统的种（养）观念，改善种（养）结构，使种（养）品种适合食品加工、贮藏运输和市场的要求。我国乳品工业、葡萄酒工业迅速发展的成功例子说明食品工业在引导和促进农业的健康发展的重要作用。

二、我国食品与食品工业的分类及特点

（一）国民经济行业分类

按照我国《国民经济行业分类》（GB/T 4754），食品工业主要包括三大类，18个中类，48个小类。这三大类为：农副食品加工业，食品制造业，酒、饮料和精制茶制造业。以往的食品工业统计也有包括烟草制品业（包括烟叶复烤、卷烟制造和其他烟草制品加工）。上述分类主要应用于国民经济的统计。

1. 农副食品加工业

农副食品加工业指直接以农、林、牧、渔业产品为原料进行的谷物磨制、饲料加工、植物油加工、制糖、屠宰及肉类加工、水产品加工，以及蔬菜、水果和坚果等食品的加工。

（1）谷物磨制　也称粮食加工，指将稻子、谷子、小麦、高粱等谷物去壳、碾磨及精加工的生产活动。

（2）饲料加工　指适用于农场、农户饲养牲畜、家禽的饲料生产加工，包括宠物食品的生产活动，也包括用屠宰下脚料加工生产的动物饲料，即动物源性饲料的生产活动。

（3）植物油加工　包括食用植物油（如豆油、花生油、芝麻油、菜籽油、棉籽油、葵花籽油等）加工和非食用植物油（如桐油、蓖麻油等）加工。

（4）制糖业　指以甘蔗、甜菜等为原料制作成品糖，以及以原糖或砂糖为原料精炼加工各种精制糖的生产活动。

（5）屠宰及肉类加工业　包括牲畜屠宰、禽类屠宰，以及鲜肉冷冻等保鲜活动，但不包括商业冷藏活动；还包括肉制品及副产品加工。

（6）水产品加工　包括水产品冷冻加工；鱼糜制品及水产品干腌制加工；水产饲料制造；鱼油提取及制品的制造，及其他水产品加工。

（7）蔬菜、水果和坚果加工　指用脱水、干制、冷藏、冷冻、腌制等方法对蔬菜、水果、坚果的加工。

（8）其他农副食品加工　包括淀粉及淀粉制品的制造，豆制品制造，蛋品加工，其他未列明的农副食品加工。

2. 食品制造业

食品制造业包括焙烤食品制造，糖果巧克力及蜜饯制造，方便食品制造，乳制品制造，罐头食品制造，调味品、发酵制品制造，其他食品制造业。

（1）焙烤食品制造　包括糕点、面包制造和饼干及其他焙烤食品制造。

（2）糖果巧克力及蜜饯制造　包括糖果、巧克力制造和蜜饯制造。

（3）方便食品制造　指以米、面、杂粮等为主要原料加工制成，只需简单烹制即可作为主食，具有食用简便、携带方便、易于贮藏等特点的食品制造。包括米、面制品制造，速冻食品制造，方便面及其他食品制造。

（4）乳制品制造　指以生鲜牛（羊）乳及其制品为主要原料，经加工制成液体乳及固体乳（乳粉、炼乳、乳脂肪、干酪等）制品的生产活动；不包括含乳饮料和植物蛋白饮料生产活动。

（5）罐头食品制造　指将符合要求的原料经处理、分选、修整、烹调（或不经烹调）、装罐、密封、杀菌、冷却（或无菌包装）等罐头生产工艺制成的，达到商业无菌要求，并可以在常温下贮存的罐头食品的制造。包括肉、禽类罐头制造，水产品罐头制造，蔬菜、水果罐头制造和其他罐头食品制造。

（6）调味品、发酵制品制造　包括味精制造，酱油、食醋及类似制品制造和其他调味品、发酵品制造。

（7）其他食品制造　包括营养食品制造，保健食品制造，冷冻饮品及食用冰制造，盐加工，食品及饲料添加剂制造，其他未列明的食品制造。

3. 酒、饮料和精制茶制造业

酒、饮料和精制茶制造业包括酒的制造，饮料制造及精制茶加工。

（1）酒的制造　指酒精、白酒、啤酒、黄酒、葡萄酒及其他酒的生产。包括酒精制造，白酒制造，啤酒制造，黄酒制造，葡萄酒制造，其他酒制造。

（2）饮料制造　包括碳酸饮料制造，瓶（罐）装饮用水制造，果菜汁及果菜汁饮料制造，含乳饮料和植物蛋白饮料制造，固体饮料制造，茶饮料及其他软饮料制造。

（3）精制茶加工　指对毛茶或半成品原料茶进行筛分、轧切、风选、干燥、均堆、拼配等精制加工茶叶的生产活动。

（二）食品生产许可证管理的食品

按照《中华人民共和国食品安全法》、《中华人民共和国行政许可法》等法律法规，在中华人民共和国境内从事以销售为目的的食品生产经营活动，只有具备必需的生产条件并经过许可机关审查合格获得生产许可证书，才能组织生产；未经检验或经检验不合格的食品不准出厂销售。食品生产许可证编号由SC（"生产"的汉语拼音首字母）和14位阿拉伯数字组成。数字从左至右依次为：3位食品类别编码、2位省（自治区、直辖市）代码、2位市（地）代码、2位县（区）代码、4位顺序码、1位校验码。目前已经纳入食品生产许可证（SC）管理的31大类食品有：粮食加工品；食用油、油脂及其制品；调味品；肉制品；乳制品；饮料；方便食品；饼干；罐头；冷冻饮品；速冻食品；薯类和膨化食品；糖果制品（含巧克力及制品）；茶叶及相关制品；酒类；蔬菜制品；水果制品；炒货食品及坚果制品；蛋制品；可可及焙烤咖啡产品；食糖；水产制品；淀粉及淀粉制品；糕点；豆制品；蜂产品；保健食品；特殊医学用途配方食品；婴幼儿配方食品；特殊膳食食品；其他食品等。

2010年国家质量监督检验检疫总局《关于使用企业食品生产许可证标志有关事项的公

告》，企业食品生产许可证标志以"企业食品生产许可"的拼音"Qiyeshipin Shengchanxuke"的缩写"QS"表示，并标注"生产许可"中文字样。"QS"标志的表达内容由以前的"质量安全"改变为"生产许可"，从 2011 年 12 月 1 日起，所有出厂的食品标签中要带有"生产许可"标志，2015 年 10 月 1 日起取消这项要求。

（三）国家商标注册和申请使用绿色食品标志的食品分类

国家商标注册分类属于食品及相关产品的在第二十九～第三十三类商品。绿色食品标志已经中华人民共和国国家工商行政管理局商标批准注册的，也按商标分类划分在第二十九～第三十三类食品，具备条件的均可申请使用绿色食品的标志。

第二十九类主要商品为：肉、非活的家禽、野味、肉汁、水产品、罐头食品、腌渍、干制蔬菜、蛋品、奶及乳制品、食用油脂、色拉、食用果胶、加工过的坚果、菌类干制品、食物蛋白。

第三十类主要商品为：咖啡、咖啡代用品、可可、茶及茶叶代用品、糖、糖果、南糖、蜂蜜、糖浆及非医用营养食品、面包、糕点、代乳制品、方便食品、米、面粉（包括五谷杂粮）、面条及米面制品、膨化食品、豆制品、食用淀粉及其制品、饮用水、冰制品、食盐、酱油、醋、芥末、味精、沙司、酱等调味品、酵母、食用香精、香料搅稠奶油的制剂、家用嫩肉剂。

第三十一类主要商品为：未加工的林业产品、未加工谷物及农产品（不包括蔬菜、种子）、花卉、园艺产品、草木活生物、新鲜蔬菜、种子、动物饲料（包括非医用饲料添加剂及催肥剂）、麦芽、动物栖息用品。

第三十二类主要商品为：啤酒、不含酒精饮料、糖浆及其他供饮料用的制剂。

第三十三类主要商品为：含酒精的饮料（除啤酒外）。

（四）需要特殊审核及认证的食品

随着食物资源的开发利用，以及人们对食品安全和保健功能的要求，食品市场上除了大量的普通食品外，有不少食品的生产必须经有关监督和管理部门的审核批准。如，药食同源的食品、新食品原料（原称新资源食品）、无公害食品、绿色食品、有机食品、地理标志保护产品等。

（五）食品安全国家标准中的有关食品分类

我国对食品添加剂和食品营养强化剂使用，以及食品中污染物限量和农药最大残留限量等，根据不同类的农产品和食品都有严格的要求和标准值。了解这些食品分类及其应该控制的标准指标，对于食品生产经营及监管工作有重要意义。

（1）《食品安全国家标准 食品添加剂使用标准》（GB 2760）中依据食品生产采用原料及产品工艺技术特征，将食品划分为 16 大类，95 个中类，259 小类。《食品营养强化剂使用标准》（GB 14880）也采用类似的食品分类，将食品划分为 16 大类，95 个中类，184 小类。

16 大类的食品是乳及乳制品；脂肪，油和乳化脂肪制品；冷冻饮品；水果、蔬菜（包括块根类）、豆类、食用菌、藻类、坚果以及籽类等；可可制品、巧克力和巧克力制品（包括代可可脂巧克力及制品）以及糖果；粮食和粮食制品，包括大米、面粉、杂粮、块根植物、豆类和玉米提取的淀粉等（不包括 07.0 类焙烤制品）；焙烤食品；肉及肉制品；水产及其制品（包括鱼类、甲壳类、贝类、软件类、棘皮类等水产及其加工制品等）；蛋及蛋制品；甜味料，包括蜂蜜；调味品；特殊膳食用食品；饮料类；酒类；其他类（第01.0-15.0 类除外）。

（2）《食品安全国家标准 食品中污染物限量》（GB 2762）中按照食品产品采用原料来

源、工艺技术，规定食品产品中污染物限量，将食品划分为 22 大类，69 个中类，179 小类。22 大类是水果及其制品；蔬菜及其制品（包括薯类，不包括食用菌）；食用菌及其制品；谷物及其制品（不包括焙烤制品）；豆类及其制品；藻类及其制品；坚果及籽类；肉及肉制品；水产动物及其制品；乳及乳制品；蛋及蛋制品；油脂及其制品；调味品；饮料类；酒类；食糖及淀粉糖；淀粉及淀粉制品（包括谷物、豆类和块根植物提取的淀粉）；焙烤食品；可可制品、巧克力和巧克力制品以及糖果；冷冻饮品；特殊膳食用食品；其他类（除上述食品以外的食品）。

（3）《食品中农药最大残留限量》（GB 2763）中按照农产品品种及其初加工品将食品划分为 10 大类。它们是谷物（包括稻类、麦类、旱粮类、杂粮类、成品粮）；油料和油脂；蔬菜（包括鳞茎类、芸薹属类、叶菜类、茄果类、瓜类、豆类、茎类、根茎类和薯芋类、水生类、芽菜类、其他多年生蔬菜）；水果（包括柑橘类、仁果类、核果类、浆果和其他小型水果、热带和亚热带水果、瓜果类）；坚果；糖料（包括甘蔗、甜菜）；饮料类（包括茶、咖啡豆、可可豆、啤酒花、菊花、玫瑰花等）；食用菌（包括蘑菇类、木耳类）；调味料；动物源食品（包括海洋哺乳动物除外的哺乳动物肉类和内脏、禽肉类、禽类内脏、蛋类、生乳、水产品）等。

三、我国食品工业发展面临的挑战

（一）食品质量安全是食品工业发展的首要问题

1. 食品安全是全世界食品消费面临的重要问题

包括发达国家在内的世界各国每年都遭受食源性疾病的侵害。工业化国家，每年的食源性疾病患病率占食源性侵害的 30％左右，据世界卫生组织（WTO）统计全球每年发生食源性疾病人数超过十亿。2001 年世界卫生大会决议"食品安全决议"，将食品安全列为公共卫生的优先领域。近年世界发生的"二噁英污染食品""疯牛病""李斯特菌污染食品""三聚氰胺"，日本雪印乳品造成的中毒事件等的发生严重影响了食品工业的健康发展，食品消费安全性信心受到严重的冲击。

世界工农业发展的不平衡，违反自然规律的过速发展和失控、失策造成的环境污染，已直接影响到人类的食物资源及食品的安全性。食源性疾病，动植物产品中的化学药物、抗生素、激素等残留问题已引起世界各国的重视。在国际国内贸易中，食品安全性已成为监控的第一质量因素。农业生产过程、食品生产加工过程以及食品贮运销售过程的任何一个环节缺乏监控，都会直接造成食品产品出现安全问题。

在现代传媒高度发达、公众对健康安全高度关心的时代背景下，食品安全问题具有显著的传播扩大及放大的效应。一旦出现事件，哪怕是个别的不大的问题，也会迅速传播扩散，成为公众关注的热点、媒体聚光的焦点。食品安全事故（事件）没有得到及时处置，也会转化或发展为重大的政治与经济问题，对食品产业发展带来致命的打击。如：美国，每年有 7600 万人患上食源性疾病（其中水产品引起的占 1/5），死亡 5500 人，32.5 万人因此住院，由此开支高达 77 亿～230 亿美元。每年由于 5 种食源性疾病造成的药费和生产力丧失达 69 亿美元。1999 年比利时"二噁英污染食品"事件，直接损失达 3.55 亿欧元，如果加上与此关联的食品工业，损失已超过上百亿欧元，该事件还导致全体内阁倒台。

2. 食品安全质量常成为国际贸易中最有效的技术壁垒

世界食品工业的年销售额在 27000 亿美元左右，国际间食品贸易额为 3000 亿～4000 亿美元。在国际食品贸易中，首先考虑的是如何保护消费者的健康和确保食品的公平贸易。

世界贸易组织（World Trade Organization，WTO）/技术性贸易壁垒协议（Technical Barriers to Trade，TBT），允许各成员以保护国家安全利益、保护人类和动植物的生命和健康、保护环境等为目标而提高进口产品的技术要求，增加进口难度，最终达到限制进口的目的。它是目前各国，尤其是发达国家人为设置贸易障碍，推行贸易保护主义的最有效的手段之一。

虽然世界粮农组织（Food and Agriculture Organization，FAO）和世界卫生组织（World Health Organization，WHO）属下的食品法典委员会（Codex Alimentarius commission，CAC）公布的《食品法典》成为全世界公共标准，但是各进口国政府会制定强制性法规（法律）来保护本国的利益，如关税、反倾销和各种特别保护措施或临时性保护措施。例如，美国2003年12月12日开始实行的"防生物恐怖法"，日本2006年推行的"可用农药清单制度"。因此，按照国际法规和要求对食品生产进行严格管理，建立无公害的食品生产基地，加强食品生产和管理的技术改造，确保食品安全与质量，是食品工业发展的必然趋势。

3. 食品生产经营和监督的安全管理制度要求更为严格

我国食品安全法及其实施条例、农产品质量安全法、刑法修正案（八）、乳品质量量安全监督管理条例等相关法律法规，对食品生产经营者，食品安全监管部门和人员的职责都有明确的要求，强化了企业主体责任；同时，这些相关法规建立了食品安全监管责任制和责任追究制度，为加强食品安全监管、严厉打击违法犯罪行为提供了有力的法律依据。

国务院在《国家食品安全监管体系"十二五"规划》中强调，要加强食品产业链全过程的质量安全控制，提高各环节监管能力。严格市场准入，严把食品生产经营许可关。强化食品安全源头管理，继续推进全国农产品产地安全状况调查和评价，加快食用农产品禁止生产区域划分工作，实施农产品产地环境安全分级管理。强化农业生产过程质量控制，实施良好农业规范。在食品生产加工环节推行良好生产规范、危害分析与关键控制点体系和食品防护计划；完善生产加工环节食品风险监测和排查制度，加强食品生产系统性和区域性质量安全问题的防控和处置。完善食品退市、召回制度，加强对问题食品处理过程的监督。加强食品质量安全溯源管理，建立健全追溯制度。运用物联网等技术建立食品安全全程追溯管理系统，逐步建立全国互联互通的食品安全验证验票管理体系，是新时期的主要任务。

（二）合理充分利用食物资源，开发各种新食品，满足人类的需求

据国土资源部和农业部统计，我国耕地面积从1996年的19.51亿亩❶，至2008年底降至18.2574亿亩，耕地减少的趋势难以避免，但粮食需求将不断提高，供求矛盾依然突出。而且我国农业粮食、果蔬产后损失率仍高于发达国家1%和5%的水平。虽然养殖业的发展带动粮食转化，带动经济的发展，在改善中国居民的营养摄入、生活水平等方面起着重要的作用，但养殖业的发展，离不开饲料，也受粮谷类产量的限制。受技术和装备水平的制约，我国农产品加工业物耗、能耗、水耗相对较高，资源利用率低，节能减排压力大。因此，提高资源的利用效率和价值，仍然是食品工业的主要任务。

2012年我国人均GDP已超过6100美元，开始步入小康社会。虽然反映食品消费支出比重的恩格尔系数有所下降，但仍位于居民消费比重之首。居民食品消费的档次、结构也将发生较大的变化。人们在饮食上已不满足于食品数量的增加，而是对质量的要求更高，不仅要求吃饱、吃好，更需要吃得营养与健康，吃得安全。食品消费的个性化、多样化趋势，给食品工业提出新的任务和要求。

资源的合理充分利用离不开食品有效成分的分离、提取、重组、结构化等食品加工新技术。要使食品调节平衡人们膳食的营养摄入水平，促进身体健康，必须不断研究，认识食品营养成分、功能成分及其加工特性，合理选用食品加工与保藏技术；要使食品质量安全有保证，必须在食品产业链的每一个环节，建立有效的包括质量安全检测与控制等质量管理

---

❶　1亩＝666.7m²。

体系。

（三）加快食品工业发展，赶超世界先进水平

我国食品工业虽然发展迅速，成效显著，但与世界先进水平相比仍有较大的差距，与全面建设小康社会的新要求相比，仍需继续努力。

1. 加工食品占食品消费比例低

世界发达国家加工食品占消费食品的比例为 60%～80%，我国目前仅 30%。我国粮食、油料、水果、豆类、肉类、蛋类、水产品等产量均居世界第一位，但加工程度很低。2005 年我国食品工业总产值与农业总产值的比例仅为 0.5：1，而发达国家为（2.0～3.7）：1。我国以粮食为原料深加工用粮占粮食总产量的比重仅 8%，发达国家已经达到 70% 以上；我国柑橘加工量仅为 10%，而美国、巴西已达 70% 以上；德国 75.2% 的苹果用于加工；我国肉类工厂化屠宰仅占上市成交量的 25% 左右，肉制品产量占肉类总产量仅 11%，而欧美、日本等发达国家已全部实现工厂化屠宰，肉制品占肉类产品达 50%。

我国农产品加工业"十二五"发展规划提出，到 2015 年我国主要农产品加工率达到 65% 以上，其中粮食达到 80%，水果超过 20%，蔬菜达到 10%，肉类达到 20%，水产品超过 40%；主要农产品精深加工比例达到 45% 以上。

2. 食品产业链建设尚需加强完善

食品产业链中食品工业与上、下游产业的有效衔接不足，原料保障、食品加工、产品营销存在一定程度的脱节。绝大多数食品加工企业缺乏可控的原料生产基地，原料生产与加工需求不适应，价格和质量不稳定。我国小麦产量居世界首位，但优质专用品种数量不足，每年仍需进口优质专用小麦；我国柑橘产量的 95% 适宜鲜食，适合加工橙汁的柑橘品种和产量少，大部分浓缩橙汁仍依靠进口。多数食品加工企业缺乏必要的仓储和物流设施，原料供应保障程度低，资源浪费严重，抗风险能力弱。

世界许多国家和地区都充分利用本地资源和区域优势，大力发展食品工业，将资源优势转化为国家经济优势。如新西兰的乳品产量只占世界总产量的 2%，但其乳制品的贸易量却占世界总量的 30%，为全世界 115 个国家提供 800 多种乳制品；巴西橙汁出口量占全球出口量的 50%，其中冷冻浓缩橙汁出口量占该类产品市场的 80%；法国的葡萄酒产量占世界葡萄酒产量的 1/6，每年出口值 10 亿多美元。

3. 企业规模小，技术水准偏低，国际竞争力不强

我国食品生产企业中大中型企业偏少，规模化、集约化水平较低，小、微型企业和小作坊仍然占全行业的 93%。企业规模小，严重制约企业技术水准和创新能力的提高，也缺乏在国际市场的竞争力。不少企业特别是部分中小企业生产粗放，初级产品多，资源加工转化效率低，综合利用水平不高。部分企业工艺技术水准低，循环经济和清洁生产发展滞后，能耗、物耗高，污染比较严重。如我国干制食品吨产品耗电量是发达国家的 2～3 倍，甜菜糖吨耗水量是发达国家的 5～10 倍，罐头食品吨耗水量为日本的 3 倍；发酵工业的废水排放量占全国总量的 2.3%，是轻工业重点污染行业之一。部分行业生产能力过快增长，导致产能严重过剩，稻谷、小麦、大豆油脂、肉类屠宰及加工、乳制品等企业产能利用率分别仅为 44%、63%、42%、33% 和 50% 左右。与此同时，落后产能仍然占有较大比重，日处理稻谷 100t 以下、小麦 200t 以下、大豆 400t 以下、生鲜乳 100t 以下规模不合理的小型企业产能在行业中的占比分别为 25%、24%、15% 和 25%。

进入 21 世纪以来，信息技术、生物技术、纳米技术、新材料等高新技术发展迅速，与食品科技交叉融合，不断转化为食品生产新技术，如物联网技术、生物催化、生物转化等技术已应用于从食品原料生产、加工到消费的各个环节中。营养与健康技术、酶工程、发酵工程等高新技术的突破催生了传统食品的工业化、新型保健与功能性食品产业、新资源食品产

业等不断涌现。全球已进入空前的密集创新和产业振兴时代。

加快推进食品工业企业的信息化建设，引导企业运用信息化技术提升经营管理和质量控制水平，降低管理成本，丰富市场营销方式。推进食品安全可追溯体系建设，建立集信息、标识、数据共享、网络管理等功能于一体的食品可追溯信息系统。推进物联网技术在种养殖、收购、加工、贮运、销售等各个环节的应用，逐步实现对食品生产、流通、消费全过程关键信息的采集、管理和监控。

近年食品跨国集团空前活跃，发达国家和跨国公司大举抢滩进入我国食品工业，他们在全球范围内通过资本整合，以专利、标准、技术和装备的垄断以及人才的争夺，已将技术领先优势迅速转化为市场垄断优势，不断提升核心竞争能力。国外资本采用兼并、控股、参股等多种手段大举进入我国市场，使我国竞争力尚不够强的食品工业面临着严峻的国际竞争挑战。

四、本课程的内容和目标

根据我国《国家中长期科学和技术发展规划纲要（2006—2020年）》对高等教育教学改革与培养创新型人才提出的更高要求，我国食品科学与工程专业要构建分层次、多模式、多规格的人才培养体系，对于不同地区、不同层次、不同基础的高等学校，应根据所肩负的国家责任相应地有不同的专业培养目标定位和不同侧重面的质量标准。

食品加工与保藏原理是食品科学与工程本科专业的一门专业技术基础课、必修课。它是一门运用生物学、微生物学、化学、物理学、营养学、公共卫生学、食品工程等各方面的基础知识，研究及讨论食品原料，食品生产和贮运过程涉及的基本技术和安全问题。

本课程借鉴了国内外有关教材，以食品加工与保藏过程主要的单元操作原理与工艺条件控制为主要内容，根据"宽专业、强基础、重能力"的原则组织教学。其主要内容包括绪论，食品加工、制造的主要原料特性及其保鲜，食品热处理和杀菌，食品的非热杀菌与除菌，食品的低温处理与保藏，食品的干燥，食品浓缩和结晶，食品的微波处理，食品的辐照，食品的发酵、腌渍和烟熏，食品的化学保藏，食品包装等。通过上述内容的学习，读者能掌握食品生产工艺控制的理论和食品保藏原理，学会分析生产过程存在的技术问题和安全问题，提出解决问题的方法。

本课程理论教学以课堂多媒体教学为主，结合讨论和实验。结合本教材，读者还可利用本国家级精品课程的网上资源进行自学和复习。

复习思考题

1. 名词解析：食物、食品、恩格尔系数、食品产业链、工程食品、无公害食品、新资源食品、有机食品、绿色食品等。
2. 我国食品与食品工业的分类及特点是什么？
3. 食品工业的作用及其发展所面临的主要问题是什么？

参 考 文 献

[1] 国家发展和改革委员会，工业和信息化部.食品工业"十二五"发展规划.2012.
[2] 中华人民共和国农业部.农产品加工业"十二五"发展规划.2011.
[3] 曾庆孝.食品加工与保藏原理.第2版.北京：化学工业出版社，2007.

第一章　食品加工、制造的主要原料特性及其保鲜

食品原料的品种很多，来源非常广泛，其组分差异较大。作为农产品原料从采收到工厂，还要经过运输及贮藏过程。为了保证食品原料的质量，减少损失，在运输及贮藏时要采取相应的保鲜手段。因此，我们不仅要了解食品原料本身的特性，还要掌握这些特性与食品加工工艺和产品的关系。

第一节　食品加工、制造常用的原、辅材料

食品的原、辅材料与食品产品的制作工艺和质量有着密切的关系。其成分组成及特性决定着食品的营养构成，形成制品的风味特点，构成制品的不同组织状态。

一、食品加工、制造的基础原料

食品加工、制造的基础原料是指食品加工、制造中基本的、大宗使用的农产品，通常构成某一食品主体特征的主要材料。按习惯常划分为果蔬类，畜禽肉类，水产类，乳、蛋类，粮食类等。

（一）果蔬类原料及其加工产品

我国国土辽阔，地跨寒、温、热三带，自然条件复杂，水果和蔬菜的种类十分繁多，资源极为丰富。目前我国栽培的果树有 50 多科，300 多种，品种不下万余个；我国普遍栽培的蔬菜有 160 多种，果蔬资源分布全国各地。此外，野生植物资源也很丰富，如刺梨、沙棘、黑加仑、猕猴桃、山枣、山葡萄、北国红豆、绞股蓝、金刚藤等，其中不少品种经改良已大面积种植。改革开放以来，国外新果蔬品种引种成功也为食品加工增加了不少品种。常用品种及分类如下所示。

（1）水果类

① 温带落叶果树

仁果类——苹果、沙果、海棠果、梨、山楂等。

核果类——桃、李、杏、梅、樱桃、油桃等。

坚果类——胡桃、西洋胡桃、榛子、板栗、扁桃、山核桃等。

浆果类——葡萄、无花果、猕猴桃、草莓、醋栗等。

杂类——柿、枣等。

② 温带和亚热带常绿果树

柑橘类——甜橙、橘、柑、柚、柠檬、佛手等。

木本类——荔枝、龙眼、枇杷、杨桃、芒果、杨梅、番石榴等。

多年生草本类——菠萝、香蕉等。

（2）蔬菜类

根菜类——胡萝卜、萝卜、根用芥菜、根用甜菜等。

茎菜类——芦笋、竹笋、莴笋、茎用芥菜、马铃薯、荸荠、莲藕、芋头、洋葱、豆芽等。

叶菜类——大白菜、菠菜、生菜、上海青、叶用芥菜、茼蒿、菜心等。

花菜类——花椰菜、朝鲜蓟等。

果菜类——黄瓜、越瓜、苦瓜、丝瓜、甜瓜、南瓜、番茄、茄子、甜椒、青豌豆、青刀豆、蚕豆、菜豆、毛豆、甜玉米、菱角等。

食用菌类——蘑菇、草菇、鲍鱼菇、香菇、银耳（白木耳）、木耳（黑木耳）等。

以生长环境可分为地生（如竹笋、姜）和水生（如莲藕、慈姑、马蹄、菱角等）蔬菜。

果蔬加工制品一般可分为罐头制品、果蔬汁制品、腌渍制品、干制品、果酒制品几类。各类制品对其原料有不同的要求。某种果蔬可以加工多种产品，或只适于加工一种产品；反之，不同种类的果蔬也许都适合于加工成一个类型的产品。

果蔬原料的新鲜度、卫生状态和污染物残留量是生产安全果蔬制品的重要因素。加工用原料愈新鲜，受损伤、污染愈少，加工的制品品质也就愈好。

根据加工制品的要求，选择适宜的品种是获得高品质产品的重要条件。何种原料适宜加工何种制品是根据其特性决定的。例如，柑橘类中的柠檬、葡萄柚等汁多而含酸量高，适宜制果汁，而不适宜制果干、罐头。橙类中的甜橙、脐橙等甜酸适度，风味芳香，适宜制果汁、果酒、果酱、蜜饯等。温州蜜橘无核或少核，瓣形整齐，肉质紧密，去囊衣容易，适宜罐藏。蔬菜也应根据各自的特性来加工成腌制、糖制、干制、罐藏及冻藏等制品。总之，根据原料的品种特性进行合理加工是充分利用资源的关键。

不同的加工品，对原料成熟度要求不同。例如，制造果酒、果汁，要求原料充分成熟，此时色泽好，香味浓，酸低糖高，榨汁容易。用成熟度不足的果原料则制品色淡，味酸，榨汁不易，澄清也困难。制造干制品的果实也要求充分成熟，否则制品质地坚硬缺乏应有的风味。制造果脯、蜜饯或罐藏的原料，要求成熟度适中，果实含果胶较多，组织坚硬，耐煮制。若用充分成熟或过熟的果实，则在煮制或加热杀菌过程中容易煮烂，蜜饯汁液也易浑浊。

果蔬加工业常以果蔬原料对不同类制品的加工适应性来分类。

1. 罐藏果蔬

罐藏果品以选用果芯小、肉质厚、质地致密嫩脆、糖酸比例适当、风味浓且香气足、耐热煮的品种为宜。例如，苹果类中的翠玉、红玉、醇露及国光，肉质细嫩而白，不易褐变，果芯小，果肉致密，香气浓厚，耐煮性好，适宜制备果脯或罐藏。罐藏蔬菜原料要求新鲜且成熟度适中，质地柔嫩细致，粗纤维少，色、香、味好，耐高温煮制。常用于生产果蔬罐头的原料种类包括：苹果、桃、梨、柑橘、菠萝、荔枝、龙眼、番茄、芦笋、竹笋、四季豆、青豆、蘑菇、甜玉米等。

2. 果蔬汁原料品种

（1）果汁原料品种　作为果汁原料的果类，通常是要求具有该果类与品种特有的风味，果汁丰富，取汁容易，出汁率高，汁的糖分和可溶性固形物含量较高，甜酸适当，汁的色泽鲜明，变色不明显。或某果类汁液虽少，但具有特殊成分或特有芳香，有一定取汁价值，亦可作为果汁原料。

适宜加工果汁或适合于开发作为果汁饮料的品种主要有苹果、梨、菠萝、葡萄、柑橘、芒果、柠檬、番石榴、西番莲、杏、桃、龙眼、山楂、杨梅、沙棘、甘蔗等。

（2）菜汁原料品种 菜汁原料一般应依据蔬菜汁制品的要求而定。菜汁的原料有番茄、胡萝卜、西洋菜、洋葱、大蒜头、甘蓝、芹菜、菠菜、芦笋等。单纯蔬菜汁口感难以被消费者接受，应以果蔬混合汁为方向。

3. 腌渍果蔬

可供腌渍的果蔬原料很多，可糖渍和盐渍。各种果品几乎都可用来糖制。不宜鲜食的梅子、毛桃、橄榄和残次果及未熟果也可利用。糖渍制品主要有蜜饯、果酱类制品等。盐渍则主要以蔬菜及果胚为主。

（1）蜜饯制品 蜜饯制品需保持果实及果块的形状，要求原料肉质紧密，煮制时不致溃烂。加工蜜饯原料的成熟度一般要求低些，以不超过坚熟为宜。梅子通常在充分肥大仍为绿色时采摘，变黄即不适用，青梅类以绿熟为宜，而玫瑰梅和桂花梅等以坚熟为佳。蜜枣、蜜桃各类果脯和各种糖渍蜜饯，也以坚熟为宜，但柑橘类除生产红绿丝等取用未成熟果外，也以成熟为宜。浆果类柔软多汁，多不宜制取干态蜜饯。

可供制蜜饯的果蔬常有青梅、苹果、李、桃、杏、杨梅、枣类、柑橘、柠檬、橄榄、姜、番茄、冬瓜、苦瓜、香瓜、胡萝卜、荸荠和莲藕等。

（2）果酱类制品 果酱类制品主要有果酱、果泥、果冻等几种。所用的原料中果胶和酸含量丰富，具备良好的风味、色泽和香气。对于果酱、果泥等，宜采用充分熟的果实。加工果冻的原料采收成熟度不要太高，果胶质含量丰富，可使其所含的果胶物质大部分仍为原果胶，而在加工过程中使其变成可溶性果胶，才不会降低其凝胶力。

一般常见的果品大部分可以制取果酱，但其中以菠萝、苹果和浆果类为佳。蔬菜类中的食用大黄、成熟番茄也可制成果酱。果泥常用果肉丰富、易打浆的种类和品种，如用苹果、枣、李、桃和杏等。用于果冻加工的有草莓、番石榴、葡萄柚、山楂、柑橘类、葡萄、酸樱桃等。

（3）腌渍蔬菜 以新鲜蔬菜为主要原料，采用不同的腌渍工艺制成的各种蔬菜制品总称为腌渍菜。根据腌制工艺不同，制品特性不一，腌渍制品可以为分盐渍菜、酱渍菜、糖醋渍菜、糟渍菜等。

① 盐渍菜类 常用于盐渍的蔬菜有茎用芥菜、叶用芥菜、芽菜、雪菜等。此外，无腐烂的新鲜蔬菜一般也可用作泡菜。

② 酱渍菜类 肉质肥厚，质地嫩脆，粗纤维少，色、香、味好，形状大小适当，无病虫，无腐烂的各种蔬菜均可加工酱菜。常用的有白瓜、甜瓜、黄瓜、辣椒、大豆菜、萝卜、大蒜头、胡萝卜、球茎甘蓝、姜、莴苣、笋、甘蓝、芥菜和大白菜等。

③ 糖醋渍菜 茎用芥菜、大蒜、荞头、嫩姜、黄瓜等均适用于加工糖醋菜。

④ 糟渍菜 一般用大叶芥菜制作，要求质地细嫩、颜色翠绿，叶柄宽扁肥厚。

4. 干制果蔬

干制品主要是指果干及脱水蔬菜。果干原料宜选择干物质含量高，风味、色泽好，皮薄核小，不易酶褐变，成熟度适宜者。常用的果品有苹果、梨、荔枝、龙眼、山楂、柿、枣、杏和葡萄等，常用于干制的蔬菜要求新鲜饱满，肉质干物质含量高，粗纤维少，组织致密，色泽、风味佳，主要品种有甘蓝、萝卜、马铃薯、洋葱、胡萝卜、刀豆、青豌豆、黄花菜、小白菜、食用菌、竹笋、花菜、根甜菜、菜豆、姜等。

5. 果酒酿造原料

很多种类和品种的果品都可以酿制果酒，但酿酒的适应性差别很大。目前从种类来说，以葡萄酿酒为多，葡萄品种很多，有的品种适宜鲜食，但不能酿制优质的葡萄酒。一般选用含糖量高 [16g·(100g)$^{-1}$以上]、酸度适中 [0.6～1.0g·(100g)$^{-1}$]、香味浓、色泽美的品种酿酒。此外，醋栗、草莓、酸枣、菠萝、山楂、荔枝、青梅、杨梅也常用于酿酒。

（二）畜、禽肉类

食品加工常用的畜禽种类主要是猪、牛、羊、兔、鸡、鸭、鹅、兔、火鸡等。

1. 猪

根据猪在生长过程中的脂肪积累和各部位的不同发育情况，可以将猪分为脂用、肉用和加工用三种类型。目前以生产脂肪为目的脂用型猪已极少饲养，主要发展肉用型和加工用型两种。一般肉用型的猪体躯长、宽、深，臀部丰满，脂肪沉积较多。加工用型的猪背腰平直或稍带弓形，体长、腰宽，脂肪沉积量较少，皮下脂肪层厚度以 2.5～3cm 之间为好。

我国猪种主要是肉用型。有些猪种正向加工型猪方向发展。目前我国著名的猪种及引进的猪种主要有浙江的金华猪、英国的约克夏猪（大型猪为加工用型，中型为肉用型）、巴克夏猪、丹麦的伦落列斯猪（是一种较好的加工用型猪）等。

2. 牛

根据经济用途，有役用牛、肉用牛、乳用牛、毛用牛之分。我国的地方牛是以役用为主的兼用牛，包括黄牛、牦牛和水牛。从国外引进的多趋于肉、乳兼用牛和乳（奶）牛。

供肉用的黄牛的体型特征应该是：体躯呈长方形，头宽短，颈短粗，颈下垂肉向前突出，胸宽深，背平直宽阔，四肢短直开展，皮肤稍厚而柔软，毛稠密而有光泽。

我国主要兼用牛种是黄牛，其中以蒙古牛、山东牛、海南牛、秦川牛、晋南牛、南阳牛等为好。此外，尚有肉质较差的牦牛、犏牛、水牛等。

国外较有名的专供肉用的牛种有英国的短角牛（成年公牛体重 1200～1400kg，屠宰率 66％）、哈福特牛（成年公牛体重 1000～1100kg，平均屠宰率 67％）、瑞士的西门塔牛（乳肉兼用，成年公牛体重 900～1200kg，肉和脂肪收量 53％～55％）等。

3. 羊

专门供肉用的羊不多，一般都是毛皮、肉和乳的兼用种，主要有绵羊和山羊。

绵羊以蒙古肥尾羊、新疆细毛羊为优。山羊体型较绵羊小，皮较厚，肉质逊于绵羊，以成都麻羊较有名。奶山羊以萨能、吐根堡、努比亚为主，产量高。而关中奶山羊、崂山奶山羊是我国培育的品种。

4. 鸡

鸡可按其经济用途分为蛋鸡和肉鸡。我国优良的肉用鸡种有长江流域一带的九斤黄鸡（因其体躯大，重可达 4～5kg，羽毛多为黄色而得名），此外，还有广东惠阳胡须鸡和清远麻鸡、江苏溧阳鸡、云南武定鸡、湖南桃源鸡、广西霞烟鸡、福建河田鸡等。兼用鸡品种有原产江苏南通县的狼山鸡及产于山东省的寿光鸡等。这些鸡种体重可达 3～5kg，肉质鲜美，肉量丰富，易育肥。引进的蛋用鸡有白来航鸡、新汉夏、澳洲黑鸡等。

5. 鸭

鸭可按其经济用途分为蛋鸭、肉鸭和肉蛋兼用鸭。北京鸭是世界著名的肉用鸭，原产于北京东郊潮白河，当地习惯称为白河鸭。公鸭体重 3.5～4kg，6 月龄成熟；母鸭体重 3～3.5kg，4、5 月龄产蛋。自 1873 年输往国外后，现已几乎遍及世界各地。肉蛋兼用的主要有麻鸭，国内分布广，数量多。毛色为麻褐色，并带有斑纹，故称为麻鸭。体重 1.25～3.5kg。

（三）水产类

水产类的范围很广，包括所有的水产动、植物。用作食品加工原料的主要是鱼、贝类、甲壳类和藻类。我国现有的鱼类达 3000 余种，虾、蟹、贝类品种也很丰富，是世界上鱼贝类品种最多的国家之一。其中经济鱼类 300 余种，用于罐藏、腌制、干制等处理后直接供应市场。大黄鱼、小黄鱼、带鱼和乌贼习惯上称为我国四大海产经济鱼类。我国淡水鱼类分布也很广，主要经济鱼类有四五十种，其中青鱼、草鱼、鲢鱼和鳙鱼是我国闻名世界的"四大家鱼"。罗非鱼和对虾等是近几年迅速发展起来的养殖品种，是加工出口的主要品种。此外，东北产的鲑鱼（大马哈鱼）以及长江下游的鲥鱼、银鱼和凤尾鱼，肉质鲜美，均为我国名贵鱼类。

（四）乳、蛋类

1. 乳

乳是一种营养比较全面的食物。不同来源的乳，如牛乳、羊乳、马乳等，其成分含量虽有所差异，但含有类似的营养成分。作为食品加工的原料，主要是用牛乳，部分地区采用羊乳或马乳。

鲜乳常用于加工成消毒牛乳（也称巴氏杀菌乳或市乳）、灭菌乳、酸凝乳（或不凝酸乳）、乳粉、炼乳、奶油等，以供直接食用或作为其他制品的辅助原料。

2. 蛋类

蛋类主要有鸡蛋、鸭蛋、鹌鹑蛋等禽蛋。禽蛋也是营养构成较全面的食物之一。

鲜蛋可用于加工再制蛋和蛋制品。再制蛋是指鲜蛋经过盐、碱、糟、卤等辅料加工腌制而不变形的完整蛋，主要有松花蛋（皮蛋）、咸蛋和糟蛋，此外，还有卤蛋、虎皮蛋等。蛋制品是指新鲜蛋经过打蛋、过滤、冷冻（或干燥、发酵）、添加防腐剂等加工处理而改变了蛋形的蛋品，主要有冰蛋、干蛋品和湿蛋品。

（五）粮、油类

根据粮油作物的某些特征和用途，通常将粮油作物分为谷类、豆类、油料及薯类四大类。

1. 谷类

谷类一般属禾本科植物，常见的有稻谷、小麦、大麦（包括青稞、元麦）、黑麦、燕麦（包括莜麦）、粟谷、玉米、高粱等，通常也将荞麦列入谷类。谷类粮食根据加工特点不同，又可分为制米类和制粉类：稻谷、高粱、粟谷、玉米等属制米类；小麦、大麦、黑麦、莜麦、荞麦等属制粉类。有些谷类粮食可用来制米，又可以用来制粉，如玉米、高粱、荞麦等。谷类含有70%左右的糖类，此外，还含有一定量的蛋白质、脂肪、纤维素和矿物质等，通常含水分10%～14%。

2. 豆类

豆类作物属豆科植物，主要是植物的种子，如大豆、蚕豆、豌豆、绿豆、小豆等。豆类一般含有20%～40%的蛋白质，还含有丰富的脂肪。豌豆中含有较多的淀粉。

大豆即黄豆既属于豆类，也是主要的油料之一。

3. 薯、芋类

薯、芋类通常为植物的块根或块茎，如甘薯、木薯、马铃薯、山药、芋、魔芋、菊芋等。鲜薯中水分含量很高，贮藏的主要营养成分是淀粉或其他糖类，同时也含有一定量的蛋白质、脂肪、维生素等营养成分。

4. 油料

油料来自油料植物的种子，主要有花生、芝麻、菜籽、大豆、玉米、棕榈、椰子、油橄榄等。

二、食品初加工的产品

与食品加工不同，在食品制造中采用的基础原料通常是经过初级加工的产品，具有严格的产品质量标准。在食品工业中它既是加工产品，又可能是原料，在食品加工制造过程具有重要的功能，主要指糖类、面粉、淀粉、蛋白粉、油脂等。

（一）糖类

糖作为食品制造主要原料，常用于糖果、面包、饼干、饮料和果蔬的糖渍及其他一些甜性食物。常用的有蔗糖、淀粉糖浆、果葡糖浆、饴糖、葡萄糖、蜂蜜等。

1. 蔗糖

蔗糖是松散干燥、无色透明、坚硬的单斜晶体，是从甘蔗或甜菜中提取加工而成的。

蔗糖甜味纯正，易溶于水，熔点为 185～186℃，当温度超过其熔点时，糖即焦化，成为焦糖。焦糖可增加制品的色泽。蔗糖溶液长时间煮沸会转化为等量的葡萄糖和果糖，称为转化糖浆。

商品蔗糖按形态和色泽分类，可分为砂糖、绵白糖、片糖和冰糖或白糖和红糖等。

（1）白砂糖 白砂糖的特点是纯度高，水分低，杂质少。我国生产的白砂糖中蔗糖含量最低在 99.45％以上，其主要理化指标见第九章表 9-9。

（2）绵白糖 绵白糖的特征是颜色洁白，晶粒细小均匀。其由白砂糖加入少量转化糖浆或饴糖制成，晶粒是在快速冷却条件下生成的，因而十分细腻、洁白，质地绵软、细腻。绵白糖使用方便，但价格较高，一般少在工业上使用。

2. 饴糖

饴糖又称麦芽糖，是以谷类或淀粉为原料，加入麦芽使淀粉糖化后加工而成的。它是一种浅黄色、半透明、黏度极高的液体糖。目前多采用以淀粉酶来代替麦芽的制糖工艺，但从糖的风味来讲，仍以麦芽糖化的制品为优。

饴糖的主要成分是麦芽糖、糊精、葡萄糖和水分，还有微量的蛋白质、矿物质等。甜味清爽而具有麦芽香味。如以蔗糖的甜度定为 1，饴糖的甜度则为 0.32～0.46。饴糖在 110℃时焦化，呈稠黏性。饴糖多用于糖果生产，亦可用于果蔬的糖渍和其他用途。

3. 淀粉糖浆

淀粉糖浆又称葡萄糖浆，是淀粉水解、脱色后加工而成的黏稠液体，甜味柔和，容易为人体直接吸收。其主要成分是葡萄糖，此外，还有麦芽糖、糊精等。淀粉糖浆在国外的饼干生产中应用甚为广泛。

4. 果葡糖浆

果葡糖浆又称为异构糖，其制法是先把淀粉分解成葡萄糖，再经葡萄糖异构酶的作用，把部分葡萄糖转化成果糖。因果糖的甜度比蔗糖高，因此，制成的含果糖 42％的果葡糖浆的甜度和蔗糖相似。目前按葡萄糖的异构化程度，可分为三种（或三代），果糖含量分别为42％、55％和 90％以上。果葡糖浆由于含果糖较多，吸湿性强，稳定性也较低，易受热分解而变色。

果葡糖浆由于渗透压高，易于渗透过细胞膜，因此有利于果酱、蜜饯等糖渍食品的使用。此外，果葡糖浆也常用于饮料、糕点、糖果食品的制作。

5. 蜂蜜

蜂蜜味极甜，其主要成分为葡萄糖和果糖，果糖含量约 37％，并含有少量蔗糖、糊精、果胶及微量蛋白质、酶、蜂蜡、有机酸、矿物质等。在食品加工上，蜂蜜往往只是少量配用，而不作为主要用糖。

（二）面粉

面粉是饼干、面包、糕点、快食面等面制品生产的主要原料，通常使用的面粉有精白粉和标准粉两种。近年来，根据制品对面粉的不同要求，已经开发了各种各样的专用面粉。

面粉的主要成分有淀粉、蛋白质、脂肪、矿物质、酶和水分等。根据不同小麦品种和产地，上述成分及面粉品质有较大的变化。小麦中的蛋白质含量随品种而异，同一品种又因气候、土壤、施肥各异，一般含量在 9％～15％。小麦蛋白质主要为麦谷蛋白和麦胶蛋白，这两类蛋白因吸水膨胀形成面筋而称为面筋蛋白。面筋蛋白约占总蛋白量的85%。面粉中蛋白质的重要性不仅表现在它的营养价值，在饼干、面包、糕点生产中，由于面筋蛋白吸水膨胀，可在面团中形成坚实的面筋网络，故面团中面筋的生成率与质量对产品质量有很大影响，形成了面包、饼干、糕点生产工艺中各种重要的、独特的理化性质。

面粉中含量最多的是淀粉，此外还含有少量的可溶性糖（葡萄糖等）、半纤维素和纤维素等。生产面包或苏打饼干过程中的第一次发酵时，少量的可溶性糖为酵母生长的碳源。纤维素和半纤维素存在于面粉的麸皮中，其含量随面粉质量而定，它对饼干、面包等的质量影响不大。

面粉中脂肪含量较少，通常为1%～2%，小麦脂肪由不饱和程度较高的脂肪酸组成，故脂肪与面粉贮藏稳定性关系甚大，面粉的脂肪含量越低越有利于贮藏。但是面粉所含的微量的脂肪在改变面粉筋力方面有着重要的作用。因为在贮藏过程中，脂肪受脂肪酶的作用产生的不饱和脂肪酸可使面筋弹性增大，延伸性和流散性变小，结果可使弱面粉变成中等面粉，使中等面粉变成强力面粉。面粉长期放置在温湿地方，会因脂肪酸败而变质。

面粉中的灰分含量的多少是评定面粉质量的重要指标。灰分高的面粉一般可以被认为是麸皮含量较高的面粉。

（三）淀粉

淀粉呈白色粉状，是由D-葡萄糖组成的多糖，主要从玉米、木薯、甘薯、马铃薯等植物中提取，并依其来源命名。淀粉按其结构可分为直链淀粉和支链淀粉。直链淀粉溶于热水，溶液黏稠度较低，而且具有很强的凝沉性质，易于结合成结晶状；支链淀粉溶于热水，生成稳定的溶液，具有高的黏度，没有凝沉性质。不同原料来源的淀粉，其直链淀粉和支链淀粉比例不同。一般在淀粉中支链淀粉约占80%，直链淀粉约占20%，糯米、糯玉米等几乎不含直链淀粉，仅由支链淀粉所构成，因而这类淀粉黏性特别好。表1-1显示了不同原料来源淀粉中直链淀粉的含量。

表1-1 不同原料来源淀粉中直链淀粉含量

淀粉来源	直链淀粉含量/%	淀粉来源	直链淀粉含量/%
玉米	26	糯米	0
糯玉米	0	小麦	25
高链玉米	70～80	大麦	22
高粱	27	马铃薯	20
糯高粱	0	甘薯	18
米	19	木薯	17

淀粉与饼干、面包、蛋卷、威化饼干等质量关系十分密切，尤其是在制作甜饼干时，淀粉对面团的调制及成品质量有很大影响。淀粉在30℃时吸水率为30%左右，而面筋蛋白在同样温度下，其膨胀度最大，吸水率为150%左右。一般酥性饼干的面团调制温度在30℃左右，所以对面筋弹性过大或面筋含量过高的面粉，适量添加5%～10%的淀粉，可以减小面筋形成，起到调节面筋膨胀度的作用，增加面团的绵软性和可塑性，使制品具有松脆性。

淀粉是制淀粉糖浆和淀粉软糖的主要原料，在糖果加工中用作填充剂和防黏剂。在冷饮食品中，淀粉是冰淇淋、雪糕的增稠稳定剂。另外，淀粉也是发酵工业如味精、柠檬酸、酒精等生产的主要原料。

（四）蛋白粉

作为食品原料的蛋白粉，主要有：乳粉、蛋粉、大豆粉和脱脂花生粉等。

根据乳粉的成分组成特点，有全脂乳粉、半脱脂乳粉、（全）脱脂乳粉、乳清粉、脱盐乳清粉、脱盐脱乳糖乳清粉、乳清浓缩蛋白和酪乳粉等，它们分别用于焙烤、冰淇淋、饮料等食品加工。

蛋粉为蛋液经喷雾干燥而成，其为粉状或易松散的块状。全蛋粉为浅黄色，蛋黄粉为黄色，蛋白粉为白色。水分一般应低于4.5%。全蛋粉及蛋黄粉、蛋白粉可用于制造饼干、面包、糖果、冰淇淋等，也用于制造混合蛋糕、鸡蛋面、炸糖圈、蛋黄酱等。

大豆粉有全脂大豆粉和脱脂大豆粉、分离蛋白粉、浓缩蛋白粉等。全脂大豆粉是以大豆为原料，经烘烤后碎而成的。脱脂大豆粉是大豆提油后，用饼粕生产的食用粉。

我国人民很久以来就有在面饼类食品中掺入豆粉或豆蛋白粉的习惯，豆粉也可作为糕点的原料，但豆粉掺入量要适宜。掺入量过多，食品会发硬，有粗糙感，降低风味，而且豆腥味明显。用脱腥大豆粉经过纯化、除杂等加工过程生产的蛋白质含量高达85%~95%的分离蛋白粉、浓缩蛋白粉等，已广泛用于饮料、婴儿食品、肉制品的生产。

脱脂花生粉是用提油后花生饼生产的食用粉。脱脂花生粉也用于食品加工。在面粉中掺入2.5%的花生粉，蒸出的馒头质量与纯面粉做的馒头同样好，但营养价值提高；做面条时掺入2.5%的花生粉，能提高面条营养价值，不会影响面条筋力；用脱脂花生粉代替15%~20%的面粉，制作快速发酵面包、蛋糕、饼干，而其他配方不改变，可使产品富含水溶性维生素，蛋白质含量提高，氨基酸含量趋于平衡，营养价值显著提高。

（五）油脂

油脂是油和脂的统称，其主要化学成分是脂肪酸与甘油形成的酯。通常在常温（15℃）下呈液态的称为油，呈固体或半固体的称为脂。商业用油脂一般根据油脂加工的原料而命名，也有按照工艺或用途命名的，如食用油脂、饲料用油脂和工业用油脂。只有食用油脂才能作为食品生产原料。

油脂是人类重要营养物质和主要食物之一，其产生的热量高，可使食品具有良好的风味、质构和色泽，不同的油脂在食品加工过程及产品营养、保健功能上有重要的作用。

1. 食用油脂的种类

食用油脂按原料的来源可分为植物性油脂和动物性油脂两大类。植物性油脂有花生油、大豆油、菜籽油、棕榈油和可可脂等；动物油脂有猪油、牛油、奶油和鱼油等。

植物性油脂（除可可脂外）具有黏度低、流散性强等特点。食用植物油中的胆固醇含量低，不饱和脂肪含量高，易被人体吸收，一般来说吸收率和营养价值都比动物油脂高。植物油由于熔点低，在常温下呈液态，可塑性比动物油脂差，色泽也较深且黄，使用量过高时易使制品产生"走油"现象，所以在油脂工业上用氢化技术提高其熔点，即氢化植物油，常用于人造奶油、咖啡伴侣中的植脂末以及起酥油等。可可脂是巧克力制品的主要原料，能赋予巧克力口感细腻柔滑的特性。

猪油中以猪板油的香味最好，其起酥性优良，缺点是稳定性较差，但经过适度氢化稳定性变好。优质猪油在常温下为白色固体，熔点为32℃左右。

奶油又称黄油、白脱油，是从牛乳中分离加工而成的。奶油具有良好的可塑性，在常温下质地柔软，色泽淡黄，表面紧密，熔点为37℃，乳化性较好，是食品加工中最理想的油脂之一。因价格高、货源少，故一般都用于制作较高级的食品。

鱼油产量相对较少，主要作为营养补充剂使用，特别是鱼油中的二十二碳六烯酸（DHA）和二十碳五烯酸（EDA）对人体心、脑的作用很大，是重要的多不饱和脂肪酸的主要供给者，常作为健康食品辅料或做成软胶囊直接服用。

2. 油脂在食品生产中的作用

油脂能提高食品酥性程度，改善食品风味。许多食品含脂量少显得干燥硬脆，内质粗糙，难以下咽，含脂量高就松酥易化，增加食欲，如酥性饼干等。

在粮油食品中，油脂能阻碍水分渗透，液体油比固体油影响更大。如调制面团时，油脂分布在面团中蛋白质或淀粉粒的周围形成油膜，因而限制了面团的吸水作用。油脂在面团中含量越高，则面团的吸水率就越低，从而可控制面团中面筋胀润性。除此以外，由于油膜的相互隔离，可以使面团中面筋微粒不易彼此黏合形成面筋网络，而使面团的黏度和弹性降低，提高其可塑性，防止萎缩变形，形成面团酥性结构，使制品具有酥、松、脆的特点。

油脂是食品的重要组成部分，其质量优劣直接影响到制品的质量，尤其是氢化油要控制其反式脂肪酸的残留量。选择油脂时，应根据制品的特性、要求及风味等去考虑适用的油脂，主要考虑油脂的起酥性、稳定性、风味及熔点对制品的影响。

三、食品加工、制造采用的辅助原料

食品加工辅料是以赋予食品风味为主，且使用量较少的一类食品原料。

（一）调味料

调味料主要赋予食品色、香、味，一般包括咸味、甜味、酸味、鲜味等调味料。它不仅可以改善食品的感官性能，使食品更加美味可口，且能促进消化液的分泌和增加食欲。有些调味料还有一定的营养价值和其他加工功能。常用的调味料主要有盐、味精、酱油、酱类、食醋。

1. 盐

食盐因其来源不同分为海盐、岩盐和井盐。按食用盐的生产和加工方法可分为精制盐、粉碎洗涤盐、日晒盐。按其等级有优级、一级、二级。纯净的食盐是色泽洁白，颗粒细小的氯化钠晶体。商品食盐的主要质量指标见表9-7。

食盐是重要的调味品。它能促进胃中消化液的分泌和增进食欲，有维持人体正常生理机能、调节血液渗透压等重要作用，是人体不可缺少的矿物质来源。此外，食盐还是酿造调味品的重要原料之一。它不仅赋予各种调味品以适口的咸味，并且在发酵过程及成品中有一定的防腐作用。

一般食品中食盐浓度（质量分数，下同）达15%就能抑制细菌的发育。阻碍鱼体内细菌繁殖的食盐浓度是10%左右。食品加工中（如盐渍食品等）常利用食盐这一特性达到保藏目的。

在饼干、面包生产中，食盐是辅助材料。主食面包中加得多些，点心面包中加得少些。食盐在面团中可使面筋质地变密，增强其弹性与强度，提高面团的持气能力，改善面包的色泽。适量的盐对酵母生长和繁殖有促进作用，而对杂菌有抑制作用，但用量过多时，对酵母也有抑制作用，一般不超过面粉的3%。此外，在糖液中添加适量的食盐，可使制品更加可口。

2. 味精及核苷酸

味精的主要成分是含有一分子结晶水的L-谷氨酸钠，具有强烈的肉类鲜味，是一种常用的鲜味剂。

味精呈斜方晶体，商品味精为无色至白色的结晶或结晶性粉末，易溶于水，微溶于乙醇，在120℃下会失去结晶水，225℃以上分解。它的水溶液经过长时间的加热，会引起失水，变成焦谷氨酸钠而失去鲜味。在碱性条件下加热会发生消旋作用，呈味力降低；在酸性条件下加热会发生吡咯烷铜化，变成焦谷氨酸；在中性时加热则很少变化。

味精广泛用于食品的调味，添加味精不仅能增进食品的鲜味，对香味也有增进作用。味精除用作调味外，添加于竹笋、蘑菇等罐头中，对防止内容物产生白色沉淀，改善色、香、味、形有一定作用。

核苷酸作为鲜味剂主要是I+G（I，即5'-肌苷酸，IMP；G，即5'-鸟苷酸，GMP），其鲜味比味精强得多，现已广泛运用于食品加工。

鲜味物质还可来自酵母和动、植物水解液及其制品，主要是其中的鲜味氨基酸或肽起增鲜作用。

3. 酱油

我国酱油根据其生产工艺划分为酿造酱油、配制酱油。酿造酱油是最重要的发酵调味品，也是我国传统的民族特产。酿造酱油是以大豆和/或脱脂大豆、小麦和/或麸皮为原料，经微生物发酵制成的具有特殊色、香、味的液体调味品。它利用微生物中的各种酶作用于原料中的蛋白质和淀粉，在极其复杂的酶解与合成的过程中，形成氨基酸、糖、醇、醛、酯、酮和酸等。酱油色素的形成主要是酱醅中氨基酸和糖类受外界温度、空气和酶的作用，在一定的时间内生成的。酱油的香气不是一种成分所产生的，而是多种香气成分的综合，据测定有酯类、醇类、羟基化合物、缩醛类及酚类等。酱油的鲜味，主要由氨基酸钠盐（特别是谷氨酸钠）构成，而其他的氨基酸及琥珀酸也赋予酱油一定的滋味。酿造酱油其可溶性无盐固形物≥10%，含氮≥0.7%。配制酱油是以酿造酱油为主体，与酸水解植物蛋白调味液、食品添加剂等调配而成的液体调味品。酸水解植物蛋白中 3-氯-1,2-丙二醇含量应<1mg·kg^{-1}。

一般酱油内含有 15% 以上的食盐，为适于肾脏病类患者食用，已有低钠或无钠酱油。酱油中添加一些辅料，可以配制成各种美味的产品，称之为花色酱油，如虾子酱油、蘑菇酱油等。此外，还可以将酱油直接喷雾干燥制成酱油粉或利用真空浓缩设备将酱油水分挥发，制成固体酱油。

4. 酱类

酱类是我国传统的酿造调味品，通常以一些粮食或豆类为主要原料，利用以米曲霉为主的微生物经发酵制成。它不但营养丰富，而且容易消化吸收。酱类品种很多，包括豆酱、蚕豆酱、甜面酱、豆瓣辣酱及其加工制品，还有许多花式酱类制品。它既可作为菜肴，又是调味品，具有特殊的色、香、味、形，是一种很受欢迎的大众化调味副食品。

5. 食醋

食醋按其生产工艺分为酿造食醋和配制食醋。酿造食醋是我国历史悠久的发酵食品之一，它不仅能提高食品风味，而且能增进食欲，帮助消化。我国酿造食醋的品种很多，有著名的山西陈醋、镇江香醋、浙江玫瑰米醋、福建红曲醋、四川麸醋和东北白醋等。100mL食醋中含有醋酸 3.5g 以上，另有少量的氨基酸和还原糖。酿造食醋的生产原料在长江以南习惯上以糯米和大米为主；长江以北则多用高粱、小米。实际上，凡是含有淀粉和糖分的物质都可以酿造食醋。

食醋的另一种生产方法是合成法。即以合成醋酸为原料加工而成，或用合成醋酸和酿造醋混合调制而成，称为配制食醋。

（二）香辛料

香辛料是指具有特殊芳香气味或辛辣成分的植物性原料。香辛料的芳香成分多为挥发油，因其含量少，也常叫精油，随原料不同而异，辛辣成分也各不相同。

在一些食品中加入香辛料，使食品具有独特的芳香气味和滋味，能刺激食欲。有些香辛料还具有杀菌、防腐的作用。香辛料也可看作是特殊的调味料。

食品加工中常用的香辛料有姜、洋葱、大葱、大蒜、辣椒、丁香、八角、小茴香、桂皮、肉豆蔻、月桂叶、黑芥子、香芹菜、咖喱粉和五香粉等。

四、食品添加剂

食品添加剂是指为改善食品品质和色、香、味以及防腐、保鲜和加工工艺的需要而加入食品中的人工合成或天然物质。食品添加剂按其来源分为天然与合成两类，天然食品添加剂主要来自动、植物组织或微生物的代谢产物。人工合成食品添加剂通过化学手段使元素和化合物发生一系列化学反应而制成。

我国的食品添加剂有：酸度调节剂、抗结剂、消泡剂、抗氧化剂、漂白剂、膨松剂、胶姆糖基础剂、着色剂、护色剂、乳化剂、酶制剂、增味剂、面粉处理剂、被膜剂、水分保持剂、营养强化剂、防腐剂、稳定和凝固剂、甜味剂、增稠剂、食用香精、食品工业用加工助剂及其他共二十三类。

食品添加剂的使用品种、范围和用量必须符合我国《食品添加剂使用标准》（GB 2760）的要求。

第二节　果蔬原料特性及保鲜

一、果蔬的基本组成及其加工特性

通常可将水果和蔬菜分成水分和干物质两大部分，而干物质又可分为水溶性物质和非水溶性物质两大类。

水溶性物质溶解于水中，组成植物体的汁液部分，包括糖、果胶、有机酸、多元醇、水溶性维生素、单宁物质以及部分的无机盐类。非水溶性物质一般是组成植物固体部分的物质，有纤维素、半纤维素、原果胶、淀粉、脂肪以及部分含氮物质、色素、维生素、矿物质和有机盐类。

（一）水分

水分是水果和蔬菜的主要成分，其含量平均为80%～90%，黄瓜、四季萝卜、莴苣可达93%～97%，水果和蔬菜的组织及细胞为其所饱和。水分的存在为果蔬完成全部生命活动过程提供必要的条件，同时，也给微生物和酶的活动创造了有利条件，使采收后的果蔬容易腐化变质。由于蒸发，水分损失，也会影响到果蔬的新鲜品质。果蔬的这些特性对贮藏和加工具有特殊的意义。果蔬中的水分是含有天然营养素的生物水，使果蔬汁风味佳美，最易被人体所吸收，具有较高的营养价值。

（二）糖类

水果和蔬菜中的糖类主要有糖、淀粉、纤维素和半纤维素、果胶物质等，是果蔬干物质的主要成分。

1. 糖

水果和蔬菜所含的糖分主要有葡萄糖、果糖和蔗糖，其次是阿拉伯糖、甘露糖以及山梨糖醇、甘露糖醇等糖醇。仁果类中以果糖为主，葡萄糖和蔗糖次之；核果类中以蔗糖为主，葡萄糖、果糖次之；浆果类主要是葡萄糖和果糖；柑橘类含蔗糖较多。

果蔬中所含的单糖，能与氨基酸产生羰氨反应或与蛋白质起反应生成黑蛋白，使加工品发生褐变。特别是在干制、罐头杀菌或在高温贮藏时易发生这类非酶褐变。

2. 淀粉

淀粉为多糖类，主要存在于薯类之中，在未熟的水果中也有存在。果蔬中的淀粉含量以马铃薯（14%～25%）、藕（12.77%）、荸荠、芋头、玉米等较多，板栗含33%以上淀粉，未完全成熟的香蕉含淀粉20%～25%，其他果蔬中则含量较少，果蔬中的淀粉含量随其成熟度及采后贮存条件变化较大。

3. 纤维素和半纤维素

纤维素和半纤维素均不溶于水，这两种物质构成了水果和蔬菜的形态和体架，是细胞壁的主要构成部分，起支撑作用。

水果中的纤维素含量为 0.2%~4.1%，其中以桃（4.1%）、柿（3.1%）的含量较高，橘子（0.2%）、西瓜（0.3%）等含量较低。蔬菜中纤维素的含量为 0.3%~2.8%，根菜类较高（0.7%~1.7%），果菜类如南瓜（0.3%）、番茄（0.4%）等含量较低。

半纤维素为固体物质，水果和蔬菜中分布最广的半纤维素为多缩戊糖（阿拉伯树胶糖苷）。水果中半纤维素含量为 0.3%~2.7%，蔬菜为 0.2%~3.1%。

纤维素和半纤维素不能被人体消化，但能刺激肠的蠕动，有帮助消化的功能。近年来，食物纤维（或称膳食纤维）引起了各国营养学家的极大关注，有人称它为第六营养素，是人体健康所不可缺少的成分。

4. 果胶物质

果胶物质为水果、蔬菜中普遍存在的高分子化合物，主要存在于果实、直根、块茎、块根等植物器官中。果胶物质以原果胶、果胶、果胶酸三种不同的形态存在于果蔬组织。果蔬组织细胞间的结合力及果蔬的硬度与果胶物质的形态、数量密切相关。果胶物质形态的不同直接影响到果蔬的食用性、工艺性质和耐贮藏性。

果胶为白色无定形物质，无味，能溶于水成为胶体溶液，是随着果蔬成熟，不溶于水的原果胶在原果胶酶的作用下分解后的产物。在植物中果胶溶于水，与纤维素分离，转渗入细胞内，使果实质地变软。果胶酸是成熟的果蔬向过熟期变化时，果胶在果胶酶作用下转变的产物。果胶酸无黏性，不溶于水，因此过熟果蔬呈软烂状态。果胶物质在果蔬中变化过程如下：

山楂、柑橘、苹果、番石榴等都含有大量的果胶，为果冻制品理想的原料。几种果实中果胶含量（%）如下：山楂 6.4；苹果 1~1.8；桃 0.56~1.25；梨 0.5~1.4；杏 0.5~1.2；草莓 0.7。几种蔬菜中果胶占干物质含量（%）如下：南瓜 7~17；甜瓜 3.8；胡萝卜 8~10；成熟番茄 2~2.9。

果胶溶液黏度高，果胶含量较高的果蔬原料生成果蔬汁时，取汁较难，需要将果胶水解以提高出汁率。果胶也容易造成果汁澄清困难，但对于浑浊型果汁果胶则具有稳定作用。果胶对果酱类食品具有增稠作用。

果胶可以与多价阳离子（Ca^{2+}、Al^{3+}）结合交联形成不溶性物质，以增加果蔬的硬度及脆性，改善加工性能或感官品质。

（三）有机酸

果蔬具有酸味，主要是因为各种有机酸的存在。果蔬中有机酸主要有柠檬酸、苹果酸、酒石酸三种，一般称之为"果酸"。此外还含有其他少量的有机酸如草酸、水杨酸、琥珀酸等。这些酸在果蔬组织中以游离状态或结合成盐类的形式存在。对味感关系密切的是游离态的果酸。

1. 柠檬酸

为柑橘类果实中所含的主要有机酸，在柠檬中含量可达 6%~7%，蔬菜中以番茄含量较多。

2. 苹果酸

水果中以果仁类的苹果、梨及核果类的桃、杏、樱桃、梅等含量较多，蔬菜中以莴苣、番茄含量较多。除柑橘类果实仅含柠檬酸外，绝大多数果实中苹果酸与柠檬酸同时存在。

3. 酒石酸

酒石酸是葡萄中含有的主要有机酸。它在葡萄中除少量以游离状态存在外，大量是以酒石酸氢钾（酒石）的形式存在于组织中的。

4. 草酸

草酸是果蔬中普遍存在的一种有机酸。其在菠菜、竹笋等蔬菜中含量较多，而在果实中含量极少。草酸能刺激或腐蚀黏膜，破坏代谢作用，改变血液的正常酸碱值，影响钙的吸收。

果酸影响果蔬加工工艺的选择和确定。例如，酸影响果蔬加工过程中的酶促褐变和非酶褐变；果蔬中的花色素、叶绿素及单宁色泽的变化也与酸有关；酸能与铁和锡反应，会腐蚀设备和罐藏容器；一定温度下，酸会促进蔗糖和果胶等物质的水解，影响制品色泽和组织状态；酸含量的多少，果蔬制品 pH 的高低，决定了罐头杀菌条件的选择，具体内容可参考第二章第二节的相关内容。

（四）含氮物质

水果和蔬菜的含氮物质种类繁多，其中主要的是蛋白质和氨基酸，此外还有酰胺、铵盐、某些糖苷及硝酸盐等。与动物性食品原料相比，除种子外，许多果蔬的含氮物质较低，它们不是人体蛋白质的主要来源。水果中的含氮物质一般含量在 $0.2\%\sim1.2\%$ 之间，其中以核果、柑橘类含量相对较多，仁果类和浆果类含量更少。蔬菜中含氮物质一般含量在 $0.6\%\sim9\%$ 之间。豆类含量最多，如大豆可高达 $40\%\sim50\%$，叶菜类次之，根菜类和果菜类含量最低。

在饮料及清汁类罐头中经常发生蛋白质变性而出现凝固和沉淀的现象，可以采用适当的稳定剂、乳化剂或酶法改性的方法防止或改善。蛋白质或氨基酸可与果蔬中的还原糖反应发生非酶褐变，应注意控制。

（五）脂肪

在植物体中，脂肪主要存在于种子和部分果实中（如油梨、油橄榄等），根、茎、叶中含量很小。不同种子脂肪含量差别很大，如核桃 65%，花生 45%，西瓜籽 19%，冬瓜籽 29%，南瓜籽 35%，脂肪含量高的种子是油脂工业的极好原料。脂肪容易氧化酸败，尤其是含不饱和脂肪酸较高的植物油脂原料，如核桃仁、花生、瓜籽等干果类及其制品，在贮藏加工中应注意这些特性。

植物的茎、叶和果实表面常有一层薄的蜡质，主要是高级脂肪酸和高级一元酸所形成的脂。它可防止茎、叶和果实的凋萎，也可防止微生物侵害。果蔬表面覆盖的蜡质堵塞部分气孔和皮孔，也有利于果蔬的贮藏。因此在果蔬采收、分级包装等操作时，应注意保护这种蜡质。

（六）单宁物质

单宁又称鞣质，属多酚类物质，在果实中普遍存在，在蔬菜中含量较少。未熟果的单宁含量多于已熟果。例如，未熟的李的单宁含量约为 0.32%，成熟时为 0.22%，过熟后为 0.1%。含有单宁的组织，当剖开暴露在空气中时，受氧化酶的作用会变色。例如，含单宁成分多的梨或苹果在剖开后，剖面易变褐色。单宁遇到铁等金属离子后会加剧褐变，遇碱则很快变成黑色。单宁与糖和酸的比例适当时，能表现良好的风味，故果酒、果汁中均应含有少量的单宁。另外，单宁可与果汁中的蛋白质相结合，形成不溶解的化合物，有助于汁液的澄清，在果汁、果酒生产中其有重要意义。

（七）糖苷类

果蔬组织中常含有某些糖苷（或叫糖甙）类，它是由糖和其他含有羟基的化合物（如醇、醛、酚、鞣酸）结合而成的物质。大多数都具有苦味或特殊的香味，其中一些苷类不只是果蔬独特风味的来源，也是食品工业中主要的香料和调味料。而其中部分苷类则有剧毒，如苦杏仁苷和茄碱苷等，在食用时应予以注意。

苦杏仁苷多存于果核类（如桃、李、杏等）的果核果仁中。马铃薯的块茎、番茄和茄子含碱苷。一般认为，马铃薯茄碱苷的正常含量为 $0.002\% \sim 0.01\%$，如含量高于 0.02% 时，能使人中毒，所以已发芽的马铃薯（芽中含量可高达 $0.42\% \sim 0.73\%$）一般不能食用和作为加工原料。芥菜、萝卜含黑芥子苷较多。橘皮苷是柑橘类果实中普遍存在的一种苷类，在橘皮及橘络内含量最多。

（八）色素物质

色素物质为表现果蔬色彩物质的总称，依其溶解性及在植物中存在状态分为两类。

1. 脂溶性色素（质体色素）

（1）叶绿素（绿色）。

（2）类胡萝卜素（橙色）　主要包括胡萝卜素、叶黄素、番茄红素。

2. 水溶性色素（液泡色素）

（1）花青素（红、蓝等色）　花青素易受 pH、氧气、光、温度的影响而发生变化，加工时应引起注意。花青素遇到金属（铁、铜、锡）时会变色，因此生产含花青素的罐藏水果应采用涂料罐装，加工设备和器具应用不锈钢或铝制成。

（2）花黄素（黄色）　在多数情况下，颜色常作为果蔬成熟度的主要判断因素，也与风味、质地、营养成分的完整性相关。

（九）芳香物质

各种水果及蔬菜都含有其特有的芳香物质而具有香气，一般含量极微，只有万分之几到十万分之几，少数水果和蔬菜，如柑橘类、芹菜、洋葱中的含量较多。芳香物质的种类很多，是油状的挥发性物质，因含量极少，故又称为挥发油或精油。它的主要成分一般为醇、酯、醛、酮、烃、萜和烯等。有些植物的芳香物质不是以精油的状态存在的，而是以糖苷或氨基酸状态存在的，必须借助酶的作用进行分解，生成精油才有香气，如苦杏仁油、芥子油及蒜油等。

果蔬中所含有的芳香物质，不仅构成果蔬及其制品的香气，而且能刺激食欲，因而有助于人体对其他营养成分的吸收。

（十）维生素

水果和蔬菜是人体营养中维生素最重要的直接来源，果蔬中所含的维生素种类很多，可分为水溶性和脂溶性两类。

1. 水溶性维生素

（1）维生素 C（抗坏血酸）　维生素 C 是一种不稳定的维生素，广泛存在于果蔬中，含量最多的是枣、山楂、柑橘、番茄、辣椒、猕猴桃、刺梨、番石榴等，核果类、叶菜类和根菜类含量较低。维生素 C 溶于水，易被氧化，与铁等金属离子接触后会加剧氧化，在碱性及光照条件下容易被破坏。在加工过程中，切分、烫漂、蒸煮和烘烤时维生素 C 极易损失，应采取措施减少损耗。另外，维生素 C 及其钠盐常作为抗氧化剂使用在食品中。

（2）维生素 B_1（硫胺素）　果蔬中维生素 B_1 的含量为 $0.01 \sim 0.02 \mathrm{mg} \cdot \mathrm{kg}^{-1}$，豆类中含量最多。它在酸性条件下稳定，耐热，在中性及碱性条件下极容易受到破坏。

（3）维生素 B_2（核黄素）　甘蓝、番茄中含量多，能耐热，耐干燥及氧化。干制品中维生素 B_2 均保持着它的活性。

2. 脂溶性维生素

（1）维生素 A 原（胡萝卜素）　植物体没有维生素 A，但广布维生素 A 原。维生素 A

原进入机体后，便转变成维生素 A。柑橘、柿子、枇杷、黄肉桃等水果和胡萝卜、南瓜、番茄等蔬菜都是人体维生素 A 的重要来源。

（2）维生素 E 及维生素 K　存在于植物的绿色部分，很稳定。莴苣富含维生素 E，菠萝、甘蓝、花椰菜、青番茄富含维生素 K。

（十一）矿物质

果蔬中含有多种矿物质，如钙、磷、铁、镁、钾、钠、碘、铝、铜等，它们以硫酸盐、磷酸盐、碳酸盐或与有机物结合的盐类存在（蛋白质中含有硫和磷、叶绿素中含有镁等）。其中与人体营养关系最密切的矿物质有钙、磷、铁等。

水果的灰分含量为果仁类 $0.33\%\sim0.78\%$，核果类 $0.44\%\sim1.16\%$，浆果类 $0.26\%\sim0.89\%$；而蔬菜的灰分含量为 $0.41\%\sim2.2\%$。

（十二）酶

水果与蔬菜组织中的酶支配着果蔬的全部生命活动的过程，同时也是贮藏和加工过程中引起果蔬品质变坏和营养成分损失的重要因素。如苹果、香蕉、芒果、番茄等在成熟中变软就是果胶酶类酶活性增强的结果。而过氧化物酶及多酚氧化酶则会引起果蔬的酶促褐变。成熟的香蕉、苹果、梨及芒果则由于淀粉酶及磷酸化酶的作用使其中的淀粉水解为葡萄糖，甜度增加。

二、果蔬原料的组织结构特性

（一）构成果蔬组织的细胞

植物组织由各种机能不同的细胞群组成。细胞的个体很小，一般直径在 $10\sim100\mu m$，多汁的水果（如成熟的西瓜、番茄）果肉细胞直径可达 1mm。细胞一般由细胞壁、原生质体和液泡等构成。

1. 原生质体

原生质体是构成生活细胞的基础物质，它是细胞有生命部分，包括细胞质、细胞核、线粒体、质体等几部分。细胞的一切生命活动都是通过原生质体来实现的。

细胞质，也称原生质，是细胞的生活基础物质，位于细胞壁以内，主要含有蛋白质、脂肪、类脂、糖类和核酸等，一般含有 80% 左右的水分。

细胞核是原生质体的重要部分，一般位于细胞中央，随着细胞长大，液泡的形成，而被挤到边缘。主要含有核蛋白和核酸。

线粒体分散在细胞质中，含有酶、维生素等，能转变成质体，是呼吸酶集中的地方。

质体为绿色植物所特有，主要由脂类化合物和蛋白质构成，含有色素物质，可赋予植物不同的颜色。可分为叶绿体、白色体和有色体三种质体。

2. 液泡

成熟的细胞内形成的充满汁液的泡状物称为液泡。细胞液除含有 90% 以上水分外，还含有许多水溶性的糖、有机酸、单宁、植物碱、无机盐、花青素等，使果蔬具有酸、甜、苦、涩等味道。花青素的存在可使果蔬形成不同的颜色。

3. 细胞壁

细胞壁由纤维素、果胶物质等构成，对细胞起着保护和巩固的作用。

细胞壁是全透性膜，而原生质膜为半透性膜，其细胞液经常保持着较高的浓度，具有较高的渗透压力。

（二）细胞的膨胀与果蔬组织状态的变化

细胞的膨胀是根据细胞的渗透作用原理而形成的。细胞的原生质层（包括原生质膜、液泡膜和两膜之间的中层）是一个渗透膜，液泡里的细胞液含有很多溶解于水的物质，因此具有一定的渗透浓度。这样的细胞便形成一个渗透系统。如果把果蔬放在清水或低渗透浓度的溶液中，由于渗透压差的驱动，水分从外界进入细胞的速率将超过细胞里排出的速率，因此，液泡中的水分增多，容积增大，通过原生质对细胞壁的压力也相应增大，这时细胞便呈膨胀状态。如果把果蔬浸入盐或糖等高渗透溶液中，细胞的水分向外流出，于是液泡体积收缩，原生质和细胞壁所受压力减低，因为细胞壁和原生质都具有伸缩性，因此整个过程细胞的体积便缩小。在细胞液中的水分继续向外渗出的过程中，由于细胞壁的伸缩性有限，而原生质层将继续收缩下去，这样就引起质壁分离，甚至引起细胞死亡。

果蔬收获后，在自然的环境下，也会发生上面那些变化，尤其是果蔬在低温环境下，会引起水分的过量蒸发而造成细胞的质壁分离以致死亡，引起果蔬的失鲜，甚至腐烂变质。所以，要保持果蔬的新鲜品质，就要使果蔬维持膨胀状态，故在贮藏时要维持较高的湿度和适当的温度。另一方面，在果蔬贮藏时，如外界温度过高，会使果蔬表皮细胞升温而形成细胞内外温度的提高，热向内部传导，使细胞内容物升温而膨胀增压，造成果蔬的膨胀和流汁现象。

（三）其他影响果蔬组织结构的因素

除细胞的膨胀状态可影响果蔬组织结构外，细胞黏着力的变化、机械组织的存在与否、成熟度等也可影响果蔬组织的结构。

1. 细胞黏结力的变化

细胞黏着力依赖于细胞间果胶质的数量和状态。在果蔬成熟过程中水溶性果胶增加，不溶性果胶减少，细胞之间黏着力减低，变得容易分离，组织变软。如甜瓜、番茄等果实的组织成为粉状就是这个原因。有些果蔬的果胶含量高，所以到成熟时仍保持坚硬。用热处理可以改变细胞的黏着力，降低组织的硬度，这也与可溶性果胶的形成有关。

2. 机械组织

机械组织的存在与否也会影响果蔬的结构和品质。幼小植物是多汁的，主要是薄壁细胞。随着植物的生长，细胞壁发生不同程度的增厚而形成厚角细胞和厚壁细胞，结构也不同了。这两种组织的结合，使植物组织坚韧，如芹菜的茎和叶柄中这两种细胞的存在，使其纤维化并呈多筋状，从而降低品质。又如过熟的菜豆中纤维鞘硬化，细胞壁增厚而变得不堪食用。

3. 成熟度

果实在成熟时其结构发生大的变化，表现在细胞壁加厚、原生质膜渗透性改变以及细胞间隙的大小改变，以利于组织软化。质体中的叶绿体变为有色体，使未成熟果实的绿色变为各品种固有的颜色。

线粒体在成熟时维持正常的结构，仅在呼吸高峰后的过熟时期发生明显的破坏。

三、果蔬原料采后的生理特性

收获后的果蔬，仍然是有生命的活体，但是脱离了母株之后组织中所进行的生化、生理过程不完全相同于生长期中所进行的过程。收获后的果蔬所进行的生命活动，主要方向是分解高分子化合物，形成简单分子并放出能量。其中一些中间产物和能量用于合成新的物质，另一些则消耗于呼吸作用或部分地累积在果蔬组织中，从而使果蔬营养成分、风味、质地等发生变化。

不同的果蔬有不同的耐贮性和抗病性，这是由果蔬的物理、机械、化学、生理性状综合起来的特性。这些特性以及它们的发展和变化，都决定于果蔬新陈代谢的方式和过程。所谓耐贮性就是指果蔬在一定贮藏期内保持其原有质量而不发生明显不良变化的特性；而抗病性则是指果蔬抵抗致病微生物侵害的特性。生命消失，新陈代谢终止，耐贮性、抗病性也就不复存在。成熟期采收的冬瓜在通常环境条件下放置数十天仍可保持鲜态，煮熟的瓜片失去了果蔬的耐贮性、抗病性，通常在夏天一夜就变馊。

（一）呼吸作用

果蔬收获后，光合作用停止，呼吸作用成为新陈代谢的主导过程。呼吸与各种生理过程有着密切的联系，并制约着这些过程，从而影响到果蔬在贮藏中的品质变化，也影响到耐贮藏性和抗病性。果蔬呼吸作用的本质是在酶的参与下的一种缓慢的氧化过程，即使复杂的有机物质分解成为简单的物质，并放出能量。这种能量一部分维持果蔬的正常代谢活动，一部分以热的形式散发到环境中。

呼吸作用分为有氧呼吸和缺氧呼吸。以糖为基质时，两种呼吸的总的反应式为：

有氧呼吸 $C_6H_{12}O_6 + 6O_2 \longrightarrow 6CO_2 + 6H_2O + 2817kJ$

缺氧呼吸 $C_6H_{12}O_6 \longrightarrow 2C_2H_5OH + 2CO_2 + 117kJ$

有氧呼吸是植物的主要呼吸方式，缺氧呼吸释放的能量较少。为获得同等数量的能量，就要消耗远比有氧呼吸更多的有机物。同时缺氧呼吸的最终产物为乙醇等，这些物质对细胞有一定毒性，如果积累过多，将会引起细胞中毒甚至杀死细胞。从这些方面来看，缺氧呼吸是不利的，或是有害的。但植物的有些器官的内层组织，所处位置的气体交换比较困难，经常处于缺氧的条件，进行部分缺氧呼吸，这是植物对环境的适应，只是这种缺氧呼吸在整个呼吸中所占的比重不大。但是，在果蔬的贮藏中，不论由何种原因引起的缺氧呼吸的加强（并从而导致在整个呼吸的比重增大），都被看作是正常代谢被干扰、破坏。控制适宜的低温和贮藏环境中适度的氧和二氧化碳含量，是防止产生不正常缺氧呼吸的关键。

水果蔬菜呼吸作用强弱的指标是呼吸强度。呼吸强度通常以 1kg 水果或蔬菜 1h 所放出的二氧化碳质量（mg）来表示，也可以用吸入氧的体积（mL）来表示。

果蔬在贮藏期间，呼吸强度的大小直接影响着贮藏期限的长短。呼吸强度大，消耗的养分多，加速衰老过程，缩短贮藏期限；呼吸强度过低，正常的新陈代谢受到破坏，也缩短贮藏期限。因此，控制果蔬正常呼吸的最低呼吸强度，是果蔬贮藏的关键问题。

水果蔬菜呼吸特性的指标是呼吸商。呼吸商也称为呼吸系数，即水果蔬菜呼吸过程中释放出的二氧化碳（V_{CO_2}）与吸入的氧气（V_{O_2}）的容积比。用 RQ 表示：

$$RQ = \frac{V_{CO_2}}{V_{O_2}} \tag{1-1}$$

RQ 通常是在有氧情况下测定的（缺氧时，RQ 较大），同一底物，RQ 可表示呼吸状态（有氧和无氧）。RQ 因消耗的底物不同而不同。从呼吸系数可以推测被利用和消耗的呼吸基质。

葡萄糖的氧化：$C_6H_{12}O_6 + 6O_2 \longrightarrow 6CO_2 + 6H_2O$

$RQ = 6/6 = 1$

脂肪（硬脂酸）的氧化：$C_{18}H_{36}O_2 + 26O_2 \longrightarrow 18CO_2 + 18H_2O$

$RQ = 18/26 = 0.69 < 1$

有机酸（醋酸）的氧化：$2C_2H_2O_4 + O_2 \longrightarrow 4CO_2 + 2H_2O$

$RQ = 4/1 = 4 > 1$

不同种类的果蔬呼吸状态不同，果蔬以其呼吸状态可分为两类：高峰呼吸型和非高峰呼吸型。不同果蔬呼吸状态的变化见图 1-1。

果蔬生命过程中（常压成熟阶段）出现呼吸强度起伏变化现象，称为呼吸漂移。有的果蔬会出现漂移高峰值即呼吸高峰。

高峰呼吸型也叫呼吸跃变型或者 A 型，这类果蔬有：苹果、柿子、桃子、木瓜、甜瓜、番茄、香蕉、芒果等。A 型果蔬有三个特点。① 生长过程与成熟过程明显。呼吸高峰标志着果蔬开始进入衰老期，故保藏应在高峰期出现之前。② 乙烯对其呼吸影响明显。乙烯的

图 1-1　果蔬的两类呼吸漂移曲线
A 型—高峰型；B 型—非高峰型

使用使果蔬的呼吸高峰提前出现。乙烯的催熟作用在高峰之前才有用。③ 可以推迟高峰期的出现。在高峰期到来之前收获，通过冷藏、气调等方法可使呼吸高峰期推迟。呼吸高峰后不久的短暂期间鲜食为佳。

　　非高峰呼吸型也称 B 型。柑橘、橙、菠萝、柚子、阳桃、柠檬、樱桃、葡萄、草莓、枣、龙眼和荔枝等属于此类。B 型的特点有两个：生长与成熟过程不明显，生长发育期较长；多在植株上成熟收获，没有后熟现象。成熟后不久的短暂时期鲜食为佳。如：柑橘从开花至结果、成熟需 8～11 个月；苹果从开花至结果、成熟才需 4～5 个月。乙烯作用不明显。乙烯可能有多次作用，但无明显高峰。高峰型果实和非高峰型果实对乙烯的反应见图 1-2。

图 1-2　高峰型果实和非高峰型果实对乙烯的反应
——空气；-----空气加乙烯

　　影响呼吸强度的因素有果蔬种类、品种的差异，外界条件（温度、湿度、气体成分、冻伤等）及成熟度等。

　　（1）果蔬的种类、品种　果蔬以绿叶蔬菜呼吸强度最大，其次为番茄和浆果类果实（不包括葡萄），核果类中等，果仁类和柑橘类等较小，最低是葡萄及根菜类，一般来说，呼吸强度愈大，耐藏性愈低。

　　（2）温度　在一定的范围内，温度愈高，呼吸强度愈大，贮藏期也愈短。但温度高至 35～40℃时，果蔬的呼吸强度反而低，如果温度继续升高，酶就被破坏，则呼吸停止。一般来说，温度降低时，果蔬的呼吸强度也降低。

　　（3）组织伤害及微生物　果蔬遭受机械损伤等，会刺激果蔬呼吸，这不仅要消耗营养物质，也易为微生物侵害，降低耐贮性。

　　（4）气体成分　空气成分是影响呼吸强度的另一个重要环境因素。二氧化碳浓度过量会引起果蔬生理病害。空气中氧的含量高，呼吸强度大；但氧的浓度极低时，果蔬就要进行缺氧呼吸，也易引起生理病害。故要维持果蔬正常生命活动，又要控制适当的呼吸作用，就要使贮藏环境中氧和二氧化碳的含量保持一定的比例。

此外，果蔬在呼吸过程中，除了放出二氧化碳外，还不断放出某些生理刺激物质，如乙烯、醇、醛等。其中乙烯对果蔬的呼吸有显著的促进作用，故应做好贮藏库的通风换气，防止乙烯等过量积累。

（二）果蔬的后熟与衰老

一些果菜类和水果，由于受气候条件的限制，或为了便于运输和调剂市场的需要，必须在果实还没有充分成熟时采收，再经过后熟，供食用和加工。

所谓后熟通常是指果实离开植株后的成熟现象，是由采收成熟度向食用成熟度过度的过程。果实的后熟作用是在各种酶的参与下进行的极其复杂的生理生化过程。在这个过程中，酶的活动方向趋向水解，各种成分都在变化，如淀粉分解为葡萄糖、果糖等，果实变甜；可溶性单宁凝固，果实涩味消失；原果胶水解为果胶，果实变软；同时果实色泽加深，香味增加。在这个过程中还由于果实呼吸作用产生了酒精、乙醛、乙烯等产物，促进了后熟过程。

利用人工方法加速后熟过程称为催熟。加速后熟过程的因素主要有三点，即适宜的温度、一定的氧气含量及促进酶活动的物质。试验证明，乙烯是很好的催化剂。乙烯能提高氧对果实组织原生质的渗透性，促进果实的呼吸作用和有氧参与的其他生化过程。同时乙烯能够改变果实的酶的活动方向，使水解酶类从吸附状态转变为游离状态，从而增强果实成熟过程的水解作用。

乙烯催熟的最佳条件：温度 $18\sim20℃$，相对湿度 $80\%\sim90\%$，乙烯浓度为催熟室体积的万分之五至千分之一。

果实的衰老是指一个果实已走向它个体生长发育的最后阶段，开始发生一系列不可逆的变化，最终导致细胞崩溃及整个器官死亡的过程。果实进入成熟时既有生物合成性质的化学变化，也有生物降解性质的化学变化。但进入衰老期就更多地趋于降解性质的变化。有些植物生理学家认为果实成熟时已进入衰老阶段，后熟就是衰老的起点，成熟过程过渡到衰老是连续性的，不宜把前者和后者分割开来。

（三）果蔬水分的蒸发作用

新鲜果蔬含水分很高，细胞水分充足，膨压大，组织呈坚挺脆嫩的状态，具有光泽和弹性。在贮藏期间由于水分的不断蒸发，细胞的膨压降低，致使果蔬发生萎缩现象，光泽消退，失去了新鲜感。这主要是蒸发脱水的结果。

植物体及其各种器官，在整个生命期间总是不断地进行蒸发作用的。果蔬在采收前，蒸发作用丧失的水分，可由根系从土壤中得到补偿。采收后的蒸发脱水通常不能得到补充，果蔬就逐渐失去新鲜度，并且带来一系列的不良影响。

（1）失重和失鲜　果蔬在贮藏中由于水分蒸发所引起的最明显的现象是失重和失鲜。失重即所谓"自然损耗"，包括水分和干物质两方面的损失，不同的果蔬的具体表现有所不同。失鲜表现为形态、结构、色泽、质地、风味等多方面的变化，失鲜降低了食用和商品品质。

（2）破坏正常的代谢过程　细胞脱水，细胞液和原生质浓度增高，其中有些物质和离子，如氢离子、NH_3 等，它们的浓度可能增高到有害的程度，这就要引起细胞中毒。原生质脱水还可能引起一些水解酶的活性加强，加速一些有机物的分解，破坏原生质的正常状态。组织中水解过程加强，积累呼吸基质，又会进一步刺激呼吸作用。严重脱水甚至会破坏原生质的胶体结构，扰乱正常的代谢，改变呼吸途径，也会产生并积累某些分解物质，如 NH_3 等而使细胞中毒。

（3）降低耐贮性、抗病性　蒸发作用引起正常的代谢作用破坏，水解过程加强，以及由于细胞膨胀压降低而造成的机械结构特性改变等，显然都会影响到果蔬的耐贮性、抗病性。组织脱水程度越大，抗病性下降得越剧烈。

水分蒸发的速率与果蔬的种类、品种、成熟度、表面细胞角质的厚薄、细胞间隙的大小、原生质的特性、比表面积的大小有着密切关系。此外，温度、相对湿度、空气流速、包装情况等外界环境条件也影响水分的蒸发。避免果蔬萎缩是果蔬贮藏过程中一项极为重要的措施。

果蔬在贮藏过程中，有时可见果蔬表面凝结水分现象称为"发汗"。发汗的原因是空气温度降到露点以下，过多的水蒸气从空气中析出而在物体表面凝成水珠。果蔬的发汗，标志着该处的空气湿度极高，给微生物的生长和繁殖创造了良好的条件，将引起果蔬的腐烂损失。防止出汗的措施是调节适宜的环境温度、湿度和空气流速。

（四）休眠与发芽

一些块茎、鳞茎、球茎、根茎类蔬菜，在结束田间生长时，其组织（这些都是植物的繁殖器官）积贮了大量营养物质，原生质内部发生深刻变化，新陈代谢明显降低，生长停止而进入相对静止状态，这就是休眠。植物在休眠期间，新陈代谢、物质消耗和水分蒸发都降到最低限度。经过一段时间后，便逐渐脱离休眠状态，这时如有适宜的环境条件，就会迅速发芽生长，其组织积贮的营养物质迅速转移，消耗于芽的生长，本身则萎缩干空，品质急剧恶化，以至于不堪食用。

休眠是一种有利于贮藏的特性，这时具有很好的耐贮性，可以较好地保存产品。在贮藏实践上，可利用控制低温、低湿、低氧含量和适当的二氧化碳含量来延长休眠，抑制发芽。或者，使用青鲜素和萘乙酸甲酯和乙酯喷涂大蒜、洋葱、板栗和马铃薯可以抑制发芽。辐照处理（$8 \times 10^{-2} \sim 15 \times 10^{-2}$Gy 的 γ 射线）也可以有效抑制上述蔬菜的发芽。

四、果蔬原料的采收与采收后的处理

果蔬原料的采收工作，是农业生产的最后一环，同时又是果蔬、加工的最初一环。果蔬采收期的选择以及采收操作是否适当都直接影响贮运损耗和加工品质。

果蔬的采收成熟度、采收时间和采收方法都应考虑到加工的目的、贮运的方法和设备条件。

（一）果蔬的成熟度与采收

1. 采收成熟度的确定

由于果蔬供食用的器官不同，贮运加工对材料的要求也不同，因而采收成熟度的标准也各有差异。一般要求品质达到最高标准，但也适当照顾产量。

（1）水果　水果都是以果实供食用，根据果实的成熟特征，一般可分为三个阶段，即采收成熟度、加工成熟度和生理成熟度。

① 采收成熟度　果实到了这个时期基本上完成了生长和物质的积累过程，母株不再向果实输送养分，果实已充分膨大长成，绿色减退或全退，种子已经发育成熟。这时采收的果实，适宜长期贮藏和长途运输以及作果脯类产品的原料。但此时果实的风味还未发展到顶点，经过一段时间的贮藏后熟，风味呈现出来，使可达到正常的加工要求。但早于采收成熟度以前的果实，则无论采取什么措施，也不能达到应有的风味。

凡不适于贮藏或后熟的水果如草莓、杨梅、荔枝等，其采收成熟度应按接近加工成熟度的要求采收。

② 加工成熟度　这时果实已经部分或全部显色，虽未充分成熟，但已充分表现出本品种特有的外形、色泽、风味和芳香，在化学成分和营养价值上也达到最高点。当地销售、加工及近距离运输的果实，此时采收质量最佳。制作罐头水果、果汁、干果、果酒等均宜此时采收。

③ 生理成熟度　通常也称为过熟。此时果实在生理上已达到充分成熟的阶段，果肉中的分解过程不断进行的结果，使得风味物质消失，变得淡而无味，质地松散，营养价值也大

大降低。过熟的果实不适宜贮藏加工，一般只适于采种。而以种子供食用的栗子、核桃等干果则需要在此时或接近过熟时采收。

(2) 蔬菜　蔬菜的采收成熟度难以一致，一般多采用以下方法来判断蔬菜的成熟度。

① 蔬菜表面色泽的显现和变化　果菜类的色泽是判断成熟的重要标志。如番茄果实作长距离运输或贮藏，应在绿熟时采收，即果顶显示奶油色的时候。当地销售可在破色期采收。罐藏、制酱或制干的辣椒应表现充分的红色。茄子应在明亮而有光泽色彩时采收，黄瓜应为深绿色尚未变黄时采收。甜瓜色泽从绿到斑绿和稍黄表示成熟。其他如豌豆应从暗变为亮绿，四季豆是绿色而不是白色时为成熟。

② 坚实度　由于蔬菜供食用部分不同，成熟度的要求不一，坚实度作为蔬菜采收标准有其不同的含意。一是表示蔬菜没有过熟变软，能耐藏，如番茄、辣椒等要求有一定的硬度时采收。二是表示蔬菜发育良好，充分成熟，达到采收的质量标准如甘蓝叶球、花椰菜花球都应充实坚硬，这时采收耐藏性强。三是硬度高表示品质下降。如莴苣、芥菜采收应在叶变坚硬之前，凉薯、豌豆、四季豆、甜玉米等都应在幼嫩时采收，不希望硬度高。

③ 糖和淀粉含量　糖和淀粉含量也是采收成熟度的指标。如甜玉米、豌豆、凉薯、菜豆以食用幼嫩组织为主的。糖多、淀粉少则质地脆嫩，风味良好，否则组织粗硬，品质下降。而马铃薯、芋头的淀粉含量多是采收成熟的标志，应变为粉质时采收，此时产量高，营养丰富，耐贮藏，制淀粉时出粉率高。

④ 其他采收成熟度标准　甜玉米在籽粒有乳汁，穗丝变为褐色时采收。黄瓜、丝瓜、茄子、菜豆应在种子膨大硬化之前采收，这时鲜食、加工品质好。南瓜、冬瓜如需长期贮藏则应充分成熟，大蒜头早收减产而不耐贮藏，应在叶枯断、蒜头顶部开裂之前采收。作鲜食腌渍用的应采嫩姜，老姜则耐藏。

以上这些采收成熟度标准应该在实践中根据果蔬的种类、品种、特性、生长情况、气候条件、栽培管理情况综合加以考虑，才能确切地决定适当的采收期，使果蔬贮藏加工得到最好的结果。

2. 采收时间与方法

(1) 采收时间　蔬菜，一般每天日出前采收，天气热尽可能在上午10时之前采收。因水分多，品温低，可减少预冷能耗。瓜果，一般为日落采收，下午3时之后，含水量少，不易碰伤。水果，白天未经暴晒时，上午10时以前，下午3时之后采收。

雨后或露水未干前不宜采收。如天气热，温度高，午后采收的果菜应摊放在树下或阴凉的地方散热，待降温后再装运。

(2) 采收方法

① 人工采收　劳动强度大，速度慢，损伤少，采收人员应在采收前剪指甲，以防伤及果蔬。

② 机械采收　劳动强度小，速度快，成本低，但机械采收容易造成果蔬的机械伤损。

采收果实时应先由下而上，先外围后内部。果实应轻拿轻放。如香蕉采收应先托住果实再切茎，不可砍下再采，避免造成机械损伤。

(二) 果蔬采收后的必要处理

1. 预冷

蔬菜采收后高温对保持品质是有损害的，特别是在热天采收的时候。所有蔬菜采收后要经过预冷以除去田间热，减少水分的损失。

预冷的方法很多，最方便的就是放在阴凉通风的地方，使其自然散热。叶菜类用水喷淋冷却是有利的，降温速率快，还可保持组织的新鲜度。用高速鼓风机吹冷风也可很快降温。

2. 果蔬的分级

果蔬分级的主要目的是为便于收贮、销售和包装，使之达到商品标准化。分级后的果蔬其品质、色泽、大小、成熟度、风味、营养成分、清洁度、损伤程度等基本上一致，使得更便于加工工艺的确定和保证加工产品的质量。分级处理对于提高商品果蔬的市场价值极为重要。

果品的分级标准因种类品种不同而不同。我国目前一般是在果形、新鲜度、颜色、病虫害和机械损伤等方面符合要求的基础上，再按大小进行分级，即按照果实横径最大部分的直径，区分为若干等级。

蔬菜由于供食用的部分不同，成熟标准不一致，所以只能按照各种蔬菜品质的要求制定个别的标准。蔬菜分级通常根据坚实度、清洁度、大小、重量、颜色、形状、成熟度、新鲜度，以及病虫感染和机械损伤等各个方面来确定。通常分级的级别有三种：即特级、一级和二级。特级是最好的品质，拥有本品种的典型形状和色泽，没有影响固有组织和风味的内部缺点，大小一致，并且包装排列整齐。一级与特级有同样的品质，允许在色泽上、形状上稍有缺点，外表稍有斑点，但这些斑点一般不影响外貌和保存品质。二级可以呈现某些外部缺点，当新鲜时供应销售还是很合适的，也适合于短距离运输。

果实采收后，必须散除田间热再进行分级装箱。在包装和验收过程中，要按实际情况将碰压伤、雹伤、刺伤、磨伤的果实剔除或另行处理，否则伤处会在运输和贮藏过程中不断发展加深，严重时会造成腐烂，影响整体的贮藏寿命和加工质量。对有病虫害及其他不合格果，也须在装箱时严格剔除。

3. 特殊处理

（1）涂膜　经用涂料处理后在果实表面形成一层薄膜，可抑制果实内外的气体交换，降低呼吸强度，从而减少营养物质的消耗，并且减少水分的蒸发损失，保持果实饱满新鲜，增加光泽，改善外观，延长果实的贮藏寿命，提高果实的商品价值。由于果实有一层薄膜保护，也可以减少微生物的污染而造成的腐烂损失，但必须注意涂料层的厚度和均匀要适当。如过厚则会导致果实呼吸作用不正常，趋于缺氧呼吸，引起生理失调，从而使果实的品质风味迅速劣化，产生异味，并且快速衰老以致腐烂。涂料处理只不过是在一定的期限内起一种辅助作用，不能忽视果实的成熟度、机械伤、贮藏环境条件等对延长贮藏寿命和保持品质所起的决定性作用。

选择适当的涂料，使之在果蔬表面形成一层保鲜膜的涂膜保藏法已广为使用。

（2）愈伤　根茎类蔬菜在采收过程中，很难避免各种机械损伤，即使有微小的、不易觉察的伤口，也会招致微生物的侵入而引起腐烂。如马铃薯、洋葱、蒜、芋、山药等采收后在贮藏前进行愈伤处理是十分重要的。将采收后的马铃薯块茎保持在18.5℃以上2h，而后在7.5～10℃和相对湿度90%～95%保持15～20d。适当的愈伤处理可使马铃薯的贮藏期延长50%，也可减少腐烂。

（3）其他处理　用化学或植物激素处理也可，延迟蔬菜的成熟和衰老，以适应加工的需要。

4. 催熟

某些果蔬，如番茄，为了提早应市或远销，或在夏季温度过高，果实在植株上很难变红，或秋季为了避免冷害，都要在绿熟期采收。加工前要进行人工催熟。催熟后不但色泽变红，而且品质也有一定的改进，但不能达到植株上成熟那样的风味。

乙烯处理是比较常用的催熟方法，通常在一定温度和湿度的室内进行。加温处理亦可催熟，但这种催熟时间长，而且果实容易萎缩。

5. 果蔬的包装

果蔬包装是标准化、商品化、保证安全运输和贮藏的重要措施。合理的包装可以减少运输中相互摩擦、碰撞、挤压而造成的机械损失，减少病害蔓延和水分蒸发，也可避免蔬菜散堆发热而引起腐烂变质。

良好的包装材料与容器有保护果蔬的作用。用于水果、蔬菜销售包装的主要材料有塑料薄膜，如玻璃纸、涂 PVDC 玻璃纸、PVC、PE、PS、PP 膜等，采用袋装或收缩薄膜包装。依透气率要求选择透气膜或在膜上适当打孔，以满足果蔬呼吸的需要。用纸浆或纸板的成型品、塑料片热成型品、泡沫塑料制成的有缓冲作用的浅盘也常用于外形较一致的果蔬包装，再覆盖收缩薄膜，或将托盘和食品一起装入塑料袋或纸盒套内。纸盒有透明塑料窗，可看清包装内容物。木箱、纸浆模塑品、塑料筐（箱）、瓦楞纸箱用于水果及蔬菜的运输或贮藏包装。牛皮纸袋、多层纸袋、开窗纸袋、纤维网袋、塑料网袋、带孔眼的纸袋和塑料袋（箱）多用于土豆、洋葱等根茎类蔬菜的贮运及销售包装。

包装果品时，一般在包装里衬垫缓冲材料，或逐果包装以减少由于果与果、果与容器之间的摩擦而引起的损伤。包裹材料应坚韧细软，不易破裂，用防腐剂处理过的包裹纸还有防治病害的效果。

质地脆嫩的蔬菜容易挤伤，所以不宜选择容量过大的容器，如番茄、黄瓜等采用比较坚固的箩筐或箱包装，容量不超过 30kg。比较耐压的蔬菜如马铃薯、萝卜等都可以用麻袋、草袋或蒲包包装，容量可重 20～50kg。

6. 果蔬的运输

果品在远途运输前需预先进行降温处理。若不先行预冷降温，即使在运输途中采用冷藏车船，也不易将果品降到适宜的贮运温度。且未经预冷的果品装载在冷藏车内，果品温度和车厢温度相差较大，果品水分蒸发，致使车厢内相对湿度过高，易在车厢顶部凝结大量水珠，滴在果箱上，对果品运输极为不利。例如广东香蕉的运输，未经预冷，装火车时（冷藏车）果箱内温度为 27～28℃，火车运行 5h 后，车厢内温度为 11～12℃，而果箱内温度尚为 14℃，也就是还未降到车厢内的温度。而在冷库预冷的香蕉，在入库经 14h 后就可以将香蕉温度降到 12℃，就可避免前述的这种现象。

蔬菜运输最好不要混装，因为各种蔬菜所产生的挥发性物质会互相干扰，尤其是能产生乙烯的蔬菜，如番茄。微量的乙烯也可能使其他蔬菜早熟，如辣椒会过早变色。即使 1mg·kg^{-1} 的乙烯也会损伤莴苣和胡萝卜，使莴苣发生锈斑病，胡萝卜产生苦味。此外，蔬菜运输一定要有通风装置。果蔬运输时，应注意以下事项：

① 运输车辆（船）应保持洁净，不带油污及其他有害物品。

② 无论采用什么运输工具，装卸操作都必须轻装轻卸，防止果蔬原料遭受机械损伤。

③ 要尽量做到快装、快卸、快运。注意通风，防止日晒雨淋。

④ 对不耐贮运的果蔬原料，运输时间应尽量安排在早晨、傍晚或夜间。力求当日采收，当日送厂加工。

⑤ 长途运输果蔬原料，要注意防冻、防热，应尽量采用冷藏车或冷藏船运输。

五、果蔬的贮藏保鲜技术

（一）冷藏法

冷藏法依靠低温的作用抑制微生物的繁殖，延缓果蔬的氧化和生理活动，根据不同果蔬的贮藏要求调节温度和湿度，延长贮藏期（见第四章）。可以分为自然低温贮藏法及冷藏库贮藏法。

自然低温贮藏，也称简易贮藏，在我国北方秋冬季节使用较多，是当地劳动人民经过长期的生产实践总结出来的，适应当地的气候、土壤等条件特点，简便易行，设施结构简单，成本低廉，但管理等都较为粗放。其特点是利用自然的低温气候进行贮藏处理。常见的方式包括堆藏、沟藏、窖藏、土窑洞和通风库贮藏等。这类方法的关键在于果蔬的通风和温度条件的管理。

冷藏库贮藏法采用机械冷藏库对果蔬进行冷藏处理，可以根据果蔬不同的贮藏特性和要求，调节贮藏温度和湿度等条件，贮藏效果好，容易控制，但前期投入较大，运行成本较高。

（二）气调贮藏法

调节果蔬贮藏环境的气体组成分，简称气调贮藏，是当前广为应用的贮藏方法。通过改变贮藏环境的气体成分，如填充二氧化碳（或氮气）使贮藏环境中氧含量由21%降至2%～6%，二氧化碳由0.03%提高到3%以上，从而抑制果蔬的呼吸作用，延缓其衰老和变质过程，使其在离开贮藏库后仍然有较长的寿命。采用气调法贮藏苹果一般6个月后苹果色、香、味、硬度不变，而单纯采用低温贮藏法，一般4个月以后苹果就开始发绵。

气调贮藏的管理主要是封闭和调气两部分。调气是创造并维持产品所需的气体组成；封闭是杜绝外界空气对所要求的气体环境的干扰。目前气调贮藏按其采用的封闭设备可分为两类：一类是气调贮藏库，为了提高保藏效果，气调贮藏法常结合低温贮藏，故也称气调冷藏库贮藏；另一类是气调塑料薄膜袋（帐）。后者使前者轻型化，也用于运输。

1. 气调冷藏库贮藏法

对气调冷藏库气体成分的调节一般采用连续控制气体（controlled atmosphere，CA）的方法，即对冷藏库内的气体成分不断地进行检测与调整，以保证果蔬在合适的气体成分下贮藏。气体调节的方法有自然呼吸调节法、人工调节法和自然与人工调节混合法。自然呼吸调节法，又称自发气调（modified atmosphere，MA），是利用果蔬的自然呼吸作用逐渐使库内环境中的氧气减少，二氧化碳气体增多，再通过其他的方法使气体的组成比例基本固定（如硅窗法）的方法。气调的环境可以是库房，也可以是利用气密性好的包装材料包装食品物料后，在食品物料的包装内形成的小环境。由于贮藏过程中不再调节气体成分，对于果蔬等在贮藏过程中有明显呼吸作用的食品物料，贮藏过程前后环境气体的成分可能发生较大的变化，对贮藏的质量有一定的影响。

人工调节法又称人工降氧法，常有：充氮法、丙烷燃烧法、氨分裂法和膜吸收法等。人工调节法利用一定的装置在库房外制取人工气体（如，O_2：1%～3%，CO_2：0～10%），然后将此气体导入库内，循环置换库内的气体。人工调节法降氧速率快，同时能及时排除库内的乙烯等挥发性气体成分，保鲜效果好，对不耐贮藏的果蔬效果特别明显。气体的调节也可用自然和人工混合调节的方法，可在果蔬冷藏的初期用人工降氧法在短时间内将环境气体中氧的含量降低到某一数值（如10%）以下，然后靠果蔬的呼吸作用进一步消耗剩余的氧，同时放出二氧化碳。混合调节法的成本较人工调节法要低。部分果蔬的CA贮藏条件见表1-2。

表1-2　部分果蔬的CA贮藏条件

种类	温度/℃	相对湿度/%	气体组成/%			贮藏期/d
			O_2	CO_2	其他	
苹果	0	85～90	2～4	3～5	—	207～230
香蕉	12	90～95	2～3	3～5	N_2:93	30
蕉柑	60d前 15～28 60d后 5～6	80	10～15	3～5	—	160
胡萝卜	0	90～95	6～8	<10	—	216
菠菜	−1～0	>95	10～18	<6	—	120

气调冷藏库的库层结构和冷藏设备，与机械冷藏库基本相同，但要求有更高的气密性，

防止漏气，确保库内气体组成的稳定。一个气调贮藏库只能保持一种气体组成和温度、湿度，且不宜经常启闭。所以通常把整座气调库分隔成若干可以独立调节管理的贮藏室。每个贮藏室容积不很大，只贮藏一种产品，并且最好是整批出入库。气调贮藏常须消耗大量的氮气。过去多用贮于钢瓶的氮，这种方法成本高，需用大量的贮气瓶，应用也不方便，目前已趋向使用适用于气调贮藏的氮气发生器，以便降低成本，方便操作。

气调贮藏库有一套气体循环系统和气体净化系统，以使库内的空气循环地经过气体净化系统，不断地排出库内过多的二氧化碳及果蔬自身释放的某些挥发性物质，如乙烯等，保持库内适宜的气体成分构成。

2. 薄膜封闭气调法

气调贮藏库的建筑和设备复杂，成本高，不宜普遍应用。薄膜封闭容器可放在普通的机械冷藏库或通风库内，使用方便，成本较低，还可在运输中应用。

薄膜封闭法属于自发气调方式，目前多用聚乙烯或聚氯乙烯薄膜，这些薄膜的强度和弹性较高，化学性质较稳定，可以热黏结，应用较方便。薄膜封闭法可以分为薄膜小袋包装气调、塑料大帐气调及硅窗气调技术。目前广泛采用的硅窗气调贮藏技术，可以使果蔬的薄膜封闭贮藏寿命得到延长。

硅橡胶是一种有机硅高分子聚合物，它由有取代基的硅氧烷单体聚合而成，以硅氧键相连形成柔软易曲的长链，长链之间以弱的电性松散地交联在一起。这种结构使硅橡胶具有特殊的透气性能，它的薄膜对二氧化碳和氧的渗透系数比聚乙烯膜大 200~300 倍，比聚氯乙烯膜大得更多。而且，硅橡胶还具有高选择性的透气性能，它对二氧化碳、氧和氮的透性比为 12∶2∶1，对乙烯和一些芳香物质也有较大的透性。

利用硅橡胶特有的性能，在较厚的塑料薄膜（如 0.23mm 厚的聚乙烯）做成的袋（帐）上嵌上一定面积的硅橡胶薄膜，这样就制成一个有气体交换窗的包装袋，也叫硅窗气调袋（帐）。袋内的果蔬进行呼吸作用释放出的二氧化碳通过气窗透出袋外，而所消耗的氧则由大气透过气窗进入袋内而得到补充。由于硅橡胶具有较大的二氧化碳与氧的透性比，并且袋内的二氧化碳的透出量与袋内二氧化碳浓度成正相关，因此贮藏一定时间之后，袋内的二氧化碳含量和氧含量就会自然调节在一定的范围内。用硅橡胶薄膜做气体交换窗，其面积比决定于果蔬的种类、品种、成熟度、单位容积的贮藏量、贮藏温度、要求的气体组成、硅橡胶薄膜的厚度等许多因素。国外多采用较大型的集装箱形式的气窗包装袋，运输贮藏都非常方便。法国研制并已在市场出售的 AC500 及 AC1000 型贮藏袋，用来贮藏苹果和梨，根据贮藏温度适当调整数量后，即可使袋内原有的空气逐步调整，获 3％氧、5％二氧化碳和 92％氮的气体环境，而这是有利于苹果和梨长期贮藏的气体成分。

薄膜封闭气调技术简单易行，成本低，适应性强，但需要根据产品的特性，综合考虑贮藏温度、产品种类、贮藏数量、膜的种类和膜的厚度等因素才能获得较好的保鲜效果。

（三）其他保鲜法

除了目前广泛使用的低温贮藏法和气调贮藏法或者两者结合的果蔬贮藏保鲜方法外，其他的贮藏法也在发展和应用。

1. 辐照贮藏法

这种方法利用钴 60（^{60}Co）或铯 137（^{137}Cs）所产生的 γ 射线，电子加速器产生的 β 射线和 X 射线对贮藏物进行适度的照射，抑制果蔬的成熟或发芽等，从而达到保鲜目的。

2. 涂膜贮藏法

由于新鲜果蔬采收后仍进行着旺盛的呼吸和水分蒸发，失重超过 5％就出现枯萎。采用果蔬涂膜，阻碍气体交换，可适当地抑制果蔬的呼吸作用和水分的蒸发，以及减少病原菌的侵染而造成的腐烂损失，从而起到保鲜作用。涂膜的材料有石蜡、巴西棕榈蜡、成膜性好的蛋白质及变性淀粉、壳聚糖、魔芋等，其中可以加入防腐剂、保鲜剂、乳化剂和润湿剂等，以提高保鲜效果。

第三节　肉原料特性及贮藏保鲜

一、肉的营养价值与肉制品加工

动物屠宰后所得的可食部分都叫作肉。肉的成分主要包括水分、蛋白质、脂类、糖类、含氮浸出物、矿物质、维生素和酶等。畜禽肉类的化学成分受动物的种类、性别、年龄、营养状态及畜体的部位而有变动，在加工和贮藏过程中，常发生物理、化学变化，从而影响肉制品的食用价值和营养价值。

（一）水分

水是肉中含量最多的组成成分，肌肉含水 70％～80％。畜、禽愈肥，水分的含量愈少；老年动物比幼年动物含量少，如小牛肉含水分 72％，成年牛肉则为 45％。肉中的水分通常以结合水（水化水）、膨胀水（也称不易流动的水或准结合的水）、自由水（游离水）三种形式存在。

结合水是蛋白质分子表面的极性基与水分子结合形成的一薄水层（含量约占总含水量的 5％），这种水没有流动性，不能作为其他物质的溶剂；膨胀水主要存在于肌原纤维中，其运动的自由度相当有限，能溶解盐类物质，并在 0℃ 或稍低时结冰，肉中的水大部分（80％）以这种形式存在；自由水存在于组织间隙和较大的细胞间隙中，其量不多（5％左右）。

水分对肉的量和质的关系极为重要。加工和贮藏在多数情况下是针对水进行工作的。当加工干制品时，首先失去自由水，其次是膨胀水，最后失去结合水。冷加工中，水的冻结，也是依上述顺序先后变成冰晶的。腌制过程，改变渗透压也是以水为对象的。水的存在形式改变，以及量的多少影响微生物的生长，从而影响肉的保存期，同时也改变肉的风味。当水减少到超过一定限度时，蛋白质等重要营养物质发生不可逆的变化，因而会降低肉的品质。

（二）蛋白质

肌肉中蛋白质的含量约 20％，通常依其构成位置和在盐溶液中的溶解度分为三种：肌原纤维蛋白质，由丝状的蛋白质凝胶构成，占肌肉蛋白质的 40％～60％，与肉的嫩度密切相关；存在于肌原纤维之内溶解在肌浆中的蛋白质，占 20％～30％，常称为肌肉的可溶性蛋白；构成肌鞘、毛细血管等结缔组织的基质蛋白质。肉类蛋白质含有比较多的人体内不能合成的八种必需氨基酸。因此，肉的营养价值很高。在加工和贮藏过程中，若蛋白质受到了破坏，则肉的品质及营养就会大大降低。

（三）脂肪

动物脂肪主要成分是脂肪酸甘油三酯，占 96％～98％，还有少量的磷脂和醇脂。肉类脂肪有 20 多种脂肪酸，以硬脂酸和软脂酸为主的饱和脂肪酸居多；不饱和脂肪酸以油酸居多，其次为亚油酸。磷脂和胆固醇所构成的类脂是构成细胞的特殊成分，对肉制品质量、颜色、气味有重要作用。

（四）其他营养物质

肉的浸出成分，指的是能溶于水的浸出性物质，包括含氮和无氮浸出物，主要有核苷酸、嘌呤碱、胍化合物、肽、氨基酸、糖原、有机酸等，它们是肉风味及滋味的主要成分。浸出物中的还原糖与氨基酸之间的非酶反应对肉风味的形成有重要作用。浸出物成分与肉的品质也有很大的关系。

肉类中的矿物质一般为 0.8％～1.2％。它们有的以螯合状态存在，有的与糖蛋白或脂结合存在，如肌红蛋白中的铁，核蛋白中的磷；有的以游离状态存在，如镁、钾、钠等。钾、钠与细胞的通透性有关，可提高肉的保水性。

肉中的主要维生素有维生素 A、维生素 B_1、维生素 B_2、维生素 PP、叶酸、维生素 C、维生素 D 等，其中水溶性 B 族维生素含量较丰富。在某些器官，如肝脏，各种维生素含量都较高。

二、肉的组织结构特点及主要物理性质

（一）肉的组织结构特点

在肉制品加工中，肉可理解为胴体，即动物在放血致死后，去毛或皮、去头蹄和内脏后剩下的部分。狭义的肉指肌肉组织。动物体主要可利用部分的组织分为肌肉组织、结缔组织、脂肪组织、骨骼组织四类，其组成的质量分数如下：肌肉组织 35%～60%；结缔组织 9%～11%；脂肪组织 2%～40%；骨骼组织 7%～40%。

动物种类、饲养条件及年龄不同，上述动物组织的组成比例有较大不同。除上述主要部分外，动物体还包括神经、血管、淋巴和腺体等组织。它们所占比例很小，从加工角度而论，没有多大意义，但某些腺体则会影响产品风味。

1. 肌肉组织

肌肉组织是肉的主要组成部分。其在动物体内的比例依不同种类，不同品种而有所不同，通常在畜类中肌肉组织所占的比例为胴体的 50%～60%。

肌肉可分为横纹肌肉、平滑肌和心肌，但从食品加工角度来看，肌肉组织主要是指在生物学中称为横纹肌肉的一部分。因横纹肌肉是附着在骨骼的肌肉，故也叫骨骼肌，又因为这部分肌肉可以随动物的意志伸长或受缩，完成运动机能，所以也叫随意肌，这是与不随意的平滑肌（内脏肌）、心肌相对而言的。肌肉的结构和组成直接决定着肉的质量，肌肉内结缔组织和脂肪的多少以及结缔组织的结构和脂肪沉积的部位等都是影响肉质的主要原因。

2. 结缔组织

结缔组织由纤维质体和已定形的基质所组成，深入到动物体的任何组织中，构成软组织的支架。其含量随畜禽种类、年龄、性别、营养状况、运动、使役程度和组织学部位的不同而不同。典型的结缔组织包括筋腱、肌膜和韧带等。由于各部位肌肉中结缔组织含量不同，造成肉的硬度不同，肉的嫩度也不一样。

3. 脂肪组织

脂肪组织是决定肉质的第二个重要部分，由退化了的疏松结缔组织和大量的脂肪细胞所组成，多分布在皮下、肾脏周围和腹腔内。脂肪的气味、颜色、密度、熔点等因动物的种类、品种、饲料、个体发育状况及脂肪在体内的位置不同而有所差异。

4. 骨骼组织

骨骼组织是动物的支柱，形态各异，均由致密的表面层和疏松的海绵状内层构成，外包一层坚韧的骨膜。骨腔内的海绵质中间充满了骨髓。在工业上可用骨髓提炼骨油，骨中脂肪含量为 3%～27%；也可将骨骼粉碎后做成骨粉或骨泥，作为调味基料或补充钙质的原料，应用价值较高。

（二）肉的主要物理性状

肉的物理性状主要包括容重、比热容、热导率、颜色、气味、嫩度等，这些性状都与肉的形态结构、动物肉的种类、年龄、性别、肥度、经济用途、不同部位、宰前状态等方面的因素有关。

1. 容重（密度）

肉的容重因动物的种类、含脂肪的数量不同而异，含脂肪越多，其容重越小。通常带骨

肉约为 1140kg·m^{-3}，猪脂肪为 850kg·m^{-3}。

2. 比热容

肉的比热容随着肉形态结构和化学成分的不同而变化，并且也随着温度的不同而不同，如常温下肌肉组织的比热容为 3.45kJ·kg^{-1}·K^{-1}，脂肪组织为 2.51kJ·kg^{-1}·K^{-1}，骨骼组织为 1.26kJ·kg^{-1}·K^{-1}；通常高于 0℃时其比热容决定于水分的多少，而冻结肉则随着冻结水量的增大而变小。

3. 热导率

肉的热导率与形态、结构、温度、脂肪的含量等因素有关。冷却肉的热导率与水量有关，近似值可用以下公式计算：

$$\lambda = 0.60w + 0.26(1-w) \tag{1-2}$$

式中　w——水分含量，kg·kg^{-1}；

0.60——水的热导率，W·m^{-1}·K^{-1}；

0.26——干物质的热导率，W·m^{-1}·K^{-1}。

冻结肉的热导率远比未冻结肉大。因为冰的热导率为 2.22～2.33W·m^{-1}·K^{-1}，约为水的 4 倍，所以温度不同对热导率影响很大。

4. 色素

肉中因含有肌红蛋白和血红蛋白而显红色。牲畜屠宰之后即使放血充分，在微细的毛细管中仍会残有少量的血液，在血液中含有血红蛋白对肉的颜色有直接影响。但肉的固有红色由肌红蛋白的色泽所决定。肉的色泽越暗肌红蛋白越多。肌红蛋白在肌肉中的数量随动物生前组织活动的状况、动物的种类、年龄等不同而异。肌红蛋白受空气中氧的作用方式或程度不同而呈不同颜色。肌红蛋白与氧结合生成氧合肌红蛋白时，肉呈鲜艳的红色，当进一步氧化生成氧化肌红蛋白时，肉呈褐色。这时氧化肌红蛋白的数量超过 50%。

5. 肉质和嫩度

肉质（texture）是指用感官所获得的品质特征，由视觉和触觉等因素构成。视觉因素是从表面上识别的瘦肉断面的光滑程度、脂肪存在量和分散程度以及纹理的粗细，常用粗、细、凸凹等词汇形容，触觉因素是凭皮肤接触及在嘴中咀嚼时感到的肌肉的细腻、光滑程度，软硬状况。通常所说的"口感"是通过口腔内的牙、上腭、舌等感觉到的肉的软硬、弹性、脆性、黏度等的综合印象。

肉的嫩度是指肉入口咀嚼时组织状态所感觉的现象。与嫩度相矛盾的是肉的韧性，指肉被咀嚼时具有高度持续性的抵抗力。影响肉的嫩度的最基本因素是肉中的肌原纤维和纤维的粗细、肉的结缔组织的数量及状态和各种硬质蛋白的比例的影响，还受宰后所处的环境条件及热加工的情况所影响。

6. 肉的滋味和香气

决定肉的滋味和香气的成分都是些引起复杂的生物化学反应的有机化合物。这些物质在肉品中是微量的。尽管构成肉食品滋味和香气成分是微量和复杂的，但它非常敏感，即使在极低的浓度下也能察觉。如乙二酰［$(CH_3CO)_2$］稀释到四千万分之一的水中，嗅觉也能感觉到。甲硫醇（CH_3SH）稀释到二十亿倍的水中也有气味。

烹调时肉的香气和滋味成分是由于原存于肌肉中的水溶性和油溶性的前驱体挥发性物质放出而产生的。生肉的水浸出物质经过加热而产生的风味存在于烹调肉的汤汁中，烹调时强烈地散发出来。烹调时肉汁和肌原纤维中成分相互作用也促进其滋味和香气成分的增强。从生的牛肉分离出的前驱体经烹调之后产生明显的牛肉滋味和香气。而未经烹调加工的水浸出物的透析扩散物和脂肪一起加热时，产生烧牛肉的香气。对水溶性的透析物进一步分析证明，含有肌苷酸（或与无机磷酸盐结合）、葡萄糖、糖蛋白。烹调加工的时间和温度对肉的滋味和香气有强烈的影响。非加压烹调加工肉的温度多数在100℃左右，肉产生的滋味和香气物质较少；而加压烹调肉类，肉的内外层都可达到较高的温度，肉产生的滋味和香气物质较多。因此，适当的高温烹调可增强肉的滋味和香气。

三、畜、禽的屠宰与宰后肉品质的控制

屠宰是将活的畜、禽杀死并加工成为原料肉的过程。这种原料肉常称为胴体；商业上叫白条肉、鲜肉、肉、光禽等；食品工业上叫原料肉，包括各种可食的加工原料，但主要是指胴体。胴体在各种畜、禽也有不同的内容区别，一般指屠宰后除去内脏、毛（或皮）、头、蹄、尾巴后的剩余部分。同一畜、禽，不同地区的习惯也可使胴体的内容有所差别，因用途不同也使胴体范围有所增减。屠宰工艺和设备不同，最终肉的构成、品种会有较大的差异。

（一）宰前处理

1. 畜、禽的选择

为了保持肉的质量、使用价值和提高经济效益，必须对畜、禽进行选择。选择时首先应进行兽医卫生检验，合格后才允许屠宰作原料肉用。待宰动物必须健康，符合食品卫生要求，严禁有病、药物残留过高、不符合要求的动物投入生产。

肉制品的原料肉以肥度适中为原则。过肥屠宰率高，产品率高，但不适于市场和消费的要求。过瘦无论从加工、肉质、经济效益和消费者要求等各方面都不适宜。幼畜肉质幼嫩，水分含量高、脂肪少、风味较淡；老畜风味较浓，但结缔组织多，肉质坚硬，也不适合作加工原料，一般饲养期猪为6～10个月，牛为12～18个月，羊为12个月左右，鸡为6个月以内是适宜的肉用年龄。种用家畜的性激素使肉具有特殊的不良气味，特别是繁殖过的公母猪肉，一般以非正常肉对待。用脂肪含量高的饲料喂养畜、禽，其胴体脂肪会变软，不利于加工肉制品和保存，这一点对猪肉特别重要。

2. 宰前的饲养管理和送宰

（1）饲养　活畜、禽运进厂后，首先经过兽医卫生检验。按产地、批次及体质强弱等分圈分群饲养。对肥度良好畜、禽的饲养，应以恢复运输途中的体质下降、缩短喂期为原则；对瘦弱畜、禽的饲养，应以使其在短期内增重、长膘、改善肉质为目的。

（2）宰前休息　活畜、禽在运输过程中，由于环境改变和不良因素的刺激，使其过度紧张而疲劳，破坏或抑制了正常生理能力，容易产生劣质肉。因此，畜、禽运进厂后必须休息一天以上，以提高产品质量。尤其是饲养分散、量多、运输时间长、气候恶劣时更需要休息。国外也有趋向于缩短休息时间至2～3h时宰杀。

（3）宰前断食　宰前一般需要断食24～30h。断食期间供给充足的水，以保证正常的生理机能，减轻饥饿感；断食能促进粪便排出，吊空消化道中内容物，以防污染肉，并可调节体温，降低消化代谢机能，防止肌肉组织毛血管充满过多血液，使屠宰时放血完全，提高产品质量。

（4）送宰　活畜、禽送宰多采用通道驱赶或笼运。放血前严禁鞭打，以免造成肉表面淤血，影响肉的质量。目前，多用脉冲电驱赶器。

（5）清洗体表　宰前淋浴，可使畜禽全身毛（羽）湿透，洗净体表污物，防止被粪、毛（羽）等污染。肉、毛兼用畜屠宰、剥皮也应用水喷湿皮毛，以防肉表面粘毛。同时也可促使放血充分，改善操作环境卫生条件；也有利于麻电工序进行。一般是从侧、下方斜喷射至畜体，采用量少时长的雾状洒水方式。

（二）屠宰与肉检

屠杀畜、禽的方法很多，设备差异悬殊，效率和质量各不相同。选择屠宰方法时，应以简单、安全、符合卫生要求、产品优良、经济和高效率为原则。屠宰的主要工序包括击晕、

刺杀放血、剥皮或浸烫和褪毛、剖除内脏、胴体修整等。部分畜肉出口厂的屠宰要按有关宗教规定处理。

1. 击晕

击晕能使畜、禽暂时失去知觉，防止由于刺杀放血的恶性刺激引起内脏血管收缩，血液集中于肌肉内，致使放血不全而降低肉的质量。击晕的方法有机械击晕法、电击晕法和二氧化碳窒息法。机械击晕法技巧要求高，且易引起牲畜骚动而造成危害，此法趋于淘汰。目前我国工业生产已广泛采用电击晕法（俗称"电麻"）。此法除能使畜、禽晕倒，便于放血外，还能获得大量食用血，并缩短放血时间，且价格便宜，易于操作，生产效率高。二氧化碳窒息法是使猪通过二氧化碳室使其吸入二氧化碳而窒息的方法。此法的优点是窒息的猪体更柔软，利于放血和收集血，肉的质量好。缺点是设备费用较高。北欧、美国和加拿大等国家和地区多采用此法。对于牛的屠宰也有采用击毙法的。

2. 刺杀放血

畜、禽击晕后，应立即放血，放尽血液是保证肉及肉制品质量的关键。横卧放血不易放尽，故以采用倒挂放血为佳。

颈部血管刺杀法是比较合理的方法，被普遍采用，但要由经过培训的人员刺杀才能准确进刀。心脏刺杀放血从动物颈部下直接刺入心脏放血，一些小型工厂和农村宰猪时常用此法。其优点是放血快，死亡快，在不麻电情况下工作方便。但是破坏心脏后，放血不全，且胸腔易积血。

3. 剥皮或浸烫和褪毛

畜、禽刺杀放血后，牛、羊、兔一般采取剥皮，猪多采用褪毛，也有采取剥皮的。禽类都采取拔毛。

剥皮方法通常有倒悬剥皮和横卧剥皮两种。无论采用哪一种剥皮方法，必须首先注意不允许划破皮层及胴体表面，更不允许皮上带有肌肉脂肪的碎块。不要使皮毛上所带的污物玷污胴体。

猪在褪毛前要先经过浸烫。即将放血后的猪浸于适度的热水中烫一定的时间，使毛根和毛孔蛋白质变性，从而使毛根松软，便于脱毛。一般循环水温为 $59.5\sim60℃$（恒温、自控），浸烫为 6min（这指作用于体表的温度和时间）。水温过高，则蛋白变性，毛孔收缩，褪毛困难，表皮色微黄；若水温过低或时间不够，则由于毛孔尚未扩大，褪毛也困难。水温和烫毛时间，需依品种年龄、个体大小和气温适当调节掌握。浸烫完毕后，应趁热褪毛。褪毛的方法有手工褪毛和机械褪毛。为保产品的规格质量，褪毛后猪的胴体可用火焰或燎毛炉烧燎胴体上的细毛和绒毛。

家禽烫毛的水温，随家禽种类而异，通常为 $60\sim62℃$。水温过高则表面蛋白变性，不易拔毛，且易破皮，同时脂肪融出，并从毛孔渗出，表皮呈暗灰色，质量差。若水温过低或烫得不适，则拔毛也困难，且更容易破皮。

4. 剖除内脏

经过剥皮或煺毛后加工干净的猪、牛、羊的胴体要进行开膛剖除内脏处理。除内脏的胴体要用冷水冲洗体腔，洗净血迹。另外，还要割去头、蹄并将胴体劈半。

家禽清除内脏的方法随下一步的加工处理而异。

5. 胴体的修整

修整的目的是为了从胴体上除去能够使微生物繁殖的任何伤口和淤血及污秽等，同时使外观整洁，提高商品的价值。因此，无论从卫生或加工质量的角度胴体的修整都是一项不可缺少的工作。修整后应立即用水冲洗胴体。我国各工厂多用冷水冲洗，在外国有用温水（$25\sim38℃$）冲洗的。但必须注意，切不可用拭布拭擦，以免增加微生物的污染，加速肉的变质。

在畜、禽的屠宰加工中兽医卫生检验工作极为重要，是保证肉食安全及加工品质的关键。

肉由刚屠宰的鲜肉→适宜食用肉→腐败的过程，目前用感官检验方法作为新鲜度评定的主要依据。为了保证肉制品的质量，原料肉必须是新鲜的，也必须是卫生的。国家对各类畜、禽的新鲜度制定了具体的国家标准，只有遵照标准执行，才能确保消费者的健康。

（三）宰后肉的生物变化

刚刚宰后的动物的肉是柔软的，并具有很高的持水性，经过一段时间的放置，则肉质变得粗硬，持水性也大为降低。继续延长放置时间，则粗硬的肉又变成柔软的，持水性也有所回复，而且风味也有极大改善，最适合被人食用。继续放置，则肉色会变暗，表面黏腻，失去弹性，最终发臭而失去食用价值。肉的这种由差到好、由好到坏的生物变化过程，实际上是动物死亡后，体内仍继续进行着复杂的生物化学反应的结果。这一过程并没有严格的界线，但掌握每一阶段的特征及特性对肉类的加工及贮藏是十分重要的。

1. 肉的僵直

动物死后，肌肉所发生的最显著的变化是出现僵直现象，即出现肌肉的伸展性消失及硬化现象。肉的僵直发生是由动物死后，肌肉内新陈代谢作用继续进行而释放热量，使肉温略有升高所致的。高温可以增强酶的活性，促进成熟进程。另一方面，由于血液循环停止，肌肉组织供氧不足，其糖原不再像有氧时那样被氧化成二氧化碳和水，而是通过酵解作用无氧分解成乳酸；磷酸肌酸（CP）和三磷酸腺苷（ATP）分解产生磷酸，使肌肉中酸聚积。随着酸的积累，使得肉的 pH 由原来接近 7 的生理值下降到 5.0～6.0。当 pH 值下降到 5.5 左右时，处于肌动蛋白的等电点，肌肉水化程度达到了最低点，蛋白质吸附水的能力降低，水被分离出来。这时肉的持水性能降低，失水率增高，这是僵直的主要原因之一。当 ATP 减少到一定程度时，肌肉中的肌球蛋白和肌动蛋白结合成没有延伸性的肌动球蛋白。形成了肌动球蛋白后，肌肉失去了收缩和伸展的性质，使肌肉僵直。肌动球蛋白形成越多，肌肉就变得越硬。肌肉的僵直大致可分为三个阶段：开始时，肌肉延伸性的消失以非常缓慢的速率进行，称之为迟滞期；随后，延伸性的消失迅速发展，称之为急速期；最后延伸性变得非常小，称之为僵直后期。僵直的肉机械强度显著增加，嫩度变差，肉质粗老，风味差。从贮藏意义上说，要尽量延长僵直期，而急于加工或食用的肉，则要使僵直期变短。牲畜一般在宰后 8～12h 开始僵直，并且可持续达 15～20h 之久，而家禽的僵直期较短，僵直形成的速率取决于温度，并且与 CP 和 ATP 的含量及 pH 值的降低密切相关。温度愈高，僵直形成愈快。

2. 肉的成熟与自溶

死后的牲畜在僵直后，其肉就开始逐渐变松软，这样的变化称为僵直的解除或解僵。开始解僵就进入了肉的成熟阶段。这时肌动球蛋白呈现分离状态，使肉质变软，增加了香气，提高了肉的商品价值。成熟过程能产生好的效果，目前对成熟现象的机制尚未十分明了。解僵后肉组织蛋白在成熟过程中的变化主要是蛋白质的变性。在正常活组织中，分解蛋白质的组织蛋白酶是非活化的，存在于称为溶酶体的微小粒子中。牲畜死后随 pH 的降低和组织的破坏，组织蛋白酶被释放出来而发生了对肌肉蛋白的分解作用。变性蛋白质较未变性蛋白质易于受组织蛋白酶的作用，因而，组织蛋白酶作用的对象以肌浆蛋白质为主。在组织蛋白酶的作用下，肌浆蛋白质一部分分解成肽和氨基酸游离出来，这一过程叫自溶。这些肽和氨基酸是构成肉浸出物的成分，既参与到加工过程中肉香气的形成，又直接与肉的鲜味有关。由于动物种类的不同，成熟作用的表现不同。成熟对牛、羊肉来说十分必要，尤其是质差的老牛肉。而对猪、小牛、禽肉来说，一般认为对其硬度和风味的改善没有必要。可以采用提高温度、电刺激、倒挂、注射肾上腺素、胰岛素、磷酸盐、Ca^{2+}、Mg^{2+} 及蛋白酶的方式抑制尸僵硬度的形成及促进肉成熟。

3. 肉的腐败

肉的腐败是肉成熟过程的继续。由于动物刚宰杀后，肉中含有相当数量的糖原以及动物死后糖酵解作用的加速进行，使得糖酵解过程中，肉的pH值的降低对腐败菌在肉的生长不利，从而暂时抑制了腐败作用的进行。健康的动物的血液和肌肉通常是无菌的，肉类的腐败实际上是由外界感染的微生物在其表面繁殖所致的。有许多微生物不能作用于蛋白质，但能对游离氨基酸及低肽起作用，它们可将氨基酸氧化脱氢，生成氨和相应的酮酸。肉类在成熟的同时，蛋白质自溶生成小分子的氨基酸等，成为了微生物生长繁殖的必需营养物质。当微生物繁殖到某一程度时，就分泌出蛋白酶，分解蛋白质，产生的低分子成分又促使各种微生物大量繁殖，于是肉就开始腐败。肉的腐败将使蛋白质和脂肪等发生一系列变化外，肉的外观也发生明显的改变。色泽由鲜红、暗红变成暗褐甚至墨绿，失去光泽而显得污浊，表面黏，并会产生腐败臭气，甚至长霉。腐败的肉完全失去了加工和食用的价值。

（四）肉与肉制品运输

随着高速公路的发展，使用卡车运送肉（胴体肉和分割肉）的比例逐渐增多。但由于运输途中的卫生管理规则不够完善，因此在运输途中，相当多的肉（特别是胴体）受到微生物污染，由此极大地影响了肉的保存性。

用冷冻卡车或保冷卡车（隔热材料加干冰）经18h左右运送后，微生物菌数发生了很大变化。初期就受到较多污染的肉，即使在0℃的温度条件下，也出现了微生物繁殖。

为此，需要进行长时间运输的肉，应注意以下几点：

① 不运送污染度高的肉；

② 运输途中，车厢内应保持0～5℃的温度、80%～90%的相对湿度，避免温度超过10℃，以及与外界空气接触的情况；

③ 运输车的车体要进行消毒、清洗，清洗用水应该使用未受到污染的；

④ 运输车的结构应为不易腐蚀的金属制品，并便于清扫和长期使用；

⑤ 运输车的装卸尽可能使用机械；

⑥ 装载方法，胴体肉应使用垂钓式，分割肉应避免高层垛起，最好车箱内有货架或使用集装箱装箱，并且留出一定空间，以便于冷气顺畅流通。

肉加工制品除肉罐头之外，应在10℃以下流通为好。

四、肉的贮藏保鲜方法

引起肉腐败变质的主要原因是微生物的繁殖、酶的作用和氧化作用。理论上，肉的贮藏保鲜就是杜绝或延缓这些作用的进程。屠宰加工中，应采用良好卫生操作规范，采用合适的包装和保鲜方法，尽可能防止微生物的污染。

（一）冷鲜肉

冷鲜肉是指对屠宰后的胴体迅速冷却，使胴体温度在24h内降为0～4℃，并在后续的加工、流通和零售过程中始终保持在0～4℃范围内的鲜肉。与未经过降温冷却处理的热鲜肉相比，冷鲜肉微生物污染少，安全程度高，质地柔软，汁液流失少，营养价值高，是鲜肉处理及消费的主要趋势。但冷鲜肉需要结合冷链进行运输和销售。

（二）冷冻贮藏法

低温可以抑制微生物的生长和繁殖，延缓肉成分的化学反应，控制酶的活性，从而减缓腐败变质的过程。当温度降到-15～-10℃时，除少数嗜冷菌外，其余微生物都已停止发育。鲜肉需要先经降温冷却、冻结，而后在-18℃以下的温度进行冻藏。冻结的方式、速率及冻藏条件控制对冻藏肉的品质有较大影响，具体内容可参见第四章。

（三）其他贮藏保鲜方法

其他的肉类贮藏保鲜方法有辐照保鲜法、真空包装法、气调包装法、活性包装法及抗菌包装法和涂膜保鲜法等。

第四节　水产原料特性及保鲜

一、水产原料及其特性

（一）原料及特性

水产原料种类很多，我国有鱼类 2800 余种，有多种分类。原料种类不同，可食部分的组织、化学成分也不同。同一种类的鱼，由于鱼体大小、年龄、成熟期、渔期、渔场等不同，其组成亦不同。而且，水产原料有人工养殖和捕捞的，有淡水和海水养殖（捕捞）的，渔期、渔场、渔获量变化大，给水产原料的稳定供应及食品加工的计划生产带来一定的困难。

另外，鱼体的主要化学组成如蛋白质、水分、脂肪及呈味物质随季节的变化而变化。在一年当中，鱼类有一个味道最鲜美的时期。一般鱼体脂肪含量在刚刚产卵后为最低，此后逐渐增加，至下次产卵前 2～3 个月时肥度最大，肌肉中脂肪含量为最高。多数鱼种的味道最鲜美时期和脂肪积蓄量在很多时候是一致的。鱼体部位不同，脂肪含量有明显的差别。一般是腹肉、颈肉的脂肪多，背肉、尾肉的脂肪少。脂肪多的部位水分少，水分多的部位脂肪亦少。贝类中的牡蛎其蛋白质和糖原亦随季节变化很大。

水产原料的新鲜程度要求很高，这是因为鱼肉比畜禽更容易腐败变质。畜禽一般在清洁的屠宰场屠宰，立即去除内脏。而鱼类在渔获后，不是立即清洗，多数情况下是连带着容易腐败的内脏和鳃运输。另外，在渔获时，容易造成死伤，即使在低温时，可以分解蛋白质的水中细菌侵入肌肉的机会也多。鱼类比陆地上动物的组织软弱，加之外皮薄，鳞容易脱落，细菌容易从受伤部位侵入。鱼体内还含有活力很强的蛋白酶和脂肪酶类，其分解产物如氨基酸和低分子氮化合物促进了微生物的生长繁殖，加速腐败。再有，鱼贝类的脂肪含有大量的 EPA、DHA 等不饱和脂肪酸，这些组分易于氧化，会促进水产原料质量的劣变。此外，鱼类死后僵直的持续时间比畜禽肉短，自溶迅速发生，肉质软化，很快就会腐败变质。

（二）品质要求及质量鉴定

不同产品对于水产原料的要求略有不同，如制作罐头与干制咸鱼、鱼露的要求不同。在水产品的收购，加工过程中，对鱼货鲜度质量的鉴定是必要的。通常水产品鲜度的鉴定多以感官鉴定为主，辅以化学和微生物学方面的测定。不同种类的水产品其鲜度的感官不同。就鱼类来说，一般以人的感官来判断鱼鳃、鱼眼的状态，鱼肉的松紧程度，鱼皮上和鳃中所分泌的黏液的量、黏液的色泽和气味以及鱼肉横断面的色泽等。

鲜度良好的鱼类：处于僵硬期或僵硬期刚过，但腹部肌肉组织弹性良好，体表、眼球保持鲜鱼固有状态，色泽鲜艳，口鳃紧闭，鳃耙鲜红，气味正常，鳞片完整并紧贴鱼体，肛门内缩。

鲜度较差的鱼类：腹部和肌肉组织弹性较差，体表、眼球、鳞片等失去固有的光泽颜色变暗，口鳃微启，鳃耙变暗紫或紫红，气味不快，肛门稍有膨胀，黏液增多，变稠。

接近腐败变质的鱼类：腹部和肌肉失去弹性，眼珠下陷，浑浊无光，体表鳞片灰暗，口鳃张开，鳃耙暗紫色并有臭味，肛门凸出，呈污红色，黏液浓稠。

腐败变质鱼类：鳃耙有明显腐败臭，腹部松软，下陷或穿孔（腹溃）等，可看作为腐败的主要特征。

一切鳞片脱落和机械损伤的鱼类，即使其他方面质量良好，但仍不易保存，容易腐败，不能看作质量良好的鱼类。

化学鉴定必须建立在感官鉴定的基础上，鉴定鱼体是否腐败，常规而有效的方法是测定挥发性盐基氮（指鱼体由于酶和微生物的作用使蛋白质分解产生氨及胺类等碱性含氮物质）的含量，并把鱼体肌肉中挥发性盐基氮的含量 $30mg \cdot (100g)^{-1}$ 作为初步腐败的界限标准。

微生物方面鉴定主要是测出鱼体肌肉的细菌数。一般细菌数小于 10^4 个 $\cdot g^{-1}$ 作为新鲜鱼类；大于 10^6 个 $\cdot g^{-1}$ 作为腐败开始；介于两者之间为次新鲜。

二、鱼的保鲜（活）方法

水产品的贮藏保鲜实质上就是采用降低鱼体温度来抑制微生物的生长繁殖以及组织蛋白酶的作用，延长僵硬期，抑制自溶作用，推迟腐败变质进程的过程。通常分为冷却保鲜和冻结保藏两类。

（一）冷却保鲜

冷却保鲜使鱼降温到0℃左右，在不冻结状态下保持5～14d不腐败变质。常用的方法有冰鲜法与冷海水保鲜法。冰鲜法，即用碎冰将鱼冷却，保持鱼的新鲜状态，其质量最接近鲜活水产品的生物特性，至今各国仍将它放在极其重要的位置。冷海水保鲜法，即是把渔获物浸没在混有碎冰的海水里（冰点为－3～－2℃），并由制冷系统保持鱼温在－1～0℃的一种保鲜方法。其最大的优点是冷却速率快，缺点主要是鱼体吸水膨胀，鱼肉略带咸味，表面稍有变色，蛋白质也容易损失，造成在流通环节中容易腐烂，并易受海水污染。

（二）冻结保藏法

冻结保藏法即是把鱼在－40～－25℃的环境中冻结，然后于－30～－18℃的条件下保藏。保藏期一般可达半年以上。低温保存的最新技术，是"冰壳冷冻法"（CPE法），用于高档水产（和肉类）的贮藏，与一般冷冻机冷冻法相比，冷冻温度从－45～－30℃降到－100～－80℃，通过最大冰晶生成带由1h缩短到30min以内，冰结晶由 $100\mu m$ 降到小于 $10\mu m$；不损伤组织；不损害胶体结构；无氧化作用。它的工艺过程如下。第一步用液氮喷射5～10min，冷库温度降至－45℃。食品立即形成几毫米厚的冰壳。为保持鱼、虾类微细的触须等器官的原形，可先喷 2%～3% 明胶液并添加适量的抗坏血酸。第二步缓慢冷冻，当库温达到－45℃时，停止喷射液氮，改由冷冻机维持在－35～－25℃下缓慢冷冻5～30min，使食品中心温度达到0℃。第三步急速冷冻，当食品中心温度达到0℃时，再喷射液态氮7～10min，迅速通过最大冰晶生成带，即－5～－1℃温度。第四步冷冻保藏，通过最大冰结晶生成带之后，改为－35～－25℃冷冻机冷冻，保持40～90min，使食品中心温度保持在－18℃以下贮藏。

（三）鱼的保活方法

水产品活体运输的新方法越来越受到重视。保活运输是保持水产品最佳鲜度，满足需求的最有效方式，已成为水产流通的重要环节。水产动物活体运输的新方法主要有麻醉法、生态冰温法、模拟冬眠系统法。

麻醉法通过麻醉剂或降温抑制机体神经系统的敏感性，降低鱼体对外界的应激，使鱼体失去反射功能或呈类似的休眠状态，降低呼吸强度和代谢强度，提高运输存活率。常用的麻醉剂有乙醇、乙醚、二氧化碳、巴比妥钠、磺酸间氨基苯甲酸乙酯（MS-222）等。据报道，MS-222在水溶液中可经鱼鳃、鱼皮等部位传导至鱼脑感觉中枢后抑制鱼对外界的发射能力和活动能力，导致鱼的活动迟缓，呼吸频率减慢。鱼体内的代谢程度降低，减少了水中溶解氧的消耗。

生态冰温法是将鱼贝类放置在0℃以下至冰温点之间的温度带进行保藏的方法。鱼虾贝等冷血动物都存在一个区分生死的生态冰温零点，或叫临界温度。从生态冰温零点到冻结点的这一温度范围叫生态冰温区。生态冰温零点很大程度上受环境温度的影响，把生态冰温零点降低或接近冰点是活体长时间保存的关键。对不耐寒、临界温度在0℃以上的种类，驯化其耐寒性，使其在生态冰温零点范围也能存活。这样经过低温驯化的水产动物即使环境温度低于生态冰温零点也能保持冬眠状态而不死亡。此时动物呼吸和新陈代谢非常缓慢，微生物生长繁殖及脂肪氧化、非酶褐变等化学变化也受到抑制，为无水保活运输提供了条件。降温宜采用缓慢降温的方法，一般降温梯度每小时不超过5℃。这样可以减少鱼的应激反应，减少死亡，提高成活率。通常有加冰降温和冷冻机降温两种方法。

模拟冬眠法或休眠法采用化学物质或降温的方式使鱼体进入冬眠，此时鱼类的新陈代谢降低，体重无减少。活鱼无水保活运输器一般是封闭控温式的，当处于休眠状态时，应保持容器内的湿度，并考虑氧的供应，极少数不用水的鱼暴露在空气中直接运输时，鱼体不能叠压。包装用的木屑要求树脂含量低，不含杀虫剂，并在使用时先预冷。据报道，模拟冬眠系统法的研究包括一种把鱼类从养殖水槽转移到冬眠诱导槽的装置，首先将鱼转入一个温度维持在0~4℃的冬眠保存槽里或转运箱。当鱼类转入苏醒槽时，由于休眠鱼类的肾功能降低，其排尿量非常少，可不需水循环。利用现有的免疫接种技术可以把冬眠诱导物质注入鱼体或直接应用渗透休克方法使其处于冬眠状态。

第五节　乳与蛋原料及其特性

一、乳及其加工特性

(一) 牛乳的组成及各种成分存在的形式

1. 牛乳的组成

牛乳的成分十分复杂，至少有上百种化学成分，主要成分可分成三部分。

(1) 水分　水分是牛乳的主要成分之一，一般占87%~89%。

(2) 乳固体　将牛乳干燥到恒重时所得的剩余物叫乳固体或干物质。乳固体在鲜乳中的含量为11%~13%，也就是除去随水分蒸发而逸去的物质外的剩余部分。乳固体中含有乳中的全部营养成分（脂肪、蛋白质、乳糖、维生素、无机盐等）。乳固体含量的变化是随各成分含量比的增减而变的，尤其乳脂肪是一个最不稳定的成分，它对乳固体含量增减影响很大，所以在实际生产中常用含脂率及非脂乳固体作为指标。

(3) 乳中的气体　乳中含有气体，其中以二氧化碳为最多，氮气次之，氧气的含量最少。据测定，牛乳刚挤出时每升含有大约50~56cm³气体（其中主要为二氧化碳，其次是氮和氧）。

2. 牛乳中各种成分存在状态

牛乳是一种复杂的胶体分散体系，在这个体系中水是分散介质，其中乳糖及盐类以分子和离子状态溶解于水中，呈超微细粒，直径小于1nm；蛋白质和不溶性盐类形成胶体，呈亚微细粒及次微胶粒状态，直径在5~800nm；大部分脂肪以微细脂肪球分散于乳中，形成乳浊液，脂肪球直径在0.1~20μm（绝大多数为2~5μm）。此外，还有维生素、酶等有机物分散于乳中。

(二) 乳的保鲜及加工特性

1. 加工用原料乳的质量标准

用于制造各类乳制品的原料乳（生乳）应符合下列技术要求：应该是从符合国家有关要

求的健康奶畜乳房中挤出的无任何成分改变的常乳；产犊后 7 天的初乳、应用抗生素期间和休药期间的乳汁、变质乳不应用作生乳；其他质量指标要符合 GB 19301 的要求。

2. 乳的保鲜与贮运

牛乳营养丰富，也是微生物生长的理想培养基。挤奶过程（包括环境、乳房、空气、用具等）的污染及乳牛的本身健康状况是决定鲜乳中微生物污染量的关键因素。除执行挤奶过程的卫生操作规范，减少微生物的污染之外，牛乳的保鲜通常要求把刚挤出的新鲜牛乳迅速冷却至 10℃ 以下，最好冷却至 4～5℃ 进行贮存、运输，并尽快进行加工，以防止微生物的生长而降低乳的质量。

3. 乳的加工特性

（1）热处理对乳性质的影响　牛乳是一种热敏性的物质，热处理对乳的物理、化学、微生物学等特性有重大影响，如微生物的杀灭、加热臭的产生、蛋白质的变化、乳石的生成、酶类的钝化、某些维生素的损失、色泽的褐变等都与热处理的程度密切相关。

牛乳中的酪蛋白和乳清蛋白的耐热性不同，酪蛋白耐热性较强，在 100℃ 以下加热，其化学性质没有改变，但在 120℃ 温度下加热 30min 以上时则使得磷酸根从酪蛋白粒子中游离出来，当温度继续上升至 140℃ 时即开始凝固，而且酪蛋白的稳定性对离子环境变化极为敏感，盐类平衡和 pH 稍有变化就会出现不稳定和沉淀倾向。而乳清蛋白的热稳定性总体来说低于酪蛋白。一般加热至 63℃ 以上即开始凝固，溶解度降低，100℃ 加热 110min 后，大部分乳清蛋白变性，发生凝固。

加热对牛乳的风味和色泽影响也很大。牛乳经加热会产生一种蒸煮味，而且也会产生褐变，褐变是一种羰氨反应，同时也是乳糖的焦糖化反应的结果。

（2）冻结对牛乳的影响　牛乳冻结后（尤其是缓慢冻结）会发生一系列变化，其中主要有蛋白质的沉淀、脂肪上浮等问题。当乳发生冻结时，由于冰晶生成，脂肪球膜受到外部机械压迫造成脂肪球变形，加上脂肪球内部脂肪结晶对球膜的挤压作用，在内外压力作用下，导致脂肪球膜破裂，脂肪被挤出，解冻后，脂肪团粒即上浮于解冻乳表面。另外，乳经冻结将使乳蛋白质的稳定性下降。

二、蛋的特性及保鲜

（一）蛋的结构

蛋由蛋壳、蛋白、蛋黄三个部分所组成。各个组成部分在蛋中所占的比重与家禽的种类、品种、年龄、产蛋季节、蛋的大小及饲养有关。

1. 蛋壳的组成

蛋壳由角质层、蛋壳、蛋壳膜三部分组成，占全蛋重量的 10%～13%。

① 角质层（又称外蛋壳膜），刚生下的鲜蛋的壳表面覆盖一层黏液，这层黏液即角质层，是由一种无定形结构、透明、可溶性胶质黏液干燥而成的薄膜。完整的薄膜能透水、透气，可抑制微生物进入蛋内。

② 蛋壳（又称石灰硬蛋壳），具有固定形状并起保护蛋白、蛋黄的作用，但质脆不耐碰撞或挤压。蛋壳上有许多大小在 $(9\mu m \times 10\mu m)$～$(22\mu m \times 29\mu m)$ 的微小气孔。这些气孔是鲜蛋本身进行蛋的气体交换的内外通道，且对蛋品加工有一定的作用。若角质层损落，细菌、霉菌均可顺气孔侵入蛋内，很容易造成鲜蛋的腐败或质量下降。

③ 蛋壳膜，内外蛋壳膜都由角质蛋白纤维交织成网状结构，不同的是外壳膜厚 41.1～60.0μm，其纤维较粗，网状结构粗糙，空隙大，细菌可直接进入蛋内，而内壳膜即蛋白膜厚 12.9～17.3μm，其纤维纹理较紧密细致，有些细菌不能直接通过进入蛋内，只有分泌的蛋白酶将蛋白膜破坏之后，微生物才能进入蛋内。所有霉菌的孢子均不能透过内外膜，但其菌丝体可以自由透过，并引起蛋内发霉。

另外还有气室，即蛋产下来后由于内容物冷却收缩，蛋壳与内壳膜分离而在蛋的钝端（大头的气孔多于小孔）产生部分真空，外界空气压入蛋内而形成。随着贮藏时间等因素变化，蛋内水分向外蒸发，气室不断增大。所以气室大小也是评定和鉴别蛋的新鲜度的主要标志之一。

2. 蛋白

蛋壳膜之内就是蛋白，通称蛋清，它是一种典型的胶体物质，占蛋总重的 55%～66%。其颜色呈微黄，蛋白按其形态分为稀薄蛋白与浓厚蛋白（占全部蛋白的 50%～60%）。刚产下的鲜蛋，浓厚的蛋白含量高，溶菌酶含量多，活性也强，蛋的质量好，耐贮藏。而随着外界温度的升高，存放时间的延长，蛋白会发生一系列变化。首先浓厚蛋白被蛋白中的蛋白酶迅速分解变成为稀薄蛋白，而其中的溶菌酶也随之被破坏，失去杀菌能力，使蛋的耐贮性大为降低。因此，愈是陈旧的蛋，浓厚蛋白含量愈低，稀薄蛋白含量愈高，愈容易感染细菌，造成蛋腐败。可见浓厚蛋白含量的多少是衡量蛋的新鲜与否的重要标志。

此外，在蛋白中，位于蛋黄两端各有一条白色带状物，叫作系带，又称卵带。系带的作用为固定蛋黄位于蛋的中心。系带的组成同浓厚蛋白基本相似，新生下来的鲜蛋，系带很白，很粗且有很大的弹性。新鲜蛋系带附着溶菌酶，且其含量是蛋白中溶菌酶含量的 2～3 倍，甚至多达 3～4 倍。系带同浓厚蛋白一样发生水解作用。当系带完全消失，会造成贴皮或称贴壳、黏壳。系带状况也是鉴别蛋的新鲜程度的重要标志之一。

3. 蛋黄

蛋黄呈球形，位于蛋的中心，占全蛋重量 32%～35%。蛋黄膜是包围在蛋黄内容物外面的透明薄膜。蛋黄内容物是一种浓稠不透明的黄色乳状液，是蛋中最富有营养物质的部分。胚胎即蛋黄表面上一微白色、直径为 2～3mm 的小圆点。分为受精蛋胚胎和未受精蛋胚胎两种。受精蛋胎胚很不稳定。在适宜的外界温度下，便会很快发育。这样就降低了蛋的耐贮性和质量。

（二）蛋的化学组成、理化性质及营养价值

1. 化学组成

蛋的化学成分取决于家禽的种类、品种、饲养条件和产卵时间。鸡蛋的可食部分大约含水分 75%，蛋白质 12%，脂质（主要脂肪酸为棕榈酸、油酸和亚麻酸）11%，糖质、灰分各为 0.9%，还有钙、磷、铁、钠和各种维生素、酶。

2. 理化性质

① 相对密度 蛋的相对密度与蛋的新鲜程度有关，新鲜鸡蛋相对密度在 1.080～1.090 之间，新鲜的火鸡蛋、鸭蛋和鹅蛋的相对密度约为 1.085，而陈旧的相对密度逐渐减轻，在 1.025～1.060 之间。

② pH 值 新鲜蛋白 pH 值为 7.6～7.9，在贮藏期间，CO_2 含量增加，pH 下降，新鲜蛋黄的 pH 为 6.0 左右，贮藏期间最高可升至 6.4～6.9。

③ 折射率 新鲜蛋白全固形物占 12% 时，折射率为 1.3553～1.3560；新鲜蛋黄全固形物占 48% 时，折射率为 1.4113。

④ 黏度 蛋白是一个完全不均匀的悬浮液，黏度 3.5～10.52cP（20℃）；蛋黄也是个悬浮液，黏度 110.0～250.0cP（20℃）。陈蛋黏度降低主要是由于蛋白质的分解及表面张力下降所致。

⑤ 加热凝固点和冻结点 新鲜鸡蛋的加热凝固温度为 62～64℃，蛋白为 68～71.5℃，混合蛋液为 72.0～77℃。蛋白冻结点约为 -0.45℃，蛋黄为 -0.6℃。

3. 营养价值

蛋的化学组成决定了禽蛋的营养成分是极其丰富的，如鸡蛋的蛋白质含量 12% 左右，堪称优质食品。蛋类蛋白质消化率为 98%，奶类 97%～98%，肉类 92%～94%，米饭 82%，面包 79%，马铃薯 74%，可见蛋类和奶类一样有较高的蛋白质消化率；蛋白质生物价较高，鸡蛋蛋白质的生物价为 94，牛奶为 85，猪肉为 74，白鱼 76，大米 77，面粉 52；必需氨基酸的含量丰富，其相互比例合理。蛋类的蛋白质中不仅所含必需氨基酸的种类齐全，含量丰富，而且必需氨基酸的数量及相互间的比例也很适宜，与人体的需要比较接近；蛋白质的氨基酸评分，全蛋和人奶都为 100，牛奶 95。

禽蛋含有极为丰富的磷脂质，磷脂对人体的生长发育非常重要，是大脑和神经系统活动不可缺少的重要物质。固醇是机体内合成固醇类激素的重要成分。

（三）蛋的贮藏特性

1. 鲜蛋在贮藏中的变化

鲜蛋在贮藏中发生的物理和化学变化有：蛋白变稀；重量减轻（水分蒸发）；气室增大；蛋白与蛋黄相互渗透；CO_2 逸散；pH 上升等。

鲜蛋在贮藏中发生的生理变化：在 25℃ 以上适当温度范围内受精卵的胚胎周围产生网状的血丝，这种蛋称为胎胚发育蛋；未受精卵的胚胎有膨大现象，称为热伤蛋。蛋的生理变化引起蛋的质量下降，甚至引起蛋的腐败变质。

2. 微生物的污染

蛋在贮藏和流通过程中，外界微生物接触蛋壳通过气孔或裂纹侵入蛋内，使蛋腐败的主要是细菌和霉菌。高温高湿为蛋的微生物生长繁殖创造了良好的条件。所以夏季最易出现腐败蛋。

蛋的形成过程也可能受微生物污染。健康母鸡产的蛋内容物里没有微生物，但生病母鸡在蛋的形成过程中就可能受微生物污染。其污染渠道如下：

① 由于饲料含有沙门氏菌，沙门氏菌通过消化道进入血液到卵巢，给蛋带来潜在的带菌危险；

② 通过卵巢和输卵管进入，使鸡蛋有可能被各种病原菌污染。

（四）鲜蛋的贮藏保鲜方法

根据鲜蛋本身结构、成分和理化性质，设法闭塞蛋壳气孔，防止微生物进入蛋内，降低贮藏温度，抑制蛋内酶的活性，并保持适宜的相对湿度和清洁卫生条件，这是鲜蛋贮藏的根本原则和基本要求。

鲜蛋的贮藏方法很多，有冷藏法、涂膜法、气调法、浸泡法（包括石灰水贮藏和水玻璃溶液贮藏法）、巴氏杀菌法等，而运用最广泛的是冷藏法。

1. 冷藏法

即利用低温，最低不低于 -3.5℃（防止到了冻结点而冻裂），抑制微生物的生长繁殖和分解作用以及蛋内酶的作用，延缓鲜蛋内容物的变化，尤其是延缓浓厚蛋白的变稀（水样化）和降低重量损耗。鲜蛋冷藏前要把温度降至 -1～0℃，维持相对湿度 80%～85%，这样有利于保鲜。此法操作简单，管理方便，保鲜效果好，一般贮藏半年以上仍能保持蛋的新鲜。但需要一定的冷藏设备，成本较高。

2. 涂膜法

即是用液体石蜡或硅酮油等将蛋浸泡或喷雾法使其形成涂膜而闭塞蛋壳。此方法须在产蛋后尽早进行才有效。

3. 气调法

气调贮蛋法主要有二氧化碳气调法和化学保鲜剂气调法等。二氧化碳气调法适用于大量贮藏，实践证明效果良好，比冷藏法温度、湿度要求低，费用也低。如果将容器内原有空气抽出，再充入二氧化碳和氮气，并使二氧化碳的浓度维持在 20%～30%，鸡蛋可存放 6 个月以上。

化学保鲜剂气调法通过化学保鲜剂化学脱氧而获得气调效果，达到贮藏保鲜的目的。一般使用的物质主要由无机盐、金属粉末和有机物质组成，除起到降氧作用外，还具有杀菌、防霉、调整二氧化碳含量等效果。如一种含有铸铁粉、食盐、硅藻土、活性炭和水的化学保鲜剂，可以在 24h 内将 10L 空气中的氧降至 1%。

第六节　食品原（辅）料的安全性

随着人民生活水平的提高，食品安全越来越受到关注和重视。食品安全涉及整个食物链，包括食品原料和辅料的生产、食品添加剂及加工助剂的使用、食品加工与制造过程、食品的贮运和销售环节。从当前我国食品安全发生的事故看，食品原料的生产和供给的卫生保障已成为食品安全的首要问题。为了保障农产品质量安全，维护公众的健康，国家在 2006 年已发布《农产品质量安全法》。

一、农产品的质量安全

按照我国《农产品质量安全法》的定义，农产品是指来源于农业的初级产品，即在农业活动中获得的植物、动物、微生物及其产品，它是食品生产加工的主要原料，直接影响生产加工食品的质量安全。

（一）农产品产地条件与环境带来的食品安全问题

农产品可食用部分的安全指标（如药物残留、重金属残留、有害生物及毒素等污染物）与种植（养殖）环境的土壤、水与空气的污染程度密切相关。

1、农产品中的金属残留

人类对自然资源的大量使用，使过去隐藏在地壳中的元素，尤其是金属，大量进入人类环境。重金属污染物多来源于矿山、冶炼、电镀、化工等工业的废渣、废水和废气。在某些工厂附近的大气中，就含有镉、铍、锑、铅、镍、铬、锰、汞、砷等多种金属微粒。据统计，全世界每年进入人类环境的汞约有 1 万吨，其中自然污染和人为污染各占一半；铅有 400 万吨，其中从汽油中放出的四乙基铅有 80 万吨；镉有 2 万吨；还有大量的无机和有机化合物。这些有毒污染物可以降落在农作物上，或造成水源、大气、土壤等广泛性污染，并可以通过食物链对人类造成更大的危害。许多调查事实表明，有毒重金属汞、镉、铅、砷等污染对人类健康已构成严重威胁。我国食品污染物标准 GB 2762 对各类食品中的污染物限量指标都有具体规定。

（1）铅的污染　采矿、冶炼、蓄电池、交通运输、印刷、塑料、涂料、焊接、陶瓷、橡胶、农药等行业都使用铅及其化合物。全世界每年铅消耗量约为 400 万吨，其中 40% 用于制造蓄电池，25% 以烷基铅的形式加入到汽油中作为防爆剂，12% 用作建筑材料，6% 用作电缆外套，5% 用于制造弹药，17% 用于其他方面。这些铅约 1/4 重新回收利用，其余大部分以各种形式排放到环境中造成污染，因而也引起食品的铅污染。天然土壤中铅的平均含量为 $5\sim25\text{mg} \cdot \text{kg}^{-1}$，而多数土壤中常含有 $2\sim200\text{mg} \cdot \text{kg}^{-1}$ 的铅。地面水中铅本底平均值大约 $0.5\mu g \cdot \text{L}^{-1}$，地下水中铅的浓度为 $1\sim60\mu g \cdot \text{L}^{-1}$，在含有石灰石和方铅矿地区，天然水中铅含量可高达 $400\sim800\mu g \cdot \text{L}^{-1}$。WHO 建议饮水中的最大允许限量为 $50\mu g \cdot \text{L}^{-1}$。

人体摄入铅的途径很多，包括食品、饮水、吸烟、大气等，进行非职业性接触的人所摄入的铅主要来自于食品。Kehoe 计算平均每个美国人每天从食品中摄入的铅量约 0.3mg，从水中和其他饮料以及污染的大气层中摄入的铅约 0.1mg。

据估计，来自含铅金属水管的自来水中铅的含量可高达 $50\mu g \cdot L^{-1}$。来自含铅水管的水中铅含量与水的 pH 有关，pH 较低的水是铅溶剂，它能缓慢溶解出含铅金属水管中大量的铅，而 pH 高并且含有溶解的钙盐和镁盐的硬水，在系统中可形成一层"水垢"，它能阻止铅和其他金属的溶解。过去，啤酒厂和酒厂使用的铅管和其他含铅设备常会引起酒中铅污染，在酒桶和酒罐上使用青铜龙头也会引起酒中铅污染。由于使用了不合适的金属或上釉陶器容器贮藏产品而引起人员死亡事件已有报道。水果汁在陶器罐中贮藏 3d 后，铅含量达到 $1300mg \cdot L^{-1}$。

人体吸收的铅量不仅与食物的含铅量和食物的摄入量有关，而且还和食物的组成成分有很大的关系，比如当膳食中含有钙、植酸和蛋白质时，由于它们的影响，仅有 5%～10% 的铅被吸收。铅对儿童的危害更大，儿童的中枢神经系统对铅毒性有高度敏感性。有研究证明，儿童铅中毒患者有视力发育迟缓、癫痫、脑性瘫痪和神经萎缩等永久性后遗症。当饮用水中铅含量达 $0.1mg \cdot L^{-1}$ 时，可能引起儿童血铅含量超过 $30\mu g \cdot (100mL)^{-1}$。

（2）汞的污染　汞是一种毒性较强的有色金属，在自然界中以金属汞、无机汞和有机汞的形式存在。汞与烷基化合物和卤素可形成挥发性化合物，具有很大的毒性。有机汞的毒性比无机汞大。人体中的汞除职业接触外，主要来自食物，特别是鱼贝类。水体中的汞可通过特殊的食物链和富集作用造成水产品中含量超标。日本水俣病区鱼贝类中汞含量高达 20～$40mg \cdot kg^{-1}$。

植物本身含有微量汞，大多数植物中汞的自然含量为 1～$100\mu g \cdot kg^{-1}$。禾本植物含汞量较高，范围在 16～$140\mu g \cdot kg^{-1}$，其中粮食作物为 1.0～$8.2\mu g \cdot kg^{-1}$。蔬菜类含汞量为 0.3～$9.0\mu g \cdot kg^{-1}$，块茎、块根和鳞茎类为 0.23～$2.0\mu g \cdot kg^{-1}$。在受汞污染的土壤中，粮食作物的汞含量依次为：稻谷＞高粱＞玉米＞小麦；蔬菜作物为：根菜类＞叶菜类＞果菜类。一般辣椒、茄子、黄瓜吸收累积汞的量较少，而菠菜叶、韭菜、菜花根、胡萝卜积累汞的量较多。

环境中的微生物，特别是污泥中的微生物群可以使毒性低的无机汞转变为毒性高的甲基汞，也有研究发现环境中的无机汞可以通过化学作用形成甲基汞。水产品中的汞含量较高，特别是由于水质污染而在鱼中残留的汞相对较多。鱼体表面黏液中的微生物有较强的甲基化能力，鱼体中的汞 90% 为甲基汞。鱼体吸收甲基汞迅速，在体内蓄积不易排出。有实验证明，鱼体甲基汞的半衰期：鲤鱼为 230d，鲶鱼为 190d，硬头鳟鱼为 220d，比人体内的半衰期长得多。许多国家提出鱼中汞含量的上限值为：瑞典 $0.01mg \cdot kg^{-1}$，加拿大 $0.15mg \cdot kg^{-1}$，日本 $0.1mg \cdot kg^{-1}$。

2010 年 JECFA 第 72 次会议将无机汞（用于非鱼贝类食品的膳食暴露评估，以总汞计）的 PTWI 由 $5\mu g \cdot kg^{-1}$ bw 下降至 $4\mu g \cdot kg^{-1}$ bw，对于鱼贝类食品则采用甲基汞 PTWI $1.6\mu g \cdot kg^{-1}$ bw。我国食品污染物限量标准 GB 2762 中，提出了谷类、蔬菜、食用菌、薯类、肉类、乳及乳制品、蛋及蛋制品、食用盐、矿泉水、婴幼儿罐装辅助食品中总汞的限量要求，以及水产品中甲基汞的限量要求。其中，对食肉鱼类甲基汞限量 $1.0mg \cdot kg^{-1}$，其他鱼类及水产品为 $0.5mg \cdot kg^{-1}$；肉、蛋（去壳）总汞（以 Hg 计）量为 $0.05mg \cdot kg^{-1}$；果蔬及制品为 $0.01mg \cdot kg^{-1}$；谷物及其制品 $0.02mg \cdot kg^{-1}$；乳及乳制品为 $0.01mg \cdot kg^{-1}$。

（3）镉的污染　工业以及环境污染是造成金属镉在食物中残留超标的重要原因。工厂烟囱（火力发电厂、冶炼厂等）排出的镉被空气中颗粒所吸附，借助大气沉降和降水进行散播造成污染源，使周围的表层土和植被中镉含量急剧增加；含镉废水的排放又是食品中镉的另一来源。农作物通过根部吸收使镉进入食物链。如某区经含镉污水灌溉 17 年，其表土中镉含量平均达 7.18～$9.50mg \cdot kg^{-1}$，最高 $68.8mg \cdot kg^{-1}$，种植小麦中镉平均含量 0.45～$0.61mg \cdot kg^{-1}$，最高 $2.67mg \cdot kg^{-1}$。由于污染的水体有较大的迁移性，河流湖泊底泥由于长期接纳污水而富含镉，水流的翻动使水体中浮游植物含有较高水平的镉，又造成以浮游植物为食的水生动物蓄积大量的镉。因此水产食品中镉含量较高。如牡蛎能富集镉，有报道，新西兰的牡蛎含镉达 8mg·kg^{-1}（湿重）；一些甲壳类动物（如蟹、龙虾）也含有较高的镉，通常以肝、胰或蟹黄中蓄积为主。某些水生脊椎动物的肾脏也会含有大量的镉。

我国对食品中镉的上限标准：双壳类、腹足类、头足类、棘皮类水产原料 2.0mg·kg^{-1}；畜、禽肾脏及其制品 1.0mg·kg^{-1}；花生、香菇及其他食用菌制品，畜、禽肝脏及其制品，甲壳类水产原料 0.5mg·kg^{-1}；稻谷、糙米及大米、豆类、叶菜、芹菜、新鲜食用菌类（除香菇外）0.2mg·kg^{-1}；杂粮、面粉、豆类蔬菜、根茎菜类、畜禽肉类及其制品、鱼类 0.1mg·kg^{-1}；水产、其他新鲜蔬菜、新鲜水果、蛋及其制品 0.05mg·kg^{-1}。

（4）砷的污染　砷广泛分布于自然环境中，几乎所有的土壤中都存在砷。随着生产的发展，含砷化合物广泛用于农业作为除草剂、杀虫剂、杀菌剂、杀鼠剂和各种防腐剂的成分之一。如砷酸铅、砷酸铜、砷酸钠、乙酸砷酸铜和二甲砷酸，它们的大量使用，造成了大量农作物被污染，使砷含量增高。在水稻抽穗期以后施用有机砷农药，可使稻米中的砷含量显著增加，最高达 8mg·kg^{-1}。砷酸铅作为农药施用于烟草，使烟叶上残留砷，致使吸烟人的砷摄入量大大高于普通人。含砷的杀虫剂施用于果树，可使砷大量残留在果皮上，果皮上的砷又慢慢渗入果肉和果汁中，引起水果及其饮料中砷的污染。此外，在动物饲料中加入的生长促进剂，如对氨基苯基砷酸等含砷化合物也会给家畜等动物性食品带来安全性的问题。

饮水中含有砷，在不同地区饮用水中的砷含量不同。世界上大部分河水的砷含量在 0～0.2mg·L^{-1}，平均约 0.5μg·L^{-1}。温泉和矿泉水中砷含量一般较高，砷含量达到 0.5～1.3mg·L^{-1}，如果家庭常饮用此类水，会导致砷摄入过多而产生慢性中毒。

砷能引起人体慢性和急性中毒。砷的急性中毒通常是由于误食而引起的，砷慢性中毒由长期少量经口摄入食物引起。最普通的两种含砷无机化合物是 As$_2$O$_3$（砒霜）和 As$_2$O$_5$，一般三价砷毒性大于五价砷。砷化合物的毒性大小顺序为：砷无机物＞有机砷＞砷化氢。流行病学发现无机砷化合物对人具有致癌性，特别是皮肤癌和肺癌。动物实验表明，给动物以含砷的食物，动物会发生畸胎，但人类是否会有类似的现象还未得到证实。

2010 年 JECFA 第 72 次会议确定了无机砷安全评价结果，以及膳食总砷和无机砷主要来源。我国食品污染物限量标准 GB 2762 中，提出了除大米外的其他谷类、蔬菜、食用菌、肉类、乳及乳制品、脂肪、油、乳化脂肪制品、调味品、甜味料、包装饮用水、可可脂及其制品等食品中总砷的限量要求，以及大米和水产品中无机砷的限量要求。

2. 农产品中有害有机物质残留

环境中有害有机物质对农产品的污染渐趋严重。如多氯联苯、N-亚硝基化合物、多环芳族化合物、氟化物及农药等。对人类影响最大的首推具有蓄积性的农药和某些化学物，如二噁英等物质。

多氯联苯是目前联合国环境署致力消除的 12 种持久性有机污染物之一，存在于水体、空气和土壤中，并通过食物这一途径进入人体，对环境和人体构成危害。由于多氯联苯的脂溶性强，进入机体后可贮存于各组织器官中，尤其是脂肪组织中含量最高。人类接触多氯联苯可影响机体的生长发育，使免疫功能受损。孕妇如果多氯联苯中毒，胎儿将受到影响，发育极慢。1968 年发生在日本的米糠油中毒事件，受害者因食用被多氯联苯污染的米糠油而中毒，主要表现为皮疹、色素沉着、眼睑浮肿、眼分泌物增多及胃肠道症状等，严重者可发生肝损害，出现黄疸、肝昏迷，甚至死亡。我国规定水产动物及其制品中多氯联苯的含量为 0.5mg·kg^{-1}。

二噁英为两组氯代三环芳烃类化合物的统称，是一种无色无味的脂溶性化合物，其毒性比氰化钠要高 50～100 倍，比砒霜高 900 倍，俗称"毒中之王"。它具有强烈的致癌、致畸作用，同时还具有生殖毒性、免疫毒性和内分泌毒性。二噁英主要是在一系列包括熔炼、纸浆的漂白以及生产某些除草剂和杀虫剂的工业生产过程中产生的有害副产品。此外，汽车尾气和香烟燃烧都可以产生二噁英。二噁英具有高度的亲脂性，容易存在于动物的脂肪和乳汁中，因此，常见的且易受到二噁英污染的是鱼、肉、禽、蛋、乳及其制品。人体中的二噁英主要来源于膳食。

氟化物是重要的大气污染物之一，氟化物主要来自于生活燃煤污染及化工厂、铝厂、钢铁厂和磷肥厂排放的氟气、氟化氢、四氟化硅和含氟粉尘。氟能够通过作物叶片上的气孔进入植物体内，使叶尖和叶缘坏死，特别是嫩叶、幼叶受害严重。由于农作物可以直接吸收空气中的氟，而且氟具有在生物体内富集的特点，因此在受氟污染的环境中生产出来的茶、蔬菜和粮食的含氟量一般都会远远高于空气中氟的含量。另外，氟化物会通过畜禽食用牧草后进入食物链，对食品造成污染，危害人体健康。氟被吸收后，95％以上沉积在骨骼里。由氟在人体内积累引起的最典型的疾病为氟斑牙和氟骨症，表现为齿斑、骨增大、骨质疏松、骨的生长速率加快等。

上述无机、有机污染物对环境的危害，依其半衰期，有不同的累积和持续期，其中不少有较长的残留及污染特性。为此，农产品质量安全法要求县以上地方人民政府，要根据农产品品种特性和生产区域大气、土壤、水体中有毒有害物质的状况等因素，认为不适宜特定农产品的生产的，提出禁止生产区域，报本级人民政府批准后公布。禁止在有毒有害物质超过规定标准的区域生产、捕捞、采集食用农产品和建立农产品生产基地。禁止违反法律、法规的规定向农产品产地排放或倾倒废水、废气、固体废物或者其他有害物质。农业生产用水和用作固体肥料的固体废物，应当符合国家标准。

3. 农产品中携带的污染生物及毒素

无论是植物或者是动物，当其处于正常生长阶段，对外界生物的侵害都有自己的免疫和抗毒解毒能力。但随着环境污染的程度愈来愈严重，以及人为的高密度养殖及追求产量的各种农业投入品的失控使用，使种植（养殖）业病虫害发生的频率和强度增加，为治病而使用药频繁，甚至违法违规用药，这种恶性循环不仅增加化学药物的污染，更严重的是形成更难对付的病原生物，使种养的农产品携带的生物性危害愈来愈严重。

由于动、植物的生长离不开土壤、水和空气，因此农产品都可能受到自然界存在的有害或无害生物的污染，其中最主要的是引起食源性疾病的生物，包括肠道传染病、人畜共患传染病、寄生虫和病毒等有害生物所造成的疾病。表1-3是食品中主要的生物性危害的来源及其传播特征。

表1-3 食品中主要的生物性危害来源及其传播特征

致病菌	主要的贮主或携带者	传播[①]方式			在食物中繁殖	有关食物
		水	食物	由人到人		
细菌						
蜡状芽孢杆菌	土壤	－	＋	－	＋	米饭、熟肉、蔬菜、含淀粉的布丁
布鲁氏菌	牛、山羊、绵羊	－	＋	－	＋	生乳、乳制品
空肠弯曲菌	野生禽类、鸡、狗、猫、牛、猪	＋	＋	＋	－[②]	生乳、家禽
肉毒梭状芽孢杆菌	哺乳动物、禽类、鱼类	－	＋	－	＋	家庭腌制的鱼类、肉类和蔬菜
产气荚膜梭状芽孢杆菌	土壤、动物、人	－	＋	－	＋	熟肉和家禽、肉汁、豆类
肠产毒大肠杆菌	人	＋	＋	＋	＋	色拉、生菜
肠致病性大肠杆菌	人	＋	＋	＋	＋	乳
肠侵袭性大肠杆菌	人	＋	＋	0	＋	乳酪

致 病 菌	主要的贮主或携带者	传播①方式			在食物中繁殖	有关食物
		水	食物	由人到人		
牛结核分枝杆菌	牛	—	+	—	—	生乳
伤寒沙门氏菌	人	+	+	±	+	乳制品、肉类产品、贝类、色拉
沙门氏菌(非伤寒型)	人和动物	±	+	±	+	肉类、家禽、蛋类、乳制品、巧克力
志贺氏菌	人	+	+	+	+	土豆/鸡蛋色拉
金黄色葡萄球菌(肠毒素)	人	—	+	—	+	火腿、家禽和鸡蛋色拉
01霍乱弧菌	海生生物、人	+	+	±	+	色拉、贝类
非01霍乱弧菌	海生生物、人和动物	+	+	±	+	贝类
副溶血弧菌	海水、海生生物	—	+	—	+	生鱼、蟹和贝类
结肠炎耶尔森氏菌	水、野生动物、猪、狗、家禽	+	+	—	+	乳、猪肉和家禽
病毒						
甲型肝炎病毒	人	+	+	+	—	贝类、生水果和蔬菜
诺瓦克病毒	人	+	+	0	—	贝类
轮状病毒	人	+	0	+	—	0
原虫						
溶组织内阿米巴	人	+	+	+	—	生蔬菜和水果
兰伯氏贾第虫	人、动物	+	±	+	—	0
蠕虫						
牛肉绦虫和猪肉绦虫	牛、猪	+	+	—	—	半熟的肉
旋毛线虫	猪、食肉类动物	—	+	—	—	半熟的肉
毛首鞭虫	人	0	+	—	—	土壤、污染的食物

① 除了轮状病毒和结肠炎耶尔森氏菌在凉爽季节传播增多，几乎所有急性肠道感染都是在夏天和/或雨季传播增多。

② 在一定条件下观察到有些繁殖，对于这种观察结果的流行病学意义还不清楚。

注：十—是；士—罕见；——否；0—无资料。

(1) **肠道致病菌** 据资料统计，细菌致病菌是食源性疾病的主要污染菌。沙门氏菌、大肠杆菌157 (O157：H7)、霍乱和副霍乱弧菌、李斯特杆菌等食源性疾病在发达和发展国家均有暴发流行，此外，河弧菌及副溶血弧菌、空肠弯杆菌、志贺氏菌、葡萄球菌、蜡样芽孢杆菌、产气荚膜梭菌、小结肠耶尔森氏菌等引起的食物中毒也受到人们的关注。

细菌性食物中毒的暴发流行，有明显的季节性，一般以夏秋 (7～9 月) 发病率最高。各类细菌引起中毒食品也有差异，如副溶血性弧菌中毒主要以海产品为主；肉毒中毒随各地生活习惯而异，在我国常见的中毒食品为自制发酵豆制品和肉类；沙门氏菌中毒多发生于冷加工食品。

(2) **人畜共患传染病原菌及虫类** 人畜共患传染病是指在畜禽等各种脊椎动物和人类之间自然传染的疾病。目前已知的人畜共患传染病原菌及虫类至少有200多种，其不仅严重威胁人类的身体健康，也是社会公共卫生控制的主要问题。表1-3列出了一些动物携带的致病菌。对食品原料影响较大的主要有炭疽芽孢杆菌、布鲁氏菌、结核分枝杆菌、绦虫、旋毛虫、弓形虫、疯牛病毒、口蹄疫等。为了控制人畜共患病原菌的污染，应该在动物饲养过程中加以防控，杜绝病原体的扩散；此外，加强在动物屠宰环节 (屠宰前、宰中及宰后) 的检疫尤为重要。

(3) **其他寄生虫和病毒** 除了上述畜禽疾病会构成食物污染外，引起食物原料污染寄生虫和病毒事件也经常发生。如1988年上海地区因食用被甲肝病毒污染的毛蚶而引起31万人甲肝爆发；2006年6～8月，北京市食用福寿螺导致广州管园线虫病患者超过70例；"诺瓦克"病毒污染在日本引起大面积病害，2007年春天，在我国不少地区食用被"诺瓦克"病毒污染的牡蛎等贝类食品而发生的肠胃类病例，说明由于环境污染而发生的食品原料的生物性危害愈来愈频繁。

病毒有专性寄生性，虽然不能在食品中繁殖，但是食品为病毒提供了很好的保存条件，因而可在食品中残存较长时间。污染病毒的食品一旦被食用，病毒即可在体内繁殖，引起感染病毒疾病。易被病毒污染的食品主要有肉制品、乳制品、水产品、蔬菜和水果等。

所有受生物性污染的食物对人类造成的危害，几乎都是有生食习惯或缺乏良好的加工造成的。各种致病微生物、寄生虫和病毒绝大多数容易受热破坏杀灭。只要加强对各种病原生物的监测和预防，切断污染源；注意原料采收（捕捞）后的运输和贮藏温度控制和保鲜措施；加强食物原料的验收和加工过程的清洗，消毒和杀菌；做好个人卫生，不吃未彻底煮熟的肉类和水产类食品，所有这些危害都可以被控制。

（4）真菌毒素污染　真菌毒素是真菌在生长繁殖过程中产生的次生有毒代谢产物。谷类、乳制品、水果等多种和百姓饮食息息相关的食物，在生长或生产的过程中极有可能存在真菌毒素污染。据联合国粮农组织（FAO）统计，全世界每年谷物产量的25%受到霉菌毒素不同程度的污染。根据国内饲料及饲料原料受霉菌毒素污染的调查报告显示，目前我国全国各地的饲料中含有黄曲霉毒素的现象很普遍，各种饲料的黄曲霉毒素检出率都高达70%以上，甚至部分饲料中的黄曲霉毒素检出率达到了100%。2010年我国出口欧盟食品违例事件共294起，其中真菌毒素超标80起，占27.2%。

黄曲霉毒素和镰刀菌毒素被FAO/WHO列为自然发生的最危险的食品污染物；2002年黄曲霉毒素 M_1 被WHO列为Ⅰ类致癌物。许多国家制定了食品与饲料中真菌毒素的限量标准，我国也制定并实施的国家标准食品中真菌毒素限量标准GB 2761，规定了食品中黄曲霉毒素 M_1、黄曲霉毒素 B_1、脱氧雪腐镰刀菌烯醇（DON）、展青霉素、赭曲霉毒素 A、玉米赤霉烯酮等6种指标要求及检测方法。

（二）农业投入品可能带来的危害

农业投入品是指投入到农业生产过程（含产前、产中和产后）中的各类物质生产资料，主要指种子、农药、肥料、兽药、鱼药、饲料及饲料添加剂等。农业投入品是农业生产的物质基础，其质量和使用的方式直接影响到农业生产和农产品质量安全。

农业投入品的危害是指上述农业物质生产资料本身具有的各种有害物质或无害物质，投入到农业生产过程中，由于使用技术、方法、管理措施等因素直接或间接对农产品质量安全的危害。国家对农业投入品有严格的审批制度和使用规范，绝大部分农业投入品在合理使用量和使用方法下，对农产品不会构成安全危害。但由于农业投入品涉及面广、使用品种多，而且不少品种的使用范围和使用量也有不同，还有某些品种的质量不一定符合要求，因此，不少农业投入品可能给人类带来的危害隐患仍不可忽视。目前在我国仍属于食品安全监管的重要环节，主要有下列几类。

1. 农药残留

农药是指用于防止农作物的病虫、杂草、鼠害等有害生物及调节作物生长的各种物质，也包括提高药剂效力的辅助剂等。我国农药市场上提供的品种可达300多种，每年施用量超过130万吨。按作用对象和目的，可将农药分为：杀虫剂、杀菌剂、除草剂、杀线虫剂、杀螨剂、杀鼠剂、落叶剂和植物生长调节剂等。按原料来源分为：无机农药、有机农药、天然提取农药和微生物农药。按农药残留期长短分为高残留和低残留农药。按毒性强弱分为高毒、中毒和低毒农药。

使用农药是一项重要的农业技术措施，其特点是作用迅速，效果明显，投入回报高，效益显著，使用方便，来源广泛。但农药使用不当也会带来各种问题，如大量杀伤一种农作物的有害物会造成自然生态的平衡失调，可引起有害物质的再度猖獗，可使病虫等生物产生抗药性，给防治带来困难；容易使作物产生药害和引起人畜中毒，并会增加生产成本、造成环境污染等。

（1）农药污染食品的途径　农药残留是指使用农药后残存于生物体、食品（农副产品）和环境中的微量农药原体、有毒代谢物、降解物和杂质的总称。当农药超过最大残留限量（MRL）时，将对人、畜产生不良影响或通过食物链对生态系统中的生物造成毒害。据统计，农药污染通过大气和饮水进入人体的仅占10％，通过食物进入人体的占90％。农药污染食品的途径主要有以下几种。

① 施用农药后对作物或食品的直接污染。施用农药时，部分农药黏附在作物的叶、茎、花、根、果实的表面，部分农药还可以通过植物叶片组织渗入到植株体内，或经根部吸收再经生理作用运转到植物的根、茎、果实等各部分，并在植物体内进行代谢。进入植物体内的农药量取决于：农药的种类、性质；农药的使用方法，包括施药次数、施药浓度、施药时间、施药方法（喷雾、泼浇、撒施、拌种等），采前最后一次施药量与时间；植物的种类等。一般内吸性农药能进入植物体内，使植物内部农药残留量高于植物体外部，而渗透性农药只沾染在植物外表，因此外表面的农药浓度高于内部。同时，施药次数越多、农药浓度越高，残留物中的农药量也越高，最后一次施药至作物收获所允许的间隔天数（即安全间隔期）内施用农药，农药残留检出也较多。农药残留随植物的不同种类和同一种类不同部位而不同，一般叶菜类植物的农药残留量高于果菜和根菜类。

② 空气、水、土壤的污染造成动植物体内含有农药残留而间接污染食品。通常，施用农药真正到达目的物上的只有10％～20％，最多可达30％，落在地面上的占40％～60％，5％～30％飘浮于大气之中。这表明每年在我国有几十万吨的农药进入环境，污染空气、土壤和水体。

③ 来自食物链和生物富集作用。

④ 运输及贮存中由于和农药混放而造成食品污染。

（2）农产品中主要的残留农药　我国使用的农药以杀虫剂为主，占总用量的70％，其中有机磷杀虫剂占杀虫剂总量的70％以上，而在有机磷农药中高毒品种的产量又占有机磷农药产量的70％，高毒农药残留成为农产品中最主要的危害。农产品中主要的农药残留有：有机磷杀虫剂，有机汞、有机砷杀菌剂和有机氯杀虫剂等。

有机磷农药已成为我国主要使用的一类农药。有机磷农药早期发展的大部分是高效高毒品种，如对硫磷、甲胺磷、久效磷等；而后逐步发展了许多高效低毒低残留品种，如乐果、敌百虫、马拉硫磷等。有机磷农药化学性质不稳定、分解快，在作物中残留时间短。使用有机磷农药治虫杀菌而污染的食品主要是植物性食物，水果、蔬菜等最易吸收有机磷，残留量也高。甲胺磷属高毒低残留农药（残留期为15～30d），造成残留量问题比较突出。2003年12月30日农业部专门发布公告，全面禁止甲胺磷等5种（包括甲胺磷、对硫磷、甲基对硫磷、久效磷和磷胺）高毒有机磷农药在农业上使用。自2004年6月30日起，禁止在国内销售和使用含有甲胺磷等5种高毒有机磷农药的复配生产。2007年1月1日起全面禁止甲胺磷等5种高毒有机磷农药在农业上使用。

有机汞、有机砷农药对高等动物具有毒性，在土壤中残留期长（半衰期可达10～30年），是污染环境、造成食品危害的主要农药。有机汞农药进入土壤后逐渐分解为无机汞，残留土壤内，也能被土壤微生物作用转化为甲基汞再被植物吸收，重新污染农作物而进入食物链。我国已于1971年3月对有机汞农药采取不生产、不进口、不使用政策。

（3）降低食品中农药残留措施　食品中农药残留实际上是人为使用失控造成的，有些农药残留是难以通过加工降解去除的，因此农药的管理和使用、农产品的监督是关键。

① 要严格按照《农药安全使用标准》施药，尽量不用或减少农药使用量，严格按安全间隔期收获。

② 坚持开展食品安全性的监测工作，加强食品中农药残留量监督管理。严格按照我国《食品中农药最大残留限量》（GB 2763）中的要求检验和管理食品加工原料。

③ 在加工、食用食物前应对受污染农产品进行削皮、洗涤、烹饪、加热等处理。

2. 兽药残留

（1）兽药对食品的污染途径　兽药残留是指动物产品的任何可食部分所含兽药的母体化合物及（或）其代谢物，以及与兽药有关的杂质的残留。兽药残留既包括原药，也包括药物在动物体内的代谢产物，以及药物或其代谢产物与内源大分子共价结合的产物产生的结合残留。动物组织中存在共价结合物（结合残留）则表明药物对靶动物具有潜在毒性作用。动物产品主要残留兽药有抗生素类、磺胺药类、呋喃药类、抗球虫药、激素药类和驱虫药类。兽药进入动物体的主要途径有以下几种。

① 预防和治疗畜禽疾病用药　在预防和治疗畜禽疾病的过程中，通过口服、注射、局部用药等方法可使药物残留于动物体内而污染食品。

② 饲料添加剂　如超范围使用饲料添加剂，不按规定使用药物添加剂，甚至添加违禁药品，导致饲料中一些药物成分在养殖产品中积畜残留，产生耐药性，对人体产生危害，对环境造成污染。

③ 食品保鲜中引入药物　食品保鲜过程有时加入某些抗生素等药物来抑制微生物的生长、繁殖，这样也会不同程度造成食品的药物污染。

（2）动物性食品中的兽药残留　1970 年美国 FDA 对兽药残留的调查结果表明，造成兽药残留原因所占比例为：未遵守休药期的占 76%，饲料加工或运输错误的占 12%，盛过药物的贮藏器没有充分清洗干净的占 6%，使用未经批准的药物的占 6%。1985 年美国兽医中心（CVM）的调查结果为：不遵守休药期的占 51%，使用未经批准的药物的占 17%，未作用药记录的占 12%。造成兽药残留污染的主要原因有：不遵守休药期有关规定；不正确使用兽药和滥用兽药；饲料加工过程受到兽药污染或运送出现错误；使用未经批准的药物作为饲料添加剂来喂养可食性动物，造成食用动物的兽药残留；屠宰前使用兽药。

兽药在动物体内的分布和残留与兽药投予时动物的状态（如食前、食后）、给药方式（是随饲料投予还是随饮水投予，是强制投予还是注射等），及兽药种类有很大关系。兽药在食用动物中不同器官和组织的含量是不同的。在一般情况下，对兽药有代谢作用的脏器，如肝脏、肾脏，其兽药浓度高；而在鸡蛋卵黄中，与蛋白质结合率高的脂溶性药物容易在卵黄中蓄积，且可能向卵白中迁移。

进入动物体内的兽药其代谢和排出体外的量是随着时间的推移而增加的，也就是兽药在动物体内的浓度是逐渐降低的。兽药在 24h、12h、6h 内的半衰期随兽药的种类和动物的个体不同而不同。比如鸡通常所用的药物其半衰期大多数在 12h 以下，多数鸡用药物的休药期为 7d。一般按规定的休药期给药的动物性食品食用是安全的。

① 抗生素类药物残留　动物性食品中抗生素的残留比较严重，如美国曾检出 12% 肉牛、58% 牛犊、23% 猪和 20% 禽肉有抗生素残留，日本曾有 60% 的牛和 93% 的猪被检出有抗生素残留。乳中含有的抗生素对乳制品加工（发酵乳制品）造成极大的影响。奶牛使用抗生素治疗停药后，由奶中排出抗生素的持续时间随抗生素性质、投药途径和剂量不同而异。患有乳房炎的乳畜，在未经兽医检查确定恢复挤乳前所挤的乳，严禁混入正常乳。

② 磺胺类药物的残留　磺胺类药物是一类具有广谱抗菌活性的化学药物，1940 年开始用于家畜，1950 年起广泛应用于畜牧业生产。在近 15～20 年内磺胺类药物残留超标现象比其他任何兽药残留都严重。在猪肉及其制品中磺胺药物超标现象时有发生，如给猪内服 1%

推荐剂量的氨苯磺胺，在休药期内也可造成肝脏中药物残留超标。磺胺类药物残留主要发生在猪肉中，其次是在小牛肉和禽肉中。据报道，磺胺药物残留从蛋清中的消除速率比从蛋黄中的消除速率要快，通常鸡蛋清需 5d、鸡蛋黄需要 10d 才降至 $0.1mg \cdot kg^{-1}$ 水平。

除以上药物的残留问题外，激素类残留主要是己烯雌酚、己烷雌酚、双烯雌酚和雌二酚。我国在出口食品中也曾检出过此类兽药。

（3）控制动物性食品中兽药残留措施

① 加强药物的合理使用规范　加强药物的合理使用规范，包括合理配伍用药、使用兽用专用药，能用一种药的情况下不用多种药，特殊情况下一般最多不超过三种抗菌药物。

② 严格规定休药期和制定动物性食品药物的最大残留限量（MRL）　为保证给予动物内服或注射药物后药物在动物组织中残留浓度能降至安全范围，必须严格规定药物休药期，并制定最大残留限量（MRL）。

③ 加强监督、检测工作　因为兽药残留具有潜在的危害性，一些对变应原性物质非常敏感的人群，其危害就更严重。因此肉品检验部门、饲料监督检查部门以及技术监督部门应该加强动物饲料和动物性食品中的药物残留的检测，以保证动物性食品的安全。

另外，控制动物性食品中兽药残留，还可通过制备高效低毒化学药品和加强对新药物进行安全性毒理学评价进行控制。

④ 合适的食品食用方式　通过烹调、热处理等加工方法减少食品中某些兽药的残留。如肉制品中氯霉素经煮沸 30min 后，至少有 85％ 失去活性。

显然，只有规范农业投入品的生产和经营市场；实行行政许可为主的市场准入和备案制度，加强对生产者和经营者的管理；按照我国《农药管理条例》、《兽药管理条例》、《饲料和饲料添加剂管理条例》和《农产品质量安全法》等法律法规的要求进行农产品的生产，才能有效确保农产品的质量和安全。

（三）农产品中存在的天然毒素和有害物质

天然毒素是指生物本身含有的或者是生物在代谢过程中产生的某种有毒成分。包括细菌、霉菌产生的毒素和动、植物中存在的天然毒素。常见的农产品中的天然毒素主要有以下几类。

1. 有毒蕈类

有毒蕈类是指食后可引起中毒的蕈类，我国目前已鉴定的蕈类中，可食用者近 300 种，有毒蕈类 80 多种。其中含有剧毒可致死的不到 10 种。由于生长条件不同，不同地区发现的毒蕈种类也不相同，且大小形状不一，所含毒素亦不一样。毒蕈的有毒成分十分复杂，一种毒蕈可能含有几种毒素，而一种毒素又可存在于数种毒蕈之中，目前对毒蕈毒素尚未完全研究清楚。毒蕈中毒的发生往往是由于个人采集野生鲜蘑菇，误食毒蕈而引起的。

毒蕈种类繁多，其有毒成分和中毒症状各不相同，根据所含有毒成分和中毒的临床表现，大体可将毒蕈中毒分为四种类型：胃肠毒型、神经精神型、溶血型、肝肾损害型。

目前对于毒蕈和可食蕈的鉴别，除分类学和动物试验外，尚无可靠的简易办法。民间有一些识别毒蕈的实际经验，但都不够完善可靠，根据毒草图谱所示的外观也很难有把握进行鉴别。因此，为预防毒蕈中毒的发生，最根本的办法是切勿采摘自己不认识的蘑菇食用，毫无识别毒蕈经验者，千万不要自采蘑菇食用。

2. 鱼贝类

目前已知主要有五种鱼类毒素：贝类麻痹性毒素（PSP）、贝类神经性毒素（NSP）、贝类腹泻性毒素（DSP）、贝类致遗忘性毒素（ASP）和肉毒鱼类毒素。

有些鱼贝类体内存在着固有的自然毒素，有的几乎遍布全身，如肠腔动物中的海葵；有的存在于局部脏器内，如肝脏含毒的鲅鱼、旗鱼、鲨鱼、魟鱼等；有的含存于腺体内，如软体动物中的海兔；有的含存于鱼卵内，如淡水鱼中的鲶鱼和山溪中的光唇鱼等；有的含存于体表黏液和肝内，如贝类中的泥螺和鲍鱼等；有的含存于棘刺部分，如鱼类中的毒鲉等。在得螺（油螺中的一种）的唾液腺中发现四甲胺毒素。

（1）贝类毒素　雪卡毒素（saxitoxin）中毒是由于食用某些贝类如贻贝、蛤类、螺类、牡蛎、珊瑚鱼类等引起的，中毒特点为神经麻痹，故称为麻痹性贝类中毒。珊瑚鱼类如老虎斑、龙趸、苏眉等主要分布在我国沿海地区，因鱼体肌肉、内脏或生殖腺内含雪卡毒素而引起食物中毒。

雪卡毒素为神经毒素，主要作用为阻断神经传导，作用机制与河豚毒素相似。毒性很强，对人的经口致死量为 $0.54\sim0.9mg$。

贝类致遗忘性毒素中毒的贝类主要分布在北美洲的东北及西北沿岸，在美国近年已证实西海岸的太平洋蟹、红岩蟹、鱼等的内脏中存在 ASP。

贝类之所以具有毒性与海水中的藻类有关。当贝类食入有毒藻类如膝沟藻科的藻类后，其所含有毒物质即进入贝类体内，毒素在贝类体内呈结合状态，对贝类本身没有危害，但人食入这种贝肉后，毒素可迅速从贝肉中释放出来，呈现毒性作用。贝类含石房蛤毒素的多少取决于海水中膝沟藻类的数量。贝类中毒的发生往往与水域中藻类大量繁殖、集结形成所谓"赤潮"有关，海水受污染时可形成赤潮。我国浙江沿海曾报告织纹螺引起的食物中毒，症状类似麻痹性贝类中毒。

为减少贝类携带的天然毒素而引起的中毒，应对贝类养殖或捕捞环境加强控制管理，使贝类的捕捞只能在某些规定的水域进行。经常进行预防性监测，当发现贝类生长的海水中大量存在有毒的藻类时，应测定当时捕捞的贝类所含的毒素量是否符合规定卫生标准。美国 FDA 规定新鲜、冷冻和生产罐头食品的贝类中，雪卡毒素最高允许含量不得超过 $80\mu g \cdot (100g)^{-1}$。该毒素耐热，$116℃$ 加热的罐头亦只能去除 50% 的毒素，因此一般烹调方法不能将此类毒素破坏。只要食用的是有关贝类的闭克肌（肉柱），扇贝类中的海生毒素一般不会引起食用中毒。可是对于那些含鱼仔（卵）或全贝的产品，确实存在着天然毒素的潜在危害。对于有 ASP 或 PSP 危害的鱼，应在鱼体死亡 $24h$ 内去除内脏或鱼鳍。

（2）鱼毒素　一些玉梭鱼、河豚和油螺的品种本身含有毒素，但却与海藻无关，其中最常见的是河豚毒素。

河豚毒素（tetrodotoxin）是河豚所含的有毒成分，河豚的肝、脾、肾、卵巢、卵子、睾丸、皮肤以及血液、眼球等都含有河豚毒素，其中以卵巢最毒，肝脏次之。新鲜洗净鱼肉一般不含毒素，但如鱼死后较久，毒素可从内脏渗入肌肉中。也曾发现某些品种的河豚肉也具毒性。不同品种的河豚毒素含量不同，其毒性大小也有差异；不同品种东方鲀毒性大小顺序如下：紫色东方鲀＞红鳍东方鲀＞豹纹东方鲀＞铅点东方鲀＞墨绿东方鲀＞虫纹东方鲀＞条纹东方鲀＞弓斑东方鲀＞墨点东方鲀＞水纹扁背鲀。每年春季 $2\sim5$ 月为河豚的生殖产卵期，此时含毒最多，因此春季最易发生中毒。

河豚毒素主要作用于神经系统，阻碍神经传导，可使神经末梢和中枢神经发生麻痹。初为知觉神经麻痹，继而运动神经麻痹，同时引起外周血管扩张，使血压急剧下降，最后出现呼吸中枢和血管运动中枢麻痹。

河豚毒素对热稳定，煮沸、盐腌、日晒均不被破坏。由于河豚毒素耐热，$120℃$、$20\sim60min$ 才可破坏，一般家庭烹调方法难以将毒素破坏，因此最有效的预防方法是将河豚集中处理，禁止出售。其次市场出售海杂鱼前应先经过严格挑选，将挑出的河豚进行掩埋等适当处理，不可随便扔弃，以防被人捡食后中毒。同时还应大力开展宣传教育，使群众了解河豚有毒并能识别其形状，以防误食中毒。目前我国禁止销售河豚。

肉毒毒素来自受污染的鳍鱼，如产于美国东南端深海、夏威夷及世界其他热带与亚热带地区的鱼。在夏威夷和整个太平洋中部地带，梭子鱼、紫鲥鱼、啮鱼频繁地引起肉毒毒素中毒。其他一些大小鱼类也被怀疑有该毒素。从澳大利亚水域中部至东北部，由鲭鱼和梭子鱼引起的肉毒毒素中毒已屡见不鲜。

（3）鲭毒素 严格来说鲭毒素（组胺）并不是天然毒素，而仅是一种诱发毒素。组胺是蛋白质分解的组氨酸的进一步分解产物，组胺的产生与鱼类所含组氨酸的多少直接有关。一般海产鱼类中的青皮红肉鱼，如鲐鱼、池鱼（学名为蓝圆鲹）、鲐巴鱼、师鱼、竹夹鱼、金枪鱼等鱼体中含有较多的组氨酸。当鱼体不新鲜或腐败时，污染鱼体的细菌如组胺无色杆菌，特别是莫根氏变形杆菌所产生的脱羧酶，就使组氨酸脱羧基形成组胺。温度在 $15\sim37℃$、pH 为 $6.0\sim6.2$ 的弱酸性、盐分含量 $3\%\sim5\%$ 的条件下，最适于组氨酸分解形成组胺。一些青皮红肉鱼（如沙丁鱼）在 $37℃$ 放置 96h，产生的组胺可达 $1.6\sim3.2mg\cdot g^{-1}$，淡水鱼类除鲤鱼能产生 $1.6mg\cdot kg^{-1}$ 的组胺外，鲫鱼和鳝鱼只能产生 $0.2mg\cdot kg^{-1}$ 的组胺。一般认为人摄入组胺含量超过 100mg（相当于 $1.5mg\cdot kg^{-1}$ 体重）时，即可引起中毒。

组胺中毒是由于食用含有一定数量组胺的某些鱼类而引起的过敏型食物中毒。防止组胺中毒，主要是防止鱼类腐败变质，鱼体死亡之后快速冷冻是所有防止组胺形成的方法中最重要的措施。应尽量保证在冷冻条件下运输和保存鱼类。鱼体死亡后 6h 以内将鱼体内部温度降至 10℃ 以下，这将有利于防止组胺脱羧酶的迅速生成。为了防止在低温长时间条件下组胺的生成，有必要将鱼体继续冷冻到冰点。从 10℃ 冷却到冰点需 18h，不会危及到产品的安全性。一旦酶生成后危害控制将变得极其困难。

较长时间（例如 24 周）冷冻能使产酶菌失活。加热能同时导致酶和细菌的失活。但是，一旦毒素形成，它不能通过加热（包括高压灭菌）或冷冻去除。蒸煮后产酶菌对鱼体的再污染会导致新的组胺形成。

3. 植物类

一些植物本身含有某种天然有毒成分或由于贮存条件不当形成某种有毒物质，这些植物被人食用后都可能产生危害。自然界有毒的植物种类很多，所含的有毒成分也较复杂，常见的天然毒素有以下几种。

（1）氰苷 氰苷是杏仁、苦桃仁、枇杷仁、李子仁和木薯的有毒成分，是一种含有氰基（—CN）的苷类，可在酶和酸的作用下释放出氢氰酸。由于苦杏仁含氰苷最多，故亦称苦杏仁苷（amygdaliu）。苦杏仁含氰苷量平均为 3%，而甜杏仁则平均含 0.11%，其他果仁平均含 $0.4\%\sim0.9\%$。木薯和亚麻子中含有亚麻苦苷（linamarin）。

苦杏仁苷引起中毒的原因是由于释放出氢氰酸。苦杏仁苷溶于水，当果仁在口腔中咀嚼和在胃肠内进行消化时，苦杏仁苷即被果仁所含的水解酶水解放出氢氰酸，氢氰酸迅速被黏膜吸收进入血液引起中毒。氢氰酸为原浆毒，当被胃肠黏膜吸收后，氰离子即与细胞色素氧化酶中的铁结合，致使呼吸酶失去活性，氧不能被组织细胞利用，导致组织缺氧而陷于窒息状态。氢氰酸尚可直接损害延髓的呼吸中枢和血管运动中枢。苦杏仁苷为剧毒，对人的最小致死量为 $0.4\sim1mg\cdot(kg 体重)^{-1}$，相当于 $1\sim3$ 粒苦杏仁，因苦杏仁的品种和产地不同，毒性亦有差异。

南方某些地区有食用鲜木薯的习惯，木薯含有氰苷，且 90% 存在于皮内，故直接生食木薯常可导致与苦杏仁相同的氢氰酸中毒。木薯块根中氰苷含量与栽种季节、品种、土壤、肥料等因素有关。新种木薯当年收获的块根，氢氰酸含量为 $41.2\sim92.3mg\cdot(100g)^{-1}$，而连种两年所获块根氢氰酸仅为 $6.6\sim28.3mg\cdot(100g)^{-1}$。

预防氰苷中毒的主要措施是加强宣传教育，不要生食苦杏仁。苦杏仁苷经加热水解形成氢氰酸后挥发除去，因此民间制作杏仁茶、杏仁豆腐等杏仁均经加水磨粉煮熟，使氢氰酸在加工过程中充分挥发。食用鲜木薯必须去皮，加水浸泡 2d，并在蒸煮时打开锅盖使氢氰酸得以挥发。

（2）棉酚　粗制生棉籽油中有毒物质主要有棉酚、棉酚紫和棉酚绿三种。存在于棉籽色素腺体中，其中以游离棉酚含量最高。游离棉酚是一种毒苷，为细胞原浆毒，可损害人体的肝、肾、心等实质脏器及中枢神经，并影响生殖系统。棉籽油的毒性决定于游离棉酚的含量，生棉籽中棉酚含量为 0.15%～2.8%，榨油后大部分进入油中，油中棉酚量可达 1%～1.3%。

棉酚中毒无特效解毒剂，故必须加强宣传教育，做好预防工作。勿食粗制生棉籽油，榨油前必须将棉籽粉碎，经蒸炒加热后再榨油。榨出的油再经过加碱精炼，则可使棉酚逐渐分解破坏。我国规定棉籽油中游离棉酚含量不得超过 0.02%，超过此规定之棉籽油不允许出售和食用。

（3）其他天然毒素　其他天然毒素的来源、名称和预防措施见表 1-4。

表 1-4　某些天然毒素的来源、名称和预防措施

毒　素	来　源	预防措施
龙葵素	发芽马铃薯	马铃薯贮存于干燥阴凉处。食用前挖去芽眼、削皮，烹调时加醋
皂素、植物血凝素	四季豆（扁豆）	豆角煮熟、煮透至失去原有生绿色
类秋水仙碱	鲜黄花菜	食用干黄花菜。如果食用鲜黄花菜，须用水浸泡或用开水烫后弃水炒煮后食用
银杏酸、银杏酚	白果	勿食生白果及变质白果，去皮加水煮熟、煮透后弃水食用

4. 食物过敏原

食品过敏（food allergies）是人体免疫系统对特定食物产生的免疫反应。能刺激机体发生过敏反应的物质称为过敏原。食物中某些物质（通常是蛋白质）进入体内，被免疫系统当成入侵病毒（即抗原），免疫系统便释放出一种特异型免疫球蛋白抗体，并与食物结合生成许多化学物质，造成皮肤红肿，经常性腹泻，消化不良，头痛，咽喉疼痛，哮喘等过敏症状，严重的病人的血压会下降，甚至休克。全球有近 2% 的成年人和 4%～6% 的儿童有食物过敏史。

真性食物过敏是指与免疫球蛋白（LgE）相关反应产生的过敏反应，通常分为即时型和迟延型两类，前者摄取食物后 1h 之内，一般在 15min 就会出现过敏症状；而后者摄取后经过 1～2h 以后才出现过敏症状，有时长达 24～48h。此外，还有其他类型食物过敏症，包括草莓引起的类过敏症；代谢异常症，如乳糖不耐症，蚕豆引起的溶血性中毒症；特异体质反应，如亚硫酸诱导哮喘，糖精诱导哮喘，小麦过敏症，柠檬黄诱导哮喘症等。

由于各国民族的遗传因素差异和饮食习惯的不同，引起过敏的过敏原的排列顺序可能会有所不同，但引起即时型过敏频度较高的食品有 8 类，它们占所有即时型食物过敏发症的 90% 以上。它们包括：牛乳及乳制品；蛋及蛋制品；花生及其制品；大豆和其他的豆类以及各种豆制品；小麦、大麦、燕麦等以及其制品；鱼类及其制品；甲壳类及其制品；果实类（核桃、芝麻等）及其制品。另外还有 160 种食品有产生过敏反应的记录。

一般来说，引起食物过敏的过敏原大都来源于食物中的蛋白质，而实际上与过敏反应相关的仅为其部分抗原决定基（数个至数十个氨基酸），后者被称为"表位"（epitope）。于是怎样破坏以及去除此类表位就成为开发低过敏食品的关键。据研究鸡蛋蛋白中具有较高过敏性的蛋白主要有卵清蛋白、伴清蛋白、卵黏蛋白和鸡蛋溶菌酶等 4 种；在牛乳蛋白质中，乳清蛋白质的 β-乳球蛋白以及酪蛋白中的 α-S-1-酪蛋白的过敏活性最高。

花生是重要的食物过敏原。据 1999 年的报告，花生和坚果（treenuts）过敏者占美国总人口的 1.1%，即约有 300 万美国人对此过敏。与牛奶、鸡蛋过敏相比，花生过敏一般不随年龄增长而消失。国外观察报告，50% 以上对鸡蛋或牛奶过敏的儿童随着年龄增长，其过敏反应逐渐消失，产生耐受性。而只有 10％的花生过敏儿童随着年龄的增长会对花生产生耐受性。花生过敏有时可引起过敏性休克，危及生命。花生过敏最常涉及的靶器官是胃肠道，几乎 100％的过敏病人都表现有口周皮肤和/或口咽黏膜的过敏反应。其他主要过敏靶器官包括皮肤和呼吸系统。

多数过敏原能耐受食品的热加工，并可抵抗肠道消化酶的作用。因此有效的食物过敏的防控办法是：不食用过敏食物；使用去除或不含过敏源的食物；食用经改性或处理过的无过敏源食物。

美国从 2006 年 1 月 1 日起，实施《食品过敏原标识和消费者保护法规（2004）》，要求进入美国市场的食品标签必须清楚标示食品成分中是否有来自 8 种主要致敏食物的蛋白质。包括牛奶、蛋、鱼（如鲈鱼、鲽鱼或真鳕）、甲壳动物（蟹、龙虾或虾）、树坚果类（如杏仁、美洲山核桃或胡桃）、花生、小麦、大豆。对于鱼类、甲壳贝类、树坚果类等三类食品必须标注具体的食品名称。违规食品将被扣留。糖果、糕点、酒等其他食品如果成分中含有《食品过敏原标识和消费者保护法规（2004）》所列的 8 种物质都需要执行标签规定。

二、食品保鲜剂和加工助剂的合理使用

食品保鲜剂是添加剂品种之一，和加工助剂是鲜活农产品及初级加工品通常会采用的食品添加剂。随着食品工业产品的多样化，食品添加剂的种类和数量发展相当迅速，据有关资料，国外使用的食品添加剂已达 25000 种以上，其中，美国允许使用 3200 种，日本 1100 种，欧盟 1100～1200 种，我国许可使用的食品添加剂（包括食品用香料和推荐性加工助剂）接近 2000 种。

食品工业用加工助剂（processing aid）是指为保证食品加工能顺利进行的各种物质，如助滤、澄清、吸附、润滑、脱模、脱色、脱皮、提取溶剂、发酵用营养物质等。食品工业用加工助剂使用名单及控制的残留量可参考国家食品添加剂使用标准。

为了确保食品添加剂的食用安全，使用食品添加剂应该遵循以下原则：

① 按照规定经过"食品毒理学安全评价程序"的评价证明其在使用限量内长期使用对人体安全无害；

② 按照《食品添加剂使用标准》（GB 2760）规定的使用范围和用量使用；

③ 不影响食品感官性质，对食品营养成分不应有破坏作用；

④ 食品添加剂应有严格的质量标准，其有害杂质不得超过允许限量；

⑤ 不得使用食品添加剂掩盖食品的缺陷或作为伪造的手段；

⑥ 未经国家有关部门允许，婴儿及儿童食品不得加入食品添加剂。

三、食品原辅料供给的安全管理

食品安全涉及农产品种植（养殖），即通常所说的从农场到餐桌的食品安全。上面论述已清楚表明：农产品种植（养殖）环境，农业投入品，农产品中存在的天然毒素，以及食品添加剂的不合理使用都可能造成农产品及其他食品加工辅料中存在着各种有害物质。因此建立"从农田到餐桌"的全过程控制体系，尤其是农业生产过程的安全控制体系是保障食品安全的根本保证。

（一）农业生产良好操作规范

1998 年 10 月 26 日，美国 FDA 和农业部联合发布了《关于降低水果蔬菜中微生物危害的指南》，首次提出农业生产良好操作规范（Good Agricultural Practices，GAP）。该规范针对未加工或经简单加工（生的）销售给消费者的新鲜果蔬的生产过程，包括种植、采收、清洗、处理、包装与运输过程的生物性危害建立系列的操作规范，以确保提供给消费者的农产

品安全。同年 FAO 建议将 GAP 和 GMP 同时推广到其他多国。FAO 农业安全会在 2003 年制定了农业管理规范。许多发达国家通过不同的方式和措施来发展 GAP。我国已在一些大型药材生产基地及农副产品无公害基地推行 GAP。GAP 也逐步成为农产品安全生产的一个良好规范。

GAP 提供了农业生产过程各阶段评估和决定耕作方法的一种手段，包括与水土管理，作物和饲料种植，作物保护，家畜生产与健康，收获和农场加工与贮存，农业能源和废物管理，人类福利、健康与安全以及野生动物和地貌等有关方面的管理，其主要目的是确保初级农产品安全生产与农业的可持续发展。

（二）动物屠宰与检疫

畜、禽肉的质量安全取决于该活体动物的质量，是否带有人畜共患病原菌等有害生物和其他有害物质，加强动物检疫管理是目前国内外采用的有效措施。我国《动物检疫管理办法》指出，动物检疫包括对动物、动物产品实施的产地检疫和屠宰检疫。供屠宰和育肥的动物，达到健康标准的种用、乳用、役用动物，因生产生活特殊需要出售、调运和携带的动物，必须来自非疫区，免疫在有效期内，并经群体和个体临床健康检查合格；猪、牛、羊必须具备合格的免疫标识；对检疫不合格的动物、动物产品，包括染疫或者疑似染疫的动物、动物产品，病死或者死因不明的动物、动物产品，必须按照国家有关规定，在动物防疫监督机构监督下由货主进行无害化处理；无法做无害化处理的，予以销毁。

国家对生猪等动物实行定点屠宰，集中检疫。动物防疫监督机构对依法设立的定点屠宰场（厂、点）派驻或派出动物检疫员，实施屠宰前和屠宰后检疫。对动物应当凭产地检疫合格证明进行收购、运输和进场（厂、点）待宰。动物检疫员负责查验收缴产地检疫合格证明和运载工具消毒证明。动物产地检疫合格证明和消毒证明至少应当保存 12 个月。动物屠宰前应当逐头（只）进行临床检查，健康的动物方可屠宰；患病动物和疑似患病动物按照有关规定处理。动物屠宰过程实行全流程同步检疫，对头、蹄、胴体、内脏进行统一编号，对照检查。检疫合格的动物产品，加盖验讫印章或加封检疫标志，出具动物产品检疫合格证明。检疫不合格的动物产品，按规定做无害化处理；无法做无害化处理的，予以销毁。

（三）农产品的采收、贮藏与运输

农产品的收获时间及质量依品种特性及生产加工要求而定，从食品安全性考虑特别要注意以下原则：收获必须符合使用农用化学品收获停用期的规定；采收方式要有利于减少水果、蔬菜的表皮损伤；采收后要有合适的清洗或去污、防污染的冷却等保鲜措施，减少贮运过程的损耗和腐败；对于需贮藏一定时期的农副产品，如粮谷类，应做好干燥、防湿、防霉、包装等预处理及控制贮运条件，其生产条件要符合良好生产操作规范（GMP）要求。

农产品质量安全，应确保农产品质量符合保障人的健康、安全的要求。必须建立：农产品质量安全标准的强制实施制度；防止因农产品产地污染而危及农产品质量安全的农产品产地管理制度；农产品的包装和标识管理制度；农产品安全监督检查制度；农产品质量安全的风险分析、评估制度和农产品质量安全的信息发布制度；对农产品质量安全违法行为的责任追究制度等。

（四）农产品可追溯制度

"可追溯"是一种还原产品生产和应用历史及其发生场所的能力。通过建立食品可追溯制度，可及时发现"问题"食品，进行危害评估，决定产品的召回或处理。由于该食品（农产品）可追溯在食品安全管理中的作用，许多国家都在探索和建立一种有效、可操作和经济的可追溯体系。

欧盟较早引进食品的可追溯系统，欧盟法规 No178（2002）要求，从 2004 年起，要求所有食品、饲养动物的饲料、加入食品和饲料的原辅料，在生产、加工和流通的每个环节需要建立可追溯制度，同样要求每次交易中记录相应的供应者与消费者，并提供相应的资料。我国已经在一些地区和食品，尤其是农产品实行可追溯制度和召回制度，加强农产品进货检查验收、索证索票、购销台账和质量承诺制度，严格实行不合格农产品的退市、召回、销毁、公布制度，可有效地净化农产品市场。

实施食品召回制度的目的是及时收回缺陷食品，避免流入市场，发生或扩大对大众人身安全的损害，维护消费者的利益。国家鼓励食品加工企业建立严格的食品召回制度，支持流通企业建立完善的食品溯源制度。这种制度的建立，意味着生产商发现批量产品存在质量问题，并有可能对消费者造成伤害，就有义务（或由政府强制执行）将产品召回并对消费者进行赔偿。

复习思考题

1. 名词解释：果蔬呼吸强度、催熟、呼吸熵、果蔬的后熟、食物链、农产品安全、农业投入品、无公害农产品、绿色农产品、有机食品等。

2. 水分在新鲜果蔬中的作用及影响果蔬水分蒸发的因素。

3. 举例说明果蔬中的淀粉含量对其质量的影响；果蔬中果胶、单宁物质对加工及产品品质的影响。

4. 酶在果蔬加工中的作用与影响。

5. 果蔬呼吸作用的本质是什么？呼吸状态有哪几类？影响果蔬呼吸强度的因素有哪些？

6. 气调贮藏法基本理论是什么？有哪几种气调贮藏法？

7. 简述肉的颜色形成的机制。

8. 肉香味物质形成主要有哪些途径？

9. 什么是肉的保水性？通常如何提高肉的保水性？

10. 乳的加工特性及保鲜方法。

11. 蛋的保藏方法有哪些？举例说明。

12. 解释面筋在面粉中的含量对加工的影响？

13. 举例说明淀粉、油脂在食品加工中的重要性质。

14. 食品原料可能存在的安全危害主要有哪些？

参 考 文 献

[1] 王颉，张子德. 果品蔬菜贮藏加工原理与技术. 北京：化学工业出版社，2009.

[2] 尹明安. 果品蔬菜加工工艺学. 北京：化学工业出版社，2010.

[3] 邱栋梁. 果品质量学概论. 北京：化学工业出版社，2006.

[4] 赵丽芹. 果蔬加工工艺学. 北京：中国轻工业出版社，2002.

[5] 孔保华，韩建春. 肉品科学与技术. 第 2 版. 北京：中国轻工业出版社，2011.

[6] 葛长荣，马美湖. 肉与肉制品工艺学. 北京：中国轻工业出版社，2002.

[7] 南庆贤. 肉类工业手册. 北京：中国轻工业出版社，2003.

[8] 彭增起，刘承初，邓向贵. 水产加工学. 北京：中国轻工业出版社，2010.

[9] 刘红英，齐凤生. 水产品加工与贮藏. 北京：化学工业出版社，2012.

[10] 汪之和. 水产品加工与利用. 北京：化学工业出版社，2002.

[11] 迟玉杰. 蛋制品加工技术. 北京：中国轻工业出版社，2009.

[12] 郑坚强. 蛋制品加工工艺与配方. 北京：化学工业出版社，2007.

[13] 曾庆孝，许喜林. 食品生产的危害分析与关键控制点（HACCP）原理与应用. 第 2 版. 广州：华南理工大学出版社，2001.

[14] 蒋爱民，章超桦. 食品原料学. 北京：中国农业出版社，2000.

［15］ 袁惠新，陆振曦，吕寄章．食品加工保藏技术．北京：化学工业出版社，2000．

［16］ 范继善，等．食用食品添加剂．天津：天津科学技术出版社，1995．

［17］ 冯志哲，等．食品冷冻工艺学．上海：上海科学技术出版社，1985．

［18］ http：//www.cnfruit.com.cn/ 中国水果网．

［19］ http：//www.uogoo.com/ 中国果业网．

［20］ http：//2fticn.yuanlin365.com/ 中国林果技术信息网．

［21］ http：//www.veg-china.com/ 中国蔬菜网．

［22］ http：//www.zgny.com.cn/ 中国农业网．

［23］ http：//www.zgsc123.com/ 中国水产网．

［24］ http：//www.chinameat.cn/index.htm/ 中国肉业网．

工程训练

指出影响果蔬贮藏品质的因素，分析其原因，并给出延长果蔬保鲜期的措施或办法。

第二章 食品热处理和杀菌

第一节 食品加工与保藏中的热处理

一、食品热处理的作用

热处理（thermal processing）是食品加工与保藏中用于改善食品品质、延长食品贮藏期的最重要的处理方法之一。食品工业中采用的热处理有不同的方式和工艺，不同种类的热处理所达到的主要目的和作用也有不同，但热处理过程对微生物、酶和食品成分的作用以及传热的原理和规律却有相同或相近之处，热处理的作用效果见表 2-1。

表 2-1　热处理的作用效果

正面作用	杀死微生物(主要是致病菌和其他有害的微生物)和其他生物(主要是寄生虫) 钝化酶(主要是过氧化物酶、抗坏血酸酶等) 破坏食品中不需要或有害的成分或因子，如大豆中的胰蛋白酶抑制因子 改善食品的品质与特性，如产生特别的风味和改善食品质构等 提高食品中营养成分的利用率和可消化性等
负面作用	食品中某些营养成分,特别是热敏性成分有一定损失 食品的色泽和口感等品质产生不良的变化 消耗的热能较大

二、食品热处理的类型和特点

食品工业中热处理的类型主要有：工业烹饪、热烫、热挤压和热杀菌等。

（一）工业烹饪

工业烹饪（industrial cooking）一般作为食品加工的一种前处理过程，通常是为了提高食品的感官质量而采取的一种处理手段。烹饪通常有煮、焖（炖）、烘（焙）、炸（煎）、烤等几种形式。这几种形式所采用的加热方式及处理温度和时间略有不同。一般煮、炖多在沸水中进行；焙、烤则以干热的形式加热，温度较高；煎、炸在较高温度的油介质中进行。表 2-2 比较了几种工业烹饪的工艺特点。

表 2-2　工业烹饪的种类和特点

烹饪的种类	煮	焖	烘	炸	烤
加热介质	水	蒸汽	热空气	油	热辐射
温度/℃	≥100	≥100	≫100	>100	≫100
气压/10^5 Pa	≥1	≥1	1	1	1

烹饪处理能杀灭大部分微生物（尤其是致病微生物），破坏酶，改善食品的色、香、味和质感，提高食品的可消化性，并破坏食品中的不良成分（包括一些毒素等），提高食品的安全性。烹饪处理也可使食品的耐贮性提高。但也发现不适当的烧烤处理会给食品带来营养及安全方面的问题，如烧烤中的高温使油脂分解，高温油炸可产生一些有害物质。

（二）热烫

热烫（blanching or scalding），又称烫漂、杀青、预煮。热烫的作用主要是破坏或钝化食品中导致食品质量变化的酶类，以保持食品原有的品质，防止或减少食品在加工和保藏中由酶引起的食品色、香、味的劣化和营养成分的损失。热烫处理主要应用于蔬菜和某些水果，通常是蔬菜和水果冷冻、干燥或罐藏前的一种前处理工序。

导致蔬菜和水果在加工和保藏过程中质量降低的酶类主要是氧化酶类和水解酶类，热处理是破坏或钝化酶活性的最主要和最有效方法之一。除此之外，热烫还有一定的杀菌和洗涤作用，可以减少食品表面的微生物数量及黏附的有害化学物；可以排除食品组织中的气体，使食品装罐后形成良好的真空度及减少氧化作用；热烫还能软化食品组织，方便食品往容器中装填；热烫也起到一定的预热作用，有利于装罐后缩短杀菌升温的时间。

对于蔬果的干藏和冷冻保藏，热烫的主要目的是破坏或钝化酶的活性。对于罐藏加工中的热烫，由于罐藏加工的后杀菌通常能达到灭酶的目的，故热烫更主要是为了达到上述的其他一些目的，但对于豆类的罐藏以及食品后杀菌采用（超）高温短时方法时，由于此杀菌方法对酶的破坏程度有限，热烫等前处理的灭酶作用应特别强调。

（三）热挤压

挤压是将食品物料放入挤压机中，物料在旋转螺杆的作用下被混合、压缩，然后在卸料端通过模具出口被挤出的过程。挤压过程中物料可通过剪切摩擦自行产热，也可对物料进行外加热。根据挤压过程中物料的受热程度分为热挤压（hot extrusion）和挤压成型。热挤压过程中物料的温度在蒸煮温度之上，故也被称为挤压蒸煮（extrusion cooking）。热挤压是结合了混合、蒸煮、揉搓、剪切、成型等几种单元操作的过程。

挤压是一种较新的加工技术，挤压可以产生不同形状、质地、色泽和风味的食品。热挤压是一种高温短时的热处理过程，它能够减少食品中的微生物数量和钝化酶，但无论是热挤压或是挤压成型，其产品的保藏主要是靠其较低的水分活性和其他条件。

挤压处理具有下列特点：挤压食品多样化，可以通过调整配料和挤压机的操作条件直接生产出满足消费者要求的各种挤压食品；挤压处理的操作成本较低；在短时间内完成多种单元操作，生产效率较高；便于生产过程的自动控制和连续生产。

（四）热杀菌

热杀菌是以杀灭微生物为主要目的的热处理形式，根据要杀灭微生物的种类的不同可分为巴氏杀菌（pasteurisation）和商业杀菌（sterilization）。相对于商业杀菌而言，巴氏杀菌是一种较温和的热杀菌形式，巴氏杀菌的处理温度通常在100℃以下，典型的巴氏杀菌的条件是62.8℃、30min，达到同样的巴氏杀菌效果，可以有不同的温度、时间组合。巴氏杀菌可使食品中的酶失活，并破坏食品中热敏性的微生物和致病菌。巴氏杀菌的目的及其产品的贮藏期主要取决于杀菌条件、食品成分（如pH值）和包装情况。对低酸性食品（pH＞4.6），其主要目的是杀灭致病菌，而对于酸性食品，还包括杀灭腐败菌和钝化酶。

商业杀菌一般又简称为杀菌，是一种较强烈的热处理形式，通常是将食品加热到较高的温度并维持一定的时间以达到杀死所有致病菌、腐败菌和绝大部分微生物的目的，使杀菌后的食品符合货架期的要求。当然这种热处理形式一般也能钝化酶，但它同样对食品的营养成分破坏较大。杀菌后食品通常也并非达到完全无菌，只是杀菌后食品中不含致病菌，残存的处于休眠状态的非致病菌在正常的食品贮藏条件下不能生长繁殖，这种无菌程度被称为"商业无菌（commercially sterilization）"，也就是说它是一种部分无菌（partically sterile）。

商业杀菌是以杀死食品中的致病和腐败变质的微生物为目的的，杀菌后的食品符合安全卫生要求、具有一定的贮藏期。很明显，这种效果只有密封在容器内的食品才能获得（防止杀菌后的食品再受污染）。将食品先密封于容器内再进行杀菌处理是通常罐头的加工形式，而将经超高温瞬时（UHT）杀菌后的食品在无菌的条件下进行包装，则称为无菌包装。

从杀菌时微生物被杀死的难易程度看，细菌的芽孢具有更高的耐热性，它通常较营养细胞难被杀死。另外，专性好氧菌的芽孢较兼性和专性厌氧菌的芽孢容易被杀死。杀菌后食品所处的密封容器中氧的含量通常较低，这在一定程度上也能阻止微生物繁殖，防止食品腐败。在考虑确定具体的杀菌条件时，通常以某种具有代表性的微生物作为杀菌的对象，通过这种对象菌的死亡情况反映杀菌的程度。

三、食品热处理使用的能源和加热方式

食品热处理可使用几种不同的能源作为加热源，主要能源种类有：电；气体燃料（天然气或液化气）；液体燃料（燃油等）；固体燃料（如煤、木、焦炭等）。食品热处理的能源具有的优缺点见表 2-3。

表 2-3　食品热处理的能源及其特点

项　目	电	气体燃料	液体燃料	固体燃料
单位质量或体积的能量		低	高	中等至高
每 1kJ 能量的消耗	高	低	低	低
传热设备消耗	低	低	高	高
加热效率	高	中等至高	中等至低	低
适应性	高	高	低	低
着火或爆炸的危险性	低	高	低	低
污染食品的危险性	低	低	低	高
劳动力和操作成本	低	低	低	高

加热的方式有直接方式或间接方式。直接方式指加热介质（如燃料燃烧的热气等）与食品直接接触的加热过程，显然这种加热方式容易污染食品（如由于燃料燃烧不完全而影响食品的风味），因此一般只有气体燃料可作为直接加热源，液体燃料则很少。

从食品安全考虑，食品热处理中应用更多的是间接加热方式，它将燃料燃烧所产生的热能通过换热器或其他中间介质（如空气）加热食品，从而将食品与燃料分开。间接方式最简单的形式是由燃料燃烧直接加热金属板，金属板以热辐射加热食品。而间接加热最常见的类型是利用热能转换器（如锅炉）将燃烧的热能转变为蒸汽作为加热介质，再以换热器将蒸汽的热能传给食品或将蒸汽直接喷入待加热的食品。在干燥或干式加热时则利用换热器将蒸汽的热能传给空气。

非直接的电加热一般采用电阻式加热器或红外线加热器。电阻式加热器包含于固态夹层间的镍、铜丝里，夹层为器壁相连，在软式夹层中则包围容器，或埋没于食品中的浸入式加热器中。用电或燃气加热热油，再用于间接加热食品，也在食品工业广泛使用。

间接加热常用的加热介质如表 2-4 所示。选择适当的加热介质，可降低食品的成本，提高质量，并可改善劳动条件。

表 2-4　间接加热常用的加热介质及其特点

加热剂种类	加热剂特点
蒸汽	易于用管道输送,加热均匀,温度易控制,凝结潜热大,但温度不能太高
热油(水)	易于用管道输送,加热均匀,温度易控制,可循环使用

加热剂种类	加热剂特点
空气	加热温度可达很高,但其密度小、传热系数低
烟道气	加热温度可达很高,但其密度小、传热系数低,可能污染食品
煤气	加热温度可达很高,成本较低,但可能污染食品
电	加热温度可达很高,温度易于控制,但成本高

食品热处理的能耗已成为选择热处理方式的主要考虑因素之一,而且可能最终影响食品的成本和操作的可行性。选择热处理形式时通常要考虑到成本、安全、对食品的污染、使用的广泛性以及传热设备的投资和操作费用。不同食品热处理形式的耗能相差很大,在一般食品热处理中,粮食中磨粉的单位产品能耗最低($586MJ \cdot t^{-1}$),而可可和巧克力加工耗能最高($8335MJ \cdot t^{-1}$)。

第二节 食品热处理反应的基本规律

一、食品热处理的反应动力学

要控制食品热处理的程度,人们必须了解热处理时食品中各成分(微生物、酶、营养成分和质量因素等)的变化规律,主要包括:①在某一热处理条件下食品成分的热处理破坏速率;②温度对这些反应的影响。

(一)热破坏反应的反应速率

食品中各成分的热破坏反应一般均遵循一级反应动力学,也就是说各成分的热破坏反应速率与反应物的浓度呈正比关系。这一关系通常被称为"热灭活或热破坏的对数规律(logarithmic order of inactivation or destruction)"。它意味着,在某一热处理温度(足以达到热灭活或热破坏的温度)下,单位时间内,食品成分被灭活或被破坏的比例是恒定的。下面以微生物的热致死来说明热破坏反应的动力学。

微生物热致死反应的一级反应动力学方程为:

$$-\frac{\mathrm{d}c}{\mathrm{d}t}=kc \tag{2-1}$$

式中　$-\mathrm{d}c/\mathrm{d}t$——微生物浓度(数量)减少的速率;

　　　c——活态微生物的浓度;

　　　k——一级反应的速率常数。

对上式进行积分,设在反应时间 $t_1=0$ 时的微生物浓度为 c_1,则反应至 t 时的结果为:

$$-\int_{c_1}^{c} \frac{\mathrm{d}c}{c} = k \int_{t_1}^{t} \mathrm{d}t$$

即:

$$-\ln c+\ln c_1=k \; (t-t_1)$$

也可写成:

$$\lg c=\lg c_1-\frac{kt}{2.303} \tag{2-2}$$

式(2-2)的方程式所反映的意义可用热力致死速率曲线(death rate curve)表示,见图2-1。假设初始的微生物浓度为 $c_1=10^5$,则在热反应开始后任一时间的微生物数量 c 可以直接从曲线中得到。在半对数坐标中微生物的热力致死速率曲线为一直线,该直线的斜率为 $-k/2.303$。从图2-1中还可以看出,热处理过程中微生物的数量每减少同样比例所需要的时间是相同的。如微生物的活菌数每减少 90%,也就是在对数坐标中 c 的数值每跨过一个对数循环所对应的时间是相同的，这一时间被定义为 D 值，称为指数递减时间（decimal reduction time）。因此直线的斜率又可表示为：

$$-\frac{k}{2.303}=-\frac{1}{D}$$

则：

$$D=\frac{2.303}{k} \tag{2-3}$$

图 2-1　热力致死速率曲线

　　由于上述致死速率曲线是在一定的热处理（致死）温度下得出的，为了区分不同温度下微生物的 D 值，一般热处理的温度 T 作为下标，标注在 D 值上，即为 D_T。很显然，D 值的大小可以反映微生物的耐热性。在同一温度下比较不同微生物的 D 值时，D 值愈大，表示在该温度下杀死 90% 微生物所需的时间愈长，即该微生物愈耐热。

　　从热力致死速率曲线中也可看出，在恒定的温度下经一定时间的热处理后食品中残存微生物的活菌数与食品中初始的微生物活菌数有关。为此人们提出热力致死时间（thermal death time，TDT）值的概念。热力致死时间（TDT）值是指在某一恒定温度条件下，将食品中的某种微生物活菌（细菌和芽孢）全部杀死所需要的时间（min）。试验以热处理后接种培养，无微生物生长作为全部活菌已被杀死的标准。

　　要使不同批次的食品经热处理后残存活菌数达到某一固定水平，食品热处理前的初始活菌数必须相同。很显然，实际情况中，不同批次的食品原料初始活菌数可能不同，要达到同样的热处理效果，不同批次的食品热处理的时间应不同。这在实际生产中是很难做到的。因此食品的实际生产中前处理的工序很重要，它可以将热处理前食品中的初始活菌数尽可能控制在一定的范围内。另一方面也可看出，对于遵循一级反应的热破坏曲线，从理论上讲，恒定温度下热处理一定（足够）的时间即可达到完全的破坏效果。因此在热处理过程中可以通过良好的控制来达到要求的热处理效果。

（二）热破坏反应和温度的关系

　　上述的热力致死曲线是在某一特定的热处理温度下取得的，食品在实际热处理过程中温度往往是变化的。因此，要了解在一变化温度的热处理过程中食品成分的破坏情况，必须了解不同（致死）温度下食品的热破坏规律，同时掌握这一规律，也便于人们比较不同温度下的热处理效果。反映热破坏反应速率常数和温度关系的方法主要有三种：一种是热力致死时间曲线；另一种是阿伦尼乌斯（Arrhennius）方程；还有一种是温度系数。

1. 热力致死时间曲线

热力致死时间曲线是采用类似热力致死速率曲线的方法而制得的，它将 TDT 值与对应的温度 T 在半对数坐标中做图，则可以得到类似于致死速率曲线的热力致死时间曲线（thermal death time curve），见图 2-2。采用类似于前面对致死速率曲线的处理方法，可得到下述方程式：

$$\lg(\mathrm{TDT_1/TDT}) = -\frac{T_1 - T}{Z} = \frac{T - T_1}{Z} \qquad (2\text{-}4)$$

式中　T_1，T——两个不同的杀菌温度，℃；

$\mathrm{TDT_1}$，TDT——对应于 T_1、T 的 TDT 值，min；

Z——TDT 值变化 90%（一个对数循环）所对应的温度变化值，℃。

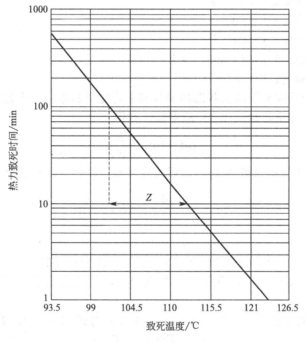

图 2-2　热力致死时间曲线

由于 TDT 值中包含着 D 值，而 TDT 值与初始活菌数有关，应用起来不方便，人们采用 D 值代替 TDT 值做热力致死时间曲线，结果可以得到与以 TDT 值做的热力致死时间曲线很相似的曲线。为了区别，人们将其称为拟热力致死时间曲线（phantom thermal death time curve）。

从式(2-4)可以得到相应的 D 值和 Z 值关系的方程式：

$$\lg(D_1/D) = \frac{T - T_1}{Z} \qquad (2\text{-}5)$$

式中　D_1，D——对应于温度 T_1 和 T 的 D 值，min；

Z 值——D 值变化 90%（一个对数循环）所对应的温度变化值，℃。

由于 D 和 k 互为倒数关系，则有：

$$\lg(k/k_1) = \frac{T - T_1}{Z} \qquad (2\text{-}6)$$

式（2-6）说明，反应速率常数的对数与温度呈正比，较高温度的热处理所取得的杀菌效果要高于低温度热处理的杀菌效果。不同微生物对温度的敏感程度可以从 Z 值反映，Z 值小的对温度的敏感程度高。要取得同样的热处理效果，在较高温度下所需的时间比在较低温度下的短，这也是高温短时（HTST）或超高温瞬时杀菌（UHT）的理论依据。不同的微生物对温度的敏感程度不同，提高温度所增加的破坏效果不一样。

上述的 D 值和 Z 值不仅能表示微生物的热力致死情况，也可用于反映食品中的酶、营养成分和食品感官指标的热破坏情况。

2. 阿伦尼乌斯方程

反映热破坏反应和温度关系的另一方法是阿伦尼乌斯法，即反应动力学理论。

阿伦尼乌斯方程为：

$$k = k_0 e^{-\frac{E_a}{RT}} \qquad (2\text{-}7)$$

式中　k——反应速率常数，min^{-1}；

$\quad k_0$——频率因子常数，min^{-1}；

$\quad E_a$——反应活化能，$\text{J} \cdot \text{mol}^{-1}$；

$\quad R$——气体常数，$8.314 \text{J} \cdot \text{mol}^{-1} \cdot \text{K}^{-1}$；

$\quad T$——热力学温度，K。

反应活化能是指反应分子活化状态的能量与平均能量的差值，即使反应分子由一般分子变成活化分子所需的能量，对式（2-7）取对数，则得：

$$\ln k = \ln k_0 - \frac{E_a}{RT} \qquad (2\text{-}8)$$

设温度 T_1 时反应速率常数为 k_1，则可通过下式求得频率因子常数：

$$\ln k_0 = \ln k_1 + \frac{E_a}{RT_1} \qquad (2\text{-}9)$$

则有：

$$\lg \frac{k}{k_1} = \frac{E_a}{2.303R} \left(\frac{1}{T_1} - \frac{1}{T} \right) = \frac{E_a}{2.303R} \frac{T - T_1}{TT_1} \qquad (2\text{-}10)$$

式（2-10）表明，对于某一活化能一定的反应，随着反应温度 T（K）的升高，反应速率常数 k 增大。

E_a 和 Z 的关系可根据式（2-6）和式（2-10）给出，将式（2-6）中的温度由℃转换成 K：

$$\frac{E_a}{2.303R} \frac{T - T_1}{TT_1} = \frac{T - T_1}{Z} \qquad (2\text{-}11)$$

重排可得：

$$E_a = \frac{2.303R(TT_1)}{Z} \qquad (2\text{-}12)$$

式中　T_1——参比温度，K；

$\quad T$——杀菌温度，K。

值得注意的是尽管 Z 和 E_a 与 T_1 无关，但式（2-12）取决于参比温度 T_1，这是由于热力学温度的倒数（K^{-1}）和温度（℃）的关系是定义在一个小的参比温度范围内的。图 2-3 反映了参比温度在 98.9℃ 和 121.1℃ 时 E_a 和 Z 的关系，其中的温度 T 选择为较 T_1 小 Z℃的温度。

3. 温度系数 Q 值

还有一种描述温度对反应体系影响的是温度系数 Q 值，Q 值表示反应在温度 T_2 下进行

图 2-3 E_a 和 Z 的关系

的速率比在较低温度 T_1 下快多少，若 Q 值表示温度增加 10℃ 时反应速率的增加情况，则一般称之为 Q_{10}。Z 值和 Q_{10} 之间的关系为：

$$Z = \frac{10}{\lg Q_{10}} \tag{2-13}$$

上述三种描述热处理过程中食品成分破坏反应的方法和概念总结于表 2-5。

表 2-5 热处理的重要参数

方　　法	反应速率	温度相关因子
热力致死时间	D（或 F）	Z
阿伦尼乌斯方程	k	E_a
温度系数	k	Q_{10}

二、加热对微生物的影响

（一）微生物和食品的腐败变质

食品中的微生物是导致食品不耐贮藏的主要原因。一般说来，食品原料都带有微生物。在食品原料的采收、运输，食品加工和贮运整个食品供应链中，食品也有可能污染微生物。在一定的条件下，这些微生物会在食品中生长、繁殖，使食品失去原有的或应有的营养价值和感官品质，甚至产生有害和有毒的物质。

细菌、霉菌和酵母都可能引起食品的变质，其中细菌是引起食品腐败变质的主要微生物。细菌中非芽孢细菌在自然界存在的种类最多，污染食品的可能性也最大，但其耐热性并不强，巴氏杀菌条件下可将其杀死。细菌中耐热性强的是芽孢菌。芽孢菌中还分需氧性的、厌氧性的和兼性厌氧。需氧和兼性厌氧的芽孢菌是导致罐头食品发生平盖酸败的原因菌，厌氧芽孢菌中的肉毒梭状芽孢杆菌常作为罐头杀菌的对象菌。酵母菌和霉菌引起的变质多发生在酸性较高的食品中，一些酵母菌和霉菌对渗透压的耐性也较高。

（二）微生物的生长温度和微生物的耐热性

不同微生物的最适生长温度不同（见表 2-6），大多数微生物以常温或稍高于常温为最适生长温度，当温度高于微生物的最适生长温度时，微生物的生长就会受到抑制，而当温度高到足以使微生物体内的蛋白质发生变性时，微生物即会出现死亡现象。

表 2-6　微生物的最适生长温度与热致死温度　　　　　　　　　　　单位：℃

微生物	最低生长温度	最适生长温度	最高生长温度
嗜热菌	30～45	50～70	70～90
嗜温菌	5～15	30～45	45～55
低温菌	－5～5	25～30	30～55
嗜冷菌	－10～－5	12～15	15～25

一般认为，微生物细胞内蛋白质受热凝固而失去新陈代谢的能力是加热导致微生物死亡的原因。因此，细胞内蛋白质受热凝固的难易程度直接关系到微生物的耐热性。蛋白质的热凝固条件受其他一些条件，如酸、碱、盐和水分等的影响。

影响微生物耐热性的因素有很多，总起来说有三方面的原因：微生物的种类；微生物生长和细胞（芽孢）形成的环境条件；热处理时的环境条件。

1. 微生物的种类

微生物的菌种不同，耐热的程度也不同，而且即使是同一菌种，其耐热性也因菌株而异。正处于生长繁殖的微生物营养细胞的耐热性较它的芽孢弱。

各种芽孢菌的耐热性也不相同，一般厌氧性芽孢菌耐热性较需氧性芽孢菌强。嗜热菌的芽孢耐热性最强。同一菌种芽孢的耐热性也会因热处理前的培养条件、贮存环境和菌龄的不同而异。例如：菌体在其最高生长温度生长良好并形成芽孢时，其芽孢的耐热性通常较高；不同培养基所形成的芽孢对耐热性影响很大，实验室培养的芽孢都比在大自然条件下形成的芽孢耐热性要低；培养基中的钙离子、锰离子或蛋白胨都会使芽孢耐热性增高；热处理后残存芽孢经培养繁殖和再次形成芽孢后，新形成芽孢的耐热性就较原来的芽孢强；嗜热菌芽孢随贮藏时间增加耐热性可能降低，但对厌氧性细菌影响较少，减弱的速率慢得多；也有很多人发现菌龄对耐热性也有影响，但缺乏规律性。

芽孢之所以具有很高的耐热性与其结构有关。芽孢的外皮很厚，约占芽孢直径的 1/10，由网状构造的肽聚糖组成，其外皮膜一般为三层，依细菌种类不同外观有差异。它保护细胞不受伤，而对酶的抵抗力强，透过性不好并具阳离子吸附能。其原生质含有较高的钙和吡啶二羧酸（DPA），镁/钙质量比愈低则耐热性愈强。其含水量低也使其具有较高的耐热性。紧缩的原生质及特殊的外皮构造阻止芽膜吸收水分，并防止脆弱的蛋白质和 DNA 分子外露以免因此而发生变化。

芽孢萌发时，其外皮由于溶酶的作用而分解，原生质阳离子消失，吸水膨胀。较低的热处理可促使芽孢萌发，使渗透性增加而降低对药物的抵抗力，易于染色，甚至改变其外观。当芽孢受致死的高温热处理时，其内容物消失而产生凹下去现象，钙及 DPA 很快就消失。但一般在溶质消失前生命力已消失。芽孢生命力的消失表示芽孢的死亡。芽孢的死亡是由于其与 DNA 形成、细胞分裂和萌发等有关的酶系被钝化所致的。

酵母菌和霉菌的耐热性都不是很高，酵母（包括酵母孢子）在 100℃ 以下的温度容易被杀死。大多数的致病菌不耐热。

2. 微生物生长和细胞（芽孢）形成的环境条件

这方面的因素包括：温度、离子环境、非脂类有机化合物、脂类和微生物的菌龄。

长期生长在较高温度环境下的微生物会被驯化，在较高温度下产生的芽孢比在较低温度下产生的芽孢的耐热性强；尽管离子环境会影响芽孢的耐热性，但没有明显规律，Ca^{2+}、Mg^{2+}、Fe^{3+}、PO_4^{3-}、Mn^{2+}、Na^+、Cl^- 等离子的存在均会影响（降低）芽孢的耐热性；许多有机物会影响芽孢的耐热性，虽然在某些特殊的条件下能得到一些数据，但也很难下一般性的结论；有研究显示低浓度的饱和与不饱和脂肪酸对微生物有保护作用，它使肉毒杆菌芽孢的耐热性提高；关于菌龄对微生物耐热性的影响，芽孢和营养细胞不一样，幼芽孢较老芽孢耐热，而年幼的营养细胞对热更敏感，也有研究指出营养细胞的耐热性在最初的对数生长期会增强。

3. 热处理时的环境条件

热处理时影响微生物耐热性的环境条件有：pH 和缓冲介质、离子环境、水分活性、其他介质组分。

由于多数微生物生长于中性或偏碱性的环境中，过酸和过碱的环境均使微生物的耐热性下降，故一般芽孢在极端的 pH 环境下的耐热性较中性条件下的差。缓冲介质对微生物的耐热性也有影响，但缺乏一般性的规律。

大多数芽孢杆菌在中性范围内耐热性最强，pH 值低于 5 时芽孢就不耐热，此时耐热性的强弱常受其他因素的影响。某些酵母的芽孢的耐热性在 pH 4～5 时最强。

由于 pH 与微生物的生长有密切的关系，它直接影响到食品的杀菌和安全。在罐头食品中，人们从公共卫生安全的角度将罐头食品按酸度（pH）进行分类，有 2 类、3 类、4 类分法。其中最常见的为分为酸性和低酸性两大类。美国国家罐头加工者协会给出新的定义如下。

酸性食品（acid food）：指天然 pH≤4.6 的食品。对番茄、梨、菠萝及其汁类，pH<4.7；对无花果，pH≤4.9，也称为酸性食品。

低酸性食品（low acid food）：指最终平衡 pH>4.6，a_w>0.85 的任何食品，包括酸化而降低 pH 的低酸性水果、蔬菜制品，它不包括 pH<4.7 的番茄、梨、菠萝及其汁类和 pH≤4.9 的无花果。

在加工食品时，可以通过适当的加酸提高食品的酸度，以抑制微生物（通常以肉毒杆菌芽孢为主）的生长，降低或缩短杀菌的温度或时间，此即为酸化食品。

酸化食品（acidified foods）：是指加入酸或酸性食品使产品最后平衡 pH≤4.6 和 a_w>0.85 的食品。它们也被称为酸渍食品。值得注意的是，不是任何食品都能通过简单的加酸进行酸化的，水分活度等其他一些因素会影响酸化的效果，酸化处理通常仅用于某些蔬菜和汤类食品，而且必须按照合理的酸化方法进行酸化。此外酸的种类也会影响酸化的效果。

目前对杀菌时离子环境对微生物耐热性影响的研究所得的结论有相互矛盾的地方，但在磷酸缓冲液中低浓度的 Mg^{2+} 和 Ca^{2+} 对芽孢耐热性的影响与 EDTA 和甘氨酰甘氨酸相似，都能降低芽孢的耐热性。

食品中低浓度的食盐（低于 4%）对芽孢的耐热性有一定的增强作用，但随着食盐浓度的提高（8%以上）会使芽孢的耐热性减弱。如果浓度高于 14%，一般细菌将无法生长。盐浓度的这种保护和削弱作用的程度，常随腐败菌的种类而异。例如在加盐的青豆汤中做芽孢菌的耐热性试验，当盐浓度为 3%～3.5%时，芽孢的耐热性有增强的趋势，盐浓度为 1%～2.5%时芽孢的耐热性最强，而盐浓度增至 4%时，影响甚微。其中肉毒杆菌芽孢的耐热性在盐浓度为 0.5%～1.0%时，芽孢的耐热性有增强的趋势，当盐浓度增至 6%时，耐热性不会减弱。

其他无机盐对细菌芽孢的耐热性也有影响。氯化钙对细菌芽孢耐热性的影响较食盐弱一些，而苛性钠、碳酸钠或磷酸钠等对芽孢有一定的杀菌力，这种杀菌力常随温度的提高而增强，因此如果在含有一定量芽孢的食盐溶液中加入苛性钠、碳酸钠或磷酸钠时，杀死它们所需要的时间可大为缩短。通常认为这些盐类的杀菌力来自未分解的分子而并不来自氢氧离子。

芽孢对干热的抵抗能力比湿热的强，如肉毒芽孢杆菌的干芽孢在干热下的杀灭条件是 120℃、120min，而在湿热下为 121℃、4～10min，这种差异与芽孢在两种不同环境下的破坏机制有关：湿热下的蛋白质变性和干热下的氧化，由于氧化所需的能量高于变性，故在相同的热处理条件下，湿热下的杀菌效果高于干热。

糖的存在也会影响细菌芽孢的耐热性，食品中糖浓度的提高会增强芽孢的耐热性。蔗糖浓度很低时对细菌芽孢的耐热性影响很小，高浓度的蔗糖对受热处理的细菌芽孢有保护作用，这是由于高浓度的糖液导致细菌细胞中的原生质脱水，从而影响了蛋白质的凝固速率以致增强了芽孢的耐热性。除蔗糖外，其他的糖如：葡萄糖、果糖、乳糖、麦芽糖等的作用并不相同。

食品中的其他成分如淀粉、蛋白质、脂肪等也对芽孢的耐热性有直接或间接的影响，其中淀粉对芽孢耐热性没有直接的影响，但由于包括 C_8 不饱和脂肪酸在内的某些抑制剂很容易吸附在淀粉上，因此间接地增加了芽孢耐热性。蛋白质中如明胶、血清等能增加芽孢的耐热性；油脂、石蜡、甘油等对细菌芽孢也有一定的保护作用，一般细菌在较干燥状态耐热性较强，油脂之所以有保护作用可能是其对细菌有隔离水或蒸汽的作用。食品中含有少量防腐或抑菌物质会大大降低一般的耐热性。

介质中的一些其他成分也会影响微生物的耐热性，如 SO_2、抗生素、杀菌剂和香辛料等抑物质的存在对杀菌会有促进和协同作用。

表 2-7 给出了低酸性食品中一些典型的芽孢菌的耐热性参数。

表 2-7　作为低酸性食品杀菌依据的典型芽孢菌的耐热性参数

芽　孢　菌	D_{121}/min	$Z/℃$	食品
嗜热脂肪芽孢杆菌	4.0	10	蔬菜、乳
嗜热解糖梭状芽孢杆菌	3.0～4.0	7.2～10	蔬菜
生芽孢梭状芽孢杆菌(PA3679)	0.8～1.5	8.8～11.1	肉
枯草芽孢杆菌	0.5～0.76	4.1～7.2	乳制品
肉毒梭状芽孢杆菌 A 型和 B 型	0.1～0.3	5.5	低酸性食品
肉毒梭状芽孢杆菌 E 型	$3.0(D_{60})$	10	低酸性食品

三、加热对酶的影响

（一）酶和食品的质量

酶也会导致食品在加工和贮藏过程中的质量下降（见表 2-8），主要反映在食品的感官和营养方面的质量降低。这些酶主要是氧化酶类和水解酶类，包括过氧化物酶、多酚氧化酶、脂肪氧合酶、抗坏血酸氧化酶等。

表 2-8　与食品质量降低有关的酶类及其作用

酶　的　种　类	酶　的　作　用
过氧化物酶类(peroxidases)	导致蔬菜变味、水果褐变
多酚氧化酶(polyphenol oxidase)	导致蔬菜和水果的变色、变味以及维生素的损失
脂肪氧合酶(lipoxygenase)	破坏蔬菜中必需脂肪和维生素 A，导致变味
脂肪酶(lipase)	导致油、乳和乳制品的水解酸败以及燕麦饼过度褐变、麸皮褐变等
多聚半乳糖醛酸酶类(polygalacturonases)	破坏和分离果胶物质，导致果汁失稳或果实过度软烂
蛋白酶类(proteases)	影响鲜蛋和干蛋制品的贮藏，导致虾、蟹肉组织过度软烂，影响面团的体积和质构
抗坏血酸氧化酶(ascorbic acid oxidase)	破坏蔬菜和水果中的抗坏血酸(维生素 C)
硫胺素酶(thiaminase)	破坏肉、鱼中的硫胺素(维生素 B_1)
叶绿素酶类(chlorophyllases)	破坏叶绿素，导致绿色蔬菜褪色

不同食品中所含的酶的种类不同，酶的活力和特性也可能不同。以过氧化物酶为例，在

不同的水果和蔬菜中酶活力相差很大，其中辣根过氧化物酶的活力最高，其次是芦笋、土豆、萝卜、梨、苹果等，蘑菇中过氧化物酶的活力最低。与大多数蔬菜相比，水果具有较低的过氧化物酶活力。又如大豆中的脂肪氧合酶相对活力最高，绿豆和豌豆的脂肪氧合酶活力相对较低。

过氧化物酶在果蔬加工和保藏中最受人关注。由于它的活力与果蔬产品的质量有关，还因为过氧化物酶是最耐热的酶类，它的钝化作为热处理对酶破坏程度的指标，当食品中过氧化物酶在热处理中失活时，其他酶以活性形式存在的可能性很小。但最近的研究也提出，对于某些食品（蔬菜）的热处理灭酶而言，破坏导致这些食品质量降低的酶，如豆类中的脂肪氧合酶较过氧化物酶与豆类变味的关系更密切，对于这些食品的热处理以破坏脂肪氧合酶为灭酶指标更合理。

（二）酶的最适温度和热稳定性

我们知道，酶是一种生物催化剂，温度对酶反应有明显的影响，任何一种酶都有其最适的作用温度。酶的稳定性还和其他一些因素有关：pH、缓冲液的离子强度和性质、是否存在底物、酶和体系中蛋白质的浓度、保温的时间及是否存在抑制剂和活化剂等。

应该明确区分酶活性-温度关系曲线和酶的耐热性曲线。酶活性-温度关系曲线是在除了温度变化以外，其他均为标准的条件下进行一系列酶反应而做得的。在酶活性-温度关系曲线中的温度范围内，酶是"稳定"的，这是因为实际上不可能测定瞬时的初始反应速率。酶的耐热性的测定则首先是将酶（通常不带有底物）在不同的温度下保温，其他条件保持相同，按一定的时间间隔取样，然后采用标准的方法测定酶的活性。热处理的时间通常远大于测定分析的时间。

虽然我们将酶的热失活反应看作是一级破坏反应，但实际上在一定的温度范围内，一些酶的破坏反应并不完全遵循这一模式，如甜玉米中的过氧化物酶在88℃下的失活具有明显的双相特征（图 2-4）。可以看出，其中的每一相都遵循一级反应动力学。图中的前一线性部分（CA）代表酶的不耐热（热不稳定）部分的失活，而后一线性部分（BD）代表酶的耐热（热稳定）部分的失活。

图 2-4　甜玉米中的过氧化物酶在88℃下的失活曲线
（以邻苯二胺作为氢供体底物测定酶活力）

有些酶的失活可能是可逆的，如果蔬中的过氧化物酶和乳中的碱性磷酸酶等。在某一条件下热处理时被钝化的酶，在食品贮藏过程中会部分得到再生。但如果热处理的温度足够高的话，所有的酶的变性将是不可逆的，这时热处理后酶也不会再生。

影响酶的耐热性的因素主要有两大类：酶的种类和来源，热处理的条件。

酶的种类及来源不同，耐热性相差也很大（表 2-9）。酶对热的敏感性与酶分子的大小和结构复杂性有关，一般说来，酶的分子愈大和结构愈复杂，它对高温就愈敏感。

表 2-9　几种来源不同的氧化酶的耐热性

酶	来源	pH	D_T/min
过氧化物酶	豌豆	自然	$(D_{121})3.0$
过氧化物酶	芦笋	自然	$(D_{90})0.20$(不耐热部分) $(D_{90})350$(耐热部分)
过氧化物酶	黄豆(带荚)	自然	$(D_{100})1.14$
过氧化物酶	黄豆(不带荚)	自然	$(D_{95})0.75$
脂肪氧合酶	黄豆(带荚)	7.0	$(D_{100})0.32$
脂肪氧合酶	黄豆(带荚)	9.0	$(D_{100})0.5$
脂肪氧合酶	黄豆(不带荚)	7.0	$(D_{95})0.39$
多酚氧化酶	土豆	自然	$(D_{100})2.5$

传统的耐热性酶是腺苷激酶，可在 100℃、pH 1 的条件下保留活性相当长的时间。通过适当的基因控制方法所生产的微生物酶，如细菌淀粉酶，耐热性可达到相当高的程度。食品中的过氧化物酶的耐热性也较高，通常被选作为热烫的指示酶。与食品相关的酶类中有不少是耐热性中等的，这些酶在 40～80℃ 的温度范围内可起作用。这些酶包括：果胶甲酯酶、植酸酶、叶绿素酶、胶原酶等；此外还包括一些真菌酶类，如淀粉酶；作为牛乳和乳制品巴氏杀菌的指示酶的碱性磷酸酶也属此类。食品中绝大多数的酶是耐热性一般的酶，如脂酶和大蒜蒜素酶等，其作用的温度范围为 0～60℃，最适的温度在 37℃，通常对温度的耐性不超过 65℃。

同一种酶，若来源不同，其耐热性也可能有很大的差异。植物中过氧化物酶的活力愈高，它的耐热性也较高。表 2-10 列出了果蔬中过氧化物酶的耐热性特征。

表 2-10　不同果蔬中过氧化物酶的耐热性

酶的来源	Z/℃	说　　明
辣根	17 27	不耐热部分 耐热部分
豌豆	9.8;9.9	两相失活的 Z 值
菠菜	13 17.5～18.0	pH 6,分离酶 pH 4～8,粗提取液
甘蓝	9.6 14.3	丙酮粉水提取液,不耐热部分占 58%～60% 丙酮粉水提取液,耐热部分占 40%～42%
青刀豆	7.8～15.3	不同的品种;pH 5.8～6.3;热处理 6s,温度 105.8～133.6℃完全失活
茄子	11.8	pH 5.03;热处理 6s,温度 117.2℃完全失活
樱桃	6.8	pH 3.46;匀浆;热处理 6s,温度 77.2℃完全失活

　　pH、水分含量、加热速率等热处理的条件参数也会影响酶的热失活。从上述的酶的耐热性参数可以看出，热处理时的 pH 直接影响着酶的耐热性。一般食品的水分含量愈低，其中的酶对热的耐性愈高，谷类中过氧化物酶的耐热性最明显地体现了这一点。这意味着食品在干热的条件下灭酶的效果比较差。加热速率影响到过氧化物酶的再生，加热速率愈快，热处理后酶活力再生的愈多。采用高温短时（HTST）的方法进行食品热处理时，应注意酶活力的再生。食品中的蛋白质、脂肪、糖类等都可能会影响酶的耐热性，如糖分能提高苹果和梨中过氧化物酶的热稳定性。

四、加热对食品营养成分和感官品质的影响

　　加热对食品成分的影响可以产生有益的结果，也会造成营养成分的损失。热处理可以破坏食品中不需要的成分，如禽类蛋白中的抗生物素蛋白、豆科植物中的胰蛋白酶抑制素。热处理可改善营养素的可利用率，如淀粉的糊化和蛋白质的变性，可提高其在体内的可消化性。加热也可改善食品的感官品质，如美化口味，改善组织状态，产生可口的颜色等。

　　加热对食品成分产生的不良后果也是很明显的，这主要体现在食品中热敏性营养成分的损失。过高温度烤（炸）和长时间受热会使食品中的蛋白质（包括肽、氨基酸）、油脂和糖类发生降解及复合反应，不仅造成营养成分的损失，还会产生一些有害物质［如杂环胺化合物、苯并(a)芘等］。食品烘焙过程发生的羰氨反应（即美拉德反应），其中间产物再与氨基酸作用，产生醛、烯胺醇等物质，使烘焙食品具有独特的香味和表皮棕色，构成烘焙食品的品质特征。但美拉德反应可造成赖氨酸的损失，还可产生丙烯酰胺等。一些以淀粉为主成分的食品（马铃薯片、谷物和面包等）在 120 ℃以上高温下会产生丙烯酰胺。动物实验发现丙烯酰胺单体对神经系统具有毒性作用，已被世界卫生组织列为"人类可能的致癌物"。

　　热处理造成营养素的损失研究最多的对象是维生素。脂溶性的维生素一般比水溶性的维生素对热较稳定。通常的情况下，食品中的维生素 C、维生素 B_1、维生素 D 和泛酸对热最不稳定。

　　对热处理后食品感官品质的变化，人们也尽可能采用量化的指标加以反映。

　　食品营养成分和感官品质指标对热的耐性主要取决于营养素和感官指标的种类、食品的种类，以及 pH、水分、氧气含量和缓冲盐类等一些热处理时的条件。表 2-11 列出了一些食品成分及品质指标的热破坏参数。

表 2-11　一些食品成分及品质指标的热破坏参数

食品成分及品质指标	来源	pH	Z/℃	D_{121}/min	温度范围/℃
硫胺素	胡萝卜泥	5.9	25	158	109～149
硫胺素	豌豆泥	天然	27	247	121～138
硫胺素	羊肉泥	6.2	25	120	109～149
核黄素	—	—	31.1	—	—
维生素 C	液态复合维生素制剂	3.2	27.8	1.12d	3.9～70
维生素 B_{12}	液态复合维生素制剂	3.2	27.8	1.94d	3.9～70
维生素 A	液态复合维生素制剂	3.2	40	12.4d	3.9～70
叶酸	液态复合维生素制剂	3.2	36.7	1.95d	3.9～70
d-泛酸	液态复合维生素制剂	3.2	31.1	4.46d	3.9～70
甲硫氨酸	柠檬酸钠缓冲液	6.0	18.6	8.4	81.1～100
赖氨酸	大豆	—	21	786	100～127
肌苷酸	缓冲液	3	18.9	—	60～97.8

食品成分及品质指标	来源	pH	$Z/℃$	D_{121}/min	温度范围/℃
IMP	缓冲液	4	21.4	—	60～97.8
IMP	缓冲液	5	22.8	—	60～97.8
叶绿素a	菠菜	6.5	51	13.0	127～149
叶绿素a	菠菜	天然	45	34.1	100～130
叶绿素b	菠菜	5.5	79	14.7	127～149
叶绿素b	菠菜	天然	59	48	100～130
花青素苷	葡萄汁	天然	23.2	17.8	20～121
甜菜苷	甜菜汁	5.0	58.9	46.6	50～100
类胡萝卜素	红辣椒	天然	18.9	0.038	52～65
色泽(-a/b)	青豆	天然	39.4	25.0	79.4～148.9
色泽(-a/b)	芦笋	天然	41.7	17.0	79.4～148.9
色泽(-a/b)	青刀豆	天然	38.9	21.0	79.4～148.9
美拉德反应	苹果汁	天然	25	4.52h	37.8～130
非酶褐变	苹果汁	天然	30.5	4.75h	37.8～130
品尝质量	玉米	天然	31.7	6.0	79.4～148.9
品尝质量	整青豆	天然	28.3	2.3	79.4～148.9
品尝质量	整青刀豆	天然	28.9	4.0	79.4～148.9
质构和烹调品质	青豆	天然	32.2	1.4	76.7～93.3
质构和烹调品质	青豆	天然	32.2	2.5	98.9～115.5
质构和烹调品质	整玉米	天然	36.7	2.4	100～121.1
质构和烹调品质	硬花甘蓝	天然	44.4	4.4	100～121.1
质构和烹调品质	南瓜	天然	25.6	1.5	83.3～115.5
质构和烹调品质	胡萝卜	天然	16.7	1.4	80～115.5
质构和烹调品质	青刀豆	天然	15.6	1.0	83.8～115.5
质构和烹调品质	土豆	天然	23.3	1.2	71.7～115.5
质构和烹调品质	甜菜	天然	18.9	2.0	82.2～115.5
胰蛋白酶抑制素	豆奶	—	37.5	13.3	93.3～121.1

第三节　食品热处理条件的选择与确定

一、食品热处理方法的选择

热处理的作用效果不仅与热处理的种类有关，而且与热处理的方法有关。也就是说，满足同一热处理目的的不同热处理方法所产生的处理效果可能会有差异。以液态食品杀菌为例，低温长时和高温短时杀菌可以达到同样的杀菌效果（巴氏杀菌），但两种杀菌方法对食品中的酶和食品成分的破坏效果可能不同。杀菌温度的提高虽然会加快微生物、酶和食品成分的破坏速率，但三者的破坏速率增加并不一样，其中微生物的破坏速率在高温下较大。因此采用高温短时的杀菌方法对食品成分的保存较为有利，尤其在超高温瞬时灭菌条件下更显著，但此时酶的破坏程度也会减小。此外，热处理过程还需考虑热的传递速率及其效果，合理选择一实际行之有效的温度及时间。

选择热杀菌方法和条件时应遵循下列基本原则。首先，热处理应达到相应的热处理目的。以加工为主的，热处理后食品应满足热加工的要求；以保藏为主要目的的，热处理后的食品应达到相应的杀菌、钝化酶等目的。其次，应尽量减少热处理造成的食品营养成分的破坏和损失。热处理过程不应产生有害物质，满足食品安全要求。热处理过程要重视热能在食品中的传递特征与实际效果。表 2-12 列出了一些热处理的优化方法。

表 2-12　一些热处理的优化方法

热处理的种类	优化方法
热烫	考虑非热损失所造成的营养成分的损失（如沥滤、氧化降解等）
巴氏杀菌	若食品中无耐热性的酶存在时，尽量采用高温短时工艺
商业杀菌	对对流传热和无菌包装的产品，在耐热性酶不成为影响工艺的主要因素时，尽量采用高温短时工艺；对传导传热的产品，一般难以采用高温短时工艺

二、热能在食品中的传递

在计算热处理的效果时必须知道两方面的信息，一是微生物等食品成分的耐热性参数，二是食品在热处理中的温度变化过程。对于热杀菌而言，具体的热处理过程可以通过两种方法完成。一种是先用热交换器将食品杀菌并达到商业无菌的要求，然后装入经过杀菌的容器并密封；另一种是先将食品装入容器，然后再进行密封和杀菌。前一种方法多用于流态食品，由于热处理是在热交换器中进行的，传热过程可以通过一定的方法进行强化，传热也呈稳态传热；后一种方法是传统的罐头食品加工方法，传热过程热能必须通过容器后才能传给食品，容器内各点的温度随热处理的时间而变，属非稳态传热，而且传热的方式与食品的状态有关，传热过程的控制较为复杂。下面主要以后一种情况为主，研究热能在食品中的传递。

（一）罐头容器内食品的传热

影响容器内食品传热的因素包括：表面传热系数；食品和容器的物理性质；加热介质（蒸汽）的温度和食品初始温度之间的温度差；容器的大小。对于蒸汽加热的情况，通常认为其表面传热系数很大（相对于食品的导热性而言），此时传热的阻力主要来自包装及食品。对金属包装食品来说，传热时热穿透的速率取决于容器内食品的传热机制。对于黏度不很高液体或汤汁中含有小颗粒固体的食品，传热时食品会发生自然对流，热穿透的速率较快，而且此时的对流传热还可以通过旋转或搅拌罐头来加强，如旋转式杀菌设备。容器内装的是特别黏稠的液态食品或固态食品时，食品中的传热主要以传导的方式进行，其热穿透的速率较慢。还有一些食品的传热可能是混合形式的，当食品的温度较低时，传热为热传导，而食品的温度升高后，传热可能以对流为主。这类食品的热穿透速率随传热形式的变化而变化。

要能准确地评价罐头食品在热处理中的受热程度，必须找出能代表罐头容器内食品温度变化的温度点，通常人们选罐内温度变化最慢的冷点（cold point）温度，加热时该点的温度最低（此时又称最低加热温度点，slowest heating point），冷却时该点的温度最高。热处理时，若处于冷点的食品达到热处理的要求，则罐内其他各处的食品也肯定达到或超过要求的热处理程度。罐头冷点的位置与罐内食品的传热情况有关。对于传导传热方式的罐头，由于传热的过程从罐壁传向罐头的中心处，罐头的冷点在罐内的几何中心。对于对流传热的罐头，由于罐内食品发生对流，热的食品上升，冷的食品下降，罐头的冷点将向下移，通常在罐内的中心轴上罐头几何中心之下的某一位置（见图 2-5）。而传导和对流混合传热的罐头。其冷点在上述两者之间。每种罐头冷点的位置最好是通过实际测定来确定，一般要测定 6～8 罐。一些参考书给出了一些常见罐头的冷点位置可供参考。

图 2-5　传导和对流时罐头的冷点位置

（二）评价热穿透的数据

测定热处理时传热的情况，应以冷点的温度变化为依据，通常测温仪用铜-康铜为热电偶利用其两点上出现温度差时测定其电位差，再换算成温度的原理。测温头可以预先安装在罐内的两点位置上，然后装内容物并封罐，也可以先装罐封罐后再打孔将热电偶测温头插入罐头内。前者的优点是完全可以达到所测定点的位置。特别是对各种块状的固体物，可使热电偶的测温头插入食品固体物内部的不同位置上。而后者则往往只能固定在罐内一定部位（如冷点处），不易插入固体物内，即使插入，也很难控制在预定部位，这对获得正确和满意的数据带来困难。前者的另一优点是不会破坏罐头原有的真空度使测得的传热情况基本上和实罐一致。

在评价热处理的效果时，需要应用热穿透的有关数据，这时应首先画出罐头内部的传热曲线（也称为热穿透曲线），求出其有关的传热特性值。

传热曲线是将测得罐内冷点温度（T_p）随时间的变化画在半对数坐标上所得的曲线。做图时以传热推动力，即冷点温度与杀菌锅内加热温度（T_h）或冷却温度（T_c）之差（$T_h - T_p$ 或 $T_p - T_c$）的对数值为纵坐标，以时间为横坐标，得到相应的加热曲线或冷却曲线。为了避免在坐标轴上用温差表示，可将用于标出传热曲线的坐标纸上下倒转 180°，纵坐标标出相应的冷点温度值（T_p）。以加热曲线为例，纵坐标的起点为 $T_h - T_p = 1$（理论上认为在加热结束时，T_p 可能非常接近 T_h，但 $T_h - T_p \neq 0$），相应的 T_p 值为 $T_h - 1$，即纵坐标上最高线标出的温度应比杀菌温度低 1℃，第一个对数周期坐标的坐标值间隔为 1℃，第二个对数周期坐标的坐标值间隔为 10℃，这样依次标出其余的温度值。典型的加热曲线和冷却曲线如图 2-6～图2-8 所示。

图 2-6 属于简单型加热曲线（simple heating curve），当产品出现先对流传热后传导传热时，如淀粉溶液开始糊化变稠，就产生转折型加热曲线（broken heating curve），如图 2-7 所示。图 2-8 为典型的冷

图 2-6　典型的简单型加热曲线

却曲线（cooling curve）。

图 2-7 典型的转折型加热曲线　　　　　图 2-8 典型的冷却曲线

传热曲线有两个重要的特点：首先，为了能用数学的方法计算热处理过程的杀菌效果，必须将罐头食品冷点温度随时间的变化做成传热曲线，对于呈线性的传热曲线，可以用直线的斜率和截距等数据反映其传热特性；其次，理论上我们认为在整个传热过程中，罐头食品的冷点温度可能很接近杀菌温度，但实际上冷点温度难以等同杀菌锅内的杀菌温度，即 $T_h - T_p \neq 0$。

传热曲线的特性可以通过一些重要的特征参数来反映。其中最重要的是直线的斜率。我们将传热曲线的直线穿过一个对数周期所需的时间（以 min 计）定义为 f 值，对简单型加热曲线标记为 f_h，对转折型加热曲线转折点前的部分仍记为 f_h，转折点后的部分记为 f_2，对于冷却曲线则记为 f_c。可以看出，f 值愈小，传热的速率愈快。

直线的斜率与 f 值的关系为：

$$斜率 = \tan\theta = \frac{\Delta y}{\Delta x} = \frac{1}{f} \tag{2-14}$$

另一特征参数是直线的截距，做法是将传热曲线的直线部分向起点方向延长，使其与纵坐标相交，即传热时间为零时的冷点温度，为了便于区分，我们将传热曲线的真实初始温度记为 T_i，而将上述直线的截距点记为假初始温度 T_i'。

以简单型加热曲线为例，直线的方程式又可写为：

$$\lg(T_h - T_p) = (-t/f_h) + \lg(T_h - T_i') \tag{2-15}$$

式（2-15）是以纵坐标为温度差的数值写出的，其中 t 为整个加热时间。尽管式（2-15）可以完整地描述传热曲线的线性部分，但它不能确定产品何时开始对数加热期，也就是说它无法显示滞后时间。我们引入滞后因子 j 来解决这一问题：

$$j = \frac{T_h - T_i'}{T_h - T_i}$$

记：

$$I = T_h - T_i$$

则：

$$T_h - T_i' = j(T_h - T_i) = jI$$

代入式（2-15）：

$$\lg(T_h - T_p) = (-t/f_h) + \lg jI \tag{2-16}$$

三、食品热处理条件的确定

为了知道食品热处理后是否达到热处理的目的，热处理后的食品必须经过测试，检验食品中微生物、酶和营养成分的破坏情况以及食品质量（色、香、味和质感）的变化。如果测试的结果表明热处理的目的已达到，则相应的热处理条件即可确定。现在也可以采用数学模型的方法通过计算来确定热处理的条件，但这一技术尚不能完全取代传统的实验法，因为计算法的误差需要通过实验才能校正，而且作为数学计算法的基础，热处理对象的耐热性和热处理时的传热参数都需要通过实验取得。下面以罐头食品的热杀菌为主，介绍热处理条件的确定方法。

（一）确定食品热杀菌条件的过程

确定食品热杀菌条件时，应考虑影响热杀菌的各种因素。食品的热杀菌以杀菌和抑酶为主要目的，应基于微生物和酶的耐热性，并根据实际热处理时的传热情况，确定达到杀菌和抑酶的最小热处理程度。确定食品热杀菌条件的过程如图 2-9 所示。

图 2-9　确定食品热杀菌条件的过程

（二）食品热杀菌条件的计算

食品热杀菌的条件主要是杀菌值和杀菌时间，目前广泛应用的计算方法有三种：改良基本法、公式法和列线图解法。

1. 改良基本法

1920 年比奇洛（Bigelow）首先创立了罐头杀菌理论，提出推算杀菌时间的基本法（the general method），又称基本推算法。该方法提出了部分杀菌率的概念，它通过计算包括升温和冷却阶段在内的整个热杀菌过程中的不同温度-时间组合时的致死率，累积求得整个热杀菌过程的致死效果。1923 年鲍尔（Ball）根据加热杀菌过程中罐头中心所受的加热效果用积分计算杀菌效果的方法，形成了改良基本法（improved general method）。该法提高了计算的准确性，成为一种广泛使用的方法。

在杀菌过程中，食品的温度会随着杀菌时间的变化而不断发生变化，当温度超过微生物的致死温度时，微生物就会出现死亡。温度不同，微生物死亡的速率不同。在致死温度停留一段时间就有一定的杀菌效果。可以把整个杀菌过程看成是在不同杀菌温度下停留一段时间所取得的杀菌效果的总和。比奇洛首先提出了部分杀菌量（partial sterility）的概念。

对罐头食品而言，在某一特定的温度 T 下，将罐内微生物全部杀死所需的热力致死时间为 τ min，那么罐头在该温度下加热 t min，所取得的部分杀菌量为 t/τ，将其记为 A，则：

$$A = t/\tau \tag{2-17}$$

我们将杀菌过程分为 n 个温度段，在每个温度段各自的平均温度为 T_i，对应的热力致死时间为 τ_i min 在该温度段停留的时间分别为 t_i min，则在每个温度段取得的部分杀菌量为：

$$A_i = t_i/\tau_i \tag{2-18}$$

整个杀菌过程的总杀菌量则为：

$$A = \sum A_i = \sum t_i/\tau_i \tag{2-19}$$

当 $A = 100\%$ 时，表示整个杀菌过程达到了 100% 的杀菌量，罐内微生物被完全杀死。而当 $A < 100\%$ 时，表示杀菌不足，$A > 100\%$ 时，表示杀菌过度。由此可以推算出所需的杀菌时间。

上述的方法是根据一定的罐型、杀菌温度及罐头内容物的初始温度等条件下所得到的传热曲线推出的。它很难比较不同杀菌条件下的加热杀菌效果。为此，鲍尔引入了杀菌值（sterilizing value）或称致死值（leathality）的概念。

杀菌值又称 F 值，是指在一定的致死温度下将一定数量的某种微生物全部杀死所需的时间（min）。由于微生物的种类和温度均为特指，通常 F 值要采用上下标标注，以便于区分，即 F_T^z。一般将标准杀菌条件下的记为 F_0，罐头食品的标准杀菌条件如表 2-13 所示。

表 2-13　罐头食品的标准杀菌条件

杀菌类型	$T/℃$	$Z/℃$
常压杀菌	100（或 80～90）	8（微生物对象菌）
高温杀菌	121.1	10（微生物对象菌）
超高温杀菌	135	10.1（微生物对象菌），31.4（其他食品成分）

由于热处理时微生物的死亡按指数形式递减，人们提出了热力指数递减时间（thermal reduction time，TRT）的概念，它是指在一定的致死温度下将微生物的活菌数减少到某一程度如 10^{-n} 或 $1/10^n$（即原来活菌数的 $1/10^n$）所需的时间（min），记为 TRT_n，n 就是递减指数。很显然：

$$\text{TRT}_n = nD \tag{2-20}$$

可以看出，TRT 值不受原始微生物活菌数影响，可以将它用作确定杀菌工艺条件的依据，这比用前述的受原始微生物活菌数影响的 TDT 值要更方便有利。

TRT_n 值像 D 值一样将随温度而异，当 $n = 1$，$\text{TRT}_1 = D$ 时，以 D 的对数值为纵坐标，加热温度 T 为横坐标，根据 D 和 T 的关系可以得到一与拟热力致死时间曲线相同的曲线，也称为 TRT_1 曲线。

对于罐头的杀菌而言，要求达到的杀菌程度为商业无菌（commercial sterility）。经过试验，人们确定了罐头食品杀菌达到商业无菌的理论杀菌值：

$$F = \text{TRT}_n = nD \tag{2-21}$$

上式中的递减指数 n 因不同的对象菌而不同，如对于低酸性食品在标准杀菌条件（121.1℃）下进行杀菌时，当对象菌是梭状芽孢杆菌（PA3679）时，$n=5$；对象菌是嗜热脂肪芽孢杆菌时，$n=6$；对象菌是肉毒梭状芽孢杆菌时，$n=12$。

$F=nD$ 从概率学上说明了微生物死亡的情况。如 $F=12D$ 表示经过 $12D$ 的时间（min）杀菌后罐内食品中肉毒梭状芽孢杆菌的活菌数（包括芽孢）降低了 10^{12} 数量级，对于一罐 1000g 装的罐头而言，若原来罐内食品中肉毒梭状芽孢杆菌的活菌数为 10^2 个·g^{-1}，经过杀菌后，罐内食品中肉毒梭状芽孢杆菌的活菌数减少到了 10^{-10} 个·g^{-1}，但这不是意味着每个罐内有 10^{-7} 个活菌存在，而从概率的角度来理解，它意味着每 10^7 个 1000g 装的罐头中才可能有一个罐头中有一个活菌存在。

在计算实际杀菌值时，鲍尔将杀菌过程中各温度下的致死值转换成标准温度（121.1℃）下的致死值，然后累计求出整个杀菌过程的杀菌值，以便和理论杀菌值比较，控制杀菌的程度。

根据拟热力致死时间曲线和式(2-5)可以得到：

$$\lg(TRT_1/TRT) = \frac{T - T_1}{Z} \tag{2-22}$$

式中　TRT_1，TRT——对应于 T_1 和 T 的 TRT 值，min；
　　　　Z——D 值变化 90% 所对应的温度变化值，℃。

将式(2-22)的 TRT 换成 F，则有：

$$\lg \frac{F_i}{F_0} = \frac{121.1 - T_i}{Z} \tag{2-23}$$

式中　F_i，F_0——温度在 T_i、121.1℃时的 F 值，min；
　　　　Z——D 值变化 90% 所对应的温度变化值，℃。

设 $F_0=1$，则式(2-23)变为：

$$\lg F_i = \frac{121.1 - T_i}{Z} \tag{2-24}$$

此处 F_i 表示在任何温度下达到相当于在标准杀菌条件（121.1℃）下处理 1min 的杀菌效果所需的时间（min）。

为了便于计算非标准杀菌温度下的杀菌效果，学者提出了致死率（lethal rate）L_i 的概念：

$$L_i = \frac{1}{F_i} \tag{2-25}$$

L_i 表示在任何温度下处理 1min 所取得的杀菌效果相当于在标准杀菌条件（121.1℃）下处理 1min 的杀菌效果的效率值。根据式(2-24)、式(2-25)可得：

$$L_i = \lg^{-1} \frac{T_i - 121.1}{Z} = 10^{\frac{T_i - 121.1}{Z}} \tag{2-26}$$

人们已将不同温度下的 F_i 值和 L_i 值制成表格（表 2-15、表 2-16），以便于查询。以 L_i 值为纵坐标，杀菌时间 t 为横坐标，还可以做出致死率曲线。

可以采用积分的方法求整个杀菌过程的杀菌值：

$$F = \int_0^t L dt \tag{2-27}$$

罐头食品杀菌过程中加热时间 t_i，t_{i+1}，t_{i+2}，…，t_{n-1}，在上述时间测得的罐内冷点温度相应地为：T_i，T_{i+1}，T_{i+2}，…，T_{n-1}，相应地可得到致死率 F_i，F_{i+1}，F_{i+2}，…，F_{n-1}，根据式(2-27)，F 值可以按照式(2-28)求得：

$$F = \sum_{i=1}^{n-1} \frac{L_i + L_{i+1}}{2} \Delta t_i \qquad (2\text{-}28)$$

式中　Δt_i——t_i 和 t_{i+1} 间隔的加热时间，min。

如果罐内的温度测定按照同一间隔时间 Δt 进行，则式（2-28）可以简化为：

$$F = \left(\frac{L_1 + L_n}{2} + L_2 + L_3 + \cdots + L_{n-1} \right) \Delta t = \left(\frac{L_1 + L_n}{2} + \sum_{i=2}^{n-1} L_i \right) \Delta t \qquad (2\text{-}29)$$

【例 2-1】　$4^{\#}$罐（$\phi74.1\text{mm} \times 113\text{mm}$）装芦笋（大号条装、每罐 15 条）的杀菌过程中测得的时间、罐内温度如表 2-14 所示，其中升温时间为 17min，杀菌时间为 24min。根据温度计算或从致死率表确定其相应的致死率（选用 $Z=10℃$ 作为计算或查表的依据），L_i 和 L_n 均为零。加热的时间间隔为 2min，根据式（2-29），计算出 $\sum L_i$，结果见表 2-14，求出的 $\sum L_i$ 为 3.5552，故 $F_0 = \sum L_i \times \Delta t = 3.5552 \times 2 = 7.1\text{min}$。可将时间和罐内温度以及相应的 L_i 度值标绘在坐标纸上，结果如图 2-10 所示，可以求 t_i-L_i 曲线下的面积与单位面积 $F_0 = L_i t = 1.0$ 相比，比值即为整个杀菌过程的杀菌值。面积可以用求积仪求出，也可用称重法求得。

表 2-14　$4^{\#}$罐（$\phi74.1\text{mm} \times 113\text{mm}$）装芦笋的杀菌过程中测得的时间、罐内温度和计算的致死效果

杀菌操作阶段	加热时间/min	罐内温度/℃	致死率 L_i	$\sum L_i$
升温阶段	0	34		
	2	34		
	4	34		
	6	36		
	8	41		
	10	52		
	12	65		
	14	79	0.0000	0.0000
	16	91	0.0010	0.0010
杀菌阶段	18	101.5	0.0110	0.0120
	20	108.0	0.0490	0.0610
	22	112.0	0.1230	0.1840
	24	114.0	0.1950	0.3790
	26	115.5	0.2754	0.6544
	28	116.0	0.3090	0.9634
	30	116.2	0.3236	1.2870
	32	116.4	0.3436	1.6306
	34	116.6	0.3549	1.9855（$F=1.9855 \times 2 = 4.04\text{min}$）
	36	116.8	0.3715	2.3570
	38	117.0	0.3891	2.7461
	40	117.0	0.3891	3.1252
冷却阶段	42	117.0	0.3891	3.5243
	44	106.0	0.0309	3.5552（$F=3.5552 \times 2 = 7.1\text{min}$）
	46	80	0.0000	
	48	60		
	50	47		
	52	37		

通过上述的计算还可以计算杀菌时间，具体的做法是：求出的杀菌值必须和理论杀菌值

图 2-10　芦笋罐头杀菌时的传热和致死率曲线（F_0 值的计算）

一致，才能达到商业无菌和产品的安全要求。根据实际测定和计算的结果得到的杀菌值可能高于也可能低于理论杀菌值的要求。为此必须确定适宜的杀菌时间，找出适宜的杀菌值。这就要求在实测的数据中找出预期的和理论杀菌值相符的杀菌时间。以上例分析，杀菌时加热到 41min 才开始冷却，实际杀菌从 17min 开始算起为 24min，冷却 5min 后罐头温度下降到 80℃，计算所得的杀菌值为 7.1min。芦笋罐头杀菌时要求的杀菌值为 4min，从表 2-14 来看，加热时间减少到 34min 左右就可以开始冷却。那么它的 $\sum L_i$ 值为 1.9855＋0.0309（冷却）＝2.02，则其杀菌值 $F=2.02×2=4.04$min，即可达到要求。也就是说实际杀菌时间可以减少到 17min。若它要求的杀菌值提高到 10min 时，则原来的杀菌时间所得到的杀菌值达不到要求，需要延长时间以提高杀菌值。从表 2-14 中可以看出杀菌时间达到 41min 时罐内温度已达到 117℃，若延长杀菌时间 8min，则累积得杀菌值将增加 $0.3891×8=3.1128$min，则总的杀菌值将为 $7.1＋3.1128=10.2$min。这样可以达到 10min 的杀菌值要求。

　　同样也可采用做图法求出适宜杀菌所占的面积，并确定其相应的杀菌时间。如图 2-11 所示。面积为 ABE 的实际杀菌时间需要 16min，杀菌加热时间需 33min，$F=4.1$min。面积为 ADG 的实际杀菌时间需要 32min，杀菌加热时间需 49min，$F=10.1$min。

图 2-11　芦笋罐头杀菌时的致死率曲线（合理 F_0 值的选定）

表 2-15 F_i 表（$F_{121.1℃} = 1.000$）

杀菌温度 $T/℃$	$Z/℃$								
	6	7	8	9	10	11	12	13	14
100	3286	1033	434.5	220.8	128.8	82.79	57.28	41.98	32.14
101	2239	743.0	325.8	171.0	102.3	67.14	47.32	35.16	27.29
102	1524	535.8	244.3	132.4	81.28	54.45	39.08	29.44	23.12
103	1040	385.5	183.2	102.6	64.57	44.16	32.28	24.66	19.63
104	707.9	277.3	137.4	79.43	51.29	35.89	26.61	20.65	16.63
105	481.9	199.5	103.0	61.52	40.74	29.11	21.98	17.30	14.13
106	328.6	143.5	77.27	47.64	32.36	23.60	18.11	14.52	11.90
107	223.9	103.3	57.94	36.90	25.70	19.14	14.96	12.16	10.16
108	152.4	74.38	43.45	28.58	20.42	15.52	12.36	10.19	8.630
109	104.1	53.58	32.58	22.08	16.22	12.59	10.19	8.531	7.311
110	70.79	38.55	24.43	17.10	12.88	10.21	8.414	7.145	6.209
111	48.19	27.73	18.32	13.24	10.23	8.279	6.950	5.984	5.260
112	32.86	19.95	13.72	10.26	8.128	6.714	5.728	5.012	4.467
113	22.39	14.35	10.30	7.943	6.457	5.445	4.734	4.198	3.793
114	15.24	10.33	7.727	6.152	5.129	4.416	3.908	3.516	3.214
115	10.41	7.438	5.794	4.476	4.074	3.589	3.228	2.944	2.729
116	7.079	5.358	4.345	3.690	3.236	2.911	2.661	2.466	2.312
117	4.819	3.855	3.258	2.858	2.570	2.360	2.198	2.065	1.963
118	3.286	2.773	2.443	2.208	2.042	1.914	1.811	1.730	1.663
119	2.239	1.995	1.832	1.710	1.622	1.552	1.496	1.452	1.413
120	1.524	1.435	1.374	1.324	1.288	1.259	1.236	1.216	1.199
121	1.041	1.033	1.030	1.026	1.023	1.021	1.019	1.019	1.016
122	0.7079	0.7438	0.7727	0.7943	0.8128	0.8279	0.8414	0.8531	0.8630
123	0.4819	0.5388	0.5794	0.6152	0.6457	0.6719	0.6950	0.7145	0.7311
124	0.3286	0.3855	0.4345	0.4764	0.5129	0.5145	0.5728	0.5984	0.6209
125	0.2239	0.2773	0.3258	0.3690	0.4074	0.4416	0.4732	0.5012	0.5260
126	0.1524	0.1995	0.2443	0.2858	0.3236	0.3589	0.3908	0.4198	0.4467
127	0.1041	0.1435	0.1832	0.2208	0.2570	0.2911	0.3228	0.3516	0.3793
128	0.0708	0.1033	0.1374	0.1710	0.2042	0.2360	0.2661	0.2944	0.3214
129	0.0482	0.0743	0.1030	0.1324	0.1622	0.1914	0.2198	0.2466	0.2729
130	0.0328	0.0536	0.0773	0.1026	0.1288	0.1552	0.1811	0.2065	0.2312

表 2-16 L_i 表（$F_{121.1℃} = 1.000$，$Z = 10℃$）

$T/℃$	0.0	0.1	0.2	0.3	0.4	0.5	0.6	0.7	0.8	0.9
90	0.0008	0.0008	0.0008	0.0008	0.0009	0.0009	0.0009	0.0009	0.0009	0.0010
91	0.0010	0.0010	0.0010	0.0011	0.0011	0.0011	0.0012	0.0012	0.0012	0.0012
92	0.0012	0.0013	0.0013	0.0013	0.0014	0.0014	0.0014	0.0015	0.0015	0.0015
93	0.0016	0.0016	0.0016	0.0017	0.0017	0.0017	0.0018	0.0018	0.0019	0.0019
94	0.0020	0.0020	0.0020	0.0021	0.0021	0.0022	0.0022	0.0023	0.0023	0.0024
95	0.0025	0.0025	0.0026	0.0026	0.0027	0.0028	0.0029	0.0029	0.0030	0.0030
96	0.0031	0.0032	0.0032	0.0033	0.0034	0.0035	0.0036	0.0036	0.0037	0.0038
97	0.0039	0.0040	0.0041	0.0042	0.0043	0.0044	0.0045	0.0046	0.0047	0.0048
98	0.0049	0.0050	0.0051	0.0053	0.0054	0.0055	0.0056	0.0058	0.0059	0.0060

T/℃	0.0	0.1	0.2	0.3	0.4	0.5	0.6	0.7	0.8	0.9
99	0.0062	0.0063	0.0065	0.0066	0.0068	0.0069	0.0071	0.0073	0.0074	0.0076
100	0.0078	0.0079	0.0081	0.0083	0.0085	0.0087	0.0089	0.0091	0.0093	0.0096
101	0.0098	0.0100	0.0102	0.0105	0.0107	0.0110	0.0112	0.0115	0.0117	0.0120
102	0.0123	0.0126	0.0129	0.0132	0.0135	0.0138	0.0141	0.0145	0.0148	0.0151
103	0.0155	0.0158	0.0162	0.0166	0.0170	0.0174	0.0178	0.0182	0.0186	0.0191
104	0.0195	0.0200	0.0204	0.0209	0.0214	0.0219	0.0224	0.0229	0.0234	0.0240
105	0.0245	0.0251	0.0257	0.0263	0.0269	0.0275	0.0282	0.0288	0.0295	0.0302
106	0.0309	0.0316	0.0324	0.0331	0.0339	0.0347	0.0355	0.0363	0.0371	0.0380
107	0.0389	0.0398	0.0407	0.0417	0.0427	0.0436	0.0447	0.0457	0.0468	0.0479
108	0.0490	0.0501	0.0513	0.0525	0.0537	0.0549	0.0562	0.0575	0.0589	0.0602
109	0.0617	0.0631	0.0646	0.0661	0.0676	0.0692	0.0708	0.0725	0.0741	0.0769
110	0.0776	0.0794	0.0813	0.0832	0.0851	0.0871	0.0891	0.0912	0.0933	0.0955
111	0.0978	0.1000	0.1023	0.1047	0.1071	0.1096	0.1133	0.1148	0.0075	0.1202
112	0.1230	0.1259	0.1288	0.1318	0.1349	0.1380	0.1413	0.1446	0.1479	0.1514
113	0.1549	0.1585	0.1622	0.1659	0.1698	0.1738	0.1778	0.1820	0.1862	0.1905
114	0.1950	0.1995	0.2042	0.2089	0.2138	0.2188	0.2239	0.2291	0.2344	0.2399
115	0.2455	0.2512	0.2571	0.2630	0.2692	0.2754	0.2818	0.2884	0.2952	0.3020
116	0.3093	0.3162	0.3236	0.3311	0.3436	0.3467	0.3549	0.3631	0.3715	0.3802
117	0.3891	0.3981	0.4073	0.4168	0.4266	0.4365	0.4466	0.4570	0.4677	0.4787
118	0.4897	0.5013	0.5128	0.5249	0.5371	0.5495	0.5624	0.5754	0.5889	0.6024
119	0.6165	0.6309	0.6456	0.6605	0.6761	0.6920	0.7077	0.7246	0.7413	0.7587
120	0.7764	0.7943	0.8130	0.8319	0.8511	0.8711	0.8913	0.9124	0.9328	0.9551
121	0.9775	1.000	1.023	1.047	1.071	1.096	1.122	1.148	1.175	1.202
122	1.230	1.259	1.288	1.318	1.349	1.380	1.413	1.446	1.479	1.514
123	1.549	1.565	1.622	1.659	1.698	1.738	1.778	1.820	1.862	1.905
124	1.950	1.995	2.042	2.089	2.138	2.188	2.239	2.291	2.344	2.399
125	2.455	2.512	2.571	2.630	2.692	2.754	2.818	2.884	2.952	3.020
126	3.090	3.162	3.236	3.311	3.436	3.467	3.549	3.631	3.715	3.802
127	3.891	3.981	4.073	4.168	4.266	4.365	4.466	4.570	4.677	4.786
128	4.891	5.013	5.128	5.249	5.371	5.495	5.624	5.754	5.869	6.024
129	6.165	6.309	6.456	6.605	6.761	6.920	7.077	7.246	7.413	7.587
130	7.764	7.943	8.130	8.319	8.511	8.711	8.913	9.124	9.328	9.551

2. 公式法

此法由鲍尔（Ball）提出，后经美国制罐公司热工学研究组简化，用来计算简单型和转折型传热曲线上杀菌时间和 F 值。简化虽然会引入一些误差但影响不大。此法已经列入美国 FDA 的有关规定中，在美国得到普遍应用。公式法根据罐头在杀菌过程中罐内容物温度的变化在半对数坐标纸上所绘出的加热曲线，以及杀菌结束冷却水立即进入杀菌锅进行冷却的曲线进行推算并找出答案。它的优点是可以在杀菌温度变更时算出杀菌时间，其缺点是计算烦琐、费时，还容易在计算中发生错误，又要求加热曲线必须呈有规则的简单型加热曲线或转折型加热曲线，才能求得较正确的结果。近几十年来许多学者对这种方法进行了研究，以达到既正确又简单，且应用方便的目的。随着计算机技术的应用，公式法和改良基本法一样准确，但更为快速、简洁。现就公式法计算的基本内容用实例介绍如下。

在进行公式法计算之前，首先应该标绘加热曲线，求得 f_h、j 值，对转折型加热曲线还需求得 f_2、x 和 f_c 值等。公式法计算杀菌值和杀菌时间中各符号的意义如表 2-17 所示。为了进行公式法计算，还必须有 F_i 值表和 f_h/U-lg$g$ 图（表）和 r-lg$g$ 图（表）。图 2-12 为 $m+g=100℃$ 时的 f_h/U-lg$g$ 图，可供由给定的 lg$g$ 查取 f_h/U，或由给定的 f_h/U 查取 lg$g$；图 2-13 为 $Z=10℃$ 时的 r-lg$g$ 图，可供由给定的 lg$g$ 查取 r 或由给定的 r 查取 lg$g$；表 2-18 为 r-lg$g$ 表，可供由给定的 lg$g$ 查取 r。

表 2-17　公式法计算杀菌值和杀菌时间中各符号的意义

符　号	意　　义
T_h	杀菌温度,即杀菌或杀菌锅温度,℃
T_p	罐头温度,即杀菌时罐头的冷点温度,℃
T_c	冷却温度,即冷却水的温度,℃
T_i	罐头初温,即杀菌开始时罐头的冷点温度,℃
I	杀菌温度和罐头初温的差值,即 $I=T_h-T_i$,℃
T_i'	罐头假初温,由于升温时间(CUT)的后 42% 有杀菌效果,故此假初温为校正零点处温度(校正零点为传热曲线直线部分的延长线与零点右侧 58% CUT 点处引出的垂直线的交点),℃
jI	杀菌温度和罐头假初温的差值,即 $jI=T_h-T_i'$,℃
j	滞后因子,在半对数坐标上加热曲线呈直线前加热时间的滞后因子,即 $j=(T_h-T_i')/(T_h-T_i)$
B	理论加热杀菌时间,从校正零点至恒温结束的时间,即 $B=42\%\ CUT+t_p$(杀菌恒温时间),min
f_h	加热曲线中直线部分的斜率,即横跨一个对数周期所需的时间,min。在转折型加热曲线中转折点前第一条加热曲线中直线部分的斜率也为 f_h
f_2	转折型加热曲线中转折点后第二条加热曲线中直线部分的斜率也为 f_h,min
f_c	冷却曲线中直线部分的斜率,即横跨一个对数周期所需的时间,min
g	简单型加热曲线中杀菌温度与加热结束时罐头温度的差值,℃
f_h/U	与 g 值相关的因子
g_{bh}	转折型加热曲线中杀菌温度与转折点处罐头温度的差值,℃
x_{bh}	转折型加热曲线中自校正零点至转折点处的时间,min
g_{h2}	转折型加热曲线中杀菌温度与加热结束时罐头温度的差值,℃
f_h/U_{bh}	与 g_{bh} 值相关的因子
r_{bh}	与 g_{bh} 值相关的因子
f_2/U_{h2}	与 g_{h2} 值相关的因子
U 或 U_0	实际杀菌值,以标准杀菌温度(121.1℃)为参照的实际杀菌温度下的杀菌值(时间),$U=F_0F_i$,min
m	杀菌结束时冷却水温度与罐头冷点温度的差值,℃
$m+g$	杀菌温度与冷却水温度的差值,即 T_h-T_c,℃

（1）简单型加热曲线　由标绘出的加热曲线，查取或计算有关的参数 f_h、F_i、jI、B 等（如表 2-17 所列），然后按下列公式求杀菌值：

$$\lg g=\lg jI-\frac{B}{f_h} \tag{2-30}$$

式(2-30) 可由式(2-16) 推得，根据式(2-30) 求得的 lg$g$，从 f_h/U-lg$g$ 图（图 2-12）中查得 f_h/U，则：

$$F_0=\frac{f_h}{(f_h/U)F_i} \tag{2-31}$$

如果 lg$g<-1$，按式(2-32) 修正 F_0 值：

$$F_0 = \frac{f_h}{(f_h/U_{0.1})F_i} + \frac{t_u}{F_i} \tag{2-32}$$

其中 $t_u = B - f_h(\lg jI + 1)$；$f_h/U_{0.1}$ 为 $\lg g = -1$ 时查得的 f_h/U。

若求杀菌时间，根据式（2-31），得：

$$\frac{f_h}{U} = \frac{f_h}{F_0 F_i} \tag{2-33}$$

由 f_h/U 从 f_h/U-$\lg g$ 图（图 2-12）中查得 $\lg g$，则：

$$B = f_h(\lg jI - \lg g) \tag{2-34}$$

如果 $\lg g < -1$，按式（2-35）修正 B 值：

$$B = f_h(\lg jI + 1) + F_0 F_i - \frac{f_h}{f_h/U_{0.1}} \tag{2-35}$$

其中，$f_h/U_{0.1}$ 为 $\lg g = -1$ 时查得的 f_h/U。

（2）转折型加热曲线 由标绘出的加热和冷却曲线，查取或计算有关的参数 f_h、f_2、f_c、x_{bh}、g_{bh}、r_{bh}、F_i、B 等（如表 2-17 所列），然后按式（2-36）求杀菌值：

$$\lg g_{bh} = \lg jI - \frac{x_{bh}}{f_h} \tag{2-36}$$

转折型加热曲线中总的理论加热杀菌时间 B 由前后两段时间加合而成，由此关系可以推出下式：

$$\lg g_{h2} = \frac{f_h \lg jI + (f_2 - f_h)\lg g_{bh} - B}{f_2} \tag{2-37}$$

从 f_h/U-$\lg g$ 图（图 2-12）中可分别查得 f_h/U_{bh} 和 f_2/U_{h2}，从 r-$\lg g$ 图或表（图 2-13 或表 2-18）中由 $\lg g_{bh}$ 查得 r_{bh}，当 $f_c = f_2$ 时：

$$F_0 = \frac{f_2}{(f_2/U_{h2})F_i} - \frac{r_{bh}(f_2 - f_h)}{(f_h/U_{bh})F_i} \tag{2-38}$$

当 $f_c \neq f_2$ 时，修正 $\lg g_{h2}$ 为：

$$\lg g'_{h2} = \lg g_{h2} + 0.07\left(1 - \frac{f_c}{f_2}\right) \tag{2-39}$$

如果 $\lg g'_{h2} < -1$，则：

$$F_0 = \frac{f_2}{(f_2/U_{0.1})F_i} - \frac{r_{bh}(f_2 - f_h)}{(f_h/U_{bh})F_i} + \frac{B - x_{bh} - f_2(\lg g_{bh} + 1)}{F_i} \tag{2-40}$$

其中，$f_2/U_{0.1}$ 为 $\lg g = -1$ 时查得的 f_h/U。

对于杀菌时间的计算，首先根据式（2-30）可求得：

$$\lg g_{bh} = \lg jI - \frac{x_{bh}}{f_h}$$

由 f_h/U-$\lg g$ 图（图 2-12）中查得 f_h/U_{bh}，按式（2-41）求 f_2/U_{h2}：

$$f_2/U_{h2} = \frac{f_2}{F_0 F_i + \dfrac{r_{bh}(f_2 - f_h)}{f_h/U_{bh}}} \tag{2-41}$$

由 f_2/U_{h2} 从 f_h/U-$\lg g$ 图（图 2-12）中查得 $\lg g_{h2}$，当 $f_c = f_2$ 时：

$$B = f_h \lg jI + (f_2 - f_h)\lg g_{bh} - f_2 \lg g_{h2} \tag{2-42}$$

当 $f_c \neq f_2$ 时，修正 $\lg g_{h2}$ 为：

$$\lg g'_{h2} = \lg g_{h2} + 0.07\left(1 - \frac{f_c}{f_2}\right) \tag{2-43}$$

如果 $\lg g'_{h2} < -1$，则：

$$B = f_h \lg jI + (f_2 - f_h) \lg g_{bh} + f_2 + F_0 F_i - \frac{f_2}{f_2/U_{0.1}} \tag{2-44}$$

其中，$f_2/U_{0.1}$ 为 $\lg g = -1$ 时查得的 f_h/U。

图 2-12　f_h/U-$\lg g$ 图

（$m + g = 100℃$）

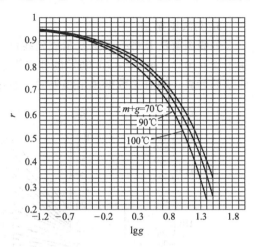

图 2-13　r-$\lg g$ 图

（$Z = 10℃$）

表 2-18　r-$\lg g$ 表

$\lg g$	0.00	0.01	0.02	0.03	0.04	0.05	0.06	0.07	0.08	0.09
−1.00	0.9471	0.9474	0.9477	0.9480	0.9483	0.9486	0.9490	0.9493	0.9496	0.9499
−0.90	0.9440	0.9443	0.9446	0.9449	0.9452	0.9456	0.9459	0.9462	0.9465	0.9468
−0.80	0.9409	0.9412	0.9415	0.9418	0.9422	0.9425	0.9428	0.9431	0.9434	0.9437
−0.70	0.9376	0.9379	0.9383	0.9386	0.9389	0.9393	0.9396	0.9399	0.9402	0.9406
−0.60	0.9340	0.9344	0.9347	0.9351	0.9355	0.9358	0.9362	0.9366	0.9369	0.9372
−0.50	0.9300	0.9305	0.9309	0.9313	0.9317	0.9321	0.9325	0.9329	0.9332	0.9336
−0.40	0.9256	0.9261	0.9265	0.9270	0.9274	0.9279	0.9283	0.9288	0.9292	0.9296
−0.30	0.9206	0.9211	0.9216	0.9222	0.9227	0.9232	0.9237	0.9242	0.9247	0.9251
−0.20	0.9148	0.9155	0.9161	0.9166	0.9172	0.9178	0.9184	0.9189	0.9195	0.9200
−0.10	0.9083	0.9090	0.9097	0.9103	0.9110	0.9117	0.9123	0.9130	0.9136	0.9142
−0.00	—	0.9016	0.9023	0.9031	0.9039	0.9046	0.9054	0.9061	0.9069	0.9076
0.00	0.9009	0.9000	0.8992	0.8984	0.8975	0.8967	0.8958	0.8949	0.8940	0.8931
0.10	0.8922	0.8913	0.8903	0.8894	0.8884	0.8874	0.8864	0.8854	0.8844	0.8834
0.20	0.8823	0.8812	0.8801	0.8790	0.8779	0.8768	0.8757	0.8745	0.8733	0.8721
0.30	0.8709	0.8697	0.8684	0.8672	0.8659	0.8646	0.8633	0.8620	0.8606	0.8593
0.40	0.8579	0.8565	0.8550	0.8536	0.8521	0.8506	0.8491	0.8476	0.8461	0.8445
0.50	0.8429	0.8413	0.8397	0.8380	0.8363	0.8346	0.8329	0.8312	0.8294	0.8276
0.60	0.8258	0.8239	0.8221	0.8202	0.8183	0.8163	0.8144	0.8124	0.8103	0.8083
0.70	0.8062	0.8041	0.8020	0.7998	0.7976	0.7954	0.7931	0.7909	0.7886	0.7862
0.80	0.7838	0.7814	0.7790	0.7765	0.7740	0.7715	0.7689	0.7663	0.7637	0.7610
0.90	0.7583	0.7556	0.7528	0.7500	0.7471	0.7442	0.7413	0.7384	0.7354	0.7323
1.00	0.7292	0.7261	0.7230	0.7198	0.7165	0.7132	0.7099	0.7065	0.7031	0.6997

续表

lgg	0.00	0.01	0.02	0.03	0.04	0.05	0.06	0.07	0.08	0.09
1.10	0.6962	0.6926	0.6890	0.6854	0.6817	0.6780	0.6742	0.6704	0.6665	0.6626
1.20	0.6586	0.6545	0.6505	0.6464	0.6422	0.6380	0.6337	0.6294	0.6250	0.6205
1.30	0.6160	0.6115	0.6068	0.6022	0.5974	0.5927	0.5878	0.5829	0.5779	0.5729
1.40	0.5678	0.5627	0.5574	0.5522	0.5468	0.5414	0.5359	0.5304	0.5248	0.5191
1.50	0.5134	0.5075	0.5017	0.4957	0.4897	0.4836	0.4774	0.4711	0.4648	0.4584

3. 列线图解法

列线图解法是将有关参数制成列线计算图，利用该图计算出杀菌值和杀菌时间。该法适用于 $Z=10℃$，$m+g=76.66℃$ 的任何简单型加热曲线，快捷方便，但不能用于转折型加热曲线的计算。当有关数据越出线外时，也不能用此法计算。列线计算图如图 2-14 所示。

图 2-14 列线计算图

由给定的条件（杀菌锅温度 T_h、杀菌时间 B、罐头初温 T_i、传热曲线速率 f_h 和滞后因子 j）按下列步骤求取杀菌值。

① 在⑨线上找到杀菌时间 B 值点和⑧线上的 f_h 值点，以此两点做直线使其与⑦线相交于 A 点；

② 在⑤线上找到 j 值点，⑦线上找到 $I=T_h-T_i$ 值点，连两点与⑥线交于 B 点；

③ 以 A、B 两点画直线交⑤线于 C 点，以 C 点按列线图上的直线找到相应于 C 点的④线上的 D 点；

④ 在②线上找到 f_h 值点，与 D 点连直线交于③线上的 E 点；

⑤ 在①线上找到 T_h 值点，并与 E 点画直线交④线于 F 点，F 点的值即为所求的 F_0 值。

由给定的条件（杀菌温度 T_h、杀菌值 F_0、罐头初温 T_i、传热曲线速率 f_h 和滞后因子

j) 按下列步骤求取杀菌时间。

① 在①线上找到 T_h 值点和④线上的 F_0 值点，以此两点做直线使其与③线相交于 A 点；

② 在②线上找到 f_h 值点，与 A 点连直线交④线于 B 点，由 B 点找到⑤线上相应的 C 点（g 值）；

③ 在⑦线上找到 $I = T_h - T_i$ 值点，与⑤线上的 j 值点连直线与⑥线相交于 D 点；

④ 将 C 点与 D 点连直线并延长交⑦线于 E 点；

⑤ 将 E 与⑧线上的 f_h 值点连直线并延长交⑨线于 F 点，F 点的值即为所求的 B 值。

当 $m + g$（即 $T_h - T_c$）$\neq 76.66$℃ 时，采用图 2-14 的 f_h 值时应做修正（见表 2-19）。

表 2-19　列线计算图 f_h 值修正表

温度/℃		f_h					
		5	10	20	50	100	200
93.33	加上	0.14	0.28	0.56	1.41	2.82	5.64
87.77	加上	0.09	0.19	0.38	0.94	1.88	3.76
82.22	加上	0.04	0.09	0.19	0.47	0.94	1.88
76.66	—	0	0	0	0	0	0
71.11	减去	0.02	0.03	0.07	0.18	0.36	0.71
65.55	减去	0.03	0.07	0.14	0.35	0.71	1.42
60.00	减去	0.05	0.10	0.21	0.54	1.07	2.14

（三）食品热杀菌条件的确定

1. 实罐试验

一般情况下罐头食品经热力杀菌处理后，其感官品质将下降，但是采用高温短时杀菌，可加速罐内传热速率，从而使内容物感官品质变化减小，同时还可提高杀菌设备的利用率。这是当前罐头工业杀菌工艺的趋势。

以满足理论计算的杀菌值（F_0）为目标，可以有各种不同的杀菌温度-时间组合，实罐试验的目的就是根据罐头食品质量、生产能力等综合因素选定杀菌条件，使食品热杀菌既能达到杀菌安全的要求，又能维持其高质量，同时在经济上也最合理。

某些食品选用低温长时间的杀菌条件可能更合适些。例如，属于传导传热型的非均质态食品，若选用高温短时杀菌条件，常会因为传热不均匀而导致有些个体食品中出现 F_0 值过低的情况，并有杀菌不足的危险。计算杀菌条件时，如 $\lg g > +1$，表明杀菌结束时冷点温度和杀菌温度差将超过 10℃。这说明传热速率很缓慢，靠近冷点的食品受热不足，而靠近罐壁的部分食品则受热过度。

2. 实罐接种杀菌试验

实罐试验可根据产品感官质量最好和经济上又最合理选定最适宜的温度-时间组合，在此杀菌条件基础上，为了确证所确定（理论性）杀菌条件的合理性，往往还要进行实罐接种杀菌试验。将常见导致罐头腐败的细菌或芽孢定量接种在罐头内，在所选定的杀菌温度中进行不同时间的杀菌，再保温检查其腐败率。根据实际商业上一般允许罐头腐败率为 0.01% 来计算，若检出的正确率为 95%，实罐试验数应达 29960 罐之多。当然实际上难以用数量如此大的罐头来做试验，经济上也不合理。因此，目前常采用将耐热性强的腐败菌接种于少量的罐头内进行杀菌试验，借以确证杀菌条件的安全程度。如实罐接种杀菌试验结果与理论计算结果很接近，表明所选定的杀菌条件在合理性和安全性有可靠的保证。此外，对那些用其他方法无法确定杀菌工艺条件的罐头也可用此法确定其合适的杀菌条件。

（1）试验用微生物　通常低酸性食品用耐热性高于肉毒杆菌的生芽孢梭状杆菌（*Clostridium sporogenses*）PA3679芽孢，酸性食品用巴氏固氮梭状芽孢杆菌（*Clostridium pasteurianum*）或凝结芽孢杆菌（*Bacillus coagulans*）芽孢，高酸性食品则用乳酸菌、酵母菌作试验对象菌。

有时嗜热平酸菌也可用来作接种试验，它的培养时间可以缩短，只需10～15d，取得试验结果较快，但是检验时要开罐检验，并测定pH值，工作量相对较大。

实罐接种杀菌试验用微生物或其芽孢，必须经标准的耐热性试验加以检定，通常用M/15磷酸缓冲液或蒸馏水作基质的TDT管法测定芽孢的耐热性。PA3679菌芽孢在M/15磷酸缓冲液中的浓度为1000个·mL^{-1}时，于115.6℃需处理12～16min可全部致死，而肉毒杆菌芽孢在同样的磷酸缓冲液中浓度虽高达$6×10^6$个·mL^{-1}，但在115.6℃全部致死的处理时间为16min，显然PA3679菌芽孢的耐热性强些。

（2）实罐接种方法　对流传热的产品可接种在罐内任何处，而传导传热的产品因其冷点在几何中心处，冷点的受热程度约低10％，因此在实验时要注意接种在冷点位置。总的接种芽孢数是根据实际测定结果而确定的。

接种菌液通常由芽孢悬浮液（蒸馏水或0.85％NaCl溶液）当天配制，通常可用5mL或10mL刻度而每滴约为0.1mL的吸管，按每罐加入芽孢数为10^4～10^5个的1mL接种液。对流产品可在装料后未加盐水或糖水前，滴加接种液。浆状食品则在装罐前先接种，并搅拌混合。块状食品要尽可能接种在冷点位置或冷点与罐底之间（这是指呈转折型加热曲线的产品），其接种方法有两种：第一种是先装部分产品，然后滴加接种菌液，最后装满；第二种是用114mL长的针头将接种菌液注入到罐内的产品中，其位置根据要求而定。第二种方法更为方便，免去了二次装罐操作，但要求每罐的接种的位置保持一致。如要接种在块中，则需采用注射法，并将接种的块装在罐内冷点附近，当杀菌后还需做后期培养时，这要预先用线或绳子结住接种块或另用其他方法取出接种块。当然冷点接种大量芽孢要比实际可能污染数大得多，实验主要从杀菌安全性上考虑。

（3）试验罐数　如果每一组取试验罐50只（一般使用大罐），则正确率为95％时，可求得最小腐败率5％～6％（参见表2-20）。这样的试样量是必需的，最好每组取试验罐100只或更多一些，则可求得更小的腐败率。另外应有空白对照样、品质鉴评样和传热测定用的试验罐25～50罐。

表2-20　保温试验时必要试样量和可能检出腐败率的关系

腐败率/%	正确率/%		腐败率/%	正确率/%	
	0.95	0.99		0.95	0.99
0.5	597	919	11	26	40
1	298	458	12	24	36
2	148	228	13	22	33
3	99	151	14	20	31
4	74	131	15	18	28
5	58	90	16	17	26
6	48	74	17	16	25
7	41	64	18	15	23
8	36	55	19	14	22
9	32	49	20	13	21
10	28	44	21	10	16

（4）试验分组　根据杀菌条件的理论计算，按杀菌时间的长短至少分为5组，其中1组

为杀菌时间最短，试样腐败率达到 100％；1 组为杀菌时间最长，预计可达 0％的腐败率；其余 3 组的杀菌时间将出现不同的腐败率，通常杀菌时间在 30～100min 之间时，每隔 5min 为 1 组；比较理想的是根据 F 值随温度提高时的对数递减规律进行分组，F 值可按 0.5、1.0、2.0、4.0、6.0，确定不同加热时间加以分组。每次试验要控制为 5 组，否则罐数太多，封罐前后停留时间过长，将影响试验结果。因此试验要求在一天内完成，并用同一材料。

对照组的罐头也应有 3～5 组，以便核对自然污染微生物的耐热性，同时用来检查核对二重卷边是否良好，罐内净重、沥干重和顶隙度等。还将用 6～12 罐供测定冷点温度之用。

（5）试验记录　试验时必须对以下内容进行测定并做好记录：接种微生物菌名和编号；接种菌液量、接种菌数和接种方法；各操作时间（如预处理时间、装罐时间、排气、封罐前停留时间等）；热烫温度与时间；装罐温度；装罐重量；内容物黏度（如果它为重要因子）；顶隙度；盐水或汤汁的浓度；热排气温度与时间；封罐和蒸汽喷射条件；真空度（指真空封罐）；封罐时内容物温度；杀菌前罐头初温；杀菌升温时间；杀菌过程中各阶段的温度和时间；杀菌锅上仪表（压力表、水银温度计、温度记录仪）指示值；冷却条件。

3. 保温贮藏试验

接种实罐试验后的试样要在恒温下进行保温试验。培养温度依据试验菌的不同而不同：如霉菌，21.1～26.7℃；嗜温菌和酵母，26.7～32.2℃；凝结芽孢杆菌，35.0～43.2℃；嗜热菌，50.0～57.2℃。

PA3679 菌的保温时间至少 3 个月，在最后 1 个月中尚未有胀罐的罐头不取出，继续保温，也有保温 1 年以上的。梭状厌氧菌、酵母或乳（酪）酸菌，至少保温 1 个月，如一星期内全部胀罐，可不再继续培养。霉菌生长也慢，要 2～3 周，也可能要 3 个月或更长一些时间。嗜热菌要 10d～3 周，高温培养时间不宜过长，因可能加剧腐蚀而影响产品质量，FS1518 嗜热脂肪芽孢杆菌的芽孢如在其生长温度以下存放较长时间，可能导致其自行死亡，因此必须在杀菌试验后尽早保温培养。

保温试验样品应每天观察其容器外观有无变化，当罐头胀罐后即取出，并存放在冰箱中。保温试验完成后，将罐头在室温下放置冷却过夜，然后观察其容器外观，罐底盖是否膨胀，是否低真空，然后对全部试验罐进行开罐检验，观察其形态、色泽、pH 值和黏稠性等，并一一记录其结果。接种肉毒杆菌试样要做毒性试验，也可能有的罐头产毒而不产气。

当发现容器外观和内容物性状与原接种试验菌所应出现的症状有差异时，可能是漏罐污染或自然界污染了耐热性更强的微生物造成的，这就要进行腐败原因菌的分离试验。

4. 生产线上实罐试验

接种实罐试验和保温试验结果都正常的罐头加热杀菌条件，就可以进入生产线的实罐试验做最后验证。试样量至少 100 罐以上，试验时必须对以下内容进行测定并做好记录：热烫温度与时间；装罐温度；装罐量（固形物、汤汁量）；黏稠度（咖喱、浓汤类产品）；顶隙度；盐水或汤汁的温度；盐水或汤汁的浓度；食品的 pH 值；食品的水分活度；封罐机蒸汽喷射条件；真空度（指封罐机）；封罐时食品的温度；杀菌前的罐头初温；杀菌升温时间；杀菌温度和时间；杀菌锅上压力表、水银温度计、温度记录仪的指示值；杀菌锅内温度分布的均匀性；罐头杀菌时测点温度（冷点温度）的记录及其 F 值；罐头密封性的检查及其结果。此外，还应记录加热杀菌前食品每克（或每毫升）含微生物的平均数及其波动值，取样次数为 5～10 次；pH 3.7 以下的高酸性食品检验乳酸菌和酵母，pH 3.7～5.0 的酸性食品检验嗜温性需氧菌芽孢数（如果可能的话，嗜温性厌氧菌芽孢数也要检验），pH 5.0 以上的低酸性食品检验嗜温性需氧菌芽孢数、嗜热性需氧菌芽孢数（如果可能的话，嗜温性厌氧菌芽孢数也要检验），这对于保证杀菌条件的最低极限十分必要。

生产线实罐试样也要经历保温试验，希望保温 3～6 个月，当保温试样开罐后检验结果显示内容物全部正常，即可将此杀菌条件作为生产上使用，如果发现试样中有腐败菌，则要进行原因菌的分离试验。

四、典型的热处理方法和条件

如前所述，食品热处理的作用因热处理种类的不同而异。而对于某种热处理，为达到同样的热处理目的，它也可以根据热处理的对象、加热介质和加热设备等而采取不同的热处理方法。

(一) 工业烹饪

1. 焙烤

焙（baking）和烤（roasting）基本上是相同的单元操作，它们都以高温热来改变食品的食用特性。两者的区别在于烘焙主要用于面制品和水果，而烧烤主要针对肉类、坚果和蔬菜。焙烤也可达到一定的杀菌和降低食品表面水分活度的作用，使制品有一定的保藏性，但焙烤食品的贮藏期一般较短，结合冷藏和包装可适当地延长贮藏期。

焙烤过程中的传热存在着传导、对流和热辐射等多种形式。烤炉的炉壁通过热辐射向食品提供反射热能，远红外线辐射则通过食品对远红外线吸收以及远红外线与食品的相互作用产生热能。传导通常通过载装食品的模盘传给食品，模盘一般与烤炉的炉底或传送带接触，增加模盘与食品间的温度差可加快焙烤的速率。烤炉内自然或强制循环的热空气、水蒸气或其他气体则起到对流传热的作用。食品在烤炉中焙烤时，水分从食品表面蒸发逸出并被空气带走，食品表面与食品内部的湿度梯度导致食品内部的水分向食品表面转移，当食品表面的水分蒸发速率大于食品内部的水分向食品表面转移速率时，蒸发的区域会移向食品内部，食品表面会干化，食品表面的温度会迅速升高到热空气的温度（110～240℃），形成硬壳（crust）。由于烘焙通常在常压下进行，水分自由地从食品内部逸出，食品内部的温度一般不超过100℃，这一过程与干燥相似。但当食品水分较低、焙烤温度较高时，食品的温度急升接近干球温度。食品表面的高温会导致食品成分发生复杂的变化，这一变化往往可以提高食品的食用特性。

食品焙烤时的加热方式有直接加热法和间接加热法。直接加热法通过直接燃烧燃料来加热食品，可通过控制燃烧的速率和热空气的流速来调节温度。此方法加热时间短，热效率高，容易控制，而且设备的启动时间短。但产品可能会受到不良燃烧产物的污染，燃烧室也需定期的维护以保持其高效运作。

间接加热法通过燃烧燃料加热空气或产生蒸汽，蒸汽也可由锅炉提供。空气或蒸汽通过加热管（走管内）加热焙烤室内的空气和食品。燃烧气体可以通过位于烘炉内的辐射散热器散热，也可在烘炉壁的夹层中通过来加热炉内的空气和食品。通过电加热管（板）加热也属于间接加热法。此法卫生条件好，安全性高。

焙烤设备有间歇式、半连续式和连续式的。在间歇设备中，炉壁的四周和底部通常被加热，而连续设备的加热管（板）一般位于传送带的上方和两边。间歇炉一般为多层结构，操作时以炉铲装卸食品物料。该设备适应范围广，可用于包括肉类和饼食等多种食品。蒸汽加热的间歇炉可用于肉类食品的焙烤，在此基础上加上熏烟装置使其可用于烟熏肉类、乳酪和鱼类等。间歇设备的不足是操作的劳动力费用高，物料焙烤的时间由于物料进出时滞后时间不同以及物料在炉内的位置不同而有所不同，需要一定的经验。

半连续式的烤炉主要是各种盘式的烤炉，其物料的装卸一般仍是间歇式的，但炉内盛放食品物料的盘子在焙烤的过程中处于连续运动中，炉内可以设置风扇以加强热风循环。盛放食品物料的盘子在炉内的运动可以是平面式的旋转，也可以是以立体式的运动。在这种设备中，不同盘中食品物料所受到的加热程度较为均一，容易操作控制。

连续式的设备一般采用隧道式结构，食品物料被置于连续运动的输送带（板）之上，输送带（板）以电机通过链条带动。烤炉的热量一般由电加热管提供（也可由煤气燃烧器提供），电加热管内装有一条螺旋形的电阻丝，电加热管的金属外壳是一根无缝钢管，在电阻丝与无缝钢管之间的空隙中密实地填满了结晶态的氧化镁粉末，其具有良好的导热性和绝缘性。金属管的外表面还可涂覆一层能加强辐射远红外线的涂料，用以改变辐射面的辐射主波段和辐射强度，使电加热管的外表面辐射出具有一定波长的远红外线。电加热管分组交叉分布于炉带上、下方的适当位置，管与管之间的水平距离也有一定的要求。整个烤炉一般按温度分成几个区，各区的电加热管的分布有一定的差异。炉温的调节一般采用开关和电压控制。烤炉设计有通风装置，以便合理地排除蒸发的水蒸气和烟气。

烤炉的宽度可达 1.5m，长度由几十米到上百米，炉架一般采用钢结构，炉墙用定形砖或金属板加保温材料构成，钢带有张紧和调偏机构。连续式设备的生产规模大，生产效率高，控制精确，但设备的占地面积较大，投入费用较高。

焙烤温度和时间是影响焙烤制品质量的主要工艺因素，它一般随食品的品种、形状和大小而变化，温度高、时间长，食品表面的脱水快，容易烧焦；温度低、时间短，食品不易烤熟或上色不够。食品块形小，水分蒸发快，容易烤熟；而块形大时，食品内部水分不易蒸发，烘烤温度应略高、时间略长。对于同品种同块形的食品，如果焙烤的温度较高，则时间可以适当缩短；而温度偏低则时间可适当延长。

表 2-21 为饼干常见的焙烤炉温和时间。一般酥性饼干的烘烤温度较低，时间较短，而韧性饼干的烘烤温度较高，时间较长。

表 2-21 饼干常见的焙烤炉温和时间

饼干品种	炉温/℃	停留时间/min	成品含水量/%
韧性饼干	250～280	3.5～5	2～4
酥性饼干	240～260	3.5～5	2～4
曲奇饼干	220～250	3～4.5	2～4
苏打饼干	280～320	4～6	3～5.5
粗饼干	200～220	7～10	2～5

2. 油炸

油炸主要是为了提高食品的食用品质而采用的一种热处理手段。通过油炸可以产生油炸食品特有的色香味和质感。油炸处理也有一定的杀菌、灭酶和降低食品水分活度的作用。油炸食品的贮藏性主要由油炸后食品的水分活度所决定。

当食品被放入热油中，食品表面层的温度会很快升高，水分也会迅速蒸发。其传热传质的情况与焙烤时的情况相似，传热的速率取决于油和食品之间的温度差，热穿透的速率则由食品的导热特性决定。油炸后食品表面形成的硬壳呈多孔结构，里面具有大小不同的毛细管，油炸时水和水蒸气从较大的毛细管逸出，其位置被油取代。紧贴食品表面的边界层的厚度决定了传热传质的快慢，边界层的厚度又与油的黏度和流动速度有关。

食品获得完全油炸的时间取决于食品的种类、油的温度、油炸的方法、食品的厚度（大小）和所要达到的食用品质。对于一些有可能污染致病菌的食品（如肉类），如果要通过油炸取得杀菌的作用，油炸时必须使食品内部受到足够的热处理程度。

油炸温度的选择主要由油炸工艺的经济性和希望达到的油炸效果所决定。温度高时间一般较短，设备的生产能力也相对较高。但温度高会加速油脂降解成游离脂肪酸，这会改变油的黏度、风味和色泽，这样会增加换油的次数，加大油的消耗。另一经济方面的损失是食品在高温产生的一些不良变化，食品中的含油量也会提高。丙烯醛是高温时产生的降解物，它在油的上方产生蓝色的烟雾，造成空气污染。

油炸温度的选择还取决于油炸后食品希望达到的油炸效果。一些食品（如炸面圈、炸鱼和家禽等）油炸时油的温度较高，油炸的时间较短，油炸后食品表面形成硬壳，但食品内部水分含量仍较高，食品在贮藏过程中由于水分和油脂的扩散，食品表面很快会变软，因此不耐贮藏。这类食品主要在餐饮系统常见，结合适当的冷藏可延长其贮藏期。另一些食品（如马铃薯脆片、油炸小食品和挤压半成品）油炸时的温度并不太高，但炸的时间较长，食品表面不会很快形成硬壳，食品脱水较剧烈，这类食品的贮藏期相对较长。

油炸方法按照油和食品接触的情况可分为浅层油炸和油浴油炸两种。

浅层油炸（shallow frying）是一种接触式油炸，它通过浅盘加热加热面上的薄油层及食品，其传热主要为传导传热。适合于单位体积表面积较大、且表面较为规则的食品，油炸时油层的厚度视食品表面的规则程度而定。由于油层和蒸汽气泡将食品托起于加热面，使油炸食品表面各处温度可能不同，食品表面褐变呈不规则状。此法的表面传热系数较高（$200 \sim 400 \mathrm{W} \cdot \mathrm{m}^{-2} \cdot \mathrm{K}^{-1}$）。

深层油炸，或称油浴油炸（deep-fat frying），食品浸没于加热油浴中进行油炸，其传热既有传导，也有对流。适合于各种形状的食品，但不规则状食品耗油较多。其传热系数在水分从食品表面蒸发出来之前为 $250 \sim 300 \mathrm{W} \cdot \mathrm{m}^{-2} \cdot \mathrm{K}^{-1}$，水蒸气从食品中逸出时的搅拌作用使传热系数可达到 $800 \sim 1000 \mathrm{W} \cdot \mathrm{m}^{-2} \cdot \mathrm{K}^{-1}$，但蒸发速率过大会在食品表面形成水蒸气膜而使传热系数降低。

按照油炸时的压力情况可将油炸方法分为常压油炸和真空油炸。通常的油炸是在常压下进行的，油炸时的油温一般在 160℃ 以上，这时食品物料中的部分营养成分在高温下受到破坏；而且高温下反复使用炸油，油中成分发生聚合反应，导致炸油劣变，产生一些对人体有害甚至致癌的物质；此外常压油炸食品含油量相对较高；油炸食品加工范围受到很大的限制；油炸火候不易控制等。

真空油炸技术是在近三十年发展起来的一种新型油炸技术。真空油炸在真空条件中进行油炸，这种在相对缺氧的状况下进行的食品加工，可以减轻甚至避免氧化作用所带来的危害，例如脂肪酸败、色素褐变或其他氧化变质等。在真空度为 0.093MPa 的真空系统中（即绝对压力为 0.008MPa），纯水的沸点大约为 40℃，在负压状态中，以油作为传热媒介，食品内部的水分（自由水和部分结合水）会急剧蒸发而喷出，使组织形成疏松多孔的结构。在含水食品的汽化分离操作中，真空是与低温密切相连的，从而可有效地避免食品高温处理所带来的一系列问题。

目前的真空油炸设备已具有较高效率的抽真空性能，能在短时间内处理大量二次蒸汽，并能较快建立起真空度不低于 0.092MPa 的真空条件；设备可采用蒸汽加热或电加热，油炸过程中物料可实现自动搅拌；设备具有脱油装置，能在真空条件下进行脱油，可避免在真空恢复到常压过程中，油质被压入食品的多孔组织中，以确保产品含油量低于 25%；油炸设备的温度、时间等参数可实现自动控制。

（二）热烫

热烫具有杀菌，排除食品物料中的气体，软化食品物料，便于装罐等作用。蔬菜和水果的热烫还可结合去皮、清洗和增硬等处理形式同时进行。

根据其加热介质的种类和加热的方式的情况，目前使用的热烫方法可分为：热水热烫（hot-water blanching）、蒸汽热烫（steam blanching）、热空气热烫（hot-air blanching）和微波热烫（microwave blanching）等。其中又以热水热烫和蒸汽热烫较为常用。

热水热烫采用热水作为加热和传热的介质，热烫时食品物料浸没于热水中或将热水喷淋到食品物料上面。这种方法传热均匀，热利用率较高，投资小，易操作控制，对物料有一定的清洗作用。食品中的水溶性成分（包括维生素、矿物质和糖类等）易大量损失，耗水量大，产生大量废水。常见的热水热烫设备示意图如图 2-15 所示。

图 2-15　连续式热水热烫设备示意

蒸汽热烫用蒸汽直接喷向食品物料，这种方法克服了热水热烫的一些不足。食品物料中的水溶性成分损失少，产生的废水少或基本上无废水。设备投资较热水法大，大量处理原料时可能会传热不均，热效率较热水法低，热烫后食品重量上有损失。

热空气热烫通常采用空气和蒸汽混合（沸腾床式）加热。热处理时间短，食品的质量较好，无废水，有一定的物料混合作用。设备较复杂，操作要求高，多处于研究阶段。

微波热烫则采用微波直接作用于食品物料并产生热能，其热效率高，时间短，对食品中的营养成分破坏小，无废水，和蒸汽结合使用可降低成本，缩短热烫时间。设备投资较大，成本高。

影响食品热烫的因素包括：蔬菜和水果的种类、食品物料的大小和热烫的方法。表 2-22 显示了部分蔬菜热烫的工艺条件。

表 2-22　部分蔬菜热烫的工艺条件

品种	温度/℃	时间/min	品种	温度/℃	时间/min
菜豆	95～100	2～3	花菜	93～96	1～2
豌豆	96～100	1.5～3	茎柳菜	93～96	1～2
蚕豆	95～100	1.5～2.5	芦笋	90～95	1.5～3
毛豆	93～96	1.5～2.5	蘑菇	96～98	4～6
青刀豆	90～93	1.5～2.5	马铃薯	95～100	2～3
胡萝卜	93～96	1～3	甜玉米	96～100	3～4

（三）热挤压

挤压是为了使食品物料产生特殊组织结构和形态的一种处理形式。热挤压是指物料在挤压过程中还受到热的作用。挤压过程中的热可以由挤压机和物料自身的摩擦和剪切作用产生，也可由外热导入。热能使物料的温度上升，发生"蒸煮"作用。它具有生产工艺简单、热效率高、可连续化生产、应用的物料范围广、产品形式多、投资少、生产费用低以及无副产物产生等特点。

图 2-16 显示了普通单螺杆挤压机的基本结构以及物料在单螺杆挤压机内的运动过程。根据挤压过程各阶段的作用和挤压食品的变化，挤压过程一般可分为：输送混合、压缩剪切、热熔均压和成型膨化等阶段，但每一段之间的变化有时很难分清楚。物料质构上的变化主要发生在压缩剪切、热熔均压和成型膨化等阶段。挤压过程中当食品物料进入压缩剪切段后，挤压机的螺杆直径逐渐增大，螺距逐渐变小，加之挤压机出料端模头的阻碍作用，物料在向前运动的过程中，受到的挤压压力愈来愈大，物料被压实，物料颗粒间的间隙减小到零，形成固体塞运动；同时物料由于受摩擦产生的热量或挤压机筒体加热的作用而急剧升温，部分物料由开始的固态粉粒状变成流体状，并与其他固态物料混合揉捏成面团状，热的"蒸煮"作用使物料成为可塑性的面团，并逐渐向熔融的状态过渡，故也有人将这一段称为过渡段。物料进入熔融段后，压力和温度急剧上升，挤压机的作用使物料各处均压、均温，熔融的物料呈均匀的流体向前运动，然后定量地从挤压机的模头挤出。物料从模头挤出时，由

原来的高温高压状态一下子变成常压状态，物料内部的水分会发生闪蒸，水分的迅速蒸发可使熔融态的物料在蒸汽压力的拖带下膨胀、冷却并凝固。模头上模孔的间隙根据挤压机的大小而定，模孔的形状和大小决定了挤出物料的形状，挤出的物料经切刀切割成适当的长短。

图 2-16 物料在单螺杆挤压机内的挤出过程示意

热挤压中的蒸煮作用是一种典型的热处理，它使食品物料中的淀粉质组分发生水合、糊化和凝胶化，使蛋白质组分发生水合和变性，氨基酸和还原糖发生美拉德反应等作用，此外它还具有一般热处理的杀菌、灭酶以及对物料中的抗营养因子的破坏作用等。

根据挤压过程中剪切力的大小可将挤压机分为高剪切力和低剪切力两种，挤压机也可根据加热的方式分为自热式和加热式，根据螺杆的数量分为单螺杆式和双螺杆式。不同的挤压机的性能有所不同。表 2-23～表 2-25 则分别显示了自热式挤压机和加热式挤压机、单螺杆式挤压机和双螺杆式挤压机以及高剪切力挤压机和低剪切力挤压机各自的性能和特点。

表 2-23 自热式挤压机和加热式挤压机的特点

项　　目	自热式	加热式
进料水分/%	13～18	13～35
产品水分/%	8～10	8～25
筒体温度/℃	180～200	120～350(可调)
螺杆转速/r·min⁻¹	500～800	可调
剪切力	高	可调
适合产品类型	窄(小食品)	广
条件控制	难	易

表 2-24 单螺杆式挤压机和双螺杆式挤压机的性能比较

项　　目	单螺杆	双螺杆
输送原理	物料与螺杆、套筒之间摩擦力	依靠"C"形小室的轴向移动
输送效率	小	大
热分布	温差较大	温差较小
混合作用	小	大
自洁作用	无	有
压延作用	小	大
制造成本	小	大
磨损情况	不易	较易
转速	可较高	一般小于 300r·min⁻¹
排气	难	易

表 2-25　高剪切力挤压机和低剪切力挤压机的性能比较

项　　目	低剪切力	高剪切力
进料水分/%	20～35	13～20
产品水分/%	13～15	4～10
挤压温度/℃	150 左右	200 左右
螺杆转速/r·min^{-1}	60～200	250～500
螺杆剪切率/s^{-1}	20～100	120～180
输入机械能/10^{6}J·kg^{-1}	0.072～0.18	0.504
适合产品类型	湿软产品	植物组织蛋白、膨化食品、饲料
产品形状	较复杂	较简单
成型率	高	低

影响挤压食品的两个主要因素是挤压的工艺操作条件和食品物料的流变学特性。最主要的工艺操作条件包括：温度、压力、挤压设备筒体的尺寸和剪切速率。剪切速率受筒体的设计、螺旋的转速和螺旋的几何形状等的影响。物料的特性是影响挤出物质构和色泽的主要因素，物料的主要特性包括物料的水分、物理状态和化学组成（特别是物料中蛋白质、脂肪和糖类的种类和比例）。

（四）杀菌

巴氏杀菌的食品物料一般贮藏期较短，通常只有几小时到几天，结合其他的贮藏条件可以延长其贮藏期。不同食品巴氏杀菌的目的和条件见表 2-26。

表 2-26　不同食品巴氏杀菌的目的和条件

食　品	主要目的	次要目的	作用条件
pH≤4.6			
果汁	杀灭酶(果胶酶和聚半乳糖醛酸酶)	杀死腐败菌(酵母菌和霉菌)	65℃,30min;77℃,1min
啤酒	杀死腐败菌(野生酵母、乳杆菌和残存酵母)		88℃,15s;65～68℃,20min;72～75℃,1～4min;900～1000kPa
pH>4.6			
牛乳	杀死致病菌(流产布鲁氏杆菌、结核杆菌)	杀死腐败菌及灭酶	63℃,30min;71.5℃,15s
液态蛋	杀死致病菌(沙门氏杆菌)	杀死腐败菌	64.4℃,2.5min;60℃,3.5min
冰淇淋	杀死致病菌	杀死腐败菌	65℃,30min;71℃,10min;80℃,15s

杀菌的方法通常以压力、温度、时间、加热介质和设备以及杀菌和装罐密封的关系等来划分，以压力划分可分为常压杀菌和加压杀菌；杀菌的加热介质可以是热水、水蒸气、水蒸气和空气的混合物以及火焰等。

常压杀菌主要以水（也有用水蒸气的）为加热介质，杀菌温度在 100℃ 或 100℃ 以下，用于酸性食品或杀菌程度要求不高的低酸性食品的杀菌。杀菌时罐头处于常压下，适合于以金属罐、玻璃瓶和软性包装材料为容器的罐头。杀菌设备有间歇式和连续式的。

加压杀菌通常用水蒸气，也可以用加压水作为杀菌介质。高压蒸汽杀菌利用饱和水蒸气作为加热介质，杀菌时罐头处于饱和蒸汽中，杀菌温度高于 100℃，用于低酸性食品的杀菌。杀菌时杀菌设备中的空气被排尽，有利于温度保持一致。在较高杀菌温度（罐直径 102mm 以上，或罐直径 102mm 以下温度高于 121.1℃）时，冷却时一般采用空气反压冷却。杀菌设备有间歇式和连续式的，罐头在杀菌设备中有静止的也有回转的。回转式杀菌设备可以缩短杀菌时间。

高压水煮杀菌则利用空气加压下的水作为加热介质，杀菌温度高于 100℃，主要用于玻璃瓶和软性材料为容器的低酸性罐头的杀菌。杀菌（包括冷却）时罐头浸没于水中以使传热均匀，并防止由于罐内外压差太大或温度变化过剧而造成的容器破损。杀菌时需保持空气和水的良好循环以使温度均匀。杀菌设备主要是间歇式的，但罐头在杀菌时可保持回转。软罐头杀菌时则需要特殊的托盘（架）放置软罐头以利于加热介质的循环。

空气加压蒸汽杀菌利用蒸汽为加热介质，同时在杀菌设备内加入压缩空气以增加罐外压力，减小罐内外压差。空气加压蒸汽杀菌主要用于玻璃瓶和软罐头的高温杀菌。杀菌温度在 100℃ 以上，杀菌设备为间歇式。其控制要求严格，否则易造成杀菌时杀菌设备内温度分配不均。

火焰杀菌利用火焰直接加热罐头，是一种常压下的高温短时杀菌。杀菌时罐头经预热后在高温火焰（温度达 1300℃ 以上）上滚过，短时间内达到高温，维持一段较短时间后，经水喷淋冷却。罐内食品可不需要汤汁作为对流传热的介质，内容物中固形物含量高。但由于灭菌时罐内压较高，一般只用于小型金属罐。此法的杀菌温度较难控制（一般以加入后测定罐头辐射出的热量确定）。

热装罐密封杀菌则对装罐前的食品进行热处理，然后趁热立即将食品装罐密封，利用食品的余热完成对密封后罐头的杀菌或进行二次杀菌，达到杀菌要求后再将罐头冷却，主要用于汁酱类酸性食品的杀菌。杀菌设备多用管式或片式，对装罐容器的清洁无菌程度要求较高，密封后多将罐头倒置，以保证对罐盖的杀菌。

预杀菌无菌装罐（包装）使食品在预杀菌过程中达到杀菌要求，然后冷却至常温，在无菌的状态下装入经灭菌处理的无菌容器中并进行密封（封罐），多用于液态和半液态食品的杀菌。预杀菌在热交换器中完成，时间短。无菌装罐可在无菌包装设备或系统中完成，是一种连续的高温短时或超高温瞬时杀菌方法。该法适用于软性包装材料和金属、塑料容器。

表 2-27 列出了乳制品常见的热杀菌方法。

表 2-27 乳制品常见的热杀菌方法

方法	低温长时杀菌法（巴氏杀菌）	高温短时杀菌法（HTST）	超高温瞬时杀菌法（UHT）
杀菌效果	可杀死病原菌，不能破坏乳中所有的酶类	可杀死病原菌和大部分腐败菌，并破坏酶类。对乳中的营养成分破坏较小	几乎可杀死所有的微生物，对乳中的营养成分破坏小
适用产品	消毒乳、干酪	消毒乳、炼乳、乳粉、干酪、冰淇淋	消毒乳、炼乳、乳粉
杀菌设备	容器式杀菌缸	管式、片(板)式等连续杀菌器	管式、片(板)式等连续杀菌器，喷射式、注入式直接加热器

对于罐装的食品，根据食品的种类、包装的形式和大小，达到同样的杀菌目的可以有不同温度-时间的工艺组合。表 2-28 列出了我国一些常见的罐头食品热杀菌的条件。

表 2-28 我国一些常见的罐头食品热杀菌的条件

罐头品种	罐型	净重/g	杀菌条件
原汁猪肉	962	397	$15'-60'-20'/121℃$ 或 $15'-70'-$反压冷却$/121℃$（反压：$107.8 \sim 127.4 kPa$）
清蒸猪肉	8117	550	$15'-80'-$反压冷却$/121℃$（反压：$166.6 kPa$）
	10124	1000	$15'-100'-$反压冷却$/121℃$（反压：$147 kPa$）
午餐肉	306 或 756	198	$15'-50'-$反压冷却$/121℃$（反压：$147 kPa$）
	304	340	$15'-55'-$反压冷却$/121℃$（反压：$147 kPa$）
	962	397	$15'-70'-$反压冷却$/121℃$（反压：$147 kPa$）

罐头品种	罐型	净重/g	杀菌条件
五香排骨	962	340	15′—75′—反压冷却/121℃（反压：166.6kPa）
红烧元蹄	962	397	15′—65′—反压冷却/121℃（反压：117.6kPa）
茄汁猪肉	860	256	15′—60′—15′/121℃，冷却
五香肉丁	750	142	15′—40′—10′/121℃，冷却
梅菜猪肉	962	397	15′—（50～60）′—15′/121℃，冷却
牛尾汤	6101	298	15′—70′—20′/118℃，冷却
浓汁牛肉	962	397	15′—85′—20′/121℃，冷却
咸羊肉	701 或 953	340	15′—80′—反压冷却/121℃（反压：98～117.6kPa）
去骨鸡	747	142	10′—60′—10′/118℃，冷却
	962	383	10′—60′—10′/121℃，冷却
咖喱鸡	781	312	（15～20）′—60′—反压冷却/121℃（反压：147kPa）
茄汁鸭	750	170	10′—55′—15′/116℃，冷却
油浸鲭鱼	860	256	15′—80′—反压冷却/118℃
茄汁鳗鱼	946	256	10′—60′—15′/116℃，冷却
茄汁沙丁鱼	603	340	15′—80′—20′/118℃，冷却
	604	198	15′—75′—20′/118℃，冷却
豆豉鲮鱼	510 或 953	227	10′—60′—15′/115℃，冷却
清蒸对虾	962	300	15′—70′—20′/115℃，冷却
糖水橘子（全去囊衣）	781	312	5′—13′/100℃，冷却
	9121	850	5′—23′/100℃，冷却
糖水菠萝（圆片）	7110	425	5′—（15～20）′/100℃，冷却
	8113	567	5′—（20～25）′/100℃，冷却
	9121	850	5′—（25～30）′/100℃，冷却
糖水苹果	781	300	5′—15′/100℃，冷却
	9116	822	5′—25′/100℃，冷却
	15173	2850	12′—25′/100℃，冷却
桃子酱	9116	1000	5′—15′/100℃，冷却
山楂汁	5104	200	3′—4′/100℃，冷却
猕猴桃汁	5104	200	5′—8′/100℃，冷却
青刀豆	7116	425	10′—25′—反压冷却/119℃
	9124	850	10′—30′—反压冷却/119℃
蘑菇	6101	284	10′—（17～20）′—反压冷却/121℃
	9124	850	15′—（27～30）′—反压冷却/121℃
清水莲藕	8113	567 或 540	10′—60′—10′/108℃，冷却
茄汁黄豆	7110	425	15′—75′—15′/121℃ 或 10′—80′—10′/116℃，冷却
	854	227	15′—65′—15′/121℃ 或 10′—80′—10′/116℃，冷却
番茄酱	668	198	5′—25′/100℃，冷却
	15267	5000	7′—25′—7′/104℃，冷却
芦笋	7116	425	15′—15′—反压冷却/121℃
美味黄瓜	9116	750	7′—12′/100℃，冷却
花生米	889	227	空罐以75%酒精消毒，装罐后不杀菌
琥珀核桃仁	889	200	空罐以75%酒精消毒，装罐后不杀菌
水鱼汤	776	312	15′—70′—20′/118℃，冷却
八宝斋	7103	383	15′—70′—10′/121℃，冷却

热杀菌技术的研究动向集中在热杀菌条件的最优化、新型热杀菌方法和设备开发方面。热杀菌条件的最优化就是协调热杀菌的温度时间条件，使热杀菌达到期望的目标，而尽量减少不需要的作用。常用的技术主要为两种：①分析或模型系统；②测量设备和控制系统。

完成分析或模型系统的方法有：营养成分保留的最优化（C 值）；数学模型和数学处理；一般最优化技术；开发半经验公式；过程的模拟；经验系统开发等。完成测量设备和控制系统的方法有：与致死率相关的在线调节；通过数据询问系统进行在线测量 F_0 值；半自动杀菌设备的半自动控制。

热杀菌的方法和工艺与杀菌的设备密切相关，良好的杀菌设备是保证杀菌操作完善的必要条件。目前使用的杀菌设备种类较多，不同的杀菌设备所使用的加热介质和加热的方式、可达到的工艺条件以及自动化的程度不尽相同。杀菌设备除了具有加热、冷却装置外，一般还具有进出料（罐）传动装置、安全装置和自动控制装置等。图 2-17 和图 2-18 分别为间歇式的标准立式和卧式杀菌锅结构。

图 2-17　标准立式杀菌锅结构

1—蒸汽；2—水；3—排水孔；4—排气口；5—空气；6—安全阀

图 2-18　标准卧式杀菌锅结构

1—蒸汽；2—水；3—排水；4—排气口；5—空气；6—安全阀

立式杀菌锅是一种间歇式的杀菌设备，它可用于常压或加压杀菌，适用于批量小、品种多的情况。与立式杀菌锅相比，卧式杀菌锅也是一种间歇式的杀菌设备，但它一般只能用于加压杀菌，锅体的容量一般也较立式的大。这种设备适用于大中规模罐头生产。立式和卧式杀菌锅都应实现温度自动记录，加热介质为蒸汽或热水，并确保杀菌过程锅内任何一点传热均匀。

在卧式杀菌锅的基础上，人们开发了另一种间歇式的杀菌设备——回转式杀菌设备（图 2-19）。其锅体也呈平卧式，但其杀菌车（篮）在锅体内可以以锅体的轴线为轴心回转，从而加强了杀菌过程中锅内的传热过程。加热介质一般用过热水（以蒸汽加热），且过热水可以沿锅体轴线方向循环。杀菌结束时，过热水可暂贮于杀菌锅上方的贮水锅中反复使用。杀菌过程中的压力、温度等可

图 2-19　回转式杀菌设备

自动调节。该设备的杀菌时间短、热利用率高，且杀菌过程中罐头内外压力差变化小，杀菌时罐头的破损少、内容物品质高。

常用的常压连续杀菌设备是箱式的，罐头被置于链带上通过设备的加热和冷却区段，多以蒸汽加热水喷淋或浸泡来加热食品，以冷水冷却食品。设备有单层和多层形式，多层式设备的占地面积小、生产能力大，但链带传动机构较复杂，罐头运动中卡罐的可能性也增大。它适合于罐头食品的大规模连续化常压杀菌。

静水压式杀菌（图 2-20）是一种连续式的加压罐头杀菌，它靠一定高度的水柱所产生的压力来维持和调节杀菌室的压力，同时呈"U"形的水柱又可以对杀菌前后的罐头进行加热和冷却，杀菌室的蒸汽温度一般在 121～127℃，杀菌时间可以链带运动速率调节。该设备适用性广，蒸汽和水的消耗量少，控制调节较易，生产能力高，且杀菌过程中罐头的温度

图 2-20　静水压式杀菌示意

和压力变化均匀，品质较好。但该设备的外形高，造价也高，一般只适合于大规模连续化生产。

图 2-21 为水封式连续高压杀菌锅，它具有一特殊的鼓形水封阀控制罐头进出杀菌室，并保证杀菌室的密封以使杀菌室内的压力和水位稳定。罐头通过输送链带在杀菌室内运动并以一定的速率回转（滚动）。杀菌时间可通过调整输送带的运动速率来控制。杀菌后罐头经分隔板上的转移孔进入杀菌室下的冷却室进行加压冷却，并可在杀菌（冷却）室外进一步常压冷却。该设备体积小，杀菌时间短，适应性广。

图 2-21　水封式连续高压杀菌锅简图

管式和板（片）式热交换器是食品物料在装罐前常用的热处理（杀菌）设备，一般用于液态食品的高温短时（HTST）或超高温瞬时（UHT）杀菌。可以满足液态食品的高温短时或超高温瞬时杀菌的热处理设备还有套管式超高温杀菌设备、闪蒸杀菌设备等。套管式超高温杀菌设备体积小，传热效率和热利用率高，可自动控制，多用于牛乳、果蔬汁等液态食品装罐前的超高温杀菌。闪蒸杀菌设备为直接加热设备，主要用于液态乳的超高温瞬时杀菌。它直接将蒸汽注入乳中，或将乳喷入充满热蒸汽的加热室（罐）内，使乳的温度瞬间达到 140℃ 左右，并保持几秒钟，然后将乳泵入真空蒸发室闪蒸，使乳的温度迅速下降到 75℃ 左右（也可用其他冷却器将乳进一步冷却到所需的温度）。该设备加热食品物料的时间短，对食品物料的热损伤小，但其所用的加热蒸汽需确保干净，不对食品造成污染。此类设备可有多种形式。表 2-29 列出了一些超高温杀菌设备的特点。

表 2-29　超高温（UHT）杀菌设备的特点

杀菌方法		适应黏度/mPa·s	固形物情况	优点及缺点
直接式	喷射式	1～5000	不可	时间短,品质高;因局部加热,会产生热变性;同时因直接加热,加工制品会变薄
	输注式	1～100×10⁴	<15mm	高黏度,固体也可。因直接加热,加工制品会变薄
间接式	板式	1～500	不可	效率高,运转费低,降低物料黏度
	管式	1～1×10⁴	<5mm	以中黏度、小固体为对象;适用性广
	搅拌式	1～100×10⁴	可	高黏度,固体也可;但有时会产生滞留;设备投资大,运转费用高

复习思考题

1. 试述食品热处理的种类和特点。
2. 试述食品热处理常用的加热源的种类、特点和加热方式。
3. 试述微生物的热致死反应的特点和规律。
4. 试述罐头食品内容物的 pH 对罐头杀菌条件的影响。
5. 什么是罐头食品热杀菌时的冷点温度，影响罐头食品传热的因素有哪些？
6. 试述食品热烫常用的方法及其特点。
7. 试述食品热挤压的作用及其特点。
8. 试述液体食品 HTST 和 UHT 杀菌的特点和理论依据。
9. 试述食品热杀菌常用设备的种类及其特点。

参 考 文 献

[1] 殷涌光，等.食品无菌加工技术与设备.北京：化学工业出版社.2006.

[2] Fellow，P. Food Processing Technology，Principles and Practice. Ellis Horwood Ltd，1988.

[3] Lopez Anthony. A Complete Course in Canning and Related Processes，Book II. Baltimore，Maryland，USA：The Canning Trade Inc，1987.

[4] Lewis M J. Physical Properties of Foods and Food Processing System. Chichester，England：Ellis Horwood Ltd.，1987.

[5] Hayes George D. Food Engineering Data Handbook. Longman Scientific and Technical，1987.

[6] Thorne Stuart. Development in Food Preservation-I. London & New Jersey：Applied Science Publisher Ltd，1981.

[7] 天津轻工业学院，无锡轻工业学院.食品工艺学（上册）.北京：中国轻工业出版社，1984.

工程训练

如果要将排骨烹制到最佳状态，应控制好哪些因素？为什么？

第三章　食品的非热杀菌与除菌

第一节　食品的非热杀菌

一、食品非热杀菌技术的种类

由微生物污染引起的腐败变质是食品在加工和贮存过程中所面临的重要安全问题。杜绝或降低微生物污染的主要措施是杀菌和除菌，而杀菌又是最重要的手段之一。传统的热杀菌虽然能有效杀灭微生物、钝化酶活、改善食品品质特性，但同时也会不同程度造成食品营养物质和风味成分的改变，尤其是热敏性物质的损失，最终可能影响口感和营养，不能完全满足食品品质的需求。随着消费者对食品的新鲜度、营养、安全和功能的要求越来越高，非热杀菌作为一类新兴的食品"冷杀菌"技术开始受到越来越多的关注和重视。

食品的非热杀菌技术（nonthermal processing）是指采用非加热的方法杀灭食品中的致病菌和腐败菌，使食品达到特定无菌程度要求的杀菌技术。与传统的热杀菌相比较，非热加工具有杀菌温度低、保持食品原有品质好、对环境污染小、加工能耗与排放少等优点。自2000年以来，非热加工技术在发达国家已得到了快速的产业化应用。以超高压杀菌技术为例，美国、加拿大、法国、德国、日本等国家都已经通过超高压加工食品的安全评价，并批准该技术在果蔬、肉制品、水产品等领域进行商业应用。

非热杀菌技术按其作用的原理可分为化学杀菌和物理杀菌两大类（见表3-1）。采用化学物质来杀灭和抑制微生物的属于化学杀菌技术，采用物理因子（如温度、压力、电磁波、光线等）进行杀菌的属于物理杀菌技术。化学杀菌技术具有成本低、使用方便等特点，但在使用中易受水分、温度、pH值和机体环境等因素的影响，作用效果变化较大。与化学杀菌技术相比，物理杀菌具有如下特点：直接采用物理手段进行杀菌，不需要向食品中加入化学物质，因而克服了化学物质与微生物细胞内物质作用生成的产物对人体产生的不良影响，同时避免了食品中残留的化学物质对人体的负面作用；物理杀菌对菌体有较强烈的作用，杀菌效果明显；条件易于控制，对外界环境的影响较小；物理杀菌能更好地保持食品的原有风味，甚至可改善食品的质构。

表 3-1　食品非热杀菌技术的主要种类

分类	具体作用形式
化学杀菌	使用或添加杀菌剂、抑菌剂和防腐剂等杀菌、抑菌
物理杀菌	采用电离辐照、紫外线、超高压、脉冲电场、振荡磁场、超声波、脉冲光、脉冲X射线等杀菌

在食品工业中，人们使用化学（和生物）杀菌剂对食品生产的环境、设备、器械、水以及部分食品介质进行杀菌处理，使用食品防腐剂抑制食品中微生物的生长，延长食品的贮藏期等。化学杀菌的原理和技术等内容见本书的第九章和第十章。

一些物理杀菌技术已投入商业应用，成为工艺上成熟的杀菌技术，如采用放射性同位素和电子束对食品进行辐照的杀菌技术和采用紫外线辐照的杀菌技术等。食品辐照的原理和技术见本书第八章。本节主要介绍近年来出现的一些新型非热物理杀菌技术，如超高压杀菌技术、脉冲电场杀菌技术、振荡磁场杀菌技术和脉冲光杀菌技术等。

二、新型的食品非热杀菌技术

（一）超高压杀菌技术

1. 超高压杀菌技术的特点和发展

超高压（ultra high pressure，UHP）处理技术，也被称为超高静压（ultra high hydrostatic pressure，UHHP）处理技术，高静压（high hydrostatic pressure，HHP）处理技术或高压处理（high pressure processing，HPP）技术，它将 100～1000MPa 的静态液体压力施加于食品物料上并保持一定的时间，起到杀菌、破坏酶及改善物料结构和特性的作用。超高压杀菌处理过程中物料可以是包装的或未包装的，通常采用能传递压力的柔性材料密封包装，处理过程一般在常温下进行，处理的时间可以从几秒钟到几十分钟。

超高压食品处理技术被誉为食品加工业的一次重大革命，被列为 21 世纪食品加工领域十大尖端科技之一，它具备诸多技术优势：它能在常温下进行，达到杀菌、灭酶的作用；与传统的热处理相比，超高压减少了高温引起食品中活性、营养成分的损失和色香味的劣化；超高压对大分子的修饰使得它可能对制品的质构等品质因素有一定的改善作用；超高压处理过程的传压速率快、均匀，在处理室内不存在压力梯度和死角，处理过程不受食品的大小和形状的影响；制品各向受压均匀，只要制品本身不具备很大的压缩性，超高压处理并不影响制品的基本外观形态和结构；此外超高压处理过程中主要在短暂的升压阶段消耗能量（加压泵加压），而在恒压和降压过程一般不需要输入能量，因此整个过程耗能很少，超高压处理的能耗仅为加热法的 1/10。

超高压处理技术满足了人们"最少加工（minimal process）"的食品加工新理念，在处理时提供给物料的能量相对较低，一般只破坏对生物大分子立体结构有贡献的氢键、离子键和疏水键等非共价键，使蛋白质变性，淀粉糊化，酶灭活，微生物被杀死；而对形成蛋白质、淀粉等大分子物质的共价键没有影响，对维生素、色素和风味物质等小分子化合物的影响也很小。超高压处理技术为人们提供既安全又方便食品的同时，能最大限度地延长食品货架期，保持食品的天然特性。

超高压处理过程压力传递遵循帕斯卡定理（Pascal's law），即液体压力可以瞬间均匀地传递到整个物料，压力传递与物料的尺寸和体积无关。也就是说整个样品将受到均一的处理，传压速率快，不存在压力梯度。而压力对化学反应的影响遵循勒·夏托列原理（Le Chatelier's principle）（平衡移动原理），其反应平衡将朝着减小施加于系统的外部作用力（如热、产品或反应物的添加）影响的方向移动。这意味着高压处理将促使物料的化学反应以及分子构象的变化朝着体积减小的方向进行。

早在 1899 年，美国化学家 B. Hite 就首次发现了 450MPa 的高压能延长牛乳的保藏期。1914 年美国物理学家 P. W. Bridgeman 发表了关于白蛋白溶胶在 500～700MPa 下凝固的报告。但是限于当时的条件，如高压设备、包装材料以及产品的市场需求等原因，这些研究成果并未引起足够的重视。1974 年 Wilson 在美国 IFT 年会上，重新提出将压力和温度结合作为食品保藏方法。1986 年，日本京都大学林力丸教授首先倡导在食品方面采用非热高压（100～1000MPa）加工方法，可有效地保留食品自然风味，避免热劣化，这正是食品界长期追求的目标。超高压食品处理技术开始引人注目，有关超高压杀菌等方面的研究也逐步成为研究热点之一。

日本是超高压技术发展应用最快的国家，1989 年日本就制造了超高压实验机 30 台。1990 年 4 月，明治屋公司首创的采用超高压杀菌代替加热杀菌而生产的果酱投放市场，由于其具有鲜果的色泽、风味和口感而倍受消费者青睐。此后，超高压处理的其他产品如果汁、酸奶、嫩化肉等也开始在日本市场上出现。欧洲在 1992 年 10 月于法国召开首次有关超高压技术应用于食品工业的会议，欧盟随即贷款资助超高压食品开发的多国联合研究计划。1995 年超高压处理的新鲜橙汁、火腿片在法国、西班牙等欧洲国家开始生产。1999～2000年美国市场上也出现了经超高压巴氏杀菌的食品，如鳄梨色拉酱（guacamole）、沙沙酱（salsas）和牡蛎等。2002 年，美国 Natick 陆军士兵系统中心组织了一个由大学、科研机构、超高压装备企业、大型食品加工企业组成的研究联盟，投资近千万美元，耗时 7 年，成功开发出针对低酸食品的温压结合高压杀菌（high pressure thermal sterilization，HPTS）技术。2009 年，美国食品药物管理局批准了 HPTS 用于低酸食品杀菌。同年年底，韩国食品研究院和韩国全南大学共同宣布生蚝超高压灭菌技术获得成功。该技术能有效杀灭生蚝中的弧菌（vibrio）和诺瓦克（Norwalk）病毒，同时最大程度地减少了食品中的营养成分和生物组织结构受到的影响，从而大幅提高了生蚝食品的食用安全性和出口价值。

国内对超高压处理技术的研究起步稍晚，进入 20 世纪 90 年代国内一些高校和科研单位才逐渐开展了一些研究，但近年来的发展也非常迅速。科技部从"九五"开始就设立了有关超高压技术等食品非热加工技术研究计划，并在"十一五"的国家"863"计划和"科技支撑"计划中专门对非热加工技术与装备的研究设立课题，给予重点支持。产学研紧密结合的非热加工科技联盟业已成立，在相关基础理论研究、装置设备研制、关键技术应用领域等不断取得新突破。

2. 超高压处理系统和超高压的产生

超高压处理系统一般由加压系统、处理室（容器）、密封系统和控制系统等部分组成。超高压的产生通过加压泵加压等手段对密闭容器中的液态传压介质进行增压，并将压力通过液态传压介质传给被处理的物料。一种加压方式是直接式的［图 3-1(a)］，它利用变径活塞将压力施加到液态介质上，首先加压泵通过液体将压力作用于活塞的大直径端，再通过活塞的移动，在小直径端将压力传递给处理室内的液态介质。活塞和处理室筒体内表面间的密封问题使得这种加压方式一般只用在小型的设备上。另一种方式为间接式的［图 3-1(b)］，它通过高压倍加器将液态压力介质泵送到密闭的压力处理室内产生高压，目前的工业化设备多采用这种加压方式。还有一种加压方式是加热密闭容器内的介质，通过介质的热膨胀产生高

(a) 内部加压式

框架
顶盖（端头）
传压介质
超高压容器
活塞
加压泵

(b) 外部加压式

端头
框架
超高压容器
倍加器
高压泵
加压介质贮槽

图 3-1　超高压处理装置结构简图

压，很显然这种高压是伴随着高温产生的，温度的准确控制非常重要，这种加压方式一般不用在食品等物料的高静压处理中。

超高压处理中常用的压强单位为 MPa，与其他单位的关系如下：

$1MPa = 9.869atm = 10.197kgf \cdot cm^{-2} = 145psi = 9.87bar = 7500mmHg$

超高压装置的主要部分是超高压容器和加减压装置（高压泵和倍加器），其次是一些辅助设施，包括密封装置、加热或冷却系统、控制系统等。从整体结构上看，高静压处理装置的结构可分成倍压式和单腔式，前者通过高低腔的倍压关系可在高压腔内产生很大的超高压，对加压减压系统要求不高，而且采用框架结构，由框架承受由高压引起的轴向力，从而使容器的端盖及其密封结构因受力大大减少，使结构设计和选材变得容易。腔体可以设计成具有较大的容积，但结构笨重，投资偏大。后者的压力容器只有高压腔，通过加压系统（加压泵和倍加器）产生超高压，对加压减压系统要求很高。其结构相对简单，密封结构可以设计的灵巧方便，符合快装快拆要求。

超高压设备的传压介质多是用水或油，最理想的介质为油，油的黏度不能太高，一般以变压器油与煤油按 3∶1 比例混合为宜，既有一定黏度，对机器又有润滑作用，否则对活塞的磨损会较大。但用于食品等物料的处理时，油可能对物料造成污染，此时的传压介质可用水。水具有成本低，来源广，能耗小，无爆炸的危险等特点。当超高压设备的压力为 100～600MPa 时，一般可用水作为传压介质；但当压力超过 600MPa 以上时，一般宜采用油性传压介质。

3. 微生物的耐压性

一般来讲，革兰氏阳性菌营养体对恶劣环境的抵抗能力强于革兰氏阴性菌营养体，它们对压力的耐性也是如此。此外耐热的细菌通常都比热敏性的细菌耐压。细菌耐压性的差异不仅在于种属的不同，而且由于来源不同，同一种属的菌株之间也可能有很大的差别。细菌的耐压性与处理时的温度有关，在常见的食品致病菌中，金黄色葡萄球菌、单核细胞增生李斯特氏菌、沙门氏菌和大肠杆菌等几种菌株的耐压能力随处理温度的升高而明显下降，这也为超高压与适当高温相结合的处理工艺提供了依据。

细菌芽孢不仅耐热，同时也很耐压，如何使芽孢灭活也是超高压杀菌所面临的最大挑战。研究显示，肉毒梭状芽孢杆菌（*C. botulinum*）的芽孢是目前已知的最为耐压的微生物之一。梭状芽孢杆菌 PA3679 的耐热性相当强，单独进行热处理，其芽孢在 110℃时热杀菌的 D 值为 13.3min。常温下单独的压力处理也很难杀灭其芽孢。压力和热处理的协同处理可以降低杀灭芽孢所需的压力和加热温度。一般认为，对于低酸性食品而言，除非压力超过 800MPa，否则超高压处理必须与热结合才能有效地杀灭细菌芽孢。

很早以前就有研究者提出芽孢开始发芽是芽孢压力灭活的先决条件。也就是说，只有芽孢发芽生成营养体，才有可能被超高压钝化。较低压力（300MPa 左右）超高压具有活化芽孢杆菌芽孢的作用，从而为芽孢的同步发芽做准备，因此脉冲（重复）的高压处理具有较好的杀菌效果。提高温度也有利于芽孢发芽，进而增强其对压力的敏感性。

酵母和霉菌营养体细胞的耐压性不高，研究显示，在 25℃、300MPa 的条件下，只需处理几分钟就可灭活。但其子囊孢子的耐压性较强。

病毒由于结构上存在多样性，其耐压性上也有很大的差异，人类病毒比 TMV 更敏感。例如，人类免疫缺陷型病毒（HIV）经 400～600MPa 的压力处理 10min 后，其活体数就减少了 4～5 个数量级。300～400MPa 的压力处理对噬菌体（DNA 病毒）有显著的钝化效果。—20℃下，300～700MPa 的处理对新必斯（Sindbis）病毒（一种脂质包被病毒）几乎不起作用。Ⅰ型疱疹单类病毒以 400MPa 处理 10min，灭活的病毒数量达 8 个对数成斑单位（plaque-forming unit，PFU），而破坏 5 个 PFU 的人类巨细胞病毒只需在 300MPa 处理

10min。总体而言，为杀灭有害细菌而选择的压力条件基本上能满足灭活大多数人类病毒的要求。

有关寄生虫的耐压性研究报道较少，有研究指出，寄生虫对压力的敏感性要高于细菌的芽孢和细胞。研究证实寄生虫旋毛形线虫（*Trichinella spiralis*）的幼虫经 200MPa 处理10min 就可杀死。

研究表明大多数微生物在超高静压杀菌时的死亡规律仍遵循一级反应动力学，即杀菌曲线在半对数坐标中大部分呈直线。表 3-2 和表 3-3 分别列出了一些细菌营养细胞和芽孢的超高压杀菌动力学参数。其中，D_p 是指在一定处理环境中及一定致死压力和温度条件下，微生物的活菌数每减少 90% 所需要加压的时间（min）；k 为杀菌动力学常数（min^{-1}）。

表 3-2　细菌营养细胞超高压杀菌动力学参数（常温下）

微生物	介质	压力/MPa	D_p/min	k/min^{-1}
弯曲杆菌属（*Campylobacter*）	缓冲液	300	<2.5	>0.92
森夫顿堡沙门氏菌（*S. senftenberg*）	缓冲液	300	5.0	0.461
鼠伤寒沙门氏菌（*S. typhimurium*）	牛奶	350	3.0	0.768
小肠结肠炎耶尔森氏菌（*Y. enterocolitica*）	牛奶	275	3.0	0.768
大肠杆菌（*E. coli*）	缓冲液	300	7.5～15.0	0.154～0.307
大肠杆菌（*E. coli*）	肉类	400	2.5	0.92
大肠杆菌（*E. coli* O157：H8）	缓冲液	600	6.0	0.384
金黄色葡萄球菌（*S. aureus*）	缓冲液	500	7.9	0.292
金黄色葡萄球菌（*S. aureus*）	缓冲液	700	3.0	0.768
单核细胞增生李斯特氏菌（*L. monocytogenes*）	缓冲液	350	1.5～13.3	0.173～1.556
单核细胞增生李斯特氏菌（*L. monocytogenes*）	缓冲液	500	<2.5	>0.92
单核细胞增生李斯特氏菌（*L. monocytogenes*）	肉类	400	3.5	0.658
无害李斯特氏菌（*L. innocua*）	液蛋	450	3.0	0.768

表 3-3　细菌芽孢超高压杀菌动力学参数

微生物	基质	压力/MPa	温度/℃	D_p/min	k/min^{-1}
生孢梭菌（*C. sporogenes*）	缓冲液	600	90	16.77	0.138
		800	93	5.31	0.434
		600	100	3.50	0.658
		800	98	2.86	0.806
肉毒梭状芽孢杆菌（*C. botulinum* Type E Beluga）	蟹肉	758	35	3.38	0.681
		827		1.64	1.404
肉毒梭状芽孢杆菌（*C. botulinum* Type E Alaska）	蟹肉	758	35	2.00	1.152
		827		1.76	1.309
肉毒梭状芽孢杆菌（*C. botulinum* Type A 62-A）	缓冲液	758	75	9.19	0.251
		827		6.70	0.344

4. 超高压杀菌的作用机制

（1）改变微生物的细胞形态结构　极高的流体静压会影响细胞的形态，包括细胞体积缩小，外形变长，胞壁脱离细胞质膜，无膜结构细胞壁变厚等。由于细胞膜内外物质的构造、成分不同，压缩后的变形情况也不一致，在压力作用下就会产生断裂，受到损伤，细胞的结构受到破坏。上述现象在一定压力下是可逆的，但当压力超过某一点时，便不可逆地使细胞的形态发生变化。

（2）破坏微生物细胞膜　在高压下，细胞膜磷脂分子的横切面减小，双层结构的体积随之降低，膜磷脂发生凝胶化，膜内蛋白质也发生转移甚至相变。超高压造成细胞膜的物理性损坏，通透性变大是微生物失活的主要原因之一。细胞膜功能障碍不仅抑制了营养物的摄取，也导致了细胞内容物的流失。

（3）钝化酶的活性　高压导致微生物灭活的另一个原因是酶的变性，特别是细胞膜结合的 ATP 酶。酶的高压失活根本机制是：①改变分子内部结构；②活性部位上构象发生变化。高压通过影响微生物细胞内部的酶促反应，进而降低细胞的存活力。

（4）抑制生化反应　高压改变了细胞内化学反应的平衡，阻遏了细胞的新陈代谢过程，营养物质的分解与合成减缓，细胞分裂减慢，导致微生物生长滞后，甚至停止。

（5）影响 DNA 复制　虽然 DNA 和 RNA 能耐极高的压力，但由于高压会影响微生物细胞的酶的活性，酶促反应中 DNA 的复制和转录过程都会被破坏。此外，人们还发现超高压处理后的单核细胞增生李斯特氏菌（*Listeria monocytogenes*）和伤寒沙门氏菌（*Salmonella typhimurium*）菌体中，大量的细胞核物质发生凝结现象，这无疑有助于细菌的压致失活。

5. 影响超高压杀菌效果的因素

（1）微生物的种类和生长期培养条件　从表 3-2 可见，微生物的种类不同，其耐压性不同，超高压杀菌的效果也会不同。革兰氏阳性菌比革兰氏阴性菌对压力更具抗性。和非芽孢类的细菌相比，芽孢菌的芽孢耐压性很强，革兰氏阳性菌中的芽孢杆菌属和梭状芽孢杆菌属的芽孢最为耐压。不同生长期的微生物对超高压的反应不同。一般而言，处于对数生长期的微生物比处于静止生长期的微生物对压力反应更敏感。食品加工中菌龄大的微生物通常抗逆性较强。

（2）压力大小和加压时间　在一定范围内，压力越高，灭菌效果越好。在相同压力下，灭菌时间延长，灭菌效果也有一定程度的提高。

（3）施压方式　超高压灭菌方式有连续式、半连续式、间歇式。对于芽孢菌，间歇式循环加压效果好于连续加压。第一次加压会引起芽孢菌发芽，第二次加压则使这些发芽而成的营养细胞灭活。因此，对于易受芽孢菌污染的食物用超高压多次重复短时处理，杀灭芽孢的效果比较好。

（4）温度　温度是微生物生长代谢最重要的外部条件，它对超高压灭菌的效果影响很大。由于微生物对温度敏感，在低温或高温下对食品进行超高压处理具有较常温下处理更好的杀菌效果。

（5）pH 值　在食品允许范围内，改变 pH 值，使微生物生长环境劣化，也会加速微生物的死亡，有助于缩短超高压杀菌的时间，或可降低所需压力。

（6）物料组成成分　超高压杀菌时，物料的化学成分对灭菌效果有明显影响。许多食品组分在压力环境中对微生物有潜在的保护功能，蛋白质、脂类、糖类对微生物有缓冲保护作用，而且这些营养物质还增强了处理后微生物的繁殖和自我修复功能。

（7）水分活度　低 a_w 产生的细胞收缩作用和对生长的抑制作用使更多的细胞在压力中存活下来。

6. 压力与其他因素的协同作用

（1）UHP 结合热处理　研究显示，对于酸性食品而言，超高压杀菌可以达到商业杀菌的要求；对于低酸性食品，超高压杀菌可以作为巴氏杀菌的手段延长物料的贮藏期。芽孢菌的芽孢对压力的抵抗力较高，常温下仅用超高压处理，不能将细菌芽孢完全灭活，需要其他因素的协同作用。其中超高压结合热处理就是一种有效的方法，即压热杀菌（high pressure thermal sterilization）技术。

近几年的研究中，压致升温（compression heating）开始成为关注的焦点之一。所有物质在压缩的过程中都会发生温度变化，温度会随着压力的升高而升高，并随着降压而下降，由此产生的热效应是不可避免的。只是相对于热杀菌而言，超高压所产生的温度变化有限，所以在早期的研究中就忽略了温度的影响。如果在常温下进行超高静压杀菌，升压导致的升温对杀菌效果影响可能不是很大。然而，当采用超高压和温度同时作用时，温度也成为处理过程中必须控制的关键因素。否则，杀菌工艺操作的重现性很差，没有实际指导意义。

超高压结合中温处理（86℃、625MPa、14min）对食品模拟体系中的嗜热脂肪芽孢杆菌芽孢即有杀灭作用。有研究探讨了不同压力及温度组合对鲢鱼浆中梭状芽孢杆菌芽孢的杀菌效果。研究表明，处理压力为 700MPa、800MPa、900MPa 时对应的 Z_p 值分别为 14.5℃、17.3℃、15.5℃；而在 80℃、90℃、100℃ 时对应的 Z_T 值分别为 440MPa、540MPa、550MPa。在牛奶中接种梭状芽孢杆菌 11437 芽孢，实验了不同压力、温度对芽孢的杀灭效果。结果表明，以 900MPa 压力处理，在 80℃、90℃、100℃ 时对应的 D 值分别为 9.1min、3.8min、0.73min；而以 0.1MPa 处理，在 80℃、90℃、100℃ 时对应的 D 值分别为 833min、65.8min、6.0min。压力与温度的适当结合，有利于杀灭细菌芽孢。结合高温是一种特殊的超高压处理方式，要求对处理的食品温度进行实时监控，以保证食品的品质。

（2）UHP 结合其他物理杀菌技术　通过与超声波、高压脉冲电场（PEF）、紫外线、辐照等物理杀菌手段结合，可以降低 UHP 所需压力，提高杀菌效果，减少处理时间，节约处理成本，然而这方面的相关研究并不多。有研究探索了 UHP 和超声波结合的协同作用，结果发现 50MPa 压力下用振幅为 $117\mu m$（20kHz、450W）的超声波处理 12min，能将枯草芽孢杆菌芽孢灭活。用 PEF 结合 UHP 处理枯草芽孢杆菌芽孢后，其芽孢数下降了 7.1 个对数级。PEF 可以部分灭活由 UHP 诱导萌发的芽孢杆菌。UHP 与 UV（或 γ 射线）结合处理，能提高 UHP 对芽孢的灭活效率。低剂量的辐照结合 UHP 处理，在灭活梭状芽孢杆菌芽孢的效果上，两种处理的杀菌效力上呈现协同增效作用，各自单独的作用强度都有所降低。究其原因，辐照可能破坏了孢子皮层的肽聚糖，导致芽孢核的再水合，最终使芽孢对压力更敏感。

（3）UHP 结合生物抑菌剂　UHP 与许多生物抑菌剂［如乳酸链球菌素（nisin）、乳酸片球菌素（pediocin）等］共同作用能提高对芽孢的灭活效果。多项研究证实，nisin 能降低细菌芽孢在高压处理时的耐压性，显著提高 UHP 对细菌芽孢的杀灭效果。经 UHP 处理后细菌芽孢受到一定的损伤，各种抑菌物质在贮藏期内继续抑制残留芽孢的萌发和生长。例如，添加 500IU・mL^{-1} 的 nisin，经 500MPa 处理后使细菌芽孢数下降 6 个对数级。60℃下，4 种细菌芽孢悬浮液经 345MPa 压力处理后，分别倒入含有 500IU・mL^{-1} BP（乳酸链球菌素和乳酸片球菌素）、BPX（BP 和溶菌酶混合）或 BPY（BPX 和 EDTA 混合）的培养基中培养后，均无活菌检出。

（二）脉冲电场杀菌技术

1. 脉冲电场杀菌技术的特点和发展

脉冲电场杀菌（pulsed electric field，PEF）技术，又被称为高强度脉冲电场（high-intensity PEF）或高强度电场脉冲（high intensity electric field pulses，HELP）杀菌技术，是通过高压脉冲电场瞬间施加于处于两个电极之间的样品上，达到杀灭物料中微生物的一种新型杀菌技术。该技术利用高电压（15～100kV・cm^{-1}）脉冲作用于物料，处理过程在常温下进行，由于作用时间短（<1s），物料的温度仍在常温范围（可采用冷却的方法对处理过程中的物料进行冷却），加热造成的能量损失也降到最低程度。脉冲电场杀菌目前主要应用于液态食品物料的巴氏杀菌，它要求被处理的物料能够耐受高电场的作用，也就是具有低的导电性、不含有或不产生气泡，对液态物料中的固体颗粒的大小也有限制。此外，脉冲电场杀菌还具有作用时间短、均匀、效率高、经济等特点。

20 世纪 60 年代初，脉冲电场处理被用于细胞研究中对细胞的电击穿、电融合等破坏细胞结构上。实验发现，不同强度的均匀电场对微生物细胞的生长有不同程度的抑制作用。1967 年 Sale 和 Hamilton 第一次系统地研究了脉冲电场的杀菌作用，他们认为脉冲电场的场强达到 $25kV \cdot cm^{-1}$ 时就能使细菌死亡，微生物的死亡与其种类有关，电场强度和作用时间是影响电场灭菌效果的两个最主要因素，并通过实验证明了产生杀菌作用的既非电解产物也非热力学的原因。80 年代后，国外学者如 Zimmermann 等对 PEF 的杀菌机制进行了进一步探讨，提出了电崩解理论。1991 年 Tsong 提出了与电崩解理论相近的电穿孔理论。目前这两个理论被大部分学者所接受。

近年来 PEF 杀菌技术受到了很大的关注，目前有包括美国、德国、法国、英国、加拿大、日本和荷兰等十几个发达国家在内的数十个研究开发机构在进行脉冲电场杀菌技术的研究。除了系统研究影响 PEF 杀菌效果的各种因素外，对这一技术的研究热点还包括 PEF 对酶的灭活效果、PEF 杀菌的动力学研究、经 PEF 处理后的食品在成分和口感上的变化、货架时间的延长，以及 PEF 和其他的物理、化学方法联用灭菌等。大部分 PEF 灭菌体系中所用的电极材料都是不锈钢，但它存在着电解和电极腐蚀等问题，为了解决这些问题，寻找更好的电极材料，有些学者开展了对其他电极材料的研究，比如铂电极、金属氧化物电极和炭电极等，但是这些材料由于成本较高等问题目前还处于实验室探索阶段。

目前国内外学者已设计开发了许多实验室及中试规模的 PEF 处理装置，成套的商业化 PEF 处理系统也已出现，主要用于处理一些新鲜的或浓缩产品，如牛奶、橙汁、苹果汁、凤梨汁以及其他果汁、脱脂乳、液态蛋等。脉冲电场（或放电）可以有效杀灭液体中的细菌，特别是果汁饮料中的黑曲霉、酵母菌。值得注意的是利用此技术时应综合考虑场强大小、杀菌时间、食品 pH 对杀菌的影响等因素，以确定杀菌最佳方案。

PEF 灭菌效果的好坏与电场强度、脉冲个数和脉冲宽度有关。要想得到好的灭菌效果，就要有足够强的场强和足够多的脉冲个数，这就对 PEF 设备提出了更高的要求。随着 PEF 杀菌技术的不断发展，处理室的设计经历了从间歇式到连续式，从平板电极到同轴（co-axis）电极再到同场（co-field）电极的过程，处理原料由液态物料延伸到非液态物料。假如处理室形状或者直径不同，其电场分布就会不同，将直接影响食品的杀菌效果，因此，处理室的设计在 PEF 处理过程中起着至关重要的作用。处理室设计所遵循的总体原则，大致可以归纳为：① 电场分布均匀；②不易放电且适用于各种食品物料；③ 腔体直径的大小应尽量满足物料处理量的要求而不能造成负载过小。

2. 脉冲电场处理系统

PEF 技术将被处理的物料置于一定脉冲电场（场强、脉冲数、脉冲宽）下接受一定时间（几毫秒）的处理。由于处理时间短，处理的过程可以连续进行。PEF 处理系统主要由以下几部分组成：高压脉冲发生器，处理室、物料输送（泵）和冷却装置，电压、流量和温度测量装置和计算机控制系统。其中最重要的是脉冲发生器和物料处理室。处理室形状不同，则电场分布不同；食品流速不同，则处理时间不同，两者都直接影响食品灭菌的效果。典型的连续脉冲电场处理系统的组成和工作流程如图 3-2 所示。

高压脉冲发生器由高压电源和能量贮存电容器以及高压放电开关等形成的电路组成，通过位于处理室内的电极将高强度的脉冲电场作用于位于电极间隙间的物料上。脉冲电场处理过程中会有少量电能转化成热能，使物料温度升高，处理室本身可以带有冷却系统或处理后物料经过冷却系统来控制物料的温度。泵用于输送物料，通过流量控制使物料在处理室停留的时间达到要求的时间。处理后的物料可以采用无菌包装。整个系统可以通过计算机控制系统控制高压脉冲电场、物料的流量和处理温度等因素。

高压电源一般采用高压直流电源，它将普通交流电源通过变压器变成高压交流电，然后

图 3-2　连续脉冲电场处理系统的组成和工作流程示意图

再通过整流变成高压直流电。另一种高压电源是将高频交流电通过电容充电提供指定电荷和重复速率，高压较直流电源高的高压电源。

脉冲电场的获得有两种方法，一种是利用振荡电路的原理，先用高压电源对贮能电容器进行充电，将电容器与放电开关及处理室的电极相连，电容器放电时产生的高频指数衰减波脉冲即加在两个电极上形成高强脉冲电场。图 3-3 为产生高频指数衰减波脉冲的简单振荡电路。振荡电路放电极快，在几十至几百微秒内即可将电场能量释放完毕，所形成的是一个充电慢、放电快的过程。利用自动控制装置，对振荡电路进行连续的充电和放电，可以在几十毫秒内完成杀菌处理。另一种是利用特定的高频高压变压器来得到持续的高压脉冲电场。变压时高频使变压器内部的电磁场的能量难以转化，高压又使磁芯产生涡流。利用这种原理制作大型设备将会有很多困难。

图 3-3　产生高频指数衰减波脉冲的简单振荡电路

脉冲电场处理是通过施加在物料上的脉冲电场将能量传输给物料的，所需的能量取决于处理的目的、物料量（处理室的体积、物料的流速）、物料的性质（电导/电阻特性、温度）、脉冲的特性（波形、脉冲宽、峰值电压和电流）、脉冲数和处理时间，以及系统的结构。杀菌用的高强脉冲电场的电场强度一般为 $15 \sim 100 \mathrm{kV} \cdot \mathrm{cm}^{-1}$，脉冲频率为 $1 \sim 100 \mathrm{kHz}$，放电频率为 $1 \sim 20 \mathrm{Hz}$。

3. 脉冲电场的杀菌机制

关于脉冲电场杀菌机制的解释，人们提出了好几种理论，其中有两种模型被认可的程度较高。

（1）细胞膜的电崩解（electric breakdown）　该理论假定微生物细胞为球形，细胞膜的磷脂双分子层结构为等效电容，它有一定的电荷，具有一定的强度和通透性。当细胞受到电场作用时，如图 3-4 所示，膜的内外表面间在固有的电势差（V'_m）基础上受到了一个外加电场（V）的作用，这个电场将使膜内外的电势差增大。细胞膜内的带电物质在电场作用下移动（即极化现象）。短时间内，带电物质分别移到细胞膜的两侧形成微电场，微电场之间的位差称为跨膜电位（trans-membrane potential，TMP）。由于细胞膜两表面堆积的异号电荷相互吸引，引起膜的挤压。随着电场强度的增大或处理时间的延长，TMP 不断变大，细胞膜的厚度则不断减小，当电场强度增大到一个临界值时，细胞膜被局部破坏，通透性剧增。此时细胞膜上出现可逆的穿孔,使膜的强度降低。但是当场强进一步增强,细胞膜上会产生更多更大不可修复的穿孔,使细胞组织破裂、崩溃,导致微生物失活。

图 3-4 电场作用下细胞膜发生的可逆和不可逆崩溃过程

(2)细胞膜的电穿孔(electroporation) 电穿孔理论认为高压脉冲电场能改变细胞的磷脂双分子层结构,扩大细胞膜上的膜孔并产生新的疏水膜孔,进而最终转变为结构上更稳定的亲水性膜孔。亲水性膜孔可以导电并能使细胞膜的局部温度瞬间升高,导致磷脂双分子层从凝胶结构转变为液晶结构并削弱细胞膜的半通透性,使其变得对小分子呈通透性。由于细胞内的渗透压高于细胞外,通透性的增加导致细胞吸水膨胀,并最终导致细胞膜的破损。蛋白通道的电压阈值通常在 50mV 之内,远低于跨膜电位值。但当外电场存在时,对电压敏感的蛋白通道将会打开,并通过大量电荷,使蛋白通道不可逆的变性,导致细胞死亡。

4. 影响脉冲电场杀菌效果的因素

影响脉冲电场杀菌效果的因素主要有三方面。

(1)处理过程的控制参数 处理过程的控制参数包括电场强度、脉冲宽、处理时间和温度、脉冲波的波形。在临界场强以上时,电场强度愈高,杀菌效果愈好。物料在处理时经受的脉冲数和脉冲时间增加,杀菌效果增加。脉冲宽也会影响临界场强,脉冲宽愈大,临界场强愈小,杀菌的效果增强。脉冲电场中的脉冲波的波形可以是指数衰减波、矩形波、振荡波、双极性波和即时反向充电脉冲。矩形波的能量效率和杀菌效率要高于指数衰减波,振荡脉冲的杀菌效率最低。处理温度不仅影响杀菌效果,也对杀菌后微生物的复活有影响。添加乳酸链球菌素(nisin)和适量提高处理温度是研究的较多的和 PEF 联合使用杀菌的方式。有研究者将 nisin 加到 PEF 体系中,用 $16.7kV \cdot cm^{-1}$ 的场强和 $0.06\mu g \cdot L^{-1}$ 剂量的 nisin 杀灭蜡样芽孢杆菌(*Bacillus cereus*),可达到 1.8 个对数级的失活率,同时也证实了 PEF 和 nisin 之间的协同作用。多项研究结果表明 PEF 杀菌时适当提高处理温度(远低于热灭活所需的温度)可以减少细菌对 PEF 的抵抗度,使杀菌效果高于单独使用 PEF 或是单独采用加热灭菌。在脉冲电场杀菌过程中,脉冲电场会导致物料的温度有一定程度的升高,为了保证脉冲电场杀菌的非热杀菌优势,应采用适当的冷却系统对物料进行冷却,控制物料的温度低于热力巴氏杀菌的温度。

(2)微生物的特性 微生物的特性包括微生物的种类、浓度,和微生物的生长阶段。细菌中革兰氏阳性菌对脉冲电场处理的抵抗能力高于革兰氏阴性菌;酵母菌对脉冲电场处理的抵抗能力似乎高于革兰氏阴性菌,但就整体而言,酵母菌由于其细胞较大,对脉冲电场处理更为敏感。微生物的数量可能会影响脉冲电场杀菌的效果,研究表明,苹果汁中酵母菌数量的增加会导致杀菌效果的略微降低。这可能和酵母菌菌落的形成以及它在低电场强度范围内对酵母菌的掩蔽作用有关。处于对数生长期的微生物细胞比在缓慢期和稳定期的微生物细胞对脉冲电场处理更为敏感。

(3)物料(处理介质)的性质 物料的性质包括 pH、抗菌成分、离子化合物、导电性和离子强度等。物料具有大的导电性时可以导致处理室电极间电场电压峰值的降低，因此导电性太高的物料不适于进行脉冲电场处理。溶液离子强度较高时会降低杀菌率。有研究指出，酸化会增加杀菌率，但这种情况与微生物的种类有关。人们研究了某些带有颗粒物质的液态食品物料的脉冲电场杀菌情况，发现脉冲电场处理可以杀灭存在于颗粒物料内部的微生物，但要取得 5 个数量级以上的杀菌效果，需要更高的能量输入。当液态食品物料中存在有空气或蒸汽时，由于液体和气体的介电常数的差异，脉冲电场处理时会出现介电破坏现象。在含有固体颗粒的液体介质进行脉冲电场处理时，由于固体和液体界面介电常数上的差异，也会出现介电破坏。

5. 脉冲电场在食品杀菌中的应用

自从 A. J. H. Sale 等发现高压脉冲电场有杀菌作用以来，国内外的一些大学和研究机构对脉冲电磁场杀菌进行了大量研究，应用领域主要集中在液态食品杀菌、钝化酶活力、提高果汁出汁率等方面。

用高压脉冲电场对还原苹果汁进行处理，电场强度为 $50kV \cdot cm^{-1}$，脉冲数为 10，脉宽为 $2\mu s$，处理温度最高为 $45℃$，结果处理过的产品货架期为 28d，处理前后维生素和糖分及感官品质没有变化，而未处理的鲜榨苹果汁货架期却只有 7d。若将脉冲电场和适当热处理结合对苹果汁进行杀菌处理，则杀菌效果更为明显。有研究在苹果汁中接入了混合菌体，以大肠杆菌作为指示菌。混合处理时的条件为：电场强度 $8\sim40kV \cdot cm^{-1}$，能量输入 $5\sim120kJ \cdot kg^{-1}$，脉冲重复速率 $2\sim95Hz$，处理后物料的温度从 $20\sim30℃$ 增加到 $55\sim65℃$。结果达到 6 个数量级的杀菌效果，所需的能量不仅从单独热处理的 $>100kJ \cdot kg^{-1}$ 降到了 $<40kJ \cdot kg^{-1}$，而且脉冲电场配合中温处理的苹果汁感官质量和营养价值比对照样更高。有研究者对苹果汁中的大肠埃希氏菌通过高压脉冲电场和紫外线交替进行杀菌，结果表明，二者交替使用对大肠埃希氏菌具有很好的抑制作用。

比较了热处理和脉冲电场处理对鲜榨橙汁杀菌和橙汁品质的影响，热处理的条件为 $90℃$、90min，脉冲电场处理的条件为 $40kV \cdot cm^{-1}$、$97\mu s$，结果显示两种处理得到的橙汁均可在 $4℃$ 下贮藏 196d。脉冲电场处理的鲜榨橙汁在抗坏血酸含量、风味和色泽方面均较热处理的样品好，质地、风味和整体质量上看，鲜榨橙汁好于脉冲电场处理样，脉冲电场处理样又好于热处理样。

用 $36.7kV \cdot cm^{-1}$，40 个脉冲，处理时间达 25min 的脉冲电场处理含有沙门氏菌的牛乳，结果发现处理后的牛乳在 $7\sim9℃$ 下贮藏 8d 后，检测不出沙门氏菌。未处理的乳中自然菌落数增加到 $10^7 cfu \cdot mL^{-1}$，而处理后的乳中自然菌落数大约为 $4\times10^2 cfu \cdot mL^{-1}$。当使用埃希氏大肠杆菌作研究菌时，处理后菌数马上可以减少 3 个数量级。研究还表明脉冲电场处理后的牛乳风味物降解少，一些对制作乳酪来讲重要的理化性质也无变化。

有研究者采用两步法，每步 7 个脉冲，或一步 6 个脉冲，强度为 $40kV \cdot cm^{-1}$ 的电场对脂肪含量为 2% 的牛乳进行脉冲电场处理，处理后牛乳的货架期在冷藏下可达 2 周。经脉冲电场处理的牛乳与经巴氏杀菌的牛乳在理化性质和感官特性上均无大的差异。

有人研究了脉冲电场处理对悬浮在牛乳中的李斯特氏菌杀灭情况，以及处理后李斯特氏菌对乳酸链球菌素（nisin）的敏感性。结果发现经 $30kV \cdot cm^{-1}$、$40kV \cdot cm^{-1}$ 或 $50kV \cdot cm^{-1}$ 的脉冲电场处理后，李斯特氏菌的数量减少了 2.5 个数量级。同样强度的脉冲电场处理后再加入 $10IU \cdot mL^{-1}$ 的乳酸链球菌素则可将李斯特氏菌的数量分别减少 2 个、2.7 个、3.4 个数量级，表明脉冲电场处理后再加入乳酸链球菌素可取得额外的杀菌效果。对在巴氏杀菌的全脂乳、2%乳脂肪乳和脱脂乳中李斯特氏菌的脉冲电场杀菌情况的研究显示，$25℃$ 下脉冲电场处理后李斯特氏菌减少 $1\sim3$ 个数量级，$50℃$ 下脉冲电场处理后李斯特氏菌减少 4 个数量级，三种牛乳处理后均无明显感官变化。脉冲电场的致死效果是场强和处理时间的函数。

有研究者在 $5\sim25kV\cdot cm^{-1}$ 场强下用 PEF 处理萝卜汁中的大肠杆菌，并分别用 Hülsheger 和 Peleg 模型拟合了失活数据，发现 Hülsheger 模型对数据的拟合度更好。采用脉冲电场处理西瓜汁，发现处理后酶活性和酶构象发生了变化。有研究者通过考察大肠杆菌被 PEF 处理后核酸和蛋白质的溢出情况，揭示脉冲电场提高了细胞膜的通透性并导致了 DNA 链的损伤与降解。

此外，脉冲电场对肿瘤细胞也有一定的杀灭作用，研究者采用不同频率、峰宽和峰值的指数衰减波对恶性肿瘤细胞进行处理，结果发现不同条件组合的处理对恶性肿瘤细胞均有较明显的杀灭作用，而且随着参数值的增大，细胞的增殖受到抑制、死亡率上升。对细胞的观察发现，处理后细胞肿胀、溶解性坏死，细胞的完整性受到破坏，线粒体空化、肿胀。

（三）其他新型非热杀菌技术

1. 振荡磁场杀菌技术

振荡磁场（oscillating magnetic fields，OMF）是相对静态磁场而言的，静态磁场的磁场强度是恒定的，不随时间而改变，一般由恒定磁体产生；而振荡磁场一般是以变化的电流产生的电磁场，磁场的强度随电流的频率和波的种类而发生周期性的变化。通常采用脉冲电路产生振荡磁场，其磁场强度通常以固定振幅或衰减振幅正弦波的形式变化，故这种振荡磁场又被称为脉冲磁场。利用振荡磁场对物料进行杀菌的技术即为振荡磁场杀菌技术。

将食品放置于磁场中，食品中的微生物有可能做切割磁感线运动，从而引起细胞磁通量变化，产生感应电流，此感应电流会对细胞产生生物效应。磁场杀菌主要是基于它的生物效应，磁场能够影响电子传递、自由基活动、蛋白质和酶的活性、遗传基因的变化和生物的代谢过程等。磁场通过对生物细胞内的磁性颗粒或带电粒子作用，改变生物细胞中生物大分子和细胞膜的取向，改变微生物细胞的运动方向，改变离子通过细胞膜的状态，改变 DNA 的合成速率，从而影响细胞的生长和繁殖速率。磁场可以减少恶性细胞的数量已被用于癌症的治疗，利用磁场进行杀菌则是利用磁场对微生物细胞生长和繁殖的影响来实现的。强磁场大大影响了生物的半导体效应，导致相关生命活动过程的剧烈变化，尤其是强烈的磁转矩、静磁力及洛仑兹力的作用会使细菌致死。

在磁通量密度或磁场强度较低时，磁场对微生物的影响并非都是抑制作用，当磁通量密度较高时，磁场才体现出明显的杀菌效果。一般达到杀菌要求的磁场的磁通量密度应在 $5\sim50T$（Tesla，特斯拉的简称），磁通量密度高于 30T 的磁场一般只能通过振荡磁场实现。

至今不同的研究显示振荡磁场对微生物生长的影响结果并不一致，在一些例子中，振荡磁场可以抑制或促进微生物的生长，但是在另一些例子中，对微生物的生长又没有任何影响。实际上磁场对微生物生长和繁殖的影响结果可分为三类：抑制作用、促进作用和无作用。磁场作用于食品中微生物的效果可能取决于磁场特性（强度、脉冲次数、频率）、物料特性（电阻系数、电导率、食品物料的厚度）和微生物的特性等。

使用振荡磁场对食品等物料进行杀菌时，一般要先将食品密封在塑料袋中，然后接受振荡磁场的冲击，大概 $1\sim100$ 次，频率在 $5\sim500kHz$，温度范围在 $0\sim50℃$，处理时间为 $25\sim100ms$。频率超过 500kHz 时，杀菌的效果差，而且物料容易升温。作为一种非热杀菌的方法，振荡磁场处理通常都是在常温常压下进行的，处理过程中物料的温度一般仅增加 $2\sim5℃$。

采用 12.0T、6000Hz 的振荡磁场（1 个脉冲）对牛乳中的嗜热链球菌进行处理，可使活菌数从 25000 个·mL^{-1}下降到 970 个·mL^{-1}。采用 40.0T、416000Hz（10 个脉冲）的振荡磁场对酸乳中的酵母菌进行处理，可使活菌数从 3500 个·mL^{-1}减少到 25 个·mL^{-1}，采用 40.0T、416000Hz（1 个脉冲）的振荡磁场对橘汁中的酵母菌进行处理，可使活菌数从 25000 个·mL^{-1}减少到 6 个·mL^{-1}。采用 7.5T、8500Hz（1 个脉冲）的振荡磁场对霉菌孢子进行处理，可使孢子总数从 3000 个·mL^{-1}减少到 1 个·mL^{-1}。有研究者认为使用振荡磁场一次脉冲就可以减少细菌总数 $10^2 \sim 10^3$cfu·g^{-1}，达到这种效果磁场强度的变化范围为 2～25T，频率范围为 5～500Hz。

2. 脉冲光杀菌技术

脉冲光（pulsed light）杀菌技术是采用持续时间短、光照强度较高的宽谱的"白"光脉冲照射被杀菌的对象以达到杀菌等目的的一种杀菌技术。脉冲光杀菌技术主要用于食品、药品、包装材料、包装和处理设备等的表面杀菌。

脉冲光杀菌采用的光波波长可以在紫外线到近红外线的宽谱区域内，其中至少有 70% 的电磁能量来自于波长为 170～2600nm 的光，脉冲光杀菌大多采用全光谱的光，但杀灭有些微生物时也采用波长在一定范围内的过滤光。

脉冲光因处在长波范围，不会引起被照射物料（体）的小分子化合物发生电离。脉冲光处理可以有效地杀灭包括细菌及其芽孢、真菌及其孢子、病毒等在内的微生物以及食品物料中的内源酶，而对食品中原有营养成分破坏较少。脉冲光杀菌还具有作用时间短、效率高的特点，因而成为了一种很值得研究开发的新的非热杀菌技术。

宽光谱和高峰值功率是脉冲光的特点，不同波长的光脉冲的作用效果也不同。光脉冲可以在物料中诱发光化学或者光热反应。一般认为，紫外线主要产生光化学效应，可见光和红外线主要产生光热效应。短波长的紫外线的光化学作用是微生物致死的主要原因，而其他波段的光起协同作用。脉冲光处理后的物料温度的上升不超过 1℃，可见光和红外线在脉冲光杀菌中还起着其他一些作用。不能简单地认为脉冲光杀菌可以用紫外线杀菌来代替，因为脉冲光照射和单纯的紫外光照射的效果还是不同的。高能量和高强度的脉冲光对细胞的破坏作用比单独某一波段的光强。宽谱的光能产生全面的、不可逆的破坏作用，使菌体细胞中的 DNA、细胞膜、蛋白质和其他大分子遭到破坏。

脉冲光一般是采用脉冲能量技术产生的。首先它将来自高压直流电源（交流电源转化而得）的电能贮存在高能量密度的电容中，然后以短时间、高强度的脉冲形式将电能释放出去，在这个过程中，能量（功率）被放大了若干倍。这样产生的高强度的脉冲电能可用于产生高强度的脉冲光或脉冲电场。短时间高强度的光脉冲可以通过脉冲充气闪光灯、狭缝瞬间放电装置或其他的脉冲光源产生。

利用脉冲光对物料进行杀菌时，物料表面的光强度可以是地球表面（海平面）阳光的几千到数万倍。物料至少要接受一个光脉冲的照射，持续时间一般为 1μs～0.1s，典型的闪光频率为 1～20 次·s^{-1}，物料表面接受的光能量一般为 0.01～50J·cm^{-2}。在大部分的情况下，只需要几次的闪光，也就是说只需要几分之一秒的时间，就可以得到较好的灭菌效果。影响脉冲光杀菌效果的因素很多，包括光的性质、微生物的性质、被照射的物料和包装材料的性质等。对于液态食品，液体的透明度和深度也是重要的影响因素。

研究人员曾用脉冲光对焙烤食品、海产品、肉制品、蛋壳的表面及接触表面进行过处理，均达到了较好的灭菌效果。该技术可用于延长以透明物料包装的食品及新鲜食品的货架期。有研究表明它能杀死大多数的微生物，比传统的紫外灯有更高的效率。将面包用脉冲强光闪照 40 次后，其中的淀粉酶活力下降 70%，蛋白酶活力下降 90%，而食品的主要成分未受到破坏，面包保存期延长 1 倍以上。

采用脉冲强光处理草莓和欧洲甜樱桃，以杀灭造成采收后草莓和甜樱桃损失的真菌——灰霉病菌（*Botrytis cinerea*）和果产核盘菌（*Monilia fructigena*）的分生孢子。脉冲光的脉冲时间为 30s，频率 15Hz，处理时间 1～250s。单独使用脉冲光处理对两种真菌有相似的杀菌效果，最大杀灭率分别达到 3~4 个数量级，杀菌效果随光照强度的增加而增加，但难以达到完全杀菌。

脉冲光杀菌目前在饮用水处理方面的应用最为成熟。据报道用某技术公司开发的商用设备进行试验，试验用水的水质为：浊度<0.05NTU（最高 10NTU）（散射光浊度单位 nephelo-metric turbidity unit 的简称），pH 7.6（最高 7.8），水中总可溶性固形物 50~150mg·L^{-1}（最高 500mg·L^{-1}±20mg·L^{-1}），水中总有机碳<0.1mg·L^{-1}（最高 2.5~3.0mg·L^{-1}），在水中接入 10^5 cfu·mL^{-1} 的肠道致病菌土生克雷伯氏菌（*Klebsiella terrigena* ATCC♯ 33257）、10^4 cfu·mL^{-1} 的小儿麻痹症病毒（1 型 Lsc2ab 株）和猴轮状病毒（SA11）、10^4 个卵囊·mL^{-1} 的寄生虫小隐孢子虫（*Cryptosporidium parvum*）。结果显示，处理后的水中土生克雷伯氏菌减少 7 个数量级以上，小儿麻痹症病毒和猴轮状病毒减少 4 个数量级以上，小隐孢子虫减少 4 个数量级以上，其杀菌效果达到了《美国环境保护署关于检测水的微生物过滤器的指导标准和规定》中的要求。

在低密度的聚乙烯容器中装入 200g·mL^{-1} 的葡萄糖溶液，或生理盐水，或注射用水，然后在样品中接入数量级为 10^6 cfu·mL^{-1} 的目标菌，封口，并用脉冲光消毒。结果表明，用每周期强度为 1J·cm^{-2} 的脉冲光照射 20 个周期，可以使枯草芽孢杆菌孢子、短小芽孢杆菌孢子、嗜热脂肪芽孢杆菌孢子、产芽孢梭状芽孢杆菌孢子、黑曲霉孢子、金黄色葡萄球菌、粪肠球菌、大肠杆菌、猪霍乱沙门氏菌和绿脓杆菌水悬浮液中的活菌数降低到膜过滤技术不能检出的水平。

3. 脉冲 X 射线杀菌技术

在比较脉冲 X 射线和连续 X 射线的杀菌效果时人们发现，在总辐照剂量相同的情况下，由于脉冲 X 射线在短时间可以产生高能量的 X 射线脉冲，这种高剂量速率的辐照所取得的杀菌效果较低剂量速率的要好，因此，脉冲 X 射线杀菌技术也成为近来研究者有兴趣研究的一种新型辐照杀菌技术。

脉冲 X 射线杀菌技术是采用脉冲 X 射线辐射源照射被处理的物料以达到杀菌目的的一种杀菌技术。韧致辐射 X 射线是通过加速电子转化成 X 射线的，即通过将高能电子束打击在重金属（如铅、钽等）转化板上实现的，由于 X 射线的穿透能力较强，例如 5MeV 的 X 射线在上述牛肉中的穿透深度可达 400cm，这样就大大减少了对被辐照物料厚度的限制。

脉冲 X 射线利用固体状态打开开关产生高强度的电子束 X 射线脉冲。采用新型的纳秒开关可以释放 100s、数千伏能量在数十亿瓦特的脉冲，并可反复运转，开启的时间从 30ns 到几纳秒，重复速率在爆发模式操作中最大可达每秒 5000 脉冲。

所有电离辐射的杀菌机制一般包括两种作用：一种是射线和细胞物质直接作用，另一种是辐照分解产物如水自由基、·H$^+$、·OH$^-$ 和水化电子 e$_{水化}$ 造成的间接作用。尽管对细胞质膜也起一定作用，电离辐射的主要作用目标是染色体 DNA。染色体 DNA 和/或细胞质膜的变化能够导致微生物停止生长和出现死亡。许多研究表明离子、辐照中产生的激发原子和分子对人类没有毒副作用。但目前人们对有关脉冲 X 射线杀菌与一般电离辐射杀菌的机制差异还了解很少。

脉冲 X 射线的峰值剂量率比一般放射性同位素 γ 射线辐射的剂量率要高 10^6~10^7 倍，剂量率可能不仅影响自由基形成的种类，还可能影响自由基的一、二级反应动力学。研究发现，脉冲 X 射线的致死率在每个数量级上要比钴 60γ 射线的高 6%，三个数量级后总的致死率高 21%~22%。

脉冲 X 射线的产生系统包括三大部分：高压脉冲发生器、发生器控制系统和 X 射线管。高压脉冲发生器有两种形式：一种是单脉冲马克斯发生器（SPMG），另一种是重复脉冲发生器（RPG）。单脉冲马克斯发生器是一种修饰的二级马克斯（Marx）发生器，两级分别由高压开关和电容组成。单脉冲马克斯发生器多用于材料科学的实验研究中。重复脉冲发生器由高压整流器（20kV，20mA）、充电电容（20nF）、氢闸流管（20kV，1000A）、脉冲形成线和脉冲转化器组成。重复脉冲发生器产生的脉冲最高峰值可达300kV，升压时间小于100ns，最大重复速率为100Hz。

影响脉冲X射线杀菌效果的因素有：①脉冲X射线的性能，包括脉冲的能量、平均和峰值剂量率、脉冲宽、脉冲的频率等；②微生物的性质，不同的微生物对脉冲X射线作用的敏感性可能不同，但目前人们尚不知最具抵抗力的杀菌对象菌是哪一种菌和菌株，此外微生物的生长状态可能也会影响脉冲X射线的杀菌效果；③作用时的其他条件，包括作用时间、作用时的温度、介质的pH、介质中的氧的含量等。

脉冲X射线被用于杀灭加到碎牛肉中的大肠杆菌O157：H7，采用峰值剂量率$10^7 \sim 10^8 \text{rad} \cdot \text{s}^{-1}$的X射线脉冲可以杀灭99.9%的大肠杆菌。在脉冲X射线和^{60}Co γ射线分别使用$0.2 \sim 0.4$kGy和$0.7 \sim 0.9$kGy的辐射剂量进行辐照时，对两者的杀菌效果进行的比较表明，脉冲X射线在每个数量级的灭活速率比^{60}Co γ射线略高（6%）。

脉冲X射线还被用于减少火鸡胴体上沙门氏菌（*Salmonella senftenberg* 775W）。辐照的设备的峰值电压300kV，20mA和半层2.8mm厚的铜板，输出有效能量在49kV，剂量率为268rad·min^{-1}的脉冲X射线。被处理的整鸡和鸡腿样品被置于X射线束的中心以使样品得到充分的辐照，样品连续辐照2h，总照射剂量在$30 \sim 80$krad，X射线室的温度在$20 \sim 24$℃。结果显示80krad的剂量不能减少整鸡上的试验微生物数量，但可以将鸡腿上的试验微生物减少到检测不出的水平，样品的外观上未发现有变化。

第二节 空气净化与除（杀）菌

一、空气净化的目的及应用

（一）空气中的微生物

空气中含有大量的微生物，空气中的微生物包括常见的细菌，以及真菌和病毒等。大气中的微生物约66%为球菌，25%为芽孢菌，其他为真菌、放线菌、病毒、蕨类孢子、花粉、微球藻类、原虫及少量厌氧芽孢菌等。

空气中微生物的分布和传播，随环境不同而有很大的变化。一般来说，干燥寒冷的北方空气中含菌量较少，而潮湿温暖的南方含菌量较多，人口稠密的城市空气中含菌量比人口稀少的农村多，地平面空气中的含菌量比高空多，不同环境空气中微生物的数量见表3-4。

表3-4 不同环境空气中微生物的数量　　　　　单位：个·m^{-3}空气

场所	畜舍	宿舍	城市街道	市区公园	海洋上空	北极（北纬80°）
微生物	$(100 \sim 200) \times 10^4$	2×10^4	5000	200	$1 \sim 2$	$0 \sim 1$

随着洁净技术的不断进步及生产过程卫生的规范管理，在不同食品工厂、各种不同生产环境中，空气中的微生物种类和数量有极大差异。一般情况下，室内最主要的外来污染源是人和物料。一个正常人在静止状态下每分钟可向空气排放500~1500个菌粒，人在活动时每分钟可向空气中排放数千至数万个菌粒，每次咳嗽或打喷嚏可排放高达$10^4 \sim 10^6$个带菌粒子。表3-5列出了人体表面主要带菌部位及常见的细菌，供参考。

影响人体细菌散发量的因素包括人的健康程度、服装、动作及场所等。不同衣着、不同动作时的人体散发菌量见表3-6所示。

表 3-5　人体表面主要带菌部位及常见的细菌

检出部位	常检出的细菌种类
眼	葡萄球菌
鼻	葡萄球菌、G⁻杆菌、G⁺杆菌、棒状杆菌、乳杆菌
口	葡萄球菌、棒状杆菌、链球菌、奈氏球菌
耳	葡萄球菌、G⁺杆菌、G⁻杆菌、棒状杆菌、乳杆菌
喉	链球菌、葡萄球菌、奈氏球菌、乳杆菌
头	葡萄球菌、棒状杆菌、芽孢杆菌、G⁻杆菌
手	葡萄球菌、链球菌、芽孢杆菌

注：G⁺杆菌、G⁻杆菌分别为革兰氏阳性杆菌、革兰氏阴性杆菌。

表 3-6　不同衣着、不同动作时的人体散发菌量　　　单位：个·min⁻¹

服装	动作		
	踏步	起坐	抬臂
普通服装	3309(1706～5845)	1998(1788～2209)	1652(1119～2487)
连体式洁净服①	770(631～842)	630(626～634)	—

① 连体式洁净服包括帽子、袜套和手套。测试前洁净服散开在洁净工作台内紫外线消毒30min。

微生物个体细小且很轻，并常附着在尘埃粒子上，随着尘埃、雾滴及皮屑、毛发等传播。空气中的尘埃粒子越多，细菌附着在尘埃粒子上的机会越大，传播的机会也增加。因此，控制空气中尘粒的数量就可以控制附着在其上的微生物数量。

（二）空气净化的目的及应用

食品生产过程采用不同的除菌、杀菌技术，除去、杀灭空气中的微生物。如过滤除菌、紫外线杀菌、熏蒸灭菌等，其主要目的有以下几方面。

1. 创造一个卫生的生产环境

食品生产过程，尤其在生产作业区、冷却区和包装区（特别是无菌包装），对空气质量的要求最严格。随着GMP及洁净技术在食品工业中的不断推行，对空气的洁净要求越来越高，其净化技术也得到不断发展。目前，主要应用的是以控制空气中的尘粒、防止微生物污染为目的的生物洁净室技术，在保健品、饮用水、即食食品等的生产中应用较多。一些卫生要求高的生产环节，如熟制品、即食食品的加工操作，冷却、包装等，也应用洁净室技术，要求控制空气的洁净度。

洁净度是指洁净环境中空气所含悬浮粒子量多少的程度，以每立方米空气中的最大允许粒子数来确定其空气洁净度。空气洁净度的等级有不同的划分标准，国家标准《洁净厂房设计规范》（GB 50073）中按洁净间（区）内空气中不同大小悬浮粒子的多少分为9个等级；《药品生产质量管理规范》（GMP）（2010年修订）将无菌药品生产所需的洁净区空气洁净度级别分为A、B、C及D 4个等级，并规定了不同级别空气悬浮粒子的动态及静态测试标准。要求洁净区与非洁净区之间、不同级别洁净区之间的压差应当不低于10Pa。必要时，相同洁净度级别的不同功能区域（操作间）之间也应当保持适当的压差梯度。我国《保健食品良好生产规范》对洁净室（区）的空气洁净度等级仍沿用《药品生产质量管理规范》的等级概念，将空气洁净度分为4个等级，各级别空气悬浮粒子和微生物监测的动态标准要求见表3-7和表3-8。

表 3-7　保健食品生产洁净间各级别空气悬浮粒子的要求

洁净度级别	悬浮粒子最大允许数/pc·m⁻³①			
	静态		动态④	
	≥0.5μm	≥5.0μm③	≥0.5μm	≥5.0μm
A级②	3520	20	3520	20

续表

| 洁净度级别 | 悬浮粒子最大允许数/pc·m⁻³① | | | |
| | 静态 | | 动态④ | |
	$\geq 0.5\mu m$	$\geq 5.0\mu m$②	$\geq 0.5\mu m$	$\geq 5.0\mu m$
B级	3520	29	352000	2900
C级	352000	2900	3520000	29000
D级	3520000	29000	不作规定	不作规定

① pc是粒子个数的英文缩写。

② 为确认A级洁净区的级别，每个采样点的采样量不得少于1m³。A级洁净区空气悬浮粒子的级别为ISO 4.8，以≥5.0μm的悬浮粒子为限度标准。B级洁净区（静态）的空气悬浮粒子的级别为ISO 5，同时包括表中两种粒径的悬浮粒子。对于C级洁净区（静态和动态）而言，空气悬浮粒子的级别分别为ISO 7和ISO 8。D级洁净区（静态）空气悬浮粒子的级别为ISO 8。测试方法可参照ISO 14644-1。

③ 在确认级别时，应当使用采样管较短的便携式尘埃粒子计数器，避免≥5.0μm悬浮粒子在远程采样系统的长采样管中沉降。在单向流系统中，应当采用等动力学的取样头。

④ 动态测试可在常规操作、培养基模拟灌装过程中进行，证明达到动态的洁净度级别，但培养基模拟灌装试验要求在"最差状况"下进行动态测试。

表3-8 洁净区微生物监测的动态标准①

| 洁净度级别 | 浮游菌/cfu·m⁻³ | 沉降菌(φ90mm)/cfu·(4h)⁻¹② | 表面微生物 | |
			接触(φ55mm)/cfu·碟⁻¹	五指手套/cfu·手套⁻¹
A级	<1	<1	<1	<1
B级	10	5	5	5
C级	100	50	25	—
D级	200	100	50	—

① 表中各数值均为平均值。

② 单个沉降碟的暴露时间可以少于4h，同一位置可使用多个沉降碟连续进行监测并累积计数。

《食品生产通用卫生规范》（GB 14881）也要求厂房和车间应根据产品特点、生产工艺、生产特性以及生产过程对清洁程度的要求合理划分作业区，并采取有效分离或分隔。如：可划分为清洁作业区、准清洁作业区和一般作业区，或清洁作业区和一般作业区等。一般作业区应与其他作业区域分隔。《保健食品良好生产规范》规定，生产片剂、胶囊、软胶囊、口服液、丸剂、颗粒剂、粉剂、茶剂、膏剂等保健食品暴露工序及其直接接触保健食品的包装材料最终处理的暴露工序区域，应当参照表3-7和表3-8 D级洁净区的要求设置，企业可根据产品的标准和特性对该区域采取适当的微生物监控措施。我国婴幼儿配方乳粉生产清洁作业区动态微生物标准要求达到表3-8 D级洁净区要求。

要达到所要求的空气洁净度，则需对空气进行净化。空气净化采取空气过滤技术，将室外空气洁净到生产、生活所需的要求，或达到某种洁净度。生产环境空气的净化，主要是对洁净室内送风的净化，包括空调送风系统、空气过滤净化系统、室内装修和维护管理等。

2. 提供大量的无菌空气

大多数发酵工业，其采用的微生物的生长和增殖、代谢产物的生物合成过程离不开氧。如谷氨酸、柠檬酸、抗生素等发酵过程都需要提供大量的无菌空气，无菌空气就是氧气的来源。如果空气中含有其他的微生物，这些微生物便会在发酵罐内大量繁殖，从而干扰纯种发酵过程的正常进行，甚至会造成发酵"倒罐"或减产、停产，导致严重的经济损失。因此，空气净化是好氧发酵过程的一个重要环节。

对于各种不同的发酵过程，由于所用菌种的生长能力强弱、生长速率的快慢、发酵周期的长短、发酵介质的营养成分和最适 pH 等方面存在差异，对所用无菌空气的无菌程度要求也不尽相同。例如，对于酵母而言，其培养基主要以糖源为主，有机氮比较少，它能利用无机氮源，要求的 pH 值较低。在这样的 pH 条件下，一般细菌较难繁殖，而酵母的繁殖速率又快，在繁殖的过程中能抵抗少量杂菌的影响，因而对无菌空气的要求不如氨基酸、抗生素发酵那么严格。

另外，在发酵过程中，为了维持一定的罐内正压和克服设备、管道、阀门、过滤介质等压力损失，供给的无菌空气必须具有一定的压力。压缩空气经冷却，空气中的水分及压缩机带来的油会影响介质过滤除菌的效率，需要在过滤前将空气中的水或油等杂质除去，这就需要利用空气净化处理系统来完成这项任务。

二、空气过滤除菌

(一) 过滤除菌机制

过滤除菌利用过滤介质阻截流过空气中的微生物、尘埃颗粒和其他杂质，以达到除尘、除菌等净化目的。虽然单个细菌尺寸很小，但在空气中它们通常以群体形式存在，并经常与为其提供养分和水分的尘粒共存。病毒比细菌更小，但它们常常寄生于各种微生物中。因此，空气过滤器对细菌和病毒有较高的过滤效率。

过滤法由于经济实用、过滤效果良好，是洁净室以及发酵工业广泛采用的空气净化处理方法。通过过滤净化处理的空气可以达到不同洁净度的要求，甚至可以达到无菌，并有足够的压力和适宜的温度以供使用。

过滤除菌使用的过滤介质有棉花、玻璃纤维无纺布、化纤无纺布、聚丙烯超细纤维滤料及泡沫塑料等。过滤器内纤维的排列非常复杂，当空气中的微粒随气流通过滤层时，滤层纤维形成的网格会阻挡气流直线前进，使气流的运动速率和运动方向发生无数次改变，绕过纤维前进，这些改变会使粒子对滤层纤维产生惯性冲击、拦截、重力沉积、静电吸引等作用，从而把微粒滞留在介质表面。过滤层捕集微粒的作用主要包括下面五种效应。

1. 惯性冲击滞留效应

当空气中微粒质量较大或速率较大时，在气流方向改变时，微粒会由于惯性作用而仍沿直线方向运动，从而脱离气流而与介质发生碰撞。由于摩擦黏附作用，微粒就会滞留在介质表面而被拦截下来。微粒附着在介质上的数量取决于微粒运动的动量和介质的阻力。空气的流速和细菌的重量是影响惯性冲击的主要因素。空气流速越大，惯性冲击作用也就越大。因此，当空气的流速比较大时，这一效应显得尤为重要，它是介质过滤除菌的主要作用。

当气流速率降低到微粒不能因惯性冲击而滞留于介质纤维上时，除菌效率会显著下降。但随着气流速率的进一步降低，捕集除菌效率又有回升，这主要是另一种效应在起作用——拦截滞留效应。

2. 拦截滞留效应

当某一尺寸的微粒沿气流流线刚好运动到纤维表面附近时，如果从流线（也就是微粒的中心线）到纤维表面的距离等于或小于微粒半径（见图 3-5），微粒就在纤维表面被截留而沉积下来，这种作用称为拦截效应。筛子效应也属于拦截效应。

当气流速率较低时，微粒也会随气流低速流动慢慢靠近介质纤维。另外，当气流流线受介质纤维阻碍时会在纤维的周边形成一层边界滞留层。滞留层内的气流速率更慢，进入滞留层的微粒会慢慢靠近并接触纤维而被黏附滞留。这种拦截作用对微粒的捕集效率与气流的雷诺准数和微粒与纤维的直径比有关。

图 3-5　拦截效应示意图

3. 扩散效应

当气流流速很低时，由于气体分子热运动对微粒的碰撞而使微粒产生一种不规则的直线运动——布朗运动，对于粒径越小的微粒布朗运动越显著。常温下粒径为 0.1μm 的微粒每秒钟扩散距离达 17μm，比纤维间距大几倍至几十倍，这就大大增加了微粒与介质纤维接触滞留的机会。扩散效应与微粒和纤维直径有关，并与流速成反比。对粒径大于 0.3μm 的微粒其布朗扩散运动减弱，一般不足以靠布朗运动使其离开气流流线碰撞到纤维上面去。在气流流速较小时，扩散效应是介质过滤除菌的重要作用之一。

4. 重力沉降效应

当气流流速降得更低，以至于微粒所受的重力大于气流对它的拖带力时，微粒就容易沉降到介质纤维上。在单一的重力沉降情况下，大颗粒微粒比小颗粒作用显著，对于小颗粒只有在气流速率很慢时才能起作用。由于气流通过纤维介质，特别是过滤纸过滤器的时间远小于 1s，对粒径＜0.5μm 的微粒，当它还没有沉降到纤维表面时已通过了纤维层。一般地，重力沉降效应与拦截作用相配合，即在纤维的边界滞留层内，微粒的沉降作用提高了拦截滞留的捕集效率。

5. 静电吸附效应

由于种种原因，纤维或微粒表面都有可能带上电荷，产生相互吸引的静电效应。产生电荷的手段包括有意识地使微粒或介质带电，或在纤维处理过程中因摩擦带电，或因微粒感应而使纤维表面带电，或者干空气流过非导体介质表面时发生相对摩擦，产生电荷（纤维和树脂纤维，尤其是一些合成纤维更为显著）。上述后面三个原因产生的电荷不能长时间存在，且电场强度很弱，产生的吸引力很小。

过滤法除尘、除菌实际上是上述几种效应共同作用的结果。只是当气流流速不同时，起主要作用的机制不同。一般来说，惯性冲击截留效应、拦截效应及布朗扩散效应的作用较大，而重力沉降及静电吸附效应作用比较小，有时可忽略不计。

（二）空气过滤介质与过滤器种类

1. 过滤介质

用于空气过滤的过滤介质要求具有吸附性强、阻力小、空气流通量大、能耐干热等。常用的过滤介质有棉花（未脱脂）、活性炭、玻璃纤维、超细玻璃纤维、化学纤维、纤维板、滤纸等。上述介质中以棉花为最好，但棉花品种多，规格不一，过滤效率差异较大；维尼纶纤维是合成纤维，来源丰富，规格化一，力学性能好，耐热性高（能耐 215℃），过滤效率高，但有蒸汽或水分存在时，会变性失效；玻璃纤维强度弱，易断碎，造成堵塞，增大阻力；超细玻璃纤维纸过滤效果较好，但力学性能较差，容尘量较小；纤维纸过滤效果也较好，但因纤维纸较薄，黏结性弱，机械强度差，尤其在含水气流冲击下容易穿孔失效。

表 3-9 比较了在过滤内径、介质厚度、介质填充密度相同的条件下，棉花、腈纶、涤纶、维尼纶、丙纶、玻璃棉和腈纶无纺布等纤维过滤介质在不同空气流量时的过滤效率。

表 3-9　空气通过各种过滤纤维介质后的残存粒子数[①]　　单位：个·(500mL)$^{-1}$

材料	流量/L·min^{-1}									
	6	12	18	24	30	36	42	48	54	60
棉花	1.0	0.7	1.9	14.5	29.5	83.4	242.1	268.7	429.7	597
腈纶	4.4	6.2	13.5	21.8	66.6	106.3	202.2	320.4	241.2	372.8
涤纶	5.3	34.6	198.8	874.5	1961.3	2908.7	5738	4063	3510	5757.5
维尼纶	0.5	0.7	0.5	4.6	8.4	18	48	401	1345	15867
丙纶	6.5	10.7	21.7							
玻璃棉	3.2	1.2	3.1	15.8	135	424				
腈纶无纺布	18.8	91.5	181.2	80.7	147.3	155.5	143	185.1	119.2	140

①　过滤器内径 ϕ50mm，介质厚度 195mm，重 70g；以粒子直径 $d_p \geqslant 0.3\mu m$ 粒子数作为空气结晶度程度指标，作为各种介质的性能比较。

由上表可以看出，棉花和维尼纶的过滤效能较好，当空气流量 <42L·min^{-1} 时，维尼纶的过滤效率高于棉花，而当空气流量 >42L·min^{-1} 时，棉花的过滤效率较维尼纶高。

2. 空气过滤器

(1) 过滤器的分类　工业上，供洁净室采用的空气过滤器种类很多，根据使用目的、过滤材料及过滤效率等不同而有不同的分类方法或不同的名称，其分类依据、名称及性能和用途分列于表 3-10 中。

表 3-10　空气过滤器的分类、名称、性能及用途

分类依据	过滤器名称	性能及用途
使用目的	新风处理用过滤器	用于净化空调系统的新风处理，据需要设化学过滤器
	室内送风用过滤器	用于净化空调系统的末端过滤
	排气用过滤器	防止室内空气对大气的污染，在洁净室排气管道上设置排气过滤器，排气达规定标准后才能排入大气
	洁净室设备内装过滤器	洁净室内通过内循环方式达到所需空气洁净度等级而使用的空气过滤器
	制造设备内装过滤器	与制造设备结合为一体的空气过滤器
	高压配管用过滤器	压力 >0.1MPa 的气体输送过程用的过滤器
过滤材料	滤纸过滤器	滤纸常用玻璃纤维、合成纤维、超细玻璃纤维及植物纤维素等材料，可制成 $0.3\mu m$ 级普通高效或亚高效过滤器，或制作成 $0.1\mu m$ 级的超高效过滤器
	纤维层过滤器	采用天然纤维(如羊毛、棉纤维等)、化学纤维及人造纤维(物理纤维)填充制成过滤层的过滤器，是低填充率过滤器，阻力降较少，具有中等效率
	泡沫材料过滤器	过滤性能与其孔隙率有关，现较少使用
过滤效率	粗效过滤器	用于新风首道过滤，应截留大气中的大粒径微粒，过滤对象为 $5\mu m$ 以上悬浮性微粒和 $10\mu m$ 以上沉降性微粒以及各种异物，过滤效率一般以过滤 $5\mu m$ 为准，一般采用无纺布滤料，易于清洗和更换
	中效过滤器	可作为空调系统的最后过滤器和净化空调系统中高效过滤器的预过滤器，用于截留 $1\sim10\mu m$ 的悬浮性微粒，其效率以过滤 $1\mu m$ 为准
	高中效过滤器	用于净化系统的末端过滤器，也可用作中间过滤器，用于截留 $1\sim5\mu m$ 的悬浮性颗粒，其效率以过滤 $1\mu m$ 为准
	亚高效过滤器	可用于洁净室末端过滤器，也可用作高效过滤器的预过滤器，还可作为新风的末级过滤器，用于截留 $1\mu m$ 以下的亚微米级微粒，其效率以过滤 $0.5\mu m$ 为准
	高效过滤器	洁净室末级过滤器，其效率以过滤 $0.3\mu m$ 为准，超高效过滤器以过滤 $0.12\mu m$ 为准

除上述分类外，根据过滤器的结构状况还可分为折叠形、管状、平板形、V 形等过

滤器。

（2）典型的过滤器及其特点

① 带式过滤器 该种过滤器一般采用初、中效无纺布、玻璃纤维或聚酯纤维作滤料，可以用镀锌框、铝合金框、塑框或不锈钢框作框架，作为一、二级过滤，具有容尘量大，阻力小，可清洗及安装方便等特点。根据使用环境和选材不同，其过滤器效率等级分为 G3、G4 及 F5、F6、F7、F8（G、F 为过滤器效率等级的标示，G1～G4 表示为初效，F5～F6 表示为中效，F7～F9 表示为高中效）。

② 板式过滤器 该种过滤器一般采用初、中效玻璃纤维或化纤作滤料，可以用纸质、镀锌钢板、不锈钢板、铝合金或塑料作为外框。特点是质量轻、结构紧凑及通用性强。

③ 密皱式过滤器 也称密褶式过滤器，采用玻璃纤维过滤纸或超细聚丙烯纤维滤料与塑胶外壳结合而成，经无隔板技术折叠成型后放入框架内，具有结构紧凑、过滤面积大、阻力小及换装方便等优点。外形可以做成 V 形、W 形、单凸或箱式。

④ 有隔板高效过滤器 有隔板高效过滤器一般采用超细玻璃纤维、超长玻璃纤维及聚丙烯纤维滤纸，以铝箔或硬纸板为中间间隔，有木质、铝合金、钢板及不锈钢外框。特点是制作简单、价格低、阻力低、容尘量高及风速均匀，产品可选择性多。

⑤ 无隔板高效过滤器 无隔板高效空气过滤器一般采用专用玻璃纤维或聚丙烯纤维滤纸作为过滤介质，以热熔胶为间隔物进行喷胶折叠，具有过滤效率高、密封效果好、体积小、重量轻及方便搬运和安装等优点。

上述过滤器主要应用于空调净化系统或洁净厂房的空气净化。

⑥ 深层棉花（活性炭、玻璃纤维）过滤器 深层棉花过滤器是发酵工厂及量大压力较高的空气净化系统中不可少的过滤器，常用作空气净化系统的一级过滤，其结构见图 3-6。其过滤效率与采用的纤维介质、活性炭的材质及各滤层的高度、过滤面积等有关，其最大特点是空气处理量大，效率高，可再生。常用的纤维介质有棉花和超细纤维。过滤器的滤层纤维孔隙大于 $50\mu m$，远大于细菌，它的过滤除菌靠上述五种效应来实现，对 $0.3\mu m$ 以下颗粒过滤效率为 99%。该设备主要缺点是体积大、占用空间大，操作困难，装填介质费时费力，介质装填松紧程度不易掌握，空气压降大，介质灭菌和吹干需耗用大量的蒸汽和空气。

图 3-6 深层纤维介质空气过滤器

图 3-7 纤维纸平板过滤器

1—进气口；2—出气口；3—过滤介质；4—排污口

⑦ 平板式纤维纸过滤器 这种过滤器适宜充填薄层的过滤板或过滤纸，其结构如图 3-7

所示。空气从筒身中部切线方向进入，空气中的水雾、油雾沉于筒底，由排污管排出，空气经缓冲层通过下孔板经薄层介质过滤后，从上板进入顶盖排气孔排出。缓冲层可装填棉花、玻璃纤维或金属丝网等。

⑧ 管式过滤器　平板式过滤器过滤面积局限于圆筒的截面积，当过滤面积要求较大时，则设备直径很大。若将过滤介质卷装在孔管上，如图3-8所示，这样，其总的过滤面积可比平板式大。

图 3-8　管式过滤器

1—铜丝网；2—麻布；3—滤纸；
4—扎紧带；5—滤筒

图 3-9　接叠式低速过滤器

1—进气口；2—滤芯；3—出气口；
4—废水排出口；5—蒸汽进口

⑨ 接叠式低速过滤器　接叠式低速过滤器适合于过滤阻力很小、过滤效率比较高的场合，如洁净工作台、洁净工作室或自吸式发酵罐等。这种过滤器采用超细纤维纸，超细纤维纸的过滤特性是气流流速越低，过滤效果越高。该种过滤器是将长长的滤纸接折成瓦楞状，安装在楞条支撑的滤框内，这样可将很大的过滤面积安装在较小体积的设备内。其滤框（滤芯）和过滤器结构如图3-9所示。

（三）影响空气过滤效率的因素

影响纤维过滤器过滤效率的主要因素有微粒直径、纤维粗细、过滤速率和填充率等。

1. 空气中微粒形状、大小的影响

多分散性微粒通过空气过滤器时存在各种效应。粒径较小的微粒在扩散效应的作用下在滤材上沉积，扩散效率随粒径的增大逐渐下降；粒径较大的微粒在拦截和惯性冲击效应的作用下在纤维上沉积，拦截、惯性效率随粒径的增大逐渐上升。因此，与微粒的粒径有关的效率曲线有一个最低点，在此点的总效率最低或穿透率最大，这一点被称为最易穿透粒径或最大穿透粒径（MPPS）或最低效率直径。过滤器的 MPPS 是一个十分重要的性能参数，得到 MPPS 效率的数据，使过滤器具有保证这点粒径的捕集效率，则对其余粒径的微粒就能可靠地捕集了。

微粒性质不同、纤维滤层不同、过滤速率不同，MPPS 是变化的。在大多数情况下，纤维过滤器的 MPPS 为 $0.1\sim0.4\mu m$。纤维过滤效率与微粒粒径的关系见图3-10。

通常空气中微粒的形状是不规则的。由于球形微粒与纤维滤料接触时的接触面积比不规

图 3-10　纤维过滤效率 η 与微粒
粒径 d_p 的关系

则形状微粒要小，所以实际上不规则形状的微粒的沉积概率较大，球形粒子则具有较大的穿透率。

2. 纤维尺寸和形状的影响

纤维直径小则捕集效率高。在选择滤料时一般都希望选用较细的纤维，但纤维直径越细，通过纤维滤层的气流阻力越大。通常认为纤维断面形状对过滤效率影响不大。

3. 空气通过过滤层速率的影响

每一种过滤器都具有最大穿透粒径，同样每一种过滤器在一定的使用周期内，也有自身的最大穿透滤速。一般随着过滤速率的增大，扩散效率下降，惯性和惯性效率增大，总效率则先下降而后上升。空气流速对过滤效率的影响比较复杂，根据过滤原理，空气流速的选择是依过滤介质、过滤层厚度、使用周期及空气用量等来设计的。各种不同直径的过滤介质都有其对应的空气流速范围，若在厚层过滤器的空气流速，通常取棉花 $0.05\sim0.15\text{m}\cdot\text{s}^{-1}$；棉花活性炭 $0.05\sim0.3\text{m}\cdot\text{s}^{-1}$；玻璃纤维 $0.05\sim0.5\text{m}\cdot\text{s}^{-1}$。而在薄层过滤则选择较高的空气流速。

4. 过滤器纤维层填充率的影响

若增大纤维滤料的填充率，则纤维层的密实度随之增大，流过的气流速率将会提高，扩散效率下降，惯性和拦截效率增加，总效率得到提高，但过滤器阻力将增大。因此，一般不采用增大填充率来提高过滤效率。

（四）无菌空气制备的工艺设备流程

工业发酵所需的净化空气用量大，无菌要求高，常选择运行可靠、操作方便、不同功能净化设备的组合以减少动力消耗和提高除（灭）菌效果。过滤除菌是目前发酵工业获得大量无菌空气的常规方法。要保持过滤器有比较高的过滤效率，应维持一定的气流速率和不受油、水等杂质的干扰。气流速率可通过过滤面积设计和风量调节来控制；而要保持不受油、水干扰，则要有一系列空气冷却、分离、加热等设备来保证。下面介绍几个典型的设备流程。

1. 传统的空气净化系统

传统空气净化系统如图 3-11 所示，其主要特点是净化空气量大，适合不同的气候条件。该系统加强了进入深层过滤器空气的除油、除水环节，采用空气二次冷却与分离过程，确保过滤器在较长时间内有较高的过滤效率。空气经第一次冷却后，大部分的水、油都已结成较大的雾粒，故适宜用旋风分离器分离。第二次冷却使空气进一步降温后析出较小的雾粒，宜采用丝网分离器分离。通常第一级冷却到 $30\sim35℃$，第二级冷却到 $20\sim25℃$。除水后，在该温度下，空气的相对湿度可能还是 100%，需要用将空气加热到 $30\sim35℃$ 的办法把空气的相对湿度降到 $50\%\sim60\%$，以保证过滤器的正常运行。

图 3-11　两级冷却与分离、加热除菌流程

2. 高效前置过滤除菌流程

高效前置过滤除菌流程如图 3-12 所示。

该流程利用压缩机的抽吸作用使空气先经中效、高效过滤后，进入空气压缩机，降低主

图 3-12　高效前置过滤除菌流程

过滤器的负荷。经高效前置过滤器后，空气的无菌程度可达 99.99％，再经冷却、分离，进入主过滤器过滤后，空气的无菌程度就更高。高效前置过滤器采用泡沫塑料（静电除菌）、超细纤维纸为过滤介质，串联使用。其特点是空气经多次过滤，因而所得空气的无菌程度较高。但该流程成本较高，净化空气流量受限制，要求新鲜空气中的污染微粒少等条件，以保证经济效益。

3. 节能的空气净化流程

图 3-13 是利用压缩后的热空气与除水、除油后的冷空气进行热交换，使冷空气的温度升高，降低其相对湿度的空气净化流程，可节能。此流程对热能的利用比较合理，热交换器还可兼作贮气罐，但由于气-气换热的传热系数很小，加热面积要足够大才能满足要求。

图 3-13　节能的空气净化流程

总的来说，无菌空气制备流程的选择应根据所在地的地理、气候环境和设备等条件而考虑。如在环境污染比较严重的地方，要考虑改变吸风的条件，如提高进风口高度，如图 3-13，以减少空气带来的微生物及其他微粒，延长压缩机使用寿命，降低过滤器的负荷，提高空气的无菌程度；在温暖潮湿的南方，要加强除水设施，以确保和发挥过滤器的最大除菌效率；在压缩机耗油严重的设备流程中则要加强消除油雾的污染或采用无油（少耗油）润滑空气压缩机等技术。

三、空气的杀菌

上述空气过滤方法利用过滤介质将空气中的微生物、灰尘拦截、除去，对微生物不是直接杀灭。而常用于空气杀菌的技术有以下几种。

（一）紫外线杀菌法

紫外线是一种肉眼看不见的光波（电磁波）。紫外线的有效杀菌波长范围在 240～280nm 之间，最强杀菌波长为 253.7nm。紫外线照射可使微生物细胞内核酸、原浆蛋白和酶发生化学变化而死亡。紫外线有广谱杀菌作用，可杀死包括细菌、结核杆菌、芽孢和真菌在内的多种微生物，达到消毒和净化的目的。

紫外线的能量较低，其穿透固体的能力几乎为零，穿透液体的能力与透明度有关。在清水中可达 50mm，对于河水仅 10mm，对牛奶仅可深入 1～2mm，能量可被吸收 50％。因此紫外线多用于车间内操作台、设备上空空气的杀菌和净化水的最后杀菌。紫外线杀灭革兰氏阳性菌与革兰氏阴性菌的效率差不多，其致死剂量见表 3-11。一般细菌致死剂量范围在 $1 \sim 6 \mathrm{mW \cdot s \cdot cm^{-2}}$，而霉菌、细菌孢子和病毒对紫外线的耐性较强，需要较高的致死剂量。而且紫外线灭菌的效果与作用时间、温度、微生物所处的环境有很大的关系。黏附在有机体表面或悬浮液中的微生物对紫外线的抵抗力较强。

表 3-11　紫外线对几种细菌和病毒的致死量

微生物	类别	紫外线致死量/$\mathrm{mW \cdot s \cdot cm^{-2}}$
细小芽孢菌(*Bacillus subtlis spore*)	细菌	22.0
噬菌体(bacteriophage)	病毒	6.6
柯萨奇病毒(coxsackie virus)	病毒	6.3
志贺氏菌芽孢(*Shigella spores*)	细菌	4.2
埃希氏大肠杆菌(*Escherichia coli*)	细菌	6.6
粪大肠杆菌(*Fecal coliform*)	细菌	6.6
甲肝病毒(hepatitis A virus)	病毒	8.0
感冒病毒(influenza virus)	病毒	6.6
嗜肺军团菌(*Legionella pneumopila*)	细菌	12.3
伤寒沙门氏菌(*Salmonella typhi*)	细菌	7.0
金黄色葡萄状菌(*Staphylococcus aureus*)	细菌	6.6
链球菌芽孢(*Streptococcus spores*)	细菌	3.8

对于生产车间的空气消毒，紫外线只有照射到物体表面且达到一定的照射强度才有杀菌效果，通常距离紫外灯光源 1.5m 以外的范围基本无效。紫外线照射杀菌在环境相对湿度达到 60% 以上时，消毒效果急剧下降，相对湿度达到 80% 以上时反而可诱使细菌复活。紫外线照射时生产人员必须离开现场，以确保人员的健康。

(二) 静电除菌法

静电除菌法利用静电引力吸附带电粒子而达到除菌除尘的目的。静电除尘器可以除去空气中的水雾、油雾、尘埃，以及空气中的微生物。悬浮于空气中的微生物、微生物孢子大多带有不同的电荷，没有带电荷的微粒在进入高压静电场时也都会被电离成带电微粒。另外，静电源工作时在设备内形成的均匀电晕层及静电场，会使随空气进入圆孔通道的细菌、病毒电解、炭化，直接导致死亡。

图 3-14　静电除菌除尘装置示意图
1—带微粒空气；2—电离部分；
3—除尘部分；4—清洁空气

对于一些直径很小的微粒，它所带的电荷很小，当静电产生的引力等于或小于气流对微粒的拖带力或微粒布朗扩散运动的动量时，微粒就不能被吸附而沉降，所以静电除尘对很小的微粒效率较低。因此，静电除菌的效率不是很高，一般在 85% ~ 90% 之间，但由于它耗能少，空气的压头损失小，所需设备不多，因而常用于洁净工作台和洁净工作室所需无菌无尘空气的第一次除菌，配合高效过滤器使用。静电除菌的原理见图 3-14。

(三) 熏蒸消毒

熏蒸消毒利用消毒药物的气体或烟雾，在密闭空间内进行熏蒸而达到消毒目的。该方法既可用于室内空气的杀菌，也可用于与食品接触设备、器具表面的消毒。熏蒸试剂包括乳酸、过氧乙酸及甲醛等。目前，考虑到甲醛的毒性及对甲醛残留的要求，国内已逐渐减少使用此类熏蒸剂。

1. 乳酸熏蒸

乳酸是无色至浅黄色糖浆状液体，沸点 122℃，蒸发时需加热至 150℃左右。当乳酸在空气中浓度为 0.04mg·m^{-3} 时，经 40s 可杀灭绝大多数细菌。浓度低于 0.003mg·m^{-3} 时，杀菌效果降低。通常在 25～30m³ 的空间，用乳酸 4～5mL 加等量水，使用酒精灯加热蒸发，密闭 2～3h。消毒时最适相对湿度 60%～80%，低于 60% 效果会下降。该法适于室内范围不大的空气消毒。

2. 过氧乙酸熏蒸

过氧乙酸（过醋酸）为无色透明液体，有刺激性酸味，易挥发，沸点 110℃，腐蚀性强，有漂白作用，为高效灭菌剂。过氧乙酸熏蒸消毒适用于密封较好房间内污染表面的处理。过氧乙酸蒸气的产生方法是使用陶瓷或搪瓷或玻璃容器加热，使用环境宜在 20℃，相对湿度 70%～90%，使用剂量为过氧乙酸 1g·m^{-3}，熏蒸时间 60～90min，达到规定时间后，需通风排气。

3. 甲醛熏蒸

甲醛是无色气体，有特殊的刺激气味，沸点为 −19.5℃。甲醛气体具有广谱、高效杀菌作用，且使用方法简单、方便，对消毒物品无损害。使用甲醛气体熏蒸可对经营、生产场所内的空气及墙壁、机械设备等表面消毒，对污染严重的霉斑也有较好的效果。甲醛熏蒸消毒时是将福尔马林（40% 的甲醛溶液）置于陶瓷或玻璃或金属器皿中，直接在火源上加热蒸发。药液蒸发完毕后，应及时撤除火源。消毒使用量一般为 18mL·m^{-3}，要求消毒环境相对湿度保持在 70%～90% 之间，必要时可加水煮沸保持湿度，密闭 24h。

由于甲醛气体有一定的毒性、刺激性和特殊臭味，在使用场所内不可存放食品，并妥善进行个人防护。

第三节　食品生产用水的净化除（杀）菌

一、食品工厂用水要求

（一）不同水源及其特征

自然界中的水有淡水和海水（咸水）两种。海水虽量大，但由于其含盐量高、具腐蚀性等缺点，作为水源未被大量使用。大量用于食品工业的仍以淡水为主，其水源有以下几种。

1. 地表水

地表水是指江河、湖泊和水库（塘）的水。雨水降落到地面的过程中，会吸附大量的气体（如氮、氧、二氧化碳、氨、二氧化硫、硫化氢等），并吸附大气中的灰尘及微生物等污染物。江河水流经的地表面积广，会含有较多的杂质和污染物，包括悬浮物、胶体颗粒、有机物（天然腐殖质类有机物和人类活动产生的污染物）以及微生物。江河水的水质与季节、区域或流域等地理因素有关，人口密集区的江河水更易被人和动物污染，也易受工业污染的危害。湖泊、水库中的水主要由降雨及河流补给而成，其水质常受到河流水质、气候、地质、生物及湖泊或水库中水的更换周期的影响。

2. 地下水

地下水是地面水通过土壤和石灰岩渗入地壳和流集到地下或潜流河道中的水（包括井水、泉水、地下河水）。由于经过土壤和石灰岩的自然过滤作用，地下水较地表水清洁。水中的浑浊物、有机物和细菌一类悬浮杂质较少，但含有较多的矿物质，一般含盐量为 100～5000mg·L^{-1}，硬度波动大。

国家标准《生活饮用水卫生标准》（GB 5749）要求以地表水为生活饮用水来源时应符

合《地表水环境质量标准》（GB 3838）；以地下水为生活饮用水来源时应符合《地下水质量标准》（GB/T 14848）的要求。各种水源的优缺点如表 3-12 所示。

表 3-12　各类水源的优缺点

水源类型		优　　点	缺　　点
地下水		水质稳定、澄清，理化指标变化少，深井水一般不需处理即能达到生产和生活用水需求；细菌含量少，水温低且变化小，宜作冷却水；取水构筑物简单，经常性费用低	水中矿物质和溶解盐的含量高，硬度高；个别情况下，可能含有某些有害物质
地表水	江河水	水量丰富，溶解物质少，取水方便	浊度及微生物含量高，需做净化处理；水质、水温变化大；易受环境污染
	湖泊、水库水	浊度较江水低，取水容易、方便	细菌、藻类色度高，需做净化处理；水质水温变化大；易受环境污染

（二）食品工厂用水对水质的要求

1. 生产用水水质要求

生产用水指直接加入到食品中或作为食品主要成分的生产工艺用水（冰）；用于食品原料、半成品、包装容器、设备等的洗涤用水（也包括与食品有直接或间接接触的冷却水）；锅炉用水；用于生产过程的冷却水、冷凝水、水力喷射器或水环式真空泵用水等。

食品工厂生产用水的安全性是食品卫生操作规范（SSOP）八个基本内容中的首项，尤其是生产工艺用水和直接与食品表面接触的水或用于制冰的水是食品安全监控的重点。这类水起码应符合国家的《生活饮用水卫生标准》（GB 5749）。

生产工艺用水因直接进入产品，对食品尤其是饮料食品的外观、色泽、口味和品质有直接的影响。除要求水质符合饮用水外，对水的某些指标，如硬度、某些元素、微生物等指标有更高的要求，因此，饮料生产的工艺用水还要经过严格的处理。

至于不同水产品，瓶（桶）装饮用纯净水、瓶（桶）装饮用水、饮用天然矿泉水等水产品则按照各自产品标准要求控制水源及生产工艺。

2. 冷却循环水水质要求

冷却水容易引起的问题主要是腐蚀、结垢、污泥生成和微生物繁殖，尤其是循环使用的冷却用水。水中的氯离子、铜离子、铁离子和锰离子等是造成设备腐蚀的主要因子；钙离子、镁离子、铝离子、磷酸盐、硅酸盐、碱度等是结垢的主要因子；水中浊度（悬浮物等）是造成污泥沉积的主要来源。对上述问题的解决办法除了选择和控制水源外，目前在循环冷却水中主要靠添加药剂的化学处理方法。如用缓释剂控制腐蚀，用阻垢剂控制结垢，用抗污泥剂控制污泥沉积和用杀菌灭藻剂控制微生物繁殖。

3. 锅炉用水水质要求

一般工业锅炉对水质的硬度指标要求严格。硬度高的水可使锅炉结垢，降低热效率；锅炉受热面结垢容易造成局部过热，烧坏水管，影响安全运行；锅炉加热管积水垢后，水渣会堵塞管道，恶化锅炉的水循环。锅炉用水略带碱性（pH 7～8.5），当水中无氧气存在时，有防止锅炉腐蚀的作用。但若锅炉水碱度过大，会产生较严重的晶间腐蚀，对锅炉安全运行危害较大；还会使蒸汽中带有盐分，恶化蒸汽品质。水中残留油类杂质能黏附在锅炉金属管表面形成传热性极差的油垢而造成金属表面局部过热，而且油质也能使蒸汽品质恶化。因此，必须控制锅炉用水的水质。锅炉水质标准与锅炉类型、蒸汽品质、运行费用、使用寿命、锅炉排污、热损失等有关。

二、水的净化除（杀）菌技术

在水的质量控制过程中，微生物（包括细菌总数、病原微生物等）指标是优先考虑的控制因素。此外要求水的感官性状好，水中化学物、放射性物质等污染物不得危害身体健康。

（一）水的澄清净化

由于水中的微生物常常吸附在悬浮颗粒上，混凝沉淀过程中，可通过去除水中的悬浮物以去除大部分微生物，但仍需要对水进行过滤除菌和消毒处理，以保证水的卫生和安全。对水进行澄清净化的目的是去除水中的悬浮物质、有机物和胶体，主要是 $10\mu m$ 以下的固体物质颗粒，包括绝大部分的黏土颗粒（粒度上限为 $4\mu m$）、大部分细菌（$0.2\sim80\mu m$）、病毒（$10\sim300nm$）和蛋白质（$1\sim50nm$）等。地表水中含有各种有机物质及无机物质，污染严重，需要进行严格的处理。无铁地下水的净化处理主要取决于水中的悬浮物含量，当原水中悬浮物小于 $20mg\cdot L^{-1}$ 时，可直接进行过滤；原水中悬浮物为 $20\sim100mg\cdot L^{-1}$ 时，可直接进行直流混凝过滤；如果原水中悬浮物在 $150mg\cdot L^{-1}$ 左右时，需采用双层滤料过滤设备进行直流混凝。自来水的浊度较低，但其中含有少量的游离性余氯，应注意除氯。

地表水的澄清净化处理常用以下三种方法。

1. 混凝

水中黏土等无机物属于憎水性胶体；有机物如蛋白质、淀粉和胶质等属于亲水性胶体。这些胶体物质具有保持分散的稳定性。为了破坏这种稳定性，使这些胶体颗粒下沉，需要在原水中添加混凝剂或同时添加混凝剂和助凝剂，中和水中胶体表面的电荷，破坏胶体的稳定性，使胶体颗粒发生混凝并包裹悬浮颗粒而沉降，通过混凝和静置的组合，使水中由微粒形成的悬浮物得到去除，从而使水得以澄清。

通常使用的混凝剂包括无机混凝剂和有机混凝剂两大类。无机混凝剂主要有无机盐、酸、碱等；有机混凝剂主要有水溶性天然高分子（如淀粉系、蛋白质系、胶体等）、水溶性合成高分子等。

2. 沉淀与澄清

让水在沉淀池中停留较长的时间，用缓慢沉淀的方法去除水中较大颗粒的杂质。澄清的效果与水流经澄清池的停留时间有很大关系。停留时间取决于澄清的目的和处理对象，如欲除去大颗粒的粗砂、黏土等，停留时间为几小时；如欲除去水中浊度等小颗粒杂质，水的停留时间需达几天；对于后续工序将进行过滤的水，则停留时间一般为 $2\sim4h$。

3. 过滤

过滤是利用一些多孔过滤介质从水中截留、筛滤和吸附不溶性固体物质的过程，从而得到澄清的水。水过滤常用的过滤介质有粒状介质（砂粒等）、织状介质（织布、人造纤维等）、多孔性固体介质（多孔陶瓷管等）和滤膜。有时为了加强过滤效果，防止胶体颗粒对滤孔的堵塞，需要使用助滤剂。依靠过滤介质和助滤剂，或过滤介质及其吸附物质的电的或物理的吸附作用，不仅微粒大于介质滤孔的物质被机械性地截留和分离，小于滤孔的微粒，如细小的悬浮物、胶体及细菌等也能被吸附滤除，可以获得较为理想的净水效果。

过滤一般以石英砂、无烟煤等粒状物料为粗过滤介质，也可使用过滤筛网或膜材料，去除水中包括各种浮游生物、细菌、滤过性病毒、漂浮油和乳化油等。影响过滤过程的因素包括滤层的厚度和粒度、滤层的有效粒径、滤料的层数、滤速、水力波动及水中的化学水质参数、悬浮固体的化学性质和过滤前的化学处理过程等。

常用的过滤方法包括砂滤、活性炭过滤、烧结管微孔过滤和精滤。一般过滤可以截留 $10\mu m$ 以上的不溶性固体物质，微滤可以去除 $10\sim0.1\mu m$ 的微粒，超滤可以除去 $100\sim1nm$

的胶体、蛋白质和大分子物质，用于水的纯化。

（二）水的过滤除菌

水经过混凝澄清处理以后，大部分悬浮物已被除去，但这样的水质仍不能满足要求，仍需进一步过滤（或称精滤）去除水中悬浮的细小悬浮物和细菌。微孔过滤和膜过滤是常用的方法。

1. 微孔过滤

微孔过滤技术在水处理系统中具有重要的作用。根据过滤介质的不同，其过滤物质和效果也不相同。

（1）微孔过滤的基本原理　通常，微孔过滤的机制主要包括尺寸排除与碰撞拦截、黏附和静电吸附两种。前者是利用筛孔颗粒截留和滤饼效应颗粒截留两种效应，如图 3-15 所示。后者主要利用液体中许多小颗粒呈负电荷，能被带正电荷的滤膜捕获，如图 3-16 所示。

● 筛孔颗粒截留　　　● 滤饼效应颗粒截留

图 3-15　尺寸排除与碰撞拦截过滤机制

图 3-16　黏附和静电吸附机制

（2）微孔过滤器及过滤介质的种类　在工艺用水制备过程中，微孔过滤器按照其用途可分为除菌过滤器和一般性杂质过滤器。过滤器的滤材或介质多种多样，包括常见的砂芯棒过滤器（硅藻土、聚乙烯等材料）、玻璃棒过滤器、非石棉板框压滤器、微孔滤膜过滤器等。微孔薄膜过滤器在工艺用水制备过程中常作为反渗透等除盐设备的保安过滤器（孔径为 $0.4\sim 10\mu m$），以及用水终端的除菌过滤及纯化水贮罐的呼吸除菌过滤（孔径为 $0.22\mu m$）。根据过滤器的过滤方式还可分为压滤式和抽滤式两种，适用于各种用途。

微孔膜过滤常用的滤材及其性能、用途见表 3-13。

表 3-13　微孔膜过滤常用滤材及其性能、用途

滤材种类	性　能	用　途
聚偏二氟乙烯（PVDE）	亲水性膜，可耐受反复冲洗，可采用湿热灭菌	适用于澄清过滤工序
聚丙烯（PP）	具有亲水、亲气性，化学适应性广，孔径在 $0.1\sim 0.6\mu m$，可耐受 $121{℃}$ 蒸汽灭菌	用于物料的粗滤，反渗透系统的预过滤、去离子水预过滤及精密过滤、蒸馏水制备
聚砜	除菌级滤芯材料，具亲水性，滤材流通量大、耐温、耐热，可反复耐受 $121{℃}$ 蒸汽灭菌，能够接受完整性试验的检查	多用于物料的精密滤，广泛地应用在纯化水工艺中
尼龙	亲水性膜，孔径均匀，强度高，能保证有效的截留性能，在溶液中化学相溶性好，可反复耐受 $121{℃}$ 蒸汽灭菌，能够接受完整性试验的检查	适用于各类物料精密滤，应用在纯化水的精密过滤和除菌过滤工艺中

滤材种类		性　　能	用　　途
聚四氟乙烯(PTFE)	聚四氟乙烯疏水性膜	流通量大,耐高温,耐强酸、碱,化学适应性宽广,可反复耐受121℃蒸汽灭菌,能够接受完整性试验的检查	常用于气体的除菌过滤,能够100%地截留0.02μm以上的各种噬菌体、细菌和微粒
	聚四氟乙烯亲水性膜	化学适用性强,耐高温,耐强酸、碱和臭氧,可反复耐受121℃蒸汽灭菌,能够接受完整性试验的检查	常用于液体的除菌过滤
金属复合膜		具有完全的疏水特性,极限温度可以达到180℃	在需要采用纯蒸汽进行在线灭菌的贮罐或系统的呼吸过滤器中使用

2. 膜过滤

随着膜分离技术的不断推广和应用,食品工艺用水净化过程也逐渐采用膜分离技术,例如纳滤 (NF)、超滤 (UF) 及微滤 (MF) 等技术。膜过滤可筛除粒度从亚纳米级的微观颗粒到微米级的宏观颗粒,并且根据颗粒的粒度可以准确划分颗粒可被截留及不可被截留。因此,膜过滤技术具有广谱性及绝对性水处理优势,过滤时间短 (仅需 10~20s),近年来在水处理中得到广泛应用。如用膜截留分子量 (MWCO) 为 10×10^4D 的纤维素衍生物空心纤维膜超滤,对病毒的去除率大于 6 个数量级,对贾第虫的去除率为 4 个数量级,对总大肠杆菌的去除率为 7 个数量级,在常规的过滤中这些病原体的去除率仅为 90% (1 个数量级)。

另外,在食品工业中常采用膜过滤技术对流体食品中的悬浮物质 (包括菌体微生物) 进行膜过滤分离或浓缩,见第六章。

(三) 水的消毒与杀菌

水的消毒可以通过物理方法 (加热、紫外线、超声波等) 或化学方法 (氯、臭氧、过锰酸钾及重金属离子等药剂消毒) 杀死水中的各种微生物及病原菌和其他生物,使水的卫生指标符合要求。常用的消毒方法有氯消毒、二氧化氯消毒、紫外线和臭氧消毒。

1. 氯消毒

氯在水中反应生成次氯酸 HClO。次氯酸具有很强的穿透力,能迅速穿过微生物的细胞膜,进入微生物体内,破坏微生物体内的酶系统,使酶失活而致死。另外,次氯酸性质很不稳定,即容易放出新生态氧 [O],新生态氧与铵盐、硫化氢、氧化亚铁、亚硝酸盐以及有机物腐败后产生的物质相结合,对水中有机物和一些无机物等起氧化作用,从而抑制了以这些物质为营养的大部分微生物的生长。

为了保证杀菌效果,必须确保有效氯的浓度。加氯量决定于微生物种类、浓度、水温和pH 等因素,游离氯在水温 20~25℃、pH 7 时效果较佳。不同水源的水消毒时的加氯量可参见表 3-14。

表 3-14　不同水源氯消毒加氯量

水源类别	加氯量/mg·L^{-1}
污染较少的深井水	0.5~1.0
水质浑浊的河水	2.0~2.5
污染较少的泉水	1.5~2.0
环境较好的塘水	2.0~2.5
环境较差的塘水	2.5~3.0
浑浊带色的池水	3.0~4.5

当水中同时含有氨时，可使水的 pH 升高，并与氯反应，形成化学性余氯（氯胺类化合物和氯化铵），也可实现对水的消毒。这种消毒称为氯胺消毒，消毒副产物较少，不易分解，因而抑菌时间较游离性余氯长。

2. 紫外线杀菌

紫外线用于食品工厂用水、透明液态食品的杀菌。紫外线杀菌设备简单，操作方便，比较经济，且杀菌能力强，不污染水质。因此这种杀菌方法得到广泛应用。紫外线杀菌的水可作为饮料用水，也可作为果蔬原料清洗和包装容器以及设备管道的清洗用水。但由于紫外线在水中的穿透深度有限，要求被照射的水的深度或灯管之间的间距不得过大。图 3-17 是饮料厂用紫外线杀菌的水处理流程，适用于碳酸饮料、果汁饮料和乳饮料等灌装线。

图 3-17　紫外线杀菌的水处理流程

3. 臭氧杀菌

臭氧具有很强的杀菌能力，其氧化能力次于氯，但杀菌效果却优于氯。臭氧还可用于水的脱臭和洗涤。臭氧杀菌常用于食品饮料行业及矿泉水和纯净水等瓶装饮用水的制造。

臭氧的杀菌效果会因对象微生物的种类而有显著差异。臭氧对大肠杆菌、绿脓菌、荧光菌、乳酸菌的杀菌效果显著，在臭氧浓度 $0.3\sim0.7mg\cdot L^{-1}$ 时，接触 $10\sim30s$ 就可达到杀菌目的。金黄色葡萄球菌在臭氧浓度 $0.8\sim1.0mg\cdot L^{-1}$ 时，酒精酵母在臭氧浓度 $0.5\sim0.8mg\cdot L^{-1}$ 时，仅需 $20\sim30s$ 即致死，而枯草芽孢杆菌在臭氧浓度 $3.0\sim5.0mg\cdot L^{-1}$ 下需要 $5\sim10min$ 才能致死。除耐热性芽孢菌外，几乎所有微生物在与浓度 $0.3\sim1.0mg\cdot L^{-1}$ 的臭氧水接触 $20\sim30s$ 就可达到杀菌目的。臭氧水对于微生物的杀菌效果比较见表 3-15。

表 3-15　**臭氧浓度 $0.3\sim0.5mg\cdot L^{-1}$，20℃，在不同环境杀灭**
不同微生物需要的时间　　　　　　　　　　　　　　　　单位：min

微生物	水溶液中	空气中
巨大芽孢杆菌（B. megaterium）	30	—
枯草杆菌（B. Subtilis）	20	200
大肠杆菌（E. coli）	2	$10\sim30$
金黄色葡萄球菌（S. aureus）	2	$10\sim30$
热带假丝酵母（C. tropicalis）	5	100
米曲霉（A. oryzae）	20	150

臭氧杀菌后水中的残余臭氧能在较长时间（例如 24h）内保持水的杀菌状态，如水中残余臭氧浓度保持在 $0.1mg\cdot L^{-1}$ 以上时都能保持水的无菌状态。另外臭氧在水处理中，兼有脱臭、脱色和杀菌作用，以及去除水中的铁、锰物质的作用。残余臭氧经一段时间后会自行转变为普通的氧，不会残留有害物质，但在水中有溴离子存在及臭氧浓度较高时，容易生成

溴酸盐等有害物质，要引起重视。国家饮用水标准中对溴酸盐也有严格的限量。

复习思考题

1. 何谓非热杀菌技术？有哪些种类？
2. 超高静压、脉冲电场杀菌的原理是什么，有何特点？
3. 空气过滤除菌的机制是什么？影响过滤效率的因素有哪些？
4. 试述水处理中微孔过滤技术的基本原理及特点。
5. 空气和水处理中常用的杀菌方法有哪几类，有何特点？

参 考 文 献

[1] Howard Q Zhang，Gustavo V Barbosa-Cánovas，Balasubramaniam V M，Patrick Dunne C，Daniel F Farkas，James T C Yuan. Nonthermal Processing Technologies for Food. New Jersey：Wiley-Blackwell，2011.
[2] 张晓健，黄霞. 水与废水物化处理的原理与工艺. 北京：清华大学出版社，2011.
[3] 陈锦权，等. 食品非热力加工技术. 北京：中国轻工业出版社，2010.
[4] 曾庆孝. GMP与现代食品工厂设计. 北京：化学工业出版社，2005.
[5] 张胜华. 水处理微生物学. 北京：化学工业出版社，2005.
[6] 李平兰，王成涛. 发酵食品安全生产与品质控制. 北京：化学工业出版社，2005.
[7] 涂光备. 制药工业的洁净与空调. 北京：中国建筑工业出版社，2005.
[8] 李汴生，阮征. 非热杀菌技术与应用. 北京：化学工业出版社，2004.
[9] 钱应璞. 食品工业工艺用水系统. 北京：化学工业出版社，2004.
[10] 陆柱，蔡兰坤，丛梅. 给水与用水处理技术. 北京：化学工业出版社，2004.
[11] 陈洪章，等. 生物过程工程与设备. 北京：化学工业出版社，2003.
[12] 陈霖新，等. 洁净厂房的设计与施工. 北京：化学工业出版社，2002.
[13] 朱蓓薇. 饮料生产工艺与设备选用手册. 北京：化学工业出版社. 2002.
[14] 杨桂馥. 软饮料工业手册. 北京：中国轻工业出版社. 2002.
[15] 许保玖. 给水处理理论. 北京：中国建筑工业出版社，2000.
[16] Barbosa-Canovas G V，Pothakamury U R，Palou E，Swanson B G. Nonthermal Processing of Foods. New York：Marcel Dekker，1997.
[17] 吴思方. 发酵工厂工艺设计概论. 北京：中国轻工业出版社，1995.

工程训练

超高压果汁和果酱已逐渐被消费者认识和推崇，它有什么特点？为什么？

第四章　食品的低温处理与保藏

第一节　低温处理和食品加工与保藏

一、低温处理在食品工业中的应用

食品的低温处理是指食品被冷却或被冻结，通过降低温度改变食品的特性，从而达到加工或贮藏目的的过程。

低温应用于食品加工主要包括：利用低温达到某种加工效果，如冷冻浓缩、冷却干燥和升华干燥等是为了达到食品脱水的目的；而果蔬的冷冻去皮，碳酸饮料在低温下的碳酸化等则是利用低温所导致的食品或物料物理化学特性的变化而优化加工工艺或条件；利用低温还能改善食品的品质，如乳酪的成熟、牛肉的嫩化和肉类的腌制等操作在低温下进行，则是利用低温对微生物的抑制和低温下缓慢进行物理化学反应来改善食品的品质；低温下加工是阻止微生物繁殖、污染，确保食品（尤其是水产品）安全的重要手段。此外冻结过程本身就可以产生一些特殊质感的食品，如冰淇淋、冻豆腐等。

食品低温保藏就是利用低温技术将食品温度降低并维持食品在低温（冷却或冻结）状态以阻止食品腐败变质，延长食品保存期的过程。低温保藏不仅可以用于新鲜食品物料的贮藏，也可用于食品加工品、半成品的贮藏。

二、食品低温保藏的种类和一般工艺

根据低温保藏中食品物料是否冻结，可以将其分为冷藏（cold storage）和冻藏（frozen storage）。冷藏是指在低于常温且高于食品物料的冻结点的温度下进行的食品保藏，其温度范围一般为 15～−2℃，而 0～4℃ 则为常用的冷藏温度。根据食品物料的特性，冷藏的温度又可分为 15～2℃（cooling）和 2～−2℃（chilling）两个温度段，植物性食品的冷藏一般在前一温度段进行，而动物性食品的冷藏则多在后一温度段。冷藏的食品物料的贮藏期一般从几天到数周，随冷藏食品物料的种类及其冷藏前的状态而异。新鲜的易腐食品物料如成熟的番茄的贮藏期只有几天，而耐藏食品物料的贮藏期可达几十天甚至几个月。供食品物料冷藏用的冷库一般被称为高温（冷藏）库。

冻藏是指食品物料在冻结的状态下进行的贮藏。一般冻藏的温度范围为 −2～−30℃，常用的温度为 −18℃。随着生食级水产品（如金枪鱼等）的发展，超低温（−55～−60℃）冻藏已经进入产业化。冻藏食品物料有较长的贮藏期，其贮藏期从十几天到几百天。供食品物料冻藏用的冷库一般被称为低温（冷）库。食品冷藏和冻藏温度范围和贮藏期见

表 4-1。

表 4-1　食品冷藏和冻藏常用温度范围和贮藏期

低温保藏的种类	温度范围/℃	食品的贮藏期
冷藏	15～－2	几小时～十几天
冻藏	－2～－30	十几天～几百天

食品低温保藏的一般工艺过程为：食品物料→前处理→冷却或冻结→冷链运输→冷藏或冻藏→冷链运输→回热或解冻。不同食品物料的特性有所不同，具体的工艺条件不尽相同。

三、食品低温保藏技术的发展

人类对低温可以延长食品贮藏期早已有认识和应用。我国周朝的诗经中记载有人们将冰放入地窖，可保持窖内的食物在夏季不腐。马可波罗的东方游记中也记载有我国古代用冰保存食物的方法。但通过人工制冷机制冷来大规模保存食品是在 1834 年英国人 Jacob Perkins 发明实用冷冻机之后，当时的冷冻机为压缩式制冷机，以乙醚作为冷媒。1860 年法国人 Carra 发明了氨压缩式制冷机，之后，美国和德国也相继发明了类似的制冷机。1877 年法国人 Charles Tellier 首先以氨压缩式制冷机冷冻牛、羊肉，出现了冷冻食品。1930 年出现了冷冻蔬菜，1945 年出现了冷冻果汁。20 世纪 50 年代在美国首先出现速冻食品，后来的发展非常迅速。生产和消费量最大的是美国，其次是欧洲国家，亚洲则首推日本。到 2007 年全世界速冻食品年总产量已超过 6000 万吨，品种超过 3500 种，近几年其贸易量以年均 20%～30% 的速度递增，已成为世界上发展最快的行业之一，是前景广阔的食品新兴产业。

我国的速冻食品则在 20 世纪 70 年代开始，80 年代末以来发展较迅速。自 90 年代以来，每年产量以超过 20% 的速度增长，成为食品行业中的新星。2011 年，速冻食品行业实现销售产值 540.99 亿元，同比增长 28.97%，实现利润总额为 38.63 亿元。2012 年速冻食品行业的主营收入达到 583.46 亿元，占食品制造业总收入的 3.72%，同比增长 6.64%。目前我国市场上速冻食品主要分为速冻畜禽肉类（如速冻牛排、肉饼、鸡腿等）、速冻水产品类（如速冻鱼片、虾仁、螺肉等）、速冻果蔬类（如速冻草莓、刀豆等）、速冻调制食品类 4 大类，形成了年产量超过 1500 万吨规模的食品产业。速冻调制食品是指以谷物及其制品、畜禽肉及其制品、蛋及其蛋制品、水产品及其制品、植物蛋白及其制品、果蔬及其制品等为主要原料，配以辅料（含食品添加剂），经调味制作加工，采用速冻工艺，在低温状态下（产品热中心温度≤－18℃）贮存、运输和销售的预包装食品。它包括花色面米制品、裹面制品、鱼糜制品、乳化肉制品、菜肴制品、汤料制品六类，2012 年累计产量已经达到 410.58 万吨（同比增长 22.67%），是近年我国发展最快的速冻食品。

第二节　食品低温保藏的基本原理

一、低温对微生物的影响

从微生物生长的角度看，不同的微生物有一定的温度习性（见表 2-6）。一般而言，温度降低时，微生物的生长速率降低，当温度降低到－10℃时，大多数微生物会停止繁殖，部分出现死亡，只有少数微生物可缓慢生长。

低温抑制微生物生长繁殖的原因主要是：低温导致微生物体内代谢酶的活力下降，各种生化反应速率下降；低温导致微生物细胞内的原生质体浓度增加，黏度增加，影响新陈代谢；低温导致微生物细胞内外的水分冻结形成冰结晶，冰结晶会对微生物细胞产生机械刺伤，而且由于部分水分的结晶也会导致生物细胞内的原生质体浓度增加，使其中的部分蛋白质变性，而引起细胞丧失活性，这种现象对于含水量大的营养细胞在缓慢冻结条件下容易发生。但冻结引起微生物死亡仍有不同说法。

影响微生物低温下活性降低的因素包括如下几点。①温度，温度愈低对微生物的抑制愈显著，在冻结点以下温度愈低水分活性愈低，其对微生物的抑制作用愈明显，但低温对芽孢的活力影响较小。②降温速率，在冻结点之上，降温速率愈快，微生物适应性愈差；水分开始冻结后，降温的速率会影响水分形成冰结晶的大小，降温的速率慢，形成的冰结晶大，对微生物细胞的损伤大。③水分存在状态，结合水多，水分不易冻结，形成的冰结晶小而且少，对细胞的损伤小；反之，游离水分多，形成的冰结晶大，对细胞的损伤大。④食品的成分也会影响微生物低温下的活性，pH 愈低，对微生物的抑制加强。食品中一定浓度的糖、盐、蛋白质、脂肪等对微生物有保护作用，可使温度对微生物的影响减弱。但当这些可溶性物质的浓度提高时，其本身就有一定的抑菌作用。⑤此外冻藏过程的温度变化也会影响微生物在低温下的活性，温度变化频率大，微生物受破坏速率快。

二、低温对酶的影响

温度对酶的活性影响很大，高温可导致酶的活性丧失；低温处理虽然会使酶的活性下降，但不会使其完全丧失。一般来说，温度降低到 $-18℃$ 才能比较有效地抑制酶的活性，但温度回升后酶的活性会重新恢复，甚至较低温处理前的活性还高，从而加速果蔬的变质，故对于低温处理的果蔬往往需要在低温处理前进行灭酶处理，以防止果蔬质量降低。

食品中酶的活性的温度系数 Q_{10} 为 $2\sim3$，也就是说温度每降低 $10℃$，酶的活性会降低至原来的 $1/3\sim1/2$。不同来源的酶的温度特性有一定的差异，来自动物（尤其是温血动物）性食品中的酶，酶活性的最适温度较高，温度降低对酶的活性影响较大，而来自植物（特别是在低温环境下生长的植物）性食品的酶，酶活性的最适温度较低，低温对酶的影响较小。

三、低温对食品物料的影响

低温对食品物料的影响因食品物料种类不同而不尽相同。根据低温下不同食品物料的特性，我们可以将食品物料分为三大类：一是植物性食品物料，主要是指新鲜水果蔬菜等；二是动物性食品物料，主要是指新鲜捕获的水产品、屠宰后的家禽和牲畜以及新鲜乳、蛋等；三是指其他类食品物料，包括一些原材料、半加工品和加工品、粮油制品等。

对于采收后仍保持个体完整的新鲜水果、蔬菜等植物性食品物料而言，采收后的果蔬仍具有和生长时期相似的生命状态，仍维持一定的新陈代谢，只是不能再得到正常的养分供给。只要果蔬的个体保持完整且未受损伤，该个休可以利用体内贮存的养分维持正常的新陈代谢。就整体而言，此时的代谢活动主要向分解的方向进行。植物个体仍具有一定的天然的"免疫功能"，对外界微生物的侵害有抗御能力，因而具有一定的耐贮存性，对于这些植物性食品原料，我们形象地称之为"活态"食品。

植物个体采收后到过熟期的时间长短与其呼吸作用和乙烯催熟作用有关。植物个体的呼吸强度不仅与种类、品种、成熟度、部位以及伤害程度有关，还与温度、空气中氧和二氧化碳含量有关。一般情况下，温度降低会使植物个体的呼吸强度降低，新陈代谢的速率放慢，植物个体内贮存物质的消耗速率也减慢，植物个体的贮存期限也会延长。因此低温具有保存植物性食品原料新鲜状态的作用。但也应注意，对于植物性食品原料的冷藏，温度降低的程度应在不破坏植物个体正常的呼吸代谢作用的范围之内，温度如果降低到植物个体难以承受的程度，植物个体便会由于生理失调而产生冷害（chill injury），又称"机能障碍"，它使植物个体正常的生命活动难以维持，"活态"植物性食品原料的"免疫功能"会受到破坏或削弱，食品原料也就难以继续贮存下去。

因此，在低温下贮存植物性食品原料的基本原则应是，既降低植物个体的呼吸作用等生命代谢活动，又维持其基本的生命活动，使植物性食品原料处在一种低水平的生命代谢活动状态。

对于动物性食品物料，屠宰后对动物个体进行低温处理时，其呼吸作用已经停止，不再具有正常的生命活动。虽然在肌体内还进行生化反应，但肌体对外界微生物的侵害失去了抗御能力。动物死亡后体内的生化反应主要是一系列的降解反应，肌体出现死后僵直、软化成熟、自溶和酸败等现象，其中的蛋白质等发生一定程度的降解。达到"成熟"的肉继续放置则会进入自溶阶段，此时肌体内的蛋白质等发生进一步的分解，侵入的腐败微生物也大量繁殖。因此，降低温度可以减弱生物体内酶的活性，延缓物料自身的生化降解反应过程，并抑制微生物的繁殖。

低温抑制微生物的活动，对其他生物如虫类也有类似的作用；低温降低食品中酶的作用及其他化学反应的作用也相当重要。不同食品物料都有其合适的低温处理要求。

第三节　食品的冷藏

一、冷藏食品物料的选择和前处理

植物性食品物料组织较脆弱，易受机械损伤；含水量高，冷藏时易萎缩；营养成分丰富，易被微生物利用而腐烂变质；此外它们又具有呼吸作用，有一定的天然抗病性和耐贮藏性等特点。

对于冷藏前植物性食品物料的选择应特别注意原料的成熟度。植物性食品物料采收后有继续成熟的过程，完成由"未熟"到"成熟"，然后再到"过熟"的过程。冷藏的过程可以延缓这一继续成熟过程。一般而言，采收后、冷藏前食品物料的成熟度愈低，冷藏的贮藏时间相对愈长。此外，冷藏的食品物料还应无病虫害、无机械伤。同一批冷藏的食品物料的成熟度、个体大小等应尽量均匀一致。

动物性食品物料一般应选择动物屠宰或捕获后的新鲜状态进行冷藏。由于不同的动物性食品物料组织特性不同，其完成肉质成熟过程所需的时间不同，鱼贝类、家禽类原料的僵直期一般较短，而畜类的僵直期相对较长。

总之应尽量选择耐贮藏、新鲜、优质、污染程度低的食品物料作为冷藏的原料。

食品物料冷藏前的处理对保证冷藏食品的质量非常重要。通常的前处理种类包括：挑选去杂、清洗、分级和包装等。对于植物性食品物料，要去除水果和蔬菜中的杂草、杂叶、果梗、腐叶和烂果等及可能污染的生物和化学物。根据大小、成熟度等进行的分级可保证同一批食品物料质量一致。适当的果蔬包装既可增加保护作用，也可以减少果蔬在冷藏过程中的水分蒸发。通常的包装材料具有一定的透气性。对于动物性食品物料，冷藏前需要清洗去除血污以及其他一些在捕获和屠宰过程中带来的污染物，对于个体较大的原料，还可以将其切分成较小的个体，以便于冷藏、加工和食用。捕捞致死的鱼应迅速用清水冲洗干净或做必要的去内脏等清理。

由于食品物料的贮藏要求不同，前处理要确保物料的一致性，并编号以便管理；采用合适的（预）包装，防止交叉感染。

二、冷却方法及控制

冷却又称为预冷，是将食品物料的温度降低到冷藏温度的过程。为了及时地控制食品物料的品质，延长其冷藏期，应在植物性食品物料采收后、动物性食品物料屠宰或捕获后尽快地进行冷却，冷却的速率一般也应尽可能快。

就创造低温的方法而言，可分为自然降温和人工降温。自然降温是利用自然低气温来调节并维持贮藏库（包括各种简易贮藏和通风库贮藏）内的温度，在我国北方用于果蔬贮藏。但是，该法受自然条件的限制，在温暖地区或者高温季节就难以应用。人工降温贮藏方法主要采用机械制冷来创造贮藏低温，这样就能够不分寒暑，全年贮藏果蔬，是工业常用的方法。

食品物料的冷却降温过程一般在冷却间进行，冷却间与冷藏室之间的温度差应保持最小，这样由冷却间进入冷藏室的食品物料对冷藏室的温度影响最小，同时对维持冷藏室内空气的相对湿度也极为重要。表4-2列出了部分食品物料冷却的工艺控制条件。

（一）强制空气冷却法

空气冷却法采用空气作为冷却介质来冷却食品物料。空气来自制冷系统，进入冷却室。为了使冷却室内温度均匀，一般采用鼓风机使冷却室内的空气形成循环。在冷却食品物料的量和冷空气确定后，空气的流速决定了降温的速率。空气的流速愈快，降温的速率愈快。一般空气的流速控制在 $1.5 \sim 5.0 \mathrm{m \cdot s^{-1}}$ 的范围。用相对湿度较低的冷空气冷却未经阻隔包装的食品物料时，食品表面水分会一定程度地蒸发，空气的相对湿度和空气的流速会影响食品表面水分的蒸发引起食品干耗，应引起注意。

（二）真空冷却法

真空冷却法使被冷却的食品物料处于真空状态，并保持冷却环境的压力低于食品物料的水蒸气压，造成食品物料中的水分蒸发，由于水分蒸发带走大量的蒸发潜热使食品物料的温度降低，当食品物料的温度达到冷却要求的温度后，破坏真空以减少水分的进一步蒸发。很明显这种方法会造成食品物料中部分水分的蒸发损失。此法适用于蒸发表面大，通过水分蒸发能迅速降温的食品物料，如蔬菜中的叶菜类，对于这类食品物料，由于蒸发的速率快，所需的降温时间短（10～15s），造成的水分损失并不很大（2%～3%）。

（三）水冷却法

水冷却法将干净水（淡水）或盐水（海水）经过机械制冷或机械制冷与冰制冷结合制成冷却水，然后用此冷却水通过浸泡或喷淋的方式冷却食品。淡水制得的冷却水的温度一般在0℃以上，而盐水（海水）形成的冷却水的温度可在-0.5～-2℃。采用浸泡或喷淋的方式可使冷却水与食品物料的接触均匀，传热快，如采用-0.5～-2℃的冷海水浸泡冷却个体为80g的鱼时，所需的冷却时间只需要几分钟到十几分钟。采用水浸泡法冷却食品物料时，水的流速直接影响到冷却的速率，但流速太快可能产生泡沫，影响传热效果。目前冷海水冷却法在远洋作业的渔轮上应用较多，由于鱼的密度比海水低，鱼体会浮在海水之上，装卸时采用吸鱼泵并不会挤压鱼体，可提高工作效率，降低劳动强度。采用水冷却法时应注意，水与被冷却的食品物料接触可能对食品物料（即使对于水产品）的品质有一定的影响，如用冷海水冷却鱼体，可能使鱼体吸水膨胀、肉变咸、变色，也易污染。因此，一些食品物料采用水冷却法冷却时，需要有一定的包装。

（四）冰冷却法

冰冷却法采用冰来冷却食品，利用冰融化时的吸热作用来降低食品物料的温度。冷却用的冰可以是机械制冰或天然冰，可以是净水形成的冰，也可以是海水形成的冰。净水冰的熔化潜热为 $334.72 \mathrm{kJ \cdot kg^{-1}}$，熔点为0℃，海水冰的熔化潜热为 $321.70 \mathrm{kJ \cdot kg^{-1}}$，熔点为-2℃。冰冷却法常用于冷却鱼类食品。为了使传热均匀，并控制食品物料不发生冻结，冷却用的冰一般采用碎冰（≤2cm）。冰经破碎后撒在鱼层上，形成一层鱼一层冰，或将碎冰与鱼混拌在一起。前者被称为层冰层鱼法，适合于大鱼的冷却，后者为拌冰法，适合于中、小鱼的冷却。由于冰融化时吸热大，冷却用冰量不多，采用拌冰法鱼和冰的比例约为 1：0.75，层冰层鱼法用冰量稍大，鱼和冰的比例一般为 1：1。

为了防止冰水对食品物料的污染，通常对制冰用水的卫生标准有严格的要求。

三、食品冷藏工艺和控制

（一）冷藏的条件和控制要素

冷藏过程中主要控制的工艺条件包括冷藏温度、空气的相对湿度和空气的流速等。这些工艺条件因食品物料的种类、贮藏期的长短和有无包装而异。一般来说，贮藏期短，对相应的冷藏工艺要求可以低一些。

表 4-2　部分食品物料冷却的工艺控制条件

食品	冷却室温度/℃		冷却室湿度/%	最高风速/m·s⁻¹		食品温度/℃		冷却时间/h	冷却率因素②
	初温	终温		初期	末期	初温	终温		
菠萝	7.2	3.3	85	1.25	0.75	29.4	4.4	3	0.67
桃	4.4	0	85	0.75	1.30	29.4	1.1	24	0.62
鳄梨	4.4	0.56	85	1.25	0.45	26.7	3.9	22	0.67
李	4.4	0	80	1.25	0.45	26.7	1.1	20	0.67
浆果	4.4	0	85	0.75	0.30	26.7	1.1	20	0.67
杏	4.4	0	85	0.75	0.30	26.7	0.67	20	0.67
榅桲	4.4	0	85	0.75	0.30	26.7	0	24	0.67
苹果	4.4	−1.1	85	0.75	0.30	26.7	0	24	0.67
柠檬	15.6	12.8	85	1.25	0.45	23.9	13.9	20	1.0
葡萄柚	4.4	0	85	1.25	0.45	23.9	1.1	22	0.70
橙	4.4	0	85	1.25	0.45	23.9	0	22	0.70
梨	4.4	0	85	0.75	0.30	21.1	1.1	24	0.80
葡萄	4.4	0	85	1.25	0.75	21.1	1.1	20	0.80
香蕉	21.1	13.3	95～90①	0.75	0.45	15.6	13.3	12	0.10
番茄(青)	21.1	10.0	85	0.75	0.45	26.7	11.0	34	1.0
青刀豆	4.4	0.56	85	0.75	0.30	26.7	1.7	20	0.67
青豆	4.4	0.56	85	0.75	0.45	26.7	1.1	20	0.67
瓜类	4.4	0	85	1.25	0.75	26.7	1.1	24	0.90
孢子甘蓝	4.4	0.56	90	0.75	0.30	26.7	1.1	24	0.80
包菜	4.4	0	90	0.75	0.30	21.1	1.1	24	0.80
菜花	4.4	0	90	0.75	0.30	21.1	1.1	24	0.80
胡萝卜	4.4	0	90	0.75	0.30	21.1	1.1	24	0.80
大头菜	4.4	0	95	0.75	0.30	21.1	1.1	24	0.80
洋葱	4.4	0	75	1.25	0.75	21.1	1.1	24	0.80
猪肉	7.22	−11	90	1.25	0.75	40.6	1.7	18	0.67
羊肉	7.22	−1.1	90	1.25	0.45	37.8	4.4	5	0.75
牛肉	7.22	−1.1	87	1.25	0.75	37.8	6.7	18	0.56
家禽	7.22	0	85	1.25	0.45	29.4	4.4	5	1.00
内脏(心、肝)	4.4	0	85	0.75	0.45	32.2	1.7	1/8	0.70

① 最初相对湿度为 95%，末期相对湿度为 90%。

② 冷却率因素用于校正冷却设备热负荷分布不均匀性：冷却初期每小时热负荷量＝每小时平均冷却率/冷却率因素。

在冷藏工艺条件中，冷藏温度是最重要的因素。冷藏温度不仅指的是冷库内空气的温度，更重要指的是食品物料的温度。植物性食品物料的冷藏温度通常要高于动物性的食品物料，这主要是因为植物性食品物料的活态生命可能会受到低温的影响而产生低温冷害（chilling injury）。

冷藏室内的温度应严格控制，任何温度的变化都可能对冷藏的食品物料造成不良的后果。大型冷藏库内的温度控制要比小型冷藏库容易些，这是由于它的热容量较大，外界因素对它的影响较小。冷藏库内若贮藏大量高比热容的食品物料时，空气温度的变化虽然很大而食品物料的温度变化却并不显著，这是由于冷藏库内空气的比热容和空气的量均比食品物料的小和少。

冷藏室内空气中的水分含量对食品物料的耐藏性有直接的影响。冷藏室内的空气既不宜过干也不宜过湿。低温的食品物料表面如果与高湿空气相遇，就会有水分冷凝在其表面，导致食品物料容易发霉、腐烂。空气的相对湿度过低时，食品物料中的水分会迅速蒸发并出现萎缩。冷藏时大多数水果和植物性食品物料适宜的相对湿度在85％～90％，绿叶蔬菜、根菜类蔬菜和脆质蔬菜适宜的相对湿度可提高到90％～95％，坚果类冷藏的适宜相对湿度一般在70％以下。畜、禽肉类冷藏时适宜的相对湿度一般也在85％～90％，而冷藏干态颗粒状食品物料如乳粉、蛋粉等时，空气的相对湿度一般较低（50％以下）。若食品物料具有阻隔水汽的包装时，空气的相对湿度对食品物料影响较小，控制的要求相对也较低。

冷藏室内空气的流速也相当重要，一般冷藏室内的空气保持一定的流速以保持室内温度的均匀和进行空气循环。空气的流速过大，空气和食品物料间的蒸气压差也随之增大，食品物料表面的水分蒸发也随之增大，在空气相对湿度较低的情况下，空气的流速将对食品干缩产生严重的影响。只有空气的相对湿度较高而流速较低时，才会使食品物料的水分损耗降低到最低的程度。

（二）食品物料的冷藏工艺和技术

1. 果蔬的冷却、冷藏工艺

果蔬原料常用的冷却方法有空气冷却法、冷水冷却法和真空冷却法等。空气冷却可在冷藏库的冷却间或过堂内进行，空气流速一般在 $0.5 \mathrm{m \cdot s^{-1}}$，冷却到冷藏温度后再入冷藏库。冷水冷却法中冷水的温度为 $0 \sim 3 \mathrm{℃}$，冷却速率快，干耗小，适用于根菜类和较硬的果蔬。真空冷却法多用于表面积较大的叶菜类，真空室的压力为 $613 \sim 666 \mathrm{Pa}$。为了减少干耗，果蔬在进入真空室前要进行喷雾加湿。冷却的温度一般为 $0 \sim 3 \mathrm{℃}$。但由于品种、采摘时间、成熟度等多因素的影响，冷却温度差别很大。

完成冷却的果蔬可以进入冷藏库。冷藏过程主要控制的工艺条件包括：温度和空气的相对湿度。表 4-3 列出了美国部分果蔬的冷藏条件，仅供参考。

表 4-3　美国部分果蔬的冷藏条件

果蔬品名	冷藏温度/℃	相对湿度/%	最高冰点/℃	备注
杏	−1.1～0	90～95	−2.22	
梨	−1.1～0	90～95	−2.22	
樱桃	−1.1～0	90～95	−2.22	
桃	−1.1～0	90～95	−2.22	
葡萄	−1.1～0	90～95	−2.22	
李	−1.1～0	90～95	−2.22	
大蒜	0	65	<−0.56	
葱	0	65	<−0.56	
蘑菇	0	90	<−0.56	
橙	0	90	<−0.56	
橘子	0	90	<−0.56	

果蔬品名	冷藏温度/℃	相对湿度/%	最高冰点/℃	备注
芦笋	0	90	<−0.56	
利马豆	0	95	<−0.56	
甜菜	0	95	<−0.56	
茎椰菜	0	95	<−0.56	
孢子甘蓝	0	95	<−0.56	
卷心菜	0	95	<−0.56	
花菜	0	95	<−0.56	
芹菜	0	95	−0.5	
杏	−1.1~0	90~95	−2.22	
甜玉米	0	95	<−0.56	
荷兰芹	0	95	<−0.56	
菠菜	0	95	−0.06	
胡萝卜	0	95	<−0.56	
莴苣	0	95	−0.06	
萝卜	0	95	<−0.56	
苹果	2.22	95	<−0.56	
嫩菜豆	7.22	90	<−0.56	低于7.22℃易受冷害
熟番茄	7.22	90	<−0.56	低于7.22℃易受冷害
绿番茄	10	85	<−0.56	低于10℃易受冷害
甜瓜	10	85	<−0.56	低于10℃易受冷害
土豆	10	85	<−0.56	低于10℃易受冷害
南瓜	10	85	<−0.56	低于10℃易受冷害
黄瓜	10	90~95	<−0.56	低于10℃易受冷害
茄子	10	90~95	<−0.56	低于10℃易受冷害
甜椒	10	90~95	<−0.56	低于10℃易受冷害
香蕉	14.5~15.6	85~90	<−0.56	
柠檬	14.5~15.6	85~90	<−0.56	
葡萄柚	14.5~15.6	85~90	<−0.56	

　　采用气体调节与冷藏结合的方法贮藏果蔬时，由于气体成分的改变（氧气的降低）可以明显地抑制果蔬的呼吸作用，延长果蔬的贮藏期。

2. 肉类的冷却、冷藏工艺

　　肉类原料的冷却一般采用吊挂在空气中冷却，在冷却间吊挂的密度和数量因肉的种类、大小和肥瘦等级等而定。对于个体较大的畜肉胴体，冷却的方法有一段冷却法和两段冷却法。一段冷却法是指整个冷却过程在一个冷却间内完成的方法。冷却空气的温度控制在0℃左右，空气的流速在0.5~1.5m·s^{-1}，相对湿度在90%~98%，冷却结束时，胴体后腿肌肉最厚部的中心温度应达到4℃以下，整个冷却过程一般不超过24h。两段冷却法的冷却过程是通过不同冷却温度和空气流速的两个冷却阶段完成的，冷却过程可以在同一冷却间内完成，也可在不同的冷却间内完成。第一阶段的空气温度在−10~−15℃，空气的流速在1.5~3.0m·s^{-1}，冷却2~4h，使肉的表面温度降至0~−2℃，内部温度降至16~25℃。第二阶段的空气温度在0~−2℃，空气的流速在0.1m·s^{-1}左右，冷却10~16h。两段冷却法的优点是干耗小，微生物的繁殖和生化反应容易控制，目前应用较多。但此法的单位耗冷量较大。对于个体较小的禽肉，常用的冷却工艺条件为：空气温度在2~3℃，相对湿度在80%~85%，空气的流速在1.0~1.2m·s^{-1}，冷却7h左右，可使鸭、鹅体的温度降低至 3～5℃，而冷却鸡的时间会更短些。若适当降低温度，提高空气流速，冷却的时间可进一步缩短。目前对于禽肉的冷却多采用水冷却法，冰水浸泡或喷淋法的冷却速率快，且没有干耗，但易被微生物污染。

肉类冷却后应迅速进入冷藏库，冷藏的温度一般控制在 1～－1℃，空气的相对湿度在 85%～90%。如果温度低，湿度可以增大一些，以减少干耗。贮藏过程应尽量减少冷藏温度的波动。表 4-4 是一些肉和肉制品的冷藏条件和贮藏期。

表 4-4　一些肉和肉制品的冷藏条件和贮藏期

种类	温度/℃	相对湿度/%	贮藏期/d
猪肉	0～1.1	85～90	3～7
牛肉	－1.1～0	85～90	21
羊肉	－2.2～1.1	85～90	5～12
兔肉	0～1.1	90～95	10
家禽	－2.2	85～90	10
腌肉	－0.5～0	80～85	180
烟熏肋肉	15.5～18.7	85	120～180
肠制品	鲜 1.4～4.4	85～90	7
	烟熏 0～1.1	70～75	180～240

3. 鱼类的冷却、冷藏工艺

鱼类原料的冷却一般采用冰冷却法和水冷却法，采用层冰层鱼法时，鱼层的厚度在 50～100mm，冰鱼整体堆放高度约为 75cm，上层用冰封顶，下层用冰铺垫。冰冷却法一般只能将鱼体的温度冷却到 1℃左右，冷却鱼的贮藏期一般为：淡水鱼 8～10d，海水鱼 10～15d，若冰中添加防腐剂可以延长贮藏期。应用冷海水冷却法时，冷海水的温度一般在 －1～－2℃，水的流速一般≤0.5m·s^{-1}，冷却时间几分钟到十几分钟。冷海水中的盐浓度一般在 2～3g·L^{-1}，鱼与海水的比例约为 7:3。如果采用机械制冷与冰结合的冷却方法时，应及时添加食盐，以免冷却水的盐浓度下降。若将 CO_2 充入海水中可使冷海水的 pH 值降低至 4.2 左右，可以抑制或杀死部分微生物，使贮藏期延长，如鲑鱼在冷海水中最多贮藏 5d，若去掉头和内脏也只能贮藏 12d，而经过在充入 CO_2 海水可贮藏 17d。表 4-5 列出了一些鱼和鱼制品的冷藏条件和贮藏期。

表 4-5　一些鱼和鱼制品的冷藏条件和贮藏期

种类	温度/℃	相对湿度/%	贮藏期
鲜鱼	0.5～4.4	90～95	5～20d
烟熏鱼	4.4～10	50～60	6～8 个月
腌鱼	－1.5～1.5	75～90	4～8 个月
罐装腌鱼子酱	－3～－2	85～90	>4 个月
其他腌鱼子	5～10	—	6 个月
牡蛎	0～3.3	85～90	15d

4. 其他食品物料的冷却、冷藏工艺

鲜乳应在挤出后尽早进行冷却，乳品厂在收乳后经过必要的计量、净乳后应迅速进行冷却。常用冷媒（致冷剂）冷却法进行冷却，冷媒可以用冷水、冰水或盐水（如氯化钠、氯化钙溶液）。简易的冷水冷却法可以直接将盛有鲜乳的乳桶放入冷水池中冷却，地下水温度较低时可以直接利用，或加适量的冰块辅助解决。为保证冷却的效果，池中的水应 4 倍量于冷却乳量，并适当换水和搅拌冷却乳。冷排，即表面冷却器，是牧场采用的一种鲜乳冷却设

备。其结构简单，清洗方便，缺点是鲜乳暴露于空气中，易受污染并混入空气、产生泡沫，影响下一工序的操作。现代的乳品厂均已采用封闭式的板式冷却器进行鲜乳的冷却。冷却后的鲜乳应保持在低温状态，温度的高低与乳的贮藏时间密切相关（见表4-6）。

表4-6 牛乳的贮藏时间及应冷却的温度

牛乳的贮藏时间/h	牛乳应冷却的温度/℃
6～12	10～8
12～18	8～6
18～24	6～5
24～36	5～4
36～48	2～1

鲜蛋的冷却一般采用空气冷却法，冷却开始时，冷却空气的温度与蛋体的温度不要相差太大，一般低于蛋体2～3℃，随后每隔1～2h将冷却空气的温度降低1℃左右，直至蛋体的温度达到1～3℃。冷却间空气相对湿度在75%～85%，空气流速在0.3～0.5m·s^{-1}之间。通常情况下冷却过程可在24h内完成。冷却后的蛋可在两种条件下进行冷藏（见表4-7）。

表4-7 鲜蛋冷藏条件

冷藏温度/℃	相对湿度/%	贮藏期/月
0～-1.5	80～85	4～6
-1.5～-2	85～90	6～8

四、冷却过程中冷耗量的计算

冷却过程中的冷耗量是指冷却过程中食品物料的散热量。如食品物料内部无热源产生，冷却过程中冷却介质的温度稳定不变，食品物料中相应各点的温度也相同，也即冷却过程属于简单的稳定传热，冷却过程中的冷耗量可按下式计算：

$$Q_0 = GC(T_i - T_c) \qquad (4-1)$$

式中　Q_0——冷却过程中食品物料的散热量，kJ；

　　　G——被冷却食品物料的质量，kg；

　　　C——冻结点以上食品物料的比热容，kJ·kg^{-1}·K^{-1}；

　　　T_i——冷却开始时食品物料的温度，K；

　　　T_c——冷却结束时食品物料的温度，K。

冻结点以上食品物料的比热容可根据其组分和各组分的比热容计算。当食品物料的温度高于冻结点时，食品物料的比热容一般很少会因温度的变化而发生变化。但含脂肪的食品物料则例外，这主要是因为脂肪会因温度的变化而凝固或熔化，脂肪相变时有热效应，对食品物料的比热容有影响。

对于低脂肪食品物料，比热容可按下式计算：

$$C = C_w W + C_d(1-W) \qquad (4-2)$$

式中　C——食品物料的比热容，kJ·kg^{-1}·K^{-1}；

　　　C_w——水的比热容，4.184kJ·kg^{-1}·K^{-1}；

　　　C_d——食品物料干物质的比热，kJ·kg^{-1}·K^{-1}；

　　　W——食品物料的水分比例，kg·kg^{-1}。

食品物料干物质的比热容一般变化很小，一般的数值在1.046～1.674kJ·kg^{-1}·K^{-1}范围内，通常的取值为1.464kJ·kg^{-1}·K^{-1}。不同温度T（K）下食品物料干物质的比热容还可以通过下式计算：

$$C_d = (1.4644 + 0.006)(T - 273) \tag{4-3}$$

对于含脂肪食品物料，如肉和肉制品，它们的比热容不仅因它们的组成成分而异（表 4-8），还跟食品物料温度有关。

表 4-8 不同肉组织的比热容

肉组织的种类	比热容/kJ·kg^{-1}·K^{-1}
牛肉条纹肌肉	3.4518
牛脂肪	2.979
密质骨骼	1.2552
疏松质骨骼	2.9706
肌肉干物质	1.2552～1.6736

肉的比热容与温度的关系可以按下式推算：

$$C = C_0 + b(T - 273) \tag{4-4}$$

式中　C——肉组织的比热容，kJ·kg^{-1}·K^{-1}；

　　　C_0——温度 273K（0℃）时的比热容，kJ·kg^{-1}·K^{-1}；

　　　b——温度系数；

　　　T——热力学温度，K。

温度系数常因各种组织的不同而异，故实际上肉的比热容也很难按式(4-4) 计算。为此人们提出一些经验公式，可以根据肉或肉制品干物质的主要成分计算不同温度下的比热容：

$$
\begin{aligned}
C &= [1.255 + 0.006276(T-273)](A_d - A_p - A_f) + [1.464 + 0.006276(T-273)]A_p + \\
&\quad [1.674 + 0.006276(T-273)]A_f + 4.184(1 - A_d) \\
&= 4.184 + 0.2092A_p + 0.4184A_f + (0.006276A_d + 0.01464A_f)(T-273) - 2.9288A_d \tag{4-5}
\end{aligned}
$$

式中　　　C——肉和肉制品的比热容，kJ·kg^{-1}·K^{-1}；

　　　　　T——肉和肉制品的热力学温度，K；

A_d，A_p，A_f——肉和肉制品中的干物质、蛋白质、脂肪的含量，kg·kg^{-1}。

温度在冷却的初温 T_i 和冷却的终温 T_c 之间的平均比热容可按下式推算：

$$C = 4.184 + 0.2092A_p + 0.4184A_f + (0.003138A_d + 0.007531A_f)(T_i - T_c) - 2.9288A_d \tag{4-6}$$

实际上在冷却过程中食品物料的内部有一些热源存在，如果蔬的呼吸作用会放出一定的热量，肉类也会因内部的一些生化反应产生一定的热量。果蔬的呼吸热与果蔬的种类、新陈代谢的强度等有关，而新陈代谢的强度与温度有关，因此不同果蔬在不同温度下的呼吸热有一定的差异（表 4-9）。

表 4-9　果蔬的呼吸热

果蔬的种类	呼吸热/kJ·kg^{-1}·h^{-1}		
	0℃	4～5℃	15～16℃
苹果	0.0418	0.0697	0.2789
杏	0.0535	0.0837	0.3952
香蕉	0.1604(贮藏,10℃)	0.4416(催熟,20℃)	1.1622(冷却,13～21℃)
樱桃	0.0074		0.5811
葡萄柚	0.0214	0.0511	0.1348
葡萄	0.0174	0.0325	0.1162
柠檬	0.0279	0.0395	0.1441
橙	0.0395	0.0674	0.2417
桃	0.0535	0.0837	0.3952

果蔬的种类	呼吸热/kJ·kg⁻¹·h⁻¹		
	0℃	4~5℃	15~16℃
梨	0.3719		0.5346
李	0.0744		0.5811
草莓	0.1581	0.2789	0.8452
芦笋	0.0837	0.3952	
青刀豆	0.2301	0.3254	1.0925
甘蓝	0.1371	0.2208	0.6508
菜花	0.1371	0.2208	0.6508
胡萝卜	0.1046	0.1697	0.3952
芹菜	0.1371	0.2208	0.6508
甜玉米	0.0814	0.3952	
黄瓜	0.0651	0.0953	0.4068
蘑菇	0.3022	1.0692(10℃)	
洋葱	0.0418	0.090(10℃)	0.1743(21℃)
青豆	0.3951		0.7438
青椒	0.1325		0.4184
土豆	0.3254	0.0697(5~6℃)	
菠菜		0.4649	
甘薯		0.1627	
番茄		0.0628(成熟)	0.3022(青)

由果蔬的呼吸热所需的冷耗量可以通过下式计算：

$$Q_{呼}=GHt \tag{4-7}$$

式中　$Q_{呼}$——冷却过程中果蔬呼吸热的散热量，kJ；

　　　G——被冷却果蔬的质量，kg；

　　　H——果蔬的呼吸热，kJ·kg⁻¹·h⁻¹；

　　　t——冷却的时间，h。

肉组织的生化反应热所需的冷耗量可以通过下式计算：

$$Q_{呼}=GFt \tag{4-8}$$

式中　$Q_{呼}$——冷却过程中肉反应热的散热量，kJ；

　　　G——被冷却肉的质量，kg；

　　　F——肉的生化反应热，kJ·kg⁻¹·h⁻¹；

　　　t——冷却的时间，h。

肉的生化反应热 F 可以用一些经验公式计算。如根据 24h 肌肉组织的散热量为 0.7531~1.5062kJ·kg⁻¹，则每小时每千克肌肉组织的平均散热量为 1.046kJ，一般肌肉组织占肉胴体的 60%，因此肉胴体的生化反应热 F 可取为 0.6276kJ·kg⁻¹·h⁻¹。

五、食品在冷却冷藏过程中的变化

（一）水分蒸发

水分蒸发也称干耗，在冷却和冷藏过程中均会发生。对于果蔬而言，通常水分蒸发会抑制果蔬的呼吸作用，影响果蔬的新陈代谢，当水分蒸发大于 5% 时，会对果蔬的生命活动产生抑制；水分蒸发还会造成果蔬的凋萎，新鲜度下降，果肉软化收缩，氧化反应加剧；水分蒸发还导致果蔬产生重量损失。肉类在冷却和冷藏过程中的水分蒸发会在肉的表面形成干化层，加剧脂肪的氧化。水分蒸发在冷却初期特别快，在冷藏过程的前期也较多。影响水分蒸发的因素主要有冷空气的流速、相对湿度、食品物料的摆放形式、食品物料的特性以及有无包装等。

（二）低温冷害与寒冷收缩

低温冷害（chilling injury）指当冷藏的温度低于果蔬可以耐受的限度时，果蔬的正常代谢活动受到破坏，使果蔬出现病变，果蔬表面出现斑点，内部变色（褐心）等。寒冷收缩是畜禽屠宰后在未出现僵直前快速冷却造成的。其中牛肉和羊肉较严重，而禽类肉较轻。冷却温度不同、肉体部位不同，寒冷收缩的程度也不相同。肉体的表面容易出现寒冷收缩，寒冷收缩后的肉类经过成熟阶段后也不能充分软化，肉质变硬，嫩度变差。

（三）成分发生变化

果蔬的成熟会使果蔬的成分发生变化，对于大多数水果来说，随着果实由未熟向成熟过渡，果实内的糖分、果胶增加，果实的质地变得软化多汁，糖、酸比更加适口，食用口感变好。此外，冷藏过程中果蔬的一些营养成分如维生素 C 等会有一定的损失。肉类和鱼类的成熟是在酶的作用下发生的自身组织的降解，肉组织中的蛋白质、ATP 等分解，使得其中的氨基酸等含量增加，肉质软化，烹调后口感鲜美。

（四）变色、变味和变质

果蔬的色泽会随着成熟过程而发生变化，如果蔬的叶绿素和花青素会减少，而胡萝卜素等会显露。肉类在冷藏过程中常会出现变色现象，如红色肉可能变成褐色肉，白色脂肪可能变成黄色。肉类的变色往往与自身的氧化作用以及微生物的作用有关。肉的红色变为褐色是由肉中的肌红蛋白和血红蛋白被氧化生成高铁肌红蛋白和高铁血红蛋白造成的，而脂肪变黄是由脂肪水解后的脂肪酸被氧化造成的。

冷藏过程中食品物料中微生物的数量会增加，这是微生物繁殖的结果。

六、冷藏食品的回热

冷藏食品在冷藏结束后，一般应回到正常温度进行加工或食用。温度回升的过程称为冷藏食品的回热。回热过程可以被看成是冷却过程的逆过程。此时应注意以下两方面。

① 防止回热时食品物料表面出现冷凝水（冒汗现象）。回热时食品物料表面出现冷凝水的原因是回热的热空气的露点温度高于食品物料的品温，当热空气遇到冷的食品物料时，空气中的水分在低于露点温度之下会在食品物料表面冷凝析出。食品物料表面的冷凝水易造成微生物污染与繁殖。热空气的露点与空气的相对湿度有关，回热时应注意控制使空气的露点低于食品物料的温度。

② 防止回热时食品物料出现干缩。干缩是由热空气的相对湿度太低，使食品物料在回热时表面水分蒸发、收缩，形成干化层所致的。食品物料的干缩不仅影响食品物料的外观，而且会加剧氧化作用。

第四节　食品的冻藏

一、食品冻结过程的基本规律

（一）冻结点和低共熔点

冻结点（freezing point）是指一定压力下液态物质由液态转向固态的温度点。图 4-1 为水的相图，图中 AO 线为液汽线，BO 线为固汽线，CO 线为固液线，O 点为三相点。从图中可以看出，压力对水的冻结点有影响，真空（610Pa）下水的冻结点为 0.0099℃。常压（$1.01×10^5$Pa）下水中溶解有一定量的空气，这些空气使水的冻结点下降，冻结点变为

0.0024℃。但在一般情况下，水只有被冷却到低于冻结点的某一温度时才开始冻结，这种现象被称为过冷（subcooling，supercooling）。低于冻结点的这一温度被称为过冷点，冻结点和过冷点之间的温度差为过冷度。冻结点和过冷点之间的水处于亚稳态（过冷态），极易形成冰结晶。冰结晶的形成包括冰晶的成核和冰晶的成长过程。

图 4-1　水的相图　　　　　　图 4-2　蔗糖水溶液的液固相图

对于水溶液而言，溶液中溶质和水（溶剂）的相互作用使得溶液的饱和水蒸气压较纯水的低，也使溶液的冻结点低于纯水的冻结点，此即溶液的冻结点下降现象。溶液的冻结点下降值与溶液中溶质的种类和数量（即溶液的浓度）有关。食品物料中的水是溶有一定溶质的溶液，只是其溶质的种类较为复杂。下面以一简单的二元溶液系统说明溶液的冻结点下降情况。

图 4-2 为蔗糖水溶液的液固相图。图中 AB 线为溶液的冰点曲线，也即冻结点曲线，BC 线为液晶线，也是蔗糖的溶解度曲线。可以看出从 A 到 B，随着蔗糖溶液浓度的增加，溶液的冻结点下降。一定浓度的蔗糖溶液经过过冷态开始冻结后，部分水分首先形成冰结晶，水分子形成冰结晶时会排斥非水分子的溶质分子，这样随着部分水分的冻结，原来溶解在这些水分中的溶质会转到其他未冻结的水分中，使剩余溶液的浓度增加。剩余溶液浓度的增加又导致这些溶液的冻结点进一步下降，故而溶液的冻结并非在同一温度完成的。我们一般所指的溶液或食品物料的冻结点是它（们）的初始冻结温度。溶液或食品物料冻结时在初始冻结点开始冻结，随着冻结过程的进行，水分不断地转化为冰结晶，冻结点也随之降低，这样直至所有的水分都冻结，此时溶液中的溶质、水（溶剂）达到共同固化，这一状态点（B）被称为低共熔点（eutectic point，cryohydric freezing point）或冰盐冻结点。

食品物料由于溶质种类和浓度上的差异，其初始冻结点会不同。即使是同一类食品物料，由于品种、种植、饲养和加工条件等的差异，也使其初始冻结点不尽相同。实际上一些食品物料的初始冻结点多表现为一个温度范围。表 4-10 列出了一些常见食品物料的初始冻结点。表 4-11 则列出了一些溶液和食品物料的低共熔点。

表 4-10　一些常见食品物料的初始冻结点

食品物料种类	初始冻结点/℃
蔬菜	−0.8～−2.8
水果	−0.9～−2.7
鲜猪、牛、羊肉	−1.7～−2.2
鱼类	−0.5～−2.0
牛奶和鸡蛋	约−0.5

表 4-11　一些溶液和食品物料的低共熔点

种类	低共熔点/℃
葡萄糖溶液	−5
蔗糖溶液	−9.5
牛肉	−52
冰淇淋	−55
蛋清	−77

（二）冻结过程和冻结曲线

食品物料的冻结过程是指食品物料降温到完全冻结的整个过程，冻结曲线（Freezing

图 4-3　纯水的冻结曲线

curve）就是描述冻结过程中食品物料的温度随时间变化的曲线。以纯水为例（见图 4-3），水从初温（T_1）开始降温，达到水的过冷点 S，由于冰结晶开始形成，释放的相变潜热使水的温度迅速回升到冻结点 T_2，然后水在这种不断除去相变潜热的平衡的条件下，继续形成冰结晶，温度保持在平衡冻结温度，形成一结晶平衡带，平衡带的长度（时间）表示全部水转化成冰所需的时间。当全部的水被冻结后，冰以较快的速率降温，达到最终温度 T_3。

蔗糖溶液的冻结曲线见图 4-4。质量分数 15% 的蔗糖溶液从初温 T_1 开始下降，经过过冷点 S 后，达到初始冻结点 T_2，T_4 为低共熔点温度。从 T_2 到 T_4 阶段的前期温度下降较慢，这是由于由大量的水形成冰结晶，因此这一阶段被称为最大冰结晶生成带（zone of maximum crystallisation）。对于 T_2 和 T_4 之间的任一给定温度点 T_3，可以根据图 4-2 确定液体的浓度和冰结晶/液体的比率。如图中 xy 线，则溶液平衡浓度 $y=41\%$，冰结晶/液体 $=T_3y/T_3x\approx25/15$，即 62.5% 的冰结晶，37.5% 的液体。经过过饱和状态点 SS 达到理论低共熔点温度 T_4（相对应的低共熔浓度为 56.2%），随着进一步的冻结达到低共熔体，在 T_4 后出现一小平衡带。小平衡带的长度表示去除冰和糖的水合物结晶形成所放出热量需要的时间。

图 4-4　蔗糖溶液的冻结曲线

图 4-5　不同冻结速率的食品物料冻结曲线

图 4-5 为食品物料在不同冻结速率下的冻结曲线。图 4-5 中，$A \rightarrow S$：冷却过程，只除去显热，S 为过冷点，多数样品都有过冷现象出现，但不一定很明显。过冷点的测定取决于测

温仪的敏感度、对时间反应的迅速程度以及测温仪在样品中的位置。样品组织表面的过冷程度较大，一般缓冻及测温仪深插难测出过冷点，若过冷温度很小或过冷时间很短，测定时需要用灵敏度很高的测温仪才能测得。$S→B$：结晶放热，温度回升到初始冻结点 B。$B→C$：大部分水（约 3/4）在此阶段冻结，需要除去大量的潜热，BC 段为有一定斜率的平衡带。在此段的初始阶段水分近乎以纯水的方式形成冰结晶，后阶段则有复杂的共晶物形成。$C→D$：由于大部分水分已冻结，此时去除一定量的热能将使样品的温度下降较多，样品中仍有一些可冻结的水分。只有当温度已达到低共熔点温度时，所有自由水分才全部冻结。表 4-12 反映了冰淇淋中冻结水分比例和温度的关系。

表 4-12　冰淇淋中冻结水分比例和温度的关系

冻结水分/%	温度/℃	冻结水分/%	温度/℃
0	−2.5	40	−4.2
5	−2.6	45	−4.6
10	−2.7	50	−5.2
15	−2.9	55	−5.9
20	−3.1	60	−6.8
25	−3.3	70	−9.5
30	−3.5	80	−14.9
35	−3.9	90	−30.2

注：冰淇淋的成分为脂肪 12.5%，乳清固形物 10.5%，糖分 15%，稳定剂 0.3%，水 61.7%。

从图 4-5 可看到，冻结速率加大使冻结曲线各阶段变得不易区分，速率很大时，曲线几乎为一直线，显示不出稳定的平衡状态。有些样品的冻结曲线显得很不规则，曲线中出现了"第二冻结点"现象，如图 4-6 所示。图中箭头所指的即为"第二冻结点"，此现象在不少活态植物组织冻结时出现，而动物性食品物料则无此现象。关于此现象还无准确的解释，但多数理论认为这是由组织中各处的水分性质不同所造成的，如胞内水和胞外水、不同种类细胞中的水或胶体网内外的水等。图 4-6 中还有另一现象，样品重新冻结时的冻结温度一般高于第一次冻结，图中虚线所示为重新冻结的情况。重新冻结中不再出现"第二冻结点"现象。

图 4-6　具有"第二冻结点"的冻结曲线

（三）冻结速率

冻结速率（freezing velocity）是指食品物料内某点的温度下降速率或冰峰的前进速率。我们经常谈到缓慢冻结（slow freezing）、快速冻结（quick, sharp, rapid freezing）和超快速冻结（ultrarapid freezing）等概念。实际上冻结速率与冻结物料的特性和表示的方法等有关，现时用于表示冻结速率的方法有以下几种。

1. 时间-温度法

一般以降温过程中食品物料内部温度最高点，即热中心（thermal center）的温度表示食品物料的温度。但由于在整个冻结过程中食品物料的温度变化相差较大，选择的温度范围一般是最大冰结晶生成带，常用热中心温度从 −1℃ 降低到 −5℃ 这一温度范围的时间来表示。若通过此温度区间的时间少于 30min，称为快速冻结；大于 30min，称为缓慢冻结。这种表示方法使用起来较为方便，多应用于肉类冻结。但这种方法也有不足，一是对于某些食品物料而言，其最大冰结晶生成带的温度区间较宽（甚至可以延伸至 −10～−15℃）；二是此法不能反映食品物料的形态、几何尺寸和包装情况等，为此在用此方法时一般还应标注样品的大小等。

有人用样品在冻结过程的后期，即在冻结曲线中的冻结平衡带后近乎直线部分（图 4-5 中的 CD）的斜率来表示最大结晶生成带。这种方法用于食品物料也有其特点，因为对食品物料而言，冻结损害大多发生在冻结过程的后期。

2. 冰峰前进速率

冰峰前进速率是指单位时间内 $-5℃$ 的冻结层从食品表面伸向内部的距离，单位 $cm \cdot h^{-1}$。常称线性平均冻结速率，名义冻结速率。这种方法最早由德国学者普朗克提出，他以 $-5℃$ 作为冻结层的冰峰面，将冻结速率分为三级：快速冻结 $5 \sim 20 cm \cdot h^{-1}$；中速冻结 $1 \sim 5 cm \cdot h^{-1}$；慢速冻结 $0.1 \sim 1 cm \cdot h^{-1}$。该方法的不足是实际应用中较难测量，而且不能应用于冻结速率很慢以至产生连续冻结界面的情况。

3. 国际制冷学会定义

根据国际制冷学会（IIR）的定义：食品表面与中心温度点间的最短距离（δ_0）与食品表面达到 $0℃$ 后食品中心温度降至比食品冰点（开始冻结温度）低 $10℃$ 所需时间（τ_0）之比，就是冻结速率（v），单位 $cm \cdot h^{-1}$。如食品中心与表面的最短距离（δ_0）为 $5cm$，食品冰点 $-5℃$，中心降至比冰点低 $10℃$，即 $-15℃$，所需时间为 $10h$，其冻结速率为：

$$v = \delta_0 / \tau_0 = 5/10 = 0.5 cm \cdot h^{-1}$$

当冻结速率大于 $0.5 cm \cdot h^{-1}$ 时视为速冻。该划分规则考虑到食品外观差异、成分不同、冰点不同，故其中心温度计算值随不同食品的冰点而变，与上法 $-5℃$ 为下限温度低得多，对速冻条件要求更为严格。按照 IIR 的定义，一般通风冷库的冻结速率为 $0.2 cm \cdot h^{-1}$ 左右，送风冻结器的冻结速率为 $0.5 \sim 3.0 cm \cdot h^{-1}$；单体快速冻结（individual quick freezing，IQF）的冻结速率可达 $5 \sim 10 cm \cdot h^{-1}$，超快速冻结的冻结速率达 $10 \sim 109 cm \cdot h^{-1}$。

4. 其他方法

冻结食品物料的外观形态，包括冻结界面（连续或不连续）、冰结晶的大小尺寸和冰结晶的位置等，也可以反映冻结速率。快速冻结的冻结界面不连续，冻结过程中食品物料内部的水分转移少，形成的冰结晶细小而且分布均匀；缓慢冻结可能产生连续的冻结界面，冻结过程中食品物料内部有明显的水分转移，形成的冰结晶粗大而且分布不均匀。图 4-7 显示了不同冻结速率冻结的鳕鱼肉中冰结晶的情况。这种方法直观，但不能反映冻结速率上的细小变化，而且易受冻结速率之外其他因素的影响。

(a) 未冻结　　　　(b) 快速冻结　　　　(c) 缓慢冻结

200μm

图 4-7　不同冻结速率冻结的鳕鱼肉中冰结晶的情况

通过热力学的方法也可以相当准确地测定单位时间内单位食品物料中冰结晶的生成量，以此表示冻结速率。但这种方法不适于快速冻结或者是需要很多烦琐的测定步骤的情况。

二、冻结前食品物料的前处理

由于冻藏食品物料中的水分冻结产生冰结晶，冰的体积较水大，而且冰结晶较为锋利，易对食品物料（尤其是细胞组织比较脆弱的果蔬）的组织结构产生损伤，使解冻时食品物料产生汁液流失；冻藏过程中的水分冻结和水分损失使食品物料内的溶液增浓，各种反应加剧。因此食品物料在冻藏前，除了采用类似食品冷藏的一般预处理，如挑选、清洗、分割、包装等外，冻藏食品物料往往需采取一些特殊的前处理形式，以减少冻结、冻藏、运输和解冻过程中对食品物料质量的影响。

（1）热烫（blanching）处理　主要是针对蔬菜，又称为杀青、预煮。通过热处理使蔬菜等食品物料内的酶失活变性。常用热水或蒸汽对蔬菜进行热烫，热烫后应注意沥净蔬菜上附着的水分，使蔬菜以较为干爽状态进入冻结。

（2）加糖（syruping, sugaring）处理　主要是针对水果。将水果进行必要的切分后渗糖，糖分使水果中游离水分的含量降低，减少冻结时冰结晶的形成；糖还可减少食品物料和氧的接触，降低氧化作用。渗糖后可以沥干糖液，也可以和糖液一起进行冻结，糖液中加入一定的抗氧化剂可以增加抗氧化的作用效果。加糖处理也可用于一些蛋品，如蛋黄粉、蛋清粉和全蛋粉等，加糖有利于对蛋白质的保护。

（3）加盐（salting）处理　主要针对水产品和肉类，类似于盐腌。加入盐分也可减少食品物料和氧的接触，降低氧化作用。这种处理多用于海产品，如海产鱼卵、海藻和植物等均可经过食盐腌制后进行冻结，食盐对这类食品物料的风味影响较小。

（4）浓缩处理　主要用于液态食品，如乳、果汁等。液态食品不经浓缩而进行冻结时，会产生大量的冰结晶，使液体的浓度增加，导致蛋白质等物质的变性、失稳等不良结果。浓缩后液态食品的冻结点大为降低，冻结时结晶的水分量减少，对胶体物质的影响小，解冻后易复原。

（5）加抗氧化剂处理　主要针对虾、蟹等水产品。此类产品在冻结时容易氧化而变色、变味，可以加入水溶性或脂溶性的抗氧化剂，以减少水溶性物质（如酪氨酸）或脂质的氧化。

（6）冰衣处理　在冻结、冻藏食品表面形成一层冰膜，可起到包装的作用，这种处理形式被称为包（镀）冰衣（ice-glazing）。净水制作的冰衣质脆、易脱落，常用一些增稠物质（如海藻酸钠、CMC等）作糊料，提高冰衣在食品物料表面的附着性和完整性，还可以在冰衣液中加入抗氧化剂或防腐剂，以提高贮藏的效果。

（7）包装处理　主要是为了减少食品物料的氧化、水分蒸发和微生物污染等，通常采用不透气的包装材料。

三、冻结方法

食品冻结的方法与介质、介质和食品物料的接触方式以及冻结设备的类型有关，一般按冷冻所用的介质及其和食品物料的接触方式分为空气冻结法、间接接触冻结法和直接接触冻结法三类。每一种方法又包括了多种冻结装置（见表 4-13）。

表 4-13　冻结方法分类

空气冻结法	间接接触冻结法	直接接触冻结法
静止空气冻结法	平板式	制冷剂接触式
搁架式	卧式、立式	液氮、液态 CO_2、R12
鼓风空气冻结法	回转式	载冷剂接触式
隧道式	钢带式	
小推车式、输送带式、吊篮式		
螺旋式		
流化床式		
斜槽式、一段带式、两段带式、往复振动式		

（一）空气冻结法

空气冻结法（air freezing）所用的冷冻介质是低温空气，冻结过程中空气可以是静止的，也可以是流动的。静止空气冻结法在绝热的低温冻结室进行，冻结室的温度一般在 $-18\sim-40℃$。冻结过程中的低温空气基本上处于静止状态，但仍有自然的对流。有时为了改善空气的循环，在室内加装风扇或空气扩散器，以便使空气可以缓慢的流动。冻结所需的时间为 3h～3d，视食品物料及其包装的大小、堆放情况以及冻结的工艺条件而异。这是目前唯一的一种缓慢冻结方法。

用此法冻结的食品物料包括牛肉、猪肉（半胴体）、箱装的家禽、盘装整条鱼、箱装的水果、5kg 以上包装的蛋品等。

鼓风冻结法（air-blast freezing）也属于空气冻结法之一。冷冻所用的介质也是低温空气，但鼓风冻结法采用鼓风，使空气强制流动并和食品物料充分接触，增强制冷的效果，达到快速冻结目的。冻结室内的空气温度一般为 $-29\sim-46℃$，空气的流速在 $10\sim15\text{m}\cdot\text{s}^{-1}$。冻结室可以是供分批冻结用的房间，也可以是用小推车或输送带作为运输工具进行连续隧道冻结的隧道。隧道式冻结适用于大量包装或散装食品物料的快速冻结。鼓风冻结法中空气的流动方向可以和食品物料总体的运动方向相同（顺流），也可以相反（逆流）。

采用小推车隧道冻结时，需冷冻的食品物料可以先装在冷冻盘上，然后置于小推车上进入隧道，小推车在隧道中的行进速率可根据冻结时间和隧道的长度设定，使小推车从隧道的末端出来时食品物料已完全冻结。温度一般在 $-35\sim-45℃$，空气流速在 $2\sim3\text{m}\cdot\text{s}^{-1}$，冻结时间为：包装食品 1～4h，较厚食品 6～12h。采用输送带隧道冻结时，食品物料被置于输送带上进入冻结隧道，输送带可以做成螺旋式以减小设备的体积，输送带上还可以带有通气的小孔，以便冷空气从输送带下由小孔吹向食品物料，这样在冻结颗粒状的散装食品物料（如豆类蔬菜、切成小块的果蔬等）时，颗粒状的食品物料可以被冷风吹起而悬浮于输送带上空，使空气和食品物料能更好地接触，这种方法又被称为流化床式冻结（fluid bed freezing）。散装的颗粒型食品物料可以通过这种方法实现快速冻结，冻结时间一般只需要几分钟，这种冻结被称为单体快速冻结。

（二）间接接触冻结法

板式冻结法（plate freezing）是最常见的间接接触冻结法。它采用制冷剂或低温介质冷却金属板以及和金属板密切接触的食品物料。这是一种制冷介质和食品物料间接接触的冻结方式，其传热的方式为热传导，冻结效率跟金属板与食品物料接触的接触状态有关。该法可用于冻结包装和未包装的食品物料，外形规整的食品物料由于和金属板接触较为紧密，冻结效果较好。小型立方体型包装的食品物料特别适用于多板式速冻设备进行冻结，食品物料被紧紧夹在金属板之间，使它们相互密切接触而完成冻结。冻结时间取决于制冷剂的温度、包装的大小、相互密切接触的程度和食品物料的种类等。厚度为 3.8～5.0cm 的包装食品的冻结时间一般在 1～2h。该法也可用于生产机制冰块。

板式冻结装置可以是间歇的，也可以是连续的。与食品物料接触的金属板可以是卧式的，也可以是立式的。卧式的主要用于冻结分割肉、肉制品、鱼片、虾及其小包装食品物料的快速冻结，立式的适合冻结无包装的块状食品物料，如整鱼、剔骨肉和内脏等，也可用于包装产品。立式装置不用贮存和处理货盘，大大节省了占用的空间，但立式的不如卧式的灵活。回转式或钢带式分别是用金属回转筒和钢输送带作为和食品物料接触的部分，具有可连续操作、物料干耗小等特点。

（三）直接接触冻结法

直接接触冻结法又称为液体冻结法（liquid freezing），它用载冷剂或制冷剂直接喷淋或（和）浸泡需冻结的食品物料。可以用于包装和未包装的食品物料。

由于直接接触冻结法中载冷剂或制冷剂等不冻液直接与食品物料接触，这些不冻液应该无毒、纯净、无异味和异样气体、无外来色泽和漂白作用、不易燃、不易爆等，和食品物料接触后也不能改变食品物料原有的成分和性质。常用的载冷剂有盐水、糖液和多元醇-水混合物等。所用的盐通常是 NaCl 或 $CaCl_2$，应控制盐水的浓度使其冻结点在$-18℃$以下。当温度低于盐水的低共熔点时，盐和水的混合物会从溶液中析出，所以实际上盐水有一个最低冻结温度，如 NaCl 盐水的最低冻结温度为$-21.13℃$。盐水可能对未包装食品物料的风味有影响，目前主要用于海鱼类。盐水的特点是黏度小、比热容大和价格便宜等，但其腐蚀性大，使用时应加入一定量的防腐蚀剂。常用的防腐蚀剂为重铬酸钠（$Na_2Cr_2O_7$）和氢氧化钠。

蔗糖溶液是常用的糖液，可用于冻结水果，但要达到较低的冻结温度所需的糖液浓度较高，如要达到$-21℃$所需的蔗糖浓度（质量分数）为 62%，而这样的糖液在低温下黏度很高，传热效果差。

丙三醇-水混合物曾被用来冻结水果，67% 的丙三醇-水混合物（体积分数）的冻结点为$-47℃$。60% 的丙二醇-水混合物（体积分数）的冻结点为$-51.5℃$。丙三醇和丙二醇都可能影响食品物料的风味，一般不适用于冻结未包装的食品物料。

用于直接接触冻结的制冷剂一般有：液态氮（LN_2）、液态二氧化碳（LCO_2）和液态氟里昂等。采用制冷剂直接接触冻结时，由于制冷剂的温度都很低（如液氮和液态 CO_2 的沸点分别为$-196℃$和$-78℃$），冻结可以在很低的温度下进行，故此时又被称为低温冻结（cryogenic freezing）。此法的传热效率很高、冻结速率极快、冻结食品物料的质量高、干耗小，而且初期投资也很低，但运转费用较高。采用液态氟里昂还要注意对环境的影响。

四、食品冻结与冻藏工艺及控制

（一）冻结速率的选择

一般认为，速冻食品的质量高于缓冻食品，这是由于：速冻形成的冰结晶细小而且均匀；冻结时间短，允许食品物料内盐分等溶质扩散和分离出水分以形成纯冰的时间也短；还可以将食品物料的温度迅速降低到微生物的生长活动温度以下，减少微生物的活动给食品物料带来的不良影响；此外，食品物料迅速从未冻结状态转化成冻结状态，浓缩的溶质和食品组织、胶体以及各种成分相互接触的时间也显著减少，浓缩带来的危害也随之下降到最低的程度。

至于多大的冻结速率才是速冻，目前尚没有统一的概念，实际应用中多以食品类型或设备性能划分。冻结的速率与冻结的方法、食品物料的种类、大小、包装情况等许多因素有关。一般认为冻结时食品物料从常温冻至中心温度低于$-18℃$，果蔬类不超过 30min，肉食类不超过 6h 为速冻。

（二）冻藏的温度与冻藏的时间

冻藏温度的选择主要考虑食品物料的品质和经济成本等因素。从保证冻藏食品物料品质的角度看，温度一般应降低到$-10℃$以下，才能有效地抑制微生物的生长繁殖；而要有效控制酶反应，温度必须降低到$-18℃$以下，因此一般认为，$-12℃$是食品冻藏的安全温度，$-18℃$以下则能较好地抑制酶的活力，降低化学反应，更好地保持食品的品质，目前国内外基于经济与冻藏食品的质量，大多数的食品冻藏温度都在$-18℃$，有的特殊产品也会低于$-18℃$。但冻藏温度愈低，冻藏所需的费用愈高。

冻藏过程中由于制冷设备的非连续运转，以及冷库的进出料等的影响，冷库的温度并非恒定地保持某一固定值，而是会产生一定的波动。过大的温度波动会加剧重结晶现象，使冰结晶增大，影响冻藏食品的质量。因此应采取一些措施，尽量减少冻藏过程中冷库的温度波动。除了冷库的温度控制系统应准确、灵敏外，进出口都应有缓冲间，而且每次食品物料的进出量不能太大。

　　冻藏食品物料的贮藏期与食品物料的种类、冻藏的温度有关，不同的食品物料、不同的冻藏温度，其贮藏期有所不同。冻藏的食品物料是食品加工的原辅材料，冻藏过程往往是在同一条件下完成的，而作为商品销售的冻藏食品，其冻藏过程是在生产、运输、贮藏库、销售等冷链（cold chain）环节中完成的，在不同环节的冻藏条件可能有所不同，其贮藏期要综合考虑各个环节的情况而确定。为此出现了冷链中的 TTT 概念。冷链是指从食品的生产到运输、销售等各个环节组成的一个完整的物流体系。TTT 是指时间-温度-品质耐性（time-Temperature-Tolerance），表示相对于品质的允许时间与温度的程度。用以衡量在冷链中食品的品质变化（允许的贮藏期），并可根据不同环节及条件下冻藏食品品质的下降情况，确定食品在整个冷链中的贮藏期限。

　　TTT 的计算依以下步骤进行：首先了解冻藏食品物料在不同温度 T_i 下的品质保持时间（贮藏期）D_i；然后计算在不同温度下食品物料在单位贮藏时间（如 1d）所造成的品质下降程度 $d_i = 1/D_i$；根据冻藏食品物料在冷冻链中不同环节停留的时间 t_i，确定冻藏食品物料在冷链各个环节中的品质变化 $t_i \times d_i$；最后确定冻藏食品物料在整个冷链中的品质变化 $\sum t_i \times d_i$，$\sum t_i \times d_i = 1$ 即是允许的贮藏期限。当 $\sum t_i \times d_i < 1$ 表示仍在允许的贮藏期限之内，当 $\sum t_i \times d_i > 1$ 表示已超出允许的贮藏期限。

　　图 4-8 是不同温度下冻藏食品 1d 的品质降低值和在冷链不同环节的停留（贮藏）时间得到的 TTT 曲线。表 4-14 是相应的计算数值。可以看出，按表中冷链各环节的条件，最终食品物料的品质已超过允许限度（1d 内的品质降低量×各环节时间≤1）。

图 4-8　TTT 曲线

表 4-14　根据 TTT 曲线得到的相应计算数值

序号	冷链环节	温度/℃	时间/d	1d 内食品品质变化	该环节食品品质变化
1	生产者的冻结保藏	−30	95	0.0036	0.344
2	生产者到批发商的冻结输送	−18	2	0.011	0.022
3	批发商的冻结保藏	−22	60	0.0074	0.444
4	批发商到零售商的冻结输送	−14	3	0.016	0.048
5	零售商的冻结保藏	−20	10	0.008	0.080
6	零售商的冻结销售	−12	21	0.018	0.378
7	零售商到消费者的冻结输送	−6	1	0.036	0.036
	合计		192		1.352>1

（三）一些食品物料冻结与冻藏工艺及控制

1. 果蔬冻结与冻藏工艺及控制

果蔬的冻结、冻藏工艺与果蔬的冷却、冷藏工艺有较大的差别。果蔬采收后还有生命活动，但冻结与冻藏将使其失去生命的正常代谢活动，也不再具有后熟作用，果蔬由有生命体变为无生命体，这一点与果蔬冷却、冷藏截然不同。因此，要冻结、冻藏的果蔬应在适合食用的成熟度采收。果蔬的组织比较脆弱，细胞质膜均由弹性较差的细胞壁包裹，冻结所形成的大冰晶对细胞产生机械损伤，为使冻结形成的冰结晶小而均匀，一般采用速冻工艺。如采用流化床冻结小颗粒状的果蔬，也可采用金属平板接触式冻结，或低温液体的喷淋和浸渍冻结。冻结温度视种类等而定。

果蔬因种类、品种、组成成分和成熟度的不同，对低温冻结的承受力有较大的差别。质地柔软，含有机酸、糖类和果胶质较多的果蔬（如番茄），冻结点较低，需要较低的冻结与冻藏温度，而且解冻后此类果蔬的品质与新鲜物料相比有较大的差距；也有一些果蔬的质地较硬（如豆类），冻结与冻藏过程对其品质影响较小，解冻后的品质与新鲜、未经冻结的相差不大，这类果蔬比较适宜冻藏。果蔬冻结前处理（如热烫、渗糖等）对减小冻结、冻藏过程对果蔬品质的影响非常重要。

果蔬冻藏过程的温度愈低，对果蔬品质的保持效果愈好。经过热烫处理的果蔬，多数可在温度−18℃下实现跨季度冻藏，少数果蔬（如蘑菇）必须在−25℃以下才能实现跨季度冻藏。为减少冻藏成本，−18℃仍是广泛采用的冻藏温度。表 4-15 是国际制冷学会推荐的部分果蔬的冻藏条件。

表 4-15　部分果蔬的冻藏条件

速冻果蔬种类	冻藏期/月		
	−18℃	−25℃	−30℃
加糖的桃、杏、樱桃	12	＞18	＞24
不加糖的草莓	12	＞18	＞24
加糖的草莓	18	＞24	＞24
柑橘或其他果汁	24	＞24	＞24
豆角	18	＞24	＞24
胡萝卜	18	＞24	＞24
花椰菜	15	24	＞24
甘蓝	15	24	＞24
甜玉米棒	12	18	＞24
豌豆	18	＞24	＞24
菠菜	18	＞24	＞24

2. 畜、禽肉类的冻结与冻藏工艺及控制

作为食品加工原料用的畜肉类的冻结多是将畜肉胴体或半胴体进行冻结，常采用空气冻结法经一次或两次冻结工艺完成。一次冻结工艺是指将屠宰后的畜肉胴体在一个冻结间内完成全部冻结的过程。两次冻结工艺将畜肉的冷却过程和冻结过程分开，先将屠宰后的畜肉胴体在冷却间内用冷空气冷却（或称预冻），温度一般从 37～40℃降至 0～4℃，然后将冷却后的畜肉移送到冻结间进行冻结，使畜肉的温度继续降低至冻藏的温度。两次冻结工艺比一次冻结工艺冻结的肉的质量好，尤其是对于易产生寒冷收缩的牛、羊肉更明显。但两次冻结工艺的生产效率较低、干耗大。而一次冻结工艺的效率高、时间短、干耗小。一般采用一次冻结工艺比两次冻结工艺缩短时间 45%～50%；每吨物料节约电 17.6W·h，节省劳力 50%；

节省建筑面积 30%，减少干耗 40%～50%。为了改善肉的品质，也可以采用介于上两种工艺之间的冻结工艺，即先将屠宰后的鲜肉冷却至 10～15℃，然后再在冻结间冷却、冻结至冻藏温度。

畜肉冻藏中一般将冻结后的胴体堆叠成方形料垛，下面用方木垫起，整个方垛距离冷库的围护结构 40～50cm，距离冷排管 30cm，冷库内的空气的温度 -18～-20℃，相对湿度 95%～100%，空气流速 0.2～0.3m·s^{-1}。如果是长期贮藏，冻藏的温度应更低些。目前许多国家的冻藏温度向更低的温度（-28～-30℃）发展，冻藏的温度愈低，贮藏期愈长。表 4-16 显示了畜肉的冻藏温度和冻藏期的关系。

表 4-16　不同温度下畜肉的冻藏期

畜肉种类	冻藏期/月					
	-12℃	-15℃	-18℃	-23℃	-25℃	-30℃
牛胴体	5～8	6～9	12	18	18	24
羊胴体	3～6		9	6～10	12	24
猪胴体	2		4～6	8～12	12	15

禽肉的冻结可用冷空气或液体冻结法完成，采用鼓风冻结法较多。禽肉的冻结视有无包装、整只禽体还是分割禽体，其冻结工艺略有不同。无包装的禽体多采用空气冻结，冻结后在禽体上包冰衣或用包装材料包装。有包装的禽体可用冷空气冻结，也可用液体喷淋或浸渍冻结。禽肉冻结时，冻结肉的温度一般为 -25℃或更低一些，相对湿度在 85%～90% 之间，空气流速 2～3m·s^{-1}。冻结时间与禽类品种和冻结方式有关，一般是鸡比鸭、鹅等快些，装在铁盘内比在木箱或纸箱中快些。如鸡，在上述冻结条件下，装在铁盘内冻结时间为 11h，而装在箱内则需要 24h。

禽肉的冻藏条件与畜肉的相似，冷库的温度一般在 -18～-20℃，相对湿度 95%～100%。冻藏库内的空气以自然循环为宜，昼夜温度波动应小于 ±1℃。在正常情况下小包装的火鸡、鸭、鹅在 -18℃可冻藏 12～15 个月，在 -25～-30℃可贮藏 24 个月，用复合材料包装的分割鸡肉可冻藏 12 个月。对无包装的禽肉，应每隔 10～15d 向禽肉垛喷冷水一次，使暴露在空气中的禽体表面冰衣完整，减少干耗等。

3. 鱼类的冻结与冻藏工艺及控制

鱼类的冻结可采用空气、金属平板或低温液体冻结法完成。空气冻结往往在隧道内完成，鱼在低温高速冷空气的直接冷却下快速冻结。冷空气的温度一般在 -25℃以下，空气的流速在 3～5m·s^{-1}。为了减少干耗，相对湿度应大于 90%。金属平板冻结将鱼放在鱼盘内压在两块平板之间，施加的压力在 40～100kPa，冻结后鱼的外形规整，易于包装和运输。与空气冻结相比，平板冻结的干耗和能耗均比较少。低温液体冻结可用低温盐水或液态制冷剂进行，一般用于海鱼类的快速冻结，其干耗也小。

冻结后鱼体的中心温度在 -15～-18℃，特殊的鱼类可能要冻结到 -40℃左右。鱼在冻藏前也应进行包冰衣或加适当的包装，冰衣的厚度一般在 1～3mm。包冰衣时对于体积较小的鱼或低脂鱼可在约 2℃的清水中浸没 2～3 次，每次 3～6s。大鱼或多脂鱼浸没 1 次，浸没时间 10～20s。冻藏过程中还应定时向鱼体表面喷水。在冷库进出口、冷排管附近的鱼体的冰衣升华蒸发量较大，冰衣可以加厚一些。

鱼的冻藏期与鱼的脂肪含量有很大关系，对于多脂鱼（如鲭鱼、大马哈鱼、鲱鱼、鳟鱼等），在 -18℃下仅能贮藏 2～3 个月；而对于少脂鱼（如鳕鱼、比目鱼、黑线鳕、鲈鱼、绿鳕等），在 -18℃下能贮藏 4 个月。多脂鱼一般的冻藏温度在 -29℃以下，少脂鱼在 -18～-23℃，而部分肌肉呈红色的鱼的冻藏温度应低于 -30℃。

五、食品在冻结、冻藏过程中的变化

（一）食品在冻结过程中的物理和化学变化

1. 体积的变化

0℃的纯水冻结后体积约增加 8.7%。食品物料在冻结后也会发生体积膨胀，但膨胀的程度较纯水小。但也有一些例外情况，如高浓度的蔗糖溶液冻结后体积会出现很小的收缩。影响这一变化的因素包括以下几方面。①成分，主要是物料的水分质量分数和空气的体积分数。食品物料中溶质和悬浮物的存在有一"替代"效应，也就是这些物质的存在相对减少了物料中的水分含量，而水是导致物料体积发生变化的原因，水分的减少使冻结时物料体积的膨胀减小；物料内的空气主要存在于细胞之间（特别是对于植物组织），空气可为冰结晶的形成与长大提供空间，因此空气所占的体积增大，会减小体积的膨胀。②冻结时未冻结水分的比例，食品物料中可以冻结的自由水分的减少意味着冻结时冰结晶的减少，溶质的种类和数量会影响到物料中结合水的量和形成过冷状态的趋势。冻结前后物料的体积在不同温度段的变化规律不同，这些温度段可以分为：冷却阶段（收缩）、冰结晶形成阶段（膨胀）、冰结晶的降温阶段（收缩）、溶质的结晶阶段（收缩或膨胀，视溶质的种类而定）、冰盐结晶的降温阶段（收缩）、非溶质如脂质的结晶和冷却（收缩）。多数情况下，冰结晶形成所造成的体积膨胀起主要作用。③冻结的温度范围。

2. 水分的重新分布

冰结晶的形成还可能造成冻结食品物料内水分的重新分布，这种现象在缓慢冻结时较为明显。因为缓冻时食品物料内部各处不是同时冻结，细胞外（间）的水分往往先冻结，冻结后造成细胞外（间）的溶液浓度升高，细胞内外由于浓度差而产生渗透压差，使细胞内的水分向细胞外转移。

3. 机械损伤

机械损伤（mechanical damage）也称冻结损伤，食品物料冻结时冰结晶的形成、体积的变化和物料内部存在的温度梯度等会导致产生机械应力并产生机械损伤。机械损伤对脆弱的食品组织，如果蔬等植物组织的损伤较大。一般认为，冻结时的体积变化和机械应力是食品物料产生冻结损伤的主要原因。机械应力与食品物料的大小、冻结速率和最终的温度有关。小的食品物料冻结时内部产生的机械应力小些。对于一些含水较高、厚度大的物料，表面温度下降极快时可能导致物料出现严重的裂缝，这往往是由物料组织的非均一收缩所导致的（物料外壳首先冻结固化，而当内部冻结膨胀时导致外壳破裂）。

4. 非水相组分被浓缩

由于冻结时物料内水分是以纯水的形式形成冰结晶的，原来水中溶解的组分会转到未冻结的水分中而使剩余溶液的浓度增加。浓缩的程度主要与冻结速率和冻结的终温有关，在冰盐结晶点之上时温度愈低，浓缩程度愈高。液态食品物料冻结时加以搅拌可以减少溶质在固-液界面的聚集，因此有助于纯冰结晶的形成，溶质的浓缩也将达到最大程度。缓慢冻结会导致连续、平滑的固-液界面，冰结晶的纯度较高，溶质的浓缩程度也较大；反之，快速冻结导致不连续、不规则的固-液界面，冰结晶中会夹带部分溶质，溶质的浓缩程度也就较小。冻结-浓缩现象可以用于液态食品物料的浓缩。

冻结浓缩现象会导致未冻结溶液的相关性质，如 pH、酸度、离子强度、黏度、冻结点（和其他依数性性质）以及表面和界面张力、氧化-还原势等的变化。此外，冰盐共晶混合物可能形成，溶液中的氧气、二氧化碳等可能被驱除。水的结构和水-溶质的相互作用也可能发生变化。冻结浓缩对食品物料产生一定的损害，如生化和化学反应加剧，大分子物质由于浓缩使分子间的距离缩小而可能发生相互作用使大分子胶体溶液的稳定性受到破坏等。由冻结浓缩造成的对食品物料的损害因食品物料的种类而有差异。一般来说，动物性物料组织所

受的影响较植物性的大。冻结浓缩所造成的损害可以发生在冻结、冻藏和解冻过程中，损害的程度与食品物料的种类和工艺条件有关。人们研究过食品物料冻结后 pH 的变化，结果发现高蛋白质的食品物料，如鸡、鱼冻结后 pH 会增加（特别是当初始 pH 低于 6 时），而低蛋白质的食品物料如牛奶、绿豆冻结后 pH 会降低。

（二）食品在冻藏过程中的物理和化学变化

1. 重结晶

重结晶是指冻藏过程中食品物料中冰结晶的大小、形状、位置等都发生了变化，冰结晶的数量减少、体积增大的现象。人们发现，将速冻的水果与缓冻的水果同样贮藏在 -18℃ 下，速冻水果中的冰结晶不断增大，几个月后速冻水果中冰结晶的大小变得和缓冻的差不多。这种情况在其他食品原料中也会发生。

导致重结晶的原因可能有几种，一般认为，任何冰结晶表面（形状）和内部结构上的变化有降低其本身能量水平的趋势，表面积/体积比大、不规则的小结晶变成表面积/体积比小、结构紧密的大结晶会降低结晶的表面能。这就是同分异质重结晶（iso-mass recrystallization）。

在多结晶系统中，当小结晶存在时，大结晶有"长大"的趋势，这可能是融化-扩散-重新冻结过程中冰结晶变大的原因，属于迁移性重结晶（migratory recrystallization）。在恒定温度和压力下，小结晶由于其很小的曲率半径，它对其表面分子的结合能力没有大结晶那么大，因此小结晶表现出相对熔点较高。在温度恒定的情况下，当物料中含有大量的直径小于 $2\mu m$ 的结晶时，迁移性重结晶可以相当大的速率进行。在速冻果蔬等食品物料（甚至包括冰淇淋）中的冰结晶的大小一般远大于 $2\mu m$，而在一些速冻的小的生物材料中可能有直径小于 $2\mu m$ 的冰结晶。因此冻藏食品贮藏在恒定温度和压力下可以减少迁移性重结晶现象。冻藏中温度的波动以及与之相关的蒸气压梯度会促进迁移性重结晶，食品物料中低温（低蒸气压）处的冰结晶会在牺牲高温（高蒸气压）处的冰结晶的情况下长大。在高温（高蒸气压）处的最小的冰结晶会消失，较大的冰结晶会减小，当温度梯度相反时，较大冰结晶会长大，而由于结晶能的限制最小的冰结晶不会重新生成。

冰结晶相互接触也会发生重结晶，结晶数量的减少可导致整个结晶相表面能的降低，有人将此称为连生性重结晶（accretive recrystallization）。这也是造成冰结晶数量不断减少、体积不断增大的原因之一。

2. 冻干害

冻干害又称为冻烧（freezer burn）、干缩，这是由于食品物料表面脱水（升华）形成多孔干化层，物料表面的水分可以下降到 $10\%\sim15\%$ 以下，使食品物料表面出现氧化、变色、变味等品质明显降低的现象。冻干害是一种表面缺陷，多见于动物性的组织。减少干缩的措施包括减少冻藏间的外来热源及温度波动，降低空气流速，改变食品物料的大小、形状、堆放形式和数量等，采取适当的包装等。

3. 脂类的氧化和降解

冻藏过程中食品物料中的脂类会发生自动氧化作用，结果导致食品物料出现油哈味。此外脂类还会发生降解，游离脂肪酸的含量会随着冻藏时间的增加而增加。乳和冰淇淋中的固形物含量与脂类氧化的敏感性有关：冰淇淋中脂肪含量在 39.5% 以上时，-18℃ 冻藏 3 个月不会发生变味，而脂肪含量低则易发生。浓缩乳（3:1）的非脂固形物低于 38% 时，-27.2℃ 冻藏 24 个月亦无氧化味产生。脂类的氧化受少量的铜、铁催化，如冰淇淋中 1.25×10^{-6} 的铜即会导致氧化味的产生。浓缩乳中加入螯合剂可减少氧化味的产生。乳和乳制品冷冻前的加热和均质对抑制氧化有作用。加热对氧化的抑制主要由于硫氢基化合物的形成。而含硫化合物与乳或冰淇淋的加热味有关，一般欲冻藏的乳品应先进行加热处理，加热温度应稍高于市售牛乳和冰淇淋。均质的抑制效应与其可减少金属离子浓度有关。抗氧化剂对脂类氧化有抑制作用。此外冻藏的温度对稳定性也有一定的影响。

4. 蛋白质溶解性下降

冻结的浓缩效应往往导致大分子胶体的失稳，蛋白质分子可能会发生凝聚，溶解性下降，甚至会出现絮凝、变性等。冻藏时间延长往往会加剧这一现象，而冻藏温度低、冻结速率快可以减轻这一现象。成分（总固形物）不同的乳品长期贮藏（120d）后发生的变化明显不同。热处理可明显延长未变性贮期。均质对蛋白质的稳定性有降低作用，且浓缩前均质比浓缩后均质影响要小一些。冷冻前牛乳的冷藏和冷处理对蛋白质稳定性有不利的影响，但冷藏前的加热处理对减少此影响有好处，加热还可减少冷藏时乳糖结晶的形成。

5. 其他变化

冻藏过程中食品物料还会发生其他一些变化，如pH、色泽、风味和营养成分等。图4-9显示了一些食品物料在冻结前和冻藏过程中的pH变化情况。pH的变化一般是由于食品物料的成熟和未冻结部分溶质的浓缩所导致的，冻藏过程中食品物料pH变化的速率和程度与物料的缓冲能力、所含盐的组成、蛋白质和盐的相互作用、酶活性和贮藏温度有关。pH的变化所引起的质量变化并不明显，但理论上可知pH会影响酶的活性和细胞的通透性。

图4-9 一些食品物料在冻结前和冻藏过程中的pH变化

果蔬在冻藏过程中会出现由叶绿素的减少而导致的褪色。表4-17显示了一些绿色蔬菜在不同冻藏温度下叶绿素减少10％所需的时间。

表4-17 绿色蔬菜在冻藏时叶绿素减少10％所需的时间 单位：月

蔬菜品种	−18℃	−12℃	−7℃
青豌豆	43	12	2.5
菠菜叶	30	6	1.6
菠菜梗	14	3	0.7
青刀豆	10	3	0.7

果蔬中维生素C的含量也会由于氧化作用而减少，维生素C氧化的速率与冻藏的温度有很大的关系。上述的冻藏过程中的化学变化是由于食品物料发生了相应的化学反应的结果。从冻藏过程中非酶反应和酶促反应速率变化的角度看，温度的降低一般会导致反应速率降低，但冻藏过程中还有一些导致反应速率增加的因素。在冻藏过程中食品物料的非酶反应的速率往往会增加，这是由于冻结的浓缩效应导致食品物料中未冻结部分的反应物浓度提高。这种现象在浓度低的食品物料中尤为突出。所以整体的效果是非酶反应的速率一般会增加。酶活性受抑制的程度与温度有很大关系，一般在冻结点以下的0~10℃的范围内，酶的活性可能降低也可能增加，温度再低时，酶的活性一般受到抑制。因此，在−18℃以下的温度冻藏的食品物料，在冻藏过程中的酶促反应一般会减小。

六、冷链物流

速冻食品自身的特性决定了从生产加工到市场流通，必须有相匹配冷链作保证，由于速冻食品行业的飞速发展，冷链物流也随之得到快速发展。冷链物流泛指冷藏冷冻类食品在生产、贮藏运输、销售，到消费前的各个环节中始终处于规定的低温环境下，以保证食品质量，减少食品损耗的一项系统工程。包括低温加工、低温运输与配送、低温贮存、低温销售等各个方面，其各个环节必须始终处于商品所必需的低温环境下，各作业环节也必须紧密配合，在设备数量上相互协调，在质量管理标准上一致，形成一个完整的"冷藏（冻）链"，以保证商品的品质和安全，减少损耗，防止污染。

冷链物流中商品的早期质量主要取决于下列因素：原料（product）、速冻前处理和速冻加工（processing）以及包装（package），通常称为"3P"理论；冷链物流中商品的最终质量取决于冷链的贮藏温度（temperature）、流通时间（time）以及产品本身的耐藏性（tolerance），即"3T原则"。不同品种和品质的货物会随着时间和温度的变化而产生相异的品质变化，因此，对于冷链物流中的商品，要进行原产地和各种加工信息的实时跟踪与监控，必须要有相对应的产品温度监控、控制和贮藏时间的经济技术指标，并且需设置不同种类和品质的商品所应遵循的贮存放置规则。一般速冻食品的冷链物流流程及其温度要求，见图4-10。

图4-10　速冻食品的冷链物流流程

国家标准对速冻调制食品，速冻食品生产管理规范，水产品流通管理技术规范，冷藏、冷冻食品物流的包装、标志、运输和贮存等都有具体规定。《速冻调制食品》（SB/T 10379）标准，规定速冻调制食品是采用速冻工艺，在低温状态下（产品热中心温度≤－18℃）贮存、运输和销售的预包装食品。运输车辆应保持清洁，装运速冻调制食品前，应将厢体温度降至＜10℃，运输期间，车辆温度应保持＜－15℃。产品应贮存在≤－18℃的冷库。产品应在≤－18℃低温陈列柜内带预包装销售。如冷藏、冷冻食品物流的包装、标志、运输和贮存标准规定：冷藏运输必须使用冷藏汽车、冷藏火车、冷藏集装箱、冷藏运输船或保温车，冷冻食品的温度在－18℃以下，冷藏食品在7℃以下、冻结点以上；液体奶类（饮料）运输途中产品温度不高于10℃；巴氏杀菌奶为冻结点以上至7℃；运输速冻食品时，装载前厢体要预冷到－10℃或更低温度，运输途中保持－18℃等。

七、冻藏食品的解冻

（一）解冻过程的热力学特点

解冻过程是冻藏食品物料回温、冰结晶融化的过程。从温度时间的角度看，解冻过程似乎可以简单地被看作是冻结过程的逆过程。但由于食品物料在冻结过程的状态和解冻过程的状态的不同，解冻过程并不是冻结过程的简单逆过程。从时间上看，即使冻结和解冻以同样的温度差作为传热推动力，解冻过程也要比冻结过程慢。一般的传导型传热过程是由外向内，由表及里的，冻结时食品物料的表面首先冻结，形成固化层；解冻时则是食品物料表面首先融化（图 4-11）。解冻食品的热量由两部分组成：即冰点上的相变潜热和冰点下的显热。由于冰的热导率和热扩散率较水的大（图 4-12），因此冻结时的传热较解冻时快。低温时（—20℃）食品物料中的水主要以冰结晶的形式存在，其比热容接近冰的比热容，解冻时食品中的水分含量增加，比热容相应增大，最后接近水的比热容。解冻时

图 4-11 食品物料冻结和解冻时的状态与传热示意

随着温度升高，食品的比热容逐渐增大（在初始冻结点时达到最大值），升高单位温度所需要的热量也逐渐增加。

图 4-12 水和冰的比热容、热导率和热扩散率的比较

图 4-13 显示了以冻结圆柱形样品的几何中心温度画出的解冻曲线，为了便于比较，图中还画出了相同温差下该样品的冻结曲线。从图中的解冻曲线可以看出，解冻开始的阶段样品的温度上升较快，因为此时样品表面还没有出现融化层，传热是通过冻结的部分进行的，而且由于冻结状态样品的比热容小，故传热较快，而当样品的表面出现融化层后，由于融化层中非流态的水的传热性差，传热的速率下降。而且由于相变吸收大量的潜热，样品的温度出现了一个较长的解冻平衡区。当样品全部解冻之后，温度才会继续上升。有趣的是对于速冻的样品，解冻平衡区的温度往往不在冻结点，而是低于冻结点。

图 4-13 圆柱形样品的冻结和解冻曲线

上述的解冻曲线只是针对解冻时的传热，是以热传导为主的情况，而不适合微波解冻，以及解冻后食品物料成为可流动的液态的情况。解冻速率和冻结速率的差异在含水量低的肉类以及空气含量高的果蔬中不太明显。另外，图 4-13 是在相同温度差下得出的，在实际情况中，冻结过程的温度差一般远较解冻过程的大。这一因素也大大降低了解冻速率。

由于解冻过程的上述特点，解冻中的食品物料在冻结点附近的温度停留相当长的时间，这时化学反应、重结晶，甚至微生物生长繁殖都可能发生。此外，有些解冻过程可能在不正确的程序下完成。因此可能成为影响冻藏食品物料品质的重要阶段。

（二）解冻方法

从能量的提供方式和传热的情况来看，解冻方法可以分为两大类。一类是采用具有较高温度的介质加热食品物料，传热过程从食品物料的表面开始，逐渐向食品物料的内部（中心）进行。另一类是采用介电或微波场加热食品物料，此时食品物料的受热是内外同时进

行的。

1. 空气解冻法

空气解冻法采用温热的空气作为加热的介质,将要解冻的食品物料置于热空气中进行加热升温解冻。空气的温度不同,物料的解冻速率也不同,0~4℃的空气为缓慢解冻,20~25℃则可以达到较快速的解冻。由于空气的比热容和热导率都不大,在空气中解冻的速率不高。在空气中混入水蒸气可以提高空气的相对湿度,改善其传热性能,提高解冻的速率,还可以减少食品物料表面的水分蒸发。解冻时的空气可以是静止的,也可以采用鼓风。采用高湿空气解冻时,空气的湿度一般不低于98%,空气的温度可以在−3~20℃之间,空气的流速一般为3m·s⁻¹。但使用高湿空气时,应注意防止空气中的水分在食品物料表面冷凝析出。

2. 水或盐水解冻法

水和盐水解冻都属于液体解冻法。由于水的传热特性比空气好,食品物料在水或盐水中的解冻速率要比在空气中快很多。类似液体冻结时的情况,液体解冻也可以采用浸渍或喷淋的形式进行。水或盐水可以直接和食品物料接触,但应以不影响食品物料的品质为宗旨,否则食品物料应有包装等形式的保护。水或盐水温度一般在4~20℃,盐水一般为食盐水,盐的浓度一般为4%~5%,盐水解冻主要用于海产品。盐水还可能对物料有一定的脱水作用,如用盐水解冻海胆时,海胆的适度脱水可以防止其出现组织崩溃。

3. 冰块解冻法

冰块解冻法一般是采用碎冰包围欲解冻的食品物料,利用接近水的冻结点的冰使食品物料升温解冻,这种方法可以使食品物料在解冻过程中一直保持在较低的温度,减少了物料表面的质量下降,但该法解冻时间较长。

4. 板式加热解冻法

板式加热解冻法与板式冻结法相似,是将食品物料夹于金属板之间进行解冻的方法,此法适合于外形较为规整的食品物料,如冷冻鱼糜、金枪鱼肉等,其解冻速率快,解冻时间短。

5. 微波解冻法

微波解冻法是将欲解冻的食品置于微波场中,使食品物料吸收微波能并将其转化成热能,从而达到解冻的作用。由于高频电磁波的强穿透性,解冻时食品物料内外可以同时受热,解冻所需的时间很短。

6. 高压静电解冻法

高压静电解冻法用10~30kV的电场作用于冰冻的食品物料,将电能转变成热能,从而将食品物料加热。这种方法解冻时间短,物料的汁液流失少。

除了上述的解冻方法外,近年来人们一直在寻找新的解冻方法,超声波解冻、高压解冻等。

(三) 解冻过程的工艺控制

如前所述,解冻过程对冻藏食品物料的品质影响颇大。解冻食品物料出现品质下降现象主要是汁液流失(drip)。汁液流失是指冻藏食品物料解冻后,汁液从食品物料中流出的现象。流出的汁液中具有一定的营养成分和呈味成分,汁液流失会降低食品物料的营养、质地和口感等,而且汁液流失使食品物料的重量相对减少,也给物料的清洁处理带来不便。因此,汁液流失的多少成为衡量冻藏食品质量的重要指标。

对于冻藏食品物料来说,汁液流失的产生是较为常见的现象,它是食品物料在冻结冻藏过程中受到的各种冻害的体现。汁液流失的多少不仅与解冻的控制有一定关系,而且与冻结和冻藏过程有关,此外食品物料的种类、冻结前食品物料的状态等也对汁液流失有很大的影响。减少汁液流失的方法应从上述各方面采取措施,如采用速冻,减小冻藏过程的温度波动，对于肉类原料，控制其成熟情况，使其 pH 偏离肉蛋白质的等电点，以及采取适当的包装等都是一些有效的措施。

从解冻控制来看，缓慢的解冻速率一般有利于减少汁液流失，这是由于食品物料在冻结、冻藏过程中发生水分重新分布，缓慢解冻给发生转移的水分有较长的时间恢复原来的分布状态。但缓慢解冻往往意味着解冻的食品物料在解冻过程中长时间地处在较高的温度环境中，而这给微生物的繁殖、酶反应和非酶反应创造了较好的条件，对食品物料的品质也有一定的影响。因此当食品物料在冻结和冻藏过程中没有发生很大的水分转移时，快速解冻可能对保证食品物料的质量更为有利。

八、食品冻结、冻藏和解冻过程中冷耗量和冻结时间的计算

食品在冻结过程中的冷耗量是指在整个冻结过程（包括冷却、冻结和冻结以后的降温）中食品物料所放出的热量，它的计算可以按照每个阶段分别进行。

（一）冷却阶段的冷耗量

食品物料在冷却阶段冷耗量的计算可以按照前述冷藏前冷却过程冷耗量的计算方法进行。只是此时的温度段是从食品物料开始冷却前的初始温度一直到食品物料的冻结点计算的。即：

$$Q_1 = GC(T_i - T_f) \tag{4-9}$$

式中　Q_1——冷却阶段食品物料的散热量，kJ；

G——被冷却食品物料的质量，kg；

C——冻结点以上食品物料的比热容，kJ·kg^{-1}·K^{-1}；

T_i——冷却开始时食品物料的温度，K；

T_f——食品物料的冻结点温度，K。

（二）冻结阶段的冷耗量

食品物料在冻结阶段的冷耗量主要是指由于水分的冻结而释放出的相变潜热：

$$Q_2 = GW\omega\gamma \tag{4-10}$$

式中　Q_2——冻结阶段食品物料的散热量，kJ；

G——被冻结食品物料的质量，kg；

W——食品物料中的水分含量，kg·kg^{-1}；

ω——最终冻结温度下食品物料中冻结水分所占的比例，%；

γ——水形成冰时所释放的相变潜热，334.72kJ·kg^{-1}。

不同食品的含水量不同，初始冻结点不同，在不同温度下的水分冻结比例也会不同。表4-18 列出了一些食品物料在不同温度下的冻结水分比例。

表 4-18　不同温度下各种食品物料中冻结水分的比例　　　　单位：%

温度/℃	瘦肉/74.5%水	鳕鱼/83.6%水	蛋清/86.5%水	蛋黄/50%水
0	0	0	0	0
−1	2	9.7	48	42
−2	48	55.6	75	67
−3	64	69.5	82	73
−4	71	75.8	86	77
−5	74	79.6	87	79
−10	83	86.7	92	84
−20	88	90.6	93	87
−30	89	92.0	94	89
−40	—	92.2	—	—

食品物料中冻结水分比例还可以通过经验公式计算得到：

$$w = \cfrac{A}{1 + \cfrac{B}{\lg(273-T)+[1-(273-T_f)]}} \qquad (4\text{-}11)$$

式中　w——温度 T（K）下食品物料中冻结水分所占的比例，$kg \cdot kg^{-1}$；

　　　T——计算 w 时食品物料冻结的温度，K；

　　　T_f——食品物料的初始冻结点，K；

　　　A，B——经验常数，$A=110.5$，$B=0.31$。

式(4-11) 适用于计算温度在 243K（−30℃）以上食品物料的冻结水分比例，用于肉类、鱼类食品物料的效果较好。若食品物料的初始冻结点为 −1±0.5℃，则式(4-11) 可简化为：

$$w = \cfrac{A}{1 + \cfrac{B}{\lg(273-T)}} \qquad (4\text{-}12)$$

不同温度下水形成冰时所释放的相变潜热有所不同，温度在 0℃ 以下时，相变潜热会减小，具体可以按照下列经验公式计算：

$$\gamma = 2.092(T-273)+334.72 \qquad (4\text{-}13)$$

式中　γ——温度 T（K）时水形成冰时所释放的相变潜热，$kJ \cdot kg^{-1}$；

　　　T——食品物料的温度，K。

按照式(4-13) 计算时宜用冻结过程的平均温度计算相变潜热，此冻结过程的平均温度并非是冻结点和最终冻结温度简单的算术平均值，而是根据冻结过程水分的冻结情况（多少、速率等）算出的。表 4-19 列出了不同温度范围的冻结过程中的平均温度值，其数据是按照温度和肉类水分冻结量的关系曲线用图解积分法推算得到的。

表 4-19　不同温度范围的冻结过程中的平均温度值

冻结初温/℃	冻结终温/℃										
	−2	−4	−6	−8	−10	−12	−14	−16	−20	−25	−30
	平均温度/℃										
−1	−1.50	−2.05	−2.65	−3.22	−3.88	−4.65	−5.25	−5.91	−6.77	−7.75	−9.45
−2	−2.00	−2.76	−3.76	−4.21	−4.97	−5.80	−6.71	−7.35	−8.25	−9.30	−11.25
−4		−4.00	−4.91	−5.56	−6.60	−7.65	−8.60	−9.45	−10.30	−11.55	−13.75
−6			−6.00	−6.91	−7.95	−9.02	−10.15	−11.10	−12.10	−13.40	−15.75
−8				−8.00	−9.10	−10.24	−11.42	−12.24	−13.55	−15.80	−17.50
−10					−10.00	−11.25	−12.35	−13.55	−14.92	−16.68	−19.50
−12						−12.00	−13.22	−14.45	−16.05	−18.06	−20.60
−14							−14.00	−15.25	−17.20	−19.22	−21.95
−16								−16.00	−18.18	−20.30	−23.10
−18									−19.15	−21.32	−24.20
−20									−20.00	−22.40	−25.20
−22										−23.25	−26.10
−24										−24.45	−27.08
−26											−28.05
−28											−28.95
−30											−30.00

（三）冻结后继续降温阶段的冷耗量

食品物料开始冻结后继续降温阶段的冷耗量计算可按下式进行：

$$Q_3 = GC_f(T_f - T_s) \tag{4-14}$$

式中　Q_3——冻结后继续降温阶段食品物料的散热量，kJ；

　　　　G——被冻结食品物料的质量，kg；

　　　　C_f——冻结后继续降温阶段食品物料的平均比热容，$kJ \cdot kg^{-1} \cdot K^{-1}$；

　　　　T_f——食品物料的初始冻结点，K；

　　　　T_s——食品物料的最终冻结温度，K。

食品物料的比热容可根据食品物料中干物质、水分和冰的比热容及各部分在食品物料中的比例推算：

$$C = C_d(1-W) + C_i\omega W + C_w(1-\omega)W \tag{4-15}$$

式中　C——冻结食品物料的比热容，$kJ \cdot kg^{-1} \cdot K^{-1}$；

　　　　C_d——冻结食品物料中干物质的比热容，$kJ \cdot kg^{-1} \cdot K^{-1}$，一般为 $1.046 \sim 1.6736 kJ \cdot kg^{-1} \cdot K^{-1}$，通常取 $1.4644 kJ \cdot kg^{-1} \cdot K^{-1}$；

　　　　C_i——冰的比热容，$2.092 kJ \cdot kg^{-1} \cdot K^{-1}$；

　　　　C_w——水的比热容，$4.184 kJ \cdot kg^{-1} \cdot K^{-1}$；

　　　　W——食品物料中的水分含量，$kg \cdot kg^{-1}$；

　　　　ω——各种温度下食品物料中冻结水分所占的比例，%。

式(4-15)表明冻结食品的比热容取决于它的水分冻结量，而式(4-12)又说明食品的水分冻结量随温度而异，故冻结过程中冻结食品的比热容也和温度呈函数关系。温度愈低，水分冻结量愈大，食品比热容则愈小，而且低于开始冻结前的食品比热容（C_0）。如果食品开始冻结的温度为 $-1℃$ 或 272K 左右，参照式(4-12)，冻结过程中各温度时的比热容也可以按照下式计算：

$$C = C_0 - \frac{4.184A_2}{1 + \dfrac{B_2}{\lg(273-T)}} \tag{4-16}$$

式中　C——冻结过程中各温度（K）下冻结食品物料的比热容，$kJ \cdot kg^{-1} \cdot K^{-1}$；

　　　　C_0——冻结开始时食品物料的比热容，$kJ \cdot kg^{-1} \cdot K^{-1}$；

　　　　T——冻结过程中冻结食品的温度，K；

A_2，B_2——经验常数，牛肉 $A_2 = 0.394$，$B_2 = 0.343$，鱼 $A_2 = 0.415$，$B_2 = 0.369$。

冻结过程同一温度差内的各热力学特性参数一般应取平均值，也可按照冻结过程的平均温度计算出。与比热容相似，冻结食品的其他热力学特性参数也和温度呈函数关系，可以用类似式(4-12)和式(4-16)的经验公式计算。表 4-20 列出了一些食品的热力学参数。

热导率：

$$\lambda = \lambda_0 - \frac{1.162A_3}{1 + \dfrac{B_3}{\lg(273-T)}} \tag{4-17}$$

式中　λ——冻结过程中各温度（K）下冻结食品物料的热导率，$W \cdot m^{-1} \cdot K^{-1}$；

　　　　λ_0——冻结开始时食品物料的热导率，$W \cdot m^{-1} \cdot K^{-1}$；

　　　　T——冻结过程中冻结食品的温度，K；

A_3，B_3——经验常数，肉 $A_3 = 0.938$、$B_3 = 0.186$，鱼 $A_3 = 0.699$、$B_3 = 0.148$。

λ_0 可通过下式计算：

$$\lambda_0 = \lambda_w W + \lambda_d(1-W) \tag{4-18}$$

式中　W——食品的水分含量，$kg \cdot kg^{-1}$；

λ_w——水的热导率，$0.54W \cdot m^{-1} \cdot K^{-1}$；

λ_d——食品干物质的热导率，$0.26W \cdot m^{-1} \cdot K^{-1}$。

热扩散系数：

$$\alpha = \alpha_0 - \frac{1.162A_4}{1 + \dfrac{B_4}{\lg(273-T)}} \qquad (4\text{-}19)$$

式中　α——冻结过程中各温度（K）下冻结食品物料的热扩散系数，$m^2 \cdot h^{-1}$；

α_0——冻结开始时食品物料的热扩散系数，$m^2 \cdot h^{-1}$；

T——冻结过程中冻结食品的温度，K；

A_4，B_4——经验常数，肉 $A_4 = 0.0224$、$B_4 = 0.445$，鱼 $A_4 = 0.00045$、$B_4 = 0.482$。

表 4-20　一些食品物料的热力学参数

食品	水/%	冻结点/℃	比热容/kJ·kg⁻¹·K⁻¹		热导率 /W·m⁻¹·K⁻¹	潜热 /kJ·kg⁻¹
			冻结点以上	冻结点以下		
鳕（冻）	70	−2.2	3.180	1.720	—	235
鲭鱼片	57	—	2.760	1.550	—	—
牡蛎	80.0	−3	3.480	1.840	—	270
扇贝	80.3	—	3.520	1.840	—	270
小虾	70.8	−2.2	3.480	1.880	—	277
肋条肉（瘦）	68	−1.7	3.220	1.680	—	233
鲜、肥牛肉	—	−2.2	−2.510	1.470	—	184
鲜羊肉	60～70	−2.2	2.8～3.2	1.5～2.2	0.41～0.48	194～276
鲜猪肉	60～75	−2	2.85	1.6	0.44～0.54	201
鲜香肠	65	−3.3	3.4～3.7	2.35	—	—
熏香肠	60	−3.9	3.60	2.35	—	200
鲜、冻小牛肉	74	−2.8	3.31	1.55	—	247
苹果	84	−2	3.60	1.8～1.9	0.4153	280～282
杏	85.4	−2	3.68	1.93	—	284
芦笋	93.0	−1.2	3.94	2.01	—	310～312
香蕉	74.8	−2.2	3.35	1.76	—	251～255
青刀豆	88.9	−1.3	3.81	1.97	—	298
胡萝卜	88.2	−1.3	3.6～3.8	1.8～1.9	—	293
花椰菜	91.7	−1.1	3.89	1.97	—	307
冰淇淋	58～86	−3～18	3.3	1.88	—	222
蛋	—	−3	3.2	1.67	0.33～0.97	276
无花果（鲜）	78	−2.7	3.43	1.80	—	261
辣根	73.4	−3.1	3.27	1.76	—	247
柠檬	89.3	−2.2	3.85	1.93	—	295
芒果	93	0	3.77	1.93	—	312
西瓜	92.1	−1.6	4.06	2.01	—	307
牛奶	87.5	−0.6	3.89	2.05	—	288
蘑菇	91.1	−1	3.77	1.97	—	302
橙	87.2	−2.2	3.77	1.93	0.415	288
橙汁	89	−1.2	3.89	—	0.544	—

续表

食品	水/%	冻结点/℃	比热容/kJ·kg⁻¹·K⁻¹		热导率/W·m⁻¹·K⁻¹	潜热/kJ·kg⁻¹
			冻结点以上	冻结点以下		
桃	86.9	-1.4	3.77	1.93	—	288
梨	83.5	-1.9	3.60	1.88	—	275
菠萝	85.3	-1.4	3.68	1.88	0.5486	284
土豆	77.8	-1.7	3.43	1.80	0.42~1.1	258
菠菜	85~93	-1	3.94	2.01	—	307
马铃薯	68.5	-2	3.14	1.68	—	226
番茄	94	-1	3.98	2.01	0.46~0.53	312

复习思考题

1. 试述低温保藏食品的基本原理。

2. 试分析不同食品物料冷藏的方法和特点。

3. 试述食品物料在冷却和冷藏过程中的变化。

4. 请画出典型的食品物料冻结曲线，举例说明速冻食品的生产工艺过程及应控制的工艺因素。

5. 试述常见的食品物料的冻结方法及其特点。

6. 如何理解食品冻结速率定义及其对食品的影响？

7. 解冻过程和冻结过程的控制有何不同？冻藏食品物料的解冻过程应控制哪些因素？

8. 食品物料的冻藏过程应控制的因素有哪些？

参 考 文 献

[1] ［英］C. P. Mallett. 冷冻食品加工技术. 张慜，等译. 北京：中国轻工业出版社，2005.

[2] 冯志哲. 食品冷藏学. 北京：中国轻工业出版社，2001.

[3] Owen R，Fennema. Principles of Food Science. N. Y.：Marcel Dekker Inc，1975.

[4] 华泽钊，李云飞，刘宝林. 食品冷冻冷藏原理和设备. 北京：机械工业出版社，1999.

[5] Spies W E L，Schubert H. Engineering and Food. London and New York：Elsevier Applied Science，1990.

[6] Weast R C，Astle M J，Beyer W H. Handbook of Chemistry and Physics. 67ᵗʰ edn. CRC，Boca Raton，FL，USA，1986.

[7] ［罗］实勤·西沃拜努. 食品工业制冷技术. 孙时中，张孝若，边增林译. 北京：中国轻工业出版社，1986.

工程训练

结合本章所学，分析缓慢冻结导致果蔬品质劣化的原因，并提出解决思路。

第五章　食品的干燥

第一节　食品干燥的目的和原理

一、食品干燥的目的

食品干燥是指在自然条件或人工控制条件下使食品中水分蒸发的过程。干燥包括自然干燥，如晒干、风干等和人工干燥，如热空气干燥、真空干燥、冷冻干燥等。

人类很早就利用自然干燥来干燥谷类、果蔬和鱼、肉制品，达到延长贮藏期的目的。我国不少传统食品如干红枣、柿饼、葡萄干、香蕈、金针菜、玉兰片（笋干）、萝卜干和梅菜等常用晒干制成，而风干肉、火腿和广式香肠则经风干或阴干后再保存。即使在经济发达国家，自然干燥仍是常用的干燥方法。但自然干燥需要有大面积的晒场，生产效率低，又容易被灰尘、昆虫等污染和鸟类、啮齿动物等侵袭，制品的质量安全性较难获得保证。

1780年，有人用热水处理蔬菜，再风（晒）干或将蔬菜放在烘房的架子上进行人工干燥。人工干燥在室内进行，不再受气候条件限制，干燥时间缩短，易于控制，产品质量显著提高，成为主要的干燥方法。1878年德国人研制第一台辐射热干燥器，四年后真空干燥器也诞生了。战争的需要促进了人工干燥的发展。到19世纪初，热风脱水蔬菜已大量工业化生产。最早采用的人工控制加热的干燥方法是烘、焙、炒，以后发展了热风隧道式干燥器以及气流式、流化床式和喷雾式干燥。虽然人工控制干燥具有快速、卫生和质量便于控制的优点，但是其能耗和干燥成本仍是一个需要面对的问题。现代消费者倾向于天然、健康和营养的产品，而且节能环保也成为现代食品加工的重要发展方向，因此近年来新的干燥技术要求在能源利用、产品质量安全、环境影响、操作成本和生产能力等几个方面拥有更显著的优势。

经干燥的食品，其水分活度较低，有利于在室温条件下长期保藏，以延长食品的市场供给，平衡产销高峰；干制食品重量减轻、容积缩小可以显著地节省包装、贮藏和运输费用，并且便于携带，有利于商品流通。值得注意的是，采用冷冻干燥技术时，原有食品的大小和形状基本不受影响。有时候运输费用的高低并不决定于货物质量，而取决于体积，这时冷冻干燥食品的包装和运输费用可能并不比新鲜食品所需费用低。干制食品也是救急、救灾和战备常用的重要物资。

食品干燥主要应用于果蔬、粮谷类及肉禽等物料的脱水干制，以及粉（颗粒）状食品的生产，如糖、咖啡、奶粉、淀粉、调味粉、速溶茶等，是方便食品生产的最重要方式。干燥也应用于粮谷类及其制品加工，及其他食品加工过程以改善加工品质，如大豆、花生米经过适当干燥脱水，有利于脱壳（去外衣），便于后序加工，芝麻经过焙炒、面包经过烘烤等高温脱水干燥，可增香、变脆，提高制品品质。

食品干燥是一个复杂的物理化学变化过程。干燥的目的不仅要将食品中的水分降低到一定水平，达到干藏的水分要求，又要求食品品质变化最小，有时还要达到改善食品品质的目的。食品干燥过程涉及热和物质的传递，需控制最佳条件以获得最低能耗与最佳质量；干燥过程常是多相反应，是综合化学、物理化学、生物化学、流变学过程的结果。因此研究干燥物料的特性，科学地选择干燥方法和设备，控制最适干燥条件，是食品干燥的主要问题。

干燥过程是将能量传递给食品，促使食品物料中水分向表面转移并排放到物料周围的外部环境中，完成脱水干制的基本过程。因此，热量的传递（传热过程）和水分的外逸（传质过程），也就是常说的湿热的转移是食品干燥原理的核心问题。

二、湿物料与湿空气

（一）湿物料

1. 湿物料的状态与水分含量

大多数被加工的食品物料是含有一定量水的湿物料。按湿物料的外观状态可分为：块状物料，如马铃薯、切块胡萝卜等；条状物料，如刀豆、马铃薯条、香肠等；片状物料，如叶菜、肉片、葱蒜头片、饼干等；晶体物料，如葡萄糖、味精、柠檬酸、砂糖等；散粒状物料，如谷物、油料种子等；粉末状物料，如淀粉、面粉、乳粉、豆乳粉等；膏糊状物料，如麦乳精浆料、冰淇淋混料等；液态物料，如各种抽提液、浓缩蛋白液等。

按料液的物理化学性质则可分为两大类：即液态食品物料和湿固态食品物料。液态食品物料包括溶液（如葡萄糖液、咖啡浸出液等）、胶体溶液（如蛋白质溶液、果胶溶液等水溶胶）、非均相悬浮液（如牛奶、蛋液、带果肉果汁等）等。液态物料都具有流动性和不同的黏稠度，在干燥过程中其流动性和可塑性将会随浓度和温度的变化而发生变化。湿固态食品物料包括晶体、颗粒、胶体、生物组织等。由于晶体的形成与结构特征，其干燥过程常仅去除晶体表面或颗粒内附着的游离水分，而与晶体结合较牢的结晶水，在常规干燥下是难以去除的。胶体的成分对胶体干燥特性影响较大。明胶、洋菜胶属弹性胶体，去除水分后收缩，但其弹性仍保留较好；麦乳精料液含有大量的糖与蛋白质等成分，属脆性胶体（玻璃胶体），干燥过程状态变化复杂，除去水分后易变脆，可转化为粉末；面包是含有胶质毛细孔结构的胶体，毛细管壁干燥后收缩也易变脆；由动植物原料切割而成的生物组织，结构特别复杂，是各向异性的固态多相系统；具有不同结构特征的细胞组织与其他活性物质，脱水干燥过程变化更为复杂。

湿物料的状态与物料的温度和含水量密切相关，它们有不同的物理化学特性（比热容、热导率、温度传导系数等）。但从宏观看，湿物料可以看成是水分和其他成分（不论是固态或液态，统称干物质）的混合物。在工程应用上，表示湿物料含水量的方法有两种。

一种是以湿物料为基准的水分含量——湿水分含量（质量分数 $W_{湿}$）：

$$W_{湿} = \frac{g_水}{g_干 + g_水} \times 100\% = \frac{g_水}{g_湿} \times 100\% \tag{5-1}$$

式中　$g_水$——湿料中水分质量，kg；

　　　$g_干$——湿料中绝干物质质量，kg；

　　　$g_湿$——湿料的总质量，kg。

另一种是以干物质为基准的水分含量——干基水分含量（质量分数 $W_干$）：

$$W_干 = \frac{g_水}{g_干} \times 100\% \tag{5-2}$$

两种水分含量换算式为：

$$W_干 = \frac{W_湿}{1 - W_湿} \quad 或 \quad W_湿 = \frac{W_干}{1 + W_干} \tag{5-3}$$

通常所指的物料水分含量多指湿基水分含量（也称为湿度）。而干基水分含量常用于干燥过程物料衡算。

2. 湿物料的水分活度与吸附等温线

（1）水分活度与平衡相对湿度　有几个物理量常用于研究食品稳定性与水的关系：水分含量、溶液浓度、渗透压、平衡相对湿度（equilibrium relative humidity，ERH）和水分活度（water activity，a_w）。游离水和结合水可用水分子的逃逸趋势（逸度）来反映，我们把食品中水的逸度（f）与纯水的逸度（$f_纯$）之比称为水分活度。水分活度最能反映出食品中水与食品成分的结合状态，微生物、酶的活动及其他化学物理变化都与水分活度密切相关。水分逃逸的趋势通常可以近似地用水的蒸汽压来表示，水分活度（a_w）定义为溶液的水蒸气分压 p 与同温度下溶剂（常以纯水）的饱和水蒸气分压（$p_饱$）的比：

$$a_w = \frac{p}{p_饱} \tag{5-4}$$

在低压或室温时，$f/f_纯$ 和 $p/p_饱$ 之差非常小（<1%），故用 $p/p_饱$ 来定义 a_w 是合理的。1mol 浓度的理想溶液其 a_w 值为 0.9823，与这溶液相平衡时气体相对湿度为 98.23%，因此，在平衡条件下，平衡相对湿度（ERH）＝a_w×100%。纯水的水分活度为 1.00，即其 ERH 为 100%。水分活度与平衡相对湿度的数值相等关系仅仅在平衡状态下才成立。食品的水分活度是由食品中水分的结合状态与食品成分等决定的；ERH 实际上是指相平衡时食品周围空气的一种状态特征。

食品中的溶液并非理想溶液，会引起蒸气压下降。对于非电解质溶液，当其浓度较低（<1mol）时，蒸气压相差较小。但对电解质溶液，影响较大。不同电解质在浓度 1mol 时的 a_w 值分别是甘油 0.9816、蔗糖 0.9806、氯化钠 0.967、氯化钙 0.945。对于非理想溶液，a_w 值可按下式计算：

$$\lg a_w = \frac{-\nu m\phi}{55.51} \tag{5-5}$$

式中　ν——每摩尔溶液产生的离子数（对非电解质 ν＝1）；

　　　m——溶液物质的量浓度，$mol \cdot L^{-1}$；

　　　ϕ——摩尔渗透系数；

55.51——1kg 水的物质的量。

实际上食品中的溶液要比此复杂得多，不是所有的水都作为溶剂，一些将与不溶性成分结合，某些溶液也会与不溶性成分结合。因此，食品中的水分含量、溶质的量和性质尚不能用于准确计算食品的 a_w。食品的水分活度值是由各种实验方法测量的。

测定食品的水分活度时，可采用水分活度测定仪。其工作原理是把被测食品置于密闭的空间内，在保持恒温的条件下，使食品与周围空气的蒸气压达到平衡，这时就可以以气体空间的水蒸气分压作为食品水蒸气压力的数值。同时，在一定温度下纯水的饱和蒸气压是一定的，所以可以应用上述水分活度定义的公式，计算出被测食品的水分活度。

图 5-1　典型食品物料水分吸附等温线

（2）吸附等温线　在一定温度下，反映食品物料中水分活度与水分含量关系的平衡曲线称为吸附等温线（moisture sorption isotherm，MSI）（一般呈 S 形，非线性）。图 5-1 是典型食品物料水分吸附等温线。等温线上的区域 A、B、C 代表食品物料中不同结合状态的水分。

区域 C 段的曲线凸向水分含量坐标轴（y 轴），其水分为受到束缚的水分，通过固体分子（常为极性分子）相互作用形成 BET（brunauer-emmet-teller 的缩写）单分子层或多分子层水分，水分含量的变化较显著影响到水分活度的变化。这部分水较紧密结合在食品特定部位，与物料的化学结构有密切关系。这些部位包括多聚糖的羧基、蛋白质的羰基和氨基，而另一些水分可由氢键、偶极离子键或进行其他反应而结合在一起，故也被称为结合水。这部分水不能作为溶剂，且难以冻结，可作为固体的一部分（如结晶水），其与物质的结合能最大、最稳定，只有在化学作用或在特别强的热处理下（煅烧）才能脱去。通常脱水干燥过程不易将其除去。

有一些水分与食品物料的结合力没有那么紧密，但他们却不能作为各种可溶性食品成分的溶剂。由于测定方法的不同，对食品材料的结合水分类也有异，因此各种食品的结合水量会有不同的数据，目前对食品中的结合水分还难以划出严格界限。

区域 B 段的曲线凸向水分活度坐标轴（x 轴），有较大的水分活度范围。水分与食品成分的结合不如 C 区稳定，会发生多层吸附。可溶性成分及不溶性固形物对其水分活度影响较大，因此不同食品物料在同样水分活度下可能有不同的水分含量（即等温吸附曲线变化大），在同样的干燥条件下的干燥速率也有较大的差异。

介于 C、B 区域之间的是吸附在胶体微粒内外表面力场范围内的水，胶体微粒有较大的表面自由能将水吸附结合。其中与胶粒表面结合的第一层水分吸附最牢固，随着分子层增加，吸附力逐渐减弱。要将这部分水去除，除了供给汽化热外，还需供给脱吸附所需的吸附热。另一些胶体溶液凝结成凝胶时以胶体物质为骨干所形成结构内保留的水分，或封闭在细胞内的水，常称为渗透压或结构维持水。这种水与物质的结合力较小，属于物体内的游离水分，可作为溶剂。但这种水分又受到溶质的束缚，使其蒸气压降低，这部分水远多于前者。

区域 A 段曲线凸向刚好与 C 曲线相反，在较小的水分活度范围内有极显著的水分含量，曲线所包含的水分为游离态水，主要由充满在食品物料内毛细管中和附着在食品物料外表面上的水构成。

毛细管大小，对水的吸附作用影响较大。大毛细管（平均半径 $> 10\mu m$）水在大毛细管弯月面上方的蒸气压与自由表面上饱和水蒸气压几乎相同，因此只有直接同水接触，水才能充满穿透大毛细管；充满在平均半径小于 $10\mu m$ 的狭小孔隙中的水称为微毛细管水。充满任何毛细管的水，不仅可发生在直接接触水的情况下，而且可以通过吸附湿空气中的水分来实现。毛细管水在物料中既可以液体形式移动，又可以蒸汽形式移动，毛细管水的脱去将产生物料的收缩和毛细管的变形。

3. 湿物料的热物理性质

湿物料的热物理性质主要指其比热容、热导率和温度传导系数。

（1）湿物料的比热容　湿物料的比热容 $C_物$（$J \cdot kg^{-1} \cdot K^{-1}$），通常以物料干物质比热容 $C_{干物}$ 与水的比热容 $C_水$ 之间的平均值（取水的比热容为 $4.19 kJ \cdot kg^{-1} \cdot K^{-1}$）来表示：

$$C_物 = \frac{C_{干物}(100 - W) + C_水 W}{100} \tag{5-6}$$

或

$$C_物 = C_{干物} + \frac{C_水 - C_{干物}}{100} W \tag{5-7}$$

如果把湿物料的比热容认为是 1kg 干物质，则获得对比比热容 $C'_物$（$J \cdot kg^{-1} \cdot K^{-1}$）：

$$C'_物 = C_{干物} + \frac{C_水 W}{100 - W} \tag{5-8}$$

式中 W——物料的水分含量，%。

式(5-7)、式(5-8) 常用于干燥器的计算。一般食品干物质比热容范围为 $1255\sim1676\mathrm{J}\cdot\mathrm{kg}^{-1}\cdot\mathrm{K}^{-1}$，如大麦芽 $1210\mathrm{J}\cdot\mathrm{kg}^{-1}\cdot\mathrm{K}^{-1}$、马铃薯 $1420\mathrm{J}\cdot\mathrm{kg}^{-1}\cdot\mathrm{K}^{-1}$、胡萝卜 $1300\mathrm{J}\cdot\mathrm{kg}^{-1}\cdot\mathrm{K}^{-1}$、面包 $1550\sim1670\mathrm{J}\cdot\mathrm{kg}^{-1}\cdot\mathrm{K}^{-1}$、砂糖 $1040\sim1170\mathrm{J}\cdot\mathrm{kg}^{-1}\cdot\mathrm{K}^{-1}$。物料比热容与其水分（$W$）之间通常具有线性关系，如 20℃，天然淀粉的比热容：

$$C_{淀}=1215+29.7W \qquad (\mathrm{J}\cdot\mathrm{kg}^{-1}\cdot\mathrm{K}^{-1}) \tag{5-9}$$

而糊化淀粉：

$$C_{糊淀}=1230+29.5W \qquad (\mathrm{J}\cdot\mathrm{kg}^{-1}\cdot\mathrm{K}^{-1}) \tag{5-10}$$

随着温度的提高，湿物料的比热容一般也提高。如糖和马铃薯干物质比热容与温度的关系式为：

$$C_{干糖}=1160+3.56t \qquad (\mathrm{J}\cdot\mathrm{kg}^{-1}\cdot\mathrm{K}^{-1}) \tag{5-11}$$

$$C_{干马}=1101+3.14t \qquad (\mathrm{J}\cdot\mathrm{kg}^{-1}\cdot\mathrm{K}^{-1}) \tag{5-12}$$

（2）湿物料的热导率 湿物料的传热与干物料的传热本质区别在于：

① 由于在固体间架的孔隙中存在水，而对固体间架的热导率有影响；

② 热的传递与物料内部水的直接迁移密切相联。

热量可以通过内含气体和液体在孔隙间以对流方式传递，也可靠孔隙壁与壁间的辐射作用传递，故有真正热导率和当量热导率之分。

真正热导率 λ（$\mathrm{W}\cdot\mathrm{m}^{-1}\cdot\mathrm{K}^{-1}$）是傅里叶方程中的比例系数：

$$q=-\lambda\nabla Q \tag{5-13}$$

式中 q——各向同性固体中的热流密度，$\mathrm{W}\cdot\mathrm{m}^{-2}$；

∇Q——温度梯度，$\mathrm{K}\cdot\mathrm{m}^{-1}$。

当量热导率，也称有效热导率 $\lambda_{当}$，表示湿物料以上述各种方式传递热量的能力：

$$\lambda_{当}=\lambda_{固}+\lambda_{传}+\lambda_{对}+\lambda_{迁}+\lambda_{辐} \tag{5-14}$$

式中 $\lambda_{固}$——物料固体间架的热导率，$\mathrm{W}\cdot\mathrm{m}^{-1}\cdot\mathrm{K}^{-1}$；

$\lambda_{传}$——物料孔隙中稳定状态存在的液体和蒸气混合物的热导率，$\mathrm{W}\cdot\mathrm{m}^{-1}\cdot\mathrm{K}^{-1}$；

$\lambda_{对}$——靠物料内部空气对流的热导率，$\mathrm{W}\cdot\mathrm{m}^{-1}\cdot\mathrm{K}^{-1}$；

$\lambda_{迁}$——靠物料内部水分质量迁移产生的热导率，$\mathrm{W}\cdot\mathrm{m}^{-1}\cdot\mathrm{K}^{-1}$；

$\lambda_{辐}$——辐射热导率，$\mathrm{W}\cdot\mathrm{m}^{-1}\cdot\mathrm{K}^{-1}$。

当量热导率 $\lambda_{当}$ 直接受物料水分、不同物料的结合方式、物料孔隙直径 d 和孔隙率（或物料密度 ρ）等因素影响。当物料水分含量 W 很小时，体系主要由空气孔和固体间架组成，随 w 的增加，$\lambda_{当}$ 线性增加，且颗粒越大，它的增长速率越大；当物料水分 W 很大时，水充满所有颗粒中间孔隙，并使其饱和，$\lambda_{当}$ 的增加逐渐停止（对大颗粒）；或者仍在线性增长（中等分散物料）；或者其速率明显增加（小颗粒物料）。物料的密度越大，$\lambda_{当}$ 越高；孔隙越大，$\lambda_{当}$ 越大；组成粒状物料间架的颗粒越大，$\lambda_{当}$ 越大。

一般认为，当孔的直径 $<5\mathrm{mm}$ 和温度梯度相当于 10℃ 时，对流热交换忽略不计（即 $\lambda_{对}\approx0$）；当孔隙的直径 $<0.5\mathrm{mm}$，辐射热交换与热传导相比也可忽略不计（即 $\lambda_{辐}\approx0$）。

实际上，影响物料 $\lambda_{当}$ 的主要因素是物料固体间架的热导率 $\lambda_{固}$ 和水分的热导率 $\lambda_{水}$ 以及物料的孔隙率，可以用下列简单式计算物料当量热导率 $\lambda_{当}$：

$$\lambda_{当}=(1-r)\lambda_{固}+r\lambda_{水} \tag{5-15}$$

式中 r——物料的孔隙率，%，$r=V_{孔}/(V_{孔}+V_{固})\times100\%$；

$\lambda_{水}$——水分的热导率（$0.58\mathrm{W}\cdot\mathrm{m}^{-1}\cdot\mathrm{K}^{-1}$），当孔隙中充满的是空气，则用 $\lambda_{空}=0.0232\mathrm{W}\cdot\mathrm{m}^{-1}\cdot\mathrm{K}^{-1}$ 代替 $\lambda_{水}$；

$\lambda_{固}$——物料固体间架的热导率，食品的 $\lambda_{固}$ 比无机材料少得多，如面包固体间架的 $\lambda_{固}$ 为 $0.116\mathrm{W}\cdot\mathrm{m}^{-1}\cdot\mathrm{K}^{-1}$；

$V_孔$，$V_固$——孔隙和固体间架的体积，m^3。

面包瓤（$W=45\%$）的 $\lambda=0.248W \cdot m^{-1} \cdot K^{-1}$，面包皮（$W=0$）的 $\lambda=0.056W \cdot m^{-1} \cdot K^{-1}$；小麦（$W=17\%$）的 $\lambda=0.116W \cdot m^{-1} \cdot K^{-1}$，即食品的热导率 λ 都少于水的热导率。因此，在干燥过程，随着食品的水分降低，空气代替水进入物料的孔隙中，空气的热导率比液体的热导率小得多，故物料的热导率将不断下降。

湿物料的热导率 λ 与温度的关系也和干物料一样：随着温度的提高，λ 值增加。气体的热导率也会随压力增加而增加，故压力也会影响到物料的热导率。

（3）湿物料的温度传导系数　温度传导系数 α 是决定物料热力性质的重要特性参数；α 越高，物料加热或冷却进行得越快。

$$\alpha = \frac{\lambda}{C\rho} \tag{5-16}$$

式中　λ——物料的热导率，$W \cdot m^{-1} \cdot K^{-1}$；

C——比热容，$J \cdot kg^{-1} \cdot K^{-1}$；

ρ——密度，$t \cdot m^{-3}$。

$C\rho$ 的乘积是单位体积物料的热容量，它表示物料的蓄热能力。$C\rho$ 越大，在同样 λ 值下系数 α 越小。即蓄热能力大的物料加热升温较慢，冷却降温也慢。影响热导率 λ 和比热容 C 的因素都会改变温度传导系数。

（二）湿空气

热干燥过程是物料中的水分变成蒸汽状态后再排到外部周围介质中的过程，通常这种介质（工作体）是气体与湿空气或空气与燃料燃烧产物的混合物。空气经预热或与烟道气混合，使其具有很高的温度，因此它能向物料提供蒸发水分所必须的能量。可见，空气既是热载体，又是吸湿剂，或称为干燥剂。

实际上，供给干燥的热空气都是干空气（即绝干空气）同水蒸气的混合物，常称为湿空气（含湿气体）。湿空气对水蒸气的吸收能力（吸湿能力）是由湿空气的状态特性决定的，属于这些特性参数的有湿空气的压力、绝对湿度、相对湿度、湿含量、密度、比热容、温度和热焓等。从热力学观点看，干燥是一个自然的不可逆过程。水分由湿物料转移到干燥剂（湿空气）中，因为物料表面上的蒸气压高于周围空气的蒸气分压，随着时间的延续，湿物料同周围空气的相互作用达到动力学平衡状态。最后，物料上的蒸气分压等于周围空气的蒸气分压，物料与周围气体间的湿交换进行得越缓慢，湿物料-气体体系越接近平衡状态。干物料贮藏时，则可能出现相反的过程，从周围空气中吸附水蒸气使物料吸湿。

湿空气的状态特性在干燥过程中不断变化，根据这种变化的特点可达到不同的干燥结果。因此，研究湿空气参数及探讨其在干燥过程中的状态变化，掌握物料湿热平衡状态参数，按水分与物料结合形式来选择干燥条件和干物质贮藏条件极为重要。根据湿空气的状态参数及其之间的相互关系，在一定的压力下，只要已知两个独立的参数，其他参数便可以计算出来，但过程比较烦琐。在工程设计中，为方便应用，将湿空气各状态参数之间的关系绘成图直接查取，称为湿度图（humidity chart）。常用的湿度图有两种，一种是以焓-湿度为坐标的 I-H 图（mollier chart）（图 5-2），另一种是以温度-湿度为坐标的 T-H 图（psychrometric chart）。

三、物料与空气间的湿热平衡

（一）平衡水分（湿度）与吸附水分（湿度）

食品的平衡水分是指食品与周围空气处于平衡状态的水分含量。其数值与食品的水分活度密切相关。在固定 φ 值下，食品的平衡水分主要取决于它的化学组成以及其所处的状态

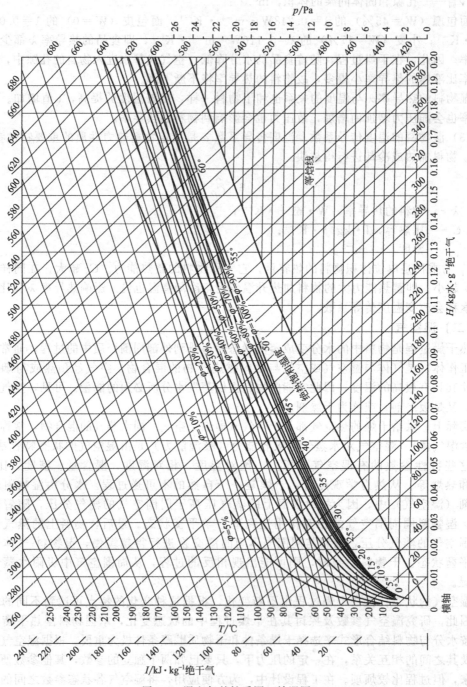

图 5-2 湿空气的性质图（焓湿图）

（温度、压力等）。对于大多数物料，随着温度的提高，平衡水分降低；当物料水分很大时，相当于 $\varphi=0.8\sim1.0$ 时，空气的温度对平衡水分影响最大。

干物料容易从周围环境中吸附湿汽，此时的平衡水分称为吸湿水分 $W_{吸}$。当空气湿度达到饱和（$\varphi=100\%$）时，物料从空气中吸取的湿汽将达最高值。面包（黑麦）在 25℃ 的吸湿水分为 25%，稻米 30.5%，燕麦达 31.5%，芥麦 32.0%，小麦 36.3%～38.5%，黑麦 36.5%。

（二）吸附与解吸等温线

任何物料与周围空气的相互作用可沿两个方向进行：

① 如果物料的表面蒸气分压 $p_物$ 大于空气中的蒸气分压 $p_蒸$（$p_物 > p_蒸$），则物料会脱水干燥，称解吸作用；

② 如果 $p_物 < p_蒸$，则物料将从周围空气中吸收蒸汽而吸湿，称吸附作用。

当 $p_物 = p_蒸$，出现动力学平衡状态。处于平衡状态的物料水分叫平衡水分（$W_平$）。平衡水分值取决于空气中的蒸气分压 $p_蒸$ 或者取决于空气的相对湿度 $\varphi = p_蒸 / p_饱$（$p_饱$ 为该温度下空气的饱和蒸气压）。即在平衡状态下，物料表面的相对蒸气压 $p_物 / p_饱$（也即 a_w）等于空气的相对湿度值（φ）。

如果 $p_蒸$ 和 $p_物$ 间的平衡状态是由湿物料中蒸发水分达到的，则这种 $a_w(\varphi)$ 与 $W_平$ 的关系曲线称为解吸等温线（脱水等温线），如果曲线是由物料吸湿形成的，则称为吸附等温线。图5-3是鸡肉在不同温度下的吸附与解吸等温线。

图5-3　鸡肉在不同温度下的吸附
与解吸等温线
—— 吸附等温线；----- 解吸等温线

许多食品的吸附与解吸等温线并不重复，出现吸附滞后（hysteresis）现象。当食品的水分活度是来自湿物料的解吸时，平衡水分常会高于干制品的吸附平衡水分，这种差异构成了滞后环。滞后环常在接近单分子层水分活度结束，另一端在 $a_w = 1$ 时，吸附等温线与解吸等温线重复。不同温度下滞后现象不一样。如图5-3所示，鸡肉在5℃滞后最明显，60℃却没有滞后环。滞后现象说明，如果物料干燥之后重新吸湿，在同样的平衡水分下，吸附的相对湿度 $\varphi >$ 解吸的相对湿度 φ。

吸附滞后现象尚未有合理的解释。可能是毛细管水脱去后，空气进入物料毛细管中，且被吸附在管壁上，当随后吸湿时，发生不完全的润湿作用，致使克服空气的阻力，必须增加蒸气分压，即增加 φ。

吸附滞后现象受不同食品材料及其结构的影响。苹果、高果胶、高糖食品，滞后主要出现在单分子层区域，当水分活度达到0.65以上则消失；猪肉则在水分活度0.85以上才开始出现。整粒稻米解吸平衡水分 $W_{解平}$ 与吸附平衡水分 $W_{吸平}$ 之差（$\Delta W_平 = W_{解平} - W_{吸平}$）的较大值发生在 $\varphi = 50\% \sim 70\%$ 时，$\Delta W_平$ 达 $1.6\% \sim 1.8\%$。对于具有明显滞后曲线的物料干燥，可以利用滞后特征，将需要长期贮存的物料干燥到 $W_{吸平}$ 以下，当贮存在 $W_{吸平}$ 相对应的相对湿度下，就不必担心干物料从周围介质吸附湿汽而引起质量下降。

四、干燥过程的湿热传递

（一）干燥过程物料水分的变化与解吸等温线

根据干燥过程解吸等温线图（平衡水分曲线）可了解干燥过程物料水分的变化与干燥空气相对湿度的关系。图5-4是面包干干燥的平衡水分曲线。面包的初始水分（干燥前）$W_1 = 49\%$，面包干的最终水分等于平衡水分 $W_平$（即 $W_2 = 11\%$），此时相当于空气湿度 $\varphi = 70\%$（水分活度0.70），面包的吸湿水分 $W_吸$ 为25%。

从图5-4可看出，面包的吸湿水分值是一重要的界限值。低于吸湿水分值的区域为物料吸湿状态区，其吸（解）湿特征由物料的水分及空气相对湿度决定，等温线上方为吸附区，下方为解吸区（干燥区）。因此，物料水分大于平衡水分的条件下，不管物料处于什么状态，干燥都能进行。而高于吸湿水分值的区域为物料潮湿状态区，此时物料表面上水蒸气压已达饱和（$p_物 = p_饱 = p_蒸 =$ 常数），通常只有物料直接和水接触，它的水分才会超过吸湿水分，物料处于潮湿状态时，其表面有水分附着，形成自由水分（或称润湿水分），在干燥过程中这部分水分最先在表面蒸发。

图 5-4　面包干干燥过程物料平衡水分曲线

图 5-5　食品干燥过程曲线

1—干燥曲线；2—干燥速率曲线；3—食品温度曲线

从图中可知道，干燥过程自物料中脱去的水分为 $W_脱 = W_1 - W_平$（或 W_2），它包括游离水分和部分结合力弱的水分。$W_吸 \sim W_平$（W_2）范围称为解吸区（脱湿区），脱去的水分为与物料有不同结合力的水分。

（二）食品干燥过程的特征

食品干燥过程的特征可由干燥曲线，干燥速率曲线和食品温度曲线的变化反映出来，见图 5-5。

干燥曲线是干燥过程食品物料的平均水分 $W_脱$ 和干燥时间（τ）间的关系曲线，即 $W_脱 = f(\tau)$，是图 5-5 中的曲线 1。

干燥速率曲线是干燥过程单位时间内物料水分的变化（$dW_脱/d\tau$），与该时间物料水分 $W_脱$ 的关系曲线，即 $dW_脱/d\tau = f(W_脱)$。在干燥曲线上各点切线所得的斜率即为该点食品物料水分下相应的干燥速率，图 5-5 中曲线 2 为按 $dW_脱/d\tau = f(\tau)$ 关系做出的干燥速率曲线。

食品温度曲线是干燥过程食品物料温度（$T_食$）和干燥时间（τ）的关系曲线，即 $T_食 = f(\tau)$，见图 5-5 中曲线 3。

从图 5-5 可清楚地看出食品干燥过程各阶段（AB、BC、CD、DE）的特点。

干燥开始（AB），物料水分稍有下降，此时是物料加热阶段，物料表面温度提高并达到湿球温度，干燥速率由零增到最高值。这段曲线的持续时间和速率取决于物料厚度与受热状态。

BC 段称为第一干燥阶段，物料水分呈直线下降，干燥速率稳定不变，因而又称为恒速干燥阶段，是干燥控制的关键阶段。在这阶段内向物料提供的热量绝大部分用于水分的蒸发，干燥空气温度控制合理，物料表面温度基本保持不变。若为薄层材料，其水分以液体状态转移，物料温度和液体蒸发温度（即湿球温度 T_m）相等；若为厚层材料，部分水分也会在物料内部蒸发，则此时物料表面温度等于湿球温度，而它的中心温度会低于湿球温度，故在恒速干燥阶段，物料内部也会存在温度梯度。

食品干燥过程中，物料内部水分扩散（决定其导湿性）大于食品表面水分蒸发或外部水分扩散，则恒速阶段可以延长。若内部水分扩散速率低于表面水分扩散，就不存在恒速干燥阶段。如苹果（水分75%～90%）干燥过程需经历恒速与降速阶段，而花生米（水分9%）干燥过程仅经历降速干燥阶段。

食品干燥到某一水分量（CD段），水分下降速率减慢，进入第二干燥阶段，常称为降速干燥阶段。干燥进入末期，物料水分渐向平衡湿度靠拢。干燥速率下降，物料温度提高。

当物料水分达到平衡水分值（DE段），物料干燥速率为零，物料温度上升至空气的干球温度（$T_干$）。

（三）干燥过程湿物料的湿热传递

上述干燥过程物料与空气的参数变化反映的是干燥过程的宏观特征。它是干燥过程湿热传递的结果。干燥过程湿物料表面水分受热后首先由液态转变为气态（水蒸气），而后水蒸气从物料表面向周围介质扩散，物料表面与它内部各区间形成水分梯度，使物料内部水分不断向表面方向移动，致使湿物料水分下降。通常水分蒸发只在表面进行，但在复杂的情况下也会在内部某些部分或全面进行。因此，物料内部水分可能以液态或蒸汽状态向外扩散转移。

物料水分受热蒸发时，在恒速干燥段内物料内部一般不会出现温度差，而在降速阶段内就有温度差出现。低温空气加热时温度差异不大，若用辐射热或高温空气加热就会出现较大的温差，这将对物料内部水分扩散转移产生影响。物料干燥过程水分和热量的传递有着密切的联系和影响，与此同时，物料内部水分传递机制，水分蒸发的推动力（热力）以及水分从物料表面经边界层向周围介质扩散的机制也将对物料干燥过程的特征产生影响。实际上物料给湿和导湿过程都是物料湿热传递的具体表现。

1. 物料给湿过程

湿物料干燥的结果是水分从物料表面向外（周围空气）扩散，这个过程称为给湿过程。物料表面受热蒸发水分，经它表面分界层（也称界面层，即饱和蒸气压向空气的蒸气分压过渡层）向周围空气介质扩散，物料表面又被它内部向外扩散的水分所湿润，水分的这种给湿过程与自由液面蒸发水分相类似。

在恒速干燥阶段，物料表面始终保持湿润水分进行蒸发，界面层中的温度梯度很小，蒸气分压成为蒸汽的迁移势，物料表面水分的蒸发强度可用类似于水从自由表面上的蒸发强度方程表示（道尔顿公式）：

$$M = c(p_{物饱} - p_{空蒸})\frac{760}{B}　　　　　　(5\text{-}17)$$

式中　M——物料表面水分蒸发强度，$kg \cdot m^{-2} \cdot h^{-1}$；

$p_{物饱}$——和物料表面湿球温度相应的饱和水蒸气压，kPa；

$p_{空蒸}$——热空气的水蒸气压，kPa；

B——大气压，kPa；

c——物料表面的给湿系数，$kg \cdot m^{-2} \cdot h^{-1} \cdot kPa^{-1}$。

可见在一定气压下给湿过程的恒速干燥阶段中的水分蒸发强度主要决定于蒸发界面层的蒸汽迁移势和物料的给热系数。物料给湿系数主要取决于空气速率，也与蒸发表面形状和大小，空气与环绕表面的条件及温度等有关，一般可按 $c = 0.1722 + 0.1308v$ 进行计算（v 为空气流速，$m \cdot s^{-1}$），空气垂直流向液面时 c 值加倍。

在降速阶段存在着不稳定水交换条件，物料表面给湿系数随时都在变化，使测定水分蒸发强度比较困难。据研究，此阶段其水分蒸发强度与物料表面和周围介质的湿含量差与物质干态的密度有直接的影响。

2. 物料导湿过程

食品物料内水分通常总是从高水分处向低水分处扩散，对流干燥时物料中心水分比物料

图 5-6　水分梯度影响
下水分的流向

外表面高，存在着水分含量差。外表面上的水分蒸发掉后则从邻层得到补充，而后者则由来自物料内部的水分补充。因此，物料干燥过程，在它的断面上就会有水分梯度出现。

若用 $W_{绝}$ 表示等湿面（即水分含量相同的面）上的水分含量（以干物质计，$kg \cdot kg^{-1}$），则沿法线相距 Δn 的另一等湿面上的水分含量则为 $W_{绝}+\Delta W_{绝}$（图 5-6），则物体内的水分梯度 $\mathrm{grad}W_{绝}$（$kg \cdot kg^{-1} \cdot m^{-1}$）则为：

$$\mathrm{grad}W_{绝}=\lim\left[\frac{(W_{绝}+\Delta W_{绝})-W_{绝}}{\Delta n}\right]_{\Delta n \to 0}$$

$$=\lim_{\Delta n \to 0}\frac{\Delta W_{绝}}{\Delta n}=\frac{\partial W_{绝}}{\partial n} \tag{5-18}$$

式中　$W_{绝}$——物料内的水分含量，即每千克干物质内的水分质量（以干物质计），$kg \cdot kg^{-1}$；

Δn——物料内等湿面间的垂直距离，m。

实际上水分梯度为向量，如用完整的数学式，则应表达如下：

$$\Delta W_{绝}=\frac{\partial W_{绝}}{\partial x}i+\frac{\partial W_{绝}}{\partial y}j+\frac{\partial W_{绝}}{\partial z}z \tag{5-19}$$

式中　　　　i, j, z——各方向的向量；

$\dfrac{\partial W_{绝}}{\partial x}, \dfrac{\partial W_{绝}}{\partial y}, \dfrac{\partial W_{绝}}{\partial z}$——无向量导数。

因此，水分梯度为空间内水分含量沿着法线发生变化的速率。$W_{绝}$ 值不仅因坐标而异，而且还决定于时间，故水分梯度可用偏导数方式加以表达。

导湿系数。固态物料干燥时会出现蒸汽或液体状态的分子扩散性水分转移，以及在毛细管势（位）能和其内挤压空气作用下的毛细管水分转移。这样的水分扩散转移常称为导湿现象，也可称它为导湿性，为此，水分传递系数可更正确地称为导湿系数（K）。

导湿性所引起水分转移量则可按照下述公式求得：

$$i_{水}=-K\gamma_0\frac{\partial W_{绝}}{\partial n}=-K\gamma_0\nabla W_{绝} \tag{5-20}$$

式中　$i_{水}$——物料内水分转移量，单位时间内单位面积上的水分位移量，$kg \cdot m^{-2} \cdot h^{-1}$；

K——导湿系数，$m^2 \cdot h^{-1}$；

γ_0——单位湿物料容积内绝对干物质质量（以干物质计），$kg \cdot m^{-3}$；

$\partial W_{绝}/\partial n$——物料水分（以干物质计）梯度，$kg \cdot kg^{-1} \cdot m^{-1}$。

导湿系数与物料水分、温度关系。导湿系数在干燥过程并非稳定不变，随物料温度和水分而异。正如雷科夫所证实那样，它的特性将随水分和物料结合形式而异。物料水分不同时，导湿系数变化的特点表示在图 5-7 中。如图所示，K 值的变化极为复杂。当物料处于恒速干燥阶段时，排除的水分基本上为渗透吸收水分，以液体状态转移，导湿系数因而始终稳定不变（DE 线段）。待进一步排除毛细管水分时，水分以蒸汽状态或以液体状态扩散转移，导湿系数也就下降（CD 线段）。再进一步排除的水分则为吸附水分，基本上以蒸汽状态扩散转移，先为多分子层水分，后为单分子层水分。而后者和物料结合又极牢固，故导湿系数先上升而后下降。这些情况表明物料导湿系数将随物料结合水分的状态而

图 5-7　物料水分和导湿系数间的关系
Ⅰ—吸附水分；Ⅱ—毛细管水分；
Ⅲ—渗透水分

变化。

大多数食品为毛细管多孔性胶体物质，它含有像图 5-7 中所涉及的各种结合水分。但由于食品构成成分差异，干制过程中导湿系数的变化也就不一样，必须加以重视，才有利于保证干制品质量。

温度对物料导湿系数也有明显的影响。对硅酸盐类物质导湿性的研究结果，显示导湿系数和绝对温度 14 次方成正比。

$$K \times 10^2 = \left(\frac{T}{290} \right)^{14} \tag{5-21}$$

图 5-8　温度和导湿
系数的关系

它们的关系表示在图 5-8 中。这种关系提供了新的启示，如将导湿性小的物料在干制前加以预热，就能显著地加速干制过程。为此，常在饱和湿空气中加热，以免物料表面水分蒸发，同时可以增大导湿系数，以加速水分转移。

导湿温性。在对流干燥中物料表面受热高于它的中心，因而在物料内部就会建立起一定的温度差。雷科夫首先证明温度梯度将促使水分（不论液态或气态）从高温处向低温处转移，这种现象称为导湿温性。导湿温性是在多种因素影响下产生的复杂现象。高温将促使液体黏度和它的表面张力下降，但将促使蒸气压上升。此外，物料的导湿温性还将受到其内挤压空气扩张的影响。在温度差的影响下，毛细管内挤压空气扩张的结果就会使毛细管水分顺着热流方向转移。导湿温性引起水分转移的流量将和温度梯度成正比。它的流量（$i_{温}$）可用下式计算求得：

$$i_{温} = -K \gamma_0 \delta \frac{\partial t}{\partial n} \tag{5-22}$$

式中　$i_{温}$——物料水分转移量，$kg \cdot m^{-2} \cdot h^{-1}$；

$\quad$ K——物料导湿系数，$m^2 \cdot h^{-1}$；

$\quad$ γ_0——单位湿物料容积中绝干物质质量（以干物质计），$kg \cdot m^{-3}$；

$\quad$ $\dfrac{\partial t}{\partial n}$——温度梯度，$℃ \cdot m^{-1}$；

$\quad$ δ——湿物料的导湿温系数（以干物质计），$℃^{-1}$ 或 $kg \cdot kg^{-1} \cdot ℃^{-1}$。

导湿温系数 δ 就是温度梯度为 $1℃ \cdot m^{-1}$ 时物料内部能建立的水分梯度，像导湿性一样，因物料水分而异（见图 5-9）。

即：
$$\delta = \frac{\partial W}{\partial n} \bigg/ \frac{\partial t}{\partial n} = \frac{\partial W}{\partial t}$$

导湿温系数最初随物料水分增加而有所上升，但到最高值后或沿曲线 I 下降，或沿曲线 II 停留不变。这是因为低水分时物料水分以气态扩散（主要为吸附水分），而在高水分时则以液态转移。最高的 δ 值实为吸附水分和自由水分（毛细管水分和渗透水分）的分界点。渗透水分在渗透压下和毛细管水分在毛细管势（位）能作用下总是以液体状态流动的，因而导湿温性就不再因物料水分而发生变化（图 5-9 中曲线部分 II），但也会因受物料内挤压空气的影响，以致导湿温性有了变化（图 5-9 中曲线部分 I）。空气对液体流动有推动作用，物料水分较低时受推动的影响较强，而

图 5-9　导湿温性和物料水分的关系

物料水分较高时则因空气含量减少，受推动的影响也随之而减弱，故前者的导湿温性就较高，而后者则较低。

就图 5-9 中曲线 AB 部分来说，物料水分愈少，多孔性物料的孔隙内空气量随之而增加，蒸汽扩散愈受阻，故导湿温性也随之而下降。物料水分进一步下降时，多层分子吸附水分以蒸汽状态逆着热流方向扩散，分子较水蒸气大的气体如空气总是顺着热流方向扩散，于是导湿温性会出现负值。这样，$\delta = f(W_{绝})$ 的曲线不仅能反映出物料和水分结合状态的变化，而且也反映了它扩散的机制。

干燥过程中，湿物料内部同时会有水分梯度（导湿性）和温度梯度（导湿温性）存在。若两者方向一致，则在两者共同的推动下水分总流量将为两者之和，即：

$$i_{总} = i_{水} + i_{温} = -K\gamma_0 \frac{\partial W_{绝}}{\partial n} - K\gamma_0 \delta \frac{\partial t}{\partial n} = -K\gamma_0 \left(\frac{\partial W_{绝}}{\partial n} + \frac{\partial t}{\partial n} \delta \right) \tag{5-23}$$

但对流干燥时，温度由物料表面向中心传递，而水分流向正好相反，即温度梯度和水分梯度的方向恰好相反，两者的符号也正好相反。

若导湿性比导湿温性强，水分将按照物料水分减少方向转移，而导湿温性成为阻碍因素，水分扩散则受阻。若导湿温性比导湿性强，水分则随热流方向转移，并向物料水分增加方向发展，而导湿性则成为阻碍因素。这种情况常在红外线干燥和面包焙烤的初期阶段中出现。在大多数干制情况下，导湿温性常成为内部水分扩散的阻力因素。故水分流量就应按下式计算：

$$i = -K\gamma_0 \left(1 - \delta \frac{\partial t}{\partial W_{绝}} \right) \frac{\partial W_{绝}}{\partial n} \tag{5-24}$$

显然，物料内部水分扩散对它的干燥速率有很大的影响。

对流干燥时，主要在降速阶段常会出现导湿温性大于导湿性，于是物料表面水分就会向它的深层转移，可是物料表面仍然进行着水分蒸发，以致它的表面迅速干燥而温度也迅速上升，这样水分蒸发就会转移至物料内部深处蒸发。只有物料内层因水分蒸发而建立起足够的压力，才会改变水分转移的方向，扩散到物料表面进行蒸发，这就不利于物料干制，延长了干制时间。

若物料内部并无温度梯度存在，水分将在导湿性影响下向物料表面转移，在它的表面进行蒸发。此时水分蒸发决定于空气状态数，以及物料内部和它表面间水分扩散率的关系。干制过程中如能维持相同的物料内部和外部的水分扩散率，就能延长恒速干燥阶段并缩短干燥时间。这些情况也表明降速阶段的干燥速率主要受食品内部水分扩散和蒸发的因素，如食品温度和温度差、食品结合水分以及它的结构、形状和大小等的影响。因此空气流速及其相对湿度的影响逐渐消失而空气温度的影响则增强。

（四）影响湿热传递及干燥的主要因素

不管采用何种干燥方法，干燥都涉及两个过程，即将热（能）量传递给物料以及从物料中排走水。加速热与湿（水分）的传递速率，提高干燥速率是干燥的主要目标。影响物料干燥速率的主要因素有物料的组成与结构、物料的表面积以及干燥剂（空气）的状态（湿度、温度、压力、速率等）等。

1. 食品物料的组成与结构

由于构成食品物料的成分以及在干燥过程的变化的复杂性，如食品成分在物料中的位置，作为溶质的浓度，与水的结合力及组织结构特征等都会极大地影响热与水分的传递，结果影响干燥速率及最终产品的质量。

（1）食品成分在物料中的位置　从分子组成角度，真正具有均一组成成分结构的食品物料并不多。一块肉有肥有瘦，许多纤维性食物都具有方向性，因此正在干燥的一片肉，肥瘦组成不同部位将有不同的干燥速率，特别是水分的迁移需通过脂肪层时，对速率影响更大。故肉类干燥时，将肉层与热源相对平行，避免水分透过脂肪层，就可获得较快的干燥速率。同样原理也可用到肌肉纤维层。食品成分在物料中的位置对干燥速率的影响也发生于乳状食品，油包水乳浊液的脱水速率慢于水包油型乳浊液。

（2）溶质浓度　溶质的存在，尤其是高糖分食品物料或低分子量溶质的存在，会提高溶液的沸点，影响水分的汽化。因此溶质浓度愈高，维持水分的能力愈大，相同条件下干燥速率下降。

（3）结合水的状态　与食品物料结合力较低的游离水分首先蒸发，最易去除，靠物理化学结合力吸附在食品物料固形物中的水分相对较难去除，如进入胶质内部（淀粉胶、果胶和其他胶体）的水分去除更缓慢，最难去除的是由化学键形成水化物形式的水分，如葡萄糖单水化物或无机盐水合物。

（4）细胞结构　天然动植物组织具有细胞结构的活性组织，在其细胞内及细胞间维持着一定的水分，具有一定的膨胀压（turgor），以保持其组织的饱满与新鲜状态。当动植物死亡，其细胞膜对水分的可透性加强。尤其受热（如漂烫或烹调）时，细胞蛋白质发生变性，失去对水分的保护作用。因此，经热处理的果蔬与肉、鱼类的干燥速率要比其新鲜状态快得多。

2. 物料的表面积

为了加速湿热交换，被干燥湿物料常被分割成薄片或小条（粒状），再进行干燥。物料切成薄片或小颗粒后，缩短了热量向物料中心传递和水分从物料中心外移的距离，增加了物料与加热介质相互接触的表面积，为物料内水分外逸提供了更多途径及表面，加速了水分蒸发和物料的干燥过程。物料表面积愈大，干燥效率愈高。

3. 空气的相对湿度

空气常用作干燥介质，依据物料解吸等温线，物料水分能下降的程度是由空气相对湿度所决定的，干燥的物料易吸湿，最终物料的水分始终要与其周围空气相对湿度处于平衡状态。

空气的相对湿度反映出空气的干燥程度，即空气在干燥过程中所能携带的水蒸气的能力，以及空气中水蒸气的分压。干燥过程水分由内部向表面转移，经从表面外逸都靠物料的水蒸气分压与空气中水蒸气分压差为推动力。当物料表面水蒸气分压大于空气水蒸气分压，表面干燥进行，内部由于水分迁移势，不断向表面转移，完成整个干燥过程。反之，当空气的水蒸气分压高于物料表面水蒸气分压，则物料吸湿。空气的湿度达到平衡湿度，物料既不吸湿也不解湿（脱水）。

4. 空气温度

传热介质和物料内的温差愈大，热量向食品传递的速率也愈大，物料水分外逸速率因而加速。温度与空气相对湿度密切相关，空气温度愈高，它在饱和前所能容纳的蒸汽量愈多，其携湿能力增加，还有利于干燥进行。但温度提高将使相对湿度下降，因此改变其相对应的平衡湿度，这在干燥控制时极为重要。

5. 空气流速

加速干燥表面空气流速，不仅有利于发挥热空气的高效带湿能力，还能及时将积累在物料表面附近的饱和湿空气带走，以免阻止物料内水分的进一步蒸发。同时与物料表面接触的热空气增加，有利于进一步传热，加速物料内部水分的蒸发，因此，空气速率愈快，食品干燥也愈迅速。

由于物料脱水干燥过程有恒速与降速阶段，为了保证干燥品的品质，空气流速与空气温度在干燥过程要互相调节控制，才能发挥更大的作用。

6. 大气压力或真空度

当大气压力达 101.3kPa 时，水的沸点为 100℃；当大气压力达 19.9kPa 时，水的沸点为 60℃。可见干燥温度不变，气压降低，则沸腾愈易加速，在真空室内加热，干燥就可以在较低的温度条件下进行。如，在真空条件下采用 100℃干燥，则可加速物料内部水分的蒸发，使干制品具有疏松的结构。麦乳精就是在真空室内用较高温度（加热板加热）干燥成的质地疏松的成品。对于热敏性食品物料的脱水干燥，低温加热与缩短干燥时间对制品的品质也极为重要。

7. 物料干燥温度

水分从食品物料表面蒸发，会使表面变冷，即温度下降。这是水分由液态转化成蒸汽时吸收相变热所引起的。物料的进一步干燥需供给热量，热量来自热空气或加热面，也可来自热的物料。如用热空气加热，不管干燥空气或加热表面上方空气温度多高，只要有水分蒸发，块片状或悬滴状物料的温度实际上不会高于空气的湿球温度。例如在喷雾干燥室中，进口热空气可能达到 204℃，干燥塔内空气温度也可达 121℃，但物料颗粒干燥时的温度一般不会超过 71℃。

随着物料颗粒水分降低，蒸发速率减慢时，颗粒温度随之升高。当物料中的自由水分全蒸发后，上述喷雾干燥塔内，物料颗粒的温度全升高至 204℃（与进口空气一样），如果干燥塔内没有其他热损失时，出口处的空气温度也接近 204℃。

对于热敏性食品物料，通常在物料尚未达到这么高温之前，就要使它们及时从高温干燥塔内取出，或者设计一种设备，使物料仅仅在极短的时间内接触高温。

除非预先对物料进行预热杀菌，从干燥室出来的干燥食品并非无菌。虽然物料中大部分微生物在某些干燥操作（高温）中可以被杀死，但多数细菌孢子并未被杀灭。在决定食品干燥方法时，会较多地考虑采用较温和的干燥方法，以保证食品具有高品质和优良风味。例如，冷冻干燥方法，相对来说被杀死的微生物较少，而且深度冷冻就是一种保持微生物活力的方法。食品干燥过程不能完全达到灭菌的目的也适于食品中某些天然酶类，这些酶类在食品干燥过程可能依然具有活力（决定于干燥条件）。因此干燥品的卫生指标也要引起重视，并在工艺过程中加以控制。

在热干燥中，对热敏性食品物料，常要求最大可能提高干燥速率又要保持食品的高品质，因此，两者必须合理加以统一。多数干燥采用高温短时的方法比低温长时间干燥方法，对食品的破坏性较小。

第二节　食品在干燥过程发生的变化

食品在干燥过程发生的变化可归纳为物理变化和化学变化。

一、干燥时食品的物理变化

食品干燥常出现的物理变化有干缩、干裂、表面硬化和多孔性形成等。

（一）干缩和干裂

弹性良好并呈饱满状态的新鲜食品物料全面均匀地失水时，物料将随着水分消失均衡地进行线性收缩，即物体大小（长度、面积和容积）均匀地按比例缩小、重量减少。果品干燥后体积为原料的 20%～35%，重量为原料的 6%～20%；蔬菜干制后体积为原料的 10% 左右，重量为原料的 5%～10%。实际上被干燥物料不是完全具有弹性的，干制时食品块、片内的水分也难以均匀地排除，故物料干燥时均匀干缩比较少见。食品物料不同，干制过程它们的干缩也各有差异。胡萝卜丁脱水干制时的典型变化如图 5-10 所示。图 5-10（a）为干制前胡萝卜丁的切粒形态；图 5-10（b）为干制初期食品表面的干缩形态，胡萝卜丁的边和角渐变圆滑，成圆角形态的物体。继续脱水干制时水分排除愈向深层发展，最后至中心处，干缩也不断向物料中心进展，遂形成凹面状的干胡萝卜，见图5-10(c)。

图 5-10　脱水干燥过程中
胡萝卜丁形态的变化

高温快速干燥时食品块（片）表面层远在物料中心干燥前就已干硬。其后中心干燥和收缩时就会脱离干硬膜而出现内裂、孔隙和蜂窝状结构，此时，表面干硬膜并不会出现像图5-10那样的凹面状态。快速干制的马铃薯丁具有轻度内凹的干硬表面、为数较多的内裂纹和气孔，而缓慢干制的马铃薯丁则有深度内凹的表面层和较高的密度，两种干制品重量虽然相同，但前者容重则为后者之半。

上述两种干制品各有其特点。密度低（即质地疏松）的干制品容易吸水，复原迅速，与物料原状相似，但它的包装材料和贮运费用较大，内部多孔易于氧化，以致贮期较短。高密度干制品复水缓慢，但包装材料和贮运费用较为节省。

（二）表面硬化

表面硬化实际上是食品物料表面收缩和封闭的一种特殊现象。如物料表面温度很高，物料就会因为内部水分未能及时转移至物料表面使表面迅速形成一层干燥薄膜或干硬膜。干硬膜的渗透性极低，以致将大部分残留水分阻隔在食品内，同时还使干燥速率急剧下降。

在某些食品中，尤其是一些含有高浓度糖分和可溶性物质的食品中最易出现表面硬化。食品内部水分在干燥过程中有多种迁移方式：生物组织食品内有些水分常以分子扩散方式流经细胞膜或细胞壁。食品内水分也可以因受热汽化而以蒸汽分子向外扩散，并让溶质残留下来。块片状和浆质态食品内还常存在有大小不一的气孔、裂缝和微孔，其孔径可细到和毛细管相同，故食品内的水分也会经微孔、裂缝或毛细管上升，其中有不少能上升到物料表面蒸发掉，以致它所带的溶质（如糖、盐等）残留在表面上。干制过程某些水果表面上积有含糖的黏质渗出物，其原因就在于此。这些物质就会将干制时正在收缩的微孔和裂缝加以封闭。在微孔收缩和被溶质堵塞的双重作用下终于出现了表面硬化。此时若降低食品表面温度使物料缓慢干燥，或适当"回软"，再干燥，通常能减少表面硬化的发生。

（三）物料内多孔性的形成

快速干燥时物料表面硬化及其内部蒸气压的迅速建立会促使物料成为多孔性制品。膨化马铃薯正是利用外逸的蒸汽促使它膨化的。添加稳定性能较好的发泡剂并经搅打发泡可形成稳定泡沫状的液体或浆质体，经干燥后也能成为多孔性制品。真空干燥过程提高真空度也会促使水分迅速蒸发并向外扩散，从而制成多孔性的制品。

干燥前经预处理促使物料能形成多孔性结构，以便有利于水分的传递，加速物料的干燥率。不论采用何种干燥技术，多孔性食品能迅速复水或溶解，提高其食用的方便性，但也带来保藏性的问题。

（四）热塑性的出现

不少食品具有热塑性，即温度升高时会软化甚至有流动性，而冷却时变硬，具有玻璃体的性质。糖分及果肉成分高的果蔬汁就属于这类食品。例如橙汁或糖浆在平锅或输送带上干燥时，水分虽已全部蒸发掉，残留固体物质却仍像保持水分那样呈热塑性黏质状态，黏结在带上难以取下，而冷却时它会硬化成结晶体或无定形玻璃状而脆化，此时就便于取下。为此，大多数输送带式干燥设备内常设有冷却区。

二、干燥过程食品的化学变化

食品脱水干燥过程，除物理变化外，同时还会发生一系列化学变化，这些变化对干制品及其复水后的品质，如色泽、风味、质地、黏度、复水率、营养价值和贮藏期会产生影响。这种变化还因各种食品而异，有它自己的特点，不过其变化的程度却常随食品成分和干燥方法而有差别。

(一) 脱水干燥对食品营养成分的影响

脱水干燥后食品失去水分，故每单位重量干制食品中营养成分的含量反而增加。若将复水干制品和新鲜食品相比较，则和其他食品保藏方法一样，它的品质总是不如新鲜食品。

高温干燥引起蛋白质变性，使干制品复水性较差，颜色变深。脂肪在干燥过程发生的主要变化是氧化问题，含不饱和脂肪酸高的物料，干燥时间长，温度高时氧化变质较严重。通过干燥前添加抗氧化剂可将氧化变质程度明显降低。糖类干燥过程的变化主要是降解和焦化，但主要取决于温度和时间，以及糖类的构成。按照常规食品干燥条件，蛋白质、脂肪和糖类的营养价值下降并不是干燥的主要问题。

水果含有较丰富的糖类，而蛋白质和脂肪的含量却极少。果糖和葡萄糖在高温下易于分解，高温加热糖类含量较高的食品极易焦化；而缓慢晒干过程中初期的呼吸作用也会导致糖分分解。还原糖还会和氨基酸发生美拉德反应而产生褐变等问题。动物组织内糖类含量低，除乳蛋制品外，糖类的变化就不至于成为干燥过程中的主要问题。高温脱水时脂肪氧化就比低温时严重得多。若事先添加抗氧化剂就能有效地控制脂肪氧化。

干燥过程会造成部分水溶性维生素被氧化。维生素损耗程度取决于干制前物料预处理条件及选用的脱水干燥方法和条件。维生素 C 和胡萝卜素易因氧化而遭受损失，核黄素对光极其敏感。硫胺素对热敏感，故干燥处理时常会有所损耗。胡萝卜素在日晒加工时损耗极大，在喷雾干燥时则损耗极少。水果晒干时维生素 C 损失也很大，但升华干燥却能将维生素 C 和其他营养素大量地保存下来。

日晒或人工干燥时，蔬菜中营养成分损耗程度大致和水果相似。加工时未经钝化酶的蔬菜中胡萝卜素损耗量可达 80%，用最好的干燥方法它的损耗量可下降到 5%。预煮处理时蔬菜中硫胺素的损耗量达 15%，而未经预处理其损耗量可达 3/4。维生素 C 在迅速干燥时的保存量则大于缓慢干燥。通常蔬菜中维生素 C 将在缓慢日晒干燥过程中损耗掉。

乳制品中维生素含量取决于原乳中的含量及其加工条件。滚筒或喷雾干燥有较好的维生素 A 保存量。虽然滚筒或喷雾干燥中会出现硫胺素损失，但若和一般果蔬干燥相比，它的损失量仍然比较低。核黄素的损失也是这样。牛乳干燥时维生素 C 也有损耗，若选用升华和真空干燥，制品内维生素 C 保留量将和原乳大致相同。

通常干燥肉类中维生素含量略低于鲜肉。加工中硫胺素会有损失，高温干制时损失量就比较大。核黄素和烟酸的损失量则比较少。

(二) 脱水干燥对食品色素的影响

新鲜食品的色泽一般都比较鲜艳。干燥会改变其物理和化学性质，使食品反射、散射、吸收和传递可见光的能力发生变化，从而改变食品的色泽。

高等植物中存在的天然绿色是叶绿素 a 和叶绿素 b 的混合物。叶绿素呈现绿色的能力和色素分子中的镁有关。湿热条件下叶绿素将失去镁原子而转化成脱镁叶绿素，呈橄榄绿，不再呈草绿色。微碱性条件能控制镁的转移，但难以改善食品的其他品质。

干燥过程温度越高，处理时间越长，色素变化量也就越多。类胡萝卜素、花青素也会因干燥处理有所破坏。硫处理会促使花青素褪色，应加以重视。

酶或非酶褐变反应是促使干燥品褐变的原因。植物组织受损伤后，组织内氧化酶活动能将多酚或其他如鞣质（单宁）、酪氨酸等一类物质氧化成有色色素。这种酶褐变会给干制品品质带来不良后果。为此，干燥前需进行钝化酶处理以防止变色。可用预煮等措施对果蔬进行热处理，用硫处理也能破坏酶的活性。钝化酶处理应在干燥前进行，因为干燥过程物料的受热温度常不足以破坏酶的活性，而且热空气还具有加速褐变的作用。

糖分焦糖化和美拉德反应（maillard reaction）是脱水干制过程中常见的非酶褐变反应。前者反应中糖分首先分解成各种羰基中间物，而后再聚合反应生成褐色聚合物。后者为氨基酸和还原糖的相互反应，常出现于水果脱水干制过程。脱水干制时高温和残余水分中的反应物质的浓度对美拉德反应有促进作用。水果硫熏处理不仅能抑制酶褐变，而且还能延缓美拉德反应。糖分中醛基和二氧化硫反应形成磺酸，能阻止褐色聚合物的形成。美拉德褐变反应在水分下降到20%～25%时最迅速，水分继续下降则它的反应速率逐渐减慢，当干制品水分低于1%时，褐变反应可减慢到甚至于长期贮存时也难以觉察的程度；水分在30%以上时褐变反应也随水分增加而减缓，低温贮藏也有利于减缓褐变反应速率。

（三）干燥食品风味的变化

食品失去挥发性风味成分是脱水干燥常见的一种现象。如果牛乳失去极微量的低级脂肪酸，特别是硫化甲基，虽然它的含量仅亿分之一，但其制品却已失去鲜乳风味。即使低温干燥也会发生化学变化，出现食品变味的问题。例如奶油中的脂肪有 δ-内酯形成时就会产生像太妃糖那样的风味，这种风味物质也存在在乳粉中。通常加工牛乳时所用的温度即使不高，蛋白质仍然会分解并有挥发硫放出。

要完全防止干燥过程风味物质损失是比较难的。解决的有效办法是在干燥过程，通过冷凝外逸的蒸汽（含有风味物质），再回加到干制食品中，尽可能保持制品的原有风味。此外，也可从其他来源取得香精或风味制剂再补充到干制品中；或干燥前在某些液态食品中添加树胶或其他包埋物质将风味物微胶囊化以防止或减少风味损失。

总之，食品脱水干燥设备的设计应当根据前述各种情况加以慎重考虑，尽一切努力在干制速率最高，食品品质损耗最小，干制成本最低的情况下找出最合理的脱水干燥工艺条件。

第三节　食品的干燥方法及控制

食品干燥有不同的方法，有晒干与风干等自然干燥方法；食品干燥更多采用的是人工干燥。按干燥设备的特征来分类有：箱式干燥、窑房式干燥、隧道式干燥、输送式干燥、输送带式干燥、滚筒干燥、流化床干燥、喷雾干燥、冷冻干燥等。按干燥的连续性则可分为间歇（批次）干燥与连续干燥。此外也有常压干燥、真空干燥等，是以干燥时空气的压力来分类的。也有对流干燥、传导干燥、能量场作用下的干燥及综合干燥法，是以干燥过程向物料供能（热）的方法来分类的。

干燥方法的合理选择，应根据被干燥食品物料的种类、特性、干燥制品的品质要求及干燥成本综合考虑，包括物料的状态以及它的分散性、黏附性能、湿态与干态的热敏性（软化点、熔点、分解温度、升华温度、着火点等）、黏性、表面张力、水分含量、物料与水分的结合状态等以及其在干燥过程的主要变化。干制品的质量要求常常是选择干燥方法的首要依据。最佳的干燥工艺条件是指在耗热、耗能量最少情况下获得最好的产品质量的工艺条件，即达到经济性与优良食品品质的工艺条件。干燥经济性与设备选择、干燥方法及干燥过程的能耗、物耗与劳力消耗等有关，也与产品品质要求有关。表5-1列举了常见农产品与食品的干燥方法。

表 5-1　常见农产品和食品的干燥方法

名称			处理和作业方式	所需设备形式	浆状	膏糊状	粉状	粒状	块片状	适用产品
自然干燥			晒干、吹干、晾干、间歇	晒场或棚、房				△	△	枣、粟、黄花菜、辣椒等
人工干燥	常压	加压	加热、加压膨化、连续	螺旋式			△	△		膨化食品
		热风	对流给热,间歇	固定床、箱式				△	△	果、蔬等农副土特产
		热风	对流给热,半连续	隧道式				△	△	果、蔬、挂面、瓜子等干制品
		热风	对流给热,连续	带式				△	△	果、蔬、花生等干制品
		热风	对流给热,连续	气流式			△			淀粉、味精等
		热风	对流给热,连续	流化床式			△	△		砂糖、乳粉、固体饮料等
		热风	对流给热,间歇或连续	喷动床式				△		玉米胚芽、谷物等
		热风	导热或对流给热,间歇或连续	转筒式			△	△		牧草、瓜子、油榨胚等
		喷雾	对流给热,连续	箱式、塔式	△	△				乳粉、血粉、蛋粉、葡萄糖、酵母粉等
		薄膜	导热,连续	滚筒式、带式	△	△				乳粉等制品
		远红外线	辐射、间歇或连续	箱式、隧道式					△	糕点、肉类等食品
		微波	磁波内部加热、间歇或连续	箱式、隧道式					△	各处食品
	减压	真空	真空中传导兼辐射加热、间歇或连续	箱式、带式、转筒式	△	△	△	△	△	果、蔬、肉类、咖啡等食品
		冻结	冻结后真空中传导兼辐射加热,间歇或连续				△	△	△	蜂王精、果珍、人参等珍贵营养品

注：△表示干燥方法适合处理的湿料状态。

机械脱水是比热干燥更经济和有效的脱水方法，机械脱水过程物料有效成分损失较少。从物料脱水的效率和经济性考虑，当物料含有大量水分时（如悬浮液或含颗粒的物料），采用机械脱水去除大部分游离态水是合理的；如果要提高含水体系（如溶液）的干物质浓度，则采用蒸发浓缩（尤其是多效真空蒸发浓缩）的方法要比汽化干燥过程更经济。汽化干燥通常是湿物料脱水工艺过程的最后阶段，在这个阶段中必须脱去物料中的游离水和各种结合力的水，达到制品的保质要求。

大多数食品材料，其性质是胶体或具有毛细管多孔性的结构，其中水分与固体间架结合比较牢固，这类常以固态形式存在的且含水量较高的食品，则直接进入脱水干燥过程，或经预处理（热烫等）以降低水分与物料的结合力，再进入脱水干燥，其大部分水分应该在脱水干燥中去除。如脱水蔬菜要求水分从 90％降至 6％～12％（靠热烫可脱去小部分水）；干燥酵母水分从 75％降至 7％；干燥面包的水分要从 49％降至 10％；干燥谷物要从 20％～25％降至 13％～14％。

一、晒干及风干

晒干是指直接利用太阳光的辐射能进行干燥的过程。风干是指利用湿物料的平衡水蒸气压与空气中的水蒸气压差进行脱水干燥的过程。晒干过程常包含风干的作用。

晒干过程物料的温度比较低（低于或等于空气温度）。炎热干燥和通风良好的气候环境条件最适宜于晒干，我国北方和西北地区的气候常具备这种特点。晒干、风干方法可用于固态食品物料（如果、蔬、鱼、肉等）的干燥，尤其适于以湿润水分为主的物料（如粮谷类等）干燥。

晒干需使用较多场地。为减少原料损耗、降低成本，晒干应尽可能靠近或在产地进行。为保证卫生、提高干燥速率和场地的利用率，晒干场地宜选在向阳、光照时间长、通风位置，并远离家畜厩棚、垃圾堆和养蜂场，场地便于排水，防止灰尘及其他污染。

食品晒干有采用悬挂架式，或用竹、木制成的晒盘、晒席作为干燥支撑物的。物料不宜直接铺在场地上晒干，以保证食品卫生质量。

为了加速并保证食品均匀干燥，晒干时应注意控制物料层厚度，不宜过厚，并注意定期翻动物料。晒干时间随食品物料种类和气候条件而异，一般 2～3d，长则十多天，甚至更长时间。

二、空气对流干燥

空气对流干燥是最常见的食品干燥方法。这类干燥在常压下进行，有间歇式（分批）和连续式。空气既是热源，也是湿气的载体，干燥空气有自然或强制对流循环，以不同方式与湿物料接触。湿物料可以是固体、膏状物料及液体。

对流干燥热空气参数，温度（$T_空$），相对湿度（φ）和空气速率（v）在干燥过程中随着时间的推移，或沿着干燥室的长度（高度）变化而改变，即干燥是在变化的环境条件下进行的。提高空气的温度会加速热的传递和提高干燥速率，但在降速阶段，空气温度直接影响到干燥品的品质。因此，要根据物料的导湿性和导湿温性来选择控制干燥温度。

热空气的流动靠风扇、鼓风机和折流板加以控制。空气的量和速率会影响干燥速率。由于干燥的产品会变得很轻，可被空气带走，因此空气的静压力控制也很重要。空气的加热可以用直接或间接加热法：直接加热空气靠空气直接与火焰或燃烧气体接触；间接加热靠空气与热表面接触，如将空气吹过蒸汽、加热油、火焰等加热管或电加热的管（或区间）。间接加热的优点是避免空气加热过程受污染，而直接加热易受燃料不完全燃烧带来的各种气体和微量煤烟的影响。由于水分是燃烧的产物之一，空气直接加热过程会使空气湿度增加，但直接加热空气比间接加热空气成本低。

（一）箱式干燥

这是一种比较简单的间歇式干燥方法，箱式干燥设备单机生产能力不大，工艺条件易控制，按气体流动方式有平行流式、穿流式及真空式。

1. 平行流箱式干燥

图 5-11(a) 是平行流箱式干燥器的结构简图。物料盘放在小车上，小车可以方便地推进推出，箱内安装有风扇、空气加热器、热风整流板、空气过滤器、进出风口等。经加热排管和滤筛清除灰尘后的热风流经载有食品的料盘，直接和食品接触，并由排气口排出箱外。根据干燥物料的性质，风速在 $0.5～3 m \cdot s^{-1}$ 间选择，物料在料盘的堆积厚度一般在几厘米厚，可适于各种状态物料的干燥。

2. 穿流箱式干燥

为了加速热空气与物料的接触，提高干燥速率，可在料盘上穿孔，或将盘底用金属网、多孔板制成，以便于空气穿过料层，该种干燥器称为穿流箱式干燥器，见图 5-11(b)。由于物料容器底部具有多孔性，故常用于颗粒状、块片状物料干燥。热风可均匀地穿流物料层，保证热空气和物料充分接触。通过料层的风速一般为 $0.6～1.2 m \cdot s^{-1}$，床层压力降取决于物料的形状、堆积厚度和穿流风速，一般为 196～490Pa。穿流箱式干燥的料层厚度常高于平行流箱式干燥，且前者的干燥速率为后者的 3～10 倍，但前者的动力消耗比后者大，要使气流均匀穿过物料层，设备结构要相对复杂。

图 5-11　箱式干燥原理简图
A—空气进口；B—废气出口及调节阀；C—风扇；D—风扇电机；E—空气加热器；F—通风道；
G—空气分配器；H—料盘及小车；I—整流板

3. 真空箱式干燥

可参阅本节三、（三）真空干燥内容。

（二）隧道式干燥

隧道式干燥设备实际上是箱式干燥器的扩大加长，其长度可达 10～15m，可容纳 5～15 辆装满料盘的小车，可连续或半连续操作。小车载着盛于浅盘或悬挂起来的物料通过隧道，与热空气流接触。小车可以连续不断地进出隧道。隧道式干燥器容积较大，小车在隧道内部可停留较长时间，适于处理量大，干燥时间长的物料干燥。干燥介质多采用热空气，隧道内也可以进行中间加热或废气循环，气流速率一般 2～3m·s^{-1}。

根据物料与气流接触的形式常有逆流式、顺流式和混流式隧道干燥，其干燥原理简图见图 5-12。

1. 顺流干燥

顺流隧道式干燥器见图 5-12(b)。在顺流隧道干燥室内，空气流方向和湿物料前进方向一致。湿物料和温度最高而湿度最低的空气接触，其水分蒸发就异常迅速，物料的湿球温度下降也比较大，这就允许使用较高的空气温度，以加速水分蒸发而不至于发生焦化。不过，物料表面水分蒸发过速，湿物料内部水分梯度增大，物料表面容易造成硬化、收缩，而物料内部仍继续干燥，易形成多孔性或引起干裂。在物料的出口端，低温高湿空气和即将干燥完毕的物料接触，此时物料水分蒸发极其缓慢，干制品平衡水分较高，致使干物料水分难以进一步降低。因此吸湿性较强的物料不宜选用顺流干燥方法，此法较适宜于要求制品表面硬化、内部干裂和形成多孔性的食品干燥。

加速空气流速或减少水分蒸发量（如放慢进料速率、减少料盘内湿料载量等），可改善顺流隧道干燥带来的缺陷。为了提高热量利用率和避免干燥初期因干燥速率过大而出现软质水果内裂和流汁现象，可循环使用部分吸湿后的空气，以增加热空气中的湿度。

2. 逆流干燥

与顺流隧道干燥相反，在逆流隧道干燥室［图 5-12(a)］内，湿物料所接触的是低温高湿的空气，由于湿物料含有较高水分，受低温高湿空气的影响，水分蒸发速率比较慢。逆流干燥不易出现表面硬化或收缩现象，即使物料脱水造成收缩，也比较均匀，不易发生干裂。干燥物料在出口端与高温低湿空气接触，有利于湿热传递，加速水分蒸发。但由于物料水分

图 5-12　三种不同流程的隧道式干燥原理图

较低，干燥速率慢，物料温度易上升到热空气的温度，若在这条件下停留时间过长，容易焦化。为了避免焦化，热空气温度不宜过高。逆流隧道式干燥制品的水分比较低，可低于 5%。

逆流干燥初期湿物料的干燥较为缓慢，对于初期干燥速率过快，容易干裂的水果来说，这种方法比较有利。若用此法干燥蔬菜，则应减少湿物料的负载，以减少干燥室内总的水分蒸发量，减少干燥过程中空气温度的下降程度，有利于提高湿物料的初期干燥速率，而且可避免湿物料表面有冷凝水析出。顺、逆流隧道干燥过程空气温度和物料水分变化情况见图 5-13。从图可看出逆流隧道式干燥当设备满载时干燥时间为 8.2h，如减少湿物料载量，干燥时间可缩减到 6.35h，不过，设备的干燥能力却下降 30%。值得注意的是，逆流干燥，湿物料的载量不宜过多。虽然低温高湿空气中湿物料蒸发水分的速率比较缓慢，但如若低温的湿物料和接近饱和的低温高湿空气接触，则有可能出现物料表面有水分冷凝（增湿），若在适宜微生物生长的温度中停留时间过长，还会造成物料开始腐败变质。因此，是否提高空气的温度，增加空气流速或减少设备干燥负荷，需对物料性质、产品质量及经济性综合考虑。

3. 混流干燥

混流干燥兼有顺流和逆流干燥的特点。混流干燥流程中，顺流干燥阶段比较短，但能将大部分水分蒸发掉，在热量与空气流速合适条件下，本阶段可去除 50%～60% 水分，其干燥过程中物料水分和温度变化见图 5-14。

混流干燥生产能力高，干燥比较均匀，制品品质较好。该法各干燥段的空气温度可分别调节，顺流段则可采用较低的温度。这类干燥设备广泛用于果蔬干燥。干燥洋葱、大蒜等一类食品物料时，需按密闭系统要求设计隧道式干燥设备，以减轻异臭味外逸。这就需将吸湿后的空气部分脱水（冷凝），重新送入鼓风机的吸气道内再循环使用。在密闭循环系统内也可采用无氧惰性气体作为干燥介质，但会使生产成本增加。

图 5-13　顺流、逆流隧道式干燥过程空气温度与物料水分的变化

1—逆流：载重 100%，最后水分 5%，干制时间 8.2h；2—逆流：载重 70%，最后水分 5%，干制时间 6.35h；3—顺流：载重超量，最后水分 10%，干制时间 10h

图 5-14　混流干燥过程空气温度与物料水分的变化

载重 143%，最后水分 5%，干制时间 7.6h

现在也有将多个干燥阶段（3～5 个）组合的多阶段隧道式干燥设备，该类设备便于控制各阶段的干燥温度和速率，第一干燥段的空气温度可提高到 110℃。

（三）输送带式干燥

输送带式干燥装置中除载料系统由输送带取代装有料盘的小车外，空气控制原理基本上和隧道式干燥相同。湿物料堆积在钢丝网或多孔板制成的水平循环输送带上进行的移动通风干燥（故也称穿流带式干燥），物料不受振动或冲击，破碎少，对于膏状物料可在加料部位进行适当成型（如制成粒状或棒状），有利于增加空气与物料的接触面，加速干燥速率；在干燥过程中，采用复合式或多层带式可使物料松动或翻转，改善物料通气性能，便于干燥；使用带式干燥可减轻装卸物料的劳动强度和费用；操作便于连续化、自动化，适于生产量大的单一产品干燥，如苹果、胡萝卜、洋葱、马铃薯和甘薯等，以取代原来采用的隧道式干燥。

输送带干燥装置按输送带的层数多少可分为单层带型、复合型、多层带型；按空气通过输送带的方向可分为向下通风型、向上通风型和复合通风型。图 5-15 是二段连续输送带式小食干燥流程简图。第一段为逆流带式干燥，第二段为多层交流带式干燥。干燥室内各区段的空气温度、相对湿度和流速可各自分别控制，有利于品质控制并获得最高产量。如用两段连续输送带式干燥设备干燥蔬菜，第一干燥第一区段的空气温度可用 93～127℃，第二区段则用 71～104℃；第二干燥阶段则采用 54～82℃。

图 5-15　二段连续输送带式小食品干燥流程简图

（四）气流干燥

气流干燥就是将粉末或颗粒食品物料悬浮在热气流中进行干燥的方法。由于热空气与湿物料直接接触，且接触面积大，强化了传热与传质过程，干燥时间短。气流干燥也属流态化干燥技术之一，具有如下特点。

① 颗粒在气流中高度分散，使气固相间的传热传质的表面积大大增加，再加上有比较高的气速（10～20m·s⁻¹），气体与物料的给热系数高达 840～420(kJ·m⁻²·h⁻¹·℃⁻¹)，因此干燥时间短（0.5～2s）。

② 气固相间的并流操作，可使用高温干燥介质（湿淀粉干燥可使用 400℃热空气），使高温低湿空气与湿含量大的物料接触。由于物料表面积大，汽化迅速，物料温度为空气的湿球温度，而在干燥进入降速阶段，虽然温度会回升，但干燥介质的温度已下降很多，物料在出口时的温度也不高，因此，整个干燥过程物料温度较低。

③ 设备结构简单，占地面积小，处理量大。

④ 适应性广，对散粒状物料，最大粒径可达 10mm；对块状、膏糊状及泥状物料，可选用粉碎机与干燥器串流的流程，使湿物料同时进行干燥和粉碎，表面不断更新，有利于提高干燥速率。

⑤ 气流干燥一般仅能适用于物料的恒速干燥过程，物料所含水分应以润湿水、孔隙水或较大管径的毛细管水为主。由这种水分结合的湿物料，可获得最终水分 0.3%～0.5% 的干物料。对于吸附性或细胞质物料，则很难一次干燥到水分 2%～3% 以下。对于水分在物料内部的迁移以扩散为主的湿物料，则不适用于气流干燥。

⑥ 气流干燥中高速气流使颗粒与颗粒、颗粒与管壁间的碰撞和磨损机会增多，难以保持完好的结晶形状和结晶光泽。容易黏附于干燥管的物料或粒度过细的物料不适宜采用此干燥方法。

气流干燥设备的类型很多，按气流管类型分类有：直管脉冲气流干燥器、倒锥形气流干燥器、套管式气流干燥器、环形气流干燥器；带粉碎机的气流干燥器、旋风气流干燥器、涡旋流气流干燥器等。图 5-16 是二级气流干燥流程。

图 5-16 二级气流干燥流程图
1—加料器；2——级气流管；3—二级气流管；
4—粉体沉降室；5—旋风分离器；6—风机

图 5-17 流化床干燥原理图
1—湿颗粒进口；2—热空气进口；3—干颗粒出口；
4—强制通风室；5—多孔板；6—流化床；
7—绝热风罩；8—湿空气出口

（五）流化床干燥

流化床干燥是另一种气流干燥法。流化床干燥原理见图 5-17，与气流干燥最大不同是，流化床干燥物料由多孔板承托。干燥过程物料呈流化状态，即保持缓慢沸腾状，故也称沸腾床干燥。

流化床干燥的主要特征如下。

① 物料颗粒与热空气在湍流喷射状态下进行充分的混合和分散，类似气流干燥，气固相间的传热传质系数及相应的表面积均较大，其体积给热系数可达 8400～25000kJ·m^{-3}·h^{-1}·℃$^{-1}$，热效率较高，可达 60％～80％。

② 由于气固相间激烈地混合和分散以及两者间快速地给热，使物料床温度均匀、易控制，干物料颗粒大小均匀。

③ 物料在床层内的停留时间可任意调节，故对难干燥或要求干燥产品含水量低的物料比较适用。

④ 设备设计简单，造价较低，维修方便。

⑤ 由于干燥过程风速过高，容易形成风道，致使大部分热空气未经充分与物料接触而经风道排出，造成热量浪费；高速气流也容易将细颗粒物料带走，因此在设计上要加以注意。流化床干燥用于干态颗粒食品物料干燥，不适于易黏结或结块的物料。

流化床干燥设备的主要形式为：单层与多层（2～5 层）流化床，喷雾流化床、振动流化床等；按其操作连续性有间歇式、连续式流化床。干燥的物料为粉状、颗粒状和晶状等固态物料，被干燥物料含水量 10％～30％，物料颗粒度在 120 目以内。

用单层流化床干燥颗粒状马铃薯时，进床前空气温度 149～205℃，床内停留时间 15～30min，可将其水分从 11％～12％降低到 3％～5％。其空气供量 3.05m^3·m^{-2}·min^{-1} 或空气流速 3.05m·min^{-1}。在这种条件下，每蒸发 1kg 水分消耗加热空气热量 4602～5915kJ。

（六）喷动床干燥

喷动床又称喷泉床，其工作原理见图 5-18。

图 5-18 喷动床干燥原理简图

物料从窄截面处加入，被进口气体夹带并输入干燥室内，并在室内形成循环运动。物料循环频率与气速有关。在干燥器的扩大部分物料呈沸腾状态进行干燥。产品由干燥器圆柱体侧卸料口排出，或者由气体带出后进行分离。气流喷出在料层中间形成一个快沟道。在中央沟道中，颗粒的浓度随喷动的高度而增加，沟道的轮廓也变得愈来愈模糊。中央通道中固体颗粒与气体的比例，与典型稀相流化系统中的固气比例同属一个数量级。在沟道的顶部，固体颗粒沿径向溢流进入环形空间，该空间为下降的固体粒子所充满，它们的相对位置基本不变，床的空隙率及固体颗粒的运动流型与充气移动床相似。向上的稀相流化和向下的充气移动这一两相移动的组合形成了喷动床的流动特征。

喷动床技术可用于干燥、造粒、冷却、混合、粉碎以及反应等过程。喷动床干燥器可用于干燥 1～8mm 的大颗粒物料，如小麦、豆类、玉米等农产品，此类大颗粒物料若应用流化床，则需很高流化速率而不经济。喷动流化床又可用于干燥 40～80 目或更细一些的粉体物料，但此时需用较高的喷动速率去分散这些成团物料。

（七）喷雾干燥

1. 喷雾干燥原理及特点

喷雾干燥是采用雾化器将料液分散为雾滴，并用热空气干燥雾滴而完成脱水的干燥过程。用于喷雾干燥的料液可以是溶液、乳浊液或悬浮液，也可以是熔融液或膏糊液。干燥产品可根据生产要求制成粉状、颗粒状、空心球或团粒状。喷雾干燥方法常用于各种乳粉、大豆蛋白粉、蛋粉等粉体食品的生产，是粉体食品生产最重要的方法。

图 5-19 是一个典型的喷雾干燥设备流程。料液送到喷雾干燥塔，空气经过滤和加热后作为干燥介质进入喷雾干燥室内。在喷雾干燥塔内，热空气与雾滴接触，迅速将雾滴中的水分带走；物料变成小颗粒下降到干燥室（塔）的底部，并从底部排出塔外。干热空气则变成湿空气，用鼓风机或风扇从塔内抽出。整个干燥过程是连续进行的。

喷雾干燥过程主要包括：料液雾化为雾滴；雾滴与空气接触（混合和流动）；雾滴干燥（水分蒸发）；干燥产品与空气分离。

图 5-19　喷雾干燥工艺流程

1—料液槽；2—过滤器；3—泵；4—雾化器；
5—空气加热器；6—风机；7—空气分布器；
8—干燥室；9—旋风分离器；10—排风机

料液雾化的目的是将料液分散为雾滴，雾滴直径 20～100μm。常用的雾化方法有三种：气流式喷雾；压力喷雾和离心喷雾。气流式喷雾动力消耗太大，较少用于大生产。在食品干燥中主要采用压力喷雾与离心喷雾方式。

在干燥室内，雾滴与空气的接触方式有并流式、逆流式和混流式三种。图 5-20 是这三种接触方式干燥室内物料与空气的流动情况。

喷雾干燥过程物料以雾滴形式完成干燥，雾滴具有极大的表面积，有利于传热传质过程，因此物料干燥时间短（几秒至 30s）；在高温气流中，表面湿润的颗粒温度不超过周围空气湿球温度，由于干燥迅速，最终产品温度也不高，适于热敏性物料的干燥；物料干燥在干燥室内进行，容易通过改变操作条件以调节控制产品的质量指标，如粒度分布、最终湿含量等；根据工艺上的要求，产品可制成粉末状、空心球状或疏松团粒状，一般不需要粉碎，即成成品，且具有较高的速溶性；干燥流程简化，操作可在密闭状态下进行，有利于保持食品卫生，减少污染；当热空气温度低于 150℃时，容积给热系数较低，所需设备较庞大，且在低温操作时，空气消耗量大，热利用率低，动力消耗也随之增大；要求有较高分离效率的

图 5-20　喷雾干燥室内物料与空气的流动情况

(a) 并流干燥器　　　　(b) 对流干燥器　　　　(c) 混流干燥器

气-固混合物分离设备，以免产品损失和污染大气，因此，喷雾干燥总的设备投资费用较高。

2. 用于食品的喷雾干燥系统

(1) 典型的喷雾干燥系统　这是应用最广泛的一种喷雾干燥系统（见图 5-19），其特点是用热空气作为干燥介质，只经过干燥室，一次即携带水汽排放至大气中，是食品工厂常用的干燥系统。该系统根据空气与干燥产品分离方法不同有三种方式。用旋风分离器和湿式洗涤塔，可将物料量损失控制在 $25\text{mg} \cdot \text{m}^{-3}$ 以下；使用袋滤器，可将较细的粉料回收，漏入大气中的粉尘极少，一般小于 $10\text{mg} \cdot \text{m}^{-3}$；静片除尘器，适于通过气体量大，要求压力降低的场合，其分离率也较高。

(2) 二级喷雾干燥系统　二级喷雾干燥系统是在不断要求提高产品质量和较高的热利用率情况下发展起来的，实际上是将喷雾干燥和流化床干燥相结合的系统，该系统能量消耗较一级干燥系统为低（约降低 20％），产品具有"速溶"性能，常用于速溶乳粉的生产。图 5-21 是二级喷雾干燥流程。

图 5-21　二级（多段）喷雾干燥流程

a—空气；f—进料；p—干料

1—喷雾干燥器；2—旋风分离器（或其他干料收集器）；3a—固定式流化床
（来回混合或耙式推进）；3b—振动式流化床；4—流化床的旋风分离器
（或其他干料收集器）；5—送料用旋风分离器（或其他干料收集器）

在二级干燥系统中，喷雾干燥为第一级，物料被干燥到一定含水量，如脱脂乳粉，常干燥到水分含量 5％～10％，这种湿而热的细粉之间容易相互黏附而产生多孔的团粒结构，然后进入第二级振动流化床干燥器中干燥到最终湿含量。二级干燥生产的乳粉颗粒平均直径可达 $300\sim400\mu m$，一般喷雾干燥平均颗粒直径仅 $60\mu m$。这种二级喷雾干燥系统又称直通速溶系统，它具有以下优点：

① 热利用率高；

② 可使产品的残留水分含量降低（例如小于 0.1%）；

③ 便于分级和附聚颗粒以达到产品的粒度要求，增加产品的速溶性；

④ 可使干燥物料在较低温度排出干燥器。

三、传导干燥

传导干燥是指湿物料贴在加热表面上（炉底、铁板、滚筒及圆柱体等）进行的干燥，热的传递取决于温度梯度的存在。传导干燥和传导-对流联合干燥常结合在一起使用。这种干燥的特点是干燥强度大，相应能量利用率较高。

传导干燥的加热面常常不是水分的蒸发面，且随着物料厚度及物料状态有不同的热物理特性。从温度分布来说，靠近接触面的料层有更高的温度，而物料的开放面温度最低，物料中的水分梯度主要取决于接触面和开放面的汽化作用，而汽化强度取决于加热面的温度和物料厚度。为了加速热的传递及湿气的迁移，传导干燥过程都尽量使物料处于运动（翻动）状态，因此有各种不同的干燥方式。

（一）回转干燥

回转干燥又称转筒干燥，是由稍作倾斜而转动的长筒所构成的。由于回转干燥处理量大，运转的安全性高，多用于含水分比较少的颗粒状物料干燥。加热介质可以是热气流与物料直接接触方式（类似对流干燥），也可以是由蒸汽等热源来加热圆筒壁。图 5-22 是一种带蒸汽加热管的回转干燥设备简图。它适于黏附性低的粉粒状物料、小片物料等堆积密度较小的物料干燥。蒸发出的水分通常靠自然通风排除，气速为 $0.3\sim0.7\mathrm{m\cdot s^{-1}}$，由于风量小，故热效率可达 $80\%\sim90\%$，设备内的载料量为容积的 $10\%\sim20\%$，由于回转干燥设备占地大，耗材多，投资也大，目前不少逐渐由沸腾床（流化床）等所取代。

图 5-22　带蒸汽加热管的回转干燥设备简图

（二）滚筒干燥

滚筒干燥将物料在缓慢转动和不断加热（用蒸汽加热）的滚筒表面上形成薄膜，滚筒转动（一周）过程便完成干燥过程，用刮刀把产品刮下，露出的滚筒表面再次与湿物料接触并形成薄膜继续进行干燥。滚筒干燥可用于液态、浆状或泥浆状食品物料（如脱脂乳、乳清、番茄汁、肉浆、马铃薯泥、婴儿食品、酵母等）的干燥。经过滚筒转动一周的干燥物料，其干物质可从料液（质量分数）$3\%\sim30\%$增加到 $90\%\sim98\%$，干燥时间仅需 2s 到几分钟。

根据进料的方式，滚筒干燥设备有浸泡进料、滚筒进料和顶部进料；根据干燥压力有真空及常压滚筒干燥；也有单滚筒、双滚筒式或对装滚筒等干燥设备。图 5-23 是三种不同进料方式的滚筒干燥原理简图。单滚筒干燥设备由独自运转的单滚筒构成。双滚筒干燥设备由对向运转和相互连接的双滚筒构成，其表面上物料层厚度可由双滚筒间距离加以控制，对装滚筒干燥设备由相距较远，转向相反，各自运转的双滚筒构成 [见图 5-23(b)]。

(a) 浸泡进料　　　　　　　　　　　　(b) 滚筒进料

罩子
加料器
刮刀机械
侧罩
圆筒
输送器
底罩
原料加入装置

(c) 顶部进料

图 5-23　滚筒干燥中不同的进料方式

不管是何种形式的滚筒干燥，物料在滚筒上形成的薄膜厚度要均匀，膜厚为 0.3～5mm。对于泥状物料，用小滚子把它贴附在滚筒上 [图 5-23(b)]；对于液态物料，最简单的方法是把滚筒的一部分表面浸到料液中 [图 5-23(a)]，让料液粘在滚筒表面上；也可采用溅泼或喷雾的供料方式，并用刮刀保证物料层的均匀性。滚筒直径 500～2000mm，长 500～5200mm，干燥面积 0.75～32.7m²，功率 7.5～80kW。滚筒转速根据干燥要求及料液性质而定。对于稀薄液态物料，转速为 20～10r·min^{-1}；一般料液为 5r·min^{-1}；黏性较大的料液则采用 1～3r·min^{-1}。当滚筒内蒸气压为 0.1～0.2MPa 时，表面蒸发阶段的干燥速率为 15～35kg·h^{-1}·m^{-2}；若增加蒸气压到 0.3～0.4MPa，干燥强度可达 30～75kg·h^{-1}·m^{-2}。对于一般的物料，每平方米物料接触面上的平均干燥强度为 10～20kg·h^{-1}。从滚筒内面到物料表面的总传热系数为 116.3～232.6W·m^{-2}·K^{-1}。有效接触面积占滚筒表面积的 2/3～3/4，热效率为 70%～80%，蒸发 1kg 水分的蒸汽耗为 1.2～1.5kg。

滚筒干燥常用蒸汽作为加热源，压力 0.3～0.7MPa，其接触加热表面温度较高，易使制品带有煮熟味和颜色加深，因此限制其使用范围。采用真空滚筒干燥虽可降低干燥温度，但与常压滚筒干燥或喷雾干燥相比，设备投资与操作费用仍很大。滚筒干燥不适于热塑性食品物料（如果汁类）干燥。因为在高温状态下的干制品会发黏并呈半熔化状态，难以从滚筒表面刮下，并且还会卷曲或黏附在刮刀上。为了解决卸料黏结问题，可在制品刮下前进行冷却处理，使其成为脆质薄层，便于刮下。如在刮物料前一段狭小的滚筒表面上用冷空气加以冷却，或在刮取滚筒表面上的物料层时从它下面吹冷空气冷却。为此，就需采用多孔金属板或用金属网制成的滚筒，冷空气则可以从滚筒内部经孔眼吹向薄层，既可支撑物料层，又可达到冷却的目的。

对于不易受热影响的物料，滚筒干燥却是一种费用低的干燥方法。滚筒干燥可用于婴儿食品、酵母、马铃薯泥、海盐、各类淀粉、乳制品、水溶胶、动物饲料及其他各种化学品的脱水干燥。

（三）真空干燥

真空干燥是指在低气压条件下进行的干燥。真空干燥常在较低温度下进行，因此有利于减少热对热敏性成分的破坏和热物理化学反应的发生，制品有优良品质，但真空干燥成本常较高。

真空干燥过程食品物料的温度和干燥速率取决于真空度、物料状态及受热程度。根据真空干燥的连续性有间歇式真空干燥和连续式真空干燥。

1. 间歇式真空干燥

搁板式真空干燥器是最常用的间歇式真空干燥设备，也称为箱式真空干燥设备。常用于各种果蔬制品的干燥，也用于麦乳精、豆乳精等产品的发泡干燥。搁板（也称夹板）在干燥过程既可支撑料盘，也是加热板（在麦乳精类食品干燥中还起冷却板作用），搁板的结构及搁板之间的距离要依干燥食品类型认真设计。

经调配、乳化（脱气）的物料装盘，放入干燥器的搁板上，为防止物料粘盘难以脱落，烘盘的内壁常经喷涂聚四氟乙烯处理。麦乳精真空干燥原料浆干物质浓度（质量分数）75%以上，干燥前期干燥室压力21.3～8kPa，温度75～70℃，干燥后期压力8～2.7kPa，温度在60℃以下，干燥时间110～120min，最终水分小于2.5%。浓缩果汁真空干燥温度较低（<38℃），需较高真空度，常在670Pa压力下干燥，在400Pa以下，浓缩果汁失去水蒸气时会引起膨胀，干燥果汁可保持膨胀的海绵体结构。

2. 连续式真空干燥

实际上，连续式真空干燥是真空条件下的带式干燥。图5-24是连续真空干燥原理图。为了保证干燥室内的真空度，干燥室专门设计有密封性连续进出料装置。干燥室内不锈钢输送带由两只空心滚筒支撑着并按逆时针方向转动，位于右边的滚筒为加热滚筒，以蒸汽为热源，并以传导方式将接触滚轮的输送带加热。位于左边的滚筒为冷却滚筒，以水为冷却介质，将输送带及物料冷却。向左移动的上层输送带（外表面）和经回走的下层输送带（内表面）的上部均装有红外线热源，设备为卧式圆筒体，直径3.7m，长17m。

图5-24 连续输送带式真空干燥原理图

1—冷却滚筒；2—输送带；3—脱气器；4—辐射热；5—加热滚筒；6—接真空泵；7—供料滚筒检修门；8—供料滚筒和供料盘；9—制品收集槽；10—气封装置；11—刮板

浓液物料用泵送入供料盘内，供料盘位于开始回走的输送带的下面。供料盘内的供料滚筒连续不断地将物料涂布在经回走的下层输送带表面上形成薄料层。下部红外线热源以辐射、传导方式将热传给输送带及物料层，并在料层内部产生水蒸气，膨化成多孔状态，再经加热滚轮，上部热辐射管进一步加热，完成干燥。在 0.267kPa 压力下物料快速干燥到水分 2% 以下，输送带再转至冷却滚筒时，物料因冷却而脆化。干物料则由装在冷却滚筒下面的刮刀刮下，经集料器通过气封装置排出室外。输送带继续运转，重复上述干燥过程。有的真空干燥设备内还装有多条输送带，物料转换输送带时的翻动，有助于带上颗粒均匀加热干燥。有的真空干燥设备则采用加热板形式。这种连续真空干燥设备可用于果汁、全脂乳、脱脂乳、炼乳、分离大豆蛋白、调味料、香料等材料的干燥。不过设备费用却比同容量的间歇式真空干燥设备高得多。

采用真空干燥设备一般可制成不同膨化度的干制品，若要生产高膨化度产品。可采用充气（N_2）干燥方式或控制料液组成及干燥条件（类似麦乳精干燥方法）来获得。

（四）冷冻干燥

冷冻干燥又称升华干燥，是指干燥时物料的水分直接由冰晶体蒸发成水蒸气的干燥过程。

1. 冷冻干燥的特点

冷冻干燥是食品干燥方法中物料温度最低的干燥；在真空度较高的状态下，可避免物料中成分的热破坏和氧化作用，较高程度保留食品的色、香、味及热敏性成分；干燥过程对物料物理结构和分子结构破坏极小，能较好保持原有体积及形态，制品容易复水恢复原有性质与状态；冷冻干燥的设备投资及操作费用较高，生产成本较高，为常规干燥方法的 2～5 倍，由于干燥制品的优良品质，冷冻干燥仍广泛应用于食品工业，如用于果蔬、蛋类、速溶咖啡和茶、低脂肉类及制品、香料及有生物活性的食品物料干燥。

冷冻干燥过程，被干燥的物料首先要进行预冻，然后在高真空状态下进行升华干燥，物料内的水的温度必须保持在三相点以下。

2. 物料的冻结与干燥

（1）物料的冻结　物料的冻结有两种方法，即自冻法和预冻法。

自冻法是利用物料表面水分蒸发时从它本身吸收汽化潜热，使物料温度下降，直至它达到冻结点时物料中水分自行冻结的方法。如将预煮过蔬菜放在真空干燥室内，迅速形成高真空状态，物料水分瞬间大量蒸发而迅速降温冻结。不过该法水分蒸发降温过程容易出现物料变形或发泡等现象，因此要合理控制室内真空度。对外观形态要求较高的食品物料，干燥会受到限制，一般适于如芋头、预煮碎肉、鸡蛋等物料的干燥。此法的优点是可以降低脱水干燥所需的总能耗。

预冻法是干燥前用常规的冻结方法，如高速冷空气循环法、低温盐水浸渍法、低温金属板接触法、液氮、液态二氧化碳等载冷剂喷淋或浸渍法将物料预先冻结，此法适于蔬菜类等物料冻结。有关冻结方法及控制可参阅第四章，根据不同物料采用适当的设备和方法来完成。

冷冻干燥中对冻结速率控制仍有不同的观点。冻结速率对干制品的多孔性有一定的影响。冻结速率愈快，物料内形成的冰晶体愈微小，其孔隙愈小，干燥速率愈慢。显然，冷冻速率会对干燥速率产生影响；冷冻速率还会影响物料的弹性和持水性。缓慢冻结时形成颗粒较大的冰晶体，会破坏干制品的质地并引起细胞膜和蛋白质变性。缓慢冻结对鱼肉冷冻干燥制品的品质影响更大，因为鲜鱼的蛋白质含水分高，冻结过程溶质（可溶性盐）"浓度效应"对蛋白质变性影响大。

（2）物料的干燥　实际上冷冻干燥的干燥过程包括两个不同的步骤：升华和解吸。它可以在同一干燥室中进行，也可在不同干燥室进行。升华也称初步干燥，是冷冻干燥的主体部分。冻结物料中的水分在真空条件下要达到纯粹的、强烈的升华。要注意三个主要条件：即干燥室绝对压力、热量供给和物料温度。

① 干燥室绝对压力　在真空室内的绝对压力（总压力）应保持低于物料内冰晶体的饱和水蒸气压，保证物料内的水蒸气向外扩散。因此冻结物料温度的最低极限不能低于冰晶体的饱和水蒸气（等于真空室内的压力）相平衡的温度。如真空室内绝对压力为 0.04kPa，物料内冰晶体的饱和水蒸气压和它平衡时相应的温度为 −30℃，因此冻结物料的温度必然高于 −30℃。根据经验，在预先确定物料温度的条件下，最适宜绝对压力可以定在冰上饱和蒸汽压力的 1/3，特殊情况则加以调整。如含糖量高的水果需 0.033kPa 的绝对压力，而洋葱却需 0.17～0.20kPa。

② 热量供给　热量的提供可来自不同的系统，应用较多的是接触式冷冻干燥设备。装有物料的浅盘位于两块加热板之间，为了保证干燥过程中加热板和物料能始终均匀地相互接触，常用水压系统使加热板可垂直地位移，以便将物料夹紧，加速热的传递。加热板一般用蒸汽或其他热介质通入板内加热，加热板的温度应以物料所能忍受的温度为限，一般为 38～66℃。为了改善这种装置不利于物料蒸发的水蒸气外逸，在金属板和物料间常放置有扩张性金属网格板，留有间隙，以保证外逸水蒸气畅通。采用此方法对鱼肉块的干燥可从原需 15～20h 缩短到 7～10h。

物料的升华干燥完全在冰晶体表面进行。干燥过程物料内冰层界面不断地移向物料中心，而升华干燥时物料形态固定不变，水分子外逸后留下的是孔隙，形成海绵状多孔性结构。它具有良好的绝热性，不利于热量的传递。因此，冰层界面后移，多孔层的增长不仅进一步降低了传热速率，而且延缓了冰层界面上升华水分子的外逸速率，使干燥速率下降。此时，若能利用远红外线、微波等能直接穿透干燥层到后移的冰层界面上，就能加速热量传递，有效增加总的干燥速率。

③ 物料温度　过度加热会引起物料温度升高。当料温超过冰晶开始融化温度时，溶液自由沸腾，使溶液中挥发性的芳香物质损失增加；同时，容易引起泡沫或充气膨胀；液相沸腾的蒸汽气流会带走一些颗粒而造成损失。但有些食品物料能承受有限度的夹层融化，温度升高对增加干燥速率是有利的，通常可以在开始融化温度 T_{im} 和允许融化温度 T_{am} 两个限度之间画出一条工作带，见图 5-25。食品物料的 T_{im} 值在 −51～−21℃ 之间（对于果汁甚至可达 −80～−70℃），而允许融化的温度 T_{am} 在 −32～−10℃ 之间。

图 5-25　草莓冻结干燥中允许的工作带
T_{im}—开始融化的温度；T_{am}—允许融化的温度；
T_{cs}—冻结最低温度

当冰晶体全部升华后，第一干燥阶段——升华即完成。但此时的物料仍有 5% 以上没有冻结而被物料牢牢吸附着的水，必须用比初期干燥较高的温度和较低的绝对压力，才能促使这些水分转移，使产品的含水量降至能在室温下长期贮藏的水平，这就需二次干燥。

影响二次干燥的速率及时间的因素与升华过程相同，即温度和绝对压力。允许干燥的最高温度取决于物料、所需时间及加热系统状况，一般控制 38～65℃。温度过高则易造成营养成分损失、产品质量降低；而温度太低会导致干燥时间增加，加大生产成本。解吸所要求的绝对压力低于升华压力，特殊情况下达 13.3～27Pa，甚至更低。

3. 冷冻干燥技术的应用

冷冻干燥设备有间歇式冷冻设备与连续式冷冻设备。目前食品工业采用的冷冻干燥设备多为箱式或圆筒形。根据食品种类可采用冻结与干燥分开或联合在一设备中完成的方式。

连续式冷冻干燥常见的有以下几种形式：旋转平板式干燥器［图 5-26(a)］；振（摆）动式干燥器［图 5-26(b)］；带式冷冻干燥器［图 5-26(c)］，其结构原理类似连续真空干燥器。

旋转式平板冷冻干燥器的加热板绕轴旋动，转轴上有刮板将物料从板的一边刮到下一板的另一边，逐板下降，完成干燥。振动式冷冻干燥器内物料的运动靠板的来回振动（水平面上稍倾斜）。此外还有沸腾床干燥器和喷雾冻结干燥器，干燥过程物料颗粒被空气、氮气等气体悬浮，且需在真空条件下干燥，其工业应用成本仍比较高。

图 5-26　几种连续式冷冻干燥器示意图

图 5-27 是芦笋冷冻干燥过程干燥曲线和温度变化曲线。干燥操作开始，冻结物料表面及中心温度均低于−30℃，干燥室绝对压力 20Pa，加热板温度提高到 120℃左右。冰晶体开始升华干燥，和加热板接触的物料表面温度开始上升，但是后移的冻结层在升华时吸收潜热而导致的冷却作用能使其保持原来的冻结状态。此时要小心调节加热板温度使其提供的热量，既能满足高速升华所需热量要求，又不至于引起冰晶体融化（一般要低于−4℃）。干燥不断进行，物料干燥层温度就会不断上升并向加热板温度靠近，此时必须逐渐降低加热板温度直至 65℃为止。最终水分降至 3％，物料温度则上升到 65℃，干燥时间需 8h 以上。

图 5-27　芦笋冷冻干燥时的干燥曲线和温度变化曲线

[负荷量 150g·cm⁻²，物料大小 0.64cm；干燥室平均压力 20Pa；原始水分（质量分数）90％；

最后水分 30％；湿物料质量 760kg；最初水分 684kg]

1—加热板温度；2—物料表面温度；3—干燥曲线

冷冻干燥完毕，由于冻结干燥产品具有多孔性又极易吸湿，如果真空遭破坏，接触一般空气，产品易吸湿，吸入空气，降低其贮藏稳定性，因此要有控制地消除真空。目前有两种方法：对于吸湿高度敏感的产品，用通入惰性气体如氮气消除真空；对于不太敏感的产品用相对湿度 10％～20％干空气消除真空。

冷冻干燥产品应采用隔绝性能良好的包装材料或容器，并采用真空包装或抽真空充气包装，以便较好地保持制品的品质。

四、能量场作用下的干燥

能量场作用下的干燥指电磁场和声波场中的干燥。湿物料中的水分对不同能量场中的能量有特殊的吸收作用，可促进物料中水分汽化，提高干燥速率。虽然在能量场中能量的传输依然有对流、传导与辐射，但也有其特殊的形式和要求，因此单独分开讨论。

(一) 电磁场中的干燥

电磁场中的干燥主要是利用电磁辐射能作为干燥能源的干燥。电磁辐射具有粒子波的双层性质，以电磁波形式传播，不同波长（频率）的电磁波都具有一定的能级和对食品材料的吸收穿透性。常用于食品干燥的电磁波有红外线、远红外线和微波。

1. 红外及远红外干燥

红外及远红外干燥也称热辐射干燥，是由红外线（包括远红外线）发生器提供的辐射能进行的干燥。红外线发生器有红外线灯泡、金属加热管、碳化硅电热管、煤气红外辐射管等高温辐射器，它们可以发出有不同波长范围及密度的电磁波。红外线是指波长 $0.72\sim1000\mu m$ 的电磁波，红外线波长范围介于可见光和微波之间。尽管对红外线有各种不同的名称及其相应的波长，工业上常分为近红外线（指 $0.72\sim2.5\mu m$ 的波长）和远红外线（指 $2.5\sim1000\mu m$）。红外干燥之所以受重视，是因为水分等物质在红外区具有一部分吸收带，故可用作诸物质的加热源。

远红外线对食品中的水和其他物质分子振动有特殊的作用，水的 O—H 键伸缩振动的固有频率与波长 $2.7\mu m$ 的电磁波相同，其转角振动的固有频率与波长 $6.1\mu m$ 的电磁波相同。因此水在电磁波吸收频谱图的波长 $2.7\mu m$ 和 $6.1\mu m$ 的地方会出现两个吸收峰值，食品其他成分中各原子的结合键 C═O、C—H、O—H 等与水分子相似，故食品材料电磁波吸收峰多集中在 $2.5\sim20\mu m$ 的远红外线波长范围内，即对远红外线热吸收率高。

远红外线干燥的特点：通常热源材料选用热辐射率接近黑体的物质，故热辐射效率高；远红外线辐射热在空气中传播，不存在传热界面，故传播热损失小，传热效率高，被辐射物料表面热强度大于对流干燥强度 $30\sim70$ 倍以上；多数食品湿物料为有机物，在远红外区具有更高的吸收带，因此远红外线比一般红外线有更好的干燥速率；远红外线的光子能量级比紫外线、可见光线都要小，因此一般只会产生热效果，而不会引起物质的变化，且由于传热效率高、加热时间短，可减少热对食品材料的破坏作用，而广泛用于食品干燥。

2. 微波干燥

一般物料干燥如对流、传导和热辐射干燥，是由外露表面向内部进行的，即温度梯度指向物料表面，因此湿热传导率阻碍水分从物料中脱去。微波在食品材料中的穿透性、吸收性，使食品电介质吸收微波能（详细原理参阅第七章），在内部转化为热能。因此，被干燥物料本身就是发热体，且由于物料表层温度向周围介质的热损常可低于内部温度，因此微波干燥有较高的干燥速率。微波加热速率快，且可同时在内部加热，因此微波干燥加热时间短，对比较复杂形状的物料有均匀的加热性，且容易控制。不同水分物料在微波场中，对微波吸收性不同，含水分高的物料有较高的吸收性，因此微波干燥有利于保持制品水分含量一致，具有干燥食品水分的调平作用。

微波加热与物料表面的热辐射或对流加热结合起来的联合干燥，有利于控制物料表面的加热或冷却，可改变物料中的温度梯度，使其中水分得到最均匀的分布，保证被干燥物料的最佳质量。在升华干燥过程中，液态水由于具有远大于冰的介电损耗系数，其吸收微波的能力比冰大三倍左右，因此，采用微波升华干燥，微波能量主要被物料中未冻结部分吸收，然后通过间架的传导和液体与固体的直接接触把能量传给冰，引起冰的升华。另外，速冻时形成的冰的细小晶格，也会夹杂着液态水，这也有利于对微波能的吸收，保证冰升华所需的能量。虽然微波升华干燥可使干燥时间可大大缩短，但由于干燥室空间内供能均匀性问题，干燥过程难以监控物料温度以及介质的离子化产生真空（电冕）放电现象，仍有许多技术问题需在工业化中加以解决。

（二）声波场中的干燥

声波场干燥也称超声波干燥，超声波是指频率 $20\sim10^6\,kHz$ 的电磁波。即使对超声波干燥的特殊机制仍未统一认识，但声波场作用于湿物料，可使物料温度有所提高，并可强化传质过程，使物料干燥速率提高的实验结果，却显示其在某些物料的干燥中有特殊的作用。

干燥对象中声波的吸收和声能在其中的穿透深度对声学干燥有很大影响。超声波在辐射介质中的吸收，会放出一定热量，使介质（尤其是油脂类物料）温度相应提高。不同介质对超声波的吸收不同，各种介质的最大吸收声波频率也有差异。因此，声学干燥研究不仅要研究开发有较大声波发射能力的超声波发生器，还要选择适合的频率，保证有关安全技术规程条件下设备运行费用较低。

用声波来干燥食品常结合其他干燥方法。美国曾使用过一种低温急骤干燥机，利用热空气和强大的低频声波在干燥室内与湿物料接触，几秒内即可达到干燥要求，其干燥速率比常规喷雾干燥、转鼓干燥和真空干燥的速率高 $3\sim10$ 倍，节约燃料 50%。适于热敏性和易吸湿性或含脂肪量高的食品物料的干燥。

五、组合干燥

每一种干燥方法都有自己的优缺点，如将不同的干燥方法结合起来，扬长避短，就可建立起新的、高效率的干燥装置，这就是组合干燥装置。根据组合干燥的原则，主要有以下几种。

（1）结合各种干燥方法的组合干燥装置　即利用两种不同的干燥设备组合起来，先利用第一干燥器使物料的含水量降至一定值后，再经第二种干燥器，使物料水分及其他指标达到产品要求，以提高设备生产效率，改善产品质量。如喷雾干燥方法中速溶奶粉生产的二段法生产工艺。

（2）结合各种热过程的联合干燥装置　把干燥、脱水、冷却等过程组合起来，除可实现一机多用的目的外，还可以合理地利用能源，实现生产的连续化。

小麦的烘烤和冷却，历来采用炒釜焙干，利用回转冷却器冷却。若改用流态化技术，烘干及冷却可在同一装置内进行。日本生产的多孔板多级连续流化床干燥冷却装置，物料由塔顶连续进入，一边在多孔板上流动，一边通过筛孔逐渐下降，气体则通过同一筛孔一边与颗粒接触一边上升。干燥塔出来的物料直接进入冷却塔，物料在被冷却的同时，空气也被加热。小麦水分在干燥段由 20.4% 干基降低至 2.8%，在冷却段可降至 1.8%，热空气进口温度 $325℃$，排出口温度 $100℃$，冷风进口温度 $20℃$，出口 $44℃$。

（3）结合其他过程的联合干燥装置　干燥器附带搅拌机和粉碎机的联合装置，可大大改善干燥物料流的流体力学状态，有利于破碎结块和消除粘壁现象，提高干燥速率。

第四节　食品的干燥保藏原理

食品的腐败变质通常是由微生物作用和生化反应造成的，任何微生物进行生长繁殖以及多数生化反应都需要以水作为溶剂或介质。食品的干燥保藏就是通过对食品中水分的脱除，进而降低食品的水分活度，从而限制微生物活动、酶的活力以及化学反应的进行，达到长期保藏的目的。图 5-28 揭示了水分活度与水分含量及各种食品变性反应之间的关系。

水分活度与微生物、酶等生物、物理、化学反应的关系已被微生物学家、食品科学家所接受，水分活度概念广泛应用于食品脱水干燥、冻结过程的控制以及食品法规标准。在HACCP 关键控制点监测系统中明确说明"可通过限制水分活度来控制病原体的生长"，美国 FDA 对低酸罐头食品划分，除定出 $pH>4.6$ 外，还定出其水分活度 (a_w) 界限 $(a_w>$

图 5-28　水分活度与水分含量及食品变性反应之间的关系

0.85），日本及欧美等先进国家和地区，已制定了法规要求某些食物制品必须标明产品的水分活度。a_w 值已成为指导腌菜、发酵食品和酸化食品品质控制的基础数据，也成为食品贮藏稳定性的重要参数。它通过关注产品的物理属性、变质反应的速率和微生物成长来预知其稳定性。

一、a_w 与水分含量的关系

许多食品物料及食品都含有水，水分多的食品往往容易腐败变质。但是研究发现，决定食品保藏性的往往并非是食品的水分含量，而取决于食品中中 a_w。由图 5-3 和表 5-2 也可看出，相同食品 a_w 与水分含量之间并非呈直线关系；不同温度，水分含量相同的食品，也有不同的 a_w。同样水分含量相同的不同食品，其 a_w 也会差异很大。如，同样是水分含量 100% 的冰，—50℃ 状态下冰的 a_w 比 0℃ 冰低了 0.38；乳粉的水分含量比硬糖高，但其 a_w 只有硬糖 a_w 的 1/3。金黄色葡萄球菌生长要求的最低 a_w 为 0.86，而与这个 a_w 相对应的水分含量则随不同的食品而有很大差异，如干肉为 23%，乳粉为 16%，干燥肉汁为 63%。

表 5-2　常见食品中水分活度与水分含量的关系

食品	水分含量/%	水分活度
冰(0℃)	100	1.00
冰(—10℃)	100	0.91
冰(—20℃)	100	0.82
冰(—50℃)	100	0.62
鲜猪肉	70	0.99
面包	40	0.96
小麦粉	14.5	0.72
葡萄干	27	0.60
硬糖	3.0	0.30
饼干	5.0	0.20
乳粉	3.5	0.11

二、a_w 对食品微生物的影响

食品中的水活性可以影响食品中微生物的繁殖、代谢（包括产毒）、抗性及生存，因此，水分活度不仅与引起食品腐败的有害微生物相关，而且对发酵食品所需要的有益微生物也同样有影响。

（一）a_w 对微生物繁殖的影响

微生物的生命活动离不开水，其细胞通过细胞壁和细胞膜从环境摄取营养物质和向外排

泄代谢物都需要水作为溶剂或媒介质。各种微生物生长繁殖所需的最低水分并不相同，细菌和酵母常在水分含量较高（30%以上）的食品中生长，而霉菌则在水分下降到12%的食品中还能生长，有的甚至在水分低于5%的食品中仍能生长。有时水分即使降低到2%，若环境条件适宜，也有长霉的可能。

各种微生物生长所需的最低 a_w 值各不相同，表5-3列出了抑制各种微生物生长的最低水分活度及其相对应的有关食品。显然，多数细菌在 a_w 值低于0.91时不能生长，而嗜盐菌生长则可能在 a_w 低于0.75才被抑制。霉菌耐旱性优于细菌，多数霉菌在 a_w 值低于0.8时停止生长，但也曾报道过一些耐旱霉菌，在 a_w 等于0.65下还会生长。一般认为0.70~0.75是其最低 a_w 限值。除耐渗酵母外，多数酵母在 a_w 低于0.65时生长被限制。

表5-3　食品中水分活度与微生物生长的关系

a_w 值	低于此范围 a_w 所能抑制的微生物	与 a_w 范围相对应的食品
1.00~0.95	假单胞菌（pseudomenas） 埃希氏杆菌（Escherichia） 变形杆菌（Proteus） 部分酵母（some yeast） 志贺氏菌（Shigella） 克氏杆菌（Klebsiella） 芽孢杆菌（Bacillus） 产气荚膜梭菌（Clostridium perfringens）	新鲜豆腐食品；果蔬、鱼、肉、奶和罐头；熟香肠、面包；含蔗糖质量分数44%或含食盐质量分数8%以下的液态食物
0.95~0.91	沙门氏菌（Salmonella） 副溶血弧菌（Vibro parahaemolyticus） 肉毒梭状芽孢杆菌（Clostridium botulinum） 乳杆菌（Lactobacillus） 沙霉氏菌（Serratia） 足球菌（Pediococcus） 部分霉菌（some molds） 酵母类（yeasts）（如红酵母、毕赤氏酵母）	一些干酪（英国契达、瑞士明斯达、法国明斯达、意大利菠萝伏路）、熏肉、火腿；一些浓缩果汁；含糖质量分数44%~59%或含盐质量分数8%~14%的液态食物
0.91~0.87	多数酵母（如假丝酵母、圆酵母、汉逊氏酵母） 小球菌属（Micrococcus）	发酵香肠（萨拉米）松软糕点、较干干酪；人造奶油；含糖质量分数59%或含盐质量分数15%以上的液态食物
0.87~0.80	多数霉菌（如产毒素青霉菌） 金黄色葡萄球菌（Staphylococcus aureus） 多数酵母菌 德巴利氏酵母（Debaryomyces）	多数浓缩果汁、甜炼乳、巧克力糖浆、枫糖浆和果糖浆、面粉、大米、水果蛋糕、含水15%~17%食品、方登糖基、干火腿、高油饼
0.80~0.75	多数嗜盐菌（Halophilic bacteria） 产毒素曲霉（Mycotoxigenic aspergilli）	果酱、橘子果汁、杏仁软糖糖渍凉果、一些棉花糖
0.75~0.65	嗜旱霉菌（xerophilic molds）（如谢瓦曲霉、亮白曲霉等） 二孢酵母（Saccharomyces bispocus）	含水分燕麦片、颗粒牛扎糖、勿奇糖、棉花糖、啫喱糖、糖蜜、甘蔗糖、一些干果类、坚果类
0.65~0.60	耐渗酵母（osmophilic yeasts）（如鲁氏酵母） 少数霉菌（多二孢红曲霉、刺孢曲霉）	太妃糖、卡拉蜜尔糖、蜂蜜
0.50	微生物不增殖	含12%水分面条、含10%水分香料
0.40	微生物不增殖	含5%水分全蛋粉
0.30	微生物不增殖	曲奇饼、脆点心、干面包片、含水分3%~5%食品
0.20	微生物不增殖	含水分2%~3%奶粉、含水分5%脱水蔬菜、含水分5%爆玉米花、包装饼干

（二）a_w 对微生物代谢活性的影响

降低 a_w 值可以使微生物的生长速率降低，进而，食品腐败速率、食物毒素以及微生物代谢活性也会降低。致病性微生物，其生长最低 a_w 与产毒素 a_w 不一定相同，通常产毒素 a_w 高于生长 a_w。如金黄色葡萄球菌，在水分活度 0.86 以上才能生长，但其产生毒素需要 a_w 值 0.87 以上；黄曲霉菌生长最低 a_w 为 0.78～0.80，而产黄曲霉毒素最低 a_w 为 0.83～0.87。因此通过控制致病性微生物的生长 a_w，即可控制其毒素的生成。表 5-4 列出了对健康有较大影响的微生物生长与产毒素的最低 a_w。

表 5-4 对健康有较大影响的微生物生长与产毒素的最低 a_w[①]

微生物种类		最低 a_w	
		生长	产毒
细菌	金黄色葡萄球菌	0.86	＜0.90(肠毒素 A)
			0.87(肠毒素 A)
			0.97(肠毒素 B)
	沙门氏菌	0.93	
		0.94～0.95	
		0.92	
	付溶血弧菌	0.94	
	肉毒杆菌	0.93(A)	0.95(A)
		0.95(A)	0.94(A)
		0.93(B)	
		0.94(B)	0.94(B)
		0.95(E)	0.97(E)
		0.97(E)	
	产气荚膜梭菌	0.93～0.95	
		0.95	
	蜡状芽孢杆菌	0.93	
		0.95	
霉菌	黄曲霉菌	0.78	0.84(黄曲霉毒素)
		0.80	0.83～0.87
	寄生曲霉菌	0.82	0.87(黄曲霉毒素)
	棕曲霉(咖啡气发酵霉)菌	0.83	0.85(棕曲霉毒素)
		0.77	0.83～0.87
	棕曲霉菌	0.81	0.88(青霉酸)
		0.76	0.80(青霉酸)
		0.76	0.85(棕曲霉毒素)
	Penicillium Cyclopium	0.81	0.87～0.90
		0.82	(棕曲霉毒素)
		0.85	
		0.87	0.97(青霉酸)
		0.82	
	鲜绿青霉菌	0.83	0.83～0.86(棕曲霉毒素)
	P. martensii	0.83	0.99(青霉酸)
		0.79	
	P. islandicum	0.83	

微生物种类		最低 a_w	
		生长	产毒
霉菌	展开青霉菌	0.83~0.85 0.81 0.83	0.95(棒曲霉素) 0.85
	苹果青霉菌	0.83~0.85 0.83	0.99(棒曲霉素)
	Aspergillu Clavatus	0.85	0.99(棒曲霉素)
	Byssochlamys nivea	0.84	
	粉红单端孢霉菌	0.90	
	黑葡萄状穗霉菌	0.94	0.94(*Stachybotnyn*)

① A、B、E 为肉毒芽孢杆菌毒素和肠毒素的类型。

(三) 环境条件对微生物生长繁殖所需 a_w 的影响

环境因素会影响微生物生长所需的 a_w 值,如营养成分、pH、氧气分压、二氧化碳浓度、温度和抑制物等因素愈不利于生长,微生物生长所需的最低 a_w 值愈高,反之亦然。金黄色葡萄球菌在正常条件下,a_w 值低于 0.86 生长即被抑制。若在缺氧条件下,抑制生长 a_w 为 0.90;在有氧条件下,抑制生长的 a_w 值为 0.80。水分活度条件又可改变微生物对热、光和化学物的敏感性。一般来说,在高水分活度下微生物最敏感,在中等水分活度(0.4 左右)最不敏感。

食品干燥过程,原料带来的以及干燥过程污染的微生物也同时脱水。干燥完毕后,微生物就处于完全(半)抑制状态,也称为休眠状态。当环境条件一改变,食品物料吸湿,微生物也会重新恢复活动。仅靠干燥过程并不能将微生物全部杀死,因此干燥制品并非无菌,遇到温暖潮湿气候,也会腐败变质。食品干制过程仍需加强卫生控制,减少微生物污染,降低其对食品的腐败变质作用。某些食品物料若污染了病原菌,或有导致人体疾病的寄生虫如猪肉旋毛虫存在时,则应在干燥前设法将其杀死。

食品干藏过程微生物的活动,取决于干藏条件(如食品的温度、湿度和包装)、水分活度和微生物的种类等。葡萄球菌、肠道杆菌、结核杆菌在干燥状态下能保存活力几周到几个月;乳酸菌能保存活力几个月或一年以上;干酵母可保存活力达两年之久;干燥状态的细菌芽孢、菌核、厚膜孢子、分生孢子可存活一年以上;黑曲霉孢子可存活达 6~10 年。因此,脱水干燥(尤其是冷冻干燥),常常是较长时间保持微生物活性的有效办法,因而常用于菌种保藏。

三、a_w 对食品中生物和化学反应的影响

水对食品中化学反应的影响比对微生物的影响更复杂,a_w 并不是确定最低化学反应的唯一参数。因为水在食品中可以是化学反应物及生成物的溶剂,也可作为反应物(如水解反应),来自反应的产物(如发生于非酶褐变的缩合反应),作为另一种物质的催化或抑制活性的改良剂(如抑制一些金属对脂过氧化反应的催化作用),因此要进行综合分析。

(一) a_w 对酶反应的影响

许多来自天然的食品物料都有酶存在,干燥过程随着物料水分降低,酶本身也失水,活性下降。但当环境适宜(如吸湿),酶仍会恢复活性,而可能引起食品品质恶化或变质。

磨碎大麦芽和 2%（质量分数）卵磷脂混合物中卵磷脂水解酶的作用与水分活度关系见图 5-29。从图中可看出，卵磷脂的酶水解率随水分活度升高而提高。在 30℃、a_w 值 0.35 的条件下，卵磷脂水解酶至少在 48d 内能保持极低的酶解作用。当样品的水分活度提高到 0.70 时卵磷脂酶催化卵磷脂水解的速率相应提高到对照样品（$a_w = 0.70$）的水平。面粉中的脂肪酶，当水分含量 3% 时，在 52 周的保藏期中没能检出酶的作用，而当水分含量为 14% 时，脂肪酶催化甘油三酯水解，产生脂肪酸，造成食品的哈败可发生到相当高的水平。有人测定过，面粉水分从 8.8% 增加到 15.1% 时，脂肪酶活力提高到 5 倍。对脂肪酶活力的抑制，水分活度应控制在 0.17～0.20。

图 5-29　水分活度对磨碎大麦芽和 2% 卵磷脂混合物中卵磷脂的酶催化水解速率的影响

在水分活度值低于 BET 单分子层值吸附水分活度时，酶反应进行极慢或者是完全停止，这是由食品物料中缺乏流动性水分使酶不能扩散到基质的特定部位造成的。通常只有干制品水分降至 1% 以下时，酶活性才会完全消失。在干燥食品中酶反应速率受底物扩散到酶周围的速率所限制，故干燥食品中的高分子底物不易被酶作用。例如，在含有蛋白酶的面粉中，即使在 65% 的相对湿度，面筋蛋白质仍不能被显著地水解。大分子底物的扩散效应可能造成酶反应性质的变化，例如，在一个水介质中，淀粉酶作用于可溶性淀粉而生成寡糖；而在干燥状态下，首先生成葡萄糖和麦芽糖，而仅在较高的水分活度下才生成寡糖。一般来说，在低水分活度下酶反应倾向于防止反应中间物的积累或有利于某些反应途径，这可能是由潜在的中间物不能扩散离开酶的活性部位，而只有立即降解或反应造成的。

影响食品中酶稳定性的因素有水分、温度、pH、离子强度、食品构成成分、贮藏时间及酶抑制剂或激活剂等。水分活度（或水分含量）只是影响其稳定性条件之一。许多干燥品的最终水分含量难以达到 1% 以下，因此靠减少水分活度值来抑制酶对干制品品质的影响并不十分有效。湿热处理酶易使其不可逆失活，如在 100℃ 瞬间处理即能破坏它的活性。但在干热条件下其钝化温度要高得多，如在干燥状态下，即使用较高的温度（如 204℃）热处理，仍难以将其完全钝化。因此控制干制品中酶的活动，有效的办法是干燥前对物料进行湿热或化学钝化处理，使物料中的酶失去活性。

（二）a_w 对非酶褐变的影响

非酶褐变是食品物料发生褐变的重要反应，还原糖和氨基酸（蛋白质）在合适的条件下发生反应（美拉德反应）。模拟研究发现，氨基酸氮的最大损失发生在平衡水分活度 0.65～0.70，高于或低于此值氨基酸损失都较小。在 37℃、70℃ 和 90℃ 条件下都获得同样的结论。通常在水分活度 0.65～0.70 范围内不同食品中的水分含量变化较大，蛋白质吸水达饱和，蛋白质分子流动性增加，扩大分子间及分子内的分子重排，使褐变增加。当水分活度超过 0.70，由于水分的稀释作用，使反应速率下降。

肉与鱼产品发生的褐变反应在干燥与干藏过程也很重要。除变色外，肉制品的褐变还会产生苦味和烧焦味。Sharp（1962）研究过预煮过冷冻干燥猪肉，贮藏相对湿度对其影响。在 37℃ 和 50℃ 下，褐变反应随 ERH 增加而增加，直到 57% ERH，然后逐渐减少到 70% ERH。整个贮藏过程（477d）风味变化一直发生，而仅仅在 16% ERH 条件下的产品是可接受的。美拉德反应是干鳕鱼贮藏变色的主要反应，见图 5-30。从图可见，最大褐变发生的相对湿度比模拟研究要低。温度是影响褐变的另一重要因素。75% ERH 以上虽可减

图 5-30　鳕鱼肉在不同相对
湿度下的褐变

少褐变，却会带来微生物的腐败问题。对于干鳕鱼及干鳀鱼，最小褐变的水分含量为 7%～9%，对干鳀鱼相当于水分活度 0.32～0.45。

非酶褐变也是中湿食品常碰到的质量问题，这类食品水分活度 0.6～0.8，最适合非酶褐变。果蔬制品发生非酶褐变的水分活度范围是 0.65～0.75；肉制品褐变水分活度范围一般在 0.30～0.60；干乳制品，主要是非脂干燥乳其褐变水分活度大约在 0.70。由于食品成分的差异，即使同一种食品，由于加工工艺不同，引起褐变的最适水分活度也有差异。

（三）a_w 对脂肪氧化酸败的影响

脂肪的氧化酸败是含脂干燥食品贮藏变质的主要因素，它产生低分子的醛酮等有哈喇味的产物，脂肪酸降解和某些维生素破坏。除了 a_w 外，金属离子（主要是铁、铜）、温度、光、氧和脂肪本身（或食品材料本身）的性质都直接影响到脂肪自动氧化。

食品中的水可以影响脂肪的氧化及其他在食品中自由基的反应，而此影响是非常复杂的。在一般情况下，降低食品的 a_w 会减慢脂肪氧化酸败的速率，当 a_w 降低至单分子层吸附水平时，食品中的水均处于结合水状态，食品的稳定性最高。但是，若食品的 a_w 过低，食品表面的一些活性基团没有全部被水分子覆盖住，则会暴露在空气中与氧气发生作用，使脂肪氧化酸败的速率加快。

a_w 在 0～0.35 范围内，随 a_w 增加，脂肪氧化速率降低，这是因为自由基反应时水与过氧化物形成氢键，此氢键可以保护过氧化物的分解，阻止氧化进行。这部分水与金属离子形成水合物，降低其催化性。当 a_w 增加到 0.35～0.80，氧化反应速率会随 a_w 增加而增大，其原因在于：①水中溶解氧增加；②大分子物质溶胀，活性位点暴露加速脂肪的氧化；③催化剂和氧的流动性增加。若 a_w 进一步增大超过 0.80，由于催化剂和反应物被稀释，氧化速率增加缓慢，趋于稳定。

干燥谷类食品，虽然它被认为不是脂肪性食品，但由于其含有一定量的脂肪，这类食品贮藏质量主要取决其对自动氧化的耐性，且直接与谷类的水分有关。Martin（1958）发现燕麦片的稳定性随干麦片的水分含量增加而增加，见表 5-5。从表中可见，干燥最终水分比干燥炉温更能影响麦片的稳定性。未加热的麦片比低水分的干麦片更稳定，也许是麦片中天然抗氧化剂在干燥过程受到破坏造成的。喷雾干燥全脂乳粉在 37℃ 模拟系统贮藏研究中，当水分活度为 0 时，贮藏过程脂肪氧化速率增加快速，当水分活度增加到 0.18 以上时，却发现有一个氧化相对稳定时期。

表 5-5　麦片水分与烘烤温度对烤燕麦片氧化酸败的影响

炉温/℃	干燥麦片的水分/%	稳定性/d	酸败时的过氧化值/meq·kg^{-1}
180	0.9	5	129
	5.9	11	70
	9.4	150	23
140	0.1	13	130
	4.9	26	63
	9.4	134	18

炉温/℃	干燥麦片的水分/%	稳定性/d	酸败时的过氧化值/meq·kg^{-1}
110	1.0	13	245
	4.2	58	44
	8.6	250	13
未加热粗粉	2.8	69	76

干制品脂肪氧化问题常靠添加抗氧化剂来减缓，如酚型抗氧化剂 BHA、BHT 和 PG；金属整合剂，如柠檬酸和抗坏血酸的添加，有复合增加抗氧化作用。水的存在状态将会影响抗氧化剂的作用，如 EDTA 和柠檬酸在水分活度增加时抗氧化作用加强。有人做过试验，抗氧化剂在吸湿过程比解吸过程对食品物料有更强的作用。

（四）a_w 对维生素降解的影响

水分活度对食品中维生素的影响研究得最多的是维生素 C。在低 a_w 下，维生素 C 比较稳定，随着模拟系统和食品中水分增加，维生素 C 降解迅速增快。其他维生素的稳定性也有同样的变化规律，且其降解反应属一级化学反应，温度对反应速率常数影响很大。表 5-6 是模拟食品系统中水分活性与一些维生素降解速率的关系。从表中可见降低维生素 C 的贮藏水分活性和温度同样重要，将维生素 C 包埋或先添加到油相中防止其与水接触也是防止维生素 C 降解的有效方法。

表 5-6　模拟食品系统中维生素降解与 a_w 的关系

维生素[1]	温度/℃	降解速率[2]$k/10^{-3}$·d^{-1}		
		a_w 0.24	a_w 0.40	a_w 0.65
A	30	2.9	6.5	32
A	37	7.0	7.6	46
A	45	20	59	23
B$_1$	45	0.9	6.8	8.7
B$_2$	37	1.9	2.6	5.0
C	20	9.5	12.8	14.4
C	30	18	31	113
C	37	50	70	157

[1] 维生素 A 贮藏于 303 罐；其他维生素贮藏于 TDT 罐中。
[2] 一级反应速率常数。

脂溶性维生素的稳定性与脂肪氧化有关。有报道：α-生育酚（维生素 E）随着水分增加，降解加速。葡萄、杏、草莓等水果色素是水溶性花青素，溶于水不稳定，1~2 周后其特有的色泽消失。花青素在干制品中十分稳定，数年贮藏轻微分解。一般而言，a_w 增大，水溶性色素分解速率加快。

许多强化维生素的食品，如面粉制品，硫胺素 B$_1$ 的稳定性也受到注意。有人研究了硫胺素盐的种类，温度和水分对其稳定性的影响，发现在 38℃硫氨素损失量大于 28℃时的。在 38℃，随着面粉中水分含量由 9.2%增至 14.5%，两种形式维生素 B$_1$ 损失增加，但硫胺素盐酸盐损失比单硝酸盐损失大。另一些研究者证实这种结果，小麦粉制品在 38℃，14%水分条件下维生素 B$_1$ 损失（质量分数）可达 80%；而 3.6%和 10%水分含量的面粉中维生素 B$_1$ 都没多大变化。低水分含量下维生素较稳定的机制尚未清楚，也可能与褐变反应有关。

（五）a_w 对淀粉老化和蛋白质变性的影响

淀粉老化的实质是糊化的淀粉分子又自动排列成序，形成致密、高度结晶化的不溶解性的淀粉分子微束。淀粉发生老化后，会使食品失去松软性，同时也会影响淀粉的水解。影响淀粉老化的主要因素是温度，但水分活度对淀粉老化也有很大的影响。食品在水分活度较高的情况下（含水量达30％～60％），淀粉老化的速率最快；如果降低水分活度，则淀粉的老化速率就减慢，若含水量降至10％～15％时，则水分基本上以结合水的状态存在，淀粉就不会发生老化。

蛋白质变性改变了蛋白质分子多肽链特有的有规律的高级结构，使蛋白质的许多性质发生改变。因为水能使多孔蛋白质膨润，暴露出长链中可能氧化的基团，氧就很容易转移到反应位置。所以，水分活度增大会加速蛋白质的氧化作用，破坏保持蛋白质高级结构的次级键，导致蛋白质变性。据测定，当水分含量达4％时，蛋白质变性仍能缓慢进行；若水分含量在2％以下，则不发生变性。

大多数生化反应都必须有水分子参与才能进行，降低食品水分活度，食品中结合水比例增加，自由水比例减少，可延缓酶促反应、非酶褐变的进行，减少食品营养成分的破坏。若水分活度过低，则加速脂肪氧化酸败，也会引起非酶褐变。食品化学反应的最大反应速率一般发生在具有中等 a_w（0.7～0.9）的食品中。要使食品具有较好的品质稳定性，应把 a_w 保持在结合水范围。这样既让化学变化难以发生，同时又不会使食品丧失吸水性和复原性。

四、a_w 对食品质构的影响

许多研究者研究过不同食品的水分活度与质构的关系，图5-31反映了苹果肉在不同水分活度下水分吸收等温线及质构变化。由于食品成分的差异以及它们在干燥过程受热程度、干燥速率不同，发生的物理、化学作用不同，对其干制品的质构也有不同的影响。干燥时水

图5-31 苹果肉在不同水分活度下水分吸收等温线及质构变化

分被去除，由于热及盐分的浓缩作用，很容易引起蛋白质变性，变性的蛋白质不能完全吸收水分，淀粉及多数胶体也发生变化而使其亲水性下降。

第五节 干燥食品的贮藏与运输

一、干燥食品的贮运水分要求

干燥食品的耐藏性主要取决于干燥后的水分活度或水分含量，只有将食品物料水分降低到一定程度，才能抑制微生物的生长发育、酶的活动、氧化和非酶褐变，保持其优良品质。各种食品的成分和性质不同，对干制程度的要求也不一样。例如花生油含水量（湿基）超过 0.6％时就会变质，而淀粉的水分含量（湿基）在 20％以下则不易变质。还有一些食品具有相同水分含量，但腐败变质的情况是明显不同的，如鲜肉与咸肉、鲜菜与咸菜水分含量相差不多，但保藏状况却不同。所以按水分含量多少难以判断食品的保存性，只有测定和控制 a_w 才是食品干藏的核心。

（一）粮谷类和豆类

植物种子在成熟过程虽然会减少水分含量，但采收时的水分活度仍较高，如带壳鲜花生（湿花生）仍超过 0.90，若不迅速将其降低到水分活度 0.85 以下，就易受到霉菌的侵害而引起变质。对付某些耐旱霉菌，还需降至 0.70 以下。主要的耐旱产毒霉菌为棕曲霉，其最低生长水分活度限值为 0.76，产生青霉素酸和棕曲霉素的最低水分活度分别为 0.80 和 0.85。黄曲霉在 a_w 为 0.78 以下不能生长，在 a_w 为 0.83 以上会产生黄曲霉毒素，故对干燥品的水分活度控制极为重要。

一般种子类在水分活度 0.60～0.80 范围内，其水分变化曲线的斜率很平，1％水分变化可引起 0.04～0.08 a_w 的变化。有些产品如带壳花生和花生仁常规定产品的水分含量多少作为其贮藏期要求，但从图 5-32 看出，同样在水分活度 0.50～0.75（相当于 50％～75％ ERH）范围内，其水分含量却变化很大。从控制微生物腐败来说，规定水分含量指

图 5-32 天然风干的花生（全粒、壳和果仁）的水分吸附等温线图

标则很容易造成失误，因为在贮藏过程中环境条件的影响更为重要。槐豆荚在 0.75 a_w（75％ ERH）可贮藏 1 个月，在 0.70 a_w（70％ ERH）贮藏 5 个月，在 0.65 a_w（65％ ERH）以下可贮藏 2 年。可见对于这类食品的贮藏，控制其贮藏环境的相对湿度更为重要。

表 5-7 是谷物收获和安全贮存所要求的水分含量。若温暖地区贮藏，则安全贮存水分含量取下限或低于下限，反之水分含量可取上限。

表 5-7 谷物收获和安全贮存所要求的水分含量/％

谷 物	收 获 时		收获后（一般水分含量）	安全贮存要求的水分含量	
	最高水分含量	最适水分含量		1 年	5 年
大麦	30	18～20	10～18	13	11
玉米	35	28～32	14～30	13	10～11
燕麦	32	15～20	10～18	14	11
大米	30	25～27	16～25	12～14	10～12

谷 物	收 获 时		收获后	安全贮存要求水分含量	
	最高水分含量	最适水分含量	（一般水分含量）	1 年	5 年
黑麦	25	16～20	12～18	13	11
高粱	25	30～35	10～20	12～13	10～11
小麦	38	18～20	9～17	13～14	11～12

（二）鱼干、肉干类

仅依靠降低水分活度常难以达到鱼、肉类干制品的长期常温保藏。干燥到较低水分含量的肉制品虽有较好的保藏性，但会带来食用品质（如硬度、风味）问题。因此这类制品的干制过程，常结合其他保藏工艺，如盐腌、烟熏、热处理、浸糖、降低 pH、添加亚硝酸盐等，以达到一定保质期而又能保持其优良食用品质的目的。

腌肉生产要防止 A、B 型肉毒芽孢杆菌的生长与产毒素，若仅靠食盐浓度抑制其生长及产毒素，则分别需有 8％和 10％盐浓度，此时水分活度分别为 0.95 和 0.94。但这种盐浓度在感官上是难以接受的。罐藏腌肉的盐含量一般不会超过 6％。因此，亚硝酸及其他添加剂成为这类制品生产上不可少的防腐剂。

为了抑制嗜盐细菌的生长，水分活度需低于 0.75，此时，盐溶液的浓度需达到饱和浓度。肉类尤其是鱼类腌制多采用干盐分层腌制方式，以降低肉中水分，增加盐分的渗入，然后再沥干干燥或烟熏，贮藏过程保持肉处于盐的饱和状态（如咸鱼）。但也有发现，即使水分活度降至 0.75，在 20℃贮藏 2～3 个月后仍有微生物腐败现象，而此时只要将贮藏温度降到 10℃以下，则几年内都不会产生微生物腐败问题，但鱼体将变软，酸败发生，食用品质也下降，可见温度的影响也很重要。多数烟熏鱼（a_w 大约 0.85）应该贮藏在 0℃以下。

多数脱水肉制品的贮藏性，水分活度并不是唯一的控制因素，加工过程的卫生控制以及包装贮藏条件仍相当重要。

（三）脱水乳制品

干乳制品如全脂、脱脂乳粉，通常干燥至水分活度 0.2 左右。贮藏过程发生的变质腐败主要是产品吸湿所致。我国国家标准要求全脂乳粉水分小于 2.5％～2.75％，脱脂乳粉水分小于 4.0％～4.5％，调制乳粉小于 2.50％～3.0％，脱盐乳清粉（特级品）小于 2.5％。由于乳粉易吸湿，发生乳糖结晶而结块，故其最高水分不宜超过 5％。

另一种脱水乳制品，甜炼乳其糖含量（质量分数）可达到 45.5％，a_w 在 0.85～0.89。这种水分活度范围仍不能完全抑制霉菌及某些耐渗酵母生长，因此甜炼乳生产过程的热处理及卫生条件将是决定制品贮藏期的重要因素。

干酪的品种比较复杂，其 a_w 一般在 0.92～0.93，这种水分活度只在贮藏初期有一些抑制作用，其表面将会受到霉菌的袭击。因此这类制品需在加工过程进行涂蜡等包装控制。

（四）脱水蔬菜

脱水蔬菜，如洋葱、豌豆和青豆等，最终残留水分 5％～10％，相当于水分活度 0.10～0.35，这种干制品在贮藏过程吸湿才引起变质，采用合适包装才有较长的贮藏稳定性。蔬菜原料通常携带较多的微生物，尤其是芽孢细菌，因此脱水前的预处理（清洗、消毒或热烫漂）是保证制品微生物指标的重要环节，有效的预处理可杀灭 99.9％的微生物。

（五）脱水水果

多数脱水干燥水果 a_w 在 0.65～0.60。在不损害干制品品质的前提下，含水愈少，保存性愈好。干果果肉较厚、韧，可溶性固形物含量多，干燥后含水量较干蔬菜高，通常 14％～24％。为了加强保藏性，要掌握好预处理条件。例如适当的碱液去皮或浸洗可减少水果表面微生物量。各种脱水干燥食品的最终水分（a_w）要求，常由食品成分、加工工艺、贮藏条件等来决定。表 5-8 是一些无包装食品在 20℃贮藏最高许可 a_w，可见，要保持干制品的品质，包装是必不可少的。

表 5-8　一些无包装食品在 20℃贮藏最高许可 a_w

食　品	a_w 值	食　品	a_w 值
焙烤苏打	0.45	糖类	
苏打饼	0.43	纯果糖	0.63
蛋粉	0.30	纯糊精	0.89
明胶	0.43～0.45	纯蔗糖	0.85
硬糖	0.25～0.30	麦芽糖	0.92
纯巧克力	0.73	山梨糖醇	0.55～0.65
牛奶巧克力	0.68	干肉制品	0.72
炸土豆片	0.11	脱水蔬菜	
面粉	0.65	豌豆	0.25～0.45
燕麦片	0.12～0.25	青豆	0.08～0.12
脱脂奶粉	0.30	干果	
全脂奶粉	0.20～0.30	苹果干	0.70
牛肉干(粒)	0.35	杏干	0.65
汤料	0.60	枣子	0.60
烤咖啡	0.10～0.30	桃干	0.70
可溶性咖啡	0.45	梨干	0.65
淀粉	0.60	李子	0.60
面粉制品(面条、粉丝、通心粉等)	0.60	橙汁粉	0.10

（六）中湿食品

经过长期生产实践的经验证明，将食品水分降低到足以抑制微生物生长活动的程度就可有效地保藏食品，食品的干藏也是控制食品低水分活度（低水分含量）来达到目的的。有部分食品其水分含量达 40％以上，却也能在常温下有较长的保藏期，这就是中湿食品。

中湿食品（intermediate moisture foods，IMF），也称半干半湿食品。中湿食品的水分比新鲜食品原料（果蔬肉类等）低，又比常规干燥产品水分高，按重量计一般为 15％～50％。多数中湿食品水分活度在 0.60～0.90。多数细菌在水分活度 0.90 以下不能生长繁殖，但霉菌在水分活度 0.80 以上仍能生长，个别霉菌、酵母要在水分活度低于 0.65 时才被抑制。可见靠中湿食品的水分活度仍难以达到常温保藏的目的。若将其脱水将水分活度降低到常规保藏要求，则会影响到制品的品质。"半干半湿"食品之所以有较好的保藏性，除了水分活度控制外，尚需结合其他的抑制微生物生长的方法。

中湿食品的生产方法有：用脱水干燥方式去除水分，提高可溶性固形物的浓度以束缚住残留水分，降低水分活度；靠热处理或化学作用抑制杀灭微生物及酶，如添加山梨酸钾［用量（质量分数）0.06％～0.3％］一类防霉剂；添加可溶性固形物（多糖类、盐、多元醇等）以降低食品水分活度；添加抗氧化剂、螯合剂、乳化剂或稳定剂等添加剂增加制品的贮藏稳定性；强化某些营养物质以提高制品的营养功能。表 5-9 列出了常见中湿食品及其水分活度范围。

中湿食品由于较多地保留食品中的营养成分（无需强力干燥），口感好，又能在常温下有较好的保藏性，包装简便，食用前无需复水，生产成本较低，成为颇有发展前途的产品，其生产技术也获得不断发展。

表 5-9　常见中湿食品及其水分活度范围

食 品	a_w 范围	食 品	a_w 范围
果干	0.60~0.75	蜂蜜	0.75
糕点	0.60~0.90	浓缩果汁	0.79~0.84
冷冻食品	0.60~0.90	果酱	0.80~0.91
糖、糖浆	0.60~0.75	甜炼乳	0.83
部分糖果	0.60~0.65	发酵香肠（部分）	0.83~0.87
饼馅	0.65~0.71	碱糖浆	0.90
部分谷物制品	0.65~0.75	熟奶酪（部分）	0.96
果料蛋糕	0.73~0.83	肝香肠	0.96

二、干燥食品包装、贮运前的处理

干燥食品包装前需进行一些处理，包括均湿处理、分级、灭虫、压块及复水性等处理。

（一）均湿处理

由于干燥过程不同批次产品所含水分并不完全一致，而且其表面与中心部位水分含量并不均匀，因此常需经均湿处理，也有称回软。即在一密闭室内或贮仓内进行短暂贮藏，以便使水分在干制品内及干制品之间进行扩散和重新分布，最后达到均匀一致的目的。均湿处理过程合理控制空间空气的相对湿度，有利于加速干制品的吸附与解吸之间的平衡，达到回软或进一步脱水目的。不同干制果蔬均湿所需时间不同，一般需 2~3 周，菜干需 1~8d。

（二）分级除杂

包装前需按产品要求进行分级处理，如采用振动筛等分级设备进行筛选分级，以提高产品质量档次。粉体的生产，尤其是速溶产品，对颗粒大小有严格的要求，筛分过程是质控的重要环节。对一些无法筛分分级除杂的产品，还需进行人工挑选，以剔除杂质和残缺不良干制品。金属杂质常用磁铁吸除。

（三）除虫处理

对于果蔬干制品，常会有虫卵混杂其间。虫害可从原材料携入或在干燥过程（天然干燥）混入。果蔬干制品常见的虫害有：蛾类，如印度谷蛾（*Plodia interpunctata*）、无花果螟蛾（*Ephestia cautella*）；甲类有露尾虫（*Carpophilus lemipterus*）、锯谷盗（*Silvanus surinameusis*）、米扁虫（*Catharitus advena*）；菌甲（*Henoticus serralus*）以及壁虱类、有糖壁虱（*Tyroglyphus siro* 及 *T. longior*）等。

烟熏是杀灭干制品中昆虫和虫卵常用的方法。常用的烟熏剂有甲基溴，一般用量 16~24g·m^{-3}，视烟熏温度而定。在较高温度使用时其效用较大，可降低用量。一般需密闭烟熏 24h 以上，允许的无机溴残留量在无花果中为 150mg·kg^{-1}；海枣干中为 100mg·kg^{-1}；葡萄干中为 150mg·kg^{-1}；苹果干、杏干、桃干、梨干中为 30mg·kg^{-1}；李干中为 20mg·kg^{-1}。二氧化硫也常用于果干的熏蒸，但需控制其残留量。

零售或大包装（18kg 左右）的葡萄干常用甲酸甲酯或乙酸乙酯预防虫害。每 500g 包装加 4~5 液滴，18kg 包装加 6mL。切块果干一般不需杀虫剂处理，因为它们常经过硫熏处理，食品中的二氧化硫含量足以防止虫害发生。低温贮藏，如 -15℃ 以下，也足以抑制果干内虫卵的发育。在不损害制品品质原则下，采用高温热处理以控制那些隐藏在干制品中的昆虫和虫卵，效果更显著。如根菜和果干等制品可在 75~80℃ 温度中热处理 10~15min 后再包装。对某些干燥过度的果干，可用蒸汽处理 2~4min，既可杀灭害虫，也有利于产品柔软化。

（四）干制食品的压块

干制品的压块是指在不损伤（或尽量减少损伤）制品品质下将干燥品压缩成密度较高的

块砖的过程。经压缩的干制品可有效地节省包装与贮运容积；降低包装与贮运过程总费用；成品包装更紧密，包装袋内含氧量低，有利于防止制品氧化变质。

蔬菜干制品一般在水压机中用块模压块；蛋粉可用螺旋压榨机装填；流动性好的汤粉也可用轧片机轧片。块模表面宜镀铬或镀镍，并需抛光处理。使用新模时表面应涂上食用油脂作为润滑剂，以减轻压块时的摩擦，保证压块受力均匀。压块时还需注意物料破碎和碎屑的形成，压块的密度、形状、大小和内聚力；制品的贮藏性、复水性等要求。蔬菜干制品水分低，质脆易碎，压块前需经回软处理（如用蒸汽直接加热 20～30s），以便压块并减少破碎率。表 5-10 是一些干制品压块工艺条件及其效果。

表 5-10　干制品压块工艺条件及其效果

食 品	形 状	水分/%	温度/℃	最高压力/MPa	加压时间/s	密度 压块前 /kg·m⁻³	密度 压块后 /kg·m⁻³	容积缩减率/%
甜菜	丁状	4.6	65.6	8.2	—	400	1041	62
包心菜	片	3.5	65.6	15.5	3	168	961	83
胡萝卜	丁状	4.5	65.6	27.5	3	300	1041	77
洋葱	薄片	4.0	54.4	4.8	—	191	801	76
马铃薯	丁状	14.0①	65.6	5.5	3	368	801	54
甘薯	丁状	6.1	65.6	24.1	10	433	1041	58
苹果	块	1.8	54.4	8.2	—	320	1041	61
杏	半块	13.2	24.0	2.0	15	561	1201	53
蔓越橘	全果	5.5	65.6	13.8	5	203	881	77
桃	半块	10.7	24.0	2.0	30	577	1169	51
蛋粉	粉	5.0	24.0	5.8	1	417	801	48
蛋粉	粉	2.0	24.0	6.9	30(最高)	417	737	43

① 压块后干制到 7%水分。

（五）干燥食品的复原性和复水性处理

许多干燥品一般都要经复水（重新吸回水分，恢复原状）后才食用。复水（rehydration）是指干制品为了复原而在水中浸泡的过程。但有些品种无须复水，如采用真空膨化的果蔬休闲脆片便是其中一种。干制品复水后恢复原来新鲜状态的程度是衡量干制品品质的重要指标，称为复原性。干制品重新吸收水分后在重量、大小和形状、质地、颜色、风味、成分、结构等方面应该类似新鲜或脱水干燥前的状态。衡量这些品质因素，有些可用吸水量或复水比，复重系数来表示；有些只能用定性方法表示；对于粉体类则常用溶解分散在水中的状态，即速溶指标来表示。

复水比（$R_复$）是物料复水后沥干重（$G_复$）和干制品试样重（$G_干$）的比值。

$$R_复 = \frac{G_复}{G_干} \tag{5-25}$$

干燥比（$R_干$）是物料干燥前后质量比：

$$R_干 = \frac{G_原}{G_干} \tag{5-26}$$

复重系数（$K_复$）是复水后制品的沥干量（$G_复$）和同样干制品试样量在干制前的相应原料重（$G_原$）之比。

$$K_复 = \frac{G_复}{G_原} \times 100\% \tag{5-27}$$

或：

$$K_{复} = \frac{G_{复}(1-W_{原})}{G_{干}(1-W_{干})} \times 100\%$$ （5-28）

式中　$W_{原}$，$W_{干}$——原料与干燥品的水分含量。

实际上，复重系数 $K_{复}$ 也是干制品复水比和干燥比的比值：

$$K_{复} = \frac{R_{复}}{R_{干}} = \frac{G_{复}/G_{干}}{G_{原}/G_{干}} \times 100\%$$ （5-29）

食品物料干制过程，常会发生不可逆变化（如化学反应、蛋白质的变性、淀粉糊化等）造成复水难以完全复原。作为食品加工制造者，应该选用和控制干制工艺，尽可能减少不必要的物理、化学变化造成的损害。如冷冻干燥制品复水迅速，基本上能恢复原来物料状态和性质，制品品质远远高于其他热干燥产品。目前已有不少提高脱水果蔬快速复水的预处理或中间处理方法，即所谓的速化复水处理（instantization process），主要有挤压法、刺孔法、剪压法、糊精法等。

对水分低于 5％ 的颗粒果干经过相距为 0.025mm 的转辊（300r·min^{-1}）轧制，因辊压品具有弹性并有部分恢复原态趋势，可制成一定形状的制品。如厚度达 0.25mm 的圆形或椭圆形薄片，若需要增大厚度仅需调整辊轴间距，薄片只受挤压，其细胞结构未遭破坏，故复水后能迅速恢复原来大小和形状。

另一种方法是将干燥至水分 12％～30％ 的果块经速率不同和转向相反的转辊轧制后，再将部分细胞结构遭破碎的半制品进一步干燥至水分 2％～10％。块片中部分未破坏的细胞复水后迅速复原，部分已破坏的细胞则有变成软糊的趋势。

刺孔法是将水分 16％～30％ 的半干果片（如苹果片）先行刺孔再干制到最终水分 5％ 的方法。此法不仅可加速成品复水，还可进一步加速后干燥速率。

粉体的速溶化（如奶粉），除控制干燥过程（如热杀菌）的加热程度，减少蛋白质变性外，喷雾干燥条件的选择与控制也相当重要，增大粉体颗粒是速溶乳粉的主要目标。比较有效的办法是采用颗粒附聚工艺；喷涂表面活性剂（如卵磷脂）也是增强全脂乳粉速溶的常用工艺，具体过程及要求参考本章第三节喷雾干燥。

速化复水理论认为复水的快慢不仅取决于复水环境，更取决于产品的预处理或中间处理。目前已有不少国内外的专利涉及这方面的研究和开发。该理论运用的大部分处理手段与物料的流变学问题有关，因此建立物料的机械损伤条件和实用的流变学模型是非常重要的。大多数生鲜食品作为一种各向异性的固体黏弹性物料，目前常常采用过渡测定法和动态测定法来测定其黏弹性流变特性。过渡测定法主要是利用蠕变试验和应力松弛试验来测定其在过渡过程中的变化规律，而动态测定法则主要利用周期性的力变化来测定某些流动性大，应力松弛时间短的物料。这方面的研究前沿已把细胞学手段引入研究，来说明物料的流变特性与其细胞结构的关系。

三、干燥食品的包装与贮运

从理论上讲，所包装的物料与环境之间有四种关系：①决定品质的物料特性取决于物料的原始条件以及能在所经历的时间内改变这些特性的反应，这些反应又取决于包装的内部环境；②产品品质能接受的最大变化可以通过消费者认可或与食品安全性标准有关的分析试验法来鉴定；③包装内的各种成分取决于物料性质、包装隔绝层的特性和外部环境；④包装隔绝层的特性与内外部环境有关。从上述四种关系可得贮藏时间的预测值，并对给定的贮藏条件提出所需的包装要求。

根据食品物料吸附等温线可知，干燥食品的水分含量只有与环境空气相对湿度平衡时（即在吸附等温线上）才能稳定，环境空气湿度的改变将会改变食品的水分含量。干食品吸湿常是引起变质的主要因素，为了维持干燥品的干燥品质，需用隔绝材料（容器）将其包装防止外界空气、灰尘、虫、鼠和微生物的污染，也可阻隔光线的透过，减轻食品的变质反应。经过包装不仅可延长干制品的保质期，还有利于贮运、销售、提高商品价值。关于干燥品的包装技术等可参考第十一章。

干制品贮运过程维持其品质的条件上面已讨论过。对于单独包装的干制品，只要包装材料、容器选择适当，包装工艺合理，贮运过程控制温度，避免高温高湿环境，防止包装破坏和机械损伤，其品质就可获控制。许多食品物料，其干燥后采用的是大包装（非密封包装）或货仓式贮存，这类食品的贮运条件就显得更为重要。

干燥谷物与种子常常采用散装贮藏或用透气（半透气）包装，霉变与虫害是贮运过程主要变质因子。为防止霉菌生长，贮藏环境相对湿度需低于 62.5%（水分活度 0.625）。散装物料贮仓及大包装干食品，其物料的平衡水分将受外界温度变化而改变。当外界温度降低时，物料中间与贮仓壁形成温度差，将会在物料内产生水分向低温点迁移，造成在冷点位置空气湿度增加或有水蒸气冷凝，给霉菌及其他微生物生长繁殖创造条件。防止这种情况发生的办法有：

① 控制干制品贮藏前的水分活度低于 0.70 或控制装料仓内物料的水分残留量。

② 避免贮运过程有较大的温差，采用有效的保温隔温措施。

③ 控制贮藏中的温度与顶部相对湿度，尽量减少仓内外的温差。

复习思考题

1. 名词解析：干球温度 T、湿球温度 T_w、水分活度（a_w）、相对湿度、绝对湿度、平衡湿度、吸附等温线、复水性、复原性。

2. 什么是吸附（解吸）等温线，其在食品干燥中有何作用？

3. 食品干燥的目的是什么？

4. 吸附与解吸等温线在食品干燥过程及保藏中有何意义？

5. 影响湿热传递的主要因素有哪些？

6. 干燥时食品会发生哪些物理变化和化学变化？

7. 试说明对流干燥过程的湿热传递过程及其影响因素。

8. 论述冷冻干燥和喷雾干燥的原理、优缺点及在食品工业中的应用。

9. 论述食品干燥保藏的基本原理和品质控制要点。

10. 了解各种食品干燥方法的特点，以及如何选择一种食品的干燥方法。

11. 谈谈水分活度的概念以及它在食品工业生产中的重要意义。

12. 干制条件主要有哪些？如何影响湿热传递的过程？如果要加快干燥速率，如何控制干制条件？

13. 简述干制品贮藏的注意事项。

参　考　文　献

[1] John Troller. Water Activity and Food. Elsevier Science，2012.

[2] 刘伟民等. 食品工程原理. 北京：中国轻工业出版社，2011.

[3] 张慜，李春丽. 生鲜食品新型加工与保藏技术. 北京：中国纺织出版社，2011.

[4] 朱文学等. 食品干燥原理与技术. 北京：科学出版社，2009.

[5] Gustavo V，Barbosa-Cánovas，et al. Water Activity in Foods：Fundamentals and Applications. New York：Wiley-Blackwell，2007.

[6] 夏文水. 食品工艺学. 北京：中国轻工业出版社，2007.

[7] 潘永康等. 现代干燥技术. 第2版. 北京：化学工业出版社，2007.

[8] 刘广文. 喷雾干燥实用技术大全. 北京：中国轻工业出版社，2001.

[9] 钟立人. 食品科学与工艺原理，北京：中国轻工业出版社，1999.

[10] 曹登祥，蔡树东，徐永生. 传质过程及设备. 北京：中国建筑工业出版社，1997.

[11] 童景山. 流态化干燥工艺与设备. 北京：科学出版社，1996.

[12] 化学工程手册编委会.化学工程手册：第16篇　干燥. 北京：化学工业出版社，1989.

[13] Gould G W. Mechanisms of Action of Food Preservation procedures. London and New York：Elsevier Apllied Science，1989.

[14] Louis B，Rockland，Larry R，Beuchat. Water Activity：Theory and Applications to Foods. New York and Basel：Marcel Dekker Inc，1987.

[15] ［苏］金兹布尔格 A C. 食品干燥原理与技术基础. 高奎元译. 北京：轻工业出版社，1986.

[16] ［罗］奥勒耳·西沃拜努等. 食品工业制冷技术. 孙时中等译. 北京：轻工业出版社，1986.

[17] 天津轻工业学院，无锡轻工业学院. 食品工艺学（上册）. 北京：轻工业出版社，1984.

[18] Owen R，Fenema. Princinples of Food Science. New York and Basel：Marcel Dekker Inc，1984.

[19] ［丹麦］马斯拖思 K. 喷雾干燥手册. 黄照柏，冯尔健等译. 北京：中国建筑工业出版社，1983.

工程训练

结合本章所学，分析影响挂面干燥速率的原因，并提出解决思路。

第六章　食品浓缩和结晶

第一节　浓缩的分类和目的

浓缩是从溶液中除去部分溶剂（通常是水）的操作过程，也是溶质和溶剂均匀混合液的部分分离过程。

浓缩按原理，可分为平衡浓缩和非平衡浓缩两种方法。平衡浓缩是利用两相在分配上的某种差异而获得溶质浓缩液和溶剂的浓缩（分离）方法，如蒸发浓缩和冷冻浓缩。蒸发浓缩利用溶液中的水受热汽化而达到浓缩（分离）的目的。冷冻浓缩是利用部分水分因放热而结冰，稀溶液与固态冰在凝固点以下的平衡关系，采用机械方法将浓缩液与冰晶分离的过程。非平衡浓缩是利用半透膜的选择透过性来达到分离溶质与溶剂（水）的过程。半透膜不仅可用于分离溶质和溶剂，也可用于分离各种不同分子大小的溶质，在膜分离技术领域中有广阔的应用。就操作过程而论，食品浓缩与分离是紧密联系在一起的。

浓缩在食品工业主要用于以下目的。

（1）减少重量和体积　浓缩去除食品中大量的水分，可减少食品包装、贮藏和运输成本。100t 含固形物（质量分数）6％的番茄肉（去除皮和种子），若将其浓缩成质量分数32％的番茄酱，则重量减至 18.7t，体积为原来的 1/6，可将贮运要求及费用大大降低。

（2）浓缩可提高制品的浓度，增大渗透压、降低水分活性、延长制品的保质期　浓缩使溶液中的可溶性物质浓度增大，尤其是高浓度的糖和盐有较大的渗透压。当渗透压足够从微生物细胞中渗出水分，或能防止正常的水分扩散到微生物细胞中，就能抑制微生物的生长，起到防腐、保藏作用。表 6-1 是不同浓度的溶质及其相关水分活性与渗透压。

表 6-1　不同浓度的溶质及其水分活性与渗透压

NaCl 质量分数/％	蔗糖质量分数/％	甘油含量/kg·L^{-1}	水分活性（a_w）	平衡渗透压/MPa
8	44	0.23	0.95	10
14	59	0.38	0.90	20
19	65（饱和）	0.50	0.85（0.86）	—
23	—	0.59	0.80	40
26.5（饱和）	—	0.67	0.75	—
—	—	0.75	0.70	60

从上表可以看出，增加溶液中溶质的量不仅增大溶液的渗透压，而且降低溶液的水分活性。水分活性与微生物的关系及其对食品变质的影响可参阅本书第五章。一般认为食品物料浓缩到可溶性固形物（质量分数）65％以上，且物料中含有一定的酸度，只要采用合适的隔

绝包装，则它可以用适当的中温加热处理（巴氏杀菌条件）达到保藏目的。对于低酸食品物料，则常要求可溶性固形物（质量分数）达到 70％以上。如甜炼乳的生产，要求浓缩至总干物质（质量分数）73％左右。

柑橘类水果原汁果肉含量很高，其浓缩浓度难以达到 65°Brix，为保证质量，其浓缩汁的贮藏温度应该在−18℃或以下。越来越多的果蔬汁饮料制造业常把含果肉原果蔬汁进行中等程度的浓缩［固形物（质量分数）达 36％～48％］，以便于进行贮藏与运输。这种半浓缩汁的贮藏空间仅为原汁的 1/4，可调节生产季节，产品质量甚至优于贮藏原汁。由于半浓缩果汁的浓缩度仅为 3～4 倍，保藏性大为降低，因此需用一些特殊的保藏工艺进行贮藏，如无菌贮存、低温冷藏等，且其贮藏期有限。

（3）浓缩是结晶操作的前处理过程或结晶控制的一种手段　甘蔗汁经净化、蒸发浓缩去除水分，并进行浓缩结晶，是蔗糖生产的必经工艺过程。味精、柠檬酸、葡萄糖、甜炼乳等食品及某些辅料的生产也需经浓缩和结晶过程。

（4）浓缩是食品干燥的前处理过程，有利于降低食品脱水的能耗　真空浓缩，尤其是多效真空浓缩常常是食品干燥的前处理过程。用真空浓缩法去除每千克水分要比干燥脱水耗能低得多。用喷雾干燥法生产奶粉，要先将牛奶真空浓缩至固形物为 40％～50％，然后再进行喷雾干燥，这样，既有利于保证制品品质，又能降低生产成本。

（5）有利于改善产品质量　浓缩过程，尤其是真空浓缩，物料在浓缩过程处于激烈的湍动状态，可促使物料各组分混合均匀；有利于去除料液中的挥发性成分和不良风味。真空浓缩过程还具有脱气作用，可改善浓缩液的质构特征。经真空浓缩的牛奶，经喷雾干燥易获得密度较大的奶粉颗粒，有利于奶粉的速溶性。但物料在浓缩过程中会丧失某些风味物质，需引起注意。

第二节　蒸发浓缩

一、蒸发浓缩的特点及分类

蒸发浓缩是食品工业上应用最为广泛的浓缩方法。不少食品物料是水溶液，因此蒸发指的是水溶液的蒸发。

按照分子运动学观点，溶液受热时溶剂分子获得了动能，当某些溶剂分子的能量足以克服分子间的吸引力时，溶剂分子就会逸出液面进入上部空间，成为蒸汽分子，这就是汽化。如果不设法除去这些蒸汽分子，则汽相和液相之间水分的化学势能将渐趋平衡，汽化过程也相应减弱以至于停止进行。因此进行蒸发的必要条件是不断供给热能和不断排除二次蒸汽。

为了强化蒸发过程，工业上采用的蒸发设备都是在沸腾状态下汽化的，此时传热系数高，传热速率快。饱和蒸汽（称加热蒸汽）是常用的热源。加热蒸汽与料液进行热交换（常用间接加热）而冷凝，放出的冷凝热作为料液蒸发需要的潜热（称为汽化潜热或蒸发潜热）。蒸发过程汽化的二次蒸汽直接冷凝不再利用的蒸发操作称为单效蒸发。如将二次蒸汽（或经压缩后）引入另一蒸发器作为热源的蒸发操作，称为多效蒸发。最后一效的二次蒸汽通常用介质冷凝的方法来排除。因此冷凝器是蒸发设备不可分割的组成部分。

蒸发可以在常压、真空或加压下进行。在食品工业中，多采用真空蒸发。常压蒸发采用开放式设备；而真空或加压蒸发采用密闭设备。

真空蒸发的主要特点是：

① 在真空条件下，液体的沸点低，有利于增大加热蒸汽与液体之间的温差，增大传热效率，减少蒸发器所需的传热面积；

② 物料在较低温度下蒸发，减少对热敏性食品成分的破坏；

③ 便于采用低压蒸汽或废蒸汽作为加热源，有利于多效蒸发，降低能耗；

④ 真空蒸发需要配套的真空系统，会增大设备投资及动力损耗；

⑤ 由于蒸发潜热随沸点降低而增大，故热量消耗较大。

蒸发操作的方式有间歇式、连续式和循环式三种。

二、蒸发浓缩过程食品物料的变化

料液在蒸发浓缩过程中发生的变化对浓缩液品质有很大的影响。在选择和设计蒸发器时要充分认识物料的这种特征。

（一）食品成分的变化

食品物料多由蛋白质、脂肪、糖类、维生素以及其他成分所组成。这些物质在高温或长时间受热时会受到破坏或发生变性、氧化等作用。如糖汁在蒸发浓缩过程中温度过高会加速蔗糖的转化作用，使糖汁颜色加深，因此蒸发时要充分考虑加热温度和时间的影响。从保证食品品质来说，力求"低温短时"，但从经济角度，为提高生产力，也可选用"高温短时"蒸发。真空浓缩是解决食品物料热损害常用的有效方法。

（二）黏稠性

溶液的黏稠性对蒸发过程的传热影响很大，尤其是一些蛋白质胶体溶液。随着浓度增高及受热变性，其黏度显著增大，流动性下降，大大妨碍加热面的热传导。蒸发过程随着料液浓度的升高，物料的热导率和总传热系数都会降低。对黏性物料，则需选择强制循环或刮板式蒸发器，使经浓缩的黏稠物料迅速离开加热表面，减少结垢产生。

（三）结垢性

蛋白质、糖、盐类和果胶等受热过度会产生变性、结块、焦化现象。这种现象在传热面最易发生。结垢随着时间增长而变得严重，不仅影响传热，甚至会带来设备运转的安全性问题。因此对于容易形成结垢的物料应采取有效的防垢措施：如采用管内流速很大的升膜式蒸发器或其他强制循环的蒸发器；用高流速来防止积垢的形成；或采用脉冲电磁防垢、化学防垢等措施；也可采用 CIP 清洗系统与蒸发器配套使用，加强设备的清洗，防止积垢的形成。

（四）起泡性

溶液的组成不同，发泡性也不同。含蛋白质胶体的物料有比较大的表面张力，蒸发沸腾时泡沫较多，且较稳定，容易发生料液随二次蒸汽冲入冷凝器，造成料液的流失。泡沫性料液的蒸发，需降低蒸发器内二次蒸汽的流速，以防止跑料，或采用管内流速很大的升膜式或强制循环式蒸发器，也可用高流速的气体来吹破泡沫或用其他的物理、化学措施消泡。

（五）结晶性

某些物料在浓缩过程中，当其浓度超过饱和浓度时，会出现溶质的结晶。结晶形成不仅造成料液流动状态的改变，大量结晶的沉积，更会妨碍加热面的热传递。有结晶产生的溶液蒸发，需选择强制循环、外加热式及带有搅拌的蒸发设备，用外力使晶体保持悬浮状态。

（六）风味形成与挥发

料液在高温下较长时间加热蒸发，会产生烧煮味和颜色变褐（黑）。虽然在某些浓缩过程（如焦香糖果生产）有意将糖、奶混合物在高温下反应及蒸发，产生焦香风味及颜色，但对于多数物料的蒸发过程，则常需防止这些反应的发生，而不得不采用真空蒸发。但真空蒸发仍会造成食品物料中芳香风味成分挥发，影响浓缩制品的品质。低温蒸发可减少香味成分的损失，但采取香味回收措施也是一种可行的方法。从二次蒸汽冷凝液中回收风味成分，再掺入浓缩制品中，这在浓缩果汁生产中，是一项重要的措施。

（七）腐蚀性

酸性食品物料（如某些果、蔬汁）的浓缩，设计或选择蒸发器时应根据料液的化学性质、蒸发温度，选取既耐腐蚀又有良好的导热性的材料及适宜的形式。食品生产过程与物料接触的金属设备都需选用耐腐蚀的不锈钢制造或其他符合食品卫生的防腐材料制造。并在结构设计上采用方便更换的形式，使易腐蚀部件可定期更换。如柠檬酸液的浓缩可采用不透性石墨加热管或耐酸搪瓷夹层蒸发器等。

三、蒸发器的类型及选择

食品蒸发浓缩过程最主要的设备是蒸发器。蒸发器主要由加热室（器）和分离室（器）两部分组成。加热室的作用是利用水蒸气为热源来加热被浓缩的物料。加热室的形式随着技术的发展而不断改进。最初采用的是夹层式和蛇（盘）管式，其后有各种管式、板式等换热器形式。为了强化传热，采用强制循环替代自然循环，也有采用带叶片的刮板薄膜蒸发器和离心薄膜蒸发器的。蒸发器分离室的作用是将二次蒸汽中夹带的雾沫分离出来。为了使雾沫中的液体回落到料液中，分离室须具有足够大的直径和高度以降低蒸汽流速，并有充分的机会使其返回液体中。以前分离室常位于加热室之上，并与加热器合为一体。由于出现了外加热型加热室（加热器），分离室也已独立成为分离器。

选择、设计蒸发器，要以料液的特性（热敏性、黏度等）作为重要依据，全面衡量，通常选用的蒸发器要满足以下的基本要求：

① 符合工艺要求，溶液的浓缩比适当；
② 传热系数高，有较高的热效率，能耗低；
③ 结构合理紧凑，操作、清洗方便，卫生、安全可靠；
④ 动力消耗低，设备便于检修，有足够的机械强度。

表 6-2 是常用的浓缩蒸发器的类型及应用。

表 6-2　蒸发器的类型及应用

物料热敏性	制品黏度	适用的蒸发器类型	说　明
无	低或中等	管式、板式、固定圆锥式	水平管式不适于结垢制品
无或小	高	真空锅、刮板膜式、旋转圆锥式	琼胶、明胶、肉浸出液的浓缩可采用间歇式
热敏	低或中等	管式、板式、固定圆锥式	包括牛奶、果汁等含适度固形物的制品
热敏	高	刮板膜式、旋转圆锥式	包括多数果汁浓缩液、酵母浸出液及某些药品，对浆状制品只能用刮板膜式
高热敏	低	管式、板式、固定圆锥式	要求单效蒸发
高热敏	高	旋转圆锥式、板式	要求单效蒸发,包括橙汁浓缩液、蛋白和某些药物

（一）循环型蒸发器

循环型蒸发器是早期食品浓缩采用的蒸发形式，其特点是溶液在蒸发器中循环流动，以提高传热效率。根据引起溶液循环的动力不同分为自然循环和强制循环。自然循环是由液体受热程度不同产生密度差引起的，强制循环由外加机械力迫使液体沿一定方向流动。

1. 中央循环管式蒸发

如图 6-1 所示，中央循环管式蒸发又称标准式蒸发。其设备结构主要由下部加热室和上部蒸发室两部分构成。加热室由沸腾加热管、中央循环管和上下管板组成的竖式加热管束构成。中央循环管的截面积为总加热管束截面积的 40%～100%，沸腾加热管径 25～75mm，管长与管径之比为 20～40。真空浓缩时，料液在管内流动，而加热蒸汽在管束之间流动。由于中央循环管的截面积远远大于加热管束的截面积，料液受热后升温慢，相对密度大，所以料液由中央循环管下降，而由沸腾加热管上升呈自然循环。汽化后形成的二次蒸汽夹带的部分料液在蒸发室分离，而剩余少量料液被蒸发室顶部捕集器截获。

中央循环管式蒸发器具有高温差时传热系数高，结构简单，操作方便，价格便宜等优点，但清洗困难，料液在蒸发器中停留时间长，黏度高时循环效果差。

图 6-1　中央循环管式蒸发原理

1—加热室；2—分离室（蒸发室）

图 6-2　典型强制外循环管式蒸发原理

1—加热室；2—闪蒸室

2. 外循环管式蒸发

外循环管式蒸发器的加热室在蒸发器的外面，料液由循环泵送入加热室，因此便于检修和清洗。由于循环速率快，因此传热系数高，适合黏稠及带颗粒物料的浓缩。另外，由于可调节循环速率，因此可改善分离器中的雾沫现象。循环管内的物料是不直接受热的，利于果汁、牛奶等热敏性物料的浓缩。图 6-2 是强制循环的外循环管式蒸发的原理。

（二）膜式蒸发

根据料液成膜作用力及加热特点，膜式蒸发方式有：升（降）膜式蒸发，刮板式和离心式薄膜蒸发，板式薄膜蒸发。

升降膜式蒸发器是典型的膜式蒸发器，是一种外加热式蒸发器。溶液沿加热管壁呈膜状流动进行传热和蒸发，溶液通过蒸发室一次即达到所需的浓度，故其传热效率高，蒸发速率快，溶液在蒸发室内停留时间短，特别适用于热敏性物料的蒸发浓缩。

根据蒸发器内物料的流动方向及成膜原因可分为以下几种类型。

1. 升膜式蒸发

升膜式蒸发原理如图 6-3 所示。加热室由列管式换热器构成。常用管长 6～12m，管长与管径之比为 100～150。料液（常经预热至接近沸点）从加热室的底部进入。在底部由于液柱的静压作用，一般不发生沸腾，只起加热作用，随着温度升高，在中部开始沸腾产生蒸汽，到了上部，蒸汽体积急剧增

图 6-3　升膜式蒸发原理图

大，产生高速上升蒸汽将料液在管壁上抹成一层薄膜，使传热效果大大改善。最后，料液与蒸汽混合物进入分离室分离，浓缩液由分离室底部排出。

升膜式蒸发方式适用于蒸发量大，热敏性及易生成泡沫的料液浓缩，一次蒸发浓缩比可达 4；但不适于高黏度、易结晶或结垢物料的浓缩。例如，用于浓缩柠檬酸的升膜蒸发器，加热面积 40m^2，进料溶液浓度 100g·L^{-1}，采用外循环式，浓缩终浓度可达 770g·L^{-1}。

2. 降膜式蒸发

降膜式蒸发原理如图 6-4 所示。与升膜式蒸发不同的是，料液由加热室的顶部进入，在

重力作用下沿管壁内呈膜状下降，浓缩液从下部进入分离器。为了防止液膜分布不均匀，出现局部过热和焦壁现象，在加热列管的上部设置有各种不同结构的料液分配装置，并保持一定的液柱高度。

降膜式蒸发因不存在静液层效应，物料沸点均匀，传热系数高，停留时间短。但液膜的形成仅依靠重力及液体对管壁的亲润力，故蒸发量较小，一次蒸发浓缩比一般小于7。

图 6-4　降膜式蒸发原理　　　　　　　图 6-5　升/降膜蒸发原理

3. 升/降膜蒸发

升/降膜蒸发是将加热室分成两程，一程做稀料液的升膜蒸发，另一程为浓液的降膜蒸发，如图 6-5 所示。这种蒸发集中了升、降膜蒸发的优点。

4. 刮板式薄膜蒸发

如图 6-6 所示，刮板式薄膜蒸发器有立式和卧式两种。加热室壳体外部装有加热蒸汽夹

(a) 立式　　　　　　　　　　　(b) 卧式

图 6-6　刮板式薄膜蒸发原理

1—电动机；2—转轴；3—分离器；4—分配盘；5—刮板；6—夹套加热室

套，内部装有可旋转的搅拌叶片，料液受刮板离心力、重力以及叶片的刮带作用，同时薄液膜与加热表面接触，使迅速完成蒸发。因此，传热速率快，可防止料液焦化、黏结在器壁上。

刮板式蒸发器有多种不同结构，按刮板的装置方式有固定式刮板和离心式刮板之分；按蒸发器的放置形式有立式、卧式和卧式倾斜放置之分；按刮板和传热面的形状有圆柱形和圆锥形两种。

刮板式薄膜蒸发可用于易结晶、易结垢、高黏度或热敏性的料液浓缩。但该设备结构较复杂，动力消耗大，处理量较小，浓缩比一般小于 3。

5. 离心式薄膜蒸发

图 6-7 是离心式薄膜蒸发器简图。料液从高速旋转（约 $700r \cdot min^{-1}$）的锥形转子内面上注入，并在离心力（＞200g）作用下形成极薄（0.05～0.1mm）的薄膜流，在加热面的停留时间极短（＜1s）。离心力还可抑制料液发泡，在加热边产生的凝缩蒸汽由离心力飞散，并以滴状凝缩液进行传热，冷凝液以及蒸汽中的空气和不凝气体不断被排出，故传热系数高。浓缩液则从锥体外周部集合排出（靠离心力），分离室内残留液量少，因此适于黏度高或混杂微结晶的液体浓缩，一般浓缩比可达 7。

图 6-7　离心式薄膜蒸发器简图
1—吸料管；2—进料分配管；3—喷嘴；4—离心盘；
5—间隔盘；6—电动机；7—三角皮带；8—空心转轴

6. 板式蒸发

板式蒸发器是由板式换热器与分离器组合而成的一种蒸发器，其原理见图 6-8。实际上料液在热交换器中的流动如升降膜形式，也是一种膜式蒸发器（传热面不是管壁而是平板）。也可将数台板式热交换器串联使用，以节约能耗与水耗；通过改变加热系数，可任意调整蒸发量。由于板间液流速率高，传热快，停留时间短，此法适于果蔬汁物料的浓缩。板式蒸发器的另一显著特点是占地少，易于安装和清洗，是一种新型蒸发器。其主要缺点是制造复杂，造价较高，周边密封橡胶圈易老化。

图 6-8　板式蒸发原理简图

四、蒸发浓缩过程的节能与多效蒸发

单效真空蒸发广泛应用于食品浓缩。单效真空蒸发的最大优点是容易操作控制；可依据物料黏性、热敏性，控制蒸发温度（通过控制加热蒸汽及真空度）及蒸发速率；由于物料在单效蒸发器内停留时间长，会带来热敏性成分的破坏问题，且物料在不断浓缩过程，其沸点随着浓度的提高而增大，黏度也随浓度及温度的变化而改变，因此浓缩过程要严格选择，控制蒸发温度。由于液层静压效应引起的液面下局部沸腾温度高于液面上的沸腾温度也是单效真空蒸发中容易出现的问题。料液黏度增大，物料在蒸发过程湍动小，更易增大这种差异，甚至加热面附近料液温度接近加热面温度引起结垢、焦化，影响热的传递。

单效蒸发存在热耗多，传热面积较小的缺点，限制了其蒸发能力的提高。对于生产量大的现代食品工厂，已逐步被多效真空浓缩所代替。

（一）多效真空蒸发浓缩及其特点

多效蒸发浓缩将几个蒸发器连接起来，前一个蒸发器内蒸发所产生的二次蒸汽用作后一个蒸发器的加热蒸汽，以充分利用热能。几个蒸发器连接就称为几效。

多效真空蒸发器内的绝对压力依次下降，因此每一效蒸发器中的料液沸点都比上一效低。任何一效蒸发器中的加热室和蒸发室之间都有热传递所必须的温度差和压力差。

理论上，1kg生蒸汽可蒸发1kg水，产生1kg二次蒸汽。若将二次蒸汽全部用作第二效的加热蒸汽，同样应该可蒸发产生1kg的蒸汽。但实际上，由于汽化潜热随温度降低而增大，且效间存在热量损失，蒸发1kg水所消耗的加热蒸汽量常高于理论上的消耗量。从总的蒸发效果看，随着效数的增加，蒸发所需的蒸汽单耗愈小（见表6-3）。

表 6-3　蒸发效数与蒸汽耗量的关系　　　　　单位：kg 汽・kg^{-1}水

效　数	理论耗汽量	实际耗汽量	
		无蒸汽压缩	有蒸汽压缩
1	1	1.10～1.20	0.50～0.60
2	0.5	0.50～0.64	0.35～0.40
3	0.33	0.33～0.40	0.25～0.28
4	0.25	0.25～0.30	0.20～0.22
5	0.20	0.20～0.25	—

蒸发器按照多效蒸发加料方式与蒸汽流动方向，有顺流式、逆流式和并流式，如图6-9所示。

1. 顺流加料法

如图6-9（a）所示，料液和蒸汽的流向相同，均由第一效顺序至末效，故也称并流加料法。由于后一效蒸发室的压力比前一效低，料液在效间的输送不用泵而可利用各效间的压力差；后一效料液的沸点较前一效低，当料液进入下一效时发生闪蒸现象，产生较多的二次蒸汽；浓缩液的温度依效序降低，对热敏性物料的浓缩有利；但随着逐效料液浓度增高，温度降低，黏度升高，传热系数下降，增加了末效蒸发的困难。

2. 逆流加料法

如图6-9（b）所示，原料液由末效进入，用泵依次输送至前一效，浓缩液由第一效下部排出。加热蒸汽的流向则由第一效顺序至末效。因蒸汽和料液的流动方向相反，故称逆流加料法。逆流加料法的优点是：随着料液向前一效流动，浓度愈来愈高，而蒸发温度也愈来愈高，故各效料液黏度变化较小，有利于改善循环条件，提高传热系数。但高温加热面上的浓料液的局部过热易引起结垢和营养物质的破坏，且效间料液的输送需用泵。与顺流相比，水分蒸发量稍低。逆流法适于黏度随温度和浓度变化大的料液蒸发。

3. 平流加料法

如图6-9（c）所示，每效都平行送入原料液和排出浓缩液。加热蒸汽则由第一效依次至末效。平流法适用于在蒸发进行的同时有晶体析出的料液的浓缩，如食盐溶液的浓缩结晶。

有些多效蒸发过程同时采用顺流和逆流加料法，即某些效用顺流，某些效用逆流，充分利用各流程的优点。这种称为混流加料法，尤其适用于料液黏度随浓度而显著增加的料液蒸发。

在多效蒸发流程中，有时将某一效的二次蒸汽引出一部分用于预热物料或用作其他加热目的。被引出的二次蒸汽，称为额外蒸汽。从蒸发器中引出额外蒸汽作为它用，是一项提高热能经济利用的措施。一般情况下，额外蒸汽多自第一效、第二效引出。

(a) 顺流加料法

(b) 逆流加料法

(c) 平流加流法

图 6-9　三效真空浓缩装置流程

（二）多效蒸发的温差分配与效数

1. 多效蒸发的温差分配

在给定的总操作条件下，由于各效温差的损失，多效蒸发器的传热有效温差总是小于总温差。若第一效的加热蒸汽温度为 T_1，冷凝器的冷凝温度为 T_k，则总温差为 $\Delta T_0 = T_1 - T_k$。在理想的情况下，（如无一切温差损失），有效温差 $\sum \Delta T$ 等于总温差；而实际上，总有效温差小于总温差，其差值为总温差损失 $\sum \Delta$，即：

$$\sum \Delta T = \Delta T_0 - \sum \Delta \tag{6-1}$$

当有效总温差确定之后，此温差需分配到各效，并满足各效的传热方程，即：

$$Q_1 = K_1 A_1 \Delta T_1$$
$$Q_2 = K_2 A_2 \Delta T_2$$
$$\vdots$$
$$Q_n = K_n A_n \Delta T_n$$

各效有效温差的分配应符合下列比例关系：

$$\Delta T_1 : \Delta T_2 : \cdots : \Delta T_n = \frac{Q_1}{K_1 A_1} : \frac{Q_2}{K_2 A_2} : \cdots : \frac{Q_n}{K_n A_n} \tag{6-2}$$

确定各效有效温差，常用的有以下几种方法。

（1）各效传热面积相等原则　按此原则，各效传热面积 A 相等。这样便于蒸发器的制造、安装、检修和操作。此时：

$$\Delta T_1 : \Delta T_2 : \cdots : \Delta T_n = \frac{Q_1}{K_1} : \frac{Q_2}{K_2} : \cdots : \frac{Q_n}{K_n} \tag{6-3}$$

（2）邻效间等压差原则　设 p_1 为第一效加热蒸气压，p_k 为冷凝器的冷凝压力，则总压降 Δp 为：

$$\Delta p = p_1 - p_k$$

若蒸汽通过各效的压力降相等，则各效（n 效）平均压力降 Δp 为：

$$\Delta p = \frac{p_1 - p_k}{n}$$

各效二次蒸气压力，则为：

$$p_1' = p_1 - \Delta p$$
$$p_2' = p_2 - 2\Delta p$$
$$\vdots$$
$$p_n' = p_n - n\Delta p \tag{6-4}$$

依据各效的压力，可获得其对应的饱和温度（沸腾温度）。

（3）各效蒸发量按比例法　若无额外蒸汽引出的顺流操作，各效水分蒸发量（W）可按经验比例进行初步估计：

双效　　　　　　　　$W_1 : W_2 = 1 : 1.1$

3 效　　　　　　　$W_1 : W_2 : W_3 = 1 : 1.1 : 1.2 \tag{6-5}$

知道各效的蒸发量，可计算各效浓缩料液的浓度及料液的沸点。

随着有效温差的提高，热交换效率也提高。带热压泵的真空蒸发器有效温差应在 15～25℃，降低或提高有效温差会带来加热器中料液循环受阻现象，导致热效率下降。在乳品生产中，不能靠提高生蒸气压力来提高有效温差，也需维持有效温差在 10～15℃。

2. 多效蒸发的效数

多效蒸发的最大优点是热能的充分利用，蒸发单位重量的水的蒸汽消耗降低。效数愈多，冷却水的耗量愈少。但效数增加，电耗、蒸发器、预热器的热交换面积也增大。表 6-4 是用于脱脂奶浓缩的效数与其他指标的关系。每台蒸发设备生产能力按蒸发量 $8t \cdot h^{-1}$，原料乳干物质（质量分数）9%，浓奶干物质（质量分数）45%统计。

表 6-4　用于脱脂乳真空浓缩的效数与其他指标的关系[1]

指　标	蒸 发 效 数				
	1	2	3	4	5
蒸汽消耗/$t \cdot h^{-1}$	6.87	3.23	2.07	1.57	1.46
吨水蒸汽单耗/t	0.855	0.404	0.259	0.206	0.182
电耗/$kW \cdot h$	11.2	9.7	13.3	16.7	20.2
吨水耗电/$kW \cdot h$	1.4	1.21	1.66	2.09	2.53
冷却水耗量/$m^3 \cdot h^{-1}$	575	201	109	76	56
换热器面积/m^2					
蒸发器	126	185	230	300	443
预热器、巴氏杀菌器、灭菌器	28	40	52	55	69
冷凝器	536	188	102	73	55
总热交换面积/m^2	690	413	384	428	567
奶受热时间/s	270	270	380	500	600

① 摘自：中国乳品工业 . 1988，16（4）：183。

在食品生产中，对热敏性物料的蒸发，常规定蒸发温度的安全限度。如牛奶蒸发浓缩温度过高会引起蛋白质热变性，增加黏稠性，降低传热速率，因此最高浓缩温度常小于 76℃。若从防止结垢、结焦因素来考虑，最高浓缩温度约 68℃。番茄酱浓缩，允许的安全极限温度为 60～65℃。食品物料蒸发浓缩的安全限度主要取决于物料的性质及蒸发器的结构性能。

多效真空蒸发浓缩，可以节省蒸发的蒸汽消耗，且随效数的增加，蒸汽单耗不断下降。但也并不是效数越多越好，在食品工业上目前应用最多的是 3～5 效真空蒸发，工业上采用的最多只有 7 效，即效数是有限制的。这主要有以下几方面的原因。

（1）物料性质的限制　由于食品物料的组成及性质，蒸发的最高温度和最终温度都有一定的限制，使蒸发的总温差有限。据经验，当各效的传热有效温差小于5～7℃时，将大大降低传热效率，使传热面积增大。如考虑牛奶蒸发过程的黏度变化所引起的各种问题，其最高浓缩温度68℃，末效奶的浓缩温度通常是42℃，则其总传热温差只是68℃－42℃＝26℃，分配到各效，其温差与效数就有限。

（2）设备费用增加　多效蒸发虽可以节省蒸汽，但设备比较庞大，安装、运转、维护费用均会增加。以节能效益计算设备投资回收年限时，7效是3效的3倍时间；每年折旧比例相同，折旧余额7效是双效的4倍以上。从经济角度，蒸发量大（处理量大）的选择效数多的浓缩较经济。以牛乳浓缩为例，日处理鲜乳量10～20t，可选2～3效；20～50t·d^{-1}，选3～4效；50～100t·d^{-1}，选4～5效；100～200t·d^{-1}选5～6效。

（3）温差损失的增加　沸点升高、静压效应和热损失引起的温差损失几乎随效数增加而成比例增加。当效数增加到一定数值后，其温差损失总和有可能等于总温差，这意味着各效传热推动力完全消失。

为了提高热效率，降低蒸发成本，确保物料能在合适的条件下迅速蒸发，研究者已开发出强制物料循环，加速传热效率的各种新型蒸发器。节能措施也成为食品物料蒸发中不可忽视的问题。

（三）多效蒸发过程的节能措施

有各种不同的途径可以使蒸发过程效率提高，能耗下降，主要有以下几种途径。

1. 蒸发器的革新

不管是哪种形式的蒸发器设计，都以提高传热速率、减少物料的热破坏作用为主要目标。物料的热敏性常限制蒸发温度的提高，但热对食品物料的破坏程度取决于受热温度与时间，即温度、时间的合理选择要统一考虑。

德国法兰克福的 Metallgesellschaft 公司发明了一种称为扭流管的加热管，见图6-10。它是一种圆管带螺旋褶纹向上呈锥形，状如螺旋，可用于牛乳多效真空浓缩的第一效蒸发器。牛乳从加热器管下部（A）进料，加热后由管内上升，在管顶段附近产生蒸汽。同时其液膜由于重力作用向下流，形成涡旋流动，使管中流速急增。因此浓缩温度虽高（第一效可高达75℃），但在传热面上也不结焦，可连续运转20h。由于总有效温差比常规（68℃）可增大7℃，有利于加大各效的温差（如第一效蒸发温度75℃，第二效68℃，第三效58℃，四效45℃）。扭形管比圆形管装的料液量小，由下向上截面积随之增大，可保持蒸汽以一定速率上升。用这种扭

图6-10　扭流管加热管简图

形管制成的升膜式蒸发器作为第一效的4效蒸发（后三效用普通降膜式）浓缩牛奶，可提高处理能力，由原20t·h^{-1}增加到25t·h^{-1}，也即可节约25％的蒸汽消耗量。

2. 蒸汽再压缩蒸发

根据热量衡算，若绝对压力为1.74×10^5Pa，温度为116℃的饱和水蒸气（热熔值2700kJ·kg^{-1}）送入蒸发器，用于沸点100℃（大气压下）料液蒸发，如果冷凝水离开蒸发器的温度为104℃（热熔值435kJ·kg^{-1}），送回锅炉则在锅炉中需补充至少2270kJ·kg^{-1}的热量，才能产生与原来加热蒸汽同样的饱和蒸汽。另一方面，1kg上述加热蒸汽产生的二次蒸汽大约等于1kg（实际0.98kg左右），其热熔值（100℃）为2670kJ·kg^{-1}，与原来蒸汽相差无几。若将这1kg二次蒸汽再回复到1kg原来状态的水蒸气，则仅需补充30kJ·kg^{-1}的热量，这就是蒸汽再压缩的依据。利用各种压缩方法，可将二次蒸汽的热力

状态提高到接近原来的水蒸气状态，是多效蒸发常用的节能措施。二次蒸汽主要的压缩方式有以下几种。

（1）机械再压缩蒸发　再压缩蒸发是利用机械压缩机的绝热压缩来实现上述要求的。图 6-11 是机械再压缩蒸发原理，二次蒸汽经压缩使温度、压力提高。经压缩后的水蒸气为过热状态，过热蒸汽进入加热室后在等压条件下进行冷却和冷凝，其放出的热量常大于蒸发所需的热量，故一般还需除去多余的二次蒸汽。用于牛奶单效蒸发浓缩，蒸发温度可保持在 52～57℃。不过此法只适用于电力发达而电费价格低的场合。每蒸发 1t 水分耗电 29～46kW·h；且机械再压缩蒸发只适于黏度低，浓缩液无沸点上升的物料蒸发；此法只有在传热温差很小（5～10℃）时才比较经济。若温差大，则压缩比也大，机械效率下降，使蒸发费用上升。

图 6-11　机械再压缩蒸发原理

1—压缩机；2—分离器；3—浓缩液出口；
4—原料液入口；5—循环泵；6—冷凝水
出口；7—新蒸汽入口；8—加热器；
9—二次蒸汽

图 6-12　蒸汽喷射再压缩蒸发原理

1—喷嘴；2—扩散器；m_1—射流；m_0—吸流；
m—喷射蒸气与部分水蒸气和混合汽；A—待蒸发的
料液；B—从产品中逸出的水蒸气；B_1—部分
水蒸气；C—浓缩液；D—喷射蒸汽；
E—加热蒸汽的冷凝水

（2）蒸汽喷射再压缩法　蒸汽喷射再压缩法用蒸汽喷射器代替机械再压缩法中的压缩机，故也称热再压缩蒸发，所采用的蒸汽喷射器也称升压泵，装有热压缩器的降膜蒸发原理见图 6-12。

升压泵的作用与蒸汽喷射真空泵不同之处在于其吸入气为水蒸气而由扩压管压缩。相当于 1kg 生蒸汽所吸入的二次蒸汽量，称为抽气系数（u）：

$$u = \frac{G^x}{G} \qquad (6-6)$$

式中　G^x——被吸入的二次蒸汽量，$kg \cdot s^{-1}$；

$\quad\quad G$——生蒸汽消耗量，$kg \cdot s^{-1}$。

由升压泵送入蒸发器加热室的蒸汽量（D），$D = G + G^x$，由式（6-6）代入，得生蒸汽消耗量：

$$D=G(1+u) \tag{6-7}$$

或：

$$\frac{G}{D}=\frac{1}{1+u}$$

上式反映热再压缩法的经济程度。u 的数值根据蒸发压力而定，当生蒸气压力为 $(7.8 \sim 9.8) \times 10^5 \mathrm{Pa}$ 时，u 约等于 1，其经济程度为：

$$\frac{G}{D}=\frac{1}{1+u}=\frac{1}{1+1}=0.5$$

即每小时蒸发 1t 水分（按理论值计）的蒸发器，约需生蒸汽 0.5t，这意味着安装热压缩器等于新增加一台蒸发器的热效率。如果能将蒸发器的液温与加热侧蒸汽温度差控制在 10℃ 以内，则 1kg 生蒸汽可以吸收 1.73kg 的二次蒸汽，结果可蒸发 2.75kg 的水分（这相当于三效蒸发），但需相当大的传热面积，投资费用较高。食品的真空浓缩，二次蒸汽的比容极大，要压缩这样大体积的二次蒸汽，采用蒸汽喷射的方法远比机械方法优越，而且价格低，检修方便。其主要缺点是热效率低，改变操作条件的灵活性小。

生产能力大的蒸发过程多采用热再压缩方法与多效操作结合的方式，热再压缩多用于第一效的二次蒸汽。

（3）**热泵循环再压缩法**　上述两种直接压缩二次蒸汽，如果蒸发需要在极低的温度和压力下进行时，则被压缩的蒸汽体积很大，生产就不经济。热泵蒸发器就是为解决这一问题而设计的。它将蒸发操作与制冷循环结合起来，利用二次蒸汽的热量与比体积小的无水氨蒸气进行热交换，使氨蒸气膨胀，致使蒸发器的运转热效率与运行效率提高。例如，由 16℃ 沸腾的牛乳产生的蒸汽为 76m³·kg⁻¹，将此蒸汽的热用热交换器传给在 7℃ 沸腾的无水氨，则产生氨蒸气的比容为 0.455m³·kg⁻¹，约为前者容积的 1/17。被压缩的氨膨胀循环加热牛乳使之蒸发，这样可不用加热水蒸气及冷凝二次蒸汽的冷凝水（正常低温下冷凝，冷却水耗量更大），但需氨压缩机。根据热泵蒸发系统中冷冻机的制冷剂是直接或间接（通过中间冷媒）与料液进行热交换，而有直接热泵和间接热泵蒸发器之分。

热泵蒸发器操作温度根据食品低温浓缩的需要，可以低于 20℃，对应的停留时间为 20～35min，多用于热敏食品，如橙汁等果汁的浓缩。果蔬汁的低温浓缩设备上常装有芳香物质回收装置，单效蒸发温度 25℃，双效蒸发温度为 17℃ 和 32℃。由于料液高温蒸发比低温蒸发经济，随着蒸发器的革新，不少热敏性食品物料可以在高温短时的条件下蒸发而受损程度减少。因此热泵蒸发的应用也受到挑战。

3. 利用蒸发器的余热预热物料或用于其他加热目的

利用二次蒸汽的热量（其冷凝潜热较大）对被浓缩物料进行预热可节省能量。在牛乳的多效蒸发中，料液进入蒸发器之前常用预热器进行预热，见图 6-13 的 2～7。预热器可以装在加热管内，也可装在分离器上部。经预热的物料温度比蒸发器内沸点高（5℃ 左右），便于料液均匀从加热管顶部流下（降膜式），并立刻沸腾，使单位传热面积的蒸发量增加，并有利于控制进料的温度。二次蒸汽（常为末效）用于预热冷物料，尚可降低冷凝器的传热面积或冷却水耗量。

五、蒸发浓缩过程香味的保护与回收

果蔬香味成分主要是由各种有机化合物如酯、醇、酸、醛、内酯等所组成的，其量常少于 0.1mg·kg⁻¹，却是影响果蔬汁品质的主要因素。果蔬香味多具挥发性，因此香味回收是蒸发浓缩过程必须考虑的措施。蒸发过程对果蔬香味的保留和回收有各种不同的工艺技术。

（1）采用低温蒸发浓缩，减少香味成分的挥发　冷冻浓缩是最好的保留果蔬汁中香味成分的方法。在常温下的蒸发浓缩也有利于浓缩液中香味的保留，但水果原汁在这类设备中停

图 6-13 韦甘德降膜式 4 效蒸发系统

附带牛乳灭菌用特殊加热器及浓缩液冷却用喷射冷却装置；

牛乳流向—Ⅳ→Ⅰ→Ⅱ→Ⅲ（部分对流式）

1—供料罐；2～7—装入混合冷凝器及各加热罐内的加热器；8—直接加热预热器；9,10—可交换的高效加热器；11—高效加热器的冷却方式；12—瞬间冷却器，瞬间蒸发的热供加热第一罐；13—蒸汽喷射热压缩器；14—两段混合冷凝器；15—产生真空装置；16—冷却浓缩液的蒸汽喷射冷却装置；17—冷却水罐；18—冷却塔；19—冷却水供给罐

留时间较长（约 20min），因此即使蒸发温度低，也容易产生各种化学和微生物变化，且该设备投资也比较高，常限制其应用。

（2）采用短时蒸发浓缩　如采用多效降膜浓缩，增加料液流动速率（达 200m·s^{-1}），使水果原汁在设备中停留时间在 3～8min 内，浓缩汁离开最后一效蒸发器后（约 40℃），立即进入蒸汽喷射冷却器冷却至 10℃。

（3）蒸馏法回收　将蒸发器中局部蒸发出的二次蒸汽（含有水蒸气与芳香物质）经过一精馏装置（或蒸馏、精馏装置），将芳香物质分离冷凝，回收芳香物质。图 6-14 是芳香物质回收工艺示意图。用 Vogelbusch 系统回收苹果汁中的芳香物质，需蒸发 15%～20% 水分，才能制得 1:（100～200）的芳香物质浓缩液。

图 6-14　Vogelbusch 系统芳香物质回收工艺示意图

1,5,8,13—真空泵（用于特殊情况）；2—板式热交换器；3—管式热交换器；4—蒸馏器；6,7—顺流式膜式蒸发器；9—精馏塔；10—冷凝器；11—气体冷却器；12—空气洗涤器

用真空浓缩达到要求的浓度，浓缩汁冷却后加入挥发性香味回收液或一定量的鲜果汁，也可生产与原汁风味相似的浓缩果汁。

（4）浆液浓缩工艺　某些果蔬汁含有一定固形物（如果肉），限制其蒸发浓缩程度。Pimaggoni 用分离法成功将番茄原汁的固形物（果肉）与液相（果汁）分离。汁液经浓缩成浓汁，再与分离的果肉混合，这种工艺称为"浆液浓缩工艺"（serum concentration method），比传统方法生产的浓缩果汁质量高、颜色好、香味浓，尤其适合黏度较低的制品，如

番茄原浆、甜椒原浆的浓缩。

对于黏度高、果肉比例过大的原浆，可先用果胶酶将果胶分解至一定程度，再热处理钝化酶，打浆，然后继续采用上述浓缩工艺生产浓缩果蔬汁。

第三节　冷冻浓缩

冷冻浓缩是利用冰和水溶液之间的固液相平衡原理的一种浓缩方法。由于过程不涉及加热，所以这种方法适用于热敏性食品物料的浓缩，可避免芳香物质因加热造成的挥发损失。冷冻浓缩制品的品质比蒸发浓缩和反渗透浓缩法高，目前主要用于原果汁、高档饮品、生物制品、药品、调味品等的浓缩。

冷冻浓缩的主要缺点是：①浓缩过程微生物和酶的活性得不到抑制，制品还需进行热处理或冷冻保藏；②冷冻浓缩最终的浓度有一定限制，且取决于冰晶与浓缩液的分离程度，一般来说，溶液黏度愈高，分离就会愈困难；③有溶质损失；④成本高。

一、冷冻浓缩的基本原理

（一）冷冻浓缩过程中的固液相平衡

对于简单的二元系统（仅有一种溶质和一种溶剂），如蔗糖水溶液在不同温度与浓度的相平衡关系，见图 4-2。图中 B 为低共熔点，与低共熔点相对应的温度称为低共熔温度（T_E，约 -9.5℃），浓度为低共熔浓度（x_G，质量分数约为 56.2%）。当溶液的浓度低于低共熔浓度时，温度 T_1 的溶液降温到 T_2 以下，溶剂（水）成晶体（冰晶）析出；随着冰晶体的形成及分离，溶液就获得了浓缩，这就是冷冻浓缩的原理。蔗糖液的冷冻浓缩只能在 ABE 区域内进行。而当溶质的浓度高于低共熔浓度时，溶液呈过饱和状态，此时降温的结果表现为溶质晶体析出，这就是溶质结晶的原理。溶质（蔗糖）结晶只能在 CBF 区域内进行。食品物料冻结过程的基本规律参考第四章第四节。

（二）冷冻浓缩过程中溶液的冰点

纯水的冰点为 0℃。在纯水中加入溶质形成溶液时，冰点就下降，温度下降多少，视溶质的量与组成成分，即形成的溶液浓度高低而变。溶液浓度越高，冰点下降就越多。图 6-15 为一些液体食品的冻结曲线。冷冻浓缩过程，随着水分结成冰，溶液浓度不断升高，冰点则不断下降。冰点下降的计算式为：

$$\Delta T_i = \frac{-RT_0 \ln(1-X)}{\Delta S} \tag{6-8}$$

式中　ΔT_i——冰点下降，K；
　　　R——通用气体常数，8.314kJ·(kmol·K)$^{-1}$；
　　　T_0——未添加溶质时溶液的冰点，K；
　　　X——溶液的浓度，kmol·m^{-3}；
　　　ΔS——水转化为冰时的熵变，J·K^{-1}。

图 6-15　一些液体食品的冻结曲线
1—咖啡；2—蔗糖；3—苹果汁；
4—葡萄汁；5—果糖

（三）冷冻浓缩过程中的冰结晶量和浓缩液量

如图 4-2 所示，温度为 T_1、浓度为 x_1（15%）的蔗糖溶液经降温到 T_3，部分水冷冻成冰，蔗糖溶液获得浓缩，浓度增加至 x_2（40%）溶液。设原蔗糖溶液的总量为 M kg，生成冰晶量为 F kg，蔗糖浓缩液量为 P kg，根据溶质的物料衡算应有：

$$Mx_1 = Px_2，即 (F+P)x_1 = Px_2$$

或：

$$\frac{F}{P} = \frac{x_2 - x_1}{x_1} \tag{6-9}$$

从图 4-2 中也可看出，冰晶量与蔗糖浓缩液量之比为线段 T_3y 与线段 xT_3 长度的比值，即 $(40-15)/15 = 25/15$。这个关系称冷冻浓缩操作中的杠杆法则，据此可计算冷冻浓缩操作过程的冰晶量或浓缩液量。

（四）冷冻浓缩过程中的溶质夹带和损失

由于冷冻浓缩过程中的水分冻结和溶质浓缩是一个方向相反的传质过程，即水分从溶液主体迁移到冰晶表面析出，而溶质则从冰晶表面附近向溶液主体扩散，实际上，在冷冻浓缩过程中析出的冰结晶不可能达到纯水的状态，总是有或多或少的溶质混杂其中，这种现象称溶质夹带。溶质夹带有内部夹带和表面附着两种。内部夹带与冷冻浓缩过程中溶质在主体溶液中的迁移速率和迁移时间有关，在缓慢冻结时，冰晶周围增浓溶液中的溶质有足够的时间向主体溶液扩散，溶质夹带就少；速冻则相反。只有保持在极缓慢冻结的条件下，才有可能发生溶质脱除（水分冻结时，排斥溶质，保持冰晶纯净的现象）作用。搅拌可以加速溶质向主体溶液扩散，从而减少溶质夹带；另外溶液主体的传质阻力（如黏度）小时，溶质夹带也少。表面附着量与冰晶的比表面积成正比。溶质夹带不可避免地会造成溶质的损失。

（五）浓缩终点

理论上，冷冻浓缩过程可持续进行至低共熔点。但实际上，多数液体食品没有明显的低共熔点，而且在此点远未到达之前，浓缩液的黏度已经很高，其体积与冰晶相比甚小，此时就不可能很好地将冰晶与浓缩液分开。因此，冷冻浓缩的浓度在实践上是有限度的。

二、冷冻浓缩的过程与控制

（一）冰晶生成及控制

冷冻浓缩中的结晶为溶剂的结晶，同常规的溶质结晶操作一样，料液中的水分是靠冷却除去结晶热的方法使其结晶析出的。冷冻浓缩中，要求冰晶大小适当。冰晶过小，造成液固分离困难，溶质夹带较多；冰晶过大，结晶慢，操作费用增加。最优的冰晶尺寸取决于结晶形式、结晶条件、分离器形式和浓缩液价值等。影响冰晶大小的因素主要有以下几方面。

1. 冰晶体生成速率

冰晶体生成速率取决于冻结速率、冻结方法、搅拌、溶液浓度和食品成分。当溶液接近冰点时冻结速率过快，容易形成较多的晶核，冰晶体积细小，溶质夹带多。在层状冻结中，当冻结面的温度较低时，靠近冻结面的液体易出现局部过冷，也容易产生细小的冰晶，形成的冻结层溶质脱除率也低。搅拌有助于传冷，可防止局部过冷。浓度较高的溶液起始冻结点较低，在冻结时不易出现局部过冷的现象；成分不同的食品具有不同的导热性，导热性愈强，愈不容易出现局部过冷的现象。

冰晶体的成长是晶核周围的水分不断在晶核表面结晶的结果，水分扩散速率愈快，形成的冰结晶愈大。影响水分扩散速率的因素主要有溶液的黏度和搅拌。溶液黏度高，水分扩散系数小，适当的搅拌不但有利于防止局部过冷，而且有利于主体溶液中的水分转移到冰晶表面进行晶析，促使冰晶附近溶液中的溶质向溶液主体扩散，减少溶质夹带。

含小冰晶悬浮液的平衡温度低于含大冰晶的悬浮液，当含大小冰晶的两种悬浮液混合时，混合后的溶液主体温度将界于大小冰晶的平衡温度之间。由此，小晶体就溶解，而大晶体则长大。

2. 冰晶生成的方式

冷冻浓缩过程的结晶有两种形式：一种是在管式、板式、转鼓式以及带式设备中进行的，称为层状冻结；另一种发生在搅拌的冰晶悬浮液中，称为悬浮冻结。

（1）层状冻结 层状冻结又称为规则冻结。冻结过程结晶层依次沉积在先前由同一溶液所形成的晶层之上，是一种单向冻结。冰晶长成针状或棒状，带有垂直于冷却面的不规则断面。结晶层可在原地进行洗涤或作为整个晶板或晶片移出后在别处进行分离。此法的优点是，浓缩终浓度（质量分数）可达到40%以上，具有洗涤简便的优点。但层状冻结有如下特点。

① 随着冷冻浓缩的进行，溶液的浓度逐渐增加，晶尖处溶液的冻结温度逐渐降低，冻结速率或晶尖成长速率也随之降低。

② 在溶液浓度不变的情况下，晶体平均直径与水分的扩散系数及溶液的黏度有关。水分扩散系数愈小，黏度愈大，则晶体平均直径愈小。

③ 在平行的晶体之间存在液层，液层的厚度与浓度有关。在一定的浓度范围内（通常 $<200g \cdot L^{-1}$ 时），浓度增加，厚度也增加。

④ 水分冻结时，具有排斥溶质析出、保持冰晶纯净的现象，称为溶质脱除作用，这种脱除作用只有在极低的浓度下（如 $10g \cdot L^{-1}$）才明显发生。对于浓度大于 $100g \cdot L^{-1}$ 的溶液单向冻结，如果非冻结液层的温度在冰点左右或略呈过冷状态，则冻结层解冻后的溶质浓度等于非冻结溶液的浓度。在这种场合下，不发生溶质脱除作用，因而不会产生冷冻浓缩的效果。

⑤ 只有在极其缓慢的冻结条件下，例如晶体成长速率为每天1cm或小于1cm的条件下，才有可能产生溶质脱除的现象。

（2）悬浮冻结 在受搅拌的冰晶悬浮液中进行的冰晶成长过程称为悬浮冻结。悬浮冻结的特点如下：

① 有利于提高溶液中溶质的浓度；

② 在溶液过冷度的低值范围内，冰晶成长速率与溶液主体过冷度成正比；

③ 当晶体大于某一尺寸时，冰晶成长速率不随晶体的大小而变；

④ 连续搅拌结晶槽生产的晶体，当溶液主体过冷度和溶质浓度不变时，则平均晶体粒度与晶体在结晶槽内的停留时间成正比。

（二）冰晶与浓缩液的分离

冷冻浓缩在工业上应用的成功与否，关键在于分离效果。冰晶分离的原理与悬浮液过滤分离的原理相同。影响冰晶分离的因素主要为冰晶的大小和浓缩液的性质。在分离操作中，生产能力与冰晶粒度的平方成正比，与浓缩液的黏度成反比。

冰晶分离有压榨、过滤式离心和洗涤等方法。通常采用的压榨机有水力活塞式压榨机和螺旋压榨机。采用压榨法时，冰晶易被压实，后续的洗涤难以进行，易造成溶质损失，只适用于浓缩比为1时的冷冻浓缩。采用离心式过滤机时，所得的冰床空隙率可达0.4～0.7，可以用洗涤水或冰融化后来洗涤冰饼，分离效果比压榨法好，但易造成浓缩液的稀释，而且离心分离时，浓缩液因旋转被甩出时要与大量的空气接触，易造成挥发性芳香物质的损失。分离操作也可以利用冰晶和浓缩液的密度差，在洗涤塔内进行分离。在洗涤塔内，分离比较完全，而且没有稀释的现象，同时因为操作时完全密闭且无顶部空隙，可避免芳香物质的损失。后两种方法适用于悬浮冻结过程中冰晶的分离。

（三）冰晶的洗涤

在冰晶形成过程中，存在着溶质夹带现象，在实际冷冻浓缩中，夹带主要由冰晶表面吸附造成，溶质主要存在于冰晶表层。为避免损失，可采用稀溶液、冰晶融化后的水及清水对冰晶进行洗涤，将冰晶表面吸附的溶质洗脱下来。用清水洗涤易造成浓缩液稀释。

冰晶的洗涤在洗涤塔内进行。根据晶体沿塔移动的动力不同，洗涤塔有浮床式、螺旋式和活塞推动式三种类型。在浮床洗涤塔中，冰晶和液体做逆向相对运动，其推动力为冰晶和

图 6-16 连续浮床洗涤塔
的工作原理

浓缩液之间的密度差。此法目前已用于海水脱盐工业中盐水和冰的分离。图 6-16 为连续浮床洗涤塔的工作原理。螺旋洗涤塔以螺旋推动为两相相对运动的推动力。螺旋具有棱镜状断面，除了迫使冰晶沿塔体移动外，还有搅动晶体的作用。此洗涤塔已广泛用于有机物系统的分离。活塞床洗涤塔以活塞往复运动迫使冰床移动。

三、应用于食品工业的冷冻浓缩系统

对于不同的原料，冷冻浓缩系统及操作条件也不相同，一般可分为两类：一是单级冷冻浓缩；二是多级冷冻浓缩。后者在制品品质及回收率方面优于前者。

（一）单级冷冻浓缩装置系统

图 6-17 为采用洗涤塔分离方式的单级冷冻浓缩装置系统示意图。它主要由刮板式结晶器、混合罐、洗涤塔、融冰装置、贮罐、泵等组成，可用于果汁、咖啡等的浓缩。操作时，料液由泵 7 进入旋转刮板式结晶器，冷却至冰晶出现并达到要求后进入带搅拌器的混合罐 2，在混合罐中，冰晶可继续成长，然后大部分浓缩液作为成品从成品罐 6 中排除，部分与来自贮罐 5 的料液混合后再进入结晶器 1 进行再循环，混合的目的是使进入结晶器的料液浓度均匀一致。从混合罐 2 中出来的冰晶（夹带部分浓缩液），经洗涤塔 3 洗涤，洗下来的一定浓度的洗液进入贮罐 5，与原料混合后再进入结晶器，如此循环。洗涤塔的洗涤水利用融冰装置（通常在洗涤塔顶部）将冰晶融化后再使用，多余的水排走。采用单级冷冻浓缩装置可以将浓度为 8～14°Brix 的原果汁浓缩成 40～60°Brix 的浓缩果汁，其产品质量非常高。

图 6-17 单级冷冻浓缩装置系统示意图
1—旋转刮板式结晶器；2—混合罐；3—洗涤塔；
4—融冰装置；5—贮罐；6—成品罐；7—泵

图 6-18 咖啡二级冷冻浓缩装置流程示意图
1,7—贮料罐；2,8—结晶器；3,9—分离
机；4,10,11,12—泵；5,13—调节阀；
6—进料管；14—融冰水进入管；
15,17—管路；16—浓缩液分支管

（二）多级冷冻浓缩装置

所谓多级冷冻浓缩是指将上一级浓缩得到的浓缩液作为下一级浓缩的原料液进行再次浓缩

的一种冷冻浓缩装置。图 6-18 为咖啡二级冷冻浓缩装置流程。咖啡料液（浓度为 260g·L^{-1}）由管 6 进入贮料罐 1，被泵送至一级结晶器 8，然后冰晶和一次浓缩液的混合液进入一级分离机 9 离心分离，浓缩液（浓度＜300g·L^{-1}）由管进入贮料罐 7，再由泵 12 送入二级结晶器 2，经二级结晶后的冰晶和浓缩液的混合液进入二级分离机 3 离心分离，浓缩液（浓度＞370g·L^{-1}）作为产品从管排出。为了减少冰晶夹带浓缩液的损失，离心分离机 3、9 内的冰晶需洗涤，若采用熔冰水（沿管进入）洗涤，洗涤下来的稀咖啡液分别进入料槽 1，所以贮料罐 1 中的料液浓度实际上低于最初进料浓度（＜240g·L^{-1}）。为了控制冰晶量，结晶器 8 中的进料浓度需维持一定值（高于来自管路 15 的），这可利用浓缩液的分支管 16，用阀 13 控制流量进行调节，也可以通过管路 17 和泵 10 来调节。但通过管路 17 与浓缩液分支管 16 的调节应该是平衡控制的，以使结晶器 8 中的冰晶含量在（质量分数）20％～30％之间。实践表明，当冰晶占 26％～30％时，分离后的咖啡损失（质量分数）小于 1％。

第四节　膜浓缩

膜浓缩是一种类似于过滤的浓缩方法，只不过"过滤介质"为天然或人工合成的高分子半透膜，如果"过滤"膜只允许溶剂通过，把溶质截留下来，使溶质在溶液中的相对浓度提高，就称为膜浓缩。如果在这种"过滤"过程中透过半透膜的不仅是溶剂，而且是有选择地透过某些溶质，使溶液中不同溶质达到分离，则称为膜分离。

一、膜浓缩的种类及操作原理

在膜技术应用中常根据过程的推动力不同进行分类。膜浓缩的推动力除压力差以外，还可以采用电位差、浓度差、温度差等。目前在工业上应用较成功的膜浓缩主要有以压力为推动力的反渗透（reverse osmosis，RO）和超滤（ultra filtration，UF），以及以电位差为推动力的电渗析（elechridialysis，ED）。由于膜浓缩不涉及加热，所以特别适合于热敏性食品成分的浓缩。与蒸发浓缩和冷冻浓缩相比，膜浓缩不存在相变，能耗少，操作比较经济，且易于连续进行。目前膜浓缩已成功地应用于牛乳、咖啡、果汁、明胶、乳清蛋白等的浓缩。

（一）反渗透

反渗透是利用反渗透膜选择性地透过溶剂（通常是水）的性质，对溶液施加压力以克服溶液的渗透压，使溶剂通过半透膜而使溶液得到浓缩的技术。其原理如图 6-19 所示：当纯水与盐水用一张能透过水的半透膜隔开时，纯水将自发地向盐水侧流动，这种现象称为渗透。渗透要一直进行到盐水侧的静压力高到足以使水分子不再向盐水侧流动为止。平衡时的静压力即为盐水的渗透压。如果往盐水侧加压，使盐水侧与纯水侧的压差大于渗透压，则盐水中的水将通过半透膜流向纯水侧，此过程即反渗透。

图 6-19　渗透与反渗透原理

反渗透过程的推动力为 $\Delta p - \Pi$，其中 Δp 为溶液侧和透过液侧的压力差，一般在 $1\sim 10\mathrm{MPa}$ 范围；Π 为溶液侧的渗透压。但在反渗透过程中，由于半透膜不可能对溶质具有 100% 的截留特性，故实际上，透过液并非纯水，而是含有溶质的稀溶液。此时，过程的推动力为 $\Delta p - \Delta\Pi$，其中 $\Delta\Pi$ 为溶液侧与透过液侧的渗透压差。

反渗透浓缩时溶剂的透过速率 $(J_w)(\mathrm{kg \cdot m^{-2} \cdot s^{-1}})$ 可表示为：

$$J_w = A(\Delta p - \Delta\Pi) \tag{6-10}$$

式中　A——溶剂对膜的渗透系数，$\mathrm{kg \cdot m^{-2} \cdot s^{-1} \cdot Pa^{-1}}$；

　　　Δp——压力差，Pa；

　　　$\Delta\Pi$——渗透压差，Pa。

溶质在压力差的作用下通过膜的透过速率 $(\mathrm{kg \cdot m^{-2} \cdot s^{-1}})$ 为：

$$J_s = B(C_R - C_P) \tag{6-11}$$

式中　B——溶质对膜的渗透系数，$\mathrm{kg \cdot m \cdot kmol^{-1} \cdot s^{-1}}$；

　　　C_R，C_P——溶质在高、低压侧的浓度，$\mathrm{kmol \cdot m^{-3}}$。

(二) 超滤

应用孔径为 $1.0\sim 20.0\mathrm{nm}$（或更大）的半透膜来过滤含有大分子或微细粒子的溶液，使大分子或微细粒子在溶液中得到浓缩的过程称之为超滤浓缩。与反渗透类似，超滤的推动力也是压力差，在溶液侧加压，使溶剂透过膜而使溶液得到浓缩。与反渗透不同的是，超滤膜对大分子的截留机制主要是筛分作用，即符合所谓的毛细-孔流模型。决定截留效果的主要是膜的表面活性层上孔的大小和形状。除了筛分作用外，粒子在膜表面微孔内的吸附和在膜孔中的阻塞也使大分子被截留。由于理想的分离是筛分，因此要尽量避免吸附和阻塞的发生。在超滤过程中，小分子溶质将随同溶剂一起透过超滤膜，如图 6-20 所示。由于超滤浓缩的是大分子物质，故可不考虑渗透压的影响，其中的物理因素较化学因素更为重要。

超滤所用的膜一般为非对称性膜，其表面活性层有孔径为 $10^{-9}\sim 2\times 10^{-8}\mathrm{m}$ 的微孔，能够截留相对分子质量为 500 以上的大分子和胶体微粒，所用压差一般只有 $0.1\sim 0.5\mathrm{MPa}$。

超滤截留的溶质多数是高分子或胶体物质，浓差极化时这些物质会在膜表面上形成凝胶层，严重地阻碍流体的流动，结果使透水速率急剧下降。此时若增加操作压力，只能增加溶质在凝胶层上的积聚，使胶层厚度增加，导致物质迁移系数下降。因此，增大膜界面附近的流速以减薄凝胶层厚度是十分重要的。

图 6-20　超滤原理

(三) 电渗析

电渗析是在外电场的作用下，利用一种特殊膜（称为离子交换膜）对离子具有不同的选择透过性而使溶液中阴、阳离子与其溶剂分离的方法。由于溶液的导电是依靠离子迁移来实现的，其导电性取决于溶液中的离子浓度和离子的迁移速率。离子浓度愈高，离子迁移速率愈大，则溶液的导电性愈强，即溶液的电阻率愈小。纯水的主要特征，一是不导电，二是极性较大。当水中有电解质（如盐类离子）存在时，其电阻率就比纯水小，即导电性强。电渗析正是利用含离子溶液在通电时发生离子迁移这一特点。

图 6-21 为电渗析的原理。当原水用电渗析器进行脱盐时，水溶液即导电，水中各种离子即在电场作用下发生迁移，阳离子向负极运动，阴离子向阳极运动。由于电渗析器两极间交替排列多组的阳、阴离子交换膜，阳膜（C）只允许水中的阳离子透过而排斥阻挡阴离子，阴膜（A）只允许水中的阴离子透过而排斥阻挡阳离子。因而在外电场作用下，阳离子透过阳离子交换膜向负极方向运动，阴离子透过阴离子交换膜向正极方向运动。这样就形成

了称为淡水（稀溶液）室的去除离子的区间和称为浓水（浓缩液）室的浓离子的区间，在靠近电极附近，则称为极水室。在电渗析器内，淡水室和浓水室多组交替排列，水流过淡水室，并从中引出，即得脱盐的水。

图 6-21 电渗析的原理   图 6-22 离子交换膜作用示意图

离子交换膜是一种由高分子材料制成的具有离子交换基团的薄膜。如图 6-22 所示，它之所以具有选择透水性，主要是由于膜的孔隙度和膜上离子基团的作用，膜上的孔隙可允许离子的进出和通过。这些孔隙，从膜正面看是直径为几十埃（$1\text{Å}=10^{-10}\text{m}$）至几百埃的微孔；从膜侧面看，是一条条弯弯曲曲的通道。水中离子就是在这些通道中做电迁移运动的，由膜的一侧进入另一侧。膜上的离子基团是在膜高分子链上连接着的一些可以发生解离作用的活性基团。凡是在高分子链上连接的是酸性活性基团（如—SO_3H）的膜就称为阳膜，是碱性活性基团 [如—$N(CH_3)_3OH$] 的膜就称为阴膜。例如一般水处理常用的磺酸型阳离子交换膜其结构为：$R—SO_3^-H^+$，其中 R 为基膜，—SO_3H 为活性基团，—SO_3^- 为固定基团，H^+ 为解离离子；季铵型阴离子交换膜的结构为：$R—N^+(CH_3)_3OH^-$，其中 R 为基膜，—$N(CH_3)_3OH$ 为活性基团，—$N^+(CH_3)_3$ 为固定基团，OH^- 为解离离子（反离子）。

在水溶液中，膜上的活性基团会发生解离作用，解离产生的解离离子（又称反离子）进入溶液，于是在膜上就留下了带一定电荷的固定基团。在阳膜上留下的是带负电荷的基团，构成了强烈的负电场，在外加直流电场的作用下，根据同性相斥，异性相吸的原理，溶液中阳离子被它吸引传递并通过微孔进入膜的另一侧，而溶液中的阴离子则受到排斥；相反，在阴膜上留下的是带正电荷的基团，构成了强烈的正电场。同理，溶液中阴离子可通过膜而阳离子则受到排斥。此即离子交换膜具有选择透过性的原因。可见，离子交换膜发生的作用并不是离子交换作用，而是起的离子选择透过作用，所以更精确地说，应称为离子选择性透过膜。

二、膜浓缩在食品中的应用

在食品浓缩中应用较多的膜浓缩是反渗透和超滤，目前已成功应用于牛乳、咖啡、果汁、明胶、乳清蛋白、蛋清等的浓缩。在工业上电渗析主要用于分离除杂，有报道可采用电渗析浓缩海水制盐和从发酵液中分离浓缩柠檬酸。

（一）果汁的浓缩

用于果汁的浓缩主要是反渗透，超滤主要用于果汁的澄清。以普通蒸发法浓缩的果汁，在蒸发过程中，原果汁所含的水溶性芳香物质及维生素等大部分被破坏、损失。据 Morga 等研究，采用管式反渗透组件在 10MPa 的操作压力下处理橘子汁和苹果汁，可得到固形物损失率小于1%的浓缩果汁（浓度可达40%），其芳香物及维生素等得到了很好的保存。由于膜浓缩存在浓缩极限，目前反渗透主要用于果汁的预浓缩。图6-23所示为果汁的膜浓缩工艺流程。经过一级超滤得到浓度（质量分数）为40%～50%的浓缩液和浓度为10%～15%的透过液，透过液经过一级两段反渗透后浓度提高到40%～50%后与超滤浓缩液混合。

图 6-23　果汁的膜浓缩工艺流程
1—超滤；2—反渗透

图 6-24　蔗糖液的二级反渗透浓缩工艺流程
1—超滤；2—反渗透

（二）蔗糖液的浓缩

图6-24所示为蔗糖液的二级反渗透浓缩工艺流程。浓度为33%的蔗糖液经过一级超滤后得到浓度为50%的浓缩液和浓度为25%的透过液，透过液经过反渗透后浓度提高到40%，与浓度为28%的原料液混合成浓度为33%的超滤原液。

（三）干酪制造过程中脱脂乳的浓缩

传统干酪生产在脱脂乳中加入发酵剂和凝乳酶，然后进行混合和凝固。这种工艺有25%的乳清蛋白从凝乳中排出，存在于乳清中。如果采用如图6-25所示的工艺流程，不但干酪品质控制得到保证，还因为乳清中的蛋白得以回收，从而可提高干酪产量约20%。在该加工过程中，脱脂乳首先用超滤来预浓缩。

图 6-25　酪乳清的膜渗浓缩工艺流程

（四）从大豆乳清废液中提取大豆蛋白质

图6-26所示的膜浓缩工艺是从大豆乳清中提取大豆蛋白质。经超滤浓缩可将固形物含量为1.36%的大豆乳清浓缩8.8倍，蛋白质浓缩25倍。

图 6-26　膜浓缩大豆乳清工艺流程

（五）电渗析浓缩法制盐

图 6-27 为电渗析浓缩法制盐工艺流程。海水经砂滤等预处理，然后送到热交换器预热，再经二次精密过滤送入电渗析器，浓缩的食盐水浓度可达 18％，之后送入真空蒸发罐再次浓缩后，送入结晶罐结晶，经离心分离后得到结晶盐。

图 6-27　电渗析浓缩法制盐工艺流程

三、影响膜浓缩的因素

（一）影响反渗透浓缩和超滤浓缩的因素

1. 膜材料的种类和性能

膜浓缩的关键是浓缩用膜的选择。选择膜时首先要考虑被浓缩物料的性质，包括相对分子质量的大小、颗粒大小、胶体含量、悬浮物含量、黏度、固体物质含量、pH 值、成分、温度等，按物料的性质选择与之相适应的膜。膜的孔径大小是主要参数之一，良好的膜要求孔径分布均匀，大小一致，同时应具有低的溶质透过率，较强的透水性、抗压性、耐热性和耐有机溶剂性能，化学性质稳定耐用，再生容易，适用 pH 值范围较大，操作压力较低等优点。

2. 溶质的特性

对于醋酸纤维膜（CA 膜），浓缩时溶质的透过率随溶质的电荷增加而减少，绝大多数含二价离子的盐基本上都能被 80℃以上热处理过的非均相 CA 膜完全截留；CA 膜对碱式卤化物的截留率随周期表次序下降，对无机酸则相反；对硝酸盐、高氯酸盐、氰化物、硫化氰酸盐的截留效果不如氯化物好，对铵盐的截留效果不如钠盐好；对许多低分子非电解质的截留效果不好，包括某些气体溶液（如氨、氯、二氧化碳和硫化氢），硼酸之类的弱酸和有机分子；对于有机物，截留率减少次序为醛＞醇＞胺＞酸，对于异构体则是叔＞仲＞伯；对于同系物，截留率随相对分子量的增加而增加，对有机酸的钠盐有很好的截留效果；对相对分子量大于150的大多数溶质，不管是电解质还是非电解质，都能很好地截留；对苯酚或苯酚衍生物之类苯基化合物能完全截留。

3. 溶液的性质

黏度较高的溶液，溶质扩散和溶剂的渗透速率低，浓差极化形成后不易消除；有些膜在酸性条件下使用透水率较高，可用硫酸进行调整，因为硫酸盐有较高的截留率，但在某些条件下会生成不溶性的硫酸盐，此时可用盐酸溶液调节，有些膜在酸性条件下会出现降解。假如在碱性条件下使用，常用 NaOH 调节；进料液中的悬浮物、胶体和可溶性有机物和无机物杂质会聚集在膜的表面，使膜受到污染，在浓缩过程中形成浓差极化现象；微生物会在膜面产生黏液，侵蚀膜。

为提高透水速率并保持其稳定性，一般需对进料液进行某些物理与化学的预处理。如加入乳化剂可防止沉淀聚结，加入络合剂以防止可能形成的污染物沉淀析出，调节 pH 使聚电解质处于比较稳定的状态等。此外，还可以用过滤、沉淀等进行预处理。

图 6-28　乳糖超滤操作中乳糖透过量
透水率和压力差之间的关系曲线
（1kgf·cm^{-2}=98.07kPa）
1—透水率；2—乳糖透过量

4. 操作条件

（1）操作压力　从式（6-10）可知，在稳定状态下，操作压力与透水速率呈线性关系，即透水速率正比于溶液压力与渗透压的差值。但随着压力增加至靠近临界值时会出现膜的压实现象，如图 6-28 所示，这时透水率与压力的线性关系会受到破坏。因此，应采取有效措施确保膜处于稳定的操作压力下，即使是短时间的压力冲击也是绝对不允许的。

（2）操作温度　操作温度升高，溶液的黏度下降，可提高溶质扩散和溶剂渗透的速率，溶质扩散速率的提高还有助于减轻浓差极化。但对热敏性物质的浓缩，温度提高是有限的。如浓缩酶时的最高温度为 25℃，处理蛋白质时为 55℃，处理乳制品多在 50～55℃ 下操作。另外，温度的提高还要考虑膜的耐热性问题。

（3）操作时间　随着浓缩过程的进行，由于浓差极化在膜的表面形成了浓缩的凝胶层，使透水速率逐渐降低。透水速率随时间的衰减周期因物料的种类不同而不同，在食品、制药工业中衰减周期约为 20h 或更少，随后需进行清洗或消毒。

（4）浓差极化　当溶质不透过膜（或只有少量透过）而溶剂却透过膜发生迁移时，在溶液与膜的分界面上，溶质逐渐积累，膜表面附近溶液的浓度逐渐增加，并超过主体溶液的浓度，从而产生界面与主体液之间的浓度梯度，这种现象称为浓差极化。其结果会引起膜表面附近溶液的渗透压增加，使有效操作压力减少，透过通量减少。浓差极化现象主要由界面-溶液的浓度边界层厚度来控制。一般可通过提高主体溶液的流速或增加其湍动程度，来减轻浓差极化的程度。提高进料液的流速对防止浓差极化、提高设备的处理能力都有利，但同时会增加操作压力，提高操作费用。在湍流体系中进料液的流速一般为 1～3m·s^{-1}，而在层流体系中通常小于 1m·s^{-1}。像螺旋卷式膜组件之类的体系常在层流区操作，可通过在液体流道上设置湍流促进器，采用振动的膜支撑物或在流道上产生压力波等方法，改进流动状态控制浓差极化。

5. 膜的维护

（1）膜的压实　当操作压力较高时，会使膜产生变形，不透过物在膜表面沉积而被压实，影响透过的通量。改进的方法为提高膜的机械强度，减少膜的变形，同时定期进行反冲洗，恢复膜原有的空隙。

（2）膜的降解　膜的降解包括化学降解和微生物降解两种。可通过选用化学性能稳定的膜材料解决化学降解问题。微生物降解是微生物在膜上繁殖的结果，可用清洗或消毒方法处理，如用甲醛溶液对膜进行消毒。

（3）膜的结垢　结垢主要由悬浮物、离子化合物或盐类物质构成。悬浮物可通过预处理除去，离子化合物或盐类物质可通过添加螯合剂除去。

膜的透水速率随着浓缩液的浓度增加而下降，因后者会使进料液黏度、边界层加厚。因此无论从技术还是经济角度出发，在不同的浓缩操作中都应规定一个允许的最大浓度。

目前膜浓缩主要用于预浓缩。采用多段浓缩的方法可大大提高浓缩液的浓度。

（二）影响电渗析操作的因素

1. 膜的极化

膜的极化是指在离子交换膜的表面发生水解的现象。接通直流电后，离子发生定向迁移，离子在膜中的迁移速率比在溶液中快，使界面的离子浓度远低于主体溶液的浓度，于是在界面的水分子发生离解：$H_2O \longrightarrow H^+ + OH^-$，界面依靠 H^+ 和 OH^- 来传导电流，这种现象称为膜的极化。极化的不良后果是使膜的电阻加大；浓差膜的电位升高，使电压-电流曲线变陡；引起稀室阴膜侧 pH 值下降，浓室阴膜侧的 pH 值升高，易引起 Ca^{2+}、Mg^{2+} 等氢氧化物沉淀，发生结垢，最后导致分离效率下降。

2. 电解质的浓差扩散

在浓度差的推动下，电解质会从浓缩室向稀室扩散，并且这种扩散随浓缩室的浓度增加而增大。

3. 水的渗透

在渗透压的作用下，溶剂（水）会向浓缩室渗透，并随浓度和温度的升高而增大。

4. 压差渗漏

当膜两侧存在压力差时，溶液就会从压力大的一边向压力小的一边渗漏。

5. 膜的污染和中毒

膜的污染物有多种，污染后会造成膜的极化。如从海水浓缩制盐时，阴膜受到污染后，其对盐的截留率会从 98％下降到 30％。

第五节　食品的结晶

一、结晶的基本原理

（一）晶体的特性

1. 晶体的结构和形状

结晶体是规则排列的质点（原子、离子、分子）所组成的固体。构成晶体的微观质点在晶体所占有的空间中按一定的几何规律排列起来。组成空间点阵的基本单位称为晶胞，晶体就是由许多晶胞并排密集堆砌而成的。在晶体中，不论其大小或外形是否完整，其内部的晶胞和晶胞在空间重复出现的方式都是一样的。因此，由立方体晶胞构成的晶体可以是立方体，也可以是五面体、六面体、七面体等。

每种晶体都有其基本的晶形，结晶的形状则完全依赖于结晶物质的化学结构和结晶的晶习。"晶习"（crystal habit）是指在一定环境条件下，结晶体固有的形状和姿态。晶习常受制于结晶条件。例如一个六棱柱晶体，它可以短而粗，也可以细而长，甚至可以成为一个带有六个棱的薄盘状。当饱和溶液急冷时，或者蒸发激烈时，大量的晶体析出过快，这时就多半是针状、薄片状或者成为树枝状，晶粒很细，相互重叠或聚集成团。如果要获得颗粒较大的晶体，就需严格控制结晶过程。

由于原子的排列或模式在各个方向是一致的，因此晶体有一定的对称类型。如果晶体的生长环境良好，则可形成有规则的多面体外形，称为结晶多面体。结晶多面体的面称为晶面，棱边称为晶棱。最简单的晶体外观是正方体和正八面体。按晶体的构形，通常把晶体分为 7 个晶系，如图 6-29 所示，为立方、四角、正交、单斜、三斜、三角及六角晶系。蔗糖晶体属于单斜晶系，正常蔗糖结晶为 12 面体，但也有超过或少于这个数目的晶体。在冰糖产品中一般为 12～14 面结晶；1 号砂糖 10～12 面结晶；3、4 号砂糖为 8～10 面结晶。

图 6-29　7 个结晶系统

2. 晶体的性质

晶体的基本性质与晶体内部结构规律性有关，主要有以下几方面。

（1）自范性　晶体具有自发地生长成为结晶多面体的可能性，即晶体经常以平面作为与周围介质的分界面，这种性质称为晶体的自范性。在理想条件下，生长过程中的晶体保持几何上的相似。晶体的中心与这些多面体的各对应角之间的连线是直线，晶体的中心点是原始的晶核所在位置，晶体的生长就是从此处开始的。

（2）各向异性　晶体的几何特性及物理效应常随方向的不同而表现出数量上的差异，这种性质称为各向异性。从结晶多面体中心到表面的距离，随方向的不同而异。晶体受外界能量的作用时，所产生的物理效应的大小也随方向而不尽相同。任何晶面的生长速率都是按垂直于晶面的方向，从晶体的中心出发，晶面向外扩展的速率来量度的。除了正方六面体之外，其他类型晶体，不同晶面的生长速率是不相同的。

（3）均匀性　晶体中每一宏观质点的物理性质和化学组成都相同，这种特性称为晶体的均匀性。这是因为晶体中每一宏观质点的内部晶格均相同。晶体的这个特性保证了工业晶体产品能具有高的纯度。

除此之外，晶体还具有几何形状及物理效应的对称性；与其他的物理状态相比，晶体具有最小内能，以及晶体在熔融过程中熔点固定不变等特性。从内部结构的规律性和稳定性来说，只有晶体才是真正的固态物体，非晶体虽然可呈固态，但严格地说它们只是一种过冷的黏度极大的液态物体。

（二）溶解度和溶液中的相平衡

1. 物质的溶解度特征

任何固体物质与其溶液相接触时，如溶液还未达到饱和，则固体溶解；如溶液已达到过饱和，则该物质在溶液中超过饱和量的那一部分迟早要从溶液中析出，直到溶液重新达到饱和；但如溶液恰好达到饱和，则既没有固体溶解，也没有溶质从溶液中析出。此时固体和它的溶液处于相平衡状态。所以，要使溶质结晶出来，必须首先设法使溶液变成过饱和溶液，或者说必须设法产生一定的过饱和度作为结晶的推动力。

　　固体与其溶液之间的这种相平衡关系，通常可用固体在溶剂中的溶解度来表示。物质的溶解度与它的化学性质、溶剂的性质及温度等有关。一定物质在一定溶剂中的溶解度主要是随温度而变化，在一般情况下，压力的影响可以不考虑。

　　物质的溶解度特征既表现在溶解度的大小，也表现在溶解度随温度的变化的。有些物质的溶解度随温度的升高而迅速增大，如 NaAc、$CuSO_4 \cdot 5H_2O$、$Na_2CO_3 \cdot 10H_2O$、$Na_2SO_4 \cdot 10H_2O$、$NaH_2PO_4 \cdot 12H_2O$、$KClO_4$、$C_5H_8O_4NNa \cdot H_2O$（谷氨酸钠）、$C_6H_8O_7 \cdot H_2O$（柠檬酸）等在水中的溶解，就属于这种类型。有些物质的溶解度随温度的升高，以中等速率增大，如 KCl、$NaNO_3$、$NaHCO_3$、$AgNO_3$、$FeSO_4 \cdot 7H_2O$、AgAc、$PbCl_2$ 及多数氨基酸等。还有一类物质，如 NaCl 等，随温度的升高其溶解度只有微小的增加。上述这些物质具有正溶解度特点，它们的溶解过程常要吸收热量（吸热溶解）。另有一类物质，其溶解度随温度的升高反而降低，即具有逆溶解度，如 $CaSO_4$、Na_2SO_4 在水中的溶解。它们在溶解过程常放出热量（放热溶解）。

　　许多物质的溶解度曲线是连续的，中间没有断折；但有些可形成水合物晶体的物质，它们的溶解度曲线却有断折点（变态点）。例如低于 32.4℃ 时，从硫酸钠水溶液中结晶出来的固体是 $Na_2SO_4 \cdot 10H_2O$，而在这个温度以上结晶出来的固体却是无水盐 Na_2SO_4，这两种固体的溶解度曲线在转变点 32.4℃ 处相交。柠檬酸的溶解度曲线转变温度为 36.6℃，在此温度以上结晶时，柠檬酸不带结晶水，在此温度下结晶时，带一个分子结晶水。一种物质可以有几个这样的转变点。例如，按温度的不同，硫酸亚铁可以从水溶液中以三种不同形式结晶出来：56℃ 以下是 $FeSO_4 \cdot 7H_2O$，56~64℃ 之间是 $FeSO_4 \cdot 4H_2O$；而 64℃ 以上是 $FeSO_4 \cdot H_2O$。

　　物质的溶解度特征对选择结晶方法有相当大的作用。例如，把氯化钠的热饱和溶液加以冷却，希望得到数量较多的结晶产品，是比较困难的。把氯化钠的饱和溶液从 90℃ 冷却到 20℃，从每 100kg 溶液中只能得到大约 7kg 的 NaCl。但是，如果用蒸发的方法将溶液中的水分除去，则可明显增加产量，这就是工业制盐常用的办法。相反，像硫酸铜这样的盐，只用冷却方法就能获得足够量的晶体。把它的饱和溶液从 90℃ 冷却到 20℃，将能从 100kg 溶液中得到大约 44kg 的 $CuSO_4$；且由于硫酸铜在 20℃ 的稳定固相含 5 个结晶水，故从每 100kg 溶液中获得的晶体产品实际上大约有 69kg（$CuSO_4 \cdot 5H_2O$）。显然，物质的溶解度特征，是决定物质结晶方法的理论依据。根据在不同温度下的溶解度数据还可算出结晶的理论产量。

　　有不少食品成分，如有机酸类（包括氨基酸）、糖类，在水中可形成溶液，它们具有盐类所拥有的溶解度曲线。多数糖、酸类的溶解度随温度的升高而升高。但对温度的敏感性范围不同。各种物质的溶解度数据可以在手册及专著中查得。由于物质的溶解度常受到溶液 pH 值的影响，可溶性杂质的存在也会降低主要组分的溶解度，不同物质在溶液中的实际溶解度应该由实验测定。

　　许多有机物晶体都有其溶解度与温度关系的经验公式，如：

　　蔗糖在水中的溶解度（S）与温度（T）的关系可用下式表示：

$$S = 64.397 + 0.07251T + 0.0020569T^2 - 9.035 \times 10^{-6}T^3 \tag{6-12a}$$

式中　S——溶解度，g 蔗糖·$(100g 溶液)^{-1}$；

　　　T——温度，℃。

　　味精在水中的溶解度经验公式有两个：

$$S_1 = 35.30 + 0.098T + 0.0012T^2 \tag{6-12b}$$

$$S_2 = 39.18 + 0.109T + 0.0013T^2 \tag{6-12c}$$

式中　S_1——谷氨酸单钠（无结晶水）溶解度，g·$(100g 溶液)^{-1}$；

S_2——带一分子结晶水谷氨酸单钠溶解度，$g \cdot (100g \, 溶液)^{-1}$。

柠檬酸在水中的溶解度公式是：

$$S_1 = 49.9300 + 0.5303T \quad (T < 36.6℃) \tag{6-12d}$$

$$S_2 = 59.8730 + 2.2117 \times \frac{T}{10} + 0.03079 \times \left(\frac{T}{10}\right)^2 \quad (T > 36.6℃) \tag{6-12e}$$

式中 S_1——水柠檬酸溶解度，$g \cdot (100g \, 溶液)^{-1}$；

S_2——无水柠檬酸溶解度，$g \cdot (100g \, 溶液)^{-1}$。

2. 过饱和度与结晶的关系

饱和溶液仅仅是在溶解度曲线上才能存在，沿着溶解度曲线向高浓度移动，就进入过饱和区域内，称为过饱和溶液（即溶液含有超过饱和量的溶质）。

图 6-30 溶液的过饱和度
状态与结晶的关系

溶液的过饱和度（supersaturation）与结晶的关系可用图 6-30 表示。图中的 AB 线为平衡溶解度曲线（solubility equilibrium curve）或溶解度曲线，CD 线代表溶液过饱和而能自发地产生晶核的浓度曲线，也称过饱和曲线（supersolubility curve）或过溶解度曲线，它与平衡溶解度曲线大致平行。这两根曲线将浓度-温度图分割为三个区域。在 AB 曲线以下是稳定区，在此区中溶液尚未达到饱和，因此没有结晶的可能。AB 线以上为过饱和溶液区，此区又分为两部分：AB 与 CD 线之间称为介稳区（metastable region），在这个区域中，不会自发地产生晶核，但如果溶液中已加了晶种（在过饱和溶液中人为地加入少量溶质晶体的小颗粒，称为加晶种），这些晶种就会长大，称长晶。CD 线以上是不稳区（labile region），在此区域中，溶液能自发地产生晶核。若原始浓度为 E 的洁净溶液在没有溶剂损失的情况下冷却到 F 点，溶液刚好达到饱和，但不能结晶，因为它还缺乏作为推动力的过饱和度。从 F 点继续冷却到 G 点的一段期间，溶液经过介稳区，虽已处于过饱和状态，但仍不能自发地产生晶核（但却可以长晶）。只有冷却到 G 点以下温度后，溶液中才能自发地产生晶核，越深入不稳区（例如达到 H 点），自发产生的晶核也越多。由此可见，过溶解度曲线及介稳区、不稳区这些概念对于结晶过程有重要意义。把溶液中的溶剂蒸发一部分，也能使溶液达到过饱和状态，图中 $EF'G'$ 线代表此恒温蒸发过程。在工业结晶中往往结合使用冷却和蒸发，此过程可由 $EF''G''$ 线代表。

对于工业结晶过程中溶液的过饱和度与结晶的关系，丁绪淮曾进行了开拓性的研究工作。他认为过溶解度曲线与溶解度曲线有所不同：一个特定物系只有一根明确的溶解度曲线，而过溶解度曲线的位置却要受很多因素的影响，例如有无搅拌、搅拌强度的大小、有无晶种、晶种的大小与多寡、冷却速率的快慢等。物质的介稳区宽度的数据是结晶器设计的重要参数，它是指溶液的过饱和浓度与平衡溶解度浓度（即饱和浓度）之差，称最大过饱和度 Δc_{max}（或称浓度最大过饱和度），其水平距离代表最大过冷却度 ΔQ_{max}（或称温度最大过饱和度）：

$$\Delta c_{max} = \frac{dc^*}{dQ} \Delta Q_{max} \tag{6-13}$$

式中 c^*——溶液的平衡浓度，$kg \, 溶质 \cdot (kg \, 溶剂)^{-1}$；

$\dfrac{dc^*}{dQ}$——溶解度曲线的斜率。

物质的介稳区宽度的数据常由实验测取。Δc_{max} 是晶体析出的推动力。

表示溶液过饱和度的常用参数有：浓度推动力 Δc，过饱和度比（过饱和系数）S 和相对过饱和度 σ，它们的定义如下：

$$\Delta c = c - c^* \tag{6-14}$$

$$S = \frac{c}{c^*} \tag{6-15}$$

$$\sigma = \frac{\Delta c}{c^*} = S - 1 \tag{6-16}$$

式中　c——实际过饱和浓度，kg 溶质·(kg 溶剂)$^{-1}$。

在蔗糖结晶控制中，过饱和度与糖膏（液）沸点升高有关。沸点升高（或沸点上升）是沸腾溶液与离开溶液的蒸汽之间的温度差。如果饱和溶液的沸点升高为已知时，只要知道实际沸点升高，即可计算过饱和度。

例如：观察的沸点（实际沸点）升高为 25℃，饱和溶液的沸点升高为 20℃，则过饱和系数 $S = 25/20 = 1.25$。

直接测量过饱和度法是根据过饱和度为沸点的函数，等于水沸点与参考温度的差值与糖液沸点与参考温度的差值之比进行测量的。当两者在相同的绝对压力下，沸腾时，用式 (6-17) 表示。

$$\frac{T_w - K}{T_s - K} = \tan\theta \tag{6-17}$$

式中　T_w——水的沸点，℃；

　　　T_s——糖液的沸点，℃；

　　　K——参考温度，℃；

　　$\tan\theta$——恒定过饱和度线的斜率。

（三）晶核的形成

1. 形成晶核的方法

晶核是过饱和溶液中新生成（析出）的微小晶体粒子，是晶体生长必不可少的核心。晶核可以由溶质的分子、原子、离子形成，这些粒子相互聚合，形成线体、晶胚，以至成为一定粒度（如蔗糖晶核半径达到 19Å 以上）的晶核。这个过程称为成核（nucleation），工业上称为起晶。

工业结晶有三种不同的起晶方法。

(1) 自然起晶法　自然起晶又称自发起晶、"均相成核"（homogeneous nucleation），是指澄清的过饱和溶液达到一定的过饱和度（不稳区）时，自发成核的过程。该法因为难以控制晶核生成速率，且自然起晶时过饱和度高、黏度大、对流差，易出现晶粒不齐、并晶、黏晶等缺点，故较少在工业结晶中应用。

(2) 刺激起晶法　过饱和溶液受到一些其他因素的干扰而刺激成核，也称外界干扰诱导起晶。干扰因素可以是：降温；溶液中固体杂质颗粒、尘粒；容器表面的粗糙度；搅拌器或循环泵叶轮的机械作用，造成固体晶粒的破碎、振动；电磁场、超声波、紫外线等。上述这种诱发成核也称为"非均相成核"（heterogeneous nucleation）。刺激起晶可以发生在比自然起晶较低的过饱和度。晶核的析出使溶液浓度降低，便于控制在亚稳区内使晶体长大。

(3) 晶种起晶法　晶种起晶法也称为投种起晶法。它是在较低过饱和度（亚稳区）时投入一定重量和大小的相同溶质的晶粒，由于受晶浆中存在宏观晶体的影响而形成晶核的现象，也称"二次成核"（secondary nucleation）。在绝大多数工业结晶中，该法是晶核的主要来源。若控制适当，可获得均匀整齐的晶体。

2. 晶核的形成速率及影响因素

（1）晶核的形成速率 晶核的形成速率（nucleation rate）为单位时间内在单位体积的晶浆中或溶液中生成新粒子的数目，通常由下式表示：

$$j = \frac{dN}{dQ} = K_n \Delta c_{max}^m \tag{6-18}$$

式中 j——晶核形成速率，粒数·m^{-3}·s^{-1}；

Q——时间，s；

N——单位体积的晶核数目，粒数·m^{-3}；

K_n——成核速率常数，粒数·m^{-3}·s^{-1}·$(\Delta c^m)^{-1}$；

Δc_{max}——允许使用最大浓度过饱和度，kg 溶质·(kg 溶剂)$^{-1}$；

m——晶核形成动力学的反应级数。

晶核的形成速率与溶液的浓度和能量的变化有关。如蔗糖晶核的形成速率 j_h 取决于临界浓度 c_i 和糖液达到临界浓度时单位时间内晶核生成的几率 g，即：

$$j_h = gc_i = g\left(\frac{c}{c_0}\right)^n \exp \frac{-E_s}{RT} \tag{6-19}$$

式中 c——过饱和浓度，kg 溶质·(kg 溶剂)$^{-1}$；

c_0——与 c 同温度下的饱和浓度，kg 溶质·(kg 溶剂)$^{-1}$；

E_s——晶核的表面自由能，$E_s = A\sigma$；

R——气体常数；

T——热力学温度，K；

A——晶核的表面积，m^2；

σ——晶核的界面张力，erg·cm^{-2}；

n——蔗糖的分子数。

各研究者获得的 g 值有所不同，Shiponan 等找到界面张力 $\sigma = 4.6 \sim 4.8$ erg·cm^{-2} 时，概率 $g = 10^{-5}$；而 Van Hook 和 Frulla 报告的 $g = 10^{-4} \sim 10^{-5}$。一般认为 g 值与母液的黏度 η 成反比：

$$g \propto \frac{1}{\eta} \tag{6-20}$$

即黏度愈大，晶核的形成速率愈小。

成核速率是决定晶体产品粒度分布的首要动力学因素，工业结晶过程要求有一定的成核速率。成核速率过高，必然导致晶体产品细碎，粒度分布范围宽，产品质量差。

（2）影响晶核形成的因素 从上述讨论可知成核速率决定于过饱和度、温度、杂质以及其他多种因素，如溶液的化学组成和晶体的结构特点及结晶的流体动力条件等。对不同结晶方法，各因素的影响程度也有差异。

不管何种方法起晶，晶核的形成与晶核长大（晶体生长）都以过饱和度为推动力。故溶液的过饱和度或过冷度是晶核形成的最重要控制因素。在介稳区内较低过饱和度下，通常是晶体生长，而晶核形成速率则较慢，尤其在温度较低、溶液黏度很高以及溶液密度大的条件下，晶核的形成比较困难；然而在较高过饱和度下，晶核的形成速率将很快增大。

溶液温度的变化会导致黏度、粒子运动能、溶剂结构、溶解度等的变化。随着平衡溶解度的变化，溶液的过饱和度也发生变化。至于温度与成核速率的关系则比较复杂，应当考查各种过程参数与温度的关系如何，然后将这些参数的作用加以综合考虑。

机械作用对于晶核出现的速率有明显的影响。如：搅拌和振动会在过饱和溶液中发生晶核的表面相互冲击；甚至对过饱和溶液的轻微振动或往溶液中加入某种固体，都会在溶液中引起晶核形成，使成核速率明显增大，这种情况对均相成核尤为显著。

超声波也可以加速成核，它对过饱和溶液作用的效率与其辐射功率有关。通常辐射强度愈高，成核开始的极限过饱和度愈低。

电场对晶核形成作用的大小与其频率和强度有关，其作用机制尚未清楚。它不仅可影响溶解物质的性质，且对微小的结晶物质微粒起着特殊捕集器的作用。交变电场、磁场、放射线等也对成核速率有影响，但这方面的结论尚有待进一步研究。

（四）晶体的生长

1. 晶体的生长速率

在过饱和溶液中已有晶核形成或加入晶种后，以过饱和度为推动力，晶核（或晶种）将长大，这种现象称为晶体生长（或长晶）。

根据菲克（Fick）扩散定律，扩散量与浓度差、扩散面积和时间成正比，而与扩散行程成反比。故有结晶公式：

$$G = \frac{K_1(c-c^*)}{d} AQ \qquad (6-21)$$

式中　G——结晶量（扩散量），mg；

　　　A——结晶面积（扩散面积），m^2；

　　　Q——结晶时间，min；

　c，c^*——料液过饱和浓度和饱和浓度，kg 溶质·(kg 溶剂)$^{-1}$；

　　　d——界膜厚度，m；

　　　K_1——溶质的扩散系数。

将单位时间（min）内在单位面积（m^2）上结晶的溶质（mg）称为结晶速率（度）J_t，当溶质分子从溶液通过界膜的扩散速率小于其分子附在晶面上排成晶格的速率时，可以用扩散速率代表结晶速率。则上式可换算为：

$$G = J_t AQ \qquad (6-22)$$

比较式(6-21)与式(6-22)，可得结晶速率：

$$J_t = \frac{K_1(c-c^*)}{d} \qquad (6-23)$$

由此可见，结晶速率与浓度差（$c-c^*$）成正比。

对于低纯度极黏稠的溶液，据爱因斯坦（Ein-Stein）对扩散系数 K_1 的研究，可由下式表示：

$$K_1 = \frac{KT}{\eta} \qquad (6-24)$$

式中　T——热力学温度，K；

　　　η——介质黏度，Pa·s；

　　　K——常数，与温度无关。

将式(6-24) 带入式(6-23) 和式(6-22) 中可得：

$$G = \frac{KT(c-c^*)}{\eta d} AQ \qquad (6-25)$$

可见，结晶的糖量与浓度差、结晶面积、时间、热力学温度成正比，与黏度、不动液层的厚度成反比。晶体生长速率受扩散速率的影响，也受晶体表面溶质长入晶面、使晶体增大的表面反应推动力的影响。

纯蔗糖的结晶速率在不同过饱和系数和温度下的实验数据见表 6-5。

表 6-5　在不同过饱和系数和温度下蔗糖的结晶速率　　　单位：mg·m^{-2}·min^{-1}

过饱和系数	温度						
	0℃	20℃	30℃	40℃	50℃	60℃	70℃
1.005	—	40	75	145	240	340	850
1.010	5	80	150	285	490	720	1700
1.015	—	120	225	490	800	1340	2560
1.020	9	150	380	675	1200	2210	4000
1.025		190	495	855	1800	3100	—
1.030	14	230	625	1060	2300	—	—
1.035		275	755	1300	2870	—	—
1.040	19	320	310	1540	3510	—	—
1.045		360	1115	1800	4060	—	—
1.050	25	420	1320	2085	—	—	—
1.055	—	480	—	2580	—	—	—
1.060	32	525	—	—	—	—	—
1.065		575	—	—	—	—	—
1.070	38	620	—	—	—	—	—
1.080	45	—	—	—	—	—	—
1.090	52	—	—	—	—	—	—
1.100	62	—	—	—	—	—	—
1.110	76	—	—	—	—	—	—

2. 影响晶体生长的因素

晶体生长速率受扩散控制，有时受表面反应控制。晶体生长速率可用晶体质量随时间的变化（质量速率）表示，也有用各晶面的生长线速度表示的，但它们都与溶液的过饱和度、温度、压力、液相的搅拌强度和特性、各种场的作用、杂质的存在等有关，但最主要的有以下几点。

（1）过饱和度　溶液过饱和度（过饱和系数）或过冷度对决定晶体成长速率有着决定性作用。晶体长大的推动力是晶体表面液膜的浓度差，过饱和度增大，可加大此浓度差，从而提高结晶速率。但过高的过饱和度会使料液黏度提高，反而会使结晶速率下降，使结晶过程操作发生困难及容易产生伪晶。

表 6-6 反映不同纯度蔗糖溶液在不同过饱和系数时的结晶速率。从表中可见，在同一过饱和度下，蔗糖结晶速率随糖液纯度的升高而迅速增加；对于同一纯度的糖液，随过饱和度的增加，结晶速率也增大。

表 6-6　蔗糖结晶速率与糖液纯度、黏度和过饱和系数的关系

过饱和系数	纯度99%		纯度78%		纯度70%	
	黏度×10^{-3}/Pa·s	结晶速率/mg·m^{-2}·min^{-1}	黏度×10^{-3}/Pa·s	结晶速率/mg·m^{-2}·min^{-1}	黏度×10^{-3}/Pa·s	结晶速率/mg·m^{-2}·min^{-1}
1.03	145	265	305	35	840	9
1.06	168	750	345	95	1070	22
1.09	199	1920	380	240	1300	36
1.12	—	—	418	435	1550	52
1.15	—	—	462	620	1780	71
1.18	—	—	480	755	1940	99
1.21	—	—	—	810	—	134

　　虽然高结晶速率可提高生产设备的生产能力，但实际上晶体生长速率通常会受到晶习和产品纯度、外观质量的限制。设备结垢问题也限制用高的过饱和度来提高晶体生长速率。

　　(2) 温度的影响　　温度不仅影响粒子的扩散速率和相界面上的反应速率，也影响溶液的黏度、溶质的溶解度及过冷度、相邻界面上的比能等物化特性。

　　对同一物质，结晶温度对晶体成长的两个过程影响较大。在较高温度下，表面反应速率有较大的提高，而扩散速率增加有限，此时由扩散控制；反之，在较低温度下，则转向表面反应控制。在中等温度时，则是双重控制。例如：过饱和浓度为 $1.05\mathrm{g} \cdot \mathrm{mL}^{-1}$ 的蔗糖结晶，在 20℃时，扩散速率远大于表面反应速率；在 70℃时，表面反应速率远大于扩散速率；在 45℃，两种速率则相等。又如，NaCl 在水溶液中结晶时，晶体成长速率在 50℃以上为扩散控制，在 50℃以下为表面反应控制。

　　对于某些有不同结晶水的物质结晶，温度控制对结晶物的成分影响很大。如柠檬酸有一水结晶物与无水柠檬酸结晶物，若结晶温度超过 36.6℃，则会结晶出无水柠檬酸，要获得一水柠檬酸，就要小心控制体系温度不超过 36℃。不同温度下蔗糖的结晶速率变化可见表 6-5。

　　结晶析出温度对晶型也有影响。谷氨酸结晶有 α 型和 β 型，α 型晶体纯度高、颗粒大，质量高易沉降、易分离。而 β 型结晶晶粒微细，纯度低、质量轻，难沉淀分离，常称为轻麸酸，是谷氨酸结晶时控制的关键因素。表 6-7 反映出结晶析出温度对晶型的影响。显然，从发酵液提取谷氨酸时，必须把发酵液降温至 30℃以下，避免形成 β 型结晶。

表 6-7　谷氨酸结晶析出温度对晶型的影响

析出温度/℃	α 型、β 型的比例	含水量/%	纯度/%
10	α 型	19.80	95
20	α 型	15.03	94.8
30	多数 α 型，有少量 β 型	18.32	95.5
40	α 型、β 型各一半	30.8	92.3
50	主要为 β 型	38.0	90.8
60	全部 β 型	37.2	90.7

　　(3) 黏度　　结晶料液黏度将影响到溶质扩散到晶粒表面的速率，并使液膜增厚，扩散距离增长。因此，在相同过饱和系列下黏度增大必将导致结晶速率下降（见表 6-6）。尤其是在工业结晶的末期，由于母液中杂质及黏度增加，使结晶速率受影响，有时不得不采用加水稀释法来降低黏度，使晶体生长顺利进行，以提高结晶产量。

　　(4) 杂质的影响　　物系中杂质的存在对结晶生长的影响比较复杂。有的杂质能完全制止晶体的生长；有的则能促进生长；还有的能对同一晶体的不同晶面产生选择性的影响，从而改变晶习。有的杂质能在很低的浓度（$1\mathrm{mg} \cdot \mathrm{kg}^{-1}$ 以下）产生影响，有的却需在相当高的浓度下才能起作用。

　　杂质影响晶体成长的途径也各不相同。有的通过改变溶液的结构或平衡饱和浓度，而产生影响；有的通过改变晶体与溶液之间的界面上液层的特性，而影响溶质长入晶面；有的通过杂质本身在晶面上的吸附，发生阻挡作用；如果晶格有相似之处，有的杂质还能长入晶体，降低晶体的质量。

　　从谷氨酸发酵液提取谷氨酸的结晶过程来看，发酵液中残糖含量不但会影响谷氨酸结晶产量，还会影响谷氨酸结晶的构形（见表 6-7）。残糖含量高，β 型结晶形成多。在谷氨酸结晶过程中还发现，某些氨基酸的存在，如 L-天冬氨酸、L-苯丙氨酸、L-酪氨酸、L-亮氨酸和 L-胱氨酸等氨基酸，则能促进 α 型结晶的形成。

在蔗糖结晶中，糖汁中杂质的存在会生成各种晶面不规则的各种晶形；如，糖汁中含有少量棉籽糖时会生成扁平状结晶；含有还原糖时生成三角形结晶；含树胶质与果胶含量较高时，蔗糖结晶成针状；杂质多时生成四角形；用化学方法从糖蜜中回收蔗糖时，其结晶常呈碎的薄片状。图 6-31 是非纯糖溶液中结晶出的异形晶体及不同晶面代号。

图 6-31　非纯糖溶液中不规则的晶面代号和晶形

（5）其他因素　适当的搅拌通常使结晶速率加快，这不仅与加速溶质的扩散有关，而且与搅拌作用、碰撞使晶体破碎，增大其表面积，有利于溶质的沉积有关。但搅拌的影响也与其他的结晶条件有关：如过饱和度越大，则搅拌效率越高；而当过饱和度低时，搅拌速率对结晶速率影响较小。

晶体生长速率与晶体粒度有关。较大晶体的生长速率有时要比较小晶体的生长速率大些。较大晶体在溶液中沉降的速率比较小晶体要快，使邻近晶体表面的静止液层变薄，从而有利于溶质的扩散。这种情况多发生在晶体生长速率主要由扩散控制的条件下。例如 $CuSO_4 \cdot 5H_2O$、$MgSO_4 \cdot 7H_2O$ 及 $Na_2SO_4 \cdot 10H_2O$ 的结晶过程，若使它们在溶液中都以相同的相对速率运动，则大小晶体的生长速率也就一样。

二、食品工业常用的结晶技术

（一）食品工业常用的结晶方法

如前所述，在溶液中建立适当的过饱和度并加以控制晶核形成与晶体成长是结晶过程的首要问题。因此人们常把在溶液中产生过饱和度的方式作为结晶工艺技术分类的依据，将结晶方法分成三种。

1. 冷却法结晶

冷却法结晶过程基本上不去除溶剂，而是使溶液冷却降温或控制其他条件，使溶液成为过饱和而析出结晶。此法主要适用于溶解度随温度降低而显著下降的物质的结晶，如硝酸钠、硫酸镁、硫酸钠（$Na_2SO_4 \cdot 10H_2O$）、钾矾等无机盐和谷氨酸等。

冷却结晶法常用的设备有：搅拌结晶器，又称外（内）循环结晶器；螺旋槽式结晶器和自然冷却结晶器。图 6-32 是强制循环冷却结晶槽示意图。

2. 蒸发法结晶

蒸发法是使溶液在常压或减压下蒸发浓缩，而形成过饱和溶液的方法。此法尤其适用于溶解度随温度的降低而变化不大的物质，如氯化钠或具有逆溶解度的物质的结晶，如无水硫酸钠和碳酸钠（$Na_2CO_3 \cdot H_2O$）。蔗糖和味精也采用蒸发法结晶。

借溶剂蒸发使溶液浓缩而结晶的方法，最早用于从海水中制取食盐。蒸发结晶器与浓缩一般溶液的通用蒸发器在原理、设备结构与操作上基本类似，但用于结晶的蒸发器需有搅拌装置，以防止在加热面形成晶垢，妨碍传热及影响晶体形状。根据料液循环特性及浓度，常

图 6-32　强制循环冷却结晶槽示意图

用的蒸发结晶器有自然循环、强制循环及刮板式等。

蒸发结晶的最大优点是便于控制溶液的过饱和度（靠蒸发或加水），提高结晶速率。但在生产中存在溶质在加热面结垢的问题，因此多数蒸发结晶常在减压下操作，以降低浓缩温度和增大物料在浓缩过程的湍动程度，也有采用多效真空蒸发结晶的方法来降低浓缩能耗和提高生产效率的。

3. 真空结晶法

真空结晶法也称真空冷却法，是指热的饱和（或接近饱和）溶液引入用绝热材料保温的密闭容器后，立即发生闪蒸效应，瞬间把蒸汽抽走，随后就开始继续降温而完成结晶过程的方法。因此，这类结晶器既有蒸发作用又有冷却作用。若溶质的溶解度随温度的下降而降低，则结果不但由于冷却而结晶，而且溶液冷却放出的显热与溶质结晶时放出的结晶热，将使一部分溶剂继续蒸发而增加结晶产量。此法适用于中等溶解度物质的结晶。由于该方法主体设备较简单，操作稳定，生产效率较高，便于工业化生产而应用较多。许多食品物料结晶多采用该法，如葡萄糖、葡萄糖酸、苹果酸、柠檬酸等。

真空结晶与蒸发结晶的根本区别在于是否与蒸发器连在一起。真空结晶器的主体部分不包括蒸发加热器，加热依靠外部设备，其主要任务是真空降温（绝热蒸发）和结晶生长。除此以外，这两类结晶器是难以严格区别的。

真空结晶也适于溶解度对温度敏感溶液的结晶。真空结晶常需要有较高的真空度（666.61～1999.83Pa 绝对压力）。在这种真空度下，溶液沸点升高的影响较显著，为此，要使进料速率快，避免静压造成沸点升高。真空结晶器由于没有加热器和换热面，容器壁不易发生晶种附着现象，而且设备结构也比较简单，工业上多用于代替冷却式结晶器。

上述三种方法的划分也非绝对的，某些物质的结晶既可用冷却法，又可用蒸发法或真空冷却法，也可采用其他方法。如谷氨酸结晶采用冷却降温来控制过饱和度，更重要的是控制其等电点使其有最低溶解度，故工业生产上称该法为等电点结晶法。很多食品物料的蒸发浓缩（结晶），温度对食品质量及操作影响较大，故多数采用真空浓缩结晶法，浓缩与结晶是互相紧密联系的操作过程。物料的浓度靠真空浓缩提高到或接近饱和浓度，然后紧接着靠冷却结晶控制晶体的生成和提高产率。

此外，在工业生产中，还有向结晶物料中加入某些物质来降低溶质在溶剂中的溶解度的盐析结晶法；也有利用气体与液体或液体与液体之间进行化学反应以产生固体沉淀的反应结晶法，如喷雾式结晶法以及成球法等，但其在食品工业上应用较少。

（二）结晶器的选择

结晶器的选择要考虑许多因素，例如：综合考虑物料的性质、晶体产品的粒度及粒度分布、生产能力、设备费和操作费等。表 6-8 列出了工业结晶器的分类及特点。

表 6-8　工业结晶器的分类及特点

类　别	形　式	特　点	应用实例
冷却结晶	自然冷却敞槽式结晶器	料液自然降温;速率慢,周期长,生产能力较低;属间歇式生产	传统冰糖生产
	搅拌结晶器	搅拌使料液冷却均匀,加速晶体生长,缩短周期 搅拌转速一般 5～20r·min⁻¹ 料液冷却可采用外(内)循环管 可连续生产,设备有开口式或密闭式	谷氨酸、乳糖生产等,普遍应用
	螺旋槽式结晶器	U形长槽中间装有螺旋搅拌器,可连续生产 依槽体结构有敞开式、封闭式或半封闭式;适于黏稠料液的结晶	
蒸发结晶	搅拌蒸发结晶器	料液加热以夹套式加热,设备简单,多为分批操作	味精生产
	自然循环蒸发晶器	常用列管式外循环换热器加热料液,蒸发速率快	通用
	强制循环蒸发结晶器	用泵加速料液的加热循环	柠檬酸生产
	克里斯塔尔蒸发结晶器	料液加热蒸发采用强制循环,蒸发量与结晶区结构有利于晶体生长与晶粒分离	
真空结晶	间歇式真空结晶器	搅拌的作用促使料液温度均匀	
	连续式真空结晶器		

溶质的溶解度与温度之间的关系是选择结晶器时首先要考虑的因素。晶体溶质不外乎两大类：一类是温度降低时溶质的溶解度下降幅度较大，另一类是温度降低时溶质的溶解度下降幅度较小或具有逆溶解度。对于前者，通常选用冷却式结晶器或真空式结晶器。对于后者，则采用蒸发式结晶器。

结晶器的选择还应考虑对结晶产品的形状、粒度及粒度分布的要求。要想生产颗粒较大且粒度均匀的晶体，可选用具有粒析作用的结晶器。如图6-33所示为DTB真空结晶器。

操作费用和占地面积也是选择结晶器时需要考虑的因素。一般说来，连续操作结晶要比分批操作经济些，尤其是产量大时更是如此。如日产量大于1t，和料液加入量大于20m³·h⁻¹，采用连续操作较好。蒸发式和真空式结晶器需要相当大的顶部空间，但在同样产量下，它们的占地面积要比冷却槽式结晶器小得多。

一些较简单的冷却式结晶器，尤其是敞槽式，造价比较便宜，而冷却式机械搅拌结晶器的造价却很高，它的维修费也相当高。但是，机械搅拌结晶器不需要昂贵的真空设备。冷却式结晶器的主要缺点是与溶液接触的传热表面往往有晶体聚结成晶垢，与冷却水接触的表面又容易有水垢沉淀，其结果是既降低冷却速率又增加除垢的麻烦，这些问题在蒸发式结晶器中也会遇到。至于真空式结晶器，因其没有传热表面，所以没有这类问题，但不适用于沸点升高很多的溶

图 6-33　DTB真空结晶器示意图

电动机及减速机密封器
去真空设备
沸腾表面
遮蔽罩
导流管
溢流出口
细晶出口
沉降区
晶浆区
清液循环
加料液
分级腿
晶浆出口
循环泵

液，例如烧碱溶液的结晶。

三、食品结晶过程及品质控制

（一）结晶过程的工艺设计

结晶过程的工艺设计主要包括物料衡算、热量衡算和结晶器的选择等有关计算。

在结晶过程中，一般可认为母液与晶体达到平衡状态，因此可根据母液的温度从溶解度曲线（图表）获得其相对的浓度（也可实际测量）。若溶质以水合物状态从溶液中结晶，则需将结晶水考虑进去。

1. 物料衡算

（1）总物质量平衡

$$G_1 = G_2 + G_3 + W \tag{6-26}$$

式中　G_1——原料溶液量，kg；

　　　G_2——结晶后母液量，kg；

　　　G_3——结晶量，kg；

　　　W——蒸发溶剂（水蒸气）量，kg。

（2）溶质物料平衡

$$G_1 B_1 = G_2 B_2 + G_3 B_3 \tag{6-27}$$

式中　B_1——原料液质量分数，%；

　　　B_2——母液质量分数，%；

　　　B_3——晶体所含溶质的质量分数，$B_3 = \dfrac{溶质相对分子质量}{晶体水合物的相对分子质量}$，%。

当晶体不含结晶水时，$B_3 = 1$。

（3）结晶产量

$$G_3 = \frac{G_1(B_1 - B_2) + WB_2}{B_3 - B_2} \tag{6-28}$$

非蒸发溶剂的冷却结晶的晶体产量为：

$$G_3 = \frac{G_1(B_1 - B_2)}{B_3 - B_2} \tag{6-29}$$

2. 热量衡算

（1）进入结晶器的热量

① 原料液带入热量 Q_1（kJ）

$$Q_1 = G_1 C_1 T_1 \tag{6-30}$$

式中　C_1——原料液的比热容，kJ·kg^{-1}·℃$^{-1}$；

　　　T_1——原料液的温度，℃。

② 溶质结晶时放出的热量 Q_2（kJ）其数值与物质的溶解热相等。

③ 加热溶液的热量 Q_3（kJ）对于蒸发结晶，可用需要蒸发出的水量进行计算；对于冷却结晶 $Q_3 = 0$。

（2）离开结晶器的热量

① 随母液带走的热量 Q_4（kJ）

$$Q_4 = G_2 C_2 T_2 \tag{6-31}$$

式中　C_2——母液的比热容，kJ·kg^{-1}·℃$^{-1}$；

　　　T_2——母液的温度，℃。

② 随结晶带走的热量 Q_5（kJ）

$$Q_5 = G_3 C_3 T_3 \tag{6-32}$$

式中 C_3——晶体的比热容，kJ·kg^{-1}·℃$^{-1}$。

③ 随溶剂蒸汽带走的热量 Q_6（kJ）

$$Q_6 = Wi \qquad (6\text{-}33)$$

式中 i——溶剂蒸发的热焓，kJ·kg^{-1}。

④ 对于冷却结晶器由冷却所带走的热量 Q_7（kJ）

$$Q_7 = G_0 C_0 (T_0^1 - T_0^2) \qquad (6\text{-}34)$$

式中 G_0——冷却剂的用量，kg；

C_0——冷却剂的比热容，kJ·kg^{-1}·℃$^{-1}$；

T_0^1，T_0^2——冷却剂冷却前后的温度，℃。

对于蒸发煮晶设备，$Q_7 = 0$。

⑤ 结晶设备向周围散失的热量 Q_8（kJ）

$$Q_8 = \alpha F t \Delta T \qquad (6\text{-}35)$$

式中 α——结晶设备对周围空气的传热系数，kJ·m^{-2}·h^{-1}·℃$^{-1}$；

F——结晶设备的表面积，m^2；

ΔT——结晶设备壁面与周围空气的温度差，$\Delta T = t_{\text{壁}} - t_{\text{空气}}$，℃；

t——结晶时间，h。

3. 结晶时间

根据结晶速率公式可以计算只在晶种的晶面上生长（在不产生新晶核条件下）的理论结晶时间：

$$t = \frac{s_2 - s_1}{A K_0 \Delta c} \qquad (6\text{-}36)$$

式中 Δc——溶液浓度差，mg·mL^{-1}；

s_1，s_2——晶粒在 A 晶面上原有长度及长大后的长度，m；

A——晶核表面积，m^2；

K_0——结晶速率常数。

实际结晶器的操作周期应包括溶液由不饱和浓缩到过饱和溶液所需的时间 t_1、起晶时间 t_2（或加晶种时间）以及设备清洗间歇时间 t_3，故结晶器的总时间 $t_{\text{总}}$ 应为：

$$t_{\text{总}} = t + t_1 + t_2 + t_3 \qquad (6\text{-}37)$$

（二）食品结晶过程的品质控制

结晶的主要目的是生产出符合质量要求，有一定的晶体粒度及粒度分布均匀的晶体，获得最大的结晶产量。而影响结晶的因素很多，且这些因素常常相互制约，故在结晶过程的控制要综合考虑。

1. 加晶种的控制结晶

在工业结晶过程中，为了便于控制晶体的数目和大小，为晶核的形成创造条件，往往在结晶将要开始之前，在溶液中加入溶质的微细晶粒，即为加晶种的控制结晶。加晶种的控制结晶有两种机制：一种是靠投入的晶种作为晶核，让其晶体长大，结晶过程要严格控制新晶核的形成，这种投种结晶便于控制结晶的晶体大小和晶粒数量，常用于大颗粒的晶体结晶，如味精结晶。另一种是投入的晶种通常较上一种方法有较小的晶种，投种时溶液的过饱和度（介稳区）较上法低，溶液由于受到晶种的刺激（也可能是晶粒的部分溶解或晶粒的投入），使晶核的形成提早（其所需的过饱和度远较自然起晶的过饱和度低），投入的晶种既有刺激长晶作用也有作为晶核的作用。多数工业结晶在重视产量而对晶形、粒度无需严格控制时多采用此法。如谷氨酸的等电点结晶，味精结晶，砂糖结晶等。

在实际结晶操作中，由于投入晶种的来源、数量、大小及溶液的状态可能会不同，因此上述两种控制有时难以严格区分。如砂糖结晶常采用种子起晶法，依其种子来源，从工业生产角度采用的就有投粉法、分割法和糖糊法。投粉法是以磨碎的糖粉作为晶种，投入到过饱和糖液（过饱和系数 1.10～1.15）中，比较容易控制晶粒大小和数目；分割法是把已煮成的一罐糖膏（晶粒较小）分割成若干部分作为若干罐的晶种；糖糊法是将丙糖（或粒子较小的糖）与糖浆混成一定浓度的糖糊作为晶种用。晶种的加入是控制产品晶粒大小的有效措施，但要严格控制晶种的加入量及投种的条件。

（1）晶种的量　晶种的加入量，取决于结晶过程析出的结晶量、晶种的粒度及所希望得到的产品粒度。假设过程中无晶核生成，则产品的晶粒总数等于晶种粒子的总数，即：

$$\frac{W_p}{\alpha \rho_c L_p^3} = \frac{W_s}{\alpha \rho_c L_s^3}$$

简化得：
$$W_s = W_p \times \frac{L_s^3}{L_p^3} \tag{6-38}$$

式中　W_s，W_p——晶种、产品的质量，kg；

　　　L_s，L_p——晶种、产品的平均粒度，m；

　　　　α——体积形态系数，无因次；

　　　　ρ_c——晶体的密度，kg·m^{-3}。

产品质量 W_p 等于结晶产量 G_3 与所加晶种质量 W_s 之和，即 $W_p = G_3 + W_s$，G_3 可由式（6-28）算出，于是：

$$W_s = G_3 \times \frac{L_s^3}{L_p^3 - L_s^3} \tag{6-39}$$

在蔗糖结晶过程中，可以应用少至 5μm 的微晶作为晶种，每 50m³ 糖浆中加入 500g 晶种就足够了。在味精结晶过程中，晶种的量是按晶种颗粒大小来控制的，如 24～32 目晶种的用量为（浓缩液浓度 30～30.5°Bé，70℃）10～12g·L^{-1}；32～40 目晶种用量为 5～6g·L^{-1}；40～50 目晶种用量为 3g·L^{-1} 左右，一般晶种颗粒大，容易操作，只要控制投种颗粒就可控制总体产量，结晶产品中新晶核少。作为结晶的晶种，应选择纯度高的料液生产的晶体，防止假晶等不良晶体作为晶种。

（2）投种时的过饱和度　从理论上分析，晶种的投入应该在溶液处于介稳区，即投入的晶种即使部分溶解，也不至于使溶液达到不稳状态而析出新的晶核为好。结晶料液的性质，结晶过程采用的方法（如蒸发结晶或真空结晶）不同，结晶颗粒大小要求不同，其控制的过饱和度明显不同。味精的蒸发结晶，投种时浓缩液浓度达到 30～30.5°Bé，此时的浓度已接近饱和浓度，故加入的晶种不会溶化，但随后的继续浓缩，当浓度达 33°Bé 时，溶液已接近不稳定区的过饱和状态，不仅晶种的晶粒稍有长大，同时也出现了细小的新晶核，可见投种时的过饱和度控制极为重要。过饱和度是受多种因素影响的，在蒸发结晶过程中，饱和度靠蒸发浓缩来控制，而在冷却结晶过程可通过降温及其他因素进行控制。

从发酵液中提取谷氨酸的结晶过程，其投种时间是通过发酵液谷氨酸含量和 pH 值指标加以控制的。如谷氨酸含量为 50g·L^{-1} 左右时，在 pH 4.0～4.5 投种；谷氨酸含量 35～40g·L^{-1} 时，在 pH 3.5～4.0 投种，投种量一般为发酵液的 0.2～0.3g·L^{-1}。

2. 细晶的消除

在结晶过程，每一粒结晶产品必然是由一粒晶核生长而成的。在一定体积的晶浆中，晶核生成量愈少，结晶产品就会长得愈大。反之，若晶核生成量愈大，溶液中有限数量的溶质将分别生长到过多的晶核表面，结晶产品的粒度就必然较小。由于成核过程很不易控制，致使形成的晶核数目太多。因此必须尽早地将过量的晶核消除，而不应使它们生成到较大时才加以消除。在间歇式的蒸发结晶过程中（如味精煮晶），细晶的消除方法可采用加水稀释、提高料液温度、降低真空度等方法。连续结晶通常采用的消除细晶的办法是根据淘析原理，即在结晶器内建立一个澄清区，在此区内溶液以很低的速率向上流动，使较大的晶粒从溶液中沉降出来，溶液则回到结晶器的主体部分，重新参与晶浆循环并继续生长。不能沉降的细晶则随母液溢流而出，进入细晶消除系统，借加热和稀释方法使之溶解，然后经循环泵重新回到结晶器中。

3. 晶垢的去除

在结晶器的操作中，经常会有大量溶质沉淀出来，并聚集成大块晶垢，成片地附着在管壁表面及容器壁上，有时还会脱落、掉进晶浆里。例如蒸发式或真空冷却式结晶中，由于溶液的过饱和是借蒸汽从沸腾液面上大量跑出来而产生的，因此最易结垢的地方是沸腾液与蒸汽空间交界处附近的器壁上。在大型结晶器中，晶垢的厚度可达30cm以上，大块晶垢若从壁上脱落下来掉到晶浆里，可能会砸坏搅拌器或循环泵，或堵塞其他孔道而造成事故。

附有晶垢的表面不利于传热，因而使产率降低。为了改善传热状况，保持一定的生产能力，要定期清除晶垢。除晶垢的方法可用晶浆加以稀释，或提高温度，或两者兼用，最终将晶垢溶解。有时需把晶浆放空，采用向结晶器内通入蒸汽或喷入稀释剂等方法加以清洗。

（三）结晶的分离、洗涤和干燥

1. 晶体的分离

结晶结束，晶体仍分散在溶液（为区分结晶前的溶液，常称为母液）中，需经分离操作，才能获取晶体。如蔗糖结晶料液（惯称糖膏）中含40%～60%的蔗糖晶粒和60%～40%的母液。由于黏稠度过大，故不能用一般过滤方法使母液与晶粒分开，要借助离心力来完成此工作，制糖过程中称之为分离。通常结晶分离采用的离心机有三足式离心机、上悬式自动卸糖离心机、锥形连续离心机和螺旋式连续离心机等。结晶分离过程包括：入料、全速分离、洗糖及卸塘等步骤。当离心机启动后转速达到200r·min^{-1}即可入料。为了获得较好的分离效果，入料转速依糖膏的浓度、流动性（黏性）控制。如较稀或流动性较好的糖膏可在200～350r·min^{-1}情况下入料，而低级糖膏黏度大，要在150～200r·min^{-1}时入料。

2. 晶体的洗涤

从结晶器取出的晶体，在其晶粒表面上附着少量母液，因液膜具有表面张力和毛细管附着力的作用，靠离心力尚不可能将这层母液彻底分离（有时尚可残留高达5%的母液）。为了彻底排除晶粒表面残留的母液，需对晶体加以洗涤。洗涤时离心机转速可比分离时慢些。

洗涤有水洗和汽洗。如蔗糖结晶，由于对产品质量要求不同，洗糖要求也有差异。通常三级砂糖不经水洗，二级砂糖只用水洗，一级砂糖用水洗和汽洗，也有不用汽洗而采用无汽一次水洗法的。

水洗应在糖蜜已基本分离（70%～80%糖蜜已分离出去），只有少量糖蜜未排除时进行。这时洗水易取代包围在晶粒表面的糖蜜，洗蜜也易通过糖层排出，既可降低洗水量又可收到较好的洗涤效果。如果过早水洗，难以达到洗涤目的；若水洗过迟，则糖蜜残留少，附着在晶粒表面的糖蜜接近干润，糖层紧实，晶粒间隙小，水洗效果差，洗蜜也不易排出。洗糖水质要符合卫生要求，不得带来悬浮污物及异味，洗涤水量要根据糖膏组成及品质要求而定，洗水量过多会使砂糖局部溶解，影响结晶的外形、光泽和增加洗蜜量。洗涤水的温度也要依结晶体的溶解性能适当控制。

结晶味精的离心分离过程需用50℃温水淋洗一次，用水量为晶体的6%～10%。而柠檬酸晶体却常用冷的去离子水或蒸馏水洗涤。

用蒸汽喷洗糖层常称为汽洗，多在水洗后进行，汽洗一般使用蒸汽压力0.6～1MPa。汽洗时蒸汽压缩性能大，易透过晶粒间的微孔，同时，汽洗时有部分蒸汽凝结成水，也可起到复洗作用。未凝结的蒸汽则由抽风机自机壳抽出，故汽洗可提高洗糖效果。汽洗还具有预干燥作用：汽洗时蒸汽的热能使晶粒表面蜜膜的黏度减小，水分较易分离；一般晶体含水量（游离水）只有 0.5％左右，卸糖温度较高，便于随后的干燥进行。

水洗砂糖一般残留水分 1.0％～1.5％。汽洗时，蒸汽的不断凝结，使糖晶体保持一定的湿度和温度，糖不易结块，卸糖容易；而水洗操作，若离心机停机或卸糖时间延迟，则运转中离心机从机壳经盖抽入的冷空气将使晶粒变干，易造成砂糖结块，卸糖困难。但汽洗会加长分离周期（汽洗一般 6min，单用水洗 4.5min），且汽洗时分离温度稍高，工作环境较差。

3. 晶体干燥与包装

经过离心分离后，晶体中尚含有少量的水分，不利于产品的贮运，需经过干燥、过筛包装才成为产品。

由于晶体的水分及结合特性不同，应采用不同的干燥方法。味精晶体（纯度 99％）含水分低于 2％（成品水分≤0.2％），粉状味精（纯度 99％）晶体含水量低于 5％（成品水分≤0.3％）。味精晶体比较疏松，故可用箱式干燥、气流干燥、传送带式干燥或振动床式干燥。干燥温度 80℃左右。优级白砂糖水分（25℃）≤0.06％，一级白砂糖≤0.07％，二级白砂糖≤0.12％，赤砂糖≤3.5％。根据上述标准，赤砂糖的水分在分离过程可以获得控制，无需干燥处理。而从离心机卸下的白砂糖经水洗汽洗的温度约 80℃，水分约 0.5％；分离时仅用水洗的则温度约 60℃，水分约 1.8％，则需经干燥处理，可采用自然干燥法（适于汽洗砂糖晶体）及热空气干燥法，热空气温度一般≤100℃。

柠檬酸湿晶体含水分 2％～3％，而成品一水柠檬酸含水≤0.4％，无水柠檬酸水分≤1％，也需要进行干燥，但它们对干燥温度却有严格要求。一水柠檬酸干燥温度不能超过临界点温度（36.6℃），否则不但游离水被蒸发，晶体还会失去结晶水而风化，结晶体表面层变成无水柠檬酸，形成白色箔片状结晶而失去光泽，产品也因失重而造成损失。而无水柠檬酸晶体干燥时，温度要高于临界点（36.6℃），一般控制在 40℃以上，否则干燥时表面的液相被浓缩、结晶析出一水柠檬酸，使产品质量下降。无水柠檬酸的干燥温度也不宜超过 80℃，以防成品受热分解或发生其他变化。

干燥完毕的结晶，经筛分并冷却至室温后，迅速采用合适的包装材料包装，以减少外来物质污染，防止结晶、吸湿，有利于贮运或销售。

复习思考题

1. 食品脱水与浓缩的目的是什么？有哪些方式？
2. 试说明蒸发浓缩的分类及特点。
3. 蒸发浓缩过程食品物料有哪些变化？
4. 试说明膜浓缩的种类及操作原理。
5. 试述冷冻浓缩和膜浓缩的基本原理、优缺点及影响因素。
6. 试解释结晶的基本原理及主要控制因素。

参 考 文 献

[1] Dennis R. Heldman, Daryl B. Lund. Handbook of Food Enineering. Second Edition. New York：CRC Press，2006.
[2] 张裕中. 食品加工技术装备. 北京：中国轻工业出版社，2000.
[3] Fellows P J. Food processing technology：principles and practice，Second Edition. New York：CRC Press，2000.
[4] 高孔荣，黄惠华，等. 食品分离技术. 广州：华南理工大学出版社，1998.
[5] 高福成，王海鸥. 现代食品工程高新技术. 北京：中国轻工业出版社，1997.
[6] [美] 陈其斌，周重吉. 甘蔗制糖手册. 高大维等译. 广州：华南理工大学出版社，1993.
[7] 天津大学化工原理教研室. 化工原理（下）. 天津：天津科学技术出版社，1990.

[8] Spies W E L, Schubert H. Engineering and Food . London and New York：Elsevier Applied Science, 1990.

[9] ［日］食品科学手册广州编委会 . 食品科学手册 . 李玉振，等译北京：轻工业出版社，1989.

[10] 金其荣，张健民，徐勤 . 有机酸发酵工艺学 . 北京：轻工业出版社，1989.

[11] 无锡轻工业学院，天津轻工业学院 . 食品工程原理（下）. 北京：中国轻工业出版社，1985.

[12] 丁绪淮，谈遒 . 工业结晶 . 北京：化学工业出版社，1985.

[13] 《化学工程手册》编委会 . 化学工程手册：第9篇 蒸发及结晶 . 北京：化学工业出版社，1985.

[14] ［苏］EB哈姆斯基 . 化学工业中的结晶，左涛，叶铁林译 . 北京：化学工业出版社，1984.

[15] 天津轻工业学院，大连轻工业学院，无锡轻工业学院，华南工学院 . 氨基酸工艺学 . 北京：轻工业出版社，1983.

工程训练

蒸发浓缩耗能巨大，而多效蒸发可以充分利用二次蒸汽，使蒸发单位重量水的蒸汽消耗降低，且随效数增加，蒸汽单耗不断下降。但是，为什么牛奶浓缩只能采用3-4效的多效蒸发浓缩方式？

第七章 食品的微波处理

第一节 概述

微波加热应用于工业开始于 20 世纪 70 年代末。由于能源成本的提高，促使人们寻找更有效的工业加热和干燥的方法。微波作为热源，具有加热速率快，能量利用率高的特点，因此微波加热技术和微波炉应用获得迅速发展。1965 年首座 50kW（千瓦）功率、915MHz（兆赫兹）的隧道式微波烘炉在美国用于烘干油炸马铃薯片。美国 FDA 1968 年批准在食品工业中应用微波，随着微波应用于食品加热问题的解决，微波在食品工业的应用愈来愈普遍。微波已成功用于食品发酵、膨化、干燥、解冻、杀菌、灭虫等目的。以微波能应用为主要手段的微波食品也应运而生，到 1988 年仅在美国上市的微波食品就超过九百多种。

日本在 1959 年开始采用微波加热技术，在家用微波炉技术上发展尤为迅速，1966 年夏普公司首次在市场出售输出功率 600W 的家用微波炉。1977 年美国家庭占有微波炉比例为 4％，而到 1990 年，美国家庭微波炉普及率达 82％，日本达 65％。我国到 2001 年为止，大城市中家庭微波炉的普及率也超过 80％。家用微波炉的出现，被认为是一场"厨房革命"，由于其节能、对环境污染少而被广为使用。微波炉的普及也促进食品工业的发展，使微波食品成为另一类时兴的食品。

在我国，微波无论是在加热用磁控管及各种加热器的设计和研究，还是在电源设备及控制系统的改进，材料特性的研究，以及在食品、皮革、木材、烟叶、纸板、纺织品、中药材、粮食、纤维等行业的应用均取得了可喜的成绩。微波促使白酒陈化；利用微波加热进行干燥、杀虫、杀菌等技术，已得到广泛应用，国产微波加热、干燥、杀菌设备或生产线也达到较高技术水平。

微波加热与其他能源相比，其工业应用仍处于不断发展中。能源成本，技术难度，以及某些综合性因素仍是目前推广应用微波能的主要障碍，缺乏对材料物性及加热技术与设备的基础性研究也是主要原因之一。工业上的微波加热技术有它的特殊性，人们只有充分了解这一特性后，才能有效利用这一技术，更好地为人类服务。

第二节 微波的性质与微波加热原理

一、微波的性质

（一）微波及其特点

微波（microwave）是指波长 1m～1mm 的电磁波，常分为米波、厘米波、毫米波和亚毫米波四个波段。微波与无线电波、红外线、可见光、紫外线、X射线一样，是电磁波，不同之处在于它们的波长和频率不同，见表7-1。通常在波长10^{-6} m（可见光）以上的电磁波能级较低，属非电离（non-ionizing）电磁波。微波的频率（300MHz～300GHz），介于无线电频率（超短波）和远红外线频率（低频端）之间。由于其频率很高，在某些场合也叫超高频电磁波。微波的频率接近无线电波的频率，并重叠雷达波频率，会干扰通信。因此，国际上对工业、科学及医学（ISM）使用的微波频带范围都有严格要求，见表7-2。目前工业上只有915MHz（英国用896MHz）和2450MHz两个频率被广泛应用。而在较高几个频带，由于微波管的功率、效率、成本尚未能达到工业使用要求，故较少应用。

表7-1　各种电磁波的不同用途

频率	波长/m	常用名称（代号）		一般应用	工业应用
30～300kHz	$10^4～10^3$	LF	中波	通信、电视、广播	高频感应加热
300～3000kHz	$10^3～10^2$	MF			
3～30MHz	$10^2～10$	HF	短波		高频介质加热
30～300MHz	10-1	VHF	超短波	通信、电视、广播	
300～3000MHz	$1～10^{-1}$	UHF	微波	电视、广播	微波加热及其他应用
3～30GHz	$10^{-1}～10^{-2}$	SHF		通信、雷达、卫星	
30～300GHz	$10^{-2}～10^{-3}$	EHF		通信	
300GHz～420THz	$10^{-3}～7×10^{-7}$	红外线		摄影、医疗	红外与远红外加热
420～750THz	$7×10^{-7}～4×10^{-7}$	可见光		光源	

表7-2　允许用于工业、科学及医学的微波频率

频率		中心波长/m	使用国家
中心频率/MHz	变动范围（±）		
433.92	0.20%	0.691	奥地利、荷兰、德国、瑞士、前南斯拉夫、葡萄牙
896	10MHz	0.335	英国
915	25MHz[①]	0.328	全世界
2375	50MHz	0.126	阿尔巴尼亚、保加利亚、匈牙利、罗马尼亚、捷克、苏联
2450	50MHz	0.122	全世界
3390	0.60%	0.088	荷兰
5800	75MHz	0.052	全世界
6780	0.60%	0.044	荷兰
24125	125MHz	0.012	全世界

① 美国允许变动范围为13MHz。

　　微波具有电磁波的波动特性，如反射、透射和干涉、衍射、偏振以及伴随电磁波的能量传输等波动特性，因此微波的产生、传输、放大、辐射等问题也不同于普通的无线电、交流电。微波在自由空间以光速传播，自由空间波长与频率有如下关系：

$$\lambda_0 = \frac{c}{f} \tag{7-1}$$

式中　　λ_0——自由空间波长，m；

　　　　c——光速，$3×10^8$ m·s^{-1}；

　　　　f——频率，Hz。

　　微波像光一样直线传播，受金属反射，可通过空气及其他物质（如各种玻璃、纸和塑料），并可被不同食品成分（包括水）所吸收。当微波被物质反射，并不增加物质的热；物质吸收了微波的能量，则引起该位置变热。

　　微波能量具有空间分布性质，在微波能量传输方向上的空间某点，其电场能量的数值大小与该处空间的电场强度的二次方成正比，微波电磁场总能量为该点的电场能量与磁场能量叠加的总和。

　　微波能量的传输与一般高低频电磁波不同，它是一种超高频电磁波，电磁波以交变的电场和磁场的互相感应的形式传输。为了传输大容量功率及减少传输过程的功率损耗，微波常在一定尺寸的波导管（简称波导）内传输。常见的波导有中空的或内部填充介质的导电金属管，如圆形波导、矩形波导和脊形波导等（见图 7-1）。波导的尺寸大小及结构，要按传输电磁波性质及实际需要进行专门设计及制造。

| (a) 脊形波导 | (b) 圆形波导 | (c) 矩形波导 |

图 7-1　典型波导的截面

（二）微波与介电物质

　　微波辐射是非电离性辐射。当微波在传输过程中遇到不同的材料时，会产生反射、吸收和穿透现象，这取决于材料本身的几个主要特性：介电常数（dielectric constant，常用 ε_r 表示）、介质损耗（$\tan\delta$，也称介质损耗角正切）、比热容、形状和含水量等。

　　在微波应用系统中，常用的材料可分为导体、绝缘体、介质等几类。大多数良导体，如铜、银、铝之类的金属，能够反射微波。因此在微波系统中，导体以一种特殊的形式用于传播以及反射微波能量。如微波装置中常用的波导管，微波加热装置的外壳，通常是由铝、黄铜等金属材料制成的。

　　绝缘体可部分反射或渗透微波，通常它吸收的微波能较少，大部分可透过微波，故食品微波处理过程用绝缘材料作为包装和反应器的材料，或作为家用微波炉烹调用的食品器具。常见的材料有玻璃、陶瓷、聚四氟乙烯、聚丙烯塑料等。

　　介质材料又称介电物质（dielectric material），它的性能介于导体和绝缘体之间。它具有吸收、穿透和反射微波的性能。在微波加热过程，被处理的介质材料以不同程度吸收微波能量，因此又称为有耗介质。特别是含水、盐和脂肪的食品以及其他物质（包括生物物质）都属于有耗介质，在微波场下都能不同程度地吸收微波能量并将其转变为热能。

二、微波加热原理及特点

（一）微波加热原理

　　食品微波处理主要是利用微波的热效应。食品中的水分、蛋白质、脂肪、糖类等都属于有耗介质。有耗介质吸收微波能使介质温度升高，这个过程称为介电加热。微波在介电材料产生热主要有两种机制：离子极化和偶极子转向。

　　溶液中的离子在电场作用下产生离子极化。离子带有电荷从电场获得动能，相互发生碰撞作用，可以将动能转化为热。溶液的浓度（或密度）愈高，离子碰撞的概率愈大，在微波高频率（如 2450MHz）下产生的交变电场会引起离子无数次的碰撞，产生更大的热，引起介质温度升高。存在毛细管中的液体也能发生这种离子极化，但与偶极子转向产生的热相比，离子极化的作用较小，其产生热量的多少主要取决于离子的迁移速率。

　　有些介电物质，分子的正负电荷中心不重合，即分子具有偶极矩，这种分子称偶极分子

（极性分子），由这些极性分子组成的介电物质称极性介电物质。极性介电物质在无外电场作用时，其偶极距在各个方向的机率相等，因此宏观上，其偶极矩为零。当极性分子受外电场作用时，偶极分子就会产生转矩，从整体看，偶极矩不再为零，这种极化称偶极子转向极化，见图7-2。

图 7-2　交变电场引起偶极子转向

水分子是最普通的极性分子，广泛分布在食品及生物组织中。当食品处于交变电场中时，电场方向改变就会引起水分子极性转动。水分子转动的快慢受频率影响，在高频电场中 1s 内极性分子要进行上亿次的换向"变极"运动。如使用的微波的频率为 2450MHz，就相当于可使水分子在 1s 内要发生 180°来回转动 24.5 亿次，使分子之间产生强烈振动，引起摩擦发热，使物料温度升高，达到加热目的。

由于介质吸收微波能而发热，具有"热点"效应，且会在加热介质中产生多个"热源"。因此，微波加热速率快，其加热效果是传导和对流方式加热达不到的。但另一方面，微波电磁场的空间分布特点和加热速率过快，致使微波加热控制不当可能会出现局部过热现象。

（二）食品材料的介电特性

1. 介质对微波能的吸收

介质吸收微波能并将其能量转变为热能，微波的场强和功率就被衰减，即微波透入介质后将进入衰减状态。不同的介质对微波能的吸收衰减程度是不同的，随介质的介电特性而定。衰减状态决定微波对介质的穿透能力。

（1）**穿透深度**　微波进入介质时，介质表面的能量密度最大，随着微波向介质内部的穿透，其能量呈指数衰减，此时，微波的能量释放给介质。穿透深度可以表示介质对微波能的衰减能量的大小。常有两种表示法，即功率穿透深度 D_e 和半功率穿透深度 $D_{0.5}$。

功率穿透深度是指功率从材料表面衰减至表面值的 $1/e$（大约 37%）时的距离，用 D_e 表示，微波功率衰减方程（Lambert's law）如下：

$$P = P_0 e^{-2aD_e} \tag{7-2}$$

式中　P_0——入射功率，W；

　　D_e——穿透距离，cm；

　　P——在穿透深度 D_e 时的功率，W；

　　a——衰减系数；

　　e——2.718282。

如果 $P/P_0 = e^{-1}$，则

$$D_e = \frac{1}{2a} \tag{7-3}$$

穿透深度也可以用功率衰减一半时的距离（$D_{0.5}$）来表示，也称半功率穿透深度，此时

$P/P_0=1/2$，则：

$$D_{0.5}=\frac{1}{2.885\alpha} \tag{7-4}$$

衰减系数 α 可用下列方程计算：

$$\alpha=\frac{2\pi}{\lambda_0}\left[\frac{\varepsilon_r}{2}\left(\sqrt{1+\tan^2\delta}-1\right)\right]^{0.5} \tag{7-5}$$

对于低损耗介质，$\tan\delta\ll1$，微波的穿透深度近似为：

$$D_e=\frac{\lambda_0}{2\pi\sqrt{\varepsilon_r}\tan\delta} \tag{7-6}$$

$$D_{0.5}=\frac{3\lambda_0}{8.686\pi\sqrt{\varepsilon_r}\tan\delta} \tag{7-7}$$

从式(7-6)与式(7-7)可知，微波能在介质中的穿透深度，不管用何表示方法，对于同样介质，穿透深度都与微波波长成正比，与频率成反比。

在2450MHz时，微波对水的穿透深度为2.3cm；在915MHz时增加到20cm；而在空气中其穿透深度则分别为12.2cm和33cm。不同水分及频率下微波的穿透深度见表7-3。

表7-3　水分和频率对半固态食品的微波穿透深度的影响

水分含量	介电常数 ε_r	介质损耗 $\tan\delta$	穿透深度/cm	
			915MHz	2450MHz
高	60	0.25	8.4	3.1
中	20	0.20	11.7	4.4
低	10	0.15	22.1	8.2

穿透能力差的加热方式对物料只能进行表层加热。由于微波的波长远高于红外线、远红外线，故微波有穿透力强的特点。在物料的微波穿透深度（$D_{0.5}$）2倍距离以内，微波能深入物料内部加热，使物料表里几乎同时吸热升温形成"体热状态加热"。

微波的穿透深度也与介质的温度有关，见表7-4。

表7-4　不同温度和频率下牛肉的半功率穿透深度（$D_{0.5}$）　　　　　　单位：cm

频率/MHz	温度											
	−75℃	−60℃	−50℃	−40℃	−30℃	−20℃	−10℃	0℃	10℃	20℃	30℃	40℃
1000	110.6	68.8	49.4	35.3	26.4	19.1	13.6	9.6	6.6	5.3	2.8	1.8
2450	58.6	42.7	32.2	24.7	18.3	14.3	10.5	7.3	4.9	2.4	1.5	1.8

从表中可见，功率穿透深度随频率增加而降低；低温和低频时在食品中有较大的穿透深度。在2450MHz下，微波处理−30℃的牛肉时其穿透深度可达18.3cm，而在室温30℃时下降至1.5cm。

（2）介质吸收微波的功率　在微波场中，介质吸收微波能转变为热，可用下方程表示：

$$P_m=0.556\varepsilon_r\tan\delta f E^2\times10^{-12} \tag{7-8}$$

式中　P_m——功率密度，$W\cdot cm^{-3}$；

　　　ε_r——介质的介电常数；

　　$\tan\delta$——介质损耗；

　　　f——微波频率，Hz；

　　　E——电场强度，$V\cdot cm^{-1}$。

从式（7-8）可看出：f 和 E 为微波场的性能参数；而 $\varepsilon_r\tan\delta$ 为每种介质所固有的介电特性，称为介电损耗因子（dielectric loss factor）、有效损耗因子或介电损耗（用 ε'' 表示）。因此介电物质单位体积内的放热量（单位介电功率损耗）取决于微波场的参数 E 和 f，以及材料的介电常数 ε_r 和介质损耗 $\tan\delta$。

在食品加工中，材料的介电损耗因子（ε''）与电场强度（E）及频率（f）一起决定了能被一定体积材料所耗散的功率。对于给定的耗散功率，ε'' 决定材料温度上升的速率。介电损耗因子愈大，材料愈容易吸收入射的微波能。一般来说，介电损耗因子少于 10^{-2}，为了在材料中有合适的温度上升率，就需有很高的电场强度；而当介电损耗因子大于 5 时，可能会出现穿透密度问题，这时由于材料对微波的强烈吸收，入射能量的大部分被吸收在数毫米厚的表层里，而其内部则影响较小，因而造成加热不均匀，因此在微波应用设计中介电损耗因子被限制在 $10^{-2}<\varepsilon''<5$ 范围内。

不同物料的介电常数及介电损耗有很大差别，在同样微波场中会有不同的吸收微波能力，这就使得微波加热物料具有一定的选择性。

2. 影响材料介电特性的因素

食品的介电性质随微波场频率、温度、水分含量、盐含量和组分、物理状态不同而变化。

（1）微波频率　微波频率对食品材料介电特性的影响比较复杂。食品含水分不同，频率变化对其影响也有差异，图 7-3 是脱壳黄玉蜀黍在不同含水量，不同频率下的介电损耗因子（ε''）和介电常数（ε_r）的关系。从图中可看出，介电常数及介电损耗因子随水分含量增加而增加，随频率的增加而下降。

图 7-3　脱壳黄玉蜀黍在 24℃ 及各种频率时的介质特性

（2）温度的影响　对于食品来说，介电特性随温度的变化依赖于微波的频率、自由水和束缚水的比例、离子导电性及物料的组分。例如，在食品工业使用的微波频率条件下，由于食品中束缚水的极化引起的介电常数及介质损耗因子会随着温度的升高而升高。而自由水的上述两种介电特性则会随着温度的升高而降低。对许多食品的介电常数与温度及频率关系的研究，发现由于多数食品都含有一定水分，其介电特性规律类似于水，见图 7-4。从图中可见，在冰点以下与冰点以上食品介电常数（ε_r）和介电损耗因子（ε''）与温度关系很大。

当冻结食品融化前，ε_r 和 ε'' 随温度升高而增大；融化后，除了含盐食品（熟火腿）继续增大外，其他食品的 ε_r 和 ε'' 则随温度升高而减少。食品材料在水的冰点附近发生的介电常数和介电损耗因子的突变，是微波解冻工艺要特别注意的问题。因为只要在解冻过程产生几滴水，微波能就首先耗散在液态水中，易引起解冻不均匀及局部食品升温的加热效果（称热失控现象），因此对于高水分食品，通常解冻到 $-2℃$ 可避免这现象出现。

含盐量较高的食品，由于离子极化，在冻结点以上其介电常数及介质损耗因子会随着温度的升高而升高，这种变化趋势与取决于自由水偶极子极化的介电特性随温度的变化趋势相

图 7-4　各种食品在 2.8GHz 时介质特性与温度的关系

反。低盐食品的介质损耗因子随温度升高而降低的好处是具有"温度平衡"效应，就是说，当食品某一部位过热后，此部位的介质损耗因子减小，导致吸收微波能转化的热能减少，有助于减轻温度分布的不均匀性。

（3）食品水分含量和状态　由于水分子的极化特性，食品中的水分含量决定了食品的介电特性。一般来说，水分含量越高，食品的介电常数及损耗因子越大。在冻结点以上时，食品中的水分有两种存在状态——自由水和束缚水。自由水的介电特性类似于液体水，而束缚水则类似于冰的介电特性。食品的介电特性会随着水分含量的降低而迅速降低直到一个临界水分含量。低于此临界水分含量时，食品中的水分为束缚水，损耗因数的减少不明显。微波干燥过程中，食品较湿的部位吸收更多的微波能，可以平衡不均匀的水分分布。当水分含量低于临界水分含量时，上述的水分均衡效应不明显。

表 7-5 列出了一些食品的介电特性与水分的关系。从表中可以看出，随着食品水分的提高，食品的介电常数（ε_r）和介质损耗（$\tan\delta$）变大。食品水分的存在状态也对其介电性质有较大的影响。冰对微波来说几乎是透明的。水结成冰，其介电常数也有很大的变化。在 2450MHz 下，冰的介电常数为 3.2，介质损耗为 0.001；而水的介电常数达 80，介质损耗为 0.2。食品冻结后，其介电常数及介质损耗因子大大降低，降低的程度很大程度上取决于未冻结水分的量，及自由水的离子导电性。

表 7-5　一些食品介电特性与水分的关系（$f=10$MHz）

物　　料	水分质量分数/%	介电常数（ε_r）	介质损耗（$\tan\delta$）
小麦	28.4	5.3	0.25
	24.0	4.6	0.23
	20.2	4.5	0.20
	13.0	3.8	0.10
	7.6	3.0	0.08
	2.3	2.7	0.075
可可豆	5.94	1.77	0.02
花生	5.25	2.3	0.026
扁桃	8.1	2.31	0.038
方糖	3.0		0.09

（4）材料的组成成分　材料的组成成分不同，就会有不同的介电特性，表 7-6 是某些材料料的介电性质。

表 7-6　某些材料的介电性质

名　称		温度/℃	水分/%	10MHz		1000MHz		3000MHz	
				ε_r	ε''	ε_r	ε''	ε_r	ε''
人体组织						49~52		45~48	
牛排	肥的	25		50	1300	50	39	40	12
	瘦的(冰冻)	0				4.4	0.72	3.95	0.3
肥腌肉		25				2.6	0.16	2.5	0.13
马铃薯(生的)		25		80	47.8	65.1	19.6	53.7	15.7
熟火鸡		25				46.0	68.0[1]	40.0	14.0[2]
奶油		0	16.5(湿基)					4.05	0.39[2]
		35						4.15	0.44[2]
蒸馏水		25				77.5	1.2[1]	76.7	12.0
		95				52.0	0.36[1]	52.0	2.44
纯冰		—12		3.7	0.07			3.2	0.003
0.5mol·L⁻¹NaCl		25				69.0	269.0	67.0	41.87
奶粉(800kg·m⁻³)		30	3.3(湿基)					2.29	0.048[2]
乳浆粉(780kg·m⁻³)		30	4.8(湿基)					2.04	0.025[2]
耐冻油菜叶		23		400.0	900.0	40.0	20.0	40.0	11.0
纸	深灰的	82	0			3.0	0.216[1]	2.94	0.235[2]
	白布纹(78g·m⁻²)	22	7.0(干基)	3.1	0.25[3]			3.2	0.5[2]
玻璃	熔融 SiO₂	25		3.78	<10⁻⁴	3.78	0.0002[3]	3.78	0.0002
	90% SiO₂	25		3.85	0.0023[3]	3.85	0.0023[3]	3.84	0.0026
瓷(Al₂O₃)		25		8.95	0.0018	8.93	0.008	8.90	0.01
杜邦尼龙(FM10001)		25		3.24	0.07	3.06	0.043	3.02	0.036
PE		23				2.26	0.0024[3]	2.25	0.0026
有机玻璃		27		2.71	0.027	2.96	0.017[3]	2.6	0.015
聚四氟乙烯		22				2.1	0.0003	2.1	0.0003

[1] 频率为 27.12MHz。
[2] 频率为 2450MHz。
[3] 频率为 300MHz。

食品物料组成复杂，常常由多种介电性质不同的介质复合而成，包括干物质（纤维素、蛋白质、淀粉、脂肪、矿物质等）和水（束缚水、自由水等），因此其介电特性应是复合的，也称为复合介电特性。

从表 7-6 可看出，大部分食品材料的介电损耗因子（ε''）和介电常数（ε_r）都大于陶瓷、纸、玻璃、塑料等。因此在同样的微波场中，食品材料吸收的微波能大；而陶瓷、纸、玻璃、塑料等吸收微波能较小，也即其微波穿透性好，适于在食品微波处理中作为食品的容器或包装材料。

（5）物料的密度　物料的密度也会影响其介电性质。例如在 2450MHz 下，烟叶密度由 150kg·m⁻³ 提高到 250kg·m⁻³，其介电常数将增大 4 倍。被磨成粉状的物料由于其粉体中含有大量的空隙，所以其介电常数及介电损耗因子都比密实的原料小。空气的介电常数较低，在微波场中，空气是完全的微波透过体，故在食品物料中，空气的存在量将直接影响物料的介电常数。在疏松的物料（如面包团）中，空气成为微波的绝缘体，在焙烤过程中，面包团的密度进一步降低，其绝热性增加，使常规热量传递到物体内部就十分困难且缓慢，此时采用微波烘烤则可使时间大大缩短。

（三）微波加热的特点

微波能不仅对含水物质能进行快速均匀的加热作用，而且对许多有机溶剂、无机盐类也呈现不同程度的微波热效应，微波加热的主要特点如下。

1. 加热效率高，节约能源

微波可直接使食品内部介质分子产生热效应。当微波被金属壳包围起来（金属反射微波）后，其能量可以被封闭，只作用于被加热体，不需要传热介质，甚至连容器或载体都因为选择微波穿透性材料而不被加热。因此微波能的加热效率比其他加热方法要高，仅消耗部分能量在电源及产生微波的磁控管上。

2. 加热速率快，易控制

微波能不仅能在食品表面加热，而且能够穿透进入食品内部，并在内部某一体积迅速产生热量，使食品整体升温快。微波加热一般只需常规法 1/100～1/10 的时间就可完成整个加热过程。图 7-5 是热空气与微波干燥马铃薯片水分下降与时间的关系。从图中明显看出，用微波干燥温度低（38℃），干燥时间明显缩短；微波加热有自动平衡的性能，可避免加热过程出现表面硬化及不均匀现象；而且只要切断电源，马上可停止加热，控制容易。

图 7-5　微波与热空气干燥马铃薯片
水分下降速率比较

—空气干燥马铃薯粒（9mm×9mm×6mm，71℃）；

—○—微波干燥马铃薯片（直径 37.5mm，厚 6mm，38℃）

3. 利用食品成分对微波能的选择吸收性，用于不同微波干燥目的

如干制食品的最后干燥阶段，应用微波作为加热源最有效。用微波干燥谷物，由于谷物的主要成分淀粉、蛋白质等对微波的吸收比较小，谷物本身温升较慢。但谷物中的害虫及微生物一般含水分较多，介质损耗因子较大，易吸收微波能，可使其内部温度急升而被杀死。如果控制适当，既可达到灭虫、杀菌的效果，又可保持谷物原有性质。微波还可用于不同食品（干制品）的水分调平作用，保证产品质量一致。

4. 有利于保证产品质量

微波加热所需的时间短，无外来污染物残留，因此能够保持加工物品的色、香、味等，营养成分破坏较小。对于外形复杂的物品，其加热均匀性也比其他加热方法好。

微波加热设备体积较小，占用厂房面积小。即使一次投资费用较大，但从长期生产考虑，却可节省劳动力，提高工效，改善工作环境及卫生条件。而且微波加热结合其他加工工艺（如真空干燥）还能获得更佳的效益。

食品材料对微波的选择吸收性，可有效地用于食品加工，但也会带来一些工艺控制的困难。影响食品材料介电特性的因素较多，即使相同的材料，在加热过程随着温度、水分含量的改变，其吸收特性也发生改变。因此，如缺乏控制，也易造成加热不均匀（尤其是大块食品材料的加热及冻结食品的解冻操作）。在应用微波能时，要根据食品的介电特性、微波穿透深度、使用频率及电场强度来决定加工食品的大小、厚度以及处理量和时间等，才能避免出现加热过度或不足或不均匀的缺陷。

另外，微波加热的均匀性与食品的形状密切相关。球形最利于微波聚集及加热。柱形材料在 20～35cm 直径区域范围内为最大受热中心区，在 45～50cm 直径时，只有表面发热。方形或有尖角的食品在角上的位置会产生"尖角效应"或"棱角效应"，导致过热。

微波加热作为一种加热手段，为了达到高效节能的目的，在工业应用中常结合其他的技术。如微波与热空气组合系统用于干燥速率缓慢的食品，不仅可降低成本，缩短干燥时间，还有利于控制食品中污染的生物；微波真空干燥，更有利于保证制品质量。

三、微波能的产生及微波加热设备

（一）微波能的产生

微波能通常由直流或 50Hz 交流电通过一特殊的器件来获得。可以产生微波能量的器件主要有两大类：电真空器件和半导体器件。

电真空器件是利用电子在真空中运动来完成能量变换的器件，也称为电子管。在电真空器件中能产生大功率微波能的有磁控管，多腔速调管，微波三、四极管，行波管及正交场器件等。微波三、四极管本身结构较复杂，使用时还要外加谐振腔，而且频率在 900MHz 以上要获得千瓦级以上的功率比较困难，故它在微波加热上的应用受到限制。目前在微波加热应用较多的是磁控管及速调管。

磁控管的输出功率高，效率也高，频率稳定以及价格低廉，在工业应用较广泛。我国生产的可产生 915MHz 和 2450MHz 的微波磁控管（连续波磁控管）功率分别达到 30kW 和 10kW 以上，效率分别为 80％和 77％，寿命 1000h 以上。

在频率要求较高，功率较大的场合，用磁控管已经不能满足要求，这时常采用多腔速调管（多个谐振腔）。多腔速调管是一种放大器，而磁控管是一种振荡器。速调管虽然在效率方面比磁控管低（多腔速调管在 2450MHz 时效率可达 60％左右），结构也复杂，但单管可获得较大的功率，工作寿命也比磁控管长。

半导体器件在获得微波大功率方面远不如电真空器件（至少差三个数量级），故少用于工业微波加热。如 915MHz 磁控管单管可获得 30～60kW 的功率，而半导体雪崩二极管只能得到数十瓦或近百瓦的功率；2450MHz 磁控管可以获得 5kW 的功率，速调管可以得到 30kW 的功率输出，而半导体器件只能给出几瓦功率。

（二）微波加热设备

1. 微波加热系统的组成

工业微波加热系统主要由高压电源、微波管（微波发生器）、连接波导、加热器及冷却系统和保障系统等几个部分组成，见图 7-6。微波管由直流电源（交流电源变压整流）提供高电压并转换成微波能量。微波能量通过连接波导（圆波导或矩形波导）传输到加热器，对被加热物料进行加热。冷却系统用于对微波管的腔体及阴极部分进行冷却。冷却方式主要有风冷与水冷。保障系统用于设备的安全操作和防护。

图 7-6　微波加热系统示意图

2. 微波加热器的种类及其结构特点

微波加热器按照被加热物和微波场作用的形式，可分为驻波场谐振腔加热器（箱型）、行波场波导加热器（波导型）、辐射型加热器、慢波型加热器等几大类。表 7-7 列出食品工程中各种类型微波加热器的特点。

表 7-7　食品工程中各种类型微波加热器的特点

加热器类型	微波功率在加热器内的分布情况	功率密度	适用的被加热物料	对磁控管的负载特性	适用的加热方式
箱型	分散	弱	大件、块状	差	分批/连续
隧道式箱型	集中	强	线状、条状	差	连续
波导型	集中	强	粉状、片状、柱状	好	连续
慢波型	集中	强	片状、薄膜状	较好	连续

　　驻波场谐振腔加热器，也称箱式加热器。家用微波炉就是一种典型的驻波场型微波加热器，它由短形谐振腔、输入波导、反射波导板和搅拌器等构成。微波炉的谐振腔为短形，其每边长度都大于 0.5λ 时，从不同方向都有波的反射，物料在谐振腔内可从各方向接受微波作用，没被物料吸收的能量在箱壁被反射回去，再被物料吸收。微波炉内的转盘又有利于物料从各个方向吸收微波能，确保微波加热均匀。

　　隧道式箱型加热器将几个谐振腔加热器串联起来，在加长方向两端装上截止波导，形成一种连续型加热过程，见图 7-7。物料由输送带运载，物料的高度要低于截止波导允许高度，炉体两端装有吸收微波的水负载或其他反辐射装置，防止微波外泄，以保证操作人员的安全。加热器内要注意排湿，防止水汽在炉壁凝聚影响微波能利用，常用的方法是通风。

图 7-7　连续式多谐振腔加热器示意图
1—磁控管振荡源；2—吸收水负载；3—被加热物料；4—辐射器；5—传送带

　　波导型微波加热器，在波导的一端输入微波，在波导的另一端有吸收剩余能量的水负载或其他负载，微波能在波导内无反射地传输，构成行波场，故又称行波场加热器。有开槽波导、组合波导、平板波导、圆波导等各种加热器。

　　慢波型微波加热器，也称表面波加热器，是一种沿导体表面传输微波的加热器。这种加热器的主要特点是能量集中在加热器中很狭的区域内传送，这样可获得很强的电场，以提高对某些片状物料的加热效率。

　　加热器的选择主要依据处理物料的形状、数量及生产要求等条件来决定。当处理物料是连续生产时，可采用传送带式或靠物料本身（如纸张、棉布、电影胶片等）传送。对于小批量生产或实验室研究以及食堂、家庭烹调用，可以采用小型谐振腔式加热器。线状材料可以用开槽波导或脊形波导加热器，有时可以采用圆波导谐振式加热器。体积较大或形状复杂的物料，为了获得均匀的加热，多采用隧道式谐振腔加热器。液状物料采用像水负载那样的或圆波导型加热器。为了防止微波能的辐射危害，应在炉体出口及入口处加上吸收功率的水负载。

　　微波加热设备应具有一套严密的自动控制与微波管保护系统，以便当负载严重失配，出现反向功率时能给高功率源提供一定的保护，延长磁控管或速调管的寿命。对于连续加热装置，还需有依据被加热物料介电特性和加热要求（温度、生产量等）专门设计的连续（或间接）处理控制系统，物料输送装置。所有微波加热装置均需有防止微波泄漏的安全装置及防护措施。

3. 微波频率的选择

　　目前用于工业微波加热的频率主要有 915MHz 和 2450MHz。选定工作频率主要取决于下列因素。

（1）加工物料的体积及厚度　由于微波穿透物料的深度与所用的频率，物料的介电常数及介电损耗因子有关，因此，当物料在 915MHz 及 2450MHz 的介电常数及介电损耗因子相差不大时，选用 915MHz 可以获得较大的穿透深度、可以用来处理较厚、体积较大的物料。这也是目前工业应用多采用 916MHz 的主要原因。

（2）物料的含水量及介电损耗因子　一般来说，物料含水量越大，其介电损耗因子越大；当频率越高时，其相应的介电损耗因子亦越大。因此，对含水分高的物料，可以用 915MHz；而当水分含量很少时，物料对 915MHz 的微波吸收较少，此时选用 2450MHz 加热效果较好。但有些物料如含 $0.1mol \cdot L^{-1}$ 的盐水，采用 915MHz 时，介电损耗因子反比 2450MHz 高一倍，牛肉等食品亦有类似情况。究竟选用什么频率，最好是通过实验来确定。

（3）生产量及成本　由于微波电子管可能获得的功率与频率有关。如频率为 915MHz 的磁控管单管可以获得 30kW 或 60kW 的功率，而 2450MHz 的磁控管单管只能得到 5kW 左右的功率。而且 915MHz 磁控管的工作效率一般比 2450MHz 高 10% ～ 20%，为了在 2450MHz 的频率上获得 30kW 以上的功率，就必须用几个磁控管并联、串联或采用价格较高的速调管。因此，在加工大批物料时，往往选用 915MHz，或在烘干大量水分时先用 915MHz，在含水量降至 5% 左右时再利用 2450MHz。这样，由于 915MHz 磁控管的工作效率较高，总的成本可降低。

（4）设备体积　一般来说，2450MHz 的磁控管及其波导均较 915MHz 小。因此，加热器的尺寸，2450MHz 较 915MHz 的小巧，故家用微波炉选用 2450MHz 频率较多。

4. 微波源的选定

选择微波源主要考虑所需功率、磁控管和配制系统。要选择稳定性好的磁控管作为微波发生器，配置有数字电路、模拟电路和可编程控制器相结合的电气控制系统和完备的微波传输系统，使微波源性能完善、功能多、通用性强、稳定性高，可用于各种微波处理目的。

通常在选择微波源时要注意以下几点：

① 输出功率连续可调，并保持稳定，不受电源、磁控管温度变化及负载波动的影响；

② 可编程控制，按所需的功率及时编程，启动后即可连续式间歇输出；

③ 大功率隔离器使该源有很强的抗负载失配能量（驻波比最大可达到 4）；

④ 有联锁保护使该源运行安全可靠；

⑤ 显示仪表要直观、准确、便于监控。

第三节　微波技术的应用

一、微波加热与食品干燥、烘烤

（一）微波加热脱水的功率消耗

传统的干燥方法，物料的加热是由表面向中心内部进行的，因而湿热传导率阻碍水分从物料中脱去，而过长时间加热或过高的表面温度易造成物料表面结皮、硬化、烧焦及内部干燥不均匀的缺陷。湿物料中的水分在微波场中有较高的选择吸收微波能的特性，可使物料内部某一体积产生强烈加热，以至于物料内部蒸汽的形成速率超过它的迁移速率，既有利于增加传质与传热速率，还可引起物料膨化或发泡（水蒸气由内向外逸出形成），使干燥物达到最佳质量。

根据公式(7-8)，功率密度 P_m 与物料介电特性和微波场参数的关系，实际上，许多食品的介电常数并不容易获得，而物料加热耗用微波功率常用下式进行计算：

$$P = \frac{\Delta TCW}{860t}$$

(7-9)

式中　　P——耗用微波的功率，kW；

　　　ΔT——物料温升，℃；

　　　C——物料比热容，kJ·kg^{-1}·℃$^{-1}$；

　　　W——物料量，kg；

　　　t——微波作用时间，h。

物料干燥需耗用的微波功率：

$$P=\frac{\Delta TCW+QW'}{860t} \tag{7-10}$$

式中　　Q——液体蒸发潜热或汽化潜热，kJ·kg^{-1}；

　　　W——物料量，kg；

　　　W'——蒸发水量，kg。

（二）微波干燥与膨化

用微波加热达到干燥目的的方法应用最广泛，在工业上已成功用于木材、纸张、皮革、电影胶片、化工产品、药材、卷烟、制茶、粮食、果蔬及各种加工食品的干燥处理。微波干燥主要利用湿物料的快速体积加热而产生的附加显热，诱导湿气向表面扩散，有利于用较经济的常规技术来抽走和排除湿气。微波干燥最大的优点是在干燥后期降速干燥阶段可提高干燥速率，避免传统干燥方法干燥后期干燥速率低，干燥时间长的缺点。因此，为了提高微波能使用效率，降低成本，微波干燥常与传统热干燥技术配合使用。如微波/热空气干燥果蔬，微波/真空干燥果汁粉，后者生产成本比等效的冷冻或喷雾干燥低，生产效率得以提高，产品色泽、质构及复水性好。微波用于升华干燥也可将干燥时间大大缩短。

微波干燥另一应用是中等水分物料的最后干燥，每种湿料干燥速率曲线上都有一临界水分，当低于此水分值时，采用常规的干燥方法速率慢，效率低，而此时用微波加热的组合系统（即先用常规加热，再用微波加热），在运行费用和能量利用等方面被认为是最佳的加热方式。如面条干燥，先用热空气（82～93℃，15%～20%RH）加热干燥，使水分由30%降到18%，再进入微波干燥室，用微波热风干燥12min，使水分降至13%。干燥时间由原来的8h缩短至1.5h，节能25%，产品菌落总数为传统方法的1/15，产品复水性能好。通心粉用常规干燥方法速率非常慢，在热空气循环炉中（40℃）需干燥10～20h，采用60kW微波功率与热空气组合系统，以500kg·h^{-1}的速率处理通心粉，可使运行、电力和维护成本降低30%，缩短干燥时间15min，产品中的微生物及昆虫污染能得到较好的控制。油炸马铃薯条的最后干燥采用微波能不仅可解决颜色问题，还可省油，且薯条脆，产品保质期延长。图7-8为微波/热空气干燥炸马铃薯条的加热设备截面简图。图中，微波能由两个25kW磁控管产生，经波导管输入干燥室。刚炸完的马铃薯条由顶部降落到输送网带，热空气（87.7～104.4℃）由底部吹过输

图7-8　微波/热空气干燥炸
马铃薯条设备截面简图

送网带，将水分带走。物料进、出口端均有微波能捕俘装置保证泄漏量符合安全标准。马铃薯条在输送带上停留时间2.5～4min，生产量达636～909kg·h^{-1}。

微波真空干燥已被成功地应用在固体颗粒果汁饮料的生产上，产品品质优于喷雾干燥、冷冻干燥，运转费也比它们低。法国一厂家曾利用一台48kW、2450MHz的微波真空干燥机，浓缩干燥柑橘汁，干燥速率49kg·h^{-1}，干燥时间为40min，成本较单独采用真空干燥或冷冻干燥大为降低，且维生素C保存率高。

微波膨化利用微波加热的特性（内部加热），使食品内部水分快速升温汽化、增压、膨胀，当蒸气压力达到一定程度时，包裹蒸汽的物料薄层破裂，蒸汽散逸出去，物料结构固化，形成网状多孔结构。这一过程伴随着水分的蒸发与物料的干燥过程。微波膨化快速，安全，产品色泽、品质优于高温油炸或高压膨化。如以淀粉为主的小食品微波膨化工艺：先将豆、谷类和薯类等原粉加水调浆，加热使其 α 化，加入必要的食品添加物，成型，预干燥，再用微波加热膨化。微波膨化也可以应用于各类高蛋白质小食品的膨化。为加强膨化效果，适当加入膨化剂是必要的。面制品、水果、蔬菜类等均可利用微波和其他膨化工艺制成方便食品。如微波即爆玉米花，将经调味后的爆裂玉米放入特制的加热袋内，放入微波炉加热 $2\sim4min$，即可制成一包香脆可口的爆玉米花。

笔者研究室曾对淀粉物料和蛋白质物料的微波膨化特性进行过研究，结果表明：淀粉质物料都有较好的微波膨化性能，含支链淀粉较多的糯米粉等物料，膨化产品组织结构好，膨化率较高，膨化度均可达 3 以上；淀粉只有在糊化后才能膨化，但糊化时间过长，糊化度过高（>90%），产品的膨化率反而下降；借助 X 射线衍射分析，淀粉的 β 化不利于微波膨化；膨化前物料的水分含量过多和过少都会影响膨化效果；蔗糖、棕榈油、大豆分离蛋白的添加会使膨化率不同程度下降，而适量盐则有利于膨化。蛋白质物料的膨化条件控制比较复杂，蛋白质物料的变性程度、物料的水分、添加物等都显著影响物料的膨化效果。微波膨化过程的工艺控制依然是一个复杂的问题。许多因素，包括物料的组成、状态、结构以及微波场的功率、膨化时间等都直接影响食品物料的微波吸收性能，进而影响膨化食品的质构。

（三）微波烘烤

1966 年，美国人费蒂（Fetty）首次报道采用 2450MHz 微波进行面包醒发与烘烤可增加面包膨胀率 50%，使醒发与烘烤同在一个炉内完成。20 世纪 70 年代，微波烘烤面包研究不断证实用微波能（896MHz）快速发酵及随后高温烘烤（320℃）可使低蛋白小麦粉制出高质量的面包。该研究得到英国磨粉和面包制造协会的积极支持，采用该技术后，英国的面包商可 100% 利用较便宜的欧洲软小麦（原来使用价高的 50% 英国小麦和 50% 加拿大硬粒小麦的混合物），由原材料所节约的费用弥补微波设备的费用。软粒小麦含 α-淀粉酶高，蛋白质含量较低，因此面团调制时黏性大。在烘烤初期，面团产生的气体较小，而渗透性较大，结果使面包质量降低。在用微波和热空气组合的炉中烘烤，生面团的温度很快地上升（靠微波能）并通过临界温度区（55～90℃）使酶对淀粉的破坏作用减少，采用该技术可缩短一半的烘烤时间。

此外，在咖啡和可可的烘烤上国外也已有了微波处理设备。例如利用 5kW、2450MHz 的微波烘烤设备烘烤可可豆，生产能力根据豆的含水量可达 $70\sim120kg \cdot h^{-1}$，时间在 5～10min，烘烤时可可豆温度为 105℃。采用微波处理方式，节省了场地，没有烟气产生，几乎不需要冷却设备。

上海某食品厂采用微波烘干乳儿糕，使烘干时间由 8h 降至 5～6min，既减少占地面积，又节约劳动力，保证产品质量。

（四）微波烹调

微波可用于某些肉制品或其他食品的烹调或预加工。例如：采用微波装置预烘熏肉，可快速处理大量的熏肉，保持 75% 的长度（而常规预烤只能达到原料熏肉的 40%～50%），产量则可增加 30%～40%，并可改善及提高熏肉的风味和质量。同时，烤出的油脂品质高，可作为高价值的副产品出售。与常规预烤制相比，可节约 75% 的能量和 50% 的加工空间。对一些无销路的残次肉食品在切块装罐前利用微波处理可提高质量，因微波处理可使碎肉凝聚成块。又例如可采用 2450MHz 微波烤制夹肉馅饼，由于避免了油炸过程，因此可改善工作环境。

二、微波杀菌与灭酶

微波杀菌的工业应用虽比不上微波干燥广泛，但是用微波加热获得较高的杀菌效率却屡经实践证明，而且微波作为一种加热能源的优点是其他加热方式所无法比拟的，因此，微波杀菌技术仍有广阔的前途。

微波杀菌机制既有热效应原理，也有非热效应（生物效应）原理。微波能的穿透性使食品表里同时加热，附在食品中的生物都含有较高的水分，会吸收微波能，发生自身的热效应和食品成分的有耗介质的热效应，通过热传导共同作用于微生物，使其快速升温，导致菌体细胞中蛋白质变性，活体死亡，或受到严重干扰，无法繁殖。微波能可导致细胞膜破裂，使生理活性物质发生变性作用，而失去生理功能。微生物生长繁殖与食品中的水分（尤其是水分活性）密切相关，水分的一些性能改变影响细胞对营养物质的吸收，从而破坏生物的生存繁殖条件而导致死亡。微波的非热生物效应，如光化学反应、场力效应、电磁共振效应等效应的存在及其作用也被许多实验所证明。

微生物细胞都含有水、蛋白质、脂肪、糖类和无机物等物质，它们的生长、繁殖过程对各种营养物质的吸收要通过细胞质进行扩散、渗透及吸附作用来完成。因此微生物在微波场中，细胞内的各种物质都可能吸收微波能，受到无极性热运动和极性转变的作用，分子的空间结构发生变化或受到破坏，引起细胞的死亡。

医学研究中发现微波能可影响遗传物质 DNA 的含量，干扰其正常的复制、转移、合成、修饰等活动，证实微波杀菌过程存在生物效应。微波处理可使稻米、麦芽中的淀粉酶与其他酶活性大大降低。

微波对食品的灭菌作用显著。由于微波对塑料和玻璃的透过性较强，微波对塑料及玻璃瓶密封包装后的食品进行杀菌可以避免二次污染。用 5.2kW 微波对口服液（10mL 装）进行灭菌，处理量 3 万支，作用时间 2.5～3min，温度 70～80℃，产品室温放 18 个月仍符合国家卫生标准。而采用常规热杀菌需 105℃灭菌 30min，瓶子破损率 5%～7%，且易出现沉淀。用微波杀菌则没有出现这些问题。瓶装啤酒（4～5℃），在微波设备中灭菌 4.5～6min，加热至 65～70℃，保持 2min，自然冷却，即可达到灭菌效果。常规巴氏杀菌（喷淋）需在 65℃保温数十分钟，从产品泡沫外观、持泡性、香气、滋味及色泽等感官指标检测表明，微波灭菌产品质量优于传统的杀菌产品。

瑞典的斯坦斯特朗长期研究微波巴氏杀菌技术，发现用微波能把食品加热至 85℃足以杀死食品中大部分微生物。对鱼进行微波巴氏杀菌只需少量的能量，而鱼的组织状态和营养价值几乎不受损害。用于包装食品的微波连续巴氏杀菌设备在 20 世纪 80 年代中期已用于工业生产。

用微波烘烤卷烟达到灭菌作用也很明显，不仅加热杀菌时间短，还可将微生物数大大降低。常规烘房干燥卷烟需 4h，干燥产品含菌数 24×10^4 个·g^{-1}；而用微波灭菌结果是：20s，菌数降至 10.5×10^4 个·g^{-1}；50s，菌数降至 8.1×10^4 个·g^{-1}；80s，菌数降至 1.3×10^4 个·g^{-1}。

应用微波能进行灭酶，常用于食品速冻或脱水干燥的前处理过程。常规热水烫漂，易造成营养成分损失等问题；采用热空气或蒸汽又会出现受热不均匀问题；而用微波能，则可解决物料外形复杂，料层中间的传热问题。如甜玉米棒的冷冻贮藏前需抑制玉米及蕊中引起变味的酶，传统热处理工艺将会出现玉米粒过热问题，而采用热水/微波（915MHz）工艺，先经热水处理 2～4min，再用微波处理 2min 可抑制玉米粒及蕊中过氧化酶活性。

三、微波解冻

传统的冻结食品（原料）解冻是在室温或加热室内（或热水）进行的。由于冻结食品比非冻结食品有较高的热导率，因此融化过程的传热是由表至里进行的。当解冻温度一定时，食品解冻外层导热比内层慢，解冻时间长，容易造成汁液流失，影响解冻食品的质量。利用微波能在低温下的穿透力较强及冰的介电特性特点，工业上用微波进行冻肉的解冻和调温，可获得新鲜肉般的质量，利于更好地利用肉原料，也利于解冻后的进一步加工。另外，微波解冻还具有解冻时间短，表里解冻均匀，工作环境清洁，并可连续化批量生产的优点。

冷冻食品的微波解冻工艺包括融化和调温。融化是将冻结食品进行微波快速解冻的过程，一般原料的解冻操作在输送带上完成。调温是根据解冻工艺要求将冻制品从冷冻条件下的某一温度升温到零下某一温度，以方便后加工处理（如冻结肉的切块）的过程。美国和日本使用 915MHz 微波（分批间歇式）解冻设备用于冻结肉的快速解冻，均获得比较理想的效果。解冻后食品的营养价值和含水率的变化较小，采用传输带式微波解冻装置，1h 可解冻 500kg（20kW）或 1t（50kW）的鱼。冻结肉的微波解冻调温工艺条件见表 7-8。表 7-9 则反映出微波解冻与自然解冻的时间要求。美国一台隧道式微波解冻装置，25kW（915MHz），处理冻鱼能力 1t·h^{-1}，耗电量 40kW·h^{-1}。

表 7-8 冻结肉的调温（2450MHz，3.6kW）

指标	物料					
	猪前腿	猪后腿	猪背	嫩鸡	猪肩肉	牛肉
调温前中心温度/℃	−25	−20	−25	−25	−25	−25
质量/kg	15	15	16.5	3	14.1	30
体积/cm³	70×30×13	50×35×10	50×14×5（5 块）		25×30×6（3 块）	66×50×15
照射时间/s	20	30	20	20	40	15
间歇时间/s	40	60	40	40	140	60
每批照射次数	20	9	15	10	5	43
总时间/min	28	13.5	13	13	15	64
调温后中心温度/℃	−2	−2	−3	−4	−4	−3

表 7-9 微波解冻与自然解冻比较

物料	质量/g	解冻时间/min		解冻脱水/%	
		微波	自然	微波	自然
猪大排		5	155	1.39	1.03
牛腿肉		6	235	0.29	0.20
鸡大腿		6	160	2.16	0.40
冻虾仁	500	12	305	6.40	3.80
鳝鱼片		7	210	3.50	0.05
猪小排		5	215	0.88	0
猪肉糜		3	150	0	0.39

从表 7-9 可见，微波解冻造成的脱水率稍高于自然解冻，这主要是解冻工艺条件的控制问题。微波在冰中的穿透深率比水大，但水的吸收速率比冰快，并且对受热而言，吸收的作用大于穿透的作用。因此，已融化解冻的区域吸收的能量多，容易在已解冻的区域造成过热效应。因此解冻的速率不宜过快，可采用间断微波解冻或合理控制调温过程。

由于冰与水的损耗因子差异，使其对微波能吸收能力不同，为了防止解冻过程产生的热失控现象，常控制解冻品的温度在冰点以下（−4～−2℃），也可采用微波解冻/吹风方式，防止表面局部过热，保证产品质量。

四、微波萃取

N. Gedye 等人于 1986 年将微波技术应用于有机化合物萃取，他们将样品放于普通家用微波炉中，通过功率/时间模式激发微波，几分钟就能萃取得到传统加热需要几小时甚至十几小时才能得到的分析物。从此微波辐射技术应用研究激发了人们的兴趣，逐渐从消解应用发展到萃取应用。20 世纪 90 年代初，由加拿大环境保护部和加拿大 CWT-TRAN 公司携手开发的微波萃取系统（microwave assisted process，MAP），现已广泛应用于香料、调味品、天然色素、草药、化妆品和土壤分析等领域。微波萃取效率高，纯度高，能耗小，产生废物少，操作费用少，符合环境保护要求。目前在我国微波萃取已经用于多项草药的浸取生产线之中，如葛根、茶叶、银杏等。

微波萃取的机制包括两方面：细胞破碎机制，微波加热导致细胞内的极性物质，尤其是水分子吸收微波能，产生热量使胞内温度迅速上升，液态水汽化产生的压力将细胞膜和细胞壁冲破，形成为小孔洞，以致出现裂纹。孔洞或裂纹的存在使胞外溶剂容易进入细胞内，溶解并释放出胞内物质。另一方面，微波所产生的电磁场加速被萃取部分成分向萃取溶剂界面扩散速率。用水作溶剂时，在微波场下水分高速转动成为激发态，这是一种高能量不稳定状态；或者水分子汽化，加强萃取组分的驱动力；或者水分子本身释放能量回到基态，所释放的能量传递给其他物质分子，加速热运动，缩短萃取组分的分子由物料内部扩散到萃取溶剂界面的时间，从而使萃取速率提高，同时还降低了萃取温度要求，最大限度保证萃取的质量。

微波萃取技术与其他现有的萃取技术相比有明显的优势。微波萃取通过偶极子旋转和离子传导两种方式里外同时加热，较传统热提取（热传导）方法而言，具有以下优势。

（1）选择性好，微波萃取过程中由于可以对萃取物质中不同组分进行选择性的加热，因而能使目标物质直接从机体中分离。

（2）加热效率高，有利于萃取热不稳定物质，可以避免长时间高温引起样品分解。

（3）萃取结果不受物质水分含量影响，回收率高，提取物稳定。美国环保局（USEPA）通过对 17 种稠环芳香碳氢化合物、14 种苯酚类化合物、8 种碱性与中性化合物以及 20 种有机农药的研究认证了微波萃取法不会破坏任何被测分析物的分子结构。

（4）试剂用量少，节能、污染小。

（5）仪器设备简单，操作容易。国内已有 1～100kW、容积 0.1～3m³ 的微波萃取装置。

五、微波技术的其他应用

家用微波炉已广泛用于家庭与餐馆（宾馆）中烹调等目的。用微波炉加热，烹调食品具有省时、节能、卫生、方便等优点，微波炉的普及对适合微波炉加热的预制调理食品、冷冻食品等方便性食品的发展有极大的促进作用。

采用微波陈化白酒在我国极受重视，微波对白酒的催陈作用，是微波能被酒吸收后产生的热效应和化学效应的共同结果。微波使白酒中各成分的分子处于激发状态，有利于各种氧化还原和酯化反应的进行。微波还可将酒精分子及水分子团切成单分子，再促进其重新缔合，加强醇化过程。微波在酒体中转换为热能，提高酒体温度，造成加速醇化的物理环境。表 7-10 是微波催陈白酒的工艺条件。经微波处理 1～2min 后的白酒可相当于自然醇化 3～6 个月的效果，不仅可改善酒质，还可提高生产效率。目前不仅有大功率（5kW），也有中等功率（800W）的老熟设备。这对酿酒行业来说，在节省存坛厂房或仓库面积和设备方面有着巨大的经济效益，而且还能减少存坛期的挥发损失。

表 7-10　微波催陈白酒工艺参数

酒　体	微波功率/kW	流量/L·h^{-1}	起始温度/℃	终温/℃
高粱酒	4~4.5	120	25~35	42~53
薯干酒、玉米酒	4~4.5	100	30~40	45~55
三曲酒	4	200	25~35	42~50

利用微波能可以使溶剂在低温下脱除，该技术常用于物质的分离提取（如高黏度壳聚糖、植物香油等）。微波还广泛应用于轻工、化工、药材、木材等产品的干燥，选择不同的频率还可用于医疗或生物育种诱变等目的。

利用微波原理设计的微波测量仪器，已广泛应用于工业。如手提式微波辐射危险计，可用于探测微波炉灶、工业加热设备、微波治癌机等设备的微波泄漏情况。如果这些设备有微波泄漏，只要超过 5mW·cm^{-2} 的剂量，辐射危险计就会发出闪耀的红光报警。

第四节　微波应用中的安全问题

一、微波对人体的影响

微波是一种高频的电磁波，其量子能级处于 $4 \times 10^{-4} \sim 1.2 \times 10^{-6}$ eV。这种辐射的量子能量不足以对物体形成电离，因此它不属于电离辐射范围。用适当能量的微波照射一定的时间，可以治疗某些疾病，如使组织血流量加速、血管扩张、代谢过程加强、局部营养改善，从而促进机体组织修复及再生。但是，在大能量及长时间的照射下，微波又会对人体的健康带来不利的因素。高强度微波的辐射，对人体器官造成的主要危害是：中枢神经系统出现神经衰弱症候群和器质性损伤；人体组织极易吸收微波能，引起局部温度升高。不同频率微波对人体各部位的影响是不同的，见表 7-11。功率密度是微波对人体伤害的关键指标，人体一般暴露于 100mW·cm^{-2} 以上功率密度时，才产生明显的不可逆病理变化。此外，微波的伤害作用与许多因素有关。一般来说，环境温度较低的情况下，微波的伤害作用比在高温、高湿度环境中要轻得多；人体受辐射时间愈长，作用愈显著；脉冲微波在同样的平均功率下的伤害作用比连续微波大；在同样面积局部照射下，照射头部可以造成全身性生理反应，比照射其他部位影响大，人体表面伤害最敏感的部位是眼睛和睾丸。

表 7-11　微波对生物体的主要效应

频率/MHz	波长/cm	受影响的主要组织	主要的生物效应
<150	>200		透过人体，影响不大
150~1000	200~30	体内器官	由于体内组织过热，引起各器官损伤
1000~3000	30~10	眼睛水晶体，睾丸	组织的加热显著，特别是眼睛的水晶体
3000~10000	10~3	眼睛水晶体，表皮肤	有皮肤加热的感觉
>10000	<3	皮肤	表皮反射，部分吸收微波而发热

动物实验已证明，微波对眼睛及睾丸的影响较明显。高强度的微波照射眼部可引起眼白内障。主要原因是眼睛水晶体没有脂肪层覆盖，缺乏血管散热，致使吸收微波能产生的热量不能迅速地传走和耗散在身体其他部分，而致使晶体蛋白质凝固及引起其他生理反应。许多研究指出，只要微波的功率密度小于 10mW·cm^{-2}，正常人体暴露在这种功率密度下，会引起体温缓慢升高，但可通过人体自身的调节系统进行调整，因此认为长期承受这种剂量对人体没有任何有害的影响。但是，为了保证从事微波加工工作人员的身体健康，微波应用中

必须合理选择微波频率及控制泄漏的微波功率密度（泄漏标准）。

二、微波辐射的安全标准及防护措施

（一）微波辐射的安全标准

世界各国对于微波辐射安全剂量进行了长期的研究，各国也规定了不同的标准，见表7-12。从总的趋势看，目前是向着更严格的极限方向逐渐减少上限，然而由于高频和微波设备都用于连续生产线上，并带有供产品进出的端口。当推荐的标准更严格时，就会增加微波应用设计的压力，即要求进出口具有足够的衰减以便使泄漏能降低到新极限以下。这也意味着衰减沟道更长，设备更贵。因为即使在数十千瓦的中等功率水平要使泄漏低于 $1mW \cdot cm^{-2}$ 都是十分困难的，除非采用完善的精制的抗流系统。

表 7-12　各国微波辐射的安全标准

国家	频率/MHz	工作条件	允许最大照射平均功率密度 /mW·cm^{-2}
美国(1971年)	100~10000	一天 8h 以内	10
		一天 8h 间断照射，每小时内不超过 10min	10~25
		不容许受到照射	>25
苏联(1958年)	300~300000	每天 15~20min(戴防护眼镜)	1.0
		每天 2~3h	0.1
		整天工作	0.01
波兰(1971年)	300~300000	每天 8h	0.1
		整天工作	0.01
法国(1965年)	300~300000	1h 以上(军用标准)	10
		1h 以下	10~100
英国(1965年)	30~300000	整天连续照射	10

目前各国仍执行着不同的安全标准，多数西方国家认为采用微波频率高于 1000MHz 时，$10mW \cdot cm^{-2}$ 的功率密度不会有什么热伤害，但在较低频率（频率＜433.9MHz）时，在所规定的功率密度下长达数小时的暴露可能在局部组织上出现过热现象。根据研究提供的数据，在频率较低时，全身连续暴露所容许的功率密度要降到 $1mW \cdot cm^{-2}$ 才合适。在某些国家，对功率源微波炉等微波设备的制造者，通过强制法规使其产品的辐射泄漏应低于所建立的辐射标准。

美国 FDA 对家用（小功率）微波炉的泄漏标准规定，在卖给顾客之前功率密度不得超过 $1mW \cdot cm^{-2}$，此后也不得超过 $5mW \cdot cm^{-2}$。试验时一律在炉内放入一个标准的 275cm^3 的水负载，然后在炉外任一点（距离 5cm）上测量漏能。对工业用微波加工生产线，泄漏的功率密度最大值是 $10mW \cdot cm^{-2}$。日本对家用微波炉泄漏标准则规定炉门开闭 10 万次试验后，其泄漏微波功率密度低于 $5mW \cdot cm^{-2}$。

我国对微波辐射暂行卫生标准规定，微波设备出厂前，在设备外壳 5cm 处漏能值不得超过 $1mW \cdot cm^{-2}$（915MHz）和 $5mW \cdot cm^{-2}$（2450MHz）；工作人员一日 8h 连续辐射时，辐射强度不应超过 $50\mu W \cdot cm^{-2}$，日最大允许量为 $400\mu W \cdot h \cdot cm^{-2}$。考虑微波的生物效应，对脉冲波日最大允许量为 $250\mu W \cdot h \cdot cm^{-2}$。某些工种，仅是肢体受到微波辐射的与全身受到辐射的情况相比，其日最大允许量可比全身受辐射剂量大 10 倍。与固定方向微波辐射相比，非固定方向微波辐射在同等条件下，其允许强度可比固定情况大一倍。特殊情况，需在大于 $1mW \cdot cm^{-2}$ 环境工作时，必须使用个人防护用品，但日剂量不得超过 $400\mu W \cdot h \cdot cm^{-2}$。一般不允许在超过 $5mW \cdot cm^{-2}$ 的辐射环境下工作。

（二）微波应用中的安全技术措施

工业上应用微波技术，除了泄漏安全标准限制外，为了避免干扰无线电通信，还需对使用频率进行限制（见表 7-2）。各国对工业、科学和医学（ISM）使用的微波频率都有各自的限制频带。减少微波辐射的泄漏源，不仅可减少对人们健康的伤害，还可减少功率浪费，从而提高微波的总利用率。依据工业使用设备的特点，应采用不同的安全措施。

1. 批量系统（间接式装置）

电炉式加热器及其磁控管微波源组成的批量系统（如家用微波炉）的唯一泄漏点是门封。采用 1/4 波长的抗流系统可以很好地把泄漏降低到可接受的极限。此外，在炉门设计上采用可靠的互锁装置，当炉门没有完全关闭，夹紧或锁住时，电源就断开。在观察窗上装有冲孔金属板，防止微波从窗口泄漏；以及多层的密封垫，防止从门四周泄漏。

2. 连续生产系统

连续操作的高频系统比批量系统的泄漏要大得多，这是因为在线系统必须在设计中引入一个物料进出口，这些进出口必须适当地抗流以及吸收从加热室中辐射出来的剩余能量。通常进出口应尽量小至刚好让处理物料通过。在必要的场合，可采取对微波设备做封闭性屏蔽的方法来避免微波辐射的伤害，也可采用遥控等方法减少对操作人员的危害。

工业微波设备从开口端泄漏的能量可用下述技术中单项或多项加以控制，通常称之为抗流系统的装置。

① 限制端口的尺寸小于工作频率时截止波导的尺寸。

② 限制端口为矩形，其中一个方向上的尺寸应小于半波长，以便将泄漏控制只在一个极化的平面上。

③ 对于宽的边，低的高度的端口，设计炉灶时使内壁电流极化垂直于端口方向上的电流分量为零，像在蛇纹形加热器中一样。

④ 加入一个 1/4 波长槽缝的无功抗流系统或在通道端口使能量传播呈现开路的结构。

⑤ 提供一电阻性吸收系统（也称吸收屏蔽）以衰减漏能并维持剩余泄漏在上述限制之内。

电阻性抗流是限制大孔泄漏的唯一有效方法，可采用两种形式中之一或其组合形式。一种是采用高介质损耗（tanδ）的工作负载通过一内部间隙很小的密闭波导段（分散在波导管四周），由于负载对能量的吸收可获得高的衰减值；另一种是在抗流器中装有一个或多个内含吸收材料（吸收屏蔽材料）或水负载系统的箱体，从导管中泄漏出来的能量扩散进入这些箱体中，可使进入下一段导管的功率密度降低。常用的国产吸收材料依不同频率可选用软（硬）泡沫、胶片、塑料板、玻璃钢、涂层、纸质、橡胶质圆锥等吸收材料。但是，使用电阻性抗流装置的严重缺点是没有负载时就完全失效。因此，必须有其他手段（如需一附加自动保护系统）防止这种潜在危险产生。另一个缺点是要浪费部分功率在吸收器中。

此外，在特殊环境要求中，还可采用附加屏蔽，如单层的或双层的夹有吸收材料的法拉第罩子；经常检查各种安全自动装置的可靠性；在最危险的地方设置标牌，警告人们当系统工作时不要把手或物体伸进端口，或在微波设备区的周围设置警戒线，以防止其他非操作人员接近危险区；操作人员进入超过有害剂量的微波范围内，如戴防护眼镜，穿防护工作服等都是防止微波辐射的有效措施。

为了正确有效应用微波能，减少不必要的伤害，微波系统的设计及使用都需按严格的规定程序及标准进行。

复习思考题

1. 解释概念：介电常数（ε_r）、介质损耗（$\tan\delta$）和介电损耗因子（ε''）。
2. 简述微波加热机制及其特点。
3. 为什么说微波加热具有选择性？如何克服由于微波穿透特性引起的加热不均匀现象？
4. 微波在食品工业中的主要应用有哪些方面？应该控制哪些条件才能获得最佳效果？

参 考 文 献

[1] 朱德泉. 微波干燥对不同面筋类型小麦种用价值和品质特性的影响. 粮油加工与食品机械，2005（1）：58-60.
[2] Yang X H，Tang J. Advances in Bioprocessing Engineering. Singapore：World Scientific Publishing Co Pte Ltd，2002.
[3] 刘钟栋. 微波技术在食品工业中的应用. 北京：中国轻工业出版社，1998.
[4] 王绍林编著. 微波食品工程. 北京：机械工业出版社，1994.7.
[5] 张兆镗，钟若青编译. 微波加热技术基础. 北京：电子工业出版社，1988.
[6] Decareau R V，Peterson R A. Microwave Processing and Engineering. New York：Ellis Horwood Ltd，1986.
[7] ［苏］金兹布尔格 A C. 食品干燥原理与技术基础. 高奎元译. 北京：中国轻工业出版社，1986.
[8] Robert V，Decareau. Microwaves in the Food Processing Industry. Ellis Horwood：International publishers in science and technology，1986.
[9] 姜愧，叶国钦. 微波高频对健康的影响与生物学效应. 北京：人民卫生出版社，1985.
[10] 吴大伟. 微波卫生学原理. 北京：劳动人事出版社，1984.
[11] 中国微波能应用在线. http：//www.cnwbyy.com/default.asp.

工程训练

微波加热具有选择性及穿透性，用于食品干燥时，可显著改善干燥的速率和效果。但建议将微波加热与传统干燥技术（例如热风干燥）配合使用，为什么？

第八章 食品的辐照

第一节 食品辐照的特点及进展

一、食品辐照的定义及特点

食品辐照（food irradiation）是指利用射线照射食品（包括食品原料、半成品），抑制食物发芽和延迟新鲜食物生理成熟过程的发展，或对食品进行消毒、杀虫、杀菌、防霉等加工处理，达到延长食品保藏期，稳定、提高食品质量的处理技术。用钴60（^{60}Co）、铯137（^{137}Cs）产生的γ射线或电子加速器产生的低于10MeV电子束照射的食品为辐照食品。

食品辐照不仅用于保鲜保藏、防疫、医疗等目的，而且已用于提高食品质量等加工目的，成为一种新型的、有效的食品保藏加工技术。食品辐照技术具有以下主要特点。

① 与传统热加工相比，辐照处理过程食品温度升高很小，故有"冷杀菌"之称，而且辐照可以在常温或低温下进行，因此经适当辐照处理的食品在质构和色、香、味等方面变化较小，有利于保持食品的原有品质。

② 辐照保藏方法能节约能源。据国际原子能组织（IAEA）报告，冷藏食品能耗324MJ·t^{-1}，巴氏消毒能耗828MJ·t^{-1}，热杀菌能耗1080MJ·t^{-1}，辐照灭菌只需要22.68MJ·t^{-1}，辐照巴氏灭菌能耗仅为2.74MJ·t^{-1}。冷藏法保藏马铃薯（防止发芽）300d，能耗1080MJ·t^{-1}，而马铃薯经辐照后常温保存，能耗为67.4MJ·t^{-1}，仅为冷藏的6%。

③ 射线（如γ射线）的穿透力强，可以在包装及不解冻情况下辐照食品，杀灭深藏在食品内部的害虫、寄生虫和微生物。

④ 与化学保藏相比，经辐照的食品不会留下残留物，不污染环境，是一种较安全的物理加工过程。

⑤ 辐照处理可以改进某些食品的工艺和质量。如，酒类的辐照陈化，经辐照处理的牛肉更加嫩滑，经辐照的大豆更易于消化等。

食品辐照也有其弱点：辐照灭菌效果与微生物种类密切相关，细菌芽孢比植物细胞对辐照的抵抗力强，灭活病毒通常要用较高的剂量；为了提高辐照食品的保藏效果，常需与其他保藏技术结合，才能充分发挥优越性；食品辐照需要较大的投资及专门设备来产生辐射线（辐射源），电子加速器辐照装置需要强大和稳定的电源，运行成本较高；各类辐照装置都需要提供安全防护措施，确保辐射线不对人员和环境带来危害；对不同产品及不同辐照目的需要严格选择控制好合适的辐照剂量，才能获得最佳的经济效益和社会效益。由于各国的历史、生活习惯及法规差异，目前世界各国允许辐照的食品种类及进出口贸易限制仍有差别，多数国家要求辐照食品在标签上要加以特别标示。

二、国内外食品辐照的进展

食品辐照技术是近一个世纪才发展起来的。早在伦琴（Roentgen）宣布发现 X 射线的第二年，1896 年，明克（Minck）就提出了 X 射线对细菌的作用与实际应用的问题，经实验证实 X 射线对原生虫有致死作用。1905 年 J. Appleby 和 A. J. Banks 发布英国专利《一种通过放射性物质辐照保持食品原有状况和品质的方法》。1921 年斯彻瓦特日（Schwatz）使用 X 射线杀死肉中的旋毛虫（*trichinella spiralis*）并获得美国专利。1930 年乌斯特（Wüst）证实"所有食品包装在密封金属罐中，再用强力伦琴射线照射可杀灭所有细菌"，并获得法国专利。第二次世界大战结束后，放射性同位素的大量应用和电子加速器等机械辐射源的问世，促进了辐照食品的开发，人们把辐照保藏食品看作是和平利用原子能的一个重要方向。在比较短的时间内，食品辐照研究的深入程度是传统几种食品加工保藏方法所无法比拟的。对辐照食品安全试验报告不断显示食品辐照是一种物理加工工艺，如同热、冷、干燥加工一样，对食品产生的有害物质都比较少。美国、苏联、德国（联邦德国）、日本、法国、加拿大、意大利、西班牙、比利时、芬兰、丹麦、瑞士、中国等国家都进行过长期的研究，辐照食品的安全性是几十年来食品辐照研究中研究最深入的内容。

在 20 世纪 50 年代，大量的辐照食品报告来自美国。1953 年，美国艾森豪威尔（Eisehower）强调美国的外交政策是"原子能为和平"，促使美国军方深入研究食品辐照。1957 年，由陆军司令部特种部队负责组织，90 个大学、政府与工业部门参加的一项为期 5 年的辐照食品研究计划启动，参与研究的实验室超过 77 个，政府每年资助 600 万美元。1960 年，美国已有辐照食品在军队试用，并对辐照食品进行了长达 10 年的安全性试验。1963 年，美国 FDA 允许辐照用于香料的杀菌与灭虫、果蔬的保藏。同年在美国军方 Natick 实验室举行了首次辐照食品国际会议，FAO 也开始筹建国际食品辐照计划顾问委员会，使辐照食品成为国际上共同研究的项目，各国也陆续批准辐照用于食品加工。苏联最早允许 ^{60}Co 用于抑制马铃薯发芽（0.1kGy）、谷类杀菌（0.3kGy），其次是加拿大，允许 ^{60}Co（0.1kGy）用于抑制马铃薯发芽（1960 年）。1957 年德国利用电子束辐照调味料使辐照技术第一次投入商业化应用。加拿大 1965 年就建立起世界最大的马铃薯辐照工厂，而且也是输出 ^{60}Co 辐照装置的主要国家。

为了加强食品辐照研究工作的国际性合作，1970 年联合国粮农组织（FAO）/国际原子能机构（IAEA）/世界卫生组织（WHO）的专家在日内瓦会议上确立食品辐照领域的国际计划（The International Project in the Field of Food Irradiation　简称 IFIP），并在 1976 年举行的联合专家会议上对几种辐照食品的安全性进行评定，认为五种辐照产品（即马铃薯、小麦、鸡肉、木瓜和草莓）是绝对安全的。会议认为食品辐照是一种物理加工过程，而不是化学添加剂；只要证明辐照食品安全无毒害以后，与其营养构成类似的食品，也可以可靠地推断它是安全的；同一食品高剂量辐照是安全的，可以推断低剂量辐照也是安全的。

1979 年食品法规委员会（CAC）推荐用于食品辐照的设备操作规范（CAC/RCP 19—1979），经过讨论与修订，1983 年形成《食品辐照加工的国际标准》（CODEX STAN 106—1983），规定除确有必要达到合理的工艺目的外，食品辐照加工的平均吸收剂量不得超过 10kGy。1980 年 FAO/IAEA/WHO 的会议也认为，受辐照食品平均吸收剂量达到 10kGy 时，没有毒性危害，不存在特别的营养和微生物问题，无必要再进行毒性试验。

1984 年，在 FAO/IAEA/WHO 的支持下，FAO/IAEA 在核技术在食品与农业中的应用委员会下成立了食品辐照的国际咨询小组（ICGHI），该组织是由专家、政府代表等组成的国际组织。其主要功能是对食品辐照的发展做总的评论；给成员国和组织提供食品辐照应用的咨询；通过 FAO/IAEA/WHO 专家委员会（JECFI）、CAC 提供发布食品辐照信息。

经过大量的科学研究，1998 年 ICGFI 第 15 次会议建议按照 HACCP 原理修订 CAC 标准中食品辐照加工的平均吸收剂量 10kGy 的限制。第二年 WHO 技术研究报告（890）提出只要食品在 GMP 下辐照，食品辐照剂量无必要限制。食品添加剂与污染法规委员会（CCFAC）在第 31 次会议上，同意 FAO/WHO/IAEA 关于 10kGy 以上剂量辐照食品是安全与营养的结论。2001 年 3 月食品添加剂与污染法规委员会（CCFAC）建议将《食品辐照设备操作规范法规》改为《食品辐照加工操作推荐性国际法规》（Recommended International Code of Practice for Radiation Processing of Food，即 RICPRP）。此后，食品法规委员会（CAC）相继提出辐照食品的通用标准及法规、辐照食品鉴定方法等，为食品辐照技术应用及辐照食品进入国际市场建立了国际性的法规。

目前全世界已 500 多种辐照食品投放市场。有比利时、菲律宾、智利、匈牙利、挪威、孟加拉国、中国、巴西、丹麦、叙利亚、泰国、阿根廷、古巴、芬兰、印度尼西亚、韩国、以色列、波兰、墨西哥、巴基斯坦、越南、伊朗、印度、英国等 52 个国家批准允许一种以上辐照食品商业化，超过 33 个国家允许辐照食品国际贸易。其中马铃薯、洋葱、大蒜、冻虾、调味品等十几种已经实现大型商业化，取得明显的经济效益与社会效益。辐照抑制马铃薯发芽，有 28 个以上国家获得批准，洋葱、天然香料等也是获较多国家批准食用的产品。其他获批准食用的产品有鳕鱼片、虾、去内脏禽肉、谷类、面粉、芒果、草莓、蘑菇、芦笋、大蒜等新鲜果蔬、调味品等品种。

CAC 已批准七大类辐照食品，如谷类、豆类及其制品；干果果脯类；熟畜禽肉类；冷冻包装畜、禽肉类；香辛料类；新鲜水果、蔬菜类及水产品类。我国已经批准了除水产品之外和其他七大类辐照食品，见表 8-1。据 Kume 等（2009）的《全世界辐照食品现状》（Status of food irradiation in the world）对 2005 年辐照食品进行的调查和统计，全世界经辐照处理的食品有 40.48 万吨，其中调味料及蔬菜类 18.6 万吨，谷物和水果类 8.2 万吨，肉类和海产食品类 3.2 万吨，抑制根块作物及球茎发芽类 8.8 万吨，其他类（健康食品、菌类及蜂蜜等）1.7 万吨。中国、美国及乌克兰 3 个国家辐照食品量约占全世界辐照食品总量的 3/4。中国、美国、巴西和南非处理调味料及蔬菜类产品较多，而乌克兰、越南及日本分别局限于谷物、冷冻海产及马铃薯单项食品。在美国，9.2 万吨食品经辐照处理，其中调味料类 8 万吨，谷物和水果类 0.4 万吨，畜禽肉类 0.8 万吨。在中国，14.6 万吨食品经辐照处理，其中调味料及蔬菜类 5.2 万吨，谷物 0.4 万吨，抑制大蒜发芽 8 万吨，其他类（健康食品及功能食品）1 万吨。

表 8-1 中国已允许辐照的食品及剂量

类　别	品　种	目　的	允许吸收剂量≤/kGy
豆类、谷类及其制品	绿豆、红豆、大米、面粉、玉米渣、小米	灭虫	0.2（豆类） 0.4～0.6（谷类）
干果果脯类	空心莲、桂园、核桃、山楂、大枣、小枣	灭虫	0.4～1.0
熟畜禽肉类	六合脯、扒鸡、烧鸡、盐水鸭、熟兔肉	灭菌，延长保质期	8.0
冷冻包装畜禽肉类	猪、牛、羊、鸡肉	杀灭沙门氏菌及腐败菌	2.5
香辛料类	五香粉、八角、花椒等	灭菌，防霉，延长保质期	<10
新鲜水果、蔬菜	土豆、洋葱、大蒜、生姜、番茄、荔枝、苹果	抑制发芽，延缓成熟	1.5
其他	方便面固体汤料	灭菌，防霉，延长保质期	8
	鲜猪肉	杀灭旋毛虫	0.65
	薯干酒	改善品质	4.0
	花粉	灭菌，防腐，延长保质期	8.0

半个多世纪以来，我国核能与核技术利用事业稳步发展，在加速器、辐照装置等方面的科研开发取得重大突破。核技术在工业、农业、医疗卫生、环境保护、矿产勘探和公共安全，以及放射性同位素的产品制备和相应的核仪器设备生产等方面获得广泛应用。至 2010 年年底，我国运行工业钴源辐照装置已有 140 余座，总设计源能力超过 1 亿居里，实际装源能力超过 4000 万居里。运行的工业电子加速器辐照装置已有 160 余座，总功率超过 9000kW。从 2001 年开始，我国先后设计制造出了具有自主知识产权的装源量分别为 100 万～600 万居里的工业 γ 辐照装置，2007 年我国自主设计研制的首台高能大功率电子辐照加速器系统装置也通过验收，当年 600 万居里的工业 γ 辐照装置也进入国际市场。

第二节　食品辐照技术基础

辐射（radiation）是一种能量传输的过程，根据辐射对物质产生的效应，辐射可分为电离辐射（ioning radiation）和非电离辐射（non-ioning radiation）。在食品辐照中采用的是电离辐射，包括电磁辐射（γ 射线和 X 射线）和电子束辐射。

一、放射性同位素与辐射

一个原子具有一个带正电荷的原子核，核外围有电子壳。原子核内含有质子与中子，质子和中子的总和就等于质量数。质子带正电荷，中子不带电荷。一种元素的原子中其中子数（N）并不完全相同，若原子具有同一质子数（Z）而中子数（N）不同就称为同一元素的同位素。在低质子数的天然同位素中（除正常的氢以外），中子数和质子数大致相等，往往是稳定的。而有些同位素，其质子数和中子数差异较大，其原子核是不稳定的，它们按照一定的规律（指数规律）衰变。自然界存在着一些天然的不稳定同位素，也有一些不稳定同位素是利用原子反应堆或粒子加速器等人工制造的。不稳定同位素衰变过程中伴有各种辐射线产生，这些不稳定同位素称为放射性同位素。

放射性同位素能放射出 α、β（β^+ 及 β^-）和 γ 射线。α 射线（或称 α 粒子）是从原子核中射出带正电的高速粒子流（带正电荷原子核），α 射线的动能可达几兆电子伏特以上，但由于 α 粒子质量比电子大得多，通过物质时极容易使其中原子电离而损失能量，所以它穿透物质的能力很小，易为薄层物质（如一片纸）所阻挡；β 射线是从原子核中射出的高速电子流（或正电子流），其电子的动能可达几兆电子伏特以上，由于电子的质量小，速率大，通过物质时不使其中的原子电离，所以它的能量损失较慢，穿透物质的本领比 α 射线强得多，但仍无法穿透铅片；γ 射线是波长非常短（波长 1～0.001nm）的电磁波束（或称光子流），它是原子核从高能态跃迁到低能态时放射出的一种光子流，γ 射线的能量可高达几十万电子伏特以上，穿透物质的能力很强（可穿透一块铅），但其电离能力较 α、β 射线小。α、β、γ 等射线辐射的结果能使被辐射（辐照）物质产生电离作用，因此常称为电离辐射。

放射性同位素的原子核内中子数过剩，会从核中发射出 β^- 粒子而使核内质子数趋向增加，也就是中子放出 β^- 粒子而转变为质子。

$$n(中子) \longrightarrow p^+(质子) + \beta^-$$

若发射正电子即 β^+ 粒子时，说明核内质子数过剩。

$$p^+ + 1.02\text{MeV} \longrightarrow n + \beta^+$$

若核内质子捕获外围的电子 e^- 时，则转变成中子（K 捕获），使质子数减少。

$$p^+ + e^- \longrightarrow n$$

在上述过程中，常由于外层及 K 层上的电子能量不同，K 层的空穴被外层的电子补充进去，同时发射 X 射线。在发射一个 α 粒子或 β^- 或者 K 捕获后，核的能级就不能处于基态而是呈激发态，这种激发态的核的过剩能量可发射出一个或更多个 γ 光子。

如果原子核放射出一个 α 粒子（β 粒子或光子），则这一原子核就进行一次 α（β 或 γ）衰变。

放射性同位素原子核的衰变规律与外界的温度、压力等因素无关，取决于原子核内部的性质。每个原子核在单位时间内的自衰变的概率（λ）是相同的。设某一放射性同位素在时刻 t 时未衰变的原子核数为 N，则在单位时间内衰变的原子核数为 λN，若此时间内有 dN 个原子核发生衰变，则：

$$-\frac{dN}{dt}=\lambda N$$

上式可积分得：

$$N=N_0 e^{-\lambda t} \tag{8-1}$$

式中 λ——衰变常数；

N_0——$t=0$ 时原子核的数目。

表示元素放射性强弱的物理量称为放射性强度（I），通常以单位时间内发生核衰变的次数来表示，即：

$$I=-\frac{dN}{dt}=\lambda N_0 e^{-\lambda t}$$

当 $t=0$ 时，$I=I_0$ 代入上式得 $I_0=\lambda N_0$，所以：

$$I=I_0 e^{-\lambda t} \tag{8-2}$$

衰变常数 λ 越大，则衰变就越快。原子核数目衰变到原来的一半（即 $N=0.5N_0$）或放射性强度减少到原来一半（即 $I=0.5I_0$），所经历的时间称为该给定同位素的半衰期，并用 $t_{0.5}$ 表示。图 8-1 反映 $^{60}_{27}$Co 源的衰变过程。

因为：

$$\frac{I_0}{2}=I_0 e^{-\lambda t_{0.5}}$$

所以：

$$t_{0.5}=\frac{\ln 2}{\lambda}=\frac{0.693}{\lambda} \tag{8-3}$$

不同的放射性同位素，其半衰期可以相差很大，有的长达几十亿年，有的仅为几十万分之一秒。如 $t_{0.5}$ $(^{238}\text{U})=4.5\times 10^9$ 年；$t_{0.5}$ $(^{212}\text{Po})=3.0\times 10^{-7}$ s。用

图 8-1 左侧：

$$^{60}_{27}\text{Co}$$

β粒子 $E_\beta=0.306\text{MeV}$

γ_1光子 $E_{\gamma_1}=1.17\text{MeV}$

γ_2光子 $E_{\gamma_2}=1.33\text{MeV}$

$$^{60}_{28}\text{Ni}$$

图 8-1 $^{60}_{27}$Co 源的衰变过程

作食品辐射源 ^{60}Co 的半衰期为 5.27 年，^{137}Cs 为 30 年。半衰期越短的放射性同位素，衰变的越快，即在单位时间内放射出的射线越多。

二、辐照量单位与吸收剂量

（一）放射性强度与放射性比度

1. 放射性强度

放射性强度（radioactivity），也称辐射性活度，是度量放射性强弱的物理量，国际单位为贝可勒尔（Becqurel，简称贝可，Bq）。曾采用的单位有居里（Curie 简写 Ci）和克镭当量。

1Bq 表示放射性同位素每秒有一个原子核衰变，即：

$$1\text{Bq}=1\text{s}^{-1}=2.073\times 10^{-11}\text{Ci}$$

若放射性同位素每秒有 3.7×10^{10} 次核衰变，则它的放射性强度为 1Ci。实验测定，1g 镭 1s 就有 3.71×10^{10} 个原子核衰变。此外，放射性强度也有用 mCi（毫居里）或 μCi（微居里）表示的。

辐射γ射线的放射性同位素（即γ辐射源）和1g镭（密封在0.5mm厚铂滤片内）在同样条件下所起的电离作用相等时，其放射性强度就称为1g镭当量（或是1000mg镭当量）。γ辐射源的放射性强度的毫居里数（居里数）与毫克镭当量（克镭当量）之间可通过常数 K_γ 进行换算。常数 K_γ 表示每毫居里的任何γ辐射源在1h内给予相距离1cm处的空气的剂量数。知道某一γ辐射源的常数（K_γ）值后，并用1mCi镭辐射源（包有0.5mm铂滤片）在1h中给予相距1cm处的空气的剂量为基准除之，就可求出任何1mCi或1Ci的不同能量的γ辐射源相当于毫克镭当量或克镭当量强度的值。如 ^{60}Co辐射源的 $K_\gamma=13.2$，^{137}Cs 的 $K_\gamma=3.55$，镭辐射源的 $K_\gamma=8.25$。则1mCi（或1Ci）^{60}Coγ辐射源相当于毫克镭当量（或克镭当量）值是：$\dfrac{13.2}{8.25}=1.60$。同理，1mCi（或1Ci）^{137}Cs辐射源相当于毫克镭当量（或克镭当量）值是0.43。

2. 放射性比度

一个放射性同位素常附有不同质量数的同一元素的稳定同位素，此稳定同位素称为载体，因此将一个化合物或元素中的放射性同位素的浓度称为"放射性比度"，也用以表示单位数量的物质的放射性强度。

（二）照射量

照射量（exposure）是用来度量X射线或γ射线在空气中电离能力的物理量，以往使用的单位为伦琴（Roentgen，简写R），现改为SI单位库仑•千克$^{-1}$（C•kg^{-1}），$1R=2.58\times10^{-4}$C•kg^{-1}。在标准状态下（101325Pa，0℃），1cm^{3}的干燥空气（0.001293g）在X射线下或γ射线照射下，生成正负离子电荷分别为1静电单位（esu）时的照射量即为1R。一个单一电荷离子的电量为 4.80×10^{-10} esu，所以1R能使1cm^{3}的空气产生 2.08×10^{-9} 离子对。

（三）吸收剂量

1. 吸收剂量单位

被照射物质所吸收的射线能量称为吸收剂量（absorbeddose），其单位为戈瑞（Gray，简称Gy），1Gy是指辐照时1kg食品吸收的辐照能为1J（Joule，简称J）。曾使用拉德（rad）作为吸收剂量的单位。

戈瑞与拉德的关系是：

$$1Gy=100rad=1J•kg^{-1}$$

1g任何物质若吸收的射线的能量为100erg或 6.24×10^{13}eV，则吸收剂量为1rad，即：

$$1rad=100erg•g^{-1}=6.24\times10^{13}eV•g^{-1}$$

剂量当量用来度量不同类型的辐照所引起的不同的生物学效应，其单位为Sv［希］（沃特）。rem（雷姆）是以往的常用单位，$1Sv=100rem$。剂量当量（H）与吸收剂量（D）的关系为：

$$H=DQN \tag{8-4}$$

式中　Q——品质因数，不同辐射的 Q 值可能不同，例如X射线、γ射线和高速电子为1，而α射线为10；

N——修正因子，通常指由于沉积在体内的放射性物质分布不均匀，应在空间和时间上对生物效应进行修正的分布因子，对外源来说，N 目前被定为1。

当 $QN=1$ 时，$1Sv=1J•kg^{-1}$

单位时间内的剂量当量称为剂量当量率，以往用 rem•s^{-1} 或 rem•h^{-1} 等来表示其单位，现均改为 Sv•s^{-1} 或 Sv•h^{-1}。

2. 吸收剂量测量

食品辐照过程物质吸收剂量是将剂量计暴露于辐射线之下而测得的，然后从剂量计所吸收的剂量来计算被食品所吸收的剂量。常用的剂量测量体系有量热计、液体或固体化学剂量计及目视剂量标签。各种剂量计的特性见表8-2。

表 8-2 某些高剂量测量体系与其特性

剂量计材料	分析方法	吸收剂量范围/kGy	精密度/%
石墨	量热	$0.1 \sim 1 \times 10^2$	$< \pm 1$
硫酸亚铁(Fricke)	紫外分光光度	$0.04 \sim 0.4$	± 1
重铬酸钾(银)	可见分光光度	$4 \sim 40$	± 1
重铬酸银	可见分光光度	$0.4 \sim 4$	± 1
硫酸铈-亚铈	紫外分光光度或电位法	$4 \sim 25$	± 1
氯苯乙醇	滴定或高频示波	$1 \sim 1 \times 10^2$	± 3
丙氨酸	电子自旋共振	$0.01 \sim 1 \times 10^2$	± 3
谷氨酰胺	晶熔发光	$0.1 \sim 40$	± 3
红色有机玻璃	可见分光光度	$5 \sim 40$	± 3
无色透明有机玻璃	紫外分光光度	$1 \sim 50$	± 5
三醋酸纤维素	紫外分光光度	$10 \sim 4 \times 10^2$	± 5
辐射显色薄膜	可见分光光度	$0.1 \sim 1 \times 10^2$	± 5
氟化锂	热释光	$1 \times 10^{-2} \sim 10$	± 5
	分光光度	$0.1 \sim 1 \times 10^4$	± 5
聚乙烯	紫外分光光度	$10 \sim 1 \times 10^3$	± 5
目视剂量标签	目视	$0.1 \sim 50$	± 40

为了保证食品辐照过程获得均匀的定量的辐照剂量（吸收剂量），便于对食品辐照装置系统进行准确可靠的剂量监测，确保全国吸收剂量量值准确一致，目前我国已建立起吸收剂量基准，传递标准剂量测量体系和常规剂量计等剂量测量体系。

（1）国家基准 在食品辐照处理中，吸收剂量测量国家基准采用 Fricke 剂量计（硫酸亚铁剂量计）。它是目前直接复现水中电离辐射吸收剂量单位（Gy）最有效的绝对测量方法。联邦德国物理技术研究院（PTB），美国国家标准局（NBS）等亦用它作为国家基准。由于辐射的致电离作用，使亚铁离子（Fe^{2+}）被氧化为铁离子（Fe^{3+}）引起溶液吸光度增加（在波长 305nm 附近的吸收峰）。比较硫酸亚铁溶液的吸光度变化，可计算出剂量计中吸收的剂量。为了保证剂量计的准确性，我国已制成吸收剂量范围为 $0.01 \sim 0.4kGy$ 的基准剂量计，供校准各类剂量计和刻度辐射场。

（2）国家传递标准剂量测量体系 国家传递标准剂量测量体系是指能在国家计量实验室和用户之间可靠地传递吸收剂量量值，便于邮寄比对，校准常规剂量计和刻度辐射场，并易于被国家基准校准的测量体系。该体系有明确的辐射反应机制，稳定性能良好，有较高的复现性和准确度，剂量范围宽；其响应与能量、剂量率和环境条件无关；其辐照能量吸收特性与水等效，系统不确定度可以修正。常用的有：丙氨酸/ESR 剂量计（属自由基型固体剂量计），硫酸铈-亚铈剂量计，重铬酸钾（银）-高氯酸剂量计，重铬酸银剂量计等。

（3）常规剂量计 这类剂量计属相对测量剂量计，必须经国家基准或传递标准剂量计进行校准。主要用于食品辐照处理现场辐照物品的日常剂量监测。主要是一些无色与染色塑料薄膜，利用其辐照后变色（着色剂）的性能测定剂量，如无色透明或红色有机玻璃片（聚甲基丙烯酸甲酯），三醋酸纤维素以及基质为尼龙或 PVC 的含有隐色染料的辐照显色薄膜等。此外，也有人试用生物剂量测定法，根据细菌等培养物的辐照损伤（杀菌效果）求出吸收剂量的方法。

三、辐射源与食品辐照装置

食品的辐照装置包括辐射源、防护设备、被辐照物输送系统、源升降联锁装置、剂量安全监测装置及通风系统等。

（一）辐射源

辐射源是食品辐照处理的核心部分，辐射源有人工放射性同位素和电子加速器。按辐照食品通用标准（CDDEX STAN 106—1983，Rev.1—2003），可以用于食品辐照的辐射源有：来自 ^{60}Co γ 射线（1.17MeV 和 1.33MeV）或 ^{137}Cs 的 γ 射线（0.662MeV）；X 射线（能级 ≤5MeV）；电子束（能级 ≤10MeV）。

1. 放射性同位素 γ 辐射源

食品辐照处理上用得最多的是 ^{60}Co γ 射线源，也有采用 ^{137}Cs γ 辐射源的。

（1）钴 60（^{60}Co）辐射源　^{60}Co 辐射源在自然界中不存在，是人工制备的一种同位素源。制备 ^{60}Co 辐射源的方法：将自然界存在的稳定同位素 ^{59}Co 金属根据使用需要制成不同形状（如棒形、长方形、薄片形、颗粒形、圆筒形），置于反应堆活性区，经中子一定时间的照射，少量 ^{59}Co 原子吸收一个中子后即生成 ^{60}Co 辐射源。其核反应是：

$$^{59}_{27}\text{Co} + \gamma \text{ 光子} \longrightarrow ^{60}_{27}\text{Co}$$

^{60}Co 的半衰期为 5.25 年，故可在较长时间内稳定使用；^{60}Co 辐射源可按使用需要制成不同形状，便于生产、操作与维护。

^{60}Co 辐射源在衰变过程中每个原子核放射出一个 β 粒子（即 β 射线）和两个 γ 光子，最后变成稳定同位素镍（图 8-1）。由于 β 粒子能量较低（0.306MeV），穿透力弱，对被辐照物质不起作用，而放出的两个 γ 光子能量较高，分别为 1.17MeV 和 1.33MeV，穿透力很强，在辐照过程中能引起物质内部的物理和化学变化。图 8-2 为 4.44×10^{15}Bq ^{60}Co 辐射源

图 8-2　4.44×10^{15}Bq ^{60}Co 辐射源辐射室示意

1—冷却源罩筒；2—照射台；3—钟；4—操纵台；5—滑轮；6—地沟；7—升降源钢丝绳；8—钢筋混凝土；9—钢板；10—白水泥与瓷砖；11—^{60}Co 源蓄盒；12—上下小车；13—小车道轨；14—水井；15—^{60}Co 源贮藏架；16—源室顶；17—工字钢；18—水斗；19—实验管道；20—强迫退源按钮；21—混凝土（防护墙）；22—砖墙（防护墙）；23—源工作指示灯；24—铁门；25—送风口；26—排风口；27—配电箱；28—电源；29—排水孔；30—导轨上抱圈

辐射室示意图。

全世界使用的^{60}Co辐射源主要产自加拿大，其他的来自俄罗斯、中国、印度和南非等。

（2）铯137（^{137}Cs）辐射源 ^{137}Cs辐射源由核燃料的渣滓中抽提制得。一般^{137}Cs中都含有一定量的^{134}Cs，并用稳定铯作载体制成硫酸铯137或氯化铯137。为了提高它的放射性比度，往往把粉末状^{137}Cs加压制成小弹丸，再装入不锈钢套管内双层封焊。

^{137}Cs的显著特点是半衰期长（30年）。但是^{137}Cs的γ射线能量为0.66MeV，比^{60}Co弱，因此，欲达到^{60}Co相同的功率，需要的贝可数为^{60}Co的4倍。尽管^{137}Cs是废物利用，但分离麻烦，且安全防护困难，装置投资费用高，因此^{137}Cs的应用远不如^{60}Co的辐射源广泛。

2. 电子加速器

电子加速器（简称加速器）是用电磁场使电子获得较高能量，将电能转变成射线（高能电子射线，X射线）的装置。加速器的类型和加速原理有多种，用于食品辐照处理的加速器主要有静电加速器（范德格拉夫电子加速器）、高频高压加速器（地那米加速器）、绝缘磁芯变压器、微波电子直线加速器、高压倍加器、脉冲电子加速器等。电子加速器可以作为电子射线和X射线的两用辐射源。

（1）电子射线 电子射线又称电子流、电子束，其能量越高，穿透能力就越强。电子穿透能力用电子的射程来表示，它是能量的函数：

$$R = 0.542E - 0.133（适于电子能量 E 在 0.8 \sim 3MeV）\tag{8-5}$$

$$R = 0.407E^{1.38}（适于 E 在 0.15 \sim 0.8MeV）\tag{8-6}$$

式中 E——电子的能量，MeV；

R——电子的射程，用质量厚度表示，$g \cdot cm^{-2}$。

电子在样品中穿透深度 H（cm）为：

$$H = \frac{R}{\rho}\tag{8-7}$$

式中 ρ——样品的密度，$g \cdot cm^{-3}$。

样品吸收加速电子的辐射能（吸收剂量）可用下式表示：

$$D = \frac{EIt}{w} \times 10\tag{8-8}$$

式中 E——电子束能量，MeV；

I——电子束流强，μA；

t ——照射时间，s；

w——样品质量，g；

D——全吸收剂量，Gy。

由于样品的不同深度吸收剂量不同，当样品厚度少于$\frac{2}{3}H$时，平均吸收剂量公式近似为：

$$D_{平均} = \frac{1.3EIt}{SR} \times 10\tag{8-9}$$

式中 S——样品面积，cm^2。

当样品移动照射时：

$$D_{平均} = \frac{1.3EIt}{bvR} \times 10\tag{8-10}$$

式中 b——样品宽度，cm；

v——移动速率，$cm \cdot s^{-1}$。

照射过程中可用测量电子束流强来监测剂量，也可用酸敏变色片、带色玻璃纸或变色玻璃来监测剂量。用于食品辐照的电子束能量级应该控制在 10MeV 以下。

电子加速器产生的电子流强度大，电子加速器的电子密度大，剂量率高，聚焦性能好，并且可以调节和定向控制，便于改变穿透距离、方向和剂量率。加速器可在任何需要的时候启动与停机，停机后即不再产生辐射，电子加速器产生的射线不对环境带来任何污染，使用、运行安全；便于检修，不像 ^{60}Co 需要补充放射源及处理废放射源；投资低，产出高。一台能量为 10MeV，束流功率为 4kW 的加速器的辐照能力等效于一台 30 万居里钴源的辐照能力，但其造价仅是钴源的 80%。电子束（射线）射程短，穿透能力差，一般适用于食品表层的辐照，需要转成 X 射线来穿透较大的食品物料，例如畜类的胴体。

（2）X 射线　快速电子在原子核的库仑场中减速时会产生连续能谱的 X 射线，加速器产生的高能电子打击在重金属靶子上同样会产生能量从零到入射电子能量的 X 射线，所产生的 X 射线的强度正比于 EZ^2/M_0^2，其中 E 为入射电子的能量，Z 为靶物质的质子序数，M_0 为入射电子的静止质量。

电子加速器转换 X 射线的效率比较低，当入射电子能量更低时转换效率更小，绝大部分电子的能量都转为热，因此要求靶子能耐热，并加以适当的冷却。

在入射电子能量很低时，所产生的 X 射线是向四面八方发射的，各方向分布几乎差不多，随着电子能量增大，逐渐倾向前方。在有效地利用或屏蔽 X 射线时必须注意这一特点。

X 射线具有高穿透能力，可以用于食品辐照处理，能量级限制在 5MeV 以下。但由于电子加速器作 X 射线源效率低，而且能量中已含大量低能部分，难以均匀地照射大体积样品，故没有得到广泛应用。

（二）防护设备

辐射对人体的危害作用有两种途径：一种是外照射，即辐射源在人体外部照射；另一种是内照射，放射性物质通过呼吸道、食道、皮肤或伤口侵入人体，射线在人体内照射。食品辐照一般使用的是严格密封在不锈钢的 ^{60}Co 辐射源和电子加速器，辐照对人体的危害主要是外辐射造成的。

电离辐射对人体的作用有物理、化学和生物三种效应，在短期内受到很大剂量辐射时，会产生急性放射病；长期受小剂量辐射会产生慢性病。人体对辐射有一定的适应能力和抵御能力，目前一般规定全身每年最大允许剂量值为了 5×10^{-2}Sv（相当于每周 0.001Sv）。

为了防止射线伤害辐射源附近的工作人员和其他生物，必须对辐射源和射线进行严格的屏蔽，如图 8-2 的各种安全结构。最常用的屏蔽材料是铅、铁、混凝土和水。

铅的相对密度（11.34）大，屏蔽性能好，铅容器可以用来储存辐射源。在加工较大的容器和设备中常需用钢材作结构骨架。铁用于制作防护门，铁钩和盖板等。用水屏蔽的优点是具有可见性和可入性，因此常将辐射源（如 ^{60}Co、^{137}Cs 等）储存在深井内。混凝土墙，既是建筑结构又是屏蔽物，混凝土中含有水可以较好地屏蔽中子。各种屏蔽材料的厚度必须大于射线所能穿透的厚度，屏蔽材料在施工过程要防止产生空洞及缝隙过大等问题，防止 γ 射线泄漏。

辐照室（照射样品的场所）防护墙的几何形状和尺寸的设计，不仅要满足食品辐照工艺条件的要求，还要有利于 γ 射线的散射，使铁门外的剂量达到自然本底。由于辐照室空气的氧经 ^{60}Co γ 射线照射后会产生臭氧（O_3），臭氧生成的浓度大小与使用的辐射源强度成正比例关系，为防止其对照射样品质量的影响及保护工作人员健康，在辐照室内需有送排风设备。

四、输送与安全系统

工业应用的食品辐照装置是以辐射源为核心，并配有严格的安全防护设施和自动输送、报警系统。图 8-3 是由我国自主设计和制造的 SQ（F）工业钴源辐照装置示意图。

图 8-3　我国自主设计和制造的 SQ（F）工业钴源辐照装置示意图

所有的运转设备、自动控制、报警与安全系统必须组合得极其严密。如在 ^{60}Co 辐射装置中，一旦正常操作中断，有相应的机械、电器、自动与手动应急措施，使辐射源能退回到安全贮存位置。只有在完成某些安全操作手续，确保辐照室不再有任何射线，工作人员才能进入辐照室。

第三节　食品的辐照及辐照保藏原理

食品经射线照射会发生一系列的辐照效应，主要有物理学效应、化学效应和生物学效应。辐照保藏食品，通常是用 X 射线、γ 射线、电子射线照射食品，这些高能带电或不带电的射线照射食品会引起食品及食品中的微生物、昆虫等发生一系列物理化学反应，使有生命物质的新陈代谢、生长发育受到抑制或破坏，达到杀菌、灭虫，改进食品质量，延长保藏期的目的。

一、食品辐照的物理学效应

（一）α 射线和 γ 射线与物质的作用

α 射线、γ 射线都是高能电磁辐射线，它们又常被称为"光子"，当与被照射物（如食品、微生物、昆虫和包装材料）原子中的电子相遇，光子有时会把全部能量（$h\nu$）交给电子（光子被吸收），使电子脱离原子成为光电子（e^-）：

$$h\nu \longrightarrow M \longrightarrow M^+ + e^-$$

式中，$h\nu$ 代表 X 射线和 γ 射线的光子；M 和 M^+ 代表物质的原子和离子；e^- 代表光电子。如果射线的光子与被照射物的电子发生弹性碰撞，当光子的能量略大于电子在原子中的结合能时，光子把部分能量传递给电子，自身的运动方向发生偏转，朝着另一方向散射，获得能量的电子（也称次电子，康普顿电子），从原子中逸出，上述过程称康普顿散射（Compton scattering），见图 8-4。散射光子和电子分别以不同角度射出，它们各自具有的动能均小于入射光子，若被散射的光子具有足够的能量，则它可以连续产生更多的康普顿散射。

用 ^{60}Co γ 射线辐射，射出的康普顿电子平均能量为入射光子一半，射出电子沿其轨迹，不加选择激发或电离分子而失去自身能量。对 ^{60}Co γ 射线产生的电子，这一轨迹平均为 1mm 左右，每一康普顿散射产生的电子可产生上万次的激发和电离。

当射线的光子能量较高时，光子在原子核库仑场的作用下会产生电子和正电子对，正电子和一个电子结合而消失，产生湮没辐射，这种湮没辐射含有两个光子，每个光子能量为 0.51MeV。电子对的形成必须在射线能量大于 1.02MeV 时才产生，即光子的能量必须大于正电子和电子的静止质量所相当的能量。能量愈大，电子对的形成愈显著。

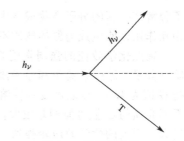

图 8-4　康普顿散射

$h\nu$—射线的光子；$h\nu'$—散射后的光子；T—康普顿电子

光电子，康普顿电子和电子对形成的多少，与辐照食品的 X 射线、γ 射线的能量有关。当射线能量低时，以形成光电子为主；射线能量高时，则几乎全部形成电子、正电子对；射线能量中等时，主要形成康普顿电子。

如果 γ 射线和 X 射线的能量大于某一阈值时，能量和某些原子核作用而射出中子或其他粒子，因而使被照射物产生了放射性（radioactivity）。能否产生这种放射性（也称感生放射性），取决于射线的能量和被照射物质的性质，如稳定同位素 ^{14}N 在能量为 10.5MeV 的 γ 射线照射下会射出中子同时产生氮的放射性同位素；^{12}C 在能量为 18.8MeV 的 γ 射线照射下可被诱发产生放射线；^{16}O 也在能量为 15.5MeV 的 γ 射线照射下可产生放射线。为了严防辐照食品诱发放射线，必须谨慎选用不产生诱发放射线的辐射源。

（二）电子射线的作用

辐射源射出的电子射线（高速电子流）通过被照射物时，受到原子核库仑场的作用，会发生没有能量损失的偏转，称库仑散射。库仑散射可以多次发生。甚至经过多次散射后，带电粒子会折返回去，发生所谓的"反向散射"。

能量不高的电子射线能把自己的能量传递给被照射物质原子中的电子并使之受到激发。若受到激发的电子已达到连续能级区域，它们就会跑出原子，使原子发生电离。电子射线能量愈高，在其电子径迹上电离损耗能量比率（物理学称线性能量传递）愈低；电子射线能愈低，在其电子径迹上电离损耗能量比率反而愈高。

电子射线在原子核库仑场作用下，本身速率减慢的同时放射出光子，这种辐射称轫致辐射。轫致辐射放出的光子，能量分布的范围较宽，能量很大的相当于 γ 射线的光子，能量较大的就相当于 X 射线光子，这些光子对被照射物的作用如同 X 射线与 γ 射线。若放射出的光子在可见光或紫外线范围，就称之为契连科夫（Cerenkov）效应。契连科夫效应放出的可见光或紫外线，对被照射物的作用就如同日常可见光或紫外线。

电子射线经散射、电离、轫致辐射等作用后，消耗了大部分能量，速率大为减慢，有的被所经过的原子俘获，使原子或原子所在的分子变成负离子；有的与阳离子相遇，发生阴、阳离子湮灭，放出两个光子，其光子对被照射物的作用与上述的光子一样。

为了防止被照射物质诱发产生放射性，食品辐照采用的电子加速器的能量水平一般不超过 10MeV。

二、食品辐照的化学效应

辐照的化学效应是指被辐照物质中的分子所发生的化学变化。食品经辐照处理，可能发生化学变化的物质，除了食品本身及包装材料以外，还有附着在食品中的微生物、昆虫和寄生虫等生物体与酶。

食品辐照引起食品中各成分物质发生化学变化比较复杂，一般认为电离辐射包括初级辐射与次级辐射。初级辐射使物质形成离子、激发态分子或分子碎片，由激发分子可进行单分子分解产生新的分子产物或自由基，内转化成较低的激发状态。次级辐射是初级辐射产物的相互作用，使生成与原始物质不同的化合物。

辐照化学效应的强弱常用 G 表示。它是指介质中每吸收 100eV 能量而分解或形成的物质（分子、原子、离子和原子团等）的数目，即辐射产额。如麦芽糖溶液经过辐照发生降解的 G 值为 4.0，则表示麦芽糖溶液每吸收 100eV 的辐射能，就有 4 个麦芽糖分子发生降解。不同介质的 G 值可能相差很大。G 值大，辐照引起的化学效应较强烈；G 值相同者，吸收剂量大者引起的化学效应较强烈。

食品及其他生物有机体的主要化学组成是水、蛋白质、糖类、脂类及维生素等，这些化学物分子在射线的辐照下会发生一系列的化学变化。

（一）水

大多数食品均含丰富的水分，水也是构成微生物、昆虫等生物体的重要成分，食品经辐照引起的水分子变化十分复杂，由 γ 射线和 X 射线产生的快电子能够沿着它们的径迹无区别地激发和电离分子，因此通常水分子的激发作用和电离作用远较食品的其他成分多。主要的反应有下列几种。

① 辐照引起水分子的电离和激发：

$$H_2O \longrightarrow H_2O^+ + e^-$$
$$H_2O \longrightarrow H_2O^*$$

② 离子、分子反应生成自由基和氢离子（H_3O^+）：

$$H_2O^* + H_2O \longrightarrow H_3O^+ + \cdot OH$$

③ 激发分子分解也产生自由基：

$$H_2O^* \longrightarrow H \cdot + \cdot OH$$
$$H_2O^* \longrightarrow H_2 + O \cdot$$

④ 电子水化后，一部分水化电子与正离子中和也生成了自由基：

$$e^-_{水化} + H_3O^+ \longrightarrow H \cdot + H_2O$$

⑤ 自由基相互反应，生成分子产物：

$$H \cdot + \cdot OH \longrightarrow H_2O$$
$$H \cdot + H \cdot \longrightarrow H_2$$
$$\cdot OH + \cdot OH \longrightarrow H_2O_2$$

⑥ 水化电子之间，水化电子和自由基之间反应，生成分子和离子：

$$e^-_{水化} + e^-_{水化} \xrightarrow{2H_2O} H_2 + 2OH^-$$
$$e^-_{水化} + \cdot OH \longrightarrow OH^-$$
$$e^-_{水化} + H \cdot \xrightarrow{H_2O} H_2 + OH^-$$

纯水辐照的化学效应可概括为：

$$H_2O \longrightarrow 2.7 \cdot OH + 0.55 H \cdot + 2.7 e^-_{水化} + 0.45 H_2 + 0.71 H_2O_2 + 2.7 H_3O^+ \quad (8-11)$$

式(8-11)右边的各组阿拉伯数字是能量大于约 0.1MeV 辐照时的 G 值。不同能级的射线照射纯水时产生的自由基和分子产物的 G 值不同（见表 8-3）。

表 8-3　辐照纯水（无氧）时自由基和分子产物的 G 值

射线	H_2	H_2O_2	$H \cdot$	$\cdot OH$	H_2O[①]
5.3MeV α 射线	1.70	1.65	0.55	0.65	3.95
10keV α 射线	0.65	1.00	2.90	2.20	4.20
^{60}Co γ 射线	0.39	0.78	3.70	2.92	4.48

① 受辐照作用的水分子总数。

水分子经辐照后，其数量的减少可能没有什么重要性，但是水分子激发和电离而形成的某些中间产物，如水化电子（$e^-_{水化}$）、羟基自由基（·OH）和氢原子自由基（H·）等都是高度活性的，会导致食品和其他生物物质发生变化（称水的间接作用），对稀水溶液，间接作用可能是化学变化的唯一重要原因，甚至在水含量低的体系中，间接作用仍然是主要的影响因素。

辐照水的主要产物羟基自由基可以加到芳香族化合物和烯烃化合物上；也可以从醇类、糖类、羧酸类、酯类、醛类、酮类、氨基酸类脂肪族化合物的碳-氢键上抽除氢原子（其速率略小于加成反应）；羟基自由基从硫化化合物的硫-氢键上抽除氢原子（这一反应有很高的速率常数）。当化合物既含有芳香族部分，也含有脂肪族部分时，如蛋白质或核酸，则某些羟基自由基起加成反应，而一些则起去除反应，不论是哪一种情况，反应产物都是一种"有机"自由基。

水化电子（$e^-_{水化}$）由相关电子产生，它比羟基自由基具有更多的选择性。它可非常快地加成到含低位空轨道的化合物上，如大部分芳香族化合物、羧酸、醛、酮、硫代化合物以及二硫化物。它们和脂肪醇或糖类反应不显著，与蛋白质反应时可加成到组氨酸、半胱氨酸和胱氨酸残留物上，也可加到其他氨基酸上，其反应最初产物是简单电子加合物。由于大多数化合物含有成对电子，这种电子加合物通常是一种自由基。水化电子与羟基自由基不同，它们不是必须与体系中的主要组分起反应，而是可以和较少的组分如维生素、色素等反应。

在水的辐照中，即使氢原子产额低但也可以由某些有机化合物的直接激发或电离产生。在水溶液中，氢原子的反应介于羟基自由基和水化电子的反应之间，其加成到芳香族化合物或烯属化合物的速率常数为羟基自由基的几分之一，仍可以从醇、糖等脂肪族化合物的碳-氢键中抽除氢原子；它们在与硫代化合物的每一次碰撞中抽去氢原子，但氢原子也可以迅速地加到二硫化物上，分裂—S—S键为—S·和HS⁻；与蛋白质的反应主要可能是含硫氨基酸和芳香族氨基酸。

对于含水量很小的食品，有机分子的辐照直接作用是化学变化的主要原因。

（二）蛋白质和酶

蛋白质由于它具有多级结构而具有独特的性质。射线辐照的结果会使某些蛋白质中二硫键、氢键、盐键和醚键等断裂，从而蛋白质的三级结构和二级结构遭到破坏，导致蛋白质变性。辐照也会促使蛋白质的一级结构发生变化，除了—SH氧化外，还会发生脱氨基作用、脱羧作用和氧化作用。α-氨基在蛋白质分子中能作为端基而存在，辐照脱氨正是发生在这个基团上的。氨基酸的α-羧基，在蛋白质分子中也是作为端基而存在的，在射线的作用下则发生脱羧反应。

蛋白质水溶液经射线照射会发生辐照交联，其主要原因是由于巯基氧化生成分子内或分子间的二硫键，交联也可以由酪氨酸和苯丙氨酸的苯环偶合而发生，辐照交联导致蛋白质发生凝聚作用，甚至出现一些不溶解的聚集体。用X射线照射血纤维蛋白，会引起部分裂解，产生较小的碎片。卵清蛋白在等电点照射发现黏度减小，这证明发生了降解。蛋白质辐照时降解与交联同时发生，而往往是交联大于降解，所以降解常被掩盖而不易察觉。

实际上，含蛋白质食品在辐照过程所发生的变化更复杂，因为很可能这种食品的全部成分都吸收电离辐射线，因此降低了对某种成分（如蛋白质）的作用，而且全部成分的辐射产物之间也可能发生相互作用。

高剂量辐照含蛋白质食品，如肉类及禽类、奶类，常会产生变味（辐照味）。已鉴定出的各种挥发性辐解产物，它们大部分是通过间接作用产生的，在低于冻结点的温度下进行辐照可减少辐照味的形成。

由于酶的主要组分是蛋白质，因此辐照对酶的效应与辐照蛋白质效应基本一致。纯酶的稀溶液对辐照很敏感，若增加其浓度也必须增加辐照剂量才能产生钝化作用。酶存在的环境条件对辐照效应有保护作用：水溶液中酶的辐照敏感性随温度的升高而增加；酶还会因有—SH基团的存在而增加其对辐照的敏感性；介质的 pH 值及含氧量对某些酶影响也大，如辐照干燥胰蛋白酶时，有氧存在下极易钝化，并有可能形成过氧化物。总的来说，酶所处的环境条件越复杂，酶的辐照敏感性越低。酶通常存在于食品复杂的系统中，因此需大剂量才能将其钝化，已发现多数食品酶对辐射的阻力甚至大于肉毒芽孢杆菌孢子，其 D_{10} 达 50kGy，这给食品的辐照灭酶保藏带来一定的限制。但从另一个角度考虑，在食品工业中用辐照处理酶制剂却有着重要意义，利用酶对射线的稳定性，用以杀死污染酶制剂的微生物，则具有比热处理方法优越的特点。

（三）糖类

纯态糖类经辐照后发现有明显的降解作用和辐解产物形成，低聚糖或单糖的降解产物有羰基化合物、酸类、过氧化氢，降解作用还会产生气体，如氢气、二氧化碳及痕量甲烷、一氧化碳和水等。降解所形成的新物质，会改变糖类的某些性质，如辐照能使葡萄糖和果糖的还原能力下降，但提高了蔗糖、山梨糖醇和甲基 α-吡喃葡糖的还原能力，这些变化是辐照剂量的函数。实际上，辐照对还原能力的影响低于热处理。从表 8-4 可看出，50kGy 的辐照剂量产生的还原力变化与 100℃ 加热 10h 的变化相似。10kGy 辐照 100g 葡萄糖一水合物释放出 0.8mg 的 H_2 和 2.6mg 的 CO_2，但辐照果糖和蔗糖时，则没有 CO_2 产生。辐照固态糖类多有降解产物甲醛，辐照葡萄糖还会有葡萄糖酸、葡糖醛酸与脱氧葡糖酸等产物检出。在 5kGy 的剂量下辐照产生的降解产物浓度小于 10mg·g^{-1}。辐照固态糖类时降解作用的 G 值（6～60）比辐照糖溶液时的 G 值要大得多，因此固态糖降解的百分数要更小。

表 8-4　辐照和加热对糖类还原力的影响

糖　类	还原物质[①]		
	对　照	在 50kGy 下辐照	100℃ 加热 10h
葡萄糖	8.6	7.5	7.9
果　糖	7.8	7.1	5.1
蔗　糖	0.0	0.067	0.32
山梨糖醇	0.0	0.059	0.00

① 每毫克糖液中含有的铜，其量以浓度为 0.005mol 时的毫升数来表示。

水对纯糖的辐解作用的影响是复杂的。在辐照固态糖时，水有保护作用，这可能是由于通过氢键的能量转移，或者是由于水和被辐照糖的自由基反应重新形成最初产物所致的。辐照糖溶液时，除辐照对糖和水有直接作用外，还有水的羟基自由基等与糖的间接作用，通常辐解作用随辐照剂量的增加而增加。就商业辐照剂量而言，关于糖类辐照后的熔点、折射率、旋光度和颜色等物理变化是微小的。

辐照会引起多糖链的断裂，产生链长不等的糊精碎片，同时形成不同的辐解产物。表 8-5 说明马铃薯直链淀粉辐照后的聚合度和黏度变化。直链淀粉用 20kGy 辐照后，平均聚合度由 1700 降到 350，而支链淀粉平均长度不大于 15 个葡萄糖单位。辐照 2g·L^{-1} 玉米淀粉溶液，在剂量 1kGy 时相对黏度 41.7（对照 54.1）；在 15kGy 下辐照相对黏度 4.6；而 140℃ 加热 30min，相对黏度 30.7。可见，高剂量辐照淀粉浆，辐照降低黏度比加热降低的多。辐照小麦淀粉所形成的糖有葡萄糖、麦芽糖、麦芽三糖、麦芽四糖和麦芽五糖，各种糖的含量基本上随辐照量的增大而增加。混合物的存在对辐照降解作用影响很大，特别是蛋白质和氨基酸对糖类辐解的保护作用是值得注意的。混合物的降解效应通常比单个组分的辐解效应小。虽然在辐照纯淀粉时，观察到有大量的产物形成，但在更复杂的食物中不一定会产生同样的结果。

表 8-5　辐照对马铃薯直链淀粉的聚合度和黏度的影响

剂量/kGy	特性黏度/mL·g^{-1}	聚合度
0	230	1700
0.5	220	1650
1	150	1100
2	110	800
5	95	700
10	80	600
20	50	350
50	40	300
100	35	250

（四）脂类

食品中脂类成分辐照分解所产生的化学物质和从天然脂肪或脂肪模拟体系辐照所形成的化学物质在性质上是相似的。主要是辐照诱导自氧化产物和非氧化的辐照产物，因而饱和脂肪酸比较稳定，不饱和脂肪酸容易氧化，出现脱羧、氢化、脱氨等作用。辐照过程和随后的贮存中，有氧存在，也会促使自动氧化作用。辐照促进自动氧化过程可能是由于促进了自由基的形成和氢过氧化物的分解，并使抗氧化剂遭到破坏所致的，辐照诱发的氧化变化程度主要受剂量和剂量率影响，此外非辐照的脂肪氧化中的影响因素（温度、有氧与无氧、脂肪成分、氧化强化剂、抗氧化剂等）也影响脂肪的辐照氧化与分解。

比较辐照和加热处理形成的分解产物，性质基本相似（见表 8-6）。但在某些成分上存在一些定性与量的差别。从甘油三己酸酯的研究中看，辐照产生的主要烷烃（戊烷）的量差不多是由加热所形成的 2 倍，而在加热处理中产生的主要烯烃（丁烯）的量较多。低剂量（0.5～10kGy）辐照含不饱和脂肪的食物表明，过氧化物的形成随剂量的增加而增加，用 60kGy 辐照猪肉，辐照产物烃类产量每千克脂肪中烃的质量（mg）如下：十七碳烯 90；十六碳二烯 89；十七烷 34；十六碳烯 22；十五烷 55；十四烯 38。所产生的主要烃类的数字也随剂量和辐照温度而直线增加。有人估计 30kGy 辐照产生的烃量相当于 170℃，24 小时加热所产生的烃量。当辐照剂量大于 20kGy，"辐照脂肪"气味可察觉，在较高剂量时变得更强烈。

表 8-6　在辐照和加热的甘油三己酸酯中鉴定到的某些化合物的浓度

鉴定到的化合物	浓度/mmol·kg^{-1}	
	加热(270℃,15h)	辐照(25℃,60kGy)
甲烷	未测定	0.15
乙烷	0.03	0.20
乙烯	0.014	0.14
丙烷	0.104	0.12
丙烯	0.072	0.04

鉴定到的化合物	浓度/mmol·kg^{-1}	
	加热(270℃,15h)	辐照(25℃,60kGy)
丁烷	0.020	0.10
1-丁烯	0.627	0.39
戊烷	1.00	1.81
1-戊烯	0.045	0.14
己醛	0.08	1.72
己酸甲酯	0.04	0.39
己酸	43.96	12.20
2-氧代丙基己酸酯	2.37	0.25
6-十一烷酮	4.49	0.70
2-氧代戊基己酸酯	0.60	0.30
1,2-丙烷二醇二己酸酯	0.09	3.24
1,3-丙烯二醇二己酸酯	0.44	0.45
2,3-丙烯二醇二己酸酯	0.35	0.32
2-氧代-1,3-丙烷二醇二己酸酯	0.02	未测定
二甘油己酸酯	29.39	2.95

（五）维生素

不同维生素对射线的敏感性不同,见表8-7。一般认为,维生素A和维生素E是脂溶性维生素中对辐照最敏感的维生素。牛肉在氮气中经20kGy剂量辐照,维生素A破坏率达66%,维生素E则没有损失;禽肉在氮气中分别经10kGy、20kGy和40kGy的辐照,其维生素A的降解率分别达58%、72%、和95%;全脂牛奶经2.4kGy的辐照,维生素E损失40%;食物中的维生素D对辐照似乎相当稳定,鲑鱼油经几万戈瑞剂量辐照,都没有发现维生素D的破坏。

表8-7 各种维生素对不同影响因素的敏感性

维生素		热	氧	光	电离辐射
水溶性维生素	抗坏血酸(C)	○	++	+	++
	硫胺素(B$_1$)	++	○或+	○或+	++
	核黄素(B$_2$)	○	○	++	○
	烟酸	○	○	○	○或+
	泛酸	+	○	○	○
	维生素B$_6$	○	○或+	+	+
	维生素H	+	○	○	○
	叶酸	+	+	+	○
	维生素B$_{12}$	○	+	+	++
	胆碱	○	+	○	○

维生素		热	氧	光	电离辐射
脂溶性维生素	维生素 A	○或丨	＋	＋	＋＋
	β-胡萝卜素	○或＋	＋	＋	＋
	维生素 D	○	○或＋	○	○
	维生素 E	○	＋＋	○或＋	＋＋
	维生素 K	○	○	＋	＋或＋＋

注：○ 稳定；＋ 稍敏感；＋＋ 十分敏感。

在水溶性维生素中，虽然维生素 B_1 和维生素 C 对辐照最敏感，但在辐照剂量低于 5kGy 时，维生素 C 通常的损失很少超过 20％～30％。

低剂量和高剂量的 γ 射线对全脂乳粉中维生素 B_1 含量的影响的研究表明，0.45kGy 辐照不引起感觉变化或维生素含量损失的剂量阈值，而 0.5～10kGy 剂量则产生 5％～17％损失。用 1.47kGy 剂量辐照全脂牛奶证明维生素 B_1 含量损失 35％，而 20kGy 剂量则使甜炼乳维生素 B_1 产生 85％的损失。但也有报道，27.9kGy 和 55.8kGy 剂量辐照奶粉其维生素 B_1 含量没有损失。即使是相同剂量，不同食品维生素 B_1 损失量也不同。例如，30kGy 剂量辐照瘦牛肉其维生素 B_1 损失 53％～84％，瘦羊肉 46％，瘦猪肉 84％～95％，猪肉香肠 89％。在氧中比在氮中辐照有较多的维生素 B_1 被破坏，而在 −75℃ 辐照的肉中没有维生素 B_1 被破坏。

维生素辐照损失数量受剂量、温度、氧气存在与食品类型等影响。一般来说，在无氧或低温条件下辐照可减少食品中维生素的损失。

（六）食品包装材料

选择高分子材料作为辐照食品的包装时，除考虑包装材料的性能和使用效果外，还应考虑到在辐照剂量范围内包装材料本身的化学、物理变化，以及与被包装食品的相互作用。

某些高分子材料对辐照作用很敏感，介质吸收辐照能后，会引起电离作用而发生各种化学变化。如发生降解、交联、不饱和键的活化、析出气体（主要是氢气）、促使氧化反应并形成氧化物（在有氧存在时）。根据各剂量真空条件下辐照包装材料，检测到的气体降解产物的量，常用包装材料的辐照稳定性依次为：PS＞PET＞PA＞PE＞PP。高分子量聚合物真空条件下辐照，PE、PA 主要降解产物为烃；在有空气条件下，PP、PE 的挥发性产物除烃类外，还有酸、醛、酮和羧酸等，可检测出 100 多种物质。一般降解产物的量随剂量增大而增加，但某些产物的量可能在某一剂量下达到峰值。发生辐照降解的聚合物，如纤维素酯类等，在剂量超过 50kGy 时，其冲击强度和抗撕强度等指标明显降低，气渗性增加；对于辐照交联为主的聚乙烯、尼龙，辐照剂量超过 100～1000kGy，弹性模数增加，交联度过高会使聚合物变得硬且脆；在绝氧下辐照剂量达 1MGy，可使偏二氯乙烯共聚物薄膜游离出氯化物，使 pH 值降低，辐照处理引起的薄膜变化见表 8-8。辐照巴氏灭菌条件下（10～30kGy），所有用于包装食品的薄膜的性质基本上未受到影响，对食品安全也未构成危害。美国 FDA 批准用于 10kGy 剂量辐照灭菌的食品包装材料，有硝酸纤维涂塑玻璃纸、涂蜡纸板、聚丙烯薄膜、乙烯-烯烃-1 共聚物、聚乙烯薄膜、聚苯乙烯薄膜、氯化橡胶、偏二氯乙烯-氯乙烯共聚物薄膜、聚烯烃薄膜、或偏二氯乙烯涂塑、聚酯、尼龙 11、偏二氯乙烯涂塑玻璃纸；可在 60kGy 剂量下使用的包装材料（供军队使用），有植物羊皮纸、聚乙烯薄膜、尼龙 6、乙烯-醋酸乙烯共聚物等。复合软包装材料近年来也大量用于辐照食品包装，如聚酯（12.7μm）/铝（12.7μm）/其他塑料薄膜，这些薄膜可以是尼龙 11（76.8μm），异丁烯改性的聚乙烯（76.2μm）或聚乙烯与聚酯复合膜（63.5μm）。除了塑料包装材料外，金属、玻璃也是良好的辐照食品包装，但大多数聚合物（包括玻璃）在辐照下颜色由黄色（无色）变为褐色（最后变为黑色）。在大气条件下，如果 γ 射线剂量达 100kGy，则聚氯乙烯变为深绿色，聚甲基丙烯酸甲酯（有机玻璃）变为黄绿色，聚苯乙烯变为淡黄色，而聚乙烯保持不变。多数环氧树脂在 10^2 MGy 剂量下变成深褐色。硅酸盐玻璃的变色通过加热能够得到恢复。

表 8-8　辐照处理 $(5.8 \times 10^{10}\,\text{MeV} \cdot \text{cm}^{-2})$ 引起的薄膜变化

薄膜种类	变化程度/%			
	刚性	弯曲强度	拉伸强度	最终伸长
聚乙烯[密度 0.920g·cm⁻³,熔融指数 0.2g·(10min)⁻¹]	−31	+12	−45	−99
聚乙烯[密度 0.920g·cm⁻³,熔融指数 2.0g·(10min)⁻¹]	−16	−6	−29	−99
聚乙烯(密度 0.947g·cm⁻³)	−20	+13	+11	−97
聚乙烯(密度 0.950g·cm⁻³)	−63	−24	−43	−98
聚乙烯(密度 0.960g·cm⁻³)	−58	−40	+8	−99
聚丙烯(低灰分)			−96	−87
聚丙烯(高灰分)			−93	−96
尼龙 6	+181	+136	+107	−92
尼龙 66	+54	+111	+80	−95
尼龙 610	+52	+62	+49	−92
聚苯乙烯(通用型)	−13	−24	−50	−45
聚苯乙烯-丁二烯(高冲击强度)	+99	+51	−35	−92
聚苯乙烯-丙烯腈(SAN)	−5	−28	−34	−47
丙烯腈-丁二烯-苯乙烯(ABS)	−49	+5	−58	−93
聚氨酯	+176	+111	−59	−99

三、食品辐照的生物学效应

食品辐照的生物学效应与生物机体内的化学变化有关，对生物物质的辐照效应有直接的和间接的作用。由机体内含有的水分而产生的间接效应是辐照总反应的重要部分，在干燥和冷冻组织中就很少有这种间接的效应。

辐照对活体组织的损伤与其代谢反应有关，并视其机体组织受辐照损伤后的恢复能力而异，也取决于使用剂量的大小。不同物质达到各种生物效应所必需的剂量见表 8-9。

表 8-9　用 β 和 γ 辐射线达到各种生物效应所必需的剂量

效　应	剂量/Gy	效　应	剂量/Gy
植物和动物的刺激作用	0.01～10	食品辐照选择杀菌	$10^3 \sim 10^4$
植物诱变育种	10～500	药品和医疗设备的灭菌	$(1.5 \sim 5) \times 10^4$
通过雄性不育法杀虫	50～200	食品阿氏杀菌	$(2 \sim 6) \times 10^4$
抑制发芽(马铃薯、洋葱)	50～400	病毒的失活	$10^4 \sim 1.5 \times 10^5$
杀灭昆虫及虫卵	250～10³	酶的失活	$2 \times 10^4 \sim 10^5$
辐照巴氏杀菌	$10^3 \sim 10^4$		

生物体细胞在高活性的代谢状态对辐照的敏感性比在休眠期时要大得多。用低于致死剂量的照射所造成的损伤，取决于生物在接受照射时所处的发育阶段，如辐照处于生长阶段的

生物将影响细胞组织的成熟、新陈代谢和生殖等。

辐照微生物，引起其新陈代谢紊乱，特别是细胞核活动紊乱，又引起核蛋白形成推迟而阻碍细胞核的增殖。因此微生物细胞受辐照后，过一段时间才死亡。

某些食品本身就是活的生物体，如新鲜果蔬都有一定的生理活动（如呼吸作用及成熟等），在其表面还会依附着其他生物体，如微生物、害虫、病毒等。它们不仅会影响食品的品质，造成食品腐败变质，还会影响人体健康，但它们对辐照的敏感性也有差异。

（一）微生物

辐照保藏主要利用辐照直接控制或杀灭食品中的腐败性微生物及致病微生物达到延长保藏期的目的。电离辐射对微生物的作用受下列因素的影响：辐照量、微生物的种类及状态、菌株浓度（细菌数）；培养介质化学成分和物理状态及辐照后的贮藏条件等。

电离辐射杀灭微生物一般以杀灭 90％ 微生物所需的剂量（Gy）来表示，即残存微生物数下降到原菌数 10％ 时所需用的剂量，并用 D_{10} 值来表示。当知道 D_{10} 值时，就可以按下式确定辐照灭菌的剂量（D 值）。

$$\lg \frac{N}{N_0} = -\frac{D}{D_{10}} \qquad (8\text{-}12)$$

式中　N_0——最初微生物数；

N——使用 D 剂量后残留微生物数；

D——辐照的剂量，Gy；

D_{10}——微生物残存数减少到原数 10％ 时的剂量，Gy。

1. 细菌

细菌种类不同，对辐照敏感性也各不相同。辐照剂量愈高，对细菌的杀灭率愈强。常见几种病原微生物的 D_{10} 值见表 8-10。

表 8-10　一些重要食品致病菌的 D_{10} 值

致病菌	D_{10}值/kGy	悬浮介质	辐照温度/℃
嗜水产气单胞菌（A. hydrophila）	0.14～0.19	牛肉	2
空肠弯曲杆菌（C. jejuni）	0.18	牛肉	2～4
大肠杆菌 O157∶H7（E. Coli O157∶H7）	0.24	牛肉	2～4
单核细胞杆菌（L. monocytogenes）	0.45	鸡肉	2～4
沙门氏菌（Salmonelia spp.）	0.38～0.77	鸡肉	2
金色链霉菌（S. aureus）	0.36	鸡肉	0
小肠结肠炎菌（Y. enterocolitica）	0.11	牛肉	25
肉毒梭状芽孢杆菌孢子［C. botulinum(sports)］	3.56	鸡肉	−30

注：摘自 Dennis G Olson. Irradiation of Food. J Food Tech，1998，52（1）：56～61。

从表 8-10 中可见，沙门氏菌是非芽孢菌中最耐辐照的致病微生物，平均 D_{10} 值 0.6kGy。对禽肉辐照 1.5～3.0kGy，可杀灭 99.9％～99.999％ 的致病菌，除了肉毒芽孢杆菌，在这个剂量下，其他致病菌都可获得控制。

肉毒芽孢杆菌中能引起食物中毒且耐热性特强的 A 型和 B 型，其抗辐射性也强，其 D_{10} 值在 1.9～3.7kGy。肉毒芽孢杆菌的 D_{10} 值可因菌型和菌株而异，且与被辐照时介质的状态关系很大，按照微生物学安全性需求，经辐照后残存菌数减少 10～12 个数量级（即 $12D_{10}$），可以计算出杀菌所需的最小辐照剂量（MRD），MRD 值的大小主要决定于辐照对象微生物种类、被辐照的食品种类和辐照时的温度等。通常条件下，带芽孢菌体比无芽孢者对辐照有较强的抵抗力。

沙门氏菌是常见污染食品的致病菌。工业中常用热处理杀灭该菌，但热处理会使食品的形状和组织发生变化。例如对鲜蛋的杀菌，热处理就受到限制，用 4.5～5.0kGy 剂量辐照冻蛋，可杀灭污染的沙门氏菌，又可使其风味和制成的蛋制品不发生改变。常污染鱼贝类的假单孢菌（是一种低温菌），对辐射线抵抗力也较弱，低剂量辐照即可将其杀灭，保持产品的鲜度。

2. 酵母与霉菌

酵母与霉菌对辐照的敏感性与非芽孢细菌相当。种类不同，其辐照敏感性也有差异。杀灭引起水果腐败和软化的霉菌所需的剂量常高于水果的耐辐照量，对酵母也有类似状况，通过热处理或其他方法再结合低剂量辐照则可克服上述缺陷。

3. 病毒

病毒是最小的生物体，并且是一种具有严格专一性的细胞内寄生生物，自身没有代谢能力，但进入细胞后能改变细胞的代谢机能，产生新的病毒成分。

脊髓灰白质炎病毒和传染性肝炎病毒，通过食品会传播给人体，后者还可以通过饮水而污染水源和某些动物。口蹄疫病毒能侵袭许多动物，这种病毒只有使用高剂量辐照（水溶液状态 30kGy，干燥状态 40kGy）才能使其钝化，但使用过高的剂量时对新鲜食品的质量有影响，因此常用加热与辐照并举的方法，降低辐照剂量及抑制病毒的活性。

（二）虫类

1. 昆虫

辐照是控制食品中昆虫传播的一种有效手段，正如其他生物体一样，辐照对昆虫的效应与其组成细胞的效应密切相关。成虫的性腺细胞对射线相当敏感，因此，低剂量照射能引起成虫绝育或引起配子在遗传上的紊乱，稍高剂量就可将昆虫杀死。

辐照对昆虫总的损伤作用是：致死、"击倒"（貌似死亡，随后恢复）、缩短寿命、推迟换羽、不育、减少卵的孵化、延迟发育、减少进食量和抑制呼吸。这些作用都在一定的剂量水平发生，而在某些剂量（低剂量）下，甚至可能出现相反的效应，如延长寿命、增加产卵、增进卵的孵化和促进呼吸。

用 0.13～0.25kGy 剂量辐照，可使卵和幼虫有一定的发育能力，但能够阻止它们发育到成虫阶段；用 0.4～1kGy 剂量辐照，能阻止所有卵、幼虫和蛹发育到下一阶段。成虫甲虫需达 0.13～0.25kGy 剂量才能达到不育，而蛾需要 0.45～1kGy，蛹需用 0.25～0.45kGy 剂量辐照才能达到不育。

为了防止食品中昆虫的传播，立即将其杀死所需剂量范围是 3～5kGy；1kGy 辐照足以使昆虫在数日内死亡；0.25kGy 可使昆虫在数周内死亡，并使存活昆虫不育。一次给予足够的剂量比分次逐步增加的杀灭效果好。对某些昆虫辐照前升高温度，可增加它们对辐照的敏感性；而降低大气氧压，将会增加昆虫的耐辐照性。

2. 寄生虫

使猪旋毛虫（Trichinosis）不育的剂量为 0.12kGy，抑制其生长需 0.2～0.3kGy，致死量需 7.5kGy；牛肉涤虫（Beef tapeworm）致死剂量为 3～5kGy。

（三）果蔬

根据果蔬的生理特征，对于有呼吸高峰的果实，在高峰开始出现前夕，体内乙烯的合成明显增加，从而促进成熟的到来。若在高峰出现前对果实进行辐照处理，由于辐照干扰了果实体内乙烯的合成，就可抑制其高峰的出现，延长果实的贮存期。

辐照能使水果中的化学成分发生变化，如维生素 C 的破坏，原果胶变成果胶质及果胶酸盐，纤维素及淀粉的降解，某些酸的破坏及色素的变化等。

辐照对新鲜蔬菜代谢反应的影响，与蔬菜种类和辐照剂量有关。辐照可以改变蔬菜的呼吸率，防止老化，改变化学成分。如辐照马铃薯，在辐照后的短期内能快速且大量的增加其摄氧率，但随后又下降。若采用极低或很高的剂量并不产生这种效应。

马铃薯、洋葱等经辐照后可抑制发芽，辐照使组织内脱氧核糖核酸（DNA）和核糖核酸（RNA）受到损伤，干扰了ATP的合成，植物体生长点上的细胞不能发生分裂，从而抑制植物体发芽。辐照蘑菇可防止开伞，延长保鲜期。

第四节　食品辐照工艺及条件控制

一、辐照在食品中的应用

根据食品辐照的目的及所需的剂量，食品辐照分为下列三类，见表8-11。

表8-11　辐照在食品中的应用

类型	辐照目的	采用剂量/kGy	应用范围
低剂量 （1kGy以下）	抑制发芽	0.05～0.15	马铃薯、大葱、蒜、姜、山药等
	杀灭害虫、寄生虫	0.15～0.5	粮谷类、鲜果、干果、干鱼、干肉、鲜肉等
	推迟生理反应（熟化作用）	0.25～1.0	鲜果蔬
中剂量 （1～10kGy）	延长货架期	1.0～3.0	鲜鱼、草莓、蘑菇等
	减少腐败微生物和降低致病菌数量	1.0～7.0	新鲜和冷冻水产品，生和冷冻畜、禽肉等
	食品品质改善	2.0～7.0	增加葡萄产汁量、降低脱水蔬菜烹调时间等
高剂量 （10～50kGy）	工业杀菌（结合温和的热处理）	30～50	肉、禽制品，水产品等加工食品、医院病人食品等
	某些食品添加剂和配料的抗污染	10～50	香辛料、酶的制备，天然胶等

1. 低剂量辐照

这种辐照处理主要目的是降低食品中腐败微生物及其他生物数量，延长新鲜食品的后熟期及保藏期（如抑制发芽等）。一般剂量在1kGy以下。

2. 中剂量辐照

这种辐照处理使食品中检测不出特定的无芽孢的致病菌（如沙门氏菌）。包括通常的辐照巴氏杀菌（5～10kGy），延长食品保质期及改善食品品质等目的的辐照（所使用的辐照剂量范围为1～10kGy）。

3. 高剂量辐照

所使用的辐照剂量可以将食品中的微生物减少到零或有限个数，达到杀菌目的。经过这种辐照处理后，食品在无再污染条件下可在正常条件下达到一定的贮藏期，剂量范围10～50kGy。

二、食品辐照工艺

（一）食品辐照保藏

食品受到射线的照射，食品中的营养成分、微生物和昆虫、寄生虫等，都会吸收能量和产生电荷，使其构成原子、分子发生一系列的变化。这些变化对食品中有生命的生物物质的影响较大。水、蛋白质、核酸、脂肪、糖类等分子的微小变化，都可能导致生物酶的失活，生理生化反应的延缓或停止，新陈代谢的中断，生长发育停顿，生命受到威胁，甚至死亡。

而且食品辐照时，微生物或昆虫一般多集中在食品的表层，故它们和食品表层最先接受射线的作用。从食品整体来说，在正常的辐照条件下发生变化的食品成分较小，而对生命活动影响较大。因此，食品辐照应用于保藏（尤其是新鲜食品）有着重要的意义和实用价值。

1. 果蔬类

果蔬辐照的目的主要是：防止微生物的腐败作用；控制害虫感染及蔓延；延缓后熟期，防止老化。

辐照延迟水果的后熟期，对香蕉等热带水果十分有效，对绿色香蕉辐照剂量常低于0.5kGy，但对有机械伤的香蕉一般无效。用 2kGy 剂量即可延迟木瓜的成熟。对芒果用0.4kGy 剂量辐照可延长保藏期 8d，用 1.5kGy 可完全杀死果实中的害虫。水果的辐照处理，除可延长保藏期外，还可促进水果中色素的合成，使涩柿提前脱涩和增加葡萄的出汁率。

通常引起水果腐败的微生物主要是霉菌，杀灭霉菌的剂量依水果种类及贮藏期而定。生命活动期较短的水果，如草莓，用较小的剂量即可停止其生理作用；而对柑橘类要完全控制霉菌的危害，剂量一般要在 0.3～0.5kGy 以上。但若剂量过高（2.8kGy），则会在果皮产生锈斑。为了获得较好的保藏效果，水果的辐照常与其他方法结合，如将柑橘加热至 53℃保持 5min，与辐照同时处理，剂量可降至 1kGy，还可控制住霉菌及防止皮上锈斑的形成；对表皮黄色、成熟度为 25％的木瓜，用 50～60℃水洗 20s，晾 20min，干后包装，用0.75kGy γ射线照射，可显著延长保藏期。我国上海采用辐照与冷藏相结合的方法有效控制苹果和草莓的采后腐败。化学防腐和辐照相结合也可有效延长水果贮藏期，复合处理的协同效应可以降低化学处理的药剂量和辐照剂量，把药物残留量和辐照损伤率降到最低程度，既可延长保藏期，又可保证食品的质量和卫生安全。

蔬菜的辐照处理主要是抑制发芽，杀死寄生虫。低剂量 0.05～0.15kGy 对控制根茎作物如马铃薯、洋葱、大蒜的发芽是有效的。为了获得更好的贮藏效果，蔬菜的辐照处理常结合一定的低温贮藏或其他有效的贮藏方式。如收获的洋葱在 3℃暂存，并在 3℃的低温下辐照，照射后可在室温下贮藏较长时间，又可以避免内芽枯死、变褐发黑。

2. 粮食类

造成粮食耗损的重要原因之一是昆虫的危害和霉菌活动导致的霉烂变质。杀虫的效果与辐照剂量有关，0.1～0.2kGy 辐照可以使昆虫不育，1kGy 可使昆虫几天内死亡，3～5kGy可使昆虫立即死亡；抑制谷类霉菌的蔓延发展的辐照剂量为 2～4kGy，小麦和面粉杀虫的剂量为 0.20～0.75kGy，焙烤食品为 1kGy。王传耀等研究证实 0.6～0.8kGy 剂量辐照玉米象成虫，照后 15～30d 内象成虫全部死灭。经 0.2～2.0kGy 剂量辐照玉米、小麦、大米，其营养成分未发生明显变化。

3. 畜、禽肉及水产类

从表 8-10 可见，沙门氏菌是最耐辐照的非芽孢致病菌，1.5～3kGy 剂量可获得 99.9％～99.999％的灭菌率，而对 O157：H7 大肠杆菌，1.5kGy 可获得 99.9999％的灭菌率（$D_{10}=0.24kGy$）。革兰氏阴性菌对辐照较敏感，1kGy 辐照可获得较好效果，但对革兰氏阳性菌作用较小。Lambert 等（1992）报告，充 N_2 包装的块状猪肉在 1kGy 辐照后在 5℃可存放 26d。

由于在通常的辐照量下不能使肉的酶失活（酶失活的剂量高达 100kGy），所以用辐照方法保藏鲜肉，可结合热方法。如用加热方式使鲜肉内部的温度升高到 70℃，保持 30min，使其蛋白分解酶完全钝化后才进行辐照。高剂量辐照处理肉类（已包装），可达到灭菌保藏的目的，所用的剂量要能杀死抗辐射性强的肉毒芽孢杆菌；对低盐、无酸的肉类（如鸡肉）需用剂量 45kGy 以上。肉类的高剂量辐照灭菌处理会使产品产生异味，此异味随肉类的品种不同而异，牛肉产生的异味最强。目前防止异味最好的方法是在冷冻温度−80～−30℃下辐照，因为异味的形成大多数是间接的化学效应。在冰冻时水中的自由基的流动性减少，可以防止自由基与肉类成分的相互反应发生。辐照可引起肉颜色的变化，在有氧存在下更为显著。

目前用辐照处理冷藏或冷冻的家禽以杀灭沙门氏菌和弯曲杆菌（*Campylobacter*）为主，处理猪肉使旋毛虫幼虫失活所带来的卫生效益最为明显，剂量2～7kGy被认为足以杀死上述病原微生物和寄生虫，对大部分食品不会造成感官特性不利的影响。美国农业部食品安全检验局规定，冷却、冷冻肉的最大吸收剂量分别是4.5kGy和7.0kGy，对禽肉最大剂量是3kGy。

水产品辐照保藏多数采用中低剂量处理，高剂量处理工艺与肉禽类相似，但产生的异味低于肉类。为了延长贮藏期，低剂量辐照鱼类常结合低温（3℃以下）贮藏。不同鱼类有不同的剂量要求，如淡水鲈鱼在1～2kGy剂量下，延长贮藏期5～25d；大洋鲈2.5kGy延长保贮期18～20d；牡蛎在20kGy剂量下，延长保藏期达几个月。加拿大批准商业辐照鳕鱼和黑线鳕鱼片，以延长保质期的剂量为1.5kGy。

4. 香辛料和调味品

天然香辛料容易生虫长霉，未经处理的香辛料，霉菌污染的数量平均为$10^4 \cdot g^{-1}$以上。传统的加热或熏蒸消毒法不但有药物残留，且易导致香味挥发，甚至产生有害物质。例如环氧乙烷和环氧丙烷熏蒸香辛料能生成有毒的氧乙醇盐或多氧乙醇盐化合物。而辐照处理可避免引起上述的不良效果，既能控制昆虫的侵害，又能减少微生物的数量，保证原料的质量。全世界至少已有15个国家批准对80多种香辛料和调味品进行辐照。

辐照剂量与原料初始微生物数量有关。张淑俭等人曾用10～15kGy剂量（^{60}Co γ射线）辐照尼龙/聚乙烯包装的胡椒粉、五香粉，产品保藏6～10个月，未见生虫、霉烂，调味品色、香、味、营养成分无显著变化。尽管香料和调味品商业辐照灭菌可以允许高达10kGy剂量，但实际上为避免导致香味及颜色的变化，降低成本，香料消毒的辐照剂量应视品种及消毒要求来确定，尽量降低辐照剂量。如胡椒粉，快餐佐料、酱油等直接入口的调味料以杀灭致病菌为主剂量可高些，有些国家认为引起辐照调味品味道变化的阈值：芫荽7.5kGy；黑胡椒及其代用品12.5kGy，白胡椒12.5kGy；桂皮8kGy；丁香7kGy；辣椒粉8kGy；辣椒4.5～5kGy。

5. 蛋类

蛋类辐照主要采用辐照巴氏杀菌剂量，以杀灭沙门氏菌为对象。一般蛋液及冰蛋液辐照灭菌效果较好。带壳鲜蛋可用β射线辐照，剂量10kGy，高剂量会使蛋白质辐解而使蛋液黏度降低或产生H_2S等异味。

（二）辐照改变食品品质

食品中某些成分的辐照化学效应，有时可产生有益的辐照加工效果。目前，各国都在这个领域展开研究，有些已投入商业应用。如黄豆发芽24h后，用2.5kGy剂量辐照，可减少黄豆中棉籽糖和水苏糖（肠内胀气因子）等低聚糖的含量；小麦经杀虫剂量辐照，其面粉制成面包体积增大，柔软性好，组织均匀，口感提高；葡萄经4～5kGy辐照可提高出汁率10%～12%；空气干燥过的黄豆辐照后，煮熟时间仅为未处理过的66%；脱水蔬菜，如春豆、芹菜，用10～30kGy处理，可使复水时间大大缩短，仅为原来的1/5。

我国在白酒的辐照催陈（陈化）方面已取得显著成绩。辐照处理薯干酒，使酒中酯、酸、醛有所增加，酮类化学物减少，甲醇、杂醇含量降低，酒口味醇和，苦涩辛辣味减少，酒质提高。关学雨等用^{60}Co γ射线辐照白兰地酒，证明用0.888kGy和1.331kGy剂量辐照的两种白兰地酒，经存放3个月品尝鉴定，其酒质相当于3年老酒，辐照酒的总酸、总酯均有不同程度的增加，辛酸乙酯和癸酸乙酯等酯的气相色谱的谱峰显著提高，且证明饮用辐照酒是安全的。

（三）辐照的其他应用

食品辐照的另一重要应用是对果蔬的进口检疫处理。国际贸易法及各国的安全法规常要求对进口的果蔬进行安全处理（特别是热带和亚热带果蔬），以杀灭果蝇等传染性病虫害，常用的熏蒸剂，如二溴乙烷、溴甲烷和环氧乙烷等气体，由于涉及环境和操作人员的健康，已受到使用限制。美国环境保护署1984年9月1日通令禁用二溴乙烷，目前辐照是这方面最可行的替代方法。满足检疫条例，杀灭果蝇所需辐照剂量（0.15kGy）并不改变大多数水果和蔬菜的物理化学性质和感官特性。0.1kGy的低剂量辐照可以防止大多数种类的果蝇卵发育成为成虫。辐照是杀灭在羽化为成虫之前留居种子之内的芒果种子象鼻虫的唯一的一种技术，0.25kGy的剂量足以阻止虫害羽化为成虫，国际上已确立防止所有昆虫虫害的检疫可靠性保证剂量为0.3kGy。

三、影响食品辐照效果的因素

（一）辐照剂量

根据各种食品辐照目的及各自的特点，选择最适辐照剂量范围是食品辐照的首要问题。剂量等级影响微生物、虫害等生物的杀灭程度，也影响食品的辐照物理化学效应，两者要兼顾考虑。一般来说，剂量越高，食品保藏时间越长。

剂量率也是影响辐照效果的重要因素。同等的辐照剂量，高剂量率辐照，照射的时间就短；低剂量率辐照，照射的时间就长。通常较高的剂量率可获得较好的辐照效果。如对洋葱的辐照，每小时0.3kGy的剂量率比每小时0.05kGy的剂量率有更明显的辐照保藏效果。但要产生高剂量率的辐照装置，需有高强度辐照源，且要有更严密的安全防护设备。因此，剂量率的选择要根据辐照源的强度、辐照品种和辐照目的而定。

（二）食品接受辐照时的状态

由于食品种类繁多，同种食品其化学成分及组织结构也有差异。污染的微生物、害虫等种类与数量以及食品生长发育阶段、成熟状况、呼吸代谢的快慢等，对辐照效应影响很大。如大米的品质、含水量不仅影响剂量要求，也影响辐照效果。同等剂量，品质好的大米，食味变化小；品质差的大米，食味变化大。用牛皮纸包装的大米，若含水量在15%以下，2kGy剂量可延长保藏期3～4倍；若大米含水量在17%以上，剂量低于4kGy，就不可能延长保藏期。上等大米的变味剂量极限是0.5kGy；中、下等大米的变味剂量极限只有0.45kGy。

辐照抑制洋葱发芽，在采收后40d内，辐照效果很好，但到了包芽期（40d后）再辐照，50%的洋葱仍会发芽。

食品的种类及水分活性不同，杀灭其中的腐败菌和致病菌所需的最小辐照剂量也不同。平均剂量为2.5kGy辐照可灭活水分活性0.87～0.90的即食食品中的所有腐败菌；而灭活水分活性0.85～0.89的即食鱼中腐败菌所需的最小剂量为2.5kGy，水分活性为0.93～0.94即食猪肉的最小剂量为10kGy。

产品的含水量也直接影响合适辐照剂量和保质期。如含水分18%的熟制半干猪肉，经6kGy辐照，保质期可以延长150d；含水量36%的半干小虾经4kGy辐照，保质期可延长49d；中等水分的口利左香肠经10kGy辐照，肠道链球菌的D_{10}为1.25kGy，好氧菌减少4个对数级；而经7～11kGy剂量处理的烟熏鱼块等，保质期可延长84d。

（三）辐照过程环境条件

氧的存在可增加微生物对辐照的敏感性2～3倍，对辐照化学效应生成物也有影响，因此辐照过程维持氧压力的稳定是获取均匀辐照效果的条件之一。

适当提高辐照时食品的温度（加热或热水洗），达到同样的杀菌、杀虫效果，常可降低辐照剂量，因此可减少对果蔬的损伤；适当加压、加热，使细菌孢子萌发，再使用较小的剂量，可以把需要高剂量辐照杀灭的孢子杀死。冻结点以下的低温辐照，则可大大减少肉类辐照产生的异味（辐照味）及减少维生素的损失。

（四）辐照与其他保藏方法的协同作用

高剂量辐照会不同程度地引起食品质构改变，维生素破坏，蛋白质降解，脂肪氧化和产生异味等不良影响。因此在辐照技术研究中，比较注意筛选食品的辐照损伤保护剂和提高、强化辐照效果的物理方法。如低温下辐照，添加自由基清除剂，使用增敏剂，与其他保藏方法并用和选择适宜的辐照装置。

用 $1\sim3kGy$ ^{60}Co、^{137}Cs 的 γ 射线辐照桃，能促进乙烯生成和成熟。若先用 CO_2 处理，再用 $2.5kGy$ 剂量辐照，在 $(4\pm1)℃$ 下贮藏一个月，可保持桃的新鲜度。橘类辐照保藏，先用 $53℃$ 温水浸 $5min$，再在橘子表面涂蜡，最后用 $1\sim3kGy$ 剂量的 $0.1\sim1MeV$ 电子射线照射，可减少橘类果皮的辐照损伤，使果肉不变味，延长保藏期。腌制火腿若辅以辐照处理，可以将火腿中硝酸盐的添加量，从 $156mg\cdot kg^{-1}$ 降到 $25mg\cdot kg^{-1}$，减轻产生致癌物质亚硝胺的危险，且不影响火腿的色、香、味，又有助于消除火腿上的梭状芽孢杆菌，明显提高火腿的质量。

此外，在食品辐照过程，辐照装置的设计效果，食品在辐照过程剂量分布的均匀性等都会影响辐照食品的质量。

作为一种食品加工保藏方法，食品辐照并不是解决所有食品保藏问题的万能药方。它既不可能取代传统良好的加工方法，也不是适用于所有食品。如牛奶和奶油一类乳制品经辐照处理时会变味。许多食品，如鸡肉、鱼等都有一剂量阈值，高于此剂量就会发生感官性质的变化。

某些食品的辐照剂量不一定能消除全部微生物及其毒性。低剂量辐照难以杀灭细菌芽孢，为了防止肉毒芽孢杆菌的生长繁殖和产生毒素，采用辐照处理肉和鱼，都要求在贮藏期内保持适当的温度（常在低温下贮藏）。黄曲霉毒素或葡萄球菌毒素都不可能因辐照而失活，因此，易于受这些生物污染的食品需在毒素产生之前进行辐照处理，并且在防止毒素形成的条件下保藏。用于延长大多数食品保存期的低剂量辐照也不能消灭病毒。

食品辐照技术是一种新的加工技术，其商业应用从一开始就受到某些怀疑和抵制，其主要障碍是缺乏对辐照作用的认识，担心辐照食品残留放射性。消费者的接受性必须有一宣传过程，许多批准辐照食品的国家并非都实际应用了这种加工技术，因为在验证这样一些食品的卫生安全性方面许多批准都是有附加条件的。实际应用取决于效能、需要、经济可行性和市场要求。可以预见，随着食品辐照技术知识的普及，食品辐照化学研究的深入，以及各种食品辐照工艺条件控制的准确与严密性，将有更多的辐照食品投放市场。

第五节 食品辐照的安全与法规

一、辐照食品的安全性

安全性试验是整个辐照保藏食品研究最早进行，且研究最深入的问题。辐照食品可否食用，有无毒性，营养成分是否被破坏，是否致畸、致癌、致突变等所涉及的毒理学、营养学、微生物学和辐照分解许多学科领域的研究广度和深度是任何其他食品加工方法所没有的。研究结果已确认，只要用合理要求的剂量和在确能实现预期技术效果的条件下对食品进行辐照的辐照食品是安全的食品。

食品经电离辐射处理后，能否产生感生放射性核素取决于：辐照的类型，所用的射线能量，核素的反应截面，引起放射性的食品核素的丰度百分率及产生的放射性核素的半衰期。

要使组成食品的基本元素，碳、氧、氮、磷、硫等变成放射性核素，需要 10MeV 以上的高能射线照射（见表 8-12），而且它们所产生的放射性核素的寿命（半衰期）多数都是非常短暂的，故辐照一天后在食品中的剂量已可忽略不计。虽然中子或高能电子射线照射食品可感生放射性化合物，但食品的辐照保藏，不用中子进行照射，一般采用 ^{60}Co γ 射线（能量为 1.33MeV 和 1.17MeV）和 ^{137}Cs γ 射线（能量 0.66MeV），最大能量水平为 10MeV 的电子加速器或最大能量水平为 5MeV 的 X 射线机，来自这些辐射源的电离能用于食品辐照都不可能在食品中感生放射性。

表 8-12　食品基本元素感生核反应和所需的临界能

元素种类	核反应	临界能/MeV	生成物的半衰期
^{12}C(碳 12)	γ/n	18.8	20.39min
^{16}O(氧 16)	γ/n	15.5	2.1min
^{14}N(氮 14)	γ/n	10.5	9.961min
^{31}P(磷 31)	γ/n	12.35	2.5min
^{32}S(硫 32)	γ/n	14.8	2.61s
^{9}Be(铍 9)	γ/n	1.67	极短
^{2}H(氢 2)	γ/n	2.2	—
^{7}Li(锂 7)	γ/n	9.8	0.85min
^{39}K(钾 39)	γ/n	13.2	7.636min
^{40}Ca(钙 40)	γ/n	15.9	0.88s
^{54}Fe(铁 54)	γ/n	13.9	8.53min
^{23}Na(钠 23)	γ/n	2.6	2.6 年
^{127}I(碘 127)	γ/n	9.3	13d
^{53}Cu(铜 53)	γ/n	10.9	10min
^{24}Mg(镁 24)	γ/n	16.2	11.26s
^{25}Mg(镁 25)	γ/n	11.5	14.8h
^{26}Mg(镁 26)	γ/n	14.0	62s

注：γ—γ 射线；n—中子。

食品辐照处理一般采用的辐射源是密封型 ^{60}Co 或 ^{137}Cs 的 γ 射线或电子加速器产生的电子射线。在进行辐照处理时，被照射食品从未直接接触放射性核素（放射性同位素）。食品只是在辐射场接受射线的外照射，不会沾染上放射性物质。

为了确保辐照食品的品质，人们一直研究探讨辐照食品的检测方法。2001 年，CAC 第 24 届会议上批准了国际标准《辐照食品鉴定方法》。该标准提出了五种辐照食品的鉴定方法，利用脂质和 DNA 对电离辐射特别敏感的特性，对于含脂肪的辐照食品，可采用气相色谱测定糖类或用气质联用检测 2-烷基环丁酮（是一种成环化合物，蒸煮条件下难形成），其检测率达 93％；DNA 碱基破坏、单链或双链 DNA 破坏及碱基间的交联是辐照的主要效应，可检测并量化这些 DNA 变化；对于含有骨头以及含纤维素的食品采用电子自旋共振仪（ESR）分析方法；对于可分离出硅酸盐矿物质的食品采用热释光方法。

20 世纪 90 年代中期，世界卫生组织（WHO）回顾了辐照食品的安全与营养平衡的研究，得出如下结论：

① 辐照不会导致对人类健康有不利影响的食品成分的毒性变化；

② 辐照食品不会增加微生物学的危害；

③ 辐照食品不会导致人们营养供给的损失。

联合国粮农组织、国际原子能机构与世界卫生组织在 50 多年的研究基础上也得出结论：在正常的辐照剂量下进行辐照的食品是安全的。2003 年 CAC 在辐照处理的安全剂量修订稿中规定，在能解释说明 10kGy 以上的辐照是安全而且合理的情况下，可以使用 10kGy 以上的辐照剂量进行食品辐照处理。我国赞同此意见，但欧盟、日、韩等组织或国家不同意去掉 10kGy 辐照剂量上限。

二、辐照食品的管理法规

1979 年食品法典委员会（CAC）发布了《食品辐照加工推荐性国际操作规范》（CAC/RCP 19—1979，Rev. 2—2003），规范将辐照食品的加工过程分为辐照前、辐照及辐照后三部分管理，对辐照前后所有可能影响辐照效果的因素都提出了要求，这些因素包括：①待辐照食品的采收、处理、贮存、运输、包装；②辐照设施的设计和控制；③辐照场的设计和布局；④辐照源的种类；⑤操作程序；⑥操作人员的卫生；⑦设计剂量；⑧过程控制；⑨剂量检测；⑩危害控制；⑪辐照标签。规范引进了《危害分析关键控制点系统》（HACCP）和《推荐性国际操作规范-食品卫生通用原则》（RCP 01—1969，Rev. 3—1997，Amd 1—1999）。这个标准是食品辐照机构的操作运行规范，2003 年这个规范重新修订。

1983 年食品法典委员会颁发了《辐照食品通用标准》（CODEXSTAN 106—1983）。标准规定了可以用于食品辐照的辐照源、10kGy 的剂量限制、重复辐照的限制、辐照后的验证方法以及辐照标签的细则，标准还要求辐照过程的控制应符合《食品辐照加工推荐性国际操作规范》的要求，辐照食品的卫生控制应符合推荐性国际操作规范-食品卫生通用原则（CAC/RCP 1—1969，Rev. 3—1997）的规定的要求。这个标准管理辐照食品市场的标准，2003 年这个标准重新修订。CAC 在《预包装食品标签通用标准》中规定，经电离辐照处理食品的标签上，必须在紧靠食品名称处用文字指明食品经辐照处理；配料中有辐照食品也必须在配料表中指明。

2005 年 9 月国际标准化组织发布了 ISO 22000《食品安全管理体系-食品链中各组织的要求》，标准的附录中给出了不同食品加工企业的操作规范，其中包括《食品辐照加工推荐性国际操作规范》和《辐照食品通用标准》。2010 年 ISO 组织通过了标准 ISO14470—2010《食品辐照-食品电离辐照过程的发展、验证和常规控制要求》，标准要求在食品辐照机构建立质量管理体系，定义产品和加工过程，提出了对辐照装置和剂量检测系统的要求，也规定了对技术合同、常规控制、过程验证、辐照加工的有效性保持的要求。这个标准是开展食品辐照机构质量认证的依据。

我国为了加强对辐照加工业的监督管理，先后发布了有关法规和标准，使辐照加工业逐步走向法制化和国际化。1986 年中国卫生部发布了《辐照食品卫生管理暂行规定》，这个规定被 1996 年卫生部颁布 47 号令《辐照食品卫生管理办法》替代。《辐照食品卫生管理办法》要求：食品辐照机构应取得食品卫生许可证和放射工作许可证，辐照食品的累计剂量不得大于 10kGy，增加新的辐照食品种类应申请并得到批准。

《食品辐照通用技术要求》（GB/T 18524）规定了食品（包括食品原料）的辐照加工必须按照规定的生产工艺进行，并按照辐照食品卫生标准实施检验，凡不符合卫生标准的辐照食品，不得出厂或者销售。严禁用辐照加工手段处理劣质不合格的食品。一般情况下食品不得进行重复照射。辐照食品包装上必须有辐照标识，散装的必须在清单中注明"已经电离辐照"。

2003年我国先后颁布并实施了《中华人民共和国放射性污染防治法》，2005年国务院发布《放射性同位素与射线装置安全和防护条例》指出国务院环境保护主管部门对全国放射性同位素、射线装置的安全和防护工作实施统一监督管理。国务院公安、卫生等部门按照职责分工和本条例的规定，对有关放射性同位素、射线装置的安全和防护工作实施监督管理。

《⁶⁰Co辐照装置的辐射防护与安全标准》（GB 10252），《放射性物质安全运输规程》（GB 11806），《放射性物品运输安全管理条例》和《放射性废物安全管理条例》等一系列部门规章、导则和标准等文件，为保障核安全奠定了良好基础。按照《放射事故管理规定》的要求，当地卫生行政部门在接到严重和重大放射事故报告后，应当在24h内逐级上报卫生部；放射事故调查结束后，结案报告应逐级上报卫生部。放射源退役时，放射工作单位应当及时送交放射性废物管理机构处置或者交原供货单位回收，对闲置的放射源，也要建立档案，严格管理。对已处置或回收的放射源，卫生部门应当办理注销手续，并及时通报同级环保、公安部门。凡购买放射性同位素及含放射性同位素设备的单位，应当按规定向当地省级卫生行政部门申请办理准购批件。

我国发布的食品辐照国家标准还有：《γ辐照装置食品加工实用剂量学导则》（GB 16334）；《γ辐照装置设计建造和使用规范》（GB 17568）；《电离辐射防护与辐射源安全基本标准》（GB 18871）；《γ射线辐射源（辐射加工用）检定规程》（JJG 591）；《γ射线和电子束辐照装置防护检测规范》（GBZ 141）；《辐射防护规定》（GB 8703）；《辐照食品卫生标准》（GB 14891.1～GB14891.8）；辐照食品工艺国家标准16项（GB/T 18525.1～GB/T 18525.7，GB/T 18526.1～GB/T 18526.7，GB/T 18527.1～GB/T 18527.2），辐照食品检测鉴定和剂量标准12项。

《预包装食品标签通则》（GB 7718）也明确规定，经电离辐射线或电离能量处理过的食品，应在食品名称附近标明"辐照食品"，经电离辐射线或电离能量处理过的任何配料，应在配料清单中标明。

复习思考题

1. 简述食品的辐照保藏机制及特点。
2. 试解释"G值"的含义。
3. 食品辐照常用的辐射源有哪些？安全使用辐照技术应该注意哪些问题？
4. 辐照的能量单位是什么？食品辐照应用中剂量的控制与哪些因素有关？

参 考 文 献

［1］ Recommended International Code of Practice for Radiation Processing of Food. CAC/RCP19—1979. Rev. 1—2003.
［2］ The Coded General Stardand for Irradiated Foods. CODEX-STAN 106-1983. Rev. 1—2003.
［3］ 汪勋清，哈益明，高美须. 食品辐照加工技术. 北京：化学工业出版社. 2005.
［4］ 施培新. 食品辐照加工原理与技术. 北京：中国农业科学技术出版社，2004.
［5］ ICGFI Document No. 27 workshop on Trade opportunities for Irradiated Food. Hawaii：2000.
［6］ Facts about Food Irradiation. A series of Fact sheets from the International Consultative Group on Food Irradiation (ICGFI). 1999.
［7］ 陈其勋. 中国食品辐照进展. 北京：原子能出版社，1998.
［8］ Review of Data on High Dose (10～70kGy) Irradiation of food. Report of a Consultation held in Karlsruhe. Germany：1994. （WHO/FNU/FOS/95. 10）. WHO, Geneba, 1995.
［9］ 福尔迪阿克. 放射性同位素的工业应用. 安石生等译. 北京：原子能出版社，1992.

[10] 王传帧等. 食品辐照在中国的发展学术讨论会论文集. 北京：原子能出版社，1990.

[11] 日本食品科学手册编辑委员会. 食品科学手册. 李玉振等译. 北京：轻工业出版社，1989.

[12] 胡福敏译. 食品辐照剂量学手册. 北京：原子能出版社，1988.

[13] 天津轻工业学院，无锡轻工业学院. 食品工艺学（上册）. 北京：轻工业出版社，1984.

[14] ［美］Elias P S, Cohen A J. 主要食品成分的辐射化学. 陈祖荫译. 北京：原子能出版社，1982.

[15] 陈科文. 辐射保藏食品. 北京：科学出版社，1982.

[16] Josephson Edward S, Peterson Martin S. Preservation of Food by Ionizing Radiation. Florida：CRC Press Inc，1982.

工程训练

根据辐照技术的特点，如果对某药食兼用的植物粉末进行辐照杀菌处理，应注意什么？

第九章 食品的发酵、腌渍和烟熏

第一节 食品的发酵

微生物用于食品生产在我国已有数千年的历史，并已成为现代食品工业不可少的一部分——发酵工业。如柠檬酸、氨基酸类等工业发酵；酒类、酱菜、酱油等调味料生产；干酪、乳酸饮料等的生产都是利用微生物发酵及其代谢产物为人类服务的。微生物菌体（细胞）具有高营养特性和生物活性，既可作为食品成分，也是一种重要的食品辅料。经发酵的含乙醇或乳酸等有机酸的发酵产品，例如酒和酸牛乳不仅有利于保藏，还给人类带来了新的风味食品。食品发酵既可作为一种生产方法，也是一种重要的保藏技术，还具有改善食品营养成分和风味的作用。

一、食品发酵理论与类型

人类在几千年前就会酿造酒类、生产调味品以及面包，但对微生物的作用原理并未有足够认识。随着现代微生物及生物技术的发展，人们才认识到其中微生物的存在和它们扮演的角色、所起的作用，这就是微生物的发酵。

（一）发酵概念及应用

"发酵"（fermentation）原来指的是轻度发泡或沸腾状态，一千多年前用来表示酿酒的过程，当时对其反应原理并不了解，仅知道发泡是糖转化时形成气体的缘故。经盖·吕萨克（Joseph Louis Gay-Lussac）的研究，人们才清楚：发酵是糖转化成乙醇和二氧化碳的过程。究竟发酵是由微生物引起的生物过程还是纯粹的化学反应过程，曾是化学家和微生物学家激烈争论的问题。法国科学家巴斯德（Louis Pasteur）经研究，终于分离到了许多引起发酵的微生物，并证实酒精发酵是由酵母菌引起的。巴斯德还研究了氧气对酵母菌的发育和酒精发酵的影响，并发现乳酸发酵、醋酸发酵和丁酸发酵是由不同的微生物所引起的。1857年，巴斯德首次发现了乳酸菌，1863年又发现了醋酸菌。

以往人们认为发酵为缺氧条件下糖类的分解。从分子反应角度，如果电子供体是有机化合物，而最终电子受体也是有机化合物的生物氧化过程称为发酵作用。随着科学技术的发展，发酵的定义还在进一步发展和充实，人们把借助微生物在有氧和无氧条件下的生命活动来制备微生物细胞本身，或直接代谢产物或次级代谢产物的过程都称为发酵。因此，发酵不仅仅是指微生物对糖类的作用，还包括微生物和酶对糖、蛋白质、脂肪等营养物质的作用。

微生物发酵在食品中的应用主要有三种方式。

1. 利用微生物发酵生产发酵食品

人类在生产实践中，最早学会利用自然界中的有益微生物，借助微生物的活动来生产多种传统食品和饮料，包括酿酒、酿醋、制酱、泡菜、酸奶、干酪、面包和各种调味品，通常称为发酵食品。这类食品发酵，微生物利用与转化的物质尤为复杂，可以将糖类、蛋白质、脂肪等营养物质适当转化（降解）。其最主要的特点是产生特有的风味和代谢物，而且微生物细胞也通常成为食品的成分之一。

2. 利用微生物的代谢产物

有些早期的发酵食品，如制酱、泡菜、酸奶、面包等都涉及微生物的代谢活动，但真正利用微生物代谢产物的传统发酵技术是指酒精、丙酮、丁醇和甘油发酵。随着对微生物代谢途径和代谢调控研究的不断深入，人们已经能够通过人工方法突破微生物自我调控机制，使微生物能够按照人们的要求大量积累某些代谢产物或中间代谢产物，从而能生产多种发酵产品，如氨基酸、核苷酸、有机酸、酶制剂、维生素及各种抗生素类等。现代生物技术的发展，使微生物发酵产物的品种和发酵产量有重大的飞跃。

3. 利用微生物菌体细胞及其活性

微生物菌体是含蛋白质等营养素较高的食物资源。食用菌为人类提供丰富多彩的食用原料，微生物单细胞蛋白的生产可为人类提供大量的蛋白资源，已在饲料工业和医药工业发挥其作用。面包酵母、啤酒酵母、乳酸菌发酵制剂等活性细胞的生产和供给，有效地促进和保证发酵工业和其他食品工业的稳定发展。随着人们对微生物的认识与研究不断加深，微生物菌体细胞的利用已不再停留在其营养成分上，而重视其活细胞对人体健康的贡献。乳酸菌、双歧杆菌等肠内益生菌对人体健康的研究成果，带来了益生菌与益生元产业的快速发展就是一个典型的例子。

（二）食品发酵的类型及机制

根据微生物作用物对象的不同，可将食品发酵的微生物分为朊解菌、脂解菌和发酵微生物（菌）三类。

朊解菌是指分解蛋白质及其他含氮物质的微生物，主要是通过分泌出蛋白酶等来作用于蛋白质等含氮物质，代谢产物主要有蛋白、蛋白胨、多肽、氨基酸、胺类、硫化氢、甲烷、氢气等。通常朊解菌侵袭食品后，如果没加控制，容易产生腐臭味，不利于食品保藏。这类微生物包括细菌中的黄色杆菌属（*Flavobacterium*）、变形杆菌属（*Proteus*）、芽孢杆菌属（*Bacillus*）、梭状芽孢杆菌属（*Bacterclosrridium*）、假单胞菌属（*Pseudomonas*）和霉菌中的毛霉（*Mucor*）等。选择好朊解菌并控制酶解条件，可用于生产各种调味品或风味食品。

脂解菌是指作用于脂类和类脂的微生物，通过分泌出脂肪酶等，把脂肪、磷脂、固醇等类脂物质降解成脂肪酸、甘油、醛、酮类、CO_2 和水等物质，引起油脂哈败，产生哈味和腥味等异味，造成食品变质。脂解菌主要有假单孢菌属（*Pseudomonas*）、无色杆菌属（*Achromobacter*）、芽孢杆菌属（*Bacillus*）和一些霉菌（*mould*）。

发酵微生物（菌）作用对象大部分为糖类及其衍生物，代谢产物有乙醇、有机酸和二氧化碳。在控制合适的条件下，不少发酵菌的发酵作用对食品加工与保藏的贡献，主要得益于发酵菌代谢所产生的风味物质，以及乙醇和有机酸的抑菌作用。但某些发酵菌污染食品，也会引起食品变质。

由于微生物种类繁多，可以在不同条件下对不同物质或对基本相同的物质进行不同的发酵。不同微生物对不同物质发酵时可以得到不同的产物，不同的微生物对同一种物质进行发酵，或同一种微生物在不同条件下进行发酵都可得到不同的产物，这些都取决于微生物本身的代谢特点和发酵条件。下面以在食品发酵保藏中有代表性的微生物及其发酵途径做简单介绍。

1. 醋酸发酵

参与醋酸发酵的微生物主要是醋酸细菌。它们之中既有好氧性的醋酸细菌，例如纹膜醋酸杆菌（*Acetobacter aceti*），氧化醋酸杆菌（*Acetobacter oxydans*），巴氏醋酸杆菌（*Acetobacer pasteurianus*），氧化醋酸单胞菌（*Acetomonas oxydans*）等；也有厌氧性的醋酸细菌，例如热醋酸梭菌（*Clostriolium themoacidophilus*），胶醋酸杆菌（*Acetobacter xylinum*）等。

好氧性的醋酸细菌进行的是好氧性的醋酸发酵，在有氧条件下，醋酸细菌能将乙醇直接氧化为醋酸，其氧化过程是一个脱氢加水的过程：

$$CH_3CH_2OH \xrightarrow{-2H} CH_3CHO \xrightarrow{+H_2O} CH_3CH(OH)_2 \xrightarrow{-2H} CH_3COOH$$

脱下的氢最后经呼吸链和氧结合形成水，并释放出能量：

$$4H + O_2 \longrightarrow 2H_2O + 489.5kJ$$

总反应式为：

$$CH_3CH_2OH + O_2 \longrightarrow CH_3COOH + H_2O + 489.5kJ$$

厌氧性的醋酸细菌进行的是厌氧性的醋酸发酵，其中热醋酸梭菌能通过 EMP 途径发酵葡萄糖，产生醋酸。研究证明该菌会分泌丙酮酸脱羧酶、乙酸激酶和 CoM（辅酶 M），能利用 CO_2 作为受氢体生成乙酸，发酵结果如下。

EMP 途径：

$$C_6H_{12}O_6 + 2ADP + 2Pi \longrightarrow 2CH_3COCOOH + 4H + 2ATP$$

$$2CH_3COCOOH + 2H_2O + 2ADP + 2Pi \xrightarrow{\text{丙酮酸脱羧酶和乙酸激酶}} 2CH_3COOH + 2CO_2 + 4H + 2ATP$$

$$2CO_2 + 8H \xrightarrow{\text{CoM}} CH_3COOH + 2H_2O$$

总反应式：

$$C_6H_{12}O_6 + 4(ADP + Pi) \longrightarrow 3CH_3COOH + 4ATP$$

好氧性的醋酸发酵是制醋工业的基础。制醋原料或酒精接种醋酸细菌后，经发酵生成醋酸，发酵液进一步精制，可制成各种食用醋；醋酸发酵液还可以经提纯制成一种重要的化工原料——冰醋酸。厌氧性的醋酸发酵则是我国糖醋酿造的主要途径。

2. 柠檬酸发酵

柠檬酸发酵途径曾有多种论点，但目前大多数学者认为柠檬酸并非单纯由 TCA 循环所积累的，而是由葡萄糖经 EMP 途径形成丙酮酸，再由两分子丙酮酸之间发生羧基转移，形成草酰乙酸和乙酰辅酶 A，草酰乙酸和乙酰辅酶 A 再缩和成柠檬酸，其反应途径如下。

淀粉 $\xrightarrow{\text{糖化}}$ 葡萄糖 $\xrightarrow{\text{EMP 途径}}$ 磷酸烯醇式丙酮酸 $\xrightarrow{\qquad}$ 丙酮酸 $\longrightarrow$ 草酰乙酸 + 乙酰辅酶 A $\longrightarrow$

柠檬酸

由葡萄糖生成柠檬酸的总反应式：

$$2C_6H_{12}O_6 + 3O_2 \longrightarrow 2C_6H_8O_7 + 4H_2O$$

能够累积柠檬酸的霉菌以曲霉属（*Aspergillus*）、青霉属（*Penicillium*）和橘霉属（*Citromyces*）为主。其中以黑曲霉（*Asp. niger*）、米曲霉（*Asp. oryzae*）、灰绿青霉（*Pen. glaucum*）、淡黄青霉（*Pen. luteum*），光橘霉（*Citromycesglaber*）等产酸量最高。

早期的柠檬酸发酵是以青霉和曲霉进行的表层发酵，自 20 世纪 50 年代开始，是以黑曲霉深层发酵为主，并进行表层和固体发酵工艺。柠檬酸发酵液经一系列提取工艺，如"钙盐法"、离子交换或膜分离法获得柠檬酸（通常含一个结晶水）。柠檬酸是重要的食品酸味调节剂和化工原料。

3. 酒精发酵

酒精发酵是酿酒工业的基础，它与酿造白酒、果酒、啤酒以及酒精的生产等有密切关系。进行酒精发酵的微生物主要是酵母菌，如啤酒酵母（*Saccharomyces cerevisiae*）等，此外还有少数细菌如发酵单胞菌（*Zymononas mobilis*）、嗜糖假单胞菌（*Pseudomonas Saccharophila*）、解淀粉欧文氏菌（*Eruinia amylovora*）等也能进行酒精发酵。

酵母菌在无氧条件下，将葡萄糖经 EMP 途径分解为 2 分子丙酮酸，然后在酒精发酵的关键酶——丙酮酸脱羧酶的作用下脱羧生成乙醛和 CO_2，最后乙醛被还原为乙醇。

$$C_6H_{12}O_6 \xrightarrow{\text{EMP 途径}} 2CH_3COCOOH \longrightarrow 2CO_2 + 2CH_3CHO \xrightarrow{NADH_2 \quad NAD} 2CH_3CH_2OH$$

总反应式：

$$C_6H_{12}O_6 + 2ADP + 2Pi \longrightarrow 2CH_3CH_2OH + 2CO_2 + 2ATP$$

酒精发酵是酵母菌正常的发酵形式，又称第一型发酵，如果改变正常的发酵条件，可使酵母进行第二型和第三型发酵而产生甘油。第二型发酵是在有亚硫酸氢钠存在的情况下发生的。亚硫酸氢钠和乙醛起加成作用，生成难溶的结晶状亚硫酸氢钠加成物——磺化羟乙醛：

$$NaHSO_3 + CH_3CHO \longrightarrow CH_3C(OH)(OS_2Na)OH$$

由于乙醛和亚硫酸氢钠发生了加成作用，致使乙醛不能作为受氢体，而迫使磷酸二羟丙酮代替乙醛作为受氢体生成 α-磷酸甘油：

$$CH_2(OH)COCH_2OPO_3H + NADH_2 \longrightarrow CH_2(OH)CH(OH)CH_2OPO_3H_2 + NAD$$

α-磷酸甘油在 α-磷酸甘油磷酸酯酶催化下被水解，除去磷酸而生成甘油：

$$CH_2(OH)CH(OH)CH_2OPO_3H_2 + H_2O \longrightarrow CH_2(OH)CH(OH)CH_2OH + H_3PO_4$$

总反应式为：

$$C_6H_{12}O_6 + NaHSO_3 \longrightarrow CH_2(OH)CH(OH)CH_2OH + CH_3CH(OS_2Na)OH + CO_2$$

第三型发酵是在碱性条件下进行的，碱性条件可促使乙醛不能作为正常的受氢体，而使两分子乙醛之间发生歧化反应，一分子乙醛被氧化成乙酸，另一分子乙醛被还原为乙醇：

$$CH_3CHO + CH_3CHO \xrightarrow[H_2O]{NADH_2 \quad NAD} CH_3COOH + CH_3CH_2OH$$

这样又迫使磷酸二羟丙酮作为受氢体而最终形成甘油。总反应式为：

$$2C_6H_{12}O_6 \longrightarrow 2\,甘油 + 乙酸 + 乙醇 + 2CO_2$$

由此可以看出，酵母菌的第二型和第三型发酵过程中，都不产生能量，因此只能在非生长情况下进行。如用此途径生产甘油，必须在第三型发酵液中不断地加入碳酸钠以维持其碱性，否则由于酵母菌产生酸而使发酵液 pH 降低，这样就又恢复到正常的第一型发酵而不累积甘油。这说明酵母菌在不同条件下发酵结果是不同的，因而可以通过控制环境条件来利用微生物的代谢活动，有目的地生产有用的产品。

4. 乳酸发酵

乳酸是细菌发酵最常见的最终产物，一些能够产生大量乳酸的细菌称为乳酸菌。在乳酸发酵过程中，发酵产物中只有乳酸的称为同型乳酸发酵；发酵产物中除乳酸外，还有乙醇、乙酸及 CO_2 等其他产物的，称为异型乳酸发酵。

（1）同型乳酸发酵　引起同型乳酸发酵的乳酸菌，称为同型乳酸发酵菌，有双球菌属（*Diplococcus*）、链球菌属（*Streptococcus*）及乳酸杆菌属（*Lactobacillus*）等。其中工业发酵中最常用的菌种是乳酸杆菌属中的一些种类，如德氏乳酸杆菌（*L. delhruckii*）、德氏乳酸杆菌保加利亚亚种（*L. bulgaricus*）、干酪乳酸杆菌（*L. casei*）等。真菌中的米根霉（*Rhizopus oryzae*）也是生产 L-乳酸的良好菌种。

同型乳酸发酵的基质主要是己糖，其发酵过程是葡萄糖经 EMP 途径降解为丙酮酸后，不经脱羧，而是在乳酸脱氢酶的作用下，直接被还原为乳酸。

总反应式：

$$C_6H_{12}O_6 + 2ADP + 2Pi \longrightarrow 2CH_3CH(OH)COOH + 2ATP$$

（2）异型乳酸发酵　异型乳酸发酵基本都是通过磷酸解酮酶途径（即 PK 途径）进行的。其中肠膜明串球菌（*Leuconostoc mesentewides*）、葡萄糖明串球菌（*Leuconostoc dextranicum*）、短乳杆菌（*Lactabacillus brevis*）和番茄乳酸杆菌（*Lactobacillus lycopersici*）等通过戊糖解酮酶途径将 1 分子葡萄糖发酵产生 1 分子乳酸，1 分子乙醇和 1 分子 CO_2，并且只产生 1 分子 ATP。

总反应式如下：

$$C_6H_{12}O_6 + ADP + Pi \longrightarrow CH_3CH(OH)COOH + CH_3CH_2OH + CO_2 + ATP$$

双叉乳酸杆菌（*Lactobacillus bifidus*）、两歧双歧乳酸菌（*Bifidobacterium bifidus*）等通过己糖磷酸解酮酶途径将 2 分子葡萄糖发酵为 2 分子乳酸和 3 分子乙酸，并产生 5 分子 ATP，总反应式为：

$$2C_6H_{12}O_6 + 5ADP + 5Pi \longrightarrow 2CH_3CH(OH)COOH + 3CH_3COOH + 5ATP$$

乳酸发酵被广泛地应用于乳酸菌饮料、酸牛奶、乳酪、泡菜、酸菜以及青贮饲料的生产。由于乳酸细菌活动的结果，积累了乳酸及其他代谢物，抑制其他微生物的发展，使牛奶，蔬菜及饲料得以保存。近代发酵工业有采用淀粉为原料，先经糖化，再接种乳酸菌进行乳酸发酵生产乳酸的。

可以看出，食品发酵种类繁多，在生产发酵食品和利用发酵作用保藏食品时，应根据对食品发酵的要求，有效控制发酵条件，以获得预期的效果。

二、影响食品发酵的因素及控制

如前所述，食品发酵类型众多，若不加以控制，就会导致食品腐败变质。控制食品发酵过程的主要因素有菌种的选用、温度、通氧量和加盐量、酸度、乙醇含量等。这些因素同时还决定着发酵食品后期贮藏中的微生物的生长。

（一）菌种的选用

如果在发酵开始时加入大量预期菌种，那么它们就可以迅速地生长繁殖，并抑制其他杂菌的生长，从而促使发酵过程向着预定的方向进行。例如面包、馒头的发酵，酿酒以及酸奶发酵就是采用了这种技术。随着科学技术的发展，发酵前加入的预期菌种已可以用纯培养方法制得，这种纯培养菌种称为酵种（starter），它可以是单一菌种，也可以是混合菌种。

（二）温度

各种微生物都有其适宜生长的温度，因而发酵食品中不同类型的发酵作用可以通过温度来控制。

以酿造醋为例，在酿造过程中有两种主要微生物即酵母和醋酸杆菌参与。其中酵母适宜生长和发酵的温度较低（28~33℃），醋酸杆菌的适宜生长和发酵的温度较高（33~41℃）。如果前期酒精发酵阶段的温度控制太高，就会影响酵母的生长，降低糖到酒精转化率，甚至造成其他微生物的污染。到了醋酸发酵阶段，发酵温度提高，则有利于醋酸杆菌生长，将酒精氧化成醋酸。这充分说明了发酵过程中如何运用发酵温度以控制适宜菌种生长的重要性。

再以卷心菜为例，在腌制过程中有三种主要菌种参与将卷心菜汁液中的糖分转化为醋酸、乳酸及乙醇等代谢产物。它们是肠膜状明串珠菌、黄瓜发酵乳杆菌和短乳杆菌。其中肠膜状明串珠菌适宜生长和发酵的温度较低（21℃），黄瓜发酵乳杆菌和短乳杆菌能忍受较高的温度。如果发酵初期温度超过 21℃，乳杆菌类极易生长，使得肠膜状明串珠菌的生长受到抑制，这样就不可能形成由肠膜状明串珠菌代谢所产生的醋酸、乙醇和其他预期的产物，影响产品的风味。所以说卷心菜腌制初期发酵温度应控制低些，到了发酵后期发酵温度可适当升高。这同样说明了发酵过程中如何运用发酵温度以控制适宜菌种生长的重要性。

（三）氧的供给量

霉菌是完全需氧性的，在缺氧条件下不能存活，控制缺氧条件则可控制霉菌的生长。酵母是兼性厌氧菌，氧气充足时，酵母会大量繁殖，缺氧条件下，酵母则进行乙醇发酵，将糖分转化成乙醇。细菌中既有需氧的，也有兼性厌氧的和专性厌氧的品种。例如醋酸菌是需氧的，乳酸菌则为兼性厌氧，肉毒杆菌专性厌氧。因此供氧或断氧可以促进或抑制某种菌的生长活动，同时可以引导发酵向预期的方向进行。

（四）酸度

不论是食品原有成分，还是外加的或发酵后生成的，酸都有抑制微生物生长的作用，即含酸食品有一定的防腐能力。这是由于高酸度时，高浓度的氢离子，可以降低细菌菌体表面原生质膜外与输送溶质通过原生质膜相关的蛋白质以及催化导致合成被膜组分反应的酶的活性，从而影响菌体对营养物的吸收；另外高浓度的氢离子还会影响微生物正常的呼吸作用，抑制微生物体内酶系统的活性，因此控制酸度可以控制发酵作用。

（五）乙醇含量

乙醇与酸一样也具有防腐作用。这是由于乙醇具有脱水的性质，可使菌体蛋白质因脱水而变性。另外乙醇还可以溶解菌体表面脂质，起到一定的机械除菌作用。乙醇的防腐能力的大小取决于乙醇浓度，按容积计 12%～15% 的发酵乙醇就能抑制微生物的生长，而一般发酵饮料乙醇含量仅为 9%～13%，防腐能力不够，仍需经巴氏杀菌。如果在饮料酒中加入乙醇，使其含量（按体积计）达到 20%，则不需经巴氏杀菌就可以防止腐败和变质。

（六）食盐

各种微生物的耐盐性并不完全相同，细菌鉴定中就常利用它们的耐盐性作为选择和分类的一种手段。在其他因素相同的条件下，加盐量不同即可控制微生物生长及它们在食品中的发酵活动。一般在蔬菜腌制品中常见的乳酸菌都能忍受浓度为 10%～18% 的食盐溶液，而大多数朊解菌和脂解菌则不能忍受 2.5% 以上的盐液浓度。所以通过控制腌制时食盐溶液的浓度完全可以达到防腐和发酵的目的。

三、典型的食品发酵工艺及特点

（一）利用细菌进行的发酵

1. 食醋

食醋是一种酸性调味品，它能增进食欲，帮助消化。在我国的中医药学中醋也有一定的用途。食醋酿造在我国已有三千多年的历史，目前我国食醋生产工艺有固态发酵法、液体深层发酵法和酶法液化通风回流法等，不同工艺从原料利用率、产酸速率、产品风味、生产效率和成本等方面各有差异。全国各地生产的食醋品种较多。著名的有山西老陈醋、镇江香醋、四川麸醋、东北白醋、江浙玫瑰米醋、福建红曲醋等。食醋按产品工艺与特征分为酿造食醋和配制食醋。酿造食醋是单独或混合使用各种含有淀粉、糖的物料或酒精，经微生物发酵酿制而成的液体调味料，其主要成分除醋酸 $[3.5\sim5g\cdot(100mL)^{-1}]$ 外，还含有氨基酸、有机酸、糖类、维生素、醇和酯等营养成分及风味成分，具有独特的色、香、味。配制食醋是以酿造食醋为主体，与冰乙酸等混合配制而成的调味食醋，且酿造食醋的添加量不得小于 50%。

（1）生产原料　目前酿醋生产用的主要原料有：薯类，如甘薯、马铃薯等；粮谷类，如玉米、大米等；粮食加工下脚料，如碎米、麸皮、谷糠等；果蔬类，如黑醋栗、葡萄、胡萝卜等；野生植物，如橡子、菊芋等；其他，如酸果酒、酸啤酒、糖蜜等。生产食醋除了上述主要原料外，还需要疏松材料如谷壳、玉米芯等，使发酵料通透性好，有利于好氧微生物的生长。

（2）酿造微生物　传统工艺酿醋是利用自然界中的野生菌制曲、发酵的，因此涉及的微生物种类繁多。新法制醋均采用人工选育的纯培养菌株进行制曲、酒精发酵和醋酸发酵，因而发酵周期短、原料利用率高。

① 淀粉液化、糖化微生物　淀粉液化、糖化微生物能够产生淀粉酶、糖化酶。使淀粉液化、糖化的微生物很多，而适合于酿醋的主要是曲霉菌。常用的曲霉菌种有：甘薯曲霉AS 3.324，适合于甘薯及野生植物等酿醋；东酒一号，它是 AS 3.758 的变异株，培养时要求较高的湿度和较低的温度；黑曲霉 AS 3.4309（UV-11），该菌糖化能力强、酶系纯，最适培养温度为 32℃；宇佐美曲霉 AS 3.758，这是日本在数千种黑曲霉中选育出来的，糖化力极强，耐酸性较高的糖化型淀粉酶菌种，菌丝黑色至黑褐色，能同化硝酸盐，产酸能力很强。

此外，还有米曲霉菌株：沪酿 3.040、沪酿 3.042（AS 3.951）、AS 3.863 等；黄曲霉菌株：AS 3.800，AS 3.384 等。

② 酒精发酵微生物　发酵酒精生产一般采用子囊菌亚门酵母属中的酵母。不同的酵母菌株，其发酵能力不同，产生的滋味和香气也不同。北方地区常用 1300 酵母，上海香醋选用工农 501 黄酒酵母。K 字酵母适用于以高粱、大米、甘薯等为原料酿制普通食醋。AS2.109、AS2.399 适用于淀粉质原料，而 AS2.1189、AS2.1190 适用于糖蜜原料。

③ 醋酸发酵微生物　醋酸菌是醋酸发酵的主要菌种，醋酸菌具有氧化酒精生成醋酸的能力。目前国内外在生产上常用的醋酸菌有：奥尔兰醋杆菌（*A. orleanense*），该菌能产生少量的酯，产酸能力较弱，但耐酸能力较强；许氏醋杆菌（*A. schutzenbachii*），它是有名的速酿醋菌种，该菌产酸高达 11.5%，对醋酸没有氧化作用；恶臭醋杆菌（*A. rancens*），该菌在液面处形成菌膜，并沿容器壁上升，菌膜下液体不浑浊，一般能产酸 6%～8%，有的菌株副产 2% 的葡萄糖酸，并能把醋酸进一步氧化成二氧化碳和水；AS1.41 醋酸菌，该菌耐受酒精浓度（体积分数）为 8%，最高产醋酸为 7%～9%，产葡萄糖酸力弱，能氧化分解醋酸为二氧化碳和水；沪酿 1.01 醋酸菌，该菌由酒精生成醋酸的转化率平均高达 93%～95%。

（3）固态法食醋生产工艺流程

薯干(或碎米、高粱等)→粉碎→加麸皮、谷糠混合→ 润水→蒸料→冷却→接种→入缸糖化发酵→拌糠接种→ 醋 酸 发

（麸曲、酵母；醋酸菌）

酵→翻醅→加盐后熟→淋醋→贮存陈醋→配兑→灭菌→包装→成品

（4）**液体深层发酵制醋**　液体深层发酵制醋是利用发酵罐进行液体深层发酵生产食醋的方法，通常是将淀粉质原料经液化、糖化发酵后先制成酒醪或酒液，然后在发酵罐里完成醋酸发酵。液体深层发酵法制醋具有机械化程度高、操作卫生条件好、原料利用率高（可达 65%～70%）、生产周期短、产品的质量稳定等优点。缺点是醋的风味较差。

① 工艺流程

（麸曲　酒母　醋酸菌）

碎米→浸泡→磨浆→调浆→液化→糖化→酒精发酵→酒醪→醋酸发酵→ 醋醪→压滤→配兑→灭菌→陈醋→成品

② 生产工艺特点　在液体深层发酵制醋过程中，到酒精发酵为止的工艺均与酶法液化

通风回流制醋相同。不同的是从醋酸发酵开始,采用发酵罐进行液体深层发酵,需通气搅拌,醋酸菌种子为液态(即醋母)。

醋酸液体深层发酵温度为 32～35℃,通风量前期每分钟为 1∶0.13(发酵液与无菌空气体积比);中期为 1∶0.17;后期为 1∶0.13。罐压维持 0.03MPa。连续进行搅拌,醋酸发酵周期为 65～72h。经测定已无酒精,残糖极少,测定酸度不再增加说明醋酸发酵结束。

液体深层发酵制醋也可采用半连续法,即当醋酸发酵成熟时,取出 1/3 成熟醪,再加 1/3 酒醪继续发酵,如此每 20～22h 重复一次。目前生产上多采用此法。

2. 发酵乳制品

发酵乳制品是指原料乳经杀菌后接种特定的微生物进行发酵作用,产生具有特殊风味的食品。常见的发酵乳制品有酸奶、乳酸菌饮料、奶酪、酸奶油、马奶酒等。

生产发酵乳制品的主要菌种是乳酸菌。常用的有干酪乳杆菌(*Lactobacillus casei*)、德式乳杆菌保加利亚亚种(*L. bulgaricus*)、嗜酸乳杆菌(*L. acidophilus*)、植物乳杆菌(*L. plantarum*)、乳酸乳杆菌(*L. Lactis*)、乳酸乳球菌(*Lactococcus lactis*)、嗜热链球菌(*Streptococcus thermophilus*)等。

近年来,随着对双歧乳酸杆菌等益生菌在营养保健作用方面的研究深入,人们已经将其引入乳酸菌饮料及酸奶制造,使传统的单菌种发酵,变为双菌种或三菌种发酵。由于双歧杆菌等的引入,使酸奶在原有的助消化、促进肠胃功能作用基础上,又具备了提高机体免疫功能等保健作用。

双歧杆菌酸奶的生产有两种不同的工艺。一种是两歧双歧杆菌与嗜热链球菌、德式乳杆菌保加利亚亚种等共同发酵的生产工艺,称共同发酵法。另一种是将两歧双歧杆菌与兼性厌氧的酵母菌同时在脱脂牛乳中混合培养,利用酵母在生长过程中的呼吸作用,以生物法耗氧,创造一个适合于双歧杆菌生长繁殖、产酸代谢的厌氧环境的生产工艺,称为共生发酵法。

(1)共同发酵法生产工艺

原料乳→标准化→调配→均质(15～20MPa)→杀菌(115℃,8min)→冷却(38～40℃)→

　　　　　　　蔗糖 10% + 葡萄糖 2%

适量维生素 C

接种→灌装→发酵(38～39℃,6h)→冷却(10℃左右)→冷藏(1～5℃)→成品

两歧双歧杆菌 6%、嗜热链球菌 3%

(2)共生发酵法生产工艺

原料乳→标准化(固形物≥9.5%)→调配→均质(15～20MPa)→杀菌(115℃,8min)→冷却(26～28℃)→

　　　　　　　蔗糖 10% + 葡萄糖 2%

两歧双歧杆菌 6%

接种→发酵(26～28℃,2h)→升温(37℃)→发酵(37℃,5h)→冷却(10℃左右)→灌装→冷藏(1～5℃)→成品

酵母菌 3%

3. 氨基酸发酵

(1)氨基酸发酵及其使用的菌种　氨基酸是组成蛋白质的基本成分,其中有 8 种氨基酸是人体不能合成但又必需的氨基酸,称为必需氨基酸,人体只有通过食物来获得。另外在食品工业中,氨基酸可作为调味料,如谷氨酸钠(味精)等可作为鲜味剂,色氨酸和甘氨酸可作为甜味剂。发酵法生产氨基酸是氨基酸工业生产最主要的途径。已工业化生产的氨基酸有 20 多种,其中微生物发酵法生产的有 15 种以上。表 9-1 列出了部分氨基酸生产所用的菌株。

表 9-1　部分氨基酸及其生产所用菌株

生成的氨基酸	使用的菌株
谷氨酸	谷氨酸棒杆菌、乳糖发酵短杆菌或黄色短杆菌、 北京棒杆菌（AS 1.299）或钝齿棒杆菌（AS 1.542 或 B9）
缬氨酸	北京棒杆菌［AS 1.586(Ile-)①］、乳糖发酵短杆菌（Thr-）
D,L-丙氨酸	凝结芽孢杆菌（Bacillus cuagulans）(Met-)
脯氨酸	链形窝氏杆菌（kurthia catenoform）(Ser-)、黄色短杆菌(Ile+SGR)①
赖氨酸	黄色短杆菌（AECR）、乳糖发酵短杆菌（AECR+Ser-或 AECR+Ade-+Gu）、谷氨酸 棒杆菌（AECR+Leu 或 AECR+met 或 AECR+Ala）
苏氨酸	大肠杆菌（Met-+Var）、大肠杆菌 W（DAP-+Met+Ile-）
鸟氨酸	谷氨酸棒杆菌（Cit-）、黄色短杆菌（Cit-或 Arg-）
亮氨酸	黄色短杆菌（Ile-+Met-+Tar）
酪氨酸	氨酸棒杆菌（Phe-+Pu-）

① 营养缺陷型，R：抗性。

（2）谷氨酸发酵　自从 20 世纪 30 年代以来，微生物直接用糖类发酵生产谷氨酸就已获得成功并投入工业化生产。我国已经成为世界上最大的味精生产国。

① 谷氨酸生产菌　谷氨酸棒杆菌（*Corynebacteriumglutamicum*）、乳糖发酵短杆菌（*Brevibacterium lactofermentum*）、黄色短杆菌（*Brevibacterium flavum*）是主要的谷氨酸产生菌。我国使用的生产菌株是北京棒杆菌（*Corynebacterium pekinenese*）AS 1.299、北京棒杆菌 D110、钝齿棒杆菌（*Corynebacterium crenatum*）AS 1.542、棒杆菌 S-914 和黄色短杆菌 T6～13（*Brevibacterium flavum* T6～13）等。

② 生产原料　发酵生产谷氨酸的原料有淀粉质原料（玉米、小麦、甘薯、大米等，其中甘薯淀粉最为常用）、糖蜜原料（甘蔗糖蜜、甜菜糖蜜）和其他氮源（尿素或氨水）等。

③ 味精生产工艺流程　味精生产全过程包括五个主要环节：淀粉水解糖的制取；谷氨酸产生菌的菌种扩大培养；谷氨酸发酵；谷氨酸的提取与分离；由谷氨酸制成味精。味精生产的工艺流程如下：

淀粉质原料→糖化→中和、脱色、过滤→培养基调配→接种→发酵→提取（等电点法、离子交换法等）→谷氨酸→谷氨酸钠→脱色→过滤→干燥→成品

（菌种的扩大培养　无菌空气）

4. 黄原胶生产

黄原胶（xamthan gum）别名汉生胶，又称黄单胞多糖，是 20 世纪 70 年代发展起来的新型发酵产品。其作为新型优良的天然食品添加剂用途越来越广泛。黄原胶是由甘蓝黑腐病黄单胞细菌（*Xanthomonas campestris*）以糖类为主要原料，经通风发酵、分离提纯后得到的一种微生物高分子酸性胞外杂多糖。另外生产黄原胶的菌种有菜豆黄单胞菌（*X. phaseoli*）、锦葵黄单胞菌（*X. Malvacearum*）和胡萝卜黄单胞菌（*X. carotae*）等。我国目前已开发出的菌株有南开-01，山大-152、008、L4 和 L5。

我国生产黄原胶的淀粉用量一般约为 5%，发酵周期为 72～96h，产胶能力 30～40g·L⁻¹。黄原胶的生产工艺流程如下：菌种的扩大培养→发酵原料配比→发酵→发酵条件控制→分离→提纯→干燥。

（二）利用酵母菌进行的发酵

酵母菌与人们的生活有着十分密切的关系，利用酵母菌生产的食品种类很多，下面仅介绍几种主要产品。

1. 面包

面包是以面粉为主要原料，以酵母菌、糖、油脂和鸡蛋为辅料生产的发酵食品，经发酵

好的面团还需经焙烤等熟化过程，故又归类焙烤食品。

（1）面包酵母　面包酵母是一种单细胞生物，学名为啤酒酵母。面包酵母是生产面包必不可少的生物松软剂。

面包生产应用的酵母主要有鲜酵母、活性干酵母或即发干酵母。鲜酵母是酵母菌种在培养基中经扩大培养和繁殖、分离、压榨而制成的。鲜酵母发酵力较低，发酵速率慢，不易贮存运输，0~5℃可保存两个月，其使用受到一定限制。活性干酵母是鲜酵母经低温干燥而制成的颗粒酵母，其发酵活力及发酵速率都比较快，且易于贮存运输，使用较为普遍。即发干酵母又称速效干酵母，是活性干酵母的换代产品，其使用方便，一般无需活化处理，可直接生产。

（2）面包生产工艺　面包生产有传统的一次发酵法、二次发酵法和新工艺快速发酵法等。我国生产面包多用一次发酵法及二次发酵法。近年来，快速发酵法应用也较多。

① 一次发酵法　一次发酵法的工艺流程如下：

活化酵母
↓
原料处理→面团调制→面团发酵→分块、搓圆→整形→醒发→烘烤→冷却→包装

一次发酵法的特点是生产周期短，所需设备和劳力少，产品有良好的咀嚼感，有较粗糙的蜂窝状结构，但风味较差。该工艺对时间相当敏感，大批量生产时较难操作，生产灵活性差。

② 二次发酵法　二次发酵法的工艺流程如下：

部分面粉、部分水、全部酵母　加入剩下的原辅料
↓　　　　　　　　　　　　　↓
原辅料处理→第一次和面→第一次发酵→第二次和面→第二次发酵→整形→醒发→烘烤→冷却→成品

二次发酵法即采取两次搅拌、两次发酵的方法。第一次搅拌时先将部分面粉（占配方用量的 1/3）、部分水和全部酵母混合至刚好形成疏松的面团。然后将剩下的原料加入，进行二次混合调制成成熟面团。成熟面团再经发酵、整形、醒发、烘烤制成成品。

二次发酵法生产出的面包体积大、柔软，且具有细微的海绵状结构，风味良好，生产容易调整，但周期长、操作工序多。

2. 酿酒

我国是一个酒类生产大国，也是一个酒文化文明古国，在我国酿酒具有悠久的历史，主要产品种类有：黄酒、白酒、啤酒、果酒等。酒的品种不同，酿酒所用的酵母以及酿造工艺也不同，而且同一类型的酒各地也有自己独特的工艺。下面以葡萄酒的酿造为例介绍酿酒一般工艺及特点。

葡萄酒是由新鲜葡萄或葡萄汁通过酵母的发酵作用而制成的一种低酒精含量的饮料。葡萄酒质量的好坏和葡萄品种、葡萄质量及酒母有着密切的关系。因此在葡萄酒生产中葡萄的品质、酵母菌种的选择是相当重要的。

（1）葡萄酒酵母的特性　葡萄酒酵母（*Saccharomyces ellipsoideus*）在植物学分类上为子囊菌纲的酵母属，啤酒酵母种。该属的许多变种和亚种都能对糖进行酒精发酵，并广泛用于酿酒、酒精、面包酵母等生产中，但各酵母的生理特性、酿造副产物、风味等有很大的不同。

葡萄酒酵母除了用于葡萄酒生产以外，还广泛用在苹果酒等果酒的发酵上。我国张裕7318 酵母、法国香槟酵母、匈牙利多加意（Tokey）酵母等是具有特色的葡萄酒酵母的亚种和变种。

优良葡萄酒酵母具有以下特性：能产生良好的果香与酒香；对糖转化能力强，发酵残糖低（在 $4\mathrm{g \cdot L^{-1}}$ 以下）；对二氧化硫有较高的抵抗力；具有较高发酵能力，一般可使酒精含

量达到 16％以上；有较好的凝集力和较快沉降速率；能在低温（15℃）下进行发酵，以保持果香和新鲜清爽的口味。

（2）红葡萄酒生产工艺　酿制红葡萄酒一般采用红葡萄品种。我国红葡萄酒生产主要以酿造干红葡萄酒为原酒，然后按标准调配成半干、半甜、甜型葡萄酒。

① 干红葡萄酒生产工艺流程　干红葡萄酒的生产工艺流程如下（"----▶"表示副产物工艺）：

梗　　SO₂　　　　　酒母　皮渣

红葡萄分选→除梗破碎→含 SO₂ 葡萄浆→前发酵→压榨→调整成分→后发酵→添桶→

第一次换桶→干红葡萄酒原料→陈酿→第二次换桶→均衡调配→澄清处理→葡萄酒→包装灭菌 → 干红葡萄酒

（酒脚→蒸馏→白兰地）　　　　　　　　　　　　　　　（酒脚→蒸馏→白兰地）

② 发酵特点　根据葡萄酒的酿造工艺特点，其发酵分两个阶段，即前发酵与后发酵。

由于酿酒用的葡萄汁在发酵前不进行灭菌处理，有的发酵还是开放式的，因此，为了消除细菌和野生酵母对发酵的干扰，在发酵前添加一定量的 SO_2，SO_2 具有杀菌、澄清、抗氧化、增酸、溶解作用。为了加大色素或芳香物质的浸提率和葡萄汁的出汁率，葡萄浆中还需添加果酸酶。发酵过程除控制温度等条件外，还要促使葡萄汁的循环。

前发酵结束后，原酒中还残留 $3\sim5g\cdot L^{-1}$ 的糖分，这些糖分在酵母作用下继续转化成酒精与 CO_2。在较低温度（18~25℃）缓慢地发酵中，酵母及其他成分逐渐沉降，使酒逐步澄清。新酒在后发酵过程中，进行缓慢的氧化还原作用，并促使醇酸酯化，乙醇和水的缔合排列，使酒的口味变得柔和，风味更趋完善。

后发酵的原酒应避免与空气接触，工艺上常称为隔氧发酵。后发酵的隔氧措施一般在容器上安装水封。前发酵的原酒中含有糖类物质、氨基酸等营养成分，易感染杂菌，影响酒的质量。搞好卫生是后发酵的重要管理内容。

（三）利用霉菌进行的发酵

许多酿造发酵食品，如豆腐乳、豆豉、酱、酱油、柠檬酸等都是在霉菌的参与下生产出来的。绝大多数霉菌能把原料中的糖类、蛋白质等含氮化合物及其他种类的化合物进行转化，生产出多种食品、调味品及食品添加剂。在许多发酵食品生产中，除利用霉菌以外，还要由细菌、酵母的共同作用来完成。通常只有将淀粉转化为糖才能被酵母菌及细菌利用。淀粉的糖化、蛋白质的水解均是通过霉菌产生的淀粉酶和蛋白质水解酶进行的。

可以作为糖化菌种的霉菌很多。根霉属中常用的有日本根霉（Rhizopus japonicus AS 3.849）、米根霉（Rhizopus oryzae）、华根霉（Rhizopus chinensis）等；曲霉属中常用的有黑曲霉（Asp. niger）、宇佐美曲霉（Asp. usamii）、米曲霉（Asp. oryzae）和泡盛曲霉（Asp. awamori）等；毛霉属中常用的有鲁氏毛霉（Mucor rouxii）；还有红曲属（Monascus）中的一些种也是较好的糖化剂，如紫红曲霉（Monascus. Purpurens）、安氏红曲霉（Monascus. anka）、锈色红曲霉（Monascus. rubiginosusr）、变红曲霉（Monascus. Serorubescons AS 3.976）等。

1. 酱类

酱类包括大豆酱、蚕豆酱、面酱、豆瓣酱、豆豉及其加工制品，通常由一些粮食和油料作物为主要原料，利用以米曲霉为主的微生物经发酵酿制。

用于酱类生产的霉菌主要是米曲霉（Asp. oryzae），常用的有沪酿 3.042、黄曲霉 Cr-1 菌株（不产生毒素）、黑曲霉（Asp. Nigerf-27）等。曲霉具有较强的蛋白酶、淀粉酶及纤维素酶的活力，它们可以将原料中的蛋白质分解为氨基酸，淀粉变为单糖，在其他微生物的共同作用下生成醇、酸、酯等，形成酱类特有的风味。

市场上的豆酱种类繁多，生产采用的原辅料差异较大，其生产酿造工艺也不尽相同。一般要完成制曲，让微生物产生一定量的水解酶类，再进行制酱。如大豆酱的生产工艺如下。

（1）制曲工艺流程 大豆曲生产的工艺流程如下：

$$水 \qquad 水 \qquad\qquad 面粉等辅料 \quad 种曲$$
$$\downarrow \qquad \downarrow \qquad\qquad \downarrow \qquad \downarrow$$
大豆→洗净→浸泡→蒸煮→冷却→混合→接种→厚层通风培养→大豆曲

（2）制酱工艺 制酱工艺流程如下：

$$盐水配制 \to 澄清 \to 盐水加热(60\sim65℃) \longrightarrow$$
$$\downarrow 14.5°Bé \qquad\qquad\qquad \downarrow 24°Bé$$
大豆曲→发酵容器→自然升温（至40℃左右）→加第一次盐水→酱醅保温发酵(45℃)→加第二次盐水及盐→翻酱→成品

2. 柠檬酸

（1）柠檬酸发酵采用的菌种 目前柠檬酸生产上常用产酸能力强的黑曲霉（*Aspergillus niger*）作为生产菌。黑曲霉生产菌可在薯干粉、玉米粉、可溶性淀粉、糖蜜、葡萄糖、麦芽糖、糊精、乳糖等培养基上生长、产酸。黑曲霉生长最适 pH 为 3～7；产酸最适 pH 为 1.8～2.5。生长最适温度为 33～37℃，产酸最适温度在 28～37℃，温度过高易形成杂酸。黑曲霉可以在生长过程同时进行糖化和发酵产酸。

（2）柠檬酸发酵工艺流程 以薯干粉为原料的液体深层发酵工艺流程如下：

$$斜面菌种 \to 麸曲瓶 \to 种子$$
$$\downarrow$$
薯干粉→调浆→灭菌（间歇或连续式）→冷却→发酵→发酵液→提取→成品
$$\uparrow$$
$$无菌空气$$

第二节 食品的腌渍

让食盐或糖渗入食品组织内，降低其水分活性，提高其渗透压，或通过微生物的正常发酵降低食品的 pH 值，从而抑制腐败菌的生长，防止食品腐败变质，获得更好的品质，并延长食品保质期的加工方法称为食品的腌渍。腌渍是人类最早采用的一种行之有效的食品保藏方法。用该法加工的制品统称为腌渍食品。其中加盐腌制的过程称为腌制；加糖腌制的过程称为糖渍。

盐腌的制品有腌菜、腌肉、腌禽蛋等。腌菜也称果蔬腌制品（pickles），可分为两大类：发酵性和非发酵性的腌制品。发酵性腌制品的特点是腌制时食盐用量较小，腌渍过程中有显著的乳酸发酵，并用醋液或糖醋香料液浸渍，如四川泡菜、酸黄瓜、酸萝卜、荞头等。非发酵性腌制品的特点就是腌制时食盐用量较高，使乳酸发酵完全受到抑制或只能极其轻微地进行，其间还加用香料，这类产品可再分成三类：腌菜（干态、半干态和湿态的盐腌制品）；酱菜（加用甜酱或咸酱的盐腌制品）；糟制品（腌制时加用了米酒糟或米糠），如咸白菜、腌雪菜、酱瓜、什锦菜、榨菜等。腌肉（curing）包括鱼、肉类腌制品。如咸猪肉、咸牛肉、咸鱼、金华火腿、风肉、腊肉、板鸭等。腌禽蛋是用盐水浸泡，含盐泥土粘制，或添加石灰、纯碱等辅料的方法制得的产品，如咸鸡蛋、咸鸭蛋和皮蛋。

糖渍品（preserves）也称蜜饯，按我国《蜜饯卫生标准》（GB 14884）定义，蜜饯是指以干鲜果品、瓜蔬等为主要原料，经糖渍密制或盐腌渍加工而成的蜜饯食品。蜜饯食品按其性状特点、加工方法不同分为六类：糖渍蜜饯、返砂蜜饯、果脯、凉果、甘草制品和果糕。

（1）糖渍蜜饯 原料经糖渍蜜制后，成品浸渍在一定浓度的糖液中，略有透明感，如糖青梅、蜜樱桃、蜜金橘、化皮榄等。

（2）返砂蜜饯　原料经糖渍、糖煮后，成品表面干燥，附有白色糖霜，如冬瓜条、金丝蜜枣、糖橘饼、红绿丝、白糖杨梅等。

（3）果脯　原料经糖渍、糖制后，经过干燥，成品表面不黏不燥，有透明感，无糖霜析出，如杏脯、桃脯、苹果脯、梨脯、枣脯、青梅等。

（4）凉果　原料在糖渍或糖煮过程中，添加甜味剂、香料等，成品表面呈干态，具有浓郁香味，如雪花应子、柠檬李、丁香榄、福果等。

（5）甘草制品　原料采用果坯，配以糖、甘草和其他食品添加剂，经浸渍处理后，进行干燥，成品有甜、酸、咸等风味，如话梅、话李、九制陈皮、甘草榄、甘草金橘等。

（6）果糕　原料加工成酱状，经浓缩干燥，成品呈片、条、块等形状，如山楂糕、金糕条、果丹皮等。

一、腌渍的保藏原理

腌渍品之所以有较长的食品保质期，是因为食品在腌渍过程中，无论是采用食盐还是糖进行腌渍，食盐或糖都会使食品组织内部的水渗出，而自身扩散到食品组织内，从而降低了食品组织内的水分活性，提高了渗透压。正是在高渗透压的作用下，加上辅料中酸及其他组分的杀（抑）菌作用，微生物的正常生理活动受到抑制。

（一）溶液的浓度与微生物的关系

1. 溶液的浓度

溶液的浓度就是单位体积的溶液中溶解的物质（溶质）质量，可以用体积、质量或物质的量浓度来表示。在一般工业生产中常使用体积分数或质量分数表示。为了便于生产实践中更容易掌握，人们也常用100g水中应加溶质质量（g）来表示，它和质量分数的换算关系如下：

$$C = \frac{g}{100+g} \times 100 \text{ 和 } g = \frac{C}{100-C} \times 100 \tag{9-1}$$

式中　C——每100g溶液中含有溶质的质量，即质量分数，%；

g——每100g水中应加的溶质质量，g。

溶液的浓度也可用密度来表示，即用密度计测定。工业生产中盐水的浓度常用波美密度计（Baume或°Bé）测定；糖水的浓度则用糖度计（Sacchrometer）、波林糖度计（Balling）或白利糖度计（Brix）测定。其中最常用的是白利糖度计，波林糖度计则主要在欧洲使用。为了使用方便，测定糖液用的三种密度计的标度完全一致，均直接表明了糖液浓度的质量分数。

相对密度是任何溶液的质量和同容积水的质量的比值，它随温度变化而变化，因此测定时必须校正温度。波美密度计、三种糖度计在使用时也必须校正温度。

波美密度计种类繁多，我国市场出售的是在15℃标准温度下标刻的"合理"密度计。所谓"合理"即它的0°Bé和15℃时水的密度相当，66°Bé和浓硫酸的密度1.8429相当，而食盐浓度（质量分数，本章均以此表示）为10%时，它的标度正好为10°Bé，因此在0～10°Bé间等分成十格，每格大致相当于1%食盐溶液。

波美密度计常用于测定盐水浓度，其读数可以转换成相对密度值。在标准温度20℃时，它们之间的转换关系如下：

$$d(20℃/20℃) = \frac{144.15}{144.3-c} \tag{9-2}$$

式中　d（20℃/20℃）——相对密度；

c——波美度。

表9-2列出了盐水浓度与相对密度等参数的关系。

表 9-2　盐水浓度和它的相对密度的关系及相应的食盐用量

食盐（质量分数）/%	波美表读数/°Bé	盐水相对密度（15℃/15℃）	1L 盐水中食盐含量/g	100g 水中加食盐量/g
1	1	1.0070	10.07	1.01
5	5	1.0359	51.80	5.26
10	10	1.0745	107.45	11.11
15	15	1.1160	167.40	17.65
20	20	1.1609	232.18	25.00
25	25	1.2096	302.40	33.33
26.5	26.5	1.2250	324.63	36.05

　　各种糖液密度计上每一表度相当于 1% 蔗糖溶液的质量分数。即使糖的种类不同，只要浓度相同，它们各自的相对密度就会非常接近。例如每 100mL 含糖量为 10g 的糖液，相对密度（20℃/4℃）几乎都等于 1.0386，因此，糖液密度计可用于测定任何糖溶液的浓度。不过为了准确起见，每支糖度计的标度范围以 10°糖度（即浓度变化为 10%）为宜。波美计标度由于能转化为浓度读数，所以也可用以检测糖水浓度，但从该表上不能直接读得糖液浓度，需要进行转换。糖液相对密度和白利糖度计、波美密度计读数的关系及相应的糖用量参见表 9-3。

表 9-3　糖液相对密度和白利糖度计、波美密度计读数的关系及相应的糖用量

白利糖度计的读数（20℃）	波美度/°Bé	相对密度（20℃/20℃）	折射率（20℃）	1L 糖液中含糖量/g	100g 水中加入糖量/g
0	0.00	1.00000	1.3330	0.00	0.00
1	0.56	1.00389	1.3344	10.04	1.01
5	2.79	1.01965	1.3403	50.98	5.26
10	5.57	1.03998	1.3478	104.00	11.11
20	11.10	1.08287	1.3638	216.57	25.00
30	16.59	1.12898	1.3811	338.69	42.86
40	21.97	1.17857	1.3997	471.43	66.67
50	27.28	1.23174	1.4200	615.87	100.00
60	32.49	1.28873	1.4418	773.24	150.00
70	37.56	1.34956	1.4651	944.69	233.33

　　现在也常用折光仪测定糖液可溶性固形物的含量。纯糖溶液内可溶性固形物全为糖类，故能测定糖液浓度。它和密度计一样，使用时同样要注意温度的校正。

2. 溶液浓度与微生物的关系

　　微生物细胞实际上是有细胞壁保护及原生质膜包围的胶体状原生浆质体。细胞壁是全透性的，原生质膜则为半透性的，它们的渗透性随微生物的种类、菌龄、细胞内组成成分、温度、pH 值、表面张力的性质和大小等各因素变化而变化。根据微生物细胞所处的溶液浓度的不同，可把环境溶液分成三种类型，即等渗溶液（isotonic）、低渗溶液（hypotonic）和高渗溶液（hypertonic）。

　　等渗溶液就是微生物细胞所处溶液的渗透压与微生物细胞液的渗透压相等。例如，0.9% 的食盐溶液就是等渗溶液（习惯上称为生理盐水）。在等渗溶液中，微生物细胞保持原形，如果其他条件适宜，微生物就能迅速生长繁殖。低渗溶液指的是微生物所处溶液的渗透压低于微生物细胞的渗透压。在低渗溶液中，外界溶液的水分会穿过微生物的细胞壁并通过细胞膜向细胞内渗透，渗透的结果使微生物的细胞呈膨胀状态，如果内压过大，就会导致原生质胀裂（plasmoptsis），微生物无法生长繁殖。高渗溶液就是外界溶液的渗透压大于微生物细胞的渗透压。处于高渗溶液的微生物，细胞内的水分会透过原生质膜向外界

溶液渗透，其结果是细胞的原生质脱水而与细胞壁分离，这种现象称为质壁分离（plasmolysis）。质壁分离的结果使细胞变形，微生物的生长活动受到抑制，脱水严重时还会造成微生物死亡。腌渍就是利用这种原理来达到保藏食品的目的的。在用糖、盐和香料等腌渍时，当它们的浓度达到足够高时，就可抑制住微生物的正常生理活动，并且还可赋予制品特殊风味及口感。

在高渗透压下，微生物的稳定性决定于它们的种类，其质壁分离的程度决定于原生质的渗透性。如果溶质极易通过原生质膜，即原生质的通透性较高，细胞内外的渗透压就会迅速达到平衡，不再存在质壁分离的现象。因此微生物的种类不同时，由于其原生质膜也不同，对溶液浓度反应也就不同。

（二）盐在腌渍中的作用

1. 食盐的防腐机制

无论是蔬菜还是肉、禽、鱼在腌制时，食盐是腌制剂中最重要的一种成分，它不仅起着调味的作用，而且还发挥着重要的防腐功能。

（1）食盐溶液对微生物细胞的脱水作用　食盐的主要成分是氯化钠，在溶液中完全解离为钠离子和氯离子，其质点数比同浓度的非电解质溶液要高得多，以至于食盐溶液具有很高的渗透压。例如1%食盐溶液就可以产生约0.62MPa的渗透压，腌制蔬菜食盐含量在10%以上，可以产生相当于约6.2MPa的渗透压，而通常大多数微生物细胞能耐受的渗透压只有0.35~1.69MPa，因此，食盐溶液会对微生物细胞产生强烈的脱水作用。

（2）食盐溶液对微生物的生理毒害作用　食盐溶液中的一些离子，如钠离子、镁离子、钾离子和氯离子等，在高浓度时能对微生物发生毒害作用。钠离子能和细胞原生质的阴离子结合产生毒害作用，而且这种作用随着溶液pH值的下降而加强。例如酵母在中性食盐溶液中，盐液的浓度要达到20%时才会受到抑制，但在酸性溶液中时，浓度为14%就能抑制酵母的活动。另外还有人认为食盐对微生物的毒害作用可能来自氯离子，因为食盐溶液中的氯离子会和细胞原生质结合，从而促使细胞死亡。

（3）食盐对酶活力的影响　食品中溶于水的大分子营养物质，必须先在微生物分泌的酶作用下，降解成小分子物质之后才能被利用。有些不溶于水的物质，更需要先经微生物酶的作用，转变为可溶性的小分子物质。不过微生物分泌出来的酶的活性与所处环境的离子强度有关，而食盐会改变环境的离子强度，再加上 Na^+ 和 Cl^- 可分别与酶蛋白的活性基团相结合，因此，食盐可使酶失去其催化活力。例如变形菌（*Proteus*）处在浓度为3%的食盐溶液中时就会失去分解血清的能力。

（4）食盐溶液降低微生物环境的水分活度　食盐溶于水后，离解出来的 Na^+ 和 Cl^- 与极性的水分子通过静电引力的作用，在每个 Na^+ 和 Cl^- 周围都聚集了一群水分子，形成水化离子 $[Na(H_2O)_n]^+$ 和 $[Cl(H_2O)_m]^-$，食盐浓度越高，Na^+ 和 Cl^- 的数目就越多，所吸附的水分子就越多，这些水分子因此由自由状态转变为结合状态，导致了水分活度的降低。例如欲使溶液的水分活度降低到0.850，若溶质为非理想的非电解质，其质量摩尔浓度需达到 $9.80mol \cdot kg^{-1}$，而溶质为食盐时，其质量摩尔浓度仅需为 $4.63mol \cdot kg^{-1}$。

溶液的水分活度与渗透压是相关的，水分活度越低，其渗透压必然越高。食盐溶液浓度与水分活度、渗透压之间的关系可参见表9-4。

表 9-4　食盐溶液浓度与水分活度和渗透压之间的关系

盐液浓度/%	0	0.857	1.75	3.11	3.50	6.05	6.92	10.0	13.0	15.6	21.3
水分活度（a_w）	1.000	0.995	0.990	0.982	0.980	0.965	0.960	0.940	0.920	0.900	0.850
渗透压/MPa	0	0.64	1.30	2.29	2.58	4.57	5.29	8.09	11.04	14.11	22.40

从表 9-4 可以看出，随着食盐溶液浓度的增加，水分活度逐渐降低。饱和盐溶液（在 20℃时，浓度为 26.5%，即 100g 水仅能溶解 36g 盐）的水分活度约 0.75，在这种条件下细菌、酵母等微生物都难以生长。

（5）食盐溶液中氧气浓度的下降　氧气在水中具有一定的溶解度，食品腌制时，由于食盐渗入食品组织中形成的盐液浓度较高，氧气难以溶解在其中，形成了缺氧的环境，在这样的环境中，需氧微生物就难以生长。

2. 不同微生物对食盐溶液的耐受力

微生物不同，其细胞液的渗透压也不一样，因此它们所要求的最适渗透压，即等渗溶液也不同，而且不同微生物对外界高渗透压溶液的适应能力也不一样。微生物等渗溶液的渗透压越高，它所能忍耐的食盐溶液浓度就越大，反之就越小。

一般来说，食盐溶液浓度在 1% 以下时，微生物的生理活动不会受到任何影响。当浓度为 1%~3% 时，大多数微生物就会受到暂时性抑制。当浓度达到 6%~8% 时，大肠杆菌、沙门氏菌和肉毒杆菌停止生长。当浓度超过 10% 后，大多数杆菌便不再生长。球菌在食盐溶液浓度达到 15% 时被抑制，其中葡萄球菌则要在浓度达到 20% 时，才能被杀死。酵母在 10% 的食盐溶液中仍能生长，霉菌必须在食盐溶液浓度达到 20%~25% 时才能被抑制。所以腌制食品易受到酵母和霉菌的污染而变质。

蔬菜腌制过程中，几种微生物所能忍受的最高的食盐溶液的浓度见表 9-5。

表 9-5　几种微生物能耐受盐的最高浓度

微生物	所属种类	能耐受食盐的最高浓度/%
Bact. brassicae fermentati	乳酸菌	12
Bact. cueumeris fermentati	乳酸菌	13
Bact. aderholdi fermentati	乳酸菌	8
Bact. coli	大肠杆菌	6
Bact. amylobacter fermentati	丁酸菌	8
Bact. proteus vulgare	变形杆菌	10
Bact. botulinus	肉毒杆菌	6

上表中前两种乳酸菌是蔬菜腌制中引起乳酸发酵的主要乳酸菌，对食盐的忍耐力较强，而一些有害的细菌对食盐的忍耐力较差，所以掌握适当的食盐溶液就可以抑制这些有害细菌的活动，达到防腐的效果，同时并不影响正常的乳酸发酵。

腌制食品时，微生物虽不能在浓度较高的食盐溶液中生长，但如果只是经过短时间的食盐溶液处理，那么当微生物再次遇到适宜环境时仍能恢复正常的生理活动。

3. 腌制食品和食盐质量之间的关系

食盐的主要成分为 NaCl，还含有其他一些组分，如 $CaCl_2$、$MgCl_2$、$FeCl_3$、$CaSO_4$、$MgSO_4$、$CaCO_3$ 以及沙土和一些有机物等。其中一些组分的溶解度可参见表 9-6。

表 9-6　几种盐类在不同温度下的溶解度　　　单位：$g \cdot (100g\ 水)^{-1}$

温度/℃	NaCl	$CaCl_2$	$MgCl_2$	$MgSO_4$
0	35.5	49.6	52.8	26.9
5	35.6	54.0	—	29.3
10	35.7	60.0	53.5	31.5
20	35.9	74.0	54.5	36.2

由上表可以看出 $CaCl_2$ 和 $MgCl_2$ 的溶解度远远超过 NaCl 的溶解度，而且随着温度的升高，这种差异越大，因此当食盐中含有这两种成分时，会降低 NaCl 的溶解度。

另外 $CaCl_2$ 和 $MgCl_2$ 还具有苦味，水溶液中 Ca^{2+} 和 Mg^{2+} 浓度达到 0.15%~0.18%，

在食盐中达到 0.6% 时，就可觉察出有苦味。

食盐中杂质除了 $CaCl_2$、$MgCl_2$ 之外还可能会有钾盐。钾盐则会产生刺激咽喉的味道，量多时还会引起恶心、头痛等现象。钾盐一般在岩盐中含量稍高，海盐中较少。可见食盐中所含的一些杂质会引起腌制食品的味感变化，因此腌制食品时要考虑到食盐中杂质的含量及种类。我国《食用盐卫生标准》（GB 2721）规定了食用盐的卫生指标：总砷（以 As 计）≤ $0.5mg \cdot kg^{-1}$，铅（Pb）≤$2mg \cdot kg^{-1}$，钡（Ba）≤$15mg \cdot kg^{-1}$；强化氟的食用盐，氟（F）按 GB 2760 规定执行；强化碘的食用盐，碘（I）按 GB 14880 规定执行。

我国《食用盐》（GB 5461）国家标准将食盐分类为：精制盐、粉碎洗净盐、日晒盐。根据其等级分为优级、一级和二级，主要指标见表 9-7。此外，按照《食品安全国家标准 食用盐碘含量》（GB 26878）规定，在食用盐中加入碘强化剂后，食用盐产品（碘盐中）碘含量的平均水平（以碘元素计）为（20~50mg · kg^{-1}）。因此，要注意食品工业用盐与餐桌用盐的差异。

表 9-7　食用盐主要指标（湿基）

种　类	等级	NaCl/% ≥	水分/% ≤	水溶性杂质/% ≤	白度 /度	粒度 大小/mm	粒度 占比例≥
精制盐	优级	99.10	0.30	—	80		85
	一级	98.50	0.50	—	75	0.15~0.85	80
	二级	97.00	0.80	2.00	67		75
粉碎洗净盐	一级	97.00	2.10	0.80	55	0.5~2.5	80
	二级	95.50	3.20	1.10			
日晒盐	一级	93.20	5.10	1.60	55	0.5~2.5	85
	二级	91.00	6.40	2.40	45	1.0~3.5	70

（三）糖在腌渍中的作用

1. 糖溶液的防腐机制

食糖是糖渍食品的主要原料，也是蔬菜和肉类腌制时经常使用的一种调味品，我国食糖品种有原糖、白砂糖、赤砂糖和绵白糖。腌渍食品多使用白砂糖，其作用主要有以下几个方面。

（1）产生高渗透压　蔗糖在水中的溶解度很大。25℃时饱和溶液的浓度可达 67.5%，该溶液的渗透压很高（参见表 9-8），足以使微生物脱水，严重地抑制微生物的生长繁殖，这是蔗糖溶液能够防腐的主要原理。

表 9-8　20℃ 时蔗糖溶液的渗透压

蔗糖溶液的浓度 mol·L^{-1}	蔗糖溶液的浓度 g·L^{-1}	渗透压/MPa 按 $\Pi=cRT$ 计算值[①]	渗透压/MPa 实验测定值
0.1	34.2	0.245	0.249
0.5	171.0	1.235	1.235
0.8	273.6	1.969	1.982
1.0	342.0	2.483	2.496
2.2	752.4	5.029	13.64
2.5	855.0	6.129	—

① 范特·荷夫公式仅适用于稀溶液，故高浓度时与实验值有较大的偏差。

（2）降低水分活度　蔗糖作为砂糖中主要成分（含量在 99% 以上），是一种亲水性化合物。蔗糖分子中含有许多羟基和氧桥，它们都可以和水分子形成氢键，从而降低溶液中自由水的量，水分活度也因此而降低。例如浓度为 67.5% 的饱和蔗糖溶液，水分活度可降到

0.85 以下，这样在糖渍食品时，可使入侵的微生物得不到足够的自由水分，其正常生理活动受到抑制。

（3）使溶液中氧气浓度降低　与盐溶液类似，氧气同样难溶于高浓度糖溶液中，这不仅可防止维生素 C 的氧化，还可抑制有害的好气性微生物的活动，对腌渍品的防腐有一定的辅助作用。

2. 不同微生物对糖溶液的耐受力

糖的种类和浓度决定其加速或抑制微生物生长的作用。浓度为 1％～10％ 的蔗糖溶液会促进某些微生物的生长，浓度达到 50％ 时则阻止大多数细菌的生长，而要抑制酵母和霉菌的生长，则其浓度要达到 65％～85％，浓度升高抑制作用加强。一般为了达到保藏食品的目的，糖液的浓度至少要达到 65％～75％，以 72％～75％ 为最适宜。对糖的种类来说，在同样百分浓度下葡萄糖、果糖溶液的抑菌效果要比乳糖、蔗糖好，这是因为葡萄糖和果糖是单糖，相对分子质量为 180；蔗糖和乳糖是双糖，相对分子质量为 342，所以在同样的浓度时，葡萄糖和果糖溶液的质量摩尔浓度就要比蔗糖和乳糖的高，故其渗透压也高，对微生物的抑制作用也相应加强。例如抑制食品中葡萄球菌需要的葡萄糖浓度为 40％～50％，而蔗糖则为 60％～70％。

3. 砂糖质量与腌渍食品的关系

《食糖卫生标准》（GB 13104）规定了原糖、白砂糖、绵白糖和赤砂糖的卫生指标，主要有：总砷（以 As 计）$\leqslant 0.5 mg \cdot kg^{-1}$，铅（Pb）$\leqslant 0.5 mg \cdot kg^{-1}$；二氧化硫（以 SO_2 计）：原糖 $\leqslant 20 mg \cdot kg^{-1}$、白砂糖 $\leqslant 30 mg \cdot kg^{-1}$、绵白糖 $\leqslant 15 mg \cdot kg^{-1}$、赤砂糖 $\leqslant 70 mg \cdot kg^{-1}$。《白砂糖》（GB 317）国家标准中白砂糖主要理化指标见表 9-9。可见即使是精制的白砂糖中会存在少量的灰分和还原糖等物质。砂糖中也会混有微生物，这些微生物的存在会引起某些食品的腐败变质。尤其是在低浓度糖溶液中最易发生。

表 9-9　白砂糖的主要理化指标

项　目		等　级			
		精制	优级	一级	二级
蔗糖/%	$\geqslant$	99.8	99.7	99.6	99.5
还原糖/%	$\leqslant$	0.03	0.04	0.10	0.15
电导灰分/%	$\leqslant$	0.02	0.04	0.10	0.13
干燥失重/%	$\leqslant$	0.05	0.06	0.07	0.10
二氧化硫（以 SO_2 计）/mg·kg^{-1}	$\leqslant$	6	15	30	30
不溶于水杂质/mg·kg^{-1}	$\leqslant$	10	20	40	60

（四）微生物的发酵作用

微生物发酵在食品的腌渍过程中起着十分重要的作用。它不仅对腌渍品风味有影响，而且也能抑制有害微生物的活动，从而有利于产品的贮存。腌渍过程中微生物的发酵作用多种多样，但主要的发酵作用是乳酸发酵、酒精发酵和醋酸发酵作用。具体可参见上一节食品的发酵。

（五）蛋白质的分解作用

腌渍食品中除了有糖外，还有蛋白质和氨基酸。在腌渍过程中，蛋白质在微生物及原料自身所含蛋白质水解酶的作用下，逐渐被分解为氨基酸，氨基酸本身具有一定的鲜味和甜味。蛋白质的变化在腌制过程和制品的后熟期是十分重要的，也是腌渍品产生一定的色泽、香气和风味的主要原因，但其变化是缓慢和复杂的。

二、食品腌渍过程的扩散与渗透作用

食品在腌渍过程中，除了会发生一系列的物理化学和生物化学变化及微生物的发酵现象外，还始终贯穿着腌渍剂的扩散和渗透现象。

（一）腌渍中的扩散渗透

1. 扩散

扩散是分子或微粒在不规则热运动下浓度均匀化的过程。扩散一般发生在溶液浓度不平衡的情况下，扩散的推动力就是浓度差，因此扩散的方向总是由浓度高朝着浓度低的方向进行的。扩散的过程通常较缓慢。

爱因斯坦假设扩散物质的粒子为球形时，扩散系数 D 的表达式可以写成：

$$D = \frac{RT}{N \times 6\pi r\eta} \tag{9-3}$$

式中　D——扩散系数，在单位浓度梯度的影响下，单位时间内通过单位扩散面积的溶质量；

　　　R——气体常数，$8.314\mathrm{J \cdot K^{-1} \cdot mol^{-1}}$；

　　　T——热力学温度，K；

　　　N——阿伏加德罗常数，6.023×10^{23}；

　　　r——溶质微粒（球形）直径，应比溶剂分子大，并且只适用于球形分子，m；

　　　η——介质黏度，$\mathrm{Pa \cdot s}$。

式中的 R、N、π 均为常数，令 $K_0 = R/(6N\pi)$，则上式可简写为：

$$D = K_0 \frac{T}{r\eta} \tag{9-4}$$

式（9-4）表明，温度（T）越高，粒子的直径（r）越小，介质的黏度（η）越低，则扩散系数（D）就越大。在浓度梯度和扩散面积相同的情况下，扩散系数增大，物质的扩散速率和扩散量也就增大。由此可见食盐和不同糖类在腌渍食品的过程中，其扩散速率是各不相同的。例如，不同糖类在溶液中的扩散系数可比较如下：葡萄糖＞蔗糖＞饴糖中的糊精（5.21∶3.80∶1.00）。另外它们的扩散系数还随温度升高而增大，这是由于温度增加，分子运动加快，溶剂黏度降低，溶质分子容易从溶剂分子间通过的缘故。一般来说，温度每增加1℃，各种物质在水溶液中的扩散系数平均增加 2.6%（2%～3.5%）。

2. 渗透

渗透是溶剂从低浓度溶液经过半透膜向高浓度溶液扩散的过程（见图 9-1）。半透膜就是只允许溶剂（或小分子）通过而不允许溶质（或大分子）通过的膜。细胞膜就属于一种半透膜。从热力学观点来看，溶剂只从外逸趋势较大的区域（蒸气压高）向外逸趋势较小的区域（蒸气压低）转移，由于半透膜孔眼非常小，所以对液体溶液而言，溶剂分子只能以分子状态迅速地从低浓度溶液中经半透膜孔眼向高浓度溶液内转移。

图 9-1　渗透现象示意图

活细胞不仅能让水渗透进去，还能让电解质和非离子化有机分子渗透通过。这些现象在死细胞内同样可以观察到，但无规律性。细胞能渗水是由于在渗透压差的影响下发生的。同样，在渗透压差的影响下，电解质也能渗透通过，不过和水相比，它们通过细胞膜的速率相对较缓慢。活细胞由于具有较高的电阻，离子进出细胞也就相对比较困难，电解质则易出入死细胞，而且随着细胞死亡程度的加深，

细胞膜的通透性也随之增加。至于电解质是以离子态还是以未解离的分子态进入细胞内的，迄今仍未弄清。

食品腌渍过程，相当于将细胞浸入食盐或食糖溶液中，细胞内呈胶体状的蛋白质不会溶出，但电解质则不仅会向已死亡的动植物组织细胞内渗透，同时也向微生物细胞内渗透，因而腌渍不但阻止了微生物对食品营养物质的利用，也使微生物细胞脱水，正常生理活动被抑制。

渗透压取决于溶液溶质的浓度，和溶液的数量无关。范特·霍夫（Van't Hoff）经研究推导出稀溶液（接近理想溶液）的渗透压值计算公式如下：

$$\Pi = cRT \tag{9-5}$$

式中　Π——溶液的渗透压，kPa；

　　　c——溶质物质的量浓度，$mol \cdot L^{-1}$。

若将许多物质特别是 NaCl 分子会离解成离子的因素考虑在内，上式还可进一步改为：

$$\Pi = icRT \tag{9-6}$$

式中　i——包括物质离解因素在内的等渗系数（物质全部解离时 $i=2$）。

之后布尔（БУПП）又根据溶质和溶剂的某些特性进一步将范特·霍夫公式改变成下式：

$$\Pi = (\rho/100W)c_1RT \tag{9-7}$$

式中　ρ——溶剂的密度，$g \cdot L^{-1}$；

　　　c_1——溶液浓度 [100g 或 100kg 溶剂中溶质的质量（g 或 kg）]；

　　　W——溶质相对分子质量，g。

式(9-7)对理解食品腌渍保藏中的渗透过程（盐腌、糖渍、烟熏等）甚为重要。前面已提到过腌渍速率取决于渗透压，而根据式(9-7)来看，渗透压和温度及浓度成正比，因此为了加快腌渍过程，腌渍应尽可能在高温度（T）和高浓度溶液（c）的条件下进行。从温度来说，每增加 1℃，渗透压就会增加 0.30%～0.35%。所以糖渍常在高温条件下进行。盐腌则通常在常温下进行，有时采用较低温度，如 2～4℃。渗透速率还和溶剂密度 ρ 及溶质相对分子质量 W 有一定关系。不过，溶剂密度对腌渍过程影响不大，因为腌渍食品时，溶剂选用范围极为有限，一般总是以水为溶剂。至于溶质相对分子质量则对腌渍过程有一定影响，因为对建立一定渗透压来说，溶质的相对分子质量越大，需用的溶质质量也就越大。又由式(9-7)可见，若溶质能离解为离子，则能提高渗透压，用量显然可以减少些。例如选用相对分子质量小并能在溶液中完全解离成离子的食盐时，当它的溶液浓度为 10%～15% 时，就可以建立起与 101.325～303.975kPa（3～6atm）相当的渗透压，而改用食糖时，溶液的浓度需达到 60% 以上才行。这说明糖渍时需要的溶液浓度要比用盐腌时高得多，才能达到保藏的目的。

（二）扩散、渗透平衡

食品腌渍过程实际上是扩散和渗透相结合的过程。这是一个动态平衡过程，其根本动力就是浓度差的存在。当浓度差逐渐降低直至消失时，扩散和渗透过程就达到平衡。

食品在腌渍时，食品外部溶液和食品组织细胞内部溶液之间借助溶剂的渗透过程及溶质的扩散过程，浓度会逐渐趋向平衡，其结果是食品组织细胞失去大部分自由水分，溶液浓度升高，水分活性下降，渗透压得以升高，从而可抑制微生物的侵袭造成的腐败变质，延长食品的保质期。

三、食品的腌渍工艺与控制

（一）食品的腌制

食品的腌制又称为盐腌、盐藏。动物性食品原料如肉类、禽类、鱼类及植物性食品原料中的蔬菜等常采用腌制的方法进行保藏，并改善其质构、色泽和风味。

食品腌制时常用的腌制剂是食盐。腌肉时除用食盐外，还加用糖、硝酸钠、亚硝酸钠及磷酸盐、抗坏血酸盐或异抗坏血酸盐等混合制成的混合盐，以改善肉类色泽、持水性、风味等。其中硝酸钠、亚硝酸钠除了可改善色泽及风味外，还具有抑制微生物尤其是肉毒杆菌的作用，不过近年来研究表明亚硝酸钠具有致癌作用，因此要严格控制用量，具体参见GB 2760。

为了保证盐腌过程顺利进行和腌制品的质量，腌制时，食品原料应符合盐腌工艺的要求，加工所用水须达到国家饮用水标准，食盐则要求氯化钠含量高，其他无机盐类和杂质含量少，符合食用盐国家标准规定，并按照各类腌制食品的要求确定用盐量或盐水的浓度。

食品腌制的方法有多种，按照用盐方式的不同，可分为干腌、湿腌、肌肉或动脉注射腌制、滚揉腌制、高温腌制和混合腌制等，其中干腌和湿腌为两类基本方法。

1. 干腌法

干腌法是用干盐（结晶盐）或混合盐或盐腌剂，擦透食品表面，使之有汁液外渗现象（腌鱼时则不一定先擦透），然后层堆在腌制架上或层装在腌制容器内，各层间还均匀地撒上食盐，依次压实，在外加压力或不加压力的条件下，依靠外渗汁液形成盐液进行腌制的方法。由于开始腌制时仅加食盐不加盐水，故称干腌法。我国传统的金华火腿、咸肉和风干肉等多采用这种方法腌制。

干腌法的优点是简单易行，操作方便，用盐量较少，腌制品含水量低，利于贮藏，同时食品营养成分流失较少（肉腌制时蛋白质流失量为0.3%～0.5%）。其缺点是食品内部盐分分布不均匀，失重大，味太咸，色泽较差，而且由于盐卤不能完全浸没原料，使得肉、禽、鱼暴露在空气中的部分容易引起"油烧"现象，蔬菜则会出现生醭和发酵等劣变。

干腌法的腌制设备一般采用水泥池、陶瓷罐或坛等容器及腌制架。腌制时，采取分次加盐法，并对腌制原料进行定期翻倒（倒池、倒缸，以保证食品腌制均匀和促进产品风味品质的形成）。翻倒的方式因腌制品种类别不同而异，例如，腌肉采取上下层依次翻倒；腌菜则采用机械抓斗倒池，工作效率高，节省大量劳动力和费用。我国的名特产品火腿则是采用腌制架层堆方法进行干腌的，并须翻倒七次，覆盐四次以上才能达到腌制要求。

干腌法的用盐量因食品原料和季节而异。腌肉的食盐用量，一般为每千克原料用盐0.17～0.20kg，冬季用盐量可以少一些，为0.14～0.15kg，夏季尚需添加发色剂硝酸钠，以亚硝酸钠计其含量不得超过30mg·kg^{-1}。生产西式火腿肠制品及午餐肉时，常采用混合盐，并要求在冷藏条件下进行，以防止微生物的污染。混合盐由数种辅料组成，其配方一般为每千克原料包括食盐0.06kg、食糖0.025kg、硝酸钠1.56g、亚硝酸钠0.16g。

干腌蔬菜时，一般用盐量为菜重的7%～10%，夏季增加至14%～15%。腌制酸菜时，由于需要乳酸发酵产酸，其食盐用量可低至2.0%～3.5%。为了利于乳酸菌繁殖，需将蔬菜原料以干盐揉搓，然后装坛、捣实和封坛，防止好气性微生物繁殖造成的产品劣变。这种干腌法（如冬菜）一般不需倒菜，除非腌制2～3d后无卤水时才必须翻缸、倒坛。果蔬干腌法主要分为加压干腌法和不加压干腌法两种。

2. 湿腌法

湿腌法又称为盐水腌制法。它是将食品原料浸没在盛有一定浓度食盐溶液的容器设备中，利用溶液的扩散和渗透作用使腌制剂均匀地渗入原料组织内部，直至原料组织内外溶液浓度达到动态平衡的一种腌制方法。分割肉、鱼类和蔬菜均可采用湿腌法进行腌制。此外，果品中的橄榄、李子、梅子等加工凉果所采用的胚料也是采用湿腌法来保藏的。

湿腌法的优点是食品原料完全浸没在浓度一致的盐溶液中，既能保证原料组织中的盐分分布均匀，又能避免原料接触空气而出现"油烧"现象。其缺点是制品色泽和风味不及干腌法，且用盐多，易造成原料营养成分较多流失（腌肉时，蛋白质流失 0.8%～0.99%），并因制品含水量高，不利于贮藏。

湿腌法的腌制操作因食品原料而异。肉类多采用混合盐液腌制，盐液中食盐含量与砂糖量的比值（盐糖比）对腌制品的风味影响较大。表 9-10 为肉类湿腌时常用的混合盐液的配方。其中采用浸渍法的盐腌液，按人们的嗜好不同可分为甜味和咸味两类，前者盐糖比值低，在 7.5～2.8 之间，后者盐糖比值高，可达 42～25，相应的盐水浓度则分别为 12.9%～15.6% 和 17.2%～19.6%。

表 9-10　肉类盐腌液的配方　　　　　　　　　　单位：kg

材　料	浸渍用量		肌肉注射用量
	甜味式	咸味式	
水	100	100	100
食盐	15～20	21～25	24
砂糖	2～7	0.5～1.0	2.5
硝石	0.1～0.5	0.1～0.5	0.1
亚硝酸盐	0.05～0.08	0.05～0.08	0.1
香辛料	0.3～1.0	0.3～1.0	0.3～1.0
化学调味料	—	—	0.2～0.5

用湿腌法腌肉一般在冷库（2～3℃）中进行，先将肉块附着的血液洗去，再堆积在腌渍池中，注入约肉重量 1/2 的盐腌液，盐液温度 2～3℃，在最上层放置格形木框，再压重石，避免腌肉上浮。腌制时间随肉块大小而定，一般每千克肉块腌制 4～5d 即可，肉块大者，在腌制中尚需翻倒，以保证腌肉质量。

鱼类湿腌时，常采用饱和食盐溶液，由于鱼体内水的渗出会使得盐水浓度降低，因此需经常搅拌并补充食盐以加快盐液渗入鱼肉的速率。采用高浓度盐液可缩短腌制过程。

果蔬湿腌时，盐液浓度一般为 5%～15%，有时可低至 2%～3%，以 10%～15% 为宜。果蔬湿腌的方法有多种：①浮腌法，即将果蔬和盐水按比例放入腌制容器，使果蔬悬浮在盐水中，定时搅拌并随着日晒水分蒸发使菜卤浓度增高，最终腌制成深褐色产品，菜卤越老品质越佳；②泡腌法，即利用盐水循环浇淋腌池中的果蔬，能将果蔬快速腌成；③低盐发酵法，即以低于 10% 的食盐水腌制果蔬，该方法乳酸发酵明显，腌制品咸酸可口，除直接食用外还可作为果蔬保藏的一种手段。

至于用盐腌法贮藏，即制盐果胚时，由于食盐是唯一的防腐剂，为了抑制微生物生长，食盐溶液浓度须高达 15% 至饱和，在进一步加工时，盐胚须先经脱盐处理。

3. 腌晒法

腌晒法是一种腌晒结合的方法，即单腌法盐腌，晾晒脱水成咸坯。盐腌是为了减少果蔬坯中的水分，提高食盐的浓度，有利于装坛贮藏。进行晾晒，是为了去除原料中的一部分水分，防止在盐腌时果蔬营养成分过多的流失，影响制品品质。有些品种如榨菜、梅干菜，在腌制前先要进行晾晒，去除部分水分，而有些品种如萝卜头、萝卜干等半干性制品，则要先腌后晒。

4. 烫漂盐渍法

新鲜的果蔬先经沸水烫漂 2～4min，捞出后用常温水浸凉，再经盐腌而成盐渍品或咸坯。烫漂处理，可以除去原料中的空气，使果蔬体显出鲜艳的颜色，并可钝化果蔬中影响产品品质的氧化酶类，另外，还可以杀死部分果蔬表面所带有的害虫卵和微生物。

5. 动脉或肌肉注射腌制法

注射腌制法是进一步改善湿腌法的一种措施，为了加速腌制时的扩散过程，缩短腌制时间，最先出现了动脉注射腌制法，其后又发展了注射腌制法。注射法目前在生产西式火腿、腌制分割肉时使用较广。

(1) 动脉注射腌制法　动脉注射法是用泵及注射针头将盐水或腌制液经动脉系统送入分割肉或腿肉内的腌制方法。由于一般分割胴体时并没有考虑原来动脉系统的完整性，所以此法仅用于腌制前后腿。

该法在腌制肉时先将注射用的单一针头插入前后腿的股动脉切口内，然后将盐水或腌制液用注射泵压入腿内各部位上。实际上腌制液是同时通过动脉和静脉向各处分布的，故它的确切名称应为"脉管注射"。

注射盐液一般用 $16.5\sim20°Bé$ 的，工业生产上最常用 $16.5°Bé$ 或 $17°Bé$ 的。盐液中通常还加入一定量的糖，用量为 $2.4\sim3.6kg\cdot L^{-1}$，一般用蔗糖。此外盐液中还要添加亚硝酸钠，添加量为 $150mg\cdot L^{-1}$。

动脉注射法的优点是腌制速度快，产品得率高。缺点是只能用于腌制前后腿，胴体分割时要注意保证动脉的完整性，并且腌制品易腐败变质，需冷藏。

(2) 肌肉注射腌制法　肌肉注射法又分为单针头和多针头注射法两种，目前多针头注射法使用较广，主要用于生产西式火腿和腌制分割肉。

肌肉注射法与动脉注射法基本相似，主要的区别在于，肌肉注射法不须经动脉而是直接将腌制液或盐水通过注射针头注入肌肉中。

6. 滚揉腌制法

这属于肉类快速研制方法中的一种。将预先适当腌制（如 $3\sim5℃$ 下 $15h$ 左右）后的肉料放入滚揉机内连续或间歇地滚揉，或肉料与腌制剂混合在滚揉机内连续或间歇滚揉，滚揉时间可控制在 $5\sim24h$，温度 $2\sim5℃$，转速 $3.5r\cdot min^{-1}$。肉块在滚揉机内上下翻滚，从而起到促进腌制液的渗透和盐溶蛋白的提取以及肉块表面组织的破坏的作用，以缩短腌制周期，提高保水性和黏结性。此法常与肌肉注射法及湿腌法结合使用。

7. 高温腌制法

该方法是使腌制液在腌制罐和贮液罐内循环，贮液罐可进行加热，从而使腌制液保持在 $50℃$ 左右进行腌制的方法。高温可缩短腌制的时间，还可使腌制肉料嫩而风味好，但该方法操作时要注意防止微生物污染造成肉料的变质。

8. 混合腌制法

这是一项由两种或两种以上的腌制方法相结合的腌制技术，常用于鱼类（特别适用于多脂鱼）。例如，先经湿腌后，再进行干腌；或者加压干腌后，再进行湿腌；或者以磷酸调节鱼肉的 pH 值至 $3.5\sim4.0$，再湿腌；或者采用减压湿腌及盐腌液注射法等。此法若用于肉类，可先干腌，然后放入容器内堆放 $3d$，再加 $15\sim18°Bé$ 盐水（硝酸钠用量 1%）湿腌半个月。另外用注射法腌肉时，也总和干腌或湿腌相结合，这也是混合腌制法。还有果蔬中的非发酵性腌制品同样采用的是混合腌制法，即先经过低盐腌制，然后脱盐或不脱盐，按照产品用料配比加入含有食用有机酸的汤液进行酸渍。

混合腌制法的优点对肉制品来说，制品色泽好、营养成分流失少（蛋白质流失量 0.6%）、咸度适中，并且因为干盐及时溶解于外渗水内，可避免因湿腌时食品水分外渗而降低盐水的浓度。对果蔬制品来说，咸酸甜味俱有，制品风味独特，同时腌制时不像干腌那样会使食品表面发生脱水现象。该方法的缺点是生产工艺较复杂，周期长。图 9-2 是真空盐水注射滚揉机系统示意图。

(二) 食品的糖渍

用于糖渍的果蔬原料应选择适于糖渍加工的品种，且具备适宜的成熟度，加工用水应符合国家饮用水标准。糖渍前还要对原料进行各种预处理，砂糖要求蔗糖含量高，水分及非蔗糖成分含量低，符合砂糖国家标准规定。

食品糖渍法按照产品的形态不同可分为两类。

1. 保持原料组织形态的糖渍法

采用这种方法糖渍的食品原料虽经洗涤、去皮、去核、去心、切分、烫漂、浸硫或熏硫以及盐腌和保脆等预处理，但在加工中仍在一定程度上保持着原料的组织结构和形态。

有些蜜饯的糖渍在原料经预处理后，还需经糖制、（烘晒）、上糖衣、整理和包装等或其中某些工序方能制成产品。其中糖制是生产中的主要工序。糖制又可分为糖煮和糖腌两种操作方法，其中糖煮用于果脯的生产，糖腌用于糖渍蜜饯的生产。

（1）糖煮法　糖煮是将原料用热糖液煮制和浸渍的操作方法，多用于肉质致密的果品。其优点是生产周期短，应用范围广，但因经热处理，产品的色、香、味不及蜜制产品，而且维生素 C 损失较多。

图 9-2　真空盐水注射滚揉机系统
1—盐水自动秤；2—活塞泵；3—密闭筒体；4—注射针；5—揉搓器；6—肉车

按照原料糖煮过程的不同，糖煮又分为常压糖煮和真空糖煮，其中常压糖煮可再分为一次煮成法和多次煮成法。

一次煮成法将预处理后的原料放入锅内，加糖液一次煮成。该方法适用于我国南方地区的蜜桃片、蜜李片及我国北方地区的蜜枣、苹果脯、沙果脯等产品。操作时随原料拌入砂糖，当糖液浓度达到 60% 左右时，加热熬煮使糖液的浓度达到 75% 后，即将产品捞出，淋去糖液即为成品。一次煮成法的优点是加工迅速，生产效率高；缺点是加热时间长，原料易被煮烂，产品的色、香、味变化大，维生素 C 损失多，如果原料中的糖液渗透不均匀还会造成产品收缩。

多次煮成法是将原料经糖液煮制与浸渍多次交替进行的糖煮方法。该方法适用于果肉柔软细嫩和含水分高的果品，如桃脯、杏脯、梨脯等。有的产品须经三次糖煮和两次浸渍，糖液的浓度逐渐由开始的 30%～40% 增至 65%～70% 而制成。多次煮成法的优点是糖液渗透均匀，产品质量好；缺点是生产周期长，难于实行连续化生产，若采用速煮法或连续扩散法则可避免上述缺点。

真空糖煮是在真空条件下煮制的，温度低、渗透快，对提高产品质量缩短生产周期大有好处。

（2）糖腌法　糖腌即果品原料以浓度为 60%～70% 的冷糖液浸渍，不需要加热处理，适用于肉质柔软而不耐糖煮的果品。例如我国南方地区的糖制青梅、杨梅、枇杷和樱桃等均采用此种操作进行糖腌。糖腌产品的优点是冷糖液浸渍能够保持果品原有的色、香、味及完整的果形，产品中的维生素 C 损失较少。其缺点是产品含水量较高，不利于保藏。

（3）糖渍法　凉果又称为香料果干或香果。它是以梅、橄榄、李等果品为原料，先腌成盐胚贮藏，再将果胚脱盐，添加多种辅助原料，如甘草、精盐、食用有机酸及天然香料（如丁香、肉桂、豆蔻、茴香、陈皮、山奈、降香、杜松、厚朴、排草、檀香、蜜桂花和蜜玫瑰花等），采用拌砂糖或糖液蜜制而成的半干态产品。

2. 破碎原料组织形态的糖渍法

采用这种糖渍法，食品原料组织形态被破碎，利用果胶质的凝胶性质，加糖熬煮浓缩使之形成黏稠状或胶冻状的高糖高酸食品。如山楂糕、果丹皮等果糕食品。

糖煮及浓缩是果糕类产品糖制加工的关键工序。果品原料含有 1% 左右的果胶质和 1%

以上的果酸，糖煮时还要根据产品种类掌握原料与砂糖用量比例，促使果浆形成凝胶，便于成型和干燥。

由于越来越多的研究表明高糖食品对某些人群的健康有一定的危害，因此作为糖渍类食品中的蜜饯食品正面临着如何降低成品含糖量的问题。

第三节　食品的烟熏

肉类的烟熏保藏有着悠久的历史，这可以追溯到公元前。食品的烟熏保藏是在腌制的基础上利用木材不完全燃烧时产生的烟气熏制食品的方法。它可赋予食品特殊风味并能延长其贮藏期。食品的烟熏主要用于动物性食品的制作，如肉制品、禽制品和鱼制品，某些植物性食品也可采用烟熏，如豆制品（熏干）和干果（乌枣）。

一、烟熏的目的及作用

（一）烟熏的目的

烟熏的目的主要是为了提高肉制品的保存期和形成该类食品的风味。食品烟熏所起主要作用包括：形成特种烟熏风味；防止腐败变质；加工新颖产品；发色；预防氧化等。因此，烟熏也成为了食品保藏的一种手段。

（二）烟熏的作用

1. 防腐作用

食品在烟熏时由于和加热相辅并进，当温度达到 40℃ 以上时就有抑菌、灭菌作用，可降低微生物的数量。由于烟熏及热处理，食品表面的蛋白质与烟气成分之间互相作用发生凝固，形成一层蛋白质变性薄膜，这层薄膜既可以防止制品内部水分的蒸发和风味物质的逸散，又可以在一定程度上阻止微生物进入制品内部。

另外在烟熏过程中，食品表层往往产生脱水及水溶性成分的转移，这使得表层食盐浓度大大增加，再加上烟熏中的甲酸、醋酸等附着在食品表面上，使表层的 pH 值下降，可有效地杀死或抑制微生物。

2. 烟熏的发色和呈味作用

（1）烟熏的发色作用　食品的良好色泽与可口的滋味、诱人的香气一样，都能增进人们的食欲，三者是形成食品感官品质的重要因素。在食品的烟熏加工过程中，色泽的变化和形成主要通过下述途径。

① 褐变形成色泽　鱼、肉烟熏的一个重要目的就是在制品表面形成特有的棕褐色。这一色泽的形成是美拉德反应的结果，它是原料的蛋白质或其他氨基化合物与羰基化合物发生的羰氨反应，其中的羰基化合物是木材产生熏烟过程中形成的。制品的色泽与木材的种类、烟气的浓度、树脂的含量、熏制的温度以及肉品表面的水分等因素有关。例如以山毛榉为燃料，则肉呈金黄色；以赤杨、栎树为燃料，则肉呈深黄色或棕色。而若肉表面干燥、温度较低时色淡，肉表面潮湿、温度较高时则色深。又如肠制品先用高温加热再进行烟熏，则表面色彩均匀而且鲜明，熏烟时因脂肪外渗还可使烟熏制品带有光泽。

② 发色剂形成的色泽　肉制品的烟熏是以腌制为基础的，肉在腌制时往往要加入发色剂硝酸盐和亚硝酸盐，其目的是为了产生一氧化氮，使之与肌红蛋白（myoglobin，Mb）或高铁肌红蛋白（metmyoglobin，MMb）发生反应，生成鲜红色的亚硝基肌红蛋白（nitroso myoglobin，NOMb）。

a. 硝酸盐　硝酸盐在硝酸还原菌或还原物质的作用下，还原成亚硝酸盐，然后与肉制品中的乳酸产生复分解作用形成亚硝酸，亚硝酸再分解产生一氧化氮，一氧化氮与肌红蛋白或血红蛋白结合，产生鲜红色的亚硝基肌红蛋白（nitroso myoglobin，NOMb）或亚硝基血红蛋白（nitroso hemoglobin，NOHb），使肉具有鲜艳的玫瑰红色。

$$NaNO_3 \xrightarrow{硝酸还原菌} NaNO_2 + H_2O$$

$$NaNO_2 + CH_3CH(OH)COOH \xrightarrow{H^+} HNO_2 + CH_2CH(OH)COONa$$

$$2HNO_2 \longrightarrow H^+ + NO_3^- + NO + H_2O$$

$$NO + 肌红蛋白(血红蛋白) \longrightarrow NO—肌红蛋白(血红蛋白)$$

b. 亚硝酸盐　亚硝酸盐的发色结果与硝酸盐基本相同，但其原理却不尽相同。硝酸盐还原时需要细菌的存在，而亚硝酸盐无需还原，因此，无需细菌的存在，故亚硝酸盐可以在卫生条件很好的情况下使用，且发色时间短。

亚硝酸盐在酸性条件下，如肉制品中有乳酸存在时，生成亚硝酸：

$$NaNO_2 + CH_3CH(OH)COOH \longrightarrow HNO_2 + CH_2CH(OH)COONa$$

亚硝酸水溶液不稳定，常温下即发生歧化反应生成一氧化氮：

$$2HNO_2 \longrightarrow H^+ + NO_3^- + NO + H_2O$$

一氧化氮能够提供孤对电子与肌红蛋白分子中的中心离子 Fe^{2+} 配位，原来的配位体 H_2O 被 NO 取代，形成共价键络合物——亚硝基肌红蛋白（NOMb）：

（肌红蛋白）　　（亚硝基肌红蛋白）
紫红色　　　　鲜红色

亚硝基肌红蛋白很不稳定，必须经过加热或烟熏，并在盐的作用下，珠蛋白变性转变成一氧化氮肌血原（nitric oxide myochromogen），才能成为稳定的粉红色：

$$一氧化氮肌红蛋白(NOMb) \xrightarrow[热]{烟熏} NO\text{-}肌血原$$

鲜红　　　　　　　　　　　稳定的粉红色

（2）烟熏的呈味作用　香气和滋味是评定烟熏制品的重要指标。香气和滋味的形成是一系列复杂的物理、化学变化及微生物的作用的结果。

① 原料成分及烟熏过程中形成的风味　肉类食品烟熏时由于加热和烧烤而发出美好的香气，这是由于产生了由多种化合物混合组成的复合香味。据分析其中主要的化合物类别有醛、酮、内酯、呋喃、吡嗪和含硫化合物。这些肉香物的前体是肉的水溶性抽提物中的氨基酸、肽、核酸、糖类和脂质等，它们在加热过程中因为发生多种反应而产生一系列香味物质。主要反应有脂质的自动氧化、水解、脱水及脱羧等反应；糖、氨基酸的分解反应、氧化反应以及糖与氨基酸之间的美拉德反应。这些反应产生许多挥发与不挥发性物质，各种产物之间又发生反应，形成多种香气成分。

② 吸附作用产生的香气和滋味　烟熏制品能获得特殊的风味与烟气成分被制品吸附有密切关系。在熏烟成分中，虽然有酸味、苦味等成分，但更重要的是香气成分，即所谓的"熏香"。烟熏加工时，产品通过吸附作用吸附了这些"熏香"成分，加上自身反应生成的香气成分形成了烟熏制品独特的风味。

二、熏烟的成分及其对食品的影响

熏烟是由气体、液体和固体微粒组合而成的混合物。熏烟的成分复杂，从木材产生的熏烟中已分离出 200 多种化合物，且常因燃烧温度、燃烧室的条件、形成化合物的氧化反应等许多因素的变化而有差异。一般认为熏烟中对制品风味形成和防腐有重要作用的成分有酚、酸、醇、羰基化合物和烃类。

（一）酚

从木材熏烟中分离出来并经过鉴定的酚类达 20 种之多，其中愈创木酚、4-甲基愈创木酚、酚、4-乙基愈创木酚、邻位甲酚、间位甲酚、对位甲酚、4-丙基愈创木酚、香兰素、2,6-二甲氧基-4-甲基酚、2,6-二甲氧基-4-乙基酚以及 2,6-二甲氧基-4-丙基酚等对熏烟"熏香"的形成起重要作用。

酚及其衍生物是由木质素裂解产生的，木质素分解最强烈的温度为 400℃ 左右。

在肉、鱼等烟熏腌制品中，酚主要有四种作用：抗氧化作用；抑菌防腐作用；形成特有的"熏香"味；促进烟熏色泽的产生。

（二）醇

木材熏烟中醇的种类繁多，甲醇是最简单和最常见的。由于它是木材分解蒸馏中的主要产物之一，故又称为木醇。熏烟中还含有伯醇、仲醇和叔醇等。它们常被氧化成相应的酚类。

在烟熏过程中醇的主要作用是作为挥发性物质的载体，对风味的形成并不起任何作用。醇的杀菌作用极弱。

（三）有机酸

熏烟中还含有碳数小于 10 的简单有机酸，其中含 1～4 个碳的有机酸主要存在于蒸气相内，含 5～10 个碳的有机酸则附着在固体载体微粒上。

有机酸来自于木材中纤维素和半纤维素的分解。纤维素分解最强烈的温度为 300℃ 左右。半纤维素分解最强烈的温度为 250℃ 左右。

有机酸对制品的风味影响极为微弱。酸类本身的杀菌作用很强，但它们在烟熏制品中的杀菌作用也只有当它们积聚在制品表面，以至酸度有所增长的情况下，才显示出来。在烟熏加工时，有机酸最重要的作用是促使肉制品表面蛋白质凝固，形成良好的外皮。

（四）羰基化合物

熏烟中存在有大量的羰基化合物，同有机酸一样，它们分布在蒸气相内和熏烟内的固体颗粒中。现已确定的有 20 种以上，含量差异很大，其中包括有：2-戊酮、戊醛、2-丁酮、丁醛、丙酮、丙醛、丁烯醛、乙醛、异戊醛、丙烯醛、异丁醛、丁二酮（双乙酰）、丁烯酮等。存在于蒸气相内的羰基化合物具有非常典型的烟熏风味，且多可以参与美拉德反应，与形成制品色泽有关，因此对烟熏制品色泽、风味的形成极为重要。

（五）烃类

从烟熏食品中能分离出不少的多环芳烃（简称 PAH），其中有苯并（a）蒽［benz（a）anthracene］，二苯并（a，h）蒽［dibenz（a，h）anthracene］，苯并（a）芘［benz（a）pyrene］，苯并（g，h，i）芘［benz（g，h，i）perylene］，芘（pyrene）以及 4-甲基芘（4-methylpyrene）等。研究证明，三环以下的芳烃无致癌作用，四环芳烃致癌作用也很弱，五环以上的才具有较强的致癌作用，其中 3,4-苯并芘污染最广、含量最多、致癌性最强，它们是熏烟中安全控制的重要指标。

多环烃对烟熏制品并不起重要的防腐作用，也不会产生特有风味，研究表明它们多附着在熏烟的固相上，因此可以去除掉。

目前，减少 3,4-苯并芘的方法有以下几种。

① 控制生烟温度。苯并芘和苯并蒽是由木质素分解产生的，温度在 400℃ 以下时生成量极微，400～1000℃ 时 3,4-苯并芘的生成量随温度上升而急剧增加，可从每 100g 木屑产生 5μg 增加到 20μg，因此，控制燃烧温度在 400℃ 以下可减少这类物质的产生。

② 多环芳烃因相对分子质量大，大多附着在固定相上，可通过过滤或淋水的方式除去，过滤可用棉花。

③ 使用烟熏液。现已研制出不含 3,4-苯并芘等的液体烟熏制剂，使用时就可以避免食品因烟熏而含有致癌物质。

④ 食用时剥去外皮。一般的动物肠衣和人造纤维肠衣对苯并芘均有不同程度的阻隔作用，大约 80% 在表层，食用时除去肠衣可大大减少这类物质的摄入量。

三、烟熏方法及控制

（一）烟熏的方法

1. 按制品的加工过程分类

（1）熟熏　烟熏前已经熟制的产品称为熟熏。如酱卤类、烧鸡等的熏制都是熟熏。一般熏制温度高，时间短。

（2）生熏　熏制前只是对原料进行整理、腌制等处理过程，没有经过热加工，称为生熏。这类产品有西式火腿、培根（bacon）、灌肠等。一般熏制温度低，时间长。

2. 按熏烟的生成方法分类

（1）直接火烟熏　这是一种原始的烟熏方法，在烟熏室内直接燃烧木材进行熏制。烟熏室下部燃烧木材，上部垂挂产品。这种方法不需要复杂的设备，烟熏的密度和温湿度均分布不均匀，熏制后的产品质量也不均一。

（2）间接发烟法　用发烟装置（熏烟发生器）将燃烧好的一定温度和湿度的熏烟送入烟熏室与产品接触后进行熏制，熏烟发生器和烟熏室分别是两个独立结构。这种方法不仅可以克服直接火烟熏时熏烟的密度和温湿度不均匀的问题，而且可以通过调节熏材燃烧的温度和湿度以及接触氧气的量，来控制烟气的成分，现在使用较广泛。

3. 按熏制过程中的温度范围分类

（1）冷熏法　制品周围熏烟和空气混合的温度不超过 25℃（一般为 15～20℃）的烟熏过程称为冷熏。冷熏所需时间较长，一般为 7～20d，最长的可达 20～35d。食品采用冷熏时，水分损失量大，制品含水量低（40% 以下），含盐量和烟熏成分聚积量相对提高，保藏期增长。冷熏产品主要是干制的香肠。

（2）温熏法　制品周围熏烟和空气混合气体的温度在 30～50℃ 的烟熏过程称为温熏。温熏法熏制时间为 1～2d，熏制后或食用前食品需要经过水煮。这种产品水分含量较高，风味好，但贮藏性差。有些西式火腿、培根采用这种方法生产。

（3）热熏法　制品周围熏烟和空气混合气体的温度在 50～80℃ 的烟熏过程称为热熏。热熏法熏制时间一般在 1d 以内。因为熏制的温度较高，短时间内就能形成较好的色泽。但熏制的温度必须缓慢上升，如升温过急，会产生发色不均匀的现象。培根、西式灌肠类产品常采用这种方法。

（4）焙熏法　熏制温度在 90～120℃ 的称为焙熏。由于熏制的温度较高，熏制和熟制同时完成。焙熏法熏制时间短，一般为 2～12h。但是采用了焙熏法的烟熏食品，因为温度高，表层蛋白质会迅速凝固，以致制品的表面上很快形成干膜，妨碍了制品内的水分外渗，延缓了干燥过程，同时也阻碍了熏烟成分向制品内部渗透，故制品的含水量高（50%～60%），盐分及熏烟成分含量低，且脂肪因受热容易熔化，不利于贮藏，一般只能存放 4～5d。

4. 电熏法

电熏法是应用静电进行烟熏的一种方法。

日本田野等人的方法如图 9-3（a）所示。将制品以 5cm 间隔排开，相互连上正负电极，一边送烟，一边施加 15～30kV 的电压使制品本身作为电极进行电晕放电，这样烟的粒子就会急速吸附于制品表面，烟的吸附速率大大加快，烟熏时间仅需以往的 1/20。

(a)   (b)

图 9-3　电熏法

1—排烟管；2—集烟装置；3—绝缘子；4—高压电线；5—离子化板；6—制品（培根）；

7—光源；8—光量计；9—放烟装置；10—烟道；11—高压电线

J. W. Hanley 等人提出的方法是在相互对应的电极上施加高压电，将制品放在中央，如图 9-3(b) 所示，其最合适的条件为：电极和制品表面的距离为 10cm，使用电压 40kV，烟熏时间为 3min，烟的流速为 $24m \cdot min^{-1}$，烟的浓度为 3.2 照度仪单位。

电熏法的优点：可提高烟熏速度，而且烟的粒子可以更深入地进入制品内部，从而可以提高制品风味，延长贮藏期。若使用直流电，烟分更易渗入。

电熏法的缺点：制品甲醛含量相对高一些，烟熏不均匀，产品尖端部分沉积物较多。

5. 液熏法

液熏法又称为湿熏法或无烟熏法，它是利用木材干馏生成的木醋液或用其他方法制成烟气成分相同的无毒液体，浸泡食品或喷涂食品表面，以代替传统烟熏的方法。和前两种烟熏方法相比，液熏法具有以下优点：第一，它不需要熏烟发生装置，节省了大量的设备投资费用；第二，由于烟熏剂成分比较稳定，便于实现熏制过程的机械化和连续化，可大大缩短熏制时间；第三，用于熏制食品的液态烟熏制剂已除去固相物质及其吸附的烃类，致癌危险性较低；第四，工艺简单，操作方便，熏制时间短，劳动强度降低，不污染环境。

目前世界上不少国家已配制成烟熏液的系列产品，用于腊肉、火腿、家禽肉制品、鱼类制品、干酪及点心类食品的熏制。例如美国，约 90% 的烟熏食品是采用该方法加工的，烟熏液用量每年达 1000t。日本烟熏液用量也达到 700t。国产烟熏液研究始于 1984 年，1987年全国食品添加剂标准化技术委员会审定为允许使用。目前国内潜在需求量在每年 200t左右。

不过由于采用液熏法的食品，其风味、色泽和保藏性能尚不及传统的烟熏法制品，因此仍有待于进一步探索和改进（比如采用液熏和蒸煮加热相结合的方法就可以获得较好的烟熏色泽及风味，保藏性能也有所提高），但总的说来液熏法是食品烟熏方法的发展趋势，液态烟熏剂的使用有着光明的前途。

液熏法有四种方式：直接添加法、喷淋浸泡法、肠衣着色法和喷雾法。液熏均在制品煮制前进行。

（1）直接添加法　烟熏液可通过注射、滚揉或以其他方式，作为一种食品添加剂直接添加到产品中，这种方式主要偏重于产品风味的形成，但不能促进产品色泽的形成。

（2）喷淋浸泡法　在产品表面喷淋烟熏液或者将产品直接放入烟熏液中浸渍一段时间，

然后取出干燥。这种方法有利于产品表面色泽及风味的产生。烟熏液使用前要预先稀释。一般来说，20～30 份的烟熏液用 60～80 倍的水稀释。不同产品的稀释倍数在市售烟熏液的使用说明书中均有标注。

烟熏色泽的形成与烟熏液的稀释浓度、喷淋和浸泡的时间、固色和干燥过程等有关。在浸渍时加入 0.5% 左右的食盐可提高制品的风味。

烟熏液可循环使用，但应根据浸泡产品的频率和浸泡量及时补充以达到所需浓度。在生产去肠衣的产品时，常在稀释后的烟熏液中加入 5% 左右的柠檬酸或醋，以便于形成外皮。

（3）肠衣着色法　在产品包装前利用烟熏液对肠衣或包装膜进行渗透着色或进行烟熏，煮制时由于产品紧挨着已被处理的肠衣，烟熏色泽就被自动吸附在产品表面，同时具有了一定的烟熏味。这种方法是目前流行的一种新方法。

（4）喷雾法　喷雾法是将烟熏液雾化后送入烟熏炉对产品进行熏制的方法。为了节省烟熏液常采用间歇喷雾形式。一般是产品先进行短时间的干燥，烟熏液被雾化后送入烟熏炉，使烟雾充满整个空间，间隔一段时间后再喷雾，根据需要重复 2～3 次。间隔时间不要超过 5～10min，以保证整个熏制过程中均匀的烟雾浓度。也可将烟熏过程分两次进行，即在两次喷雾间干燥 15～30min，干燥过程中打开空气调节阀，干燥的气流有助于烟熏色泽的形成。

采用喷雾式液熏法时色泽的变化主要与烟熏液的浓度、喷雾后烟雾停留的时间、中间干燥的时间、炉内的温度和湿度等参数有关。这种方法虽然要在熏烟室进行，但设备容易保持清洁状态，不会有焦油或其他残渣沉积。

采用烟熏液制成的制品质量均一稳定，卫生安全性高，但产品的风味、色泽及贮存性能均比直接采用熏烟熏制的产品差。

（二）熏烟产生的方法

1. 燃烧法

燃烧法将木屑倒在电热燃烧器上使其燃烧产烟。燃烧温度通过控制空气的流通速率和木屑的湿度进行调节。但有时很难控制在 800℃ 以内。

2. 摩擦发烟法

摩擦发烟法采用摩擦产热的原理通过硬木棒（熏材）与带有摩擦刀刃的高速转轮之间的剧烈摩擦产生的热，使削下的木片热分解产烟（图 9-4）。

3. 湿热分解法

湿热分解法将水蒸气和空气适当混合并加热到 300～400℃，之后使热气通过木屑使其产生热分解（图 9-5）。因为烟和蒸汽是同时流动的，故产生的烟气很潮湿，因此，使用前要除湿。一般送入烟熏室内的熏烟温度约为 80℃。制品熏制前要进行冷却，以便于烟气在制品上凝缩，故也称作凝缩法。

4. 流动加热法

流动加热法用压缩空气将木屑吹入反应室内与 300～400℃ 的过热空气混合，使浮游于反应室内的木屑热分解。产生的烟随气流进入烟熏室。由于气流速率较快，灰化后的木屑残渣很容易混入其中，需通过分离器将其分离。

图 9-4　摩擦发烟装置

后两种方法可将燃烧温度控制在 400℃ 以内，有效地避免多环芳香族化合物的产生。

5. 炭化法

炭化法将木屑装入管子内，用调整为 300～400℃ 的电热炭化装置使其炭化产烟。由于

图 9-5　湿热分解烟熏装置

空气被排除了，因此产生的烟气状态与低氧下的干馏一样，可得到干燥浓密的烟雾。

6. 两步法

烟气成分及其含量取决于热分解时的温度和以后的氧化条件，为了得到石炭酸及有机酸含量较高而不含多环烃类致癌物质的安全烟，将产烟过程分为两步。第一步是将氮气或二氧化碳等不活泼气体加热至 300～400℃，使木屑产生热分解；第二步是将 200℃ 的烟与加热的氧气或空气混合，使其氧化、缩合、重合，最后送入烟熏室。

（三）烟熏材料

烟熏食品常采用阔叶树硬木木材，如柞、槲、榛、枫、核桃、胡桃、山毛榉、榆、白桦、青岗栎、樱桃、赤杨、白杨、法国梧桐、苹果、李和梅等作为发烟材料，其中以胡桃为标准优质烟熏材料。一般不采用针叶树木材如松、杉、枞、柏等及桧、桐等软木。因为前者树脂少，后者树脂多。含树脂多的木材发烟时容易产生大量的炭化固体颗粒，影响食品色泽，并产生苦味，不过采用液态烟熏法时则上述木材都可使用。我国的烟熏食品多采用木炭加阔叶树的木屑（硬木木屑）、玉米穗轴（玉米棒子）和谷壳等作为发烟材料。有些地方特产也使用松柏熏制，如河北柴沟堡熏肉用当地的柏木作熏材，山东济南的熏火腿用松木作熏材，河北饶阳熏肠则采用松柏树的劈柴和锯末进行熏烤。

（四）烟熏过程的控制

1. 熏烟产生的温度

熏烟是植物性材料缓慢燃烧或不完全氧化产生的蒸气、气体、液体（树脂）和微粒固体的混合物。要做到缓慢燃烧或不完全氧化就必须控制较低的燃烧温度和适当的空气供应量。当木材在缓慢燃烧或不完全氧化时，首先是脱水，在脱水过程中，燃料外表面温度稍高于 100℃，发生氧化反应，而内部则进行水分的扩散和蒸发，温度低于 100℃，这时会产生 CO、CO_2 和挥发性短链有机酸等产物。当木材或木屑内部水分接近零时，温度迅速升高，可达 300～400℃，在这样高的温度下，燃料中的组分发生热分解，并出现熏烟。实际上大多数木材在 200～260℃ 的温度范围内已有熏烟发生，温度达到 260～310℃ 时，产生焦木液和一些焦油，温度再上升到 310℃ 以上时则木质素裂解产生酚和它的衍生物，而苯并芘和苯并蒽等致癌物质多在 400～1000℃ 时产生。考虑到烟气中的有益成分如酚类、羰基化合物和有机酸等在 600℃ 时形成最多，所以将熏烟产生温度一般控制在 400～600℃，再结合一些处理方法排出致癌物，如过滤、冷水淋洗及静电沉降等，这样就可以产生高质量的熏烟，还可以避免致癌物质在食品中积累。发烟温度与烟气成分可参见表 9-11。

表 9-11　发烟温度与烟气中酚类、羰基化合物、有机酸含量的关系

发烟温度/℃	总酚类/mg·(100g 木屑)$^{-1}$	总羰基化合物/mg·(100g 木屑)$^{-1}$	总有机酸/mg·(100g 木屑)$^{-1}$
380	998	9996	2506
600	4858	14952	6370
760	2632	7574	2996

2. 熏烟的浓度

烟熏时，熏房中熏烟的浓度一般可用 40W 电灯来确定，若离 7m 时可看见物体，则熏烟不浓，若离 60cm 时就不可见，则说明熏烟很浓。

3. 熏烟方法的选择

高档产品、非加热制品最好采用冷熏法，而热熏肉制品时，以不发生脂肪熔融为宜。例如烟熏火腿以接受的热量足以杀死肉内旋毛虫为限，肉内部最后达到的温度为 60℃。各种肠制品和方形肉制品的最终肉中心温度则为 68.5℃，洋火腿为 65～68℃。

4. 熏烟程度的判断

熏烟程度判断的主要根据是烟熏上色程度。这可以通过分析化学方法，测定肉品中所含的酚醛量来确定。具体做法就是从制品表面一定深度（5mm 或 10mm）采样分析，以 $\mu g \cdot g^{-1}$ 表示。

复习思考题

1. 试述食品工业中发酵的概念及典型产品发酵特点。
2. 试述腌制和糖渍的原理。
3. 扩散和渗透在食品腌渍中的作用有哪些？
4. 腌渍过程中食盐和糖的作用有哪些？
5. 烟熏的目的和作用是什么？

参 考 文 献

[1] 夏文水. 食品工艺学. 北京：中国轻工业出版社，2007.
[2] 张刚. 乳酸细菌——基础、技术和应用. 北京：化学工业出版社，2007.
[3] 杜连起. 新型蔬菜及瓜类饮料加工技术. 北京：化学工业出版社，2006.
[4] 李树玲，张桂霞. 酿酒制醋技术与实例. 北京：化学工业出版社，2006.
[5] Rick Parker. Introduction To Food Science. 江波，等译. 北京：中国轻工业出版社，2005.
[6] 李建颖. 腌制技术与实例. 北京：化学工业出版社，2005.
[7] 孔庆学等. 食品微生物学精品课程教学课件. 国家精品课程资源网. www.jingpinke.com.
[8] 南庆贤. 肉类工业手册. 北京：中国轻工业出版社，2003.
[9] 吴锦涛，张昭其. 果蔬保鲜与加工. 北京：化学工业出版社，2001.
[10] 赵晋府. 食品工艺学. 第2版. 北京：中国轻工业出版社，1999.
[11] 郑继舜，杨昌举. 食品储藏原理与应用. 北京：中国财政经济出版社，1989.
[12] [美] DESROIER N W，DESROIER J N. 食品保藏技术. 黄琼华等译. 北京：中国食品出版社，1989.
[13] 杨巨斌，朱慧芬. 果脯蜜钱加工技术手册. 北京：科学出版社，1988.

工程训练

食品的腌渍过程中，为什么在产生同样的渗透压时，蔗糖的用量要比食盐多？

第十章　食品的化学保藏

食品化学保藏有着悠久的历史。从广义上说，上一章所述的盐腌、糖渍、酸渍和烟熏都属于化学保藏方法，因为它们实际上就是利用盐、糖、酸及熏烟等化学物质来保藏食品的。随着化学工业和食品科学的发展，天然提取的和化学合成的食品保藏剂逐渐增多，食品化学保藏技术也获得新的进展，成为食品保藏不可少的技术。

第一节　食品化学保藏的定义和要求

一、食品化学保藏及其特点

食品化学保藏就是在食品生产和贮运过程中使用化学保藏剂来提高食品的耐藏性的方法。可以添加到食品中的化学保藏剂都要按照食品添加剂进行管理，并要符合 GB 2760《食品安全国家标准 食品添加剂使用标准》的要求，以保证消费者的身体健康。

化学保藏的特点在于，往食品中添加少量的化学制品（食品添加剂），如防腐剂、生物代谢产物及抗氧化剂等物质之后，就能较有效地延缓食品的腐败变质和达到某种加工目的。与其他食品保藏方法，如罐藏、冷（冻）保藏、干藏等相比，化学保藏具有简便而又经济的特点。

化学保藏的方法并不是全能的，它只能在一定的范围和时期内减缓或防止食品变质，这主要是由于添加到食品中的化学制品的量通常仅仅起延缓微生物的生长或食品内部的化学变化的作用。而且，化学保藏的方法需要掌握好保藏剂添加的时机，控制不当就起不到预期的作用。

二、食品添加剂及其使用要求

食品添加剂是指为改善食品的品质和色、香、味，以及为防腐和加工工艺的需要而加入食品中的化学合成或天然物质。随着食品工业的发展，食品添加剂已成为食品化学保藏和食品加工不可缺少的物质。

我国食品安全法规定，食品生产、经营者应当依照食品安全标准关于食品添加剂的品种、使用范围、用量的规定使用食品添加剂；不得在食品生产中使用食品添加剂以外的化学物质和其他可能危害人体健康的物质。食品添加剂使用时应符合以下基本要求：

① 不应对人体产生任何健康危害；

② 不应掩盖食品腐败变质；

③ 不应掩盖食品本身或加工过程中的质量缺陷，不得以掺杂、掺假、伪造为目的而

使用；

④ 不应降低食品本身的营养价值；

⑤ 在达到预期的效果下尽可能降低在食品中的用量。

按照食品添加剂的生产原料和加工工艺，食品添加剂可分为天然食品添加剂和人工合成食品添加剂。

食品化学保藏中使用的食品添加剂种类繁多，它们的理化性质和保藏机制各不相同。有的食品添加剂直接参与食品的组成，有的则以改变或控制食品内外环境因素对食品起保藏作用。

过去，化学保藏仅局限于防止或延缓由于微生物引起的食品腐败变质。随着食品科学技术的发展，化学保藏已不只满足于单纯抑制微生物的活动，还包括了防止或延缓因氧化作用、酶作用等引起的食品变质。换句话说，添加到食品中和保藏有关的保藏剂已不只是食品防腐剂，还有抗氧化剂、脱氧剂、酶抑制剂、干燥剂等。化学保藏已应用于食品生产、运输、贮藏等方面，例如在饮料、果蔬制品、肉制品、面糖制品、调味品、快餐食品等食品的生产中都用到了化学保藏剂（食品添加剂）。

按照化学保藏使用的食品添加剂的保藏机制的不同，食品添加剂大致可以分为三类，即防腐剂、抗氧化剂和保鲜剂，其中抗氧化剂又分为抗氧化剂和脱氧剂。

第二节　食品的防腐

一、食品防腐剂的作用与特点

从广义上讲，凡是能抑制微生物的生长活动，延缓食品腐败变质或生物代谢的物质都称为防腐剂。狭义的防腐剂仅指可直接加入到食品中的山梨酸（盐）、苯甲酸（盐）等化学物质，即常称为食品防腐剂。广义的防腐剂除包括狭义的防腐剂物质外，还包括通常认为是食品配料而且有防腐作用的食盐、醋、蔗糖、二氧化碳等（见第九章），以及通常不能直接加入到食品中的，只在食品贮运过程中应用的防腐剂（antimold agent）和用于食品容器、管道及生产环境的杀菌剂（disinfectants）。有些国家将防腐剂、防霉剂、杀菌剂等统称为抗菌剂（antimicrobial food additives）。

按照防腐剂对微生物的作用程度，可以将其分为杀菌剂和抑菌剂。具有杀菌作用的物质称为杀菌剂（与用量有关，用量少时，可能只起到抑菌作用），而仅具有抑菌作用的物质称为抑菌剂。

抑菌剂在使用限量范围内，其抑菌作用主要是通过改变微生物生长曲线（见图 10-1），使微生物的生长繁殖停止在缓慢繁殖的缓慢期（即图 10-1 中的 AB 段），而不进入急剧增殖的对数期（即图 10-1 中的 CD 段），从而延长微生物繁殖一代所需要的时间，即起到所谓的"静菌作用"。微生物的生长繁殖之所以受到阻碍，是与抑菌剂控制微生物生理活动，特别是呼吸作用的酶系统

图 10-1　微生物生长曲线

有密切关系。有的抑菌剂能抑制微生物酶系统活性，有的抑菌剂能与微生物酶系统中的某些酶的一些基团相结合，有的抑菌剂同时还能阻碍或破坏微生物细胞膜的正常功能等，从而起到对微生物的"静菌作用"。

一种化学或生物制剂的作用是杀菌或抑菌，通常是难以严格区分的。同一种抗菌剂，浓度高时可杀菌（即致微生物死亡），而浓度低时只能抑菌；又如作用时间长可以杀菌，短时间作用只能抑菌；由于各种微生物的生理特性不同，同一种防腐剂对某一种微生物具有杀菌

作用，而对另一种微生物仅具有抑菌作用。所以两者并无绝对严格的界限

杀菌剂按其杀菌特性可分为三类：氧化型杀菌剂、还原型杀菌剂和其他杀菌剂。

氧化型杀菌剂的作用就在于它们的强氧化作用。例如在食品贮藏中常用的氧化型杀菌剂——过氧化物和氯制剂，都是具有很强氧化能力的化学物。过氧化物在分解时会释放出具有强氧化能力的新生态氧 [O]，使微生物被其氧化致死；而氯制剂则是利用其释放出的有效氯 [OCl] 成分的强氧化作用杀灭微生物的。有效氯渗入微生物细胞后，会破坏微生物酶蛋白及核蛋白的巯基或者抑制对氧化作用敏感的酶类，从而使微生物死亡。

在食品保藏中二氧化硫、亚硫酸及其盐类具有双重作用，其杀菌机制是利用亚硫酸的还原性消耗食品中的氧使好气性微生物缺氧致死，同时还能抑制微生物生理活动中酶的活性并破坏其蛋白质中的二硫键等从而控制微生物的生长繁殖。亚硫酸属于酸性杀菌剂，其杀菌作用除与其浓度、温度和微生物种类等有关以外，pH 值的影响尤为显著。因为此类杀菌剂的杀菌作用是由未电离的亚硫酸分子来实现的，如果发生了电离则会丧失其杀菌作用。亚硫酸的离解程度取决于食品的酸度，只有当食品的 pH 值低于 3.5，保持在较强的酸性条件下时，亚硫酸才能保持分子状态不发生电离，此时杀菌效果最佳。例如在 pH3.5 时，$0.03\% \sim 0.08\%$ 二氧化硫浓度就能抑制微生物生长活动，而 pH 值为 7.0 时，就无抑制作用。亚硫酸与其浓度和温度的关系则表现为随着浓度加大和温度升高，杀菌作用也会增强，但是，考虑到高温会加速食品质量变化和促使二氧化硫挥发损失，所以在实际生产中多在低温下使用还原性杀菌剂。有一点需注意的是亚硫酸对细菌杀灭作用强，对酵母杀灭作用弱。此外还原型杀菌剂还具有漂白和抗氧化作用，可能会引起某些食品褪色，同时也能阻止某些食品褐变。

除了上述两大类型杀菌剂之外，还有醇、酸等其他杀菌剂，它们的杀菌机制既不是利用氧化作用也不是利用其还原性，例如醇类可以通过和蛋白质竞争水分，使蛋白质因脱水而变性凝固，从而导致微生物死亡。

二、常用的人工合成的食品防腐剂

世界各国常用的食品防腐剂约 50 多种。我国允许在食品中使用的防腐剂近 30 种。人工合成的食品防腐剂种类较多，包括无机类的和有机类的防腐剂，其中主要有苯甲酸钠、山梨酸钾、对羟基苯甲酸酯、丙酸盐及脱氢醋酸和脱氢醋酸钠等。我国《食品安全国家标准 食品添加剂使用标准》（GB 2760）中规定了各种食品防腐剂的使用范围以及最大使用量或残留量。

（一）有机类食品防腐剂

1. 苯甲酸及其盐类

苯甲酸和苯甲酸盐又称为安息香酸和安息香酸盐。苯甲酸及其盐类的分子式和结构式分别如下。

苯甲酸：$C_7H_6O_2$　　　　　　　　　　苯甲酸钠：$C_7H_5O_2Na$

Salkowski 于 1875 年发现苯甲酸及其钠盐有抑制微生物生长繁殖的作用，其抑菌机制是阻碍微生物细胞的呼吸系统，使三羧酸循环（TCA 循环）中乙酰辅酶 A→乙酰醋酸及乙酰草酸→柠檬酸之间的循环过程难以进行。

苯甲酸为白色鳞片状或针状晶体，无臭或略带安息香味。性质稳定，但有吸湿性。苯甲酸溶于酒精和乙醚，难溶于水，17.5℃时在水溶液中的溶解浓度仅达 0.21%。苯甲酸钠则溶于水，20℃时在水中的溶解度为 61%；100℃时则为 100%。由于苯甲酸难溶于水，食品

防腐时一般都使用苯甲酸钠，但实际上它的防腐作用仍来自苯甲酸本身，为此，保藏食品的酸度极为重要。一般在低 pH 范围内苯甲酸钠抑菌效果显著，pH 值高于 5.4 则失去对大多数霉菌和酵母的抑制作用。

苯甲酸及其钠盐作为广谱抑菌剂，相对较安全，摄入体内后经肝脏作用，大部分在 9～15h 内与甘氨酸反应生成马尿酸（$C_6H_5CONHCH_2COOH$）排出体外，剩余的部分可与葡萄糖酸反应从而被解毒。实验证明在体内无积累，但对肝功能衰弱者不太适宜。

使用该类抑菌剂时需要注意下列事项：

① 苯甲酸加热到 100℃ 时开始升华，在酸性环境中易随水蒸气一起蒸发，因此操作人员需要有防护措施，如戴口罩、手套等；

② 苯甲酸及其钠盐在酸性条件下防腐效果良好，但对产酸菌的抑制作用却较弱，所以该类防腐剂最好在食品 pH 值为 2.5～4.0 时使用，以便充分发挥防腐剂的作用。苯甲酸的 ADI 值为 0～5mg·kg^{-1}（FAO/WHO，1994）。

2. 山梨酸及其盐类

山梨酸及其盐类又称为花楸酸和花楸酸盐，常用的是山梨酸钾。山梨酸及其盐类的分子式和结构式分别如下所示。

山梨酸：$C_6H_8O_2$　　　　　　　　　　山梨酸钾：$C_6H_7O_2K$

Gooding 于 1645 年发现山梨酸对微生物的抑制作用。其抑菌机制为抑制微生物尤其是霉菌细胞内脱氢酶系统活性，并与酶系中的巯基结合，使多种重要的酶系统被破坏，从而达到抑菌和防腐的要求。

该种防腐剂为无色针状结晶或白色粉末，无臭或略带刺激性气味，对光、热稳定，但久置空气中易氧化变色。山梨酸难溶于水，微溶于乙醇。溶解度分别为：100mL 水，20℃ 时为 0.16g；100mL 无水乙醇，常温时为 1.29g。山梨酸在加热至 60℃ 时升华，228℃ 时分解。山梨酸钾易溶于水，并溶于乙醇，100mL 水中的溶解度，20℃ 时为 67.8g。山梨酸钾加热至 270℃ 时分解。

山梨酸及其钾盐和钙盐对污染食品的霉菌、酵母和好气性微生物有明显抑制作用，但对于能形成芽孢的厌气性微生物和嗜酸乳杆菌的抑制作用甚微。山梨酸及其钾盐和钙盐的防腐效果同样也与食品的 pH 值有关，pH 值升高，抑菌效果降低。试验证明山梨酸及其钾盐和钙盐的抗菌力在 pH 值低于 5～6 时最佳。

从化学结构上看，山梨酸属于不饱和六碳酸（2,4-二烯己酸），摄入人体后能在正常的代谢过程中被氧化成水和二氧化碳，一般属于无毒害的防腐剂。ADI 值均为 0～25mg·kg^{-1}（以山梨酸计，FAO/WHO，1994）。

根据山梨酸及其钾盐和钙盐的理化性质，在食品中使用时应注意下列事项：

① 山梨酸容易被加热时产生的水蒸气带出，所以在使用时，应该将食品加热冷却后再按规定用量添加山梨酸类抑菌剂，以减少损失；

② 山梨酸及其钾盐和钙盐对人体皮肤和黏膜有刺激性，要求操作人员佩戴防护眼镜；

③ 山梨酸对微生物污染严重的食品防腐效果不明显，因为微生物也可以利用山梨酸作为碳源。在微生物严重污染的食品中添加山梨酸不会起到防腐作用，只会加速微生物的生长繁殖。

3. 对羟基苯甲酸酯类

对羟基苯甲酸酯又称为对羟基安息香酸酯或泊尼金酯，是国际上允许使用的一类食品抑菌剂。由于对羟基苯甲酸的羧基与不同的醇发生酯化反应而生成不同的酯，通常在食品中使用的有对羟基苯甲酸甲酯、对羟基苯甲酸乙酯、对羟基苯甲酸丙酯和对羟基苯甲酸异丙酯、对羟基苯甲酸丁酯和对羟基苯甲酸异丁酯、对羟基苯甲酸庚酯等（我国目前仅允许使用对羟基苯甲酸甲酯钠、对羟基苯甲酸乙酯及其钠盐），它们的结构式如下。

$$HO-\bigcirc-COOR$$

式中 R 分别为：—CH$_3$ 甲基 对羟基苯甲酸甲酯

               —CH$_2$CH$_3$ 乙基 对羟基苯甲酸乙酯

               —(CH$_2$)$_2$CH$_3$ 丙基 对羟基苯甲酸丙酯

               —CH(CH$_3$)CH$_3$ 异丙基 对羟基苯甲酸异丙酯

               —(CH$_2$)$_3$CH$_3$ 丁基 对羟基苯甲酸丁酯

               —CH$_2$CH(CH$_3$)CH$_3$ 异丁基 对羟基苯甲酸异丁酯

               —(CH$_2$)$_6$CH$_3$ 庚基 对羟基苯甲酸庚酯

对羟基苯甲酸酯，多呈无色或白色细小结晶或结晶状粉末，稍有涩味，几乎无臭，吸湿性小，对光和热稳定，微溶或难溶于水〔对羟基苯甲酸甲酯（25℃）0.25g·(100mL)$^{-1}$，对羟基苯甲酸乙酯（25℃）0.17g·(100mL)$^{-1}$，对羟基苯甲酸丙酯（25℃）0.088g·(100mL)$^{-1}$〕，可溶于乙醇、乙醚、丙二醇、冰醋酸等有机溶剂以及花生油。其抑菌机制与苯甲酸类似，主要使微生物细胞呼吸系统酶和电子传递系统酶的活性受抑制，并能破坏微生物细胞膜的结构，从而起到防腐作用。

对羟基苯甲酸酯的抑菌作用受 pH 值影响较小，适用的 pH 值范围为 4～8。该防腐剂属于广谱抑菌剂，对霉菌和酵母作用较强，对细菌中的革兰氏阴性杆菌及乳酸菌作用较弱。其结构式中 R 的碳链越长则抑菌效果越强，但溶解度下降。实验证明，在 pH 5.5 时对羟基苯甲酸丁酯完全抑制微生物的浓度最低，抗菌能力较强（对羟基苯甲酸丁酯防腐常用于化妆品防腐）。另外动物毒理试验的结果表明对羟基苯甲酸酯的毒性低于苯甲酸，但高于山梨酸，是较为安全的抑菌剂。除对羟基苯甲酸丁酯延期规定 ADI 值外，其他酯类 ADI 值均为 0～10mg·kg^{-1}（FAO/WHO，1994）。

该防腐剂可用于果酱、醋、酱油、酱及酱制品等食品的防腐，其最大用量以对羟基苯甲酸计，不超过 0.25g·kg^{-1}。

4. 丙酸盐

丙酸盐属于脂肪酸盐类抑菌剂，常用的有丙酸钙和丙酸钠，其分子式和结构式如下。

丙酸钙：C$_6$H$_{10}$O$_4$Ca   (CH$_3$CH$_2$COO)$_2$Ca

丙酸钠：C$_3$H$_5$O$_2$Na   CH$_3$CH$_2$COONa

Wolford 和 Andersen 最早发现用 15％丙酸钙溶液浸渍或喷淋无花果时能延缓霉菌和微生物的生长。若用 5％或 10％丙酸钠溶液浸渍或喷淋浆果时，可保持 10d 不长霉，而未处理的浆果则在 24h 后就长霉。

丙酸盐作为一种霉菌抑制剂，必须在酸性环境中才能产生作用，即它实际上是通过丙酸分子来起到抑菌作用的，其最小抑菌浓度在 pH 5.0 时为 0.01％，pH 6.5 时为 0.5％。

丙酸盐一般用于面包、糕点、豆类制品和生面湿制品，如面条、馄饨皮等。丙酸可认为是食品的正常成分，也是人体代谢的正常中间产物，故基本无毒。

5. 醇类

包括乙醇、乙二醇、丙二醇等。其中乙醇较为常用。

乙醇分子式为 C$_2$H$_5$OH。有酒的气味和刺激的辛辣滋味。乙醇可由乙烯直接或间接水合制成，也可用糖质原料（如糖蜜、亚硫酸废液等）和淀粉原料（如玉米、高粱、甘薯等）发酵法制造。

纯的乙醇不是消毒剂，只有稀释到一定浓度后的乙醇溶液才有杀菌作用。乙醇的杀菌作用以 50％～75％ 为最强。50％ 以下浓度的乙醇，其杀菌效力很快减低，但尚有一定的抑菌作用。乙醇的杀菌和抑菌作用主要是由于它具有脱水能力，能使菌体蛋白质脱水而变性。如果使用纯的或高浓度的乙醇，则易使菌体表面凝固形成保护膜，使乙醇不易进入细胞里去，导致杀菌效能极小或者全无。应当注意的是，乙醇的杀菌作用对细菌的繁殖体比较敏感，而对细菌芽孢作用弱。乙醇对霉菌、大肠杆菌等的抑菌作用较强，对酵母则很弱。乙醇和其他物质如柠檬酸、甘氨酸、蔗糖脂肪酸酯等复配使用，可降低乙醇浓度，抑菌效果也更好。乙醇的杀菌作用多用于食品操作人员的手及与食品接触器具表面的消毒。

虽然啤酒、黄酒、葡萄酒等饮料酒中的乙醇含量不足以阻止微生物引起的腐败，但它却能抑制微生物的生长。一般来讲，白酒、白兰地等蒸馏酒中的乙醇含量足以防止微生物的繁殖。用酒保藏食品是我国常见的食品保存方法。

6. 其他有机类食品防腐剂

除上述几种食品防腐剂以外，还有一些有机物在食品保藏中使用。例如：脱氢乙酸及其钠盐、乙氧基喹、仲丁胺、联苯醚、双乙酸钠、桂醛、乙萘酚及单辛酸甘油酯等，这些防腐剂在我国用于果蔬、肉类和生湿面制品的贮藏保鲜，并取得较好的效果。

(1) 脱氢乙酸及其钠盐　脱氢乙酸及其钠盐的分子式和结构式如下。

脱氢乙酸：$C_8H_8O_4$　　　　　　　　脱氢乙酸钠：$C_8H_8O_4Na \cdot H_2O$

脱氢乙酸为无色至白色针状或片状结晶，或白色结晶性粉末；几乎无臭，极难溶于水，溶于乙醇（$28.6g \cdot L^{-1}$）和苯（$166.7g \cdot L^{-1}$）；无吸湿性。脱氢乙酸钠为白色或近白色结晶性粉末；无臭，略有特殊味道；易溶于水（$333.3g \cdot L^{-1}$）、丙二醇（$500g \cdot L^{-1}$）及甘油（$142.9g \cdot L^{-1}$）；微溶于乙醇（1％）和丙酮（0.2％）；耐光、热；水溶液于 120℃ 加热 2h 仍保持稳定。由于脱氢乙酸水溶性较差，故常用脱氢乙酸钠。该类防腐剂可用于果蔬保鲜防霉及酱菜防腐。

(2) 双乙酸钠　双乙酸钠，别名二乙酸一钠，分子式：$C_4H_7O_4Na \cdot xH_2O$。

双乙酸钠为白色结晶。略有乙酸气味，具吸湿性。极易溶于水，150℃ 分解。10％ 的水溶液的 pH 值为 4.5～5.0。双乙酸钠既是防腐剂，又是一种螯合剂。在谷类和豆制品中有防止霉菌繁殖的作用。

(二) 无机防腐剂 (杀菌剂)

1. 氧化型防腐剂 (杀菌剂) 的种类和特性

氧化型防腐剂（杀菌剂）包括过氧化物和氯制剂两类。在食品加工与保藏中常用的有过氧化氢、二氧化氯、过氧乙酸、臭氧、氯、漂白粉、漂白精等。该类防腐剂（杀菌剂）的氧化能力较强，反应迅速，直接添加到食品会影响食品的品质，目前绝大多数仅作为杀菌剂或消毒剂使用，应用于生产环境、设备、管道或水的消毒或杀菌，这类杀菌剂是否能添加到食品中作为食品防腐剂使用，参见 GB 2760。

(1) 过氧化氢　过氧化氢又称为双氧水，分子式为 H_2O_2。过氧化氢是一种活泼的氧化剂，易分解成水和新生态氧。新生态氧具有杀菌作用。3％ 浓度的过氧化氢只需几分钟就能杀死一般细菌；0.1％ 浓度在 60min 内可以杀死大肠杆菌、伤寒杆菌和金黄色葡萄球菌；1％ 浓度需数小时能杀死细菌芽孢。有机物存在时会降低其杀菌效果。过氧化氢可用于袋装豆腐干的消毒，最大使用量 $0.86g \cdot L^{-1}$。在黑龙江、内蒙古地区以 0.3% 过氧化氢 $2.0mL \cdot L^{-1}$ ＋硫氰酸钠 $15.0mg \cdot L^{-1}$ 用于生牛乳保鲜。过氧化氢是低毒的杀菌消毒剂，可适用于器皿和某些果蔬的表面消毒，也常用于无菌包装过程对包装材料的灭菌。

（2）过氧乙酸 过氧乙酸是强氧化剂，其分子式为 $C_2H_4O_3$，结构式为 CH_3COOOH。过氧乙酸性状为无色液体，有强烈刺鼻气味，易溶于水，性质极不稳定，尤其是低浓度溶液更易分解释放出氧，但在 $2 \sim 6℃$ 的低温条件下分解速率减慢。

过氧乙酸是一种广谱、高效、速效的强力杀菌剂，对细菌及其芽孢、真菌和病毒均有较高的杀灭效果，特别是在低温下仍能灭菌，这对保护食品的营养成分有极为重要的意义。一般使用浓度 0.2% 的过氧乙酸便能杀灭霉菌、酵母及细菌，用浓度为 0.3% 的过氧乙酸溶液可以在 $3min$ 内杀死蜡状芽孢杆菌。过氧乙酸几乎无毒性，它的分解产物是乙酸、过氧化氢、水和氧，使用后即使不去除，也无残毒遗留。

过氧乙酸多作为杀菌消毒剂，用于食品加工车间、工具及容器的消毒。喷雾消毒车间时使用的是浓度为 $0.2g \cdot m^{-3}$ 的水溶液；浸泡消毒工具和容器时常用浓度为 $0.2\% \sim 0.5\%$ 溶液；水果、蔬菜用 0.2% 溶液浸泡（抑制霉菌）；鲜蛋用 0.1% 溶液浸泡；饮用水用 0.5% 溶液消毒 $20s$。

（3）臭氧 臭氧（O_3）常温下为不稳定的无色气体，有刺激腥味，具强氧化性。对细菌、霉菌、病毒均有强杀灭能力，能使水中微生物有机质进行分解。臭氧可用于瓶装饮用水、自来水等的杀菌。臭氧在水中的半衰期 $pH~7.6$ 时为 $41min$，$pH~10.4$ 时为 $0.5min$，通常为 $20 \sim 100min$。在常温下能自行分解为氧气。臭氧气体难溶于水，$40℃$ 的溶解度为 $494mL \cdot L^{-1}$。水温越低，溶解度越大。含臭氧的水一般浓度控制在 $5mg \cdot kg^{-1}$ 以下。

但是，臭氧在用于矿泉水和山泉水等饮用水类产品消毒时会导致产生致癌物溴酸盐，因此，我国在新颁布《饮用天然矿泉水》和《生活饮用水卫生标准》等标准中规定了溴酸根离子的限量。

（4）稳定态二氧化氯 别名过氧化氯、二氧化氯，化学式：ClO_2。

二氧化氯是红黄绿色气体。有不愉快臭气。对光较不稳定，可受日光分解。微溶于水 $[25℃，0.3g \cdot (100mL^{-1})]$。冷却压缩后成红色液体，沸点 $11℃$，熔点 $-59℃$，含游离氯 25% 以上。二氧化氯可以用于果蔬保鲜的表面处理（最大使用量 $0.01g \cdot kg^{-1}$）和鱼类加工 $[$最大使用量 $0.05g \cdot (kg~溶液)^{-1}]$ 等。二氧化氯 ADI 值：$0 \sim 30mg \cdot kg^{-1}$（FAO/WHO，1994）。

（5）氯 氯有较强的杀菌作用，饮料生产用水、食品加工设备清洗用水，以及其他加工过程中的用具清洗用水都可用加氯的方式进行消毒。氯的杀菌作用主要是利用氯在水中生成的次氯酸（如下式）：

$$Cl_2 + H_2O \longrightarrow HCl + HClO$$

次氯酸具有强烈的氧化性，是一种有效的杀菌剂。当水中余氯含量保持在 $0.2 \sim 0.5mg \cdot L^{-1}$ 时，就可以把肠道病原菌全部杀死。使用氯消毒时，须注意的是由于病毒对氯的抵抗力较细菌大，要杀死病毒需增加水中加氯量。食品工厂一般清洁用水的余氯量控制在 $25mg \cdot L^{-1}$ 以上。另外，有机物的存在会影响氯的杀菌效果。此外降低水的 pH 值可提高杀菌效果。

（6）漂白粉 漂白粉是一种混合物，组成成分包括次氯酸钙、氯化钙和氢氧化钙等，其中有效的杀菌成分为次氯酸钙等复合物 $[CaCl(ClO) \cdot Ca(OH)_2 \cdot H_2O]$ 分解产生的有效氯。

漂白粉为白色至灰白色粉末或颗粒。性质极不稳定，吸湿受潮经光和热的作用而分解，有明显的氯臭，在水中的溶解度约为 6.9%。漂白粉主要成分次氯酸钙中的次氯酸根（ClO^-）遇酸则释放出"有效氯"（$HClO$），具强烈杀菌作用。《中华人民共和国药典》

（2010 年版）规定漂白粉的有效氯含量不低于 25%。目前生产的漂白粉有效氯含量在28%～35%。我国卫生部制定的《漂白粉、漂粉精类消毒剂卫生质量技术规范（试行）》（自 2010 年 12 月 27 日起实施）中规定，漂白粉中有效氯含量应大于 20%。

漂白粉对细菌、芽孢、酵母、霉菌及病毒均有强杀灭作用。0.5%～1% 的水溶液 5min 内可杀死大多数细菌，5% 的水溶液在 1h 内可杀死细菌芽孢。漂白粉杀菌效果和作用时间、浓度及温度等因素有关，其中尤以 pH 值影响最显著，pH 值降低能明显提高杀菌效果。

漂白粉在我国主要用作食品加工车间、车房、容器设备及蛋品、果蔬等的消毒剂。使用时，先用清水将漂白粉溶解成乳剂澄清液密封存放待用，然后按不同消毒要求配制澄清液的适宜浓度。一般对车间、库房预防性消毒，其澄清液浓度为 0.1%；蛋品用水消毒按冰蛋操作规定，要求水中有效氯为 $80\sim100mg\cdot L^{-1}$，消毒时间不少于 5min；用于果蔬消毒时，要求有效氯为 $50\sim100mg\cdot kg^{-1}$。

（7）漂白精　漂白精又称为高度漂白粉，化学组成与漂白粉基本相同，但纯度高，一般有效氯含量为 60%～75%，主要成分次氯酸钙复合物为 $3Ca(ClO)_2\cdot2Ca(OH)_2\cdot2H_2O$。通常呈白色至灰白色粉末或颗粒，性质较稳定，吸湿性弱，但是遇水和潮湿空气，或经阳光暴晒和升温至 150℃以上，会发生燃烧或爆炸。

漂白精在酸性条件下分解，其消毒作用同漂白粉，但消毒效果比漂白粉高一倍。工器具消毒用 $0.3\sim0.4g\cdot(kg\ 水)^{-1}$，相当于有效氯 $200mg\cdot kg^{-1}$ 以上。

我国卫生部制定的《漂白粉、漂粉精类消毒剂卫生质量技术规范（试行）》中规定，漂白精中有效氯含量应大于 55%。

氧化型防腐剂（杀菌剂）使用时应注意以下事项：

① 过氧化物和氯制剂这两种化学物的气体对人体的皮肤、呼吸道黏膜和眼睛有强烈地刺激作用和氧化腐蚀性，要求操作人员加强劳动保护，佩戴口罩、手套和防护眼睛，以保障人体健康与安全；

② 根据杀菌消毒的具体要求，配制适宜浓度，并保证杀菌剂足够的作用时间，以达到杀菌消毒的最佳效果；

③ 根据杀菌剂的理化性质，控制杀菌剂的贮存条件，防止因水分、湿度、高温和光线等因素使杀菌剂分解失效，并避免发生燃烧、爆炸事故。

2. 还原型防腐剂的种类和特性

还原型防腐剂主要是亚硫酸及其盐类，这类添加剂除了具有一定的防腐作用作为食品防腐剂使用外，也作为漂白剂、抗氧化剂使用。国内外食品贮藏中常用的品种有二氧化硫、亚硫酸钠、亚硫酸氢钠、低亚硫酸钠和焦亚硫酸钠、焦亚硫酸钾等。

（1）二氧化硫　二氧化硫（SO_2）又称为亚硫酸酐，在常温下是一种无色而具有强烈刺激性臭味的气体，对人体有害。二氧化硫易溶于水和乙醇，在水中形成亚硫酸，其溶解度 0℃时为 22.8%。当空气中二氧化硫含量超过 $20mg\cdot m^{-3}$ 时，对眼睛和呼吸道黏膜有强烈刺激，如果含量过高则能使窒息死亡。

二氧化硫常用于植物性食品保藏。二氧化硫是强还原剂，可以减少植物组织中氧的含量，抑制氧化酶和微生物的活动，从而能阻止食品的腐败变质、变色和维生素 C 的损耗。在实际生产中采用的二氧化硫处理法有气熏法、浸渍法和直接加入法三种。气熏法即在密封室内用燃烧硫黄，或将压缩贮藏钢瓶中的二氧化硫导入室内进行气熏的方法，又称为"熏硫"。采用硫黄燃烧法熏硫时，硫黄的用量及浓度因食品种类而异，一般熏硫室中二氧化硫浓度保持在 1%～2%，每吨切分果品干制熏硫时需硫黄 3～4kg，熏硫时间 30～60min。所用硫黄要求含杂质少，其中砷含量应低于 0.03%。直接加入法就是将预定量配制好的亚硫酸或亚硫酸盐直接加入到酿酒用的果汁或其他加工品内的方法。由于二氧化硫的漂白作用，它还常用于食品的护色。二氧化硫用于葡萄酒和果酒时，GB 2760 规定其最大使用量（以二氧化硫残留量计）为 $0.25g \cdot L^{-1}$。因为二氧化硫具有毒害性，其 ADI 值为 $0 \sim 0.7mg \cdot kg^{-1}$（FAO/WHO，1994）。

（2）亚硫酸钠　亚硫酸钠又称结晶亚硫酸钠，分子式为 $Na_2SO_3 \cdot 7H_2O$。该杀菌剂为无色至白色结晶，易溶于水，微溶于乙醇。在水中的溶解度 0℃时为 32.8%，遇空气中氧则慢慢氧化成硫酸盐，丧失杀菌作用。亚硫酸钠在酸性条件下使用，产生二氧化硫。其 ADI 值为 $0 \sim 0.7mg \cdot kg^{-1}$（FAO/WHO，1994）。

（3）低亚硫酸钠　低亚硫酸钠又称连二亚硫酸钠，商品名是保险粉，分子式为 $Na_2S_2O_4$。该杀菌剂为白色粉末状结晶，有二氧化硫浓臭，易溶于水，久置空气中则氧化分解，潮解后能析出硫黄。应用于食品保藏时，具有强烈的还原性和杀菌作用。其 ADI 值为 $0 \sim 0.7mg \cdot kg^{-1}$（以 SO_2 计，FAO/WHO，1985）。

（4）焦亚硫酸钠　焦亚硫酸钠又称为偏重亚硫酸钠，分子式为 $Na_2S_2O_5$。该杀菌剂为白色结晶或粉末，有二氧化硫浓臭，易溶于水与甘油，微溶于乙醇，常温条件下水中溶解度为 30%。焦亚硫酸钠与亚硫酸氢钠成可逆反应：

$$2NaHSO_3 \underset{+H_2O}{\overset{-H_2O}{\rightleftharpoons}} Na_2S_2O_5$$

目前生产的焦亚硫酸钠为上述两者的混合物，在空气中吸湿后能缓慢放出二氧化硫，具有强烈的杀菌作用，可以在新鲜葡萄、脱水马铃薯、黄花菜和果脯、蜜饯等的防霉、保鲜中应用，效果良好。其 ADI 值为 $0 \sim 0.7mg \cdot kg^{-1}$（FAO/WHO，1994）。

还原型防腐剂使用时应注意以下事项。

① 亚硫酸及其盐类的水溶液在放置过程中容易分解逸散二氧化硫而失效，所以应现用现配制。

② 在实际应用中，需根据不同食品的杀菌要求和各亚硫酸杀菌剂的有效二氧化硫含量（表 10-1）确定杀菌剂用量及溶液浓度，并严格控制食品中的二氧化硫残留量标准，以保证食品的卫生安全性。

表 10-1　亚硫酸及其盐类的有效二氧化硫的含量

名　称	分子式	有效二氧化硫/%
液态二氧化硫	SO_2	100
亚硫酸（6%溶液）	H_2SO_3	6.0
亚硫酸钠	$Na_2SO_3 \cdot 7H_2O$	25.42
无水亚硫酸钠	Na_2SO_3	50.84
亚硫酸氢钠	$NaHSO_3$	61.59
焦亚硫酸钠	$Na_2S_2O_5$	57.65
低亚硫酸钠	$Na_2S_2O_4$	73.56

③ 亚硫酸分解或硫黄燃烧产生的二氧化硫是一种对人体有害的气体，具有强烈的刺激性和对金属设备的腐蚀作用，所以在使用时应做好操作人员和库房金属设备的防护管理工作，以确保人身和设备的安全。

④ 由于使用亚硫酸盐后残存的二氧化硫能引起严重的过敏反应，尤其是对哮喘患者，故 FDA 于 1986 年禁止在新鲜果蔬中作为防腐剂使用。

3. 二氧化碳

二氧化碳是一种能影响生物生长的气体之一。高浓度的二氧化碳能阻止微生物的生长，因而能保藏食品。高压下二氧化碳的溶解度比常压下大。软饮料的生产离不开二氧化碳，运用二氧化碳保存食品是一种环境友好的方法，具有较大的发展前途。

对于肉类、鱼类产品采用气调保鲜处理，高浓度的二氧化碳可以明显抑制腐败微生物的生长，而且抑菌效果随二氧化碳浓度升高而增强。一般来讲，如要求二氧化碳在气调保鲜中发挥抑菌作用，浓度应在 20％以上。贮存烟熏肋肉，二氧化碳的浓度为 100％时也可行。至于用二氧化碳贮存鸡蛋，一般认为 2.5％的浓度为宜。

用二氧化碳贮藏果蔬可以降低导致成熟的合成反应；抑制酶的活动；减少挥发性物质的产生；干扰有机酸的代谢；减弱果胶物质的分解；抑制叶绿素的合成和果实的脱绿；改变各种糖的比例。二氧化碳也常和冷藏结合，同时用于果蔬保藏。通常用于水果气调的二氧化碳含量控制在 2％～3％，蔬菜控制在 2.5％～5.5％。过高的二氧化碳含量，会对果实产生其他不利的影响。因此，不断调整气体含量是长期气调保鲜果蔬的关键。

食品生产中使用的二氧化碳来源，可以是酒精发酵产生的，也可以是石灰窑烧制石灰时产生的，还可以从化肥生产过程中的合成氨尾气中分离或从甲醇裂解得到。如果是来源于甲醇裂解的，其甲醇含量应小于 $50\mu g \cdot kg^{-1}$。

4. 其他无机类防腐剂

除了上述几种常用的无机类化学防腐剂以外，还有硝酸盐或亚硝酸盐类。

硝酸盐和亚硝酸盐类包括硝酸钾、硝酸钠和亚硝酸钾、亚硝酸钠，我国食品添加剂分类中将其作为护色剂和防腐剂使用。它们不仅能起到保持肉的鲜红色的作用，还可以起到抑制肉毒梭状芽孢杆菌繁殖的作用，使肉制品免受微生物的侵染，在肉制品中残留量（以亚硝酸钠计）不大于 $30mg \cdot kg^{-1}$。ADI 值分别为：硝酸盐类 $0 \sim 5mg \cdot kg^{-1}$（FAO/WHO，1994）；亚硝酸盐类 $0 \sim 0.2mg \cdot kg^{-1}$（FAO/WHO，1994）。另外，欧盟儿童保护集团（HACSG）建议在婴幼儿食品中限制使用硝酸钠，而亚硝酸钠则不得用于儿童食品。

三、来自生物的防腐剂

（一）微生物代谢产物

微生物在生长时能产生一些影响其他微生物生长的物质——抗生素。目前我国食品防腐剂标准只允许乳酸链球菌素、纳他霉素等用于食品的防腐。

1. 乳酸链球菌素

乳酸链球菌素又名乳链菌素、尼生素（nisin）、乳酸菌素，是某些乳酸链球菌产生的一种多肽物质，由 34 个氨基酸组成。肽链中含有 5 个硫醚键形成的分子内环。氨基末端为异亮氨酸，羧基末端为赖氨酸。活性分子常为二聚体、四聚体等，相对分子质量 3348。

其分子式为：$C_{143}H_{228}N_{42}O_{37}S_7$

其结构式为：

其中，Abu 为 α-氨基丁酸；Dha 为脱氢丙氨酸；Dhb 为脱氢三丁酸甘油酯。

商品乳酸链球菌素为白色粉末，略带咸味，含有活度不低于 $900IU \cdot mg^{-1}$ 的乳酸链球菌素和不低于 50％的 NaCl。乳酸链球菌素的溶解度随着 pH 值的升高而下降。pH 值为 2.5 时的溶解度为 12％，pH 值为 5.0 时则下降为 4％，在中性和碱性条件下，几乎不溶解。在 pH 值小于 2 时可经 115.6℃杀菌而不失活。当 pH 值超过 4 时，特别是在加热条件下，它 在水溶液中分解加速。乳酸链球菌素抗菌效果最佳的 pH 值是 6.5～6.8，然而在这个范围 内，经过灭菌后丧失 90％活力。由于受到牛奶、肉汤等中的大分子保护，其稳定性可大大 提高。

乳酸链球菌素能有效抑制革兰氏阳性菌，如对肉毒杆菌、金黄色葡萄球菌、溶血链 球菌及李斯特氏菌的生长繁殖，尤其对产生孢子的革兰氏阳性菌和枯草芽孢杆菌及嗜热 脂肪芽孢杆菌等有很强的抑制作用。但乳酸链球菌素对革兰氏阴性菌、霉菌和酵母的影 响则很弱。

我国 GB 2760 规定，乳酸链球菌素可用于八宝粥、食用菌和藻类罐头、饮料（除包装 饮用水外）以及乳、肉制品、方便米面制品和酱油、醋产品等。ADI 值为 33000IU · kg^{-1} （FAO/WHO，1994）。

由于乳酸链球菌素水溶性差，使用时应先用 0.02mol · L^{-1} 的盐酸溶液溶解，然后再加 入到食品中。乳酸链球菌素为肽类物质，应注意蛋白酶对它的分解作用。乳酸链球菌素和山 梨酸等配合使用，则可扩大抗菌谱。

2. 纳他霉素

纳他霉素（natamycin）呈白色或奶油黄色结晶性粉末。几乎无臭无味。熔点 280℃ （分解）。几乎不溶于水、高级醇、醚、酯，微溶于甲醇，溶于冰醋酸和二甲基亚砜。相对分 子质量为：665.75。

其分子式为：$C_{33}H_{47}NO_{13}$

其结构式为：

纳他霉素可用于防霉。喷淋在霉菌容易增殖、暴露于空气中的食品表面时，有良好的抗 霉效果。用于发酵干酪可选择性地抑制霉菌的繁殖而让细菌得到正常的生长和代谢。

我国 GB 2760 规定：乳酪、肉制品、西式火腿、糕点、果蔬汁（浆）表面，可用悬浮液喷 雾或浸泡，最大使用量 0.3g · kg^{-1}，残留量应小于 10mg · kg^{-1}。ADI 值为 0～0.3mg · kg^{-1} （FAO/WHO，1994）。

（二）酶类

溶菌酶（lysozyme）又称细胞壁质酶（muramidase）或 N-乙酰胞壁质糖水解酶（N-acetylmuramideglycanohydrlase），是一种能水解致病菌中黏多糖的碱性酶。主要通过破坏 细胞壁中的 N-乙酰胞壁酸和 N-乙酰胺基葡糖之间的 β-1,4 糖苷键，使细胞壁不溶性黏多糖 分解成可溶性糖肽，导致细胞壁破裂内容物逸出而使细菌溶解。溶菌酶还可与带负电荷的病 毒蛋白直接结合，与 DNA、RNA、脱辅基蛋白形成复盐，使病毒失活。因此，该酶具有抗 菌、消炎、抗病毒等作用。溶菌酶是无毒性的蛋白质，可用于食品的防腐。

溶菌酶是一种化学性质非常稳定的蛋白质，pH 在 1.2～11.3 的范围内剧烈变化时，其结构几乎不变。酸性条件下，溶菌酶遇热较稳定，pH 4～7，100℃处理1min，仍保持原酶活性；但是在碱性条件下，溶菌酶对热稳定性差，用高温处理时酶活会降低，不过溶菌酶的热变性是可逆的。

（三）蛋白质类

这类抑菌蛋白质属碱性蛋白质，主要包括精蛋白（protamine）和组蛋白（histon）。

精蛋白能溶于水和氨水，和强酸反应生成稳定的盐。精蛋白是高度碱性的蛋白质，分子中碱性氨基酸的比例可达氨基酸总量的70%～80%。精蛋白加热不凝结，相对分子质量小于组蛋白，属动物性蛋白质。例如存在于鱼精、鱼卵和胸腺等组织中的精蛋白。

组蛋白能溶于水、稀酸和稀碱，不溶于稀的氨水，分子中含有大量的碱性氨基酸。组蛋白也是动物性蛋白质。例如从小牛胸腺和胰腺中可分离得到组蛋白。

该类蛋白质产品呈白色至淡黄色粉末，有特殊味道；耐热，在210℃下90min仍具有抑菌作用；适宜配合热处理，达到延长食品保藏期的作用。在碱性条件下，最小抑菌浓度为70～400mg·L^{-1}。在中性和碱性条件下，对耐热芽孢菌、乳酸菌、金黄色葡萄球菌和革兰氏阴性菌均有抑制作用，pH 7～9时最强，并且对热稳定（120℃，30min）。与甘氨酸、醋酸、盐、酿造醋等合用，再配合碱性盐类，可使抑菌作用增强。对鱼糜类制品有增强弹性的效果，如与调味料合用，有增鲜作用。但能与某些蛋白质和盐、酸性多糖等相结合而呈不溶性，抑菌效率下降。

精蛋白和组蛋白目前还未列入我国食品添加剂标准中。

（四）植物提取物

植物中具有抗菌活性的物质可以分为四类：植物抗毒素类，酚类，有机酸类和精油类。植物抗毒素是寄主合成的，低分子量的，广谱抗菌化合物。这些化合物由植物受到微生物侵袭诱导产生的远前体合成或植物被天然的或人造化合物诱导出的远前体合成。现在已经采用植物细胞培养技术来生产某些植物抗毒素。从20多种不同科的植物中已鉴定出了200多种植物抗毒素。这些植物抗毒素一般对植物致病真菌有作用；也有作用于细菌的报道，其中革兰氏阳性菌要比革兰氏阴性菌敏感。

异黄酮类（Isoflavonoids）化合物是最重要的植物抗毒素中的一种。其他主要的植物抗毒素还有壳质酶等。植物抗毒素是为了防御微生物的侵入和危害而产生的，因此，植物抗毒素的杀菌作用多具有高度专一性。植物抗毒素除了在食品保藏方面有些应用研究外，更多地是在医药方面的研究和应用。从刚被破碎和磨碎的植物中取得的植物抗毒素具有最强的杀菌作用。

植物中的酚类化合物分为三类：简单酚类和酚酸类，羟基肉桂酸衍生物类和类黄酮类。对橄榄、茶叶和咖啡中的酚化合物的研究要比其他植物多。从香辛料中提取出来的一些酚类化合物，如辣椒素，已证明可以抑制细菌芽孢的萌发。桂皮提取物，主要成分为桂醛和丁香酚，也具有抗菌性。天然植物中的酚类化合物多数具有广谱抗菌能力。

在水果和蔬菜中普遍存在柠檬酸、琥珀酸、苹果酸和酒石酸等有机酸。这些有机酸除了作为酸味剂、抗氧化增效剂外，还具有抗菌能力。它们对细胞壁、细胞膜、代谢酶、蛋白质合成系统以及遗传因子起作用。

此外，还可从香辛料、草药或是水果、蔬菜中分离出精油。其成分现已知道的有香辛料中的羟基化合物和萜类，葱、蒜、韭菜中的含硫化合物，姜中的姜醇和姜酮等。精油对细菌的作用已有许多报道，有些是很有意义的。比如，从鼠尾草、迷迭香、枯茗（cumin）、藏茴香、丁香、普通麝香草、无花果叶和芥菜籽提取出的精油，对大肠杆菌、荧光极毛杆菌或黏质赛氏杆菌具有敏感性。

目前天然植物中存在的抗菌物质并不能大规模商业化使用，主要原因是杀菌的有效性和大剂量使用时的特殊气味的矛盾。即其应用必须做到在有效杀菌的前提下，产生的气味最小。

第三节 食品的抗氧化

一、食品抗氧化剂的作用机制

食品抗氧化剂是为了防止或延缓食品氧化变质的一类物质。如前所述，油脂或含油脂的食品在贮藏、运输过程中由于氧化发生酸败或"油烧"现象，不仅降低食品营养，使风味和颜色劣变，而且产生有害物质危及人体健康。为了防止食品氧化变质，除了可对食品原料、加工和贮运环节采取低温、避光、真空、隔氧或充氮包装等措施以外，添加适量的抗氧化剂能有效地改善食品贮藏效果。我国《食品安全国家标准 食品添加剂使用标准》（GB 2760）中规定了各种食品抗氧化剂的使用范围和最大使用量。

食品抗氧化剂的种类繁多，抗氧化的作用机制也不尽相同。虽然如此，它们的抗氧化作用却都是以其还原性为理论依据的。例如，有的抗氧化剂被氧化，消耗食品内部和环境中的氧而保护食品品质；有的抗氧化剂则是通过抑制氧化酶的活性而防止食品氧化变质等，所有这些抗氧化作用都与抗氧化剂的还原性密切相关，参见表 10-2。

表 10-2 食品抗氧化剂的作用机制

抗氧化剂	抗氧化类别	抗氧化作用机制
酚类化合物	自由基吸收剂	使脂游离基灭活
酚类化合物	氢过氧化物稳定剂	防止氢过氧化物降解转变成自由基
柠檬酸、维生素 C	增效剂	增强自由基吸收剂的活性
胡萝卜素	单线态氧猝灭剂	将单线态氧转变成三线态氧
磷酸盐、美拉德反应产物、柠檬酸	金属离子螯合剂	将金属离子螯合转变成不活泼物质
蛋白质、氨基酸	还原氢过氧化物	将氢过氧化物还原成不活泼状态

二、食品抗氧化剂的种类和特性

食品抗氧化剂按其来源可分为合成的和天然的两类，按照溶解特性又可分为脂溶性抗氧化剂和水溶性抗氧化剂两类。

（一）脂溶性抗氧化剂

脂溶性抗氧化剂易溶于油脂，主要用于防止食品油脂的氧化酸败及油烧现象，常用的种类有丁基羟基茴香醚、二丁基羟基甲苯、叔丁基对苯二酚、没食子酸酯类及生育酚混合浓缩物等。此外，在研究和使用的脂溶性抗氧化剂还有愈疮树脂、正二氢愈疮酸、没食子酸及其酯类（十二酯、辛酯、异戊酯）、特丁基对苯二酚、2,4,5-三羟基苯丁酮、乙氧基喹、3,5-二特丁基-4-茴香醚以及天然抗氧化剂如芝麻酚、米糠素、栎精、棉花素、芸香苷、胚芽油、褐变产物和红辣椒抗氧化物质等。

1. 丁基羟基茴香醚

丁基羟基茴香醚又称为特丁基-4-羟基茴香醚，简称 BHA，由 3-BHA 和 2-BHA 两种异构体混合组成，分子式为 $C_{11}H_{16}O_2$，结构式分别为：

3-BHA　　　　　　　2-BHA

BHA 为白色或黄色蜡状粉末晶体，有酚类的刺激性臭味。不溶于水，而溶于油脂及丙二醇、丙酮、乙醇等溶剂。热稳定性强，可用于焙烤食品的抗氧化剂。BHA 吸湿性微弱，并具较强的杀菌作用。异构体中 3-BHA 比 2-BHA 抗氧化效果强 1.5～2 倍，两者合用以及与其他抗氧化剂并用可以增强抗氧化效果。近年来的研究表明，BHA 使用过量时会致癌，1989 年 FAO/WHO 对其进行评价时，发现大剂量（$20g \cdot kg^{-1}$）时才会使大鼠前胃致癌，而 $1.0g \cdot kg^{-1}$ 时未发现有增生现象，故正式制定其 ADI 值为 $0～0.5mg \cdot kg^{-1}$（FAO/WHO，1994）。欧盟儿童保护集团（HACSG）规定不得用于婴幼儿食品，除非同时增加维生素 A。

2. 二丁基羟基甲苯

二丁基羟基甲苯又称为 2,6-二叔丁基对羟基甲苯，或简称 BHT，分子式为 $C_{15}H_{24}O$，结构式为：

$$(CH_3)_3C \underset{CH_3}{\overset{OH}{\bigcirc}} C(CH_3)_3$$

BHT

BHT 为白色结晶，无臭，无味，溶于乙醇、豆油、棉籽油、猪油，不溶于水和甘油，热稳定性强，对长期贮藏的食品和油脂有良好的抗氧化效果，基本无毒性，其 ADI 值暂定为 $0～0.3mg \cdot kg^{-1}$（FAO/WHO，1995）。

3. 没食子酸酯类

没食子酸酯类抗氧化剂包括没食子酸丙酯（propyl gallate，PG）、辛酯、异戊酯和十二酯，其中普遍使用的是丙酯，没食子酸丙酯分子式为 $C_{10}H_{12}O_5$，结构式为：

$$\underset{HO}{\overset{HO}{\underset{}{}}} \overset{HO}{\bigcirc} -COOCH_2CH_2CH_3$$

PG

PG 为白色至淡黄褐色结晶性粉末或乳白色针状结晶，无臭，略带苦味，易溶于醇、丙酮、乙醚，而在脂肪和水中较难溶解。PG 熔程 146～150℃，易与铁、铜离子作用生成紫色或暗紫色化合物。PG 有一定的吸湿性，遇光则能分解。PG 与其他抗氧化剂并用可增强效果。PG 不耐高温，不宜用于焙烤食品。PG 摄入人体可随尿排出，比较安全，其 ADI 值为 $0～1.4mg \cdot kg^{-1}$（FAO/WHO，1994）。

4. 叔丁基对苯二酚

叔丁基对苯二酚又称为叔丁基氢醌，简称 TBHQ。分子式为 $C_{10}H_{14}O_2$，结构式为：

$$\overset{OH}{\underset{OH}{\bigcirc}} C(CH_3)_3$$

TBHQ

TBHQ 为白色至淡灰色结晶或结晶性粉末。有极轻微的特殊气味。溶于乙醇、乙酸、乙酯、异丙醇、乙醚及植物油、猪油等，几乎不溶于水（25℃，<1%；95℃，5%）。

TBHQ 是一种酚类抗氧化剂。在许多情况下，对大多数油脂，尤其是对植物油具有较其他抗氧化剂更为有效的抗氧稳定性。此外，它不会因遇到铜、铁之类而发生颜色和风味方面的变化，只有在有碱存在时才会转变成粉红色。对炸煮食品具有良好的、持久的抗氧化能力，因此，适用于土豆片之类的生产，但它在焙烤食品中的持久力不强，除非与 BHA 合用。TBHQ 的 ADI 值为 0～0.2mg·kg^{-1}（FAO/WHO, 1991）。

5. 生育酚混合浓缩物

生育酚又称为维生素 E，广泛分布于动植物体内，已知的同分异构体有 8 种，其中主要有四种即 α-生育酚、β-生育酚、γ-生育酚、δ-生育酚，经人工提取后，浓缩即成为生育酚混合浓缩物，其结构式为：

同分异构体名称	相对分子质量	R^1	R^2	R^3
生育酚	388.64	H	H	H
α-生育酚	430.72	CH$_3$	CH$_3$	CH$_3$
β-生育酚	416.69	CH$_3$	H	CH$_3$
γ-生育酚	416.69	H	CH$_3$	CH$_3$
δ-生育酚	402.67	H	H	CH$_3$

该抗氧化剂为黄色至褐色无臭透明黏稠液，相对密度为 0.932～0.955，溶于乙醇，不溶于水，能与油脂完全混溶，热稳定性强，耐光、耐紫外线和耐辐射性也较强。所以除用于一般的油脂食品外，还是透明包装食品的理想抗氧化剂，也是目前国际上应用广泛的天然抗氧化剂，其 ADI 值为 0～2mg·kg^{-1}。

（二）水溶性抗氧化剂

水溶性抗氧化剂主要用于防止食品氧化变色，常用的种类是抗坏血酸类抗氧化剂。此外，还有许多种，如异抗坏血酸及其钠盐、植酸、茶多酚及氨基酸类、肽类、香辛料和糖苷、糖醇类抗氧化剂等。

1. 抗坏血酸类

抗坏血酸类抗氧化剂包括：D-抗坏血酸（异抗坏血酸）及其钠盐、抗坏血酸钙、抗坏血酸（维生素 C）及其钠盐和抗坏血酸棕榈酸酯。其中抗坏血酸（维生素 C）及其钠盐的分子式及结构式分别如下。

抗坏血酸（维生素 C）：C$_6$H$_8$O$_6$

抗坏血酸钠（维生素 C 钠）：C$_6$H$_7$O$_6$Na

抗坏血酸（维生素 C）及其钠盐为白色或微黄色结晶，细粒、粉末，无臭，抗坏血酸带酸味，其钠盐有咸味，干燥品性质稳定，但热稳定性差，抗坏血酸在空气中氧化变黄色。易溶于水和乙醇，可作为啤酒、无酒精饮料、果汁的抗氧化剂，能防止褐变及品质风味劣变现象。此外，还可作为 α-生育酚的增效剂，防止动物油脂的氧化酸败。在肉制品中起助色剂作用，并能阻止亚硝胺的生成，是一种防癌物质，其添加量约为 0.5%。抗坏血酸及其钠盐对人体无害，抗坏血酸的 ADI 值为 0～15mg·kg^{-1}。

2. 植酸及植酸钠

植酸别名肌醇六磷酸，分子式为 C$_6$H$_{18}$O$_{24}$P$_6$，结构式为：

植酸

植酸为淡黄色或淡褐色的黏稠液体，无臭，有强酸味，易溶于水，对热比较稳定。植酸有较强的金属螯合作用，因此具有抗氧化增效能力。植酸对油脂有明显的降低过氧化值作用（如花生油加 0.01%，在 $100℃$ 下加热 8h，过氧化值为 6.6，而对照为 270）。植酸及其钠盐可用于对虾保鲜（残留量：$20mg \cdot kg^{-1}$），食用油脂、果蔬制品、果蔬汁饮料及肉制品的抗氧化，还可用于清洗果蔬原材料表面农药残留，具有防止罐头，特别是水产罐头产生鸟粪石与变黑等作用。

3. 茶多酚

茶叶中一般含有 $20\%\sim30\%$ 的多酚类化合物，共 30 余种，包括儿茶素类、黄酮及其衍生物类、茶青素类、酚酸和缩酚酸类，其中儿茶素类约占总量的 80%，其抽提混合物称为茶多酚，主要包括各种形式的儿茶素。

茶多酚的基本结构为：

茶多酚

其中 R 和 R′ 的不同，即为不同的儿茶素，参见表 10-3。

表 10-3　茶多酚中的不同儿茶素种类及相应的 R 和 R′ 基团

化合物名称	R	R′
儿茶素	H	H
没食子儿茶素	OH	H
儿茶素没食子酸酯	H	
没食子儿茶素没食子酸酯	OH	

茶多酚为淡黄至茶褐色略带茶香的水溶液或灰白色粉状固体或结晶，具涩味。易溶于水、乙醇、乙酸乙酯，微溶于油脂。对热、酸较稳定，$160℃$ 油脂中 30min 降解 20%。pH 值 $2\sim8$ 之内稳定，大于 8 和光照下易氧化聚合。遇铁变绿黑色络合物。略有吸潮性。水溶液 pH $3\sim4$，在碱性条件下易氧化褐变。茶多酚可作为抗氧化剂用于油脂、糕点、香肠等中，同时还具有一定的防腐作用。

4. 氨基酸

一般认为氨基酸既可以作为抗氧化剂，也可以作为抗氧化剂的增效剂使用，如蛋氨酸、色氨酸、苯丙氨酸、丙氨酸等，均为良好的抗氧化增效剂，主要是由于它们能螯合促进氧化作用的微量金属。色氨酸、半胱氨酸、酪胺酸等有π电子的氨基酸，对食品的抗氧化效果较大。如鲜乳、全脂乳粉中，加入上述的氨基酸时，有显著的抗氧化效果。

（三）其他抗氧化物质

除了上述抗氧化剂外，还原糖、甘草抗氧物、迷迭香提取物、竹叶抗氧化物、柚皮苷、大豆抗氧化肽、植物黄酮及异黄酮类物质、单糖-氨基酸复合物（美拉德反应产物）、二氢杨梅素、一些植物提取物等都具有抗氧化作用，不少已经列入食品抗氧化剂。

1. 甘草抗氧物

甘草抗氧物呈黄褐色至红褐色粉末状。有甘草特有气味。耐光、耐氧、耐热。与维生素E、维生素C合用有相乘效果。能防止胡萝卜素类的褪色，及防止酪氨酸和多酚类的氧化，有一定的抗菌效果。不溶于水和甘油，溶于乙醇、丙酮、氯仿。偏碱时稳定性下降。

甘草抗氧物由甘草（*Glycyrrhiza uralensis*）等同属种植物的根茎，经用水提取甘草浸膏后的残渣，用微温乙醇、丙酮或已烷提取而得。主要成分是甘草黄酮、甘草异黄酮、甘草黄酮醇等。GB 2760中规定：食用油脂、油炸食品、腌制鱼、肉制品、饼干、方便面与含油脂食品的最大使用量（以甘草酸计）为 $0.2g \cdot kg^{-1}$。

2. 迷迭香提取物

迷迭香提取物呈黄褐色粉末状或褐色膏状、液体。不溶于水，溶于乙醇和油脂，有特殊香气。耐热性、耐紫外线性良好，能有效防止油脂的氧化。比 BHA 有更好的抗氧化能力。一般与维生素E等配成制剂出售，有相乘效用。

迷迭香提取物由迷迭香（*Rosmarinus officinalis*）的花和叶用二氧化碳或乙醇或热的含水乙醇提取而得；或用温热甲醇、含水甲醇提取后除去溶剂而得。主要成分是迷迭香酚和异迷迭香酚等。GB 2760中规定：动物油脂、肉类食品和油炸食品的最大使用量为 $0.3g \cdot kg^{-1}$；植物油脂中最大使用量为 $0.7g \cdot kg^{-1}$。

三、食品抗氧化剂使用要点

1. 食品抗氧化剂的使用时机要恰当

食品中添加抗氧化剂需要特别注意时机，一般应在食品保持新鲜状态和未发生氧化变质之前使用，否则，在食品已经发生氧化变质现象后再使用抗氧化剂效果显著下降，甚至完全无效。这一点对防止油脂及含油食品的氧化酸败尤为重要。根据油脂自动氧化酸败的连锁反应，抗氧化剂应在氧化酸败的诱发期之前添加才能充分发挥抗氧化剂的作用。图10-2说明了抗氧化剂使用时机与防止油脂酸败的关系。

图 10-2　抗氧化剂与防止油脂氧化酸败的关系
A—未添加抗氧化剂；B—添加抗氧化剂；C—诱发期

2. 抗氧化剂与增效剂并用

增效剂配合抗氧化剂使用能增加抗氧化剂的效果，这种现象称为"增效作用"。例如油脂食品为防止油脂氧化酸败，添加酚类抗氧化剂的同时并用某些酸性物质，如柠檬酸、磷酸、抗坏血酸等，则有显著的增效作用。又例如乙二胺四乙酸二钠（EDTA-2Na），是一种重要的螯合剂，能螯合溶液中的金属离子。利用其螯合作用，可保持食品的色、香、味，防止食品氧化变质。

3. 对影响抗氧化剂还原性的诸因素加以控制

如前所述，抗氧化剂的作用机制是以其强烈的还原性为依据的，所以使用抗氧化剂应当对影响其还原性的各种因素进行控制。光、温度、氧、金属离子及物质的均匀分散状态等都影响着抗氧化剂的效果。紫外线及高温能促进抗氧化剂的分解和失效。例如 BHT 在 70℃ 以上，BHA 高于 100℃ 的加热条件便可升华挥发而失效。所以在避光和较低温度下抗氧化剂效果容易发挥。

氧是影响抗氧化剂的敏感因素，如果食品内部及其周围的氧浓度高则会使抗氧化剂迅速失效。为此，需要在添加抗氧化剂的同时采用真空和充氮密封包装，以隔绝空气中的氧，获得良好的抗氧化效果。

铜、铁等金属离子起着催化抗氧化剂分解的作用，在使用抗氧化剂时，应尽量避免混入金属离子，或者采取某些增效剂螯合金属离子。

抗氧化剂在食品中的用量微少，如果采用机械搅拌或添加乳化剂，增加其均匀性分布，则有利于增加抗氧化效果。

第四节 食品的脱氧

脱氧剂又称为游离氧吸收剂（FOA）或游离氧驱除剂（FOS），它是一类能够吸除氧的物质。当脱氧剂随食品密封在同一包装容器中时，脱氧剂能通过化学反应吸除容器内的游离氧及溶存于食品的氧，并生成稳定的化合物，从而防止食品氧化变质，同时利用所形成的缺氧条件也能有效地防止食品的霉变和虫害。

脱氧剂不同于作为食品添加剂的抗氧化剂，它不直接加入食品中，而是在密封包装中与外界呈隔离状态，吸除包装内的氧和防止食品氧化变质，因而是一种对食品无直接污染、简便易行、效果显著的保藏辅助措施。

脱氧剂的研制始于 1925 年，A. H. Maude 等人以铁粉、硫酸铁、吸湿物质制成了脱氧剂，用于防止变压器的燃爆问题。之后，相继在英国、联邦德国、美国、日本等国家开展了脱氧剂的研制工作，并制成多种类型的脱氧剂。脱氧剂至今已有 80 多年的历史，而脱氧剂被人们重视并用于食品贮藏是在 1976 年以后。目前已发展成为一种应用广泛的食品保藏剂。近年来我国有关部门及科研单位已进行了脱氧剂的试制和应用的研究，在贮藏粮食、果品保鲜等方面取得了可喜的成果。

一、食品脱氧剂的种类

脱氧剂种类繁多，基本可以分为有机和无机两大类。每一大类中又包括多种类型的脱氧剂，图 10-3 概括了目前国内外研究和使用的脱氧剂类型。图 10-3 中列出的多种脱氧剂当中，目前在食品贮藏上广泛应用的有三类：特制铁粉、连二亚硫酸钠和碱性糖制剂。

二、常用的食品脱氧剂及其特性

（一）特制铁粉

特制铁粉由特殊处理的铸铁粉及结晶碳酸钠、金

图 10-3 脱氧剂的基本类型

属卤化物和填充剂混合组成，铸铁粉为主要成分。粉粒径在 $300\mu m$ 以下，比表面积为 $0.5m^2 \cdot g^{-1}$ 以上，呈褐色粉末状。脱氧作用机制是特制铁粉先与水反应，再与氧结合，最终生成稳定的氧化铁，反应式如下：

$$Fe + 2H_2O \longrightarrow Fe(OH)_2 + H_2 \uparrow$$

$$3Fe + 4H_2O \longrightarrow Fe_3O_4 + 4H_2 \uparrow$$

$$2Fe(OH)_2 + \frac{1}{2}O_2 + H_2O \longrightarrow 2Fe(OH)_3 \longrightarrow Fe_2O_3 \cdot 3H_2O$$

特制铁粉的脱氧量由其反应的最终产物而定。在一般条件下，1g 铁完全被氧化需要 300mL（体积）或者 0.43g 的氧。因此，1g 铁大约可处理 1500mL 空气中的氧。这是十分有效而经济的脱氧剂。在使用时对其反应中产生的氢应该注意。可在铁粉的配制当中增添抑制氢的物质，或者将已产生的氢加以处理。特制铁粉与使用环境的湿度有关，如果用于含水分高的食品则脱氧效果发挥的快；反之，在干燥食品中则脱氧缓慢。这种脱氧剂由于原料来源充足，成本较低，使用效果良好，在生产实际中得到广泛应用。

（二）连二亚硫酸钠

这种脱氧剂由连二亚硫酸钠为主剂与氢氧化钙和植物性活性炭为辅料配合而成。连二亚硫酸钠遇水后并不会迅速反应，如果以活性炭作为催化剂则可加速其脱氧化学反应，并产生热量和二氧化硫。而形成的二氧化硫再与氢氧化钙反应生成较为稳定的化合物。在水和活性炭与脱氧剂并存的条件下，脱氧速率快，一般在 1～2h 内可以除去密封容器中 80%～90% 的氧，经过 3h 几乎达到无氧状态。其反应式如下：

$$Na_2S_2O_4 + O_2 \xrightarrow{\text{水、活性炭}} Na_2SO_4 + SO_2$$

$$Ca(OH)_2 + SO_2 \longrightarrow CaSO_3 + H_2O$$

总反应式为：$Na_2S_2O_4 + Ca(OH)_2 + O_2 \xrightarrow{\text{水、活性炭}} Na_2SO_4 + CaSO_3 + H_2O$

图 10-4 脱氧剂（连二亚硫酸钠）的脱氧能力
A—放置 1g 脱氧剂；
B—放置 10g 脱氧剂

如果用于鲜活食品脱氧保藏时，并能连同氧一起吸除二氧化碳，但需再配入碳酸氢钠作为辅料。

根据理论计算，1g 连二亚硫酸钠能和 0.184g 氧发生反应，即相当于正常状态下能和 130mL 的氧，650mL 的空气中的氧发生反应。图 10-4 为连二亚硫酸钠脱氧能力的试验结果。图中 A（1g 连二亚硫酸钠）和 B（10g 连二亚硫酸钠）分别封在各有 400mL 空气（约含 80mL 氧）两个不透气塑料袋内，袋的规格为 K 型玻璃纸涂聚丙烯/聚乙烯，16cm×26cm，厚 $40\mu m$。然后在室温 20℃条件下，定时测量袋内氧含量的变化。从图可以看出，A 袋密封后约 30min，氧浓度降至 8%，两天后氧含量降至 0.1% 以下；B 袋密封 30min 后氧浓度接近于零。

脱氧剂的效果因化学反应的温度、水分、压力及催化物质等因素的不同，其脱氧反应速率所需要的时间也各不相同，温度、水分、相对湿度、脱氧剂剂量都能影响脱氧效果。

（三）碱性糖制剂

这种脱氧剂是由糖为原料生成的碱性衍生物，其脱氧作用机制是利用还原糖的还原性，进而与氢氧化钠作用形成儿茶酚等多种化合物，其详细机制尚未清楚，简略的反应式如下：

$(CH_2O)_n + nNaOH + nH_2O + nO_2 \longrightarrow$ 儿茶酚（邻苯二酚）+甲基儿茶酚+甲基对位苯醌

这类脱氧剂的脱氧速率差异较大，有的在 12h 内除去密封容器中的氧，有的则需要 24h

或 48h。此外，该脱氧剂只能在常温下显示其活性，当处在－5℃时除氧能力减弱，再回到常温下也不能恢复其脱氧活性，如果温度降至－15℃时则完全丧失脱氧能力。

三、脱氧剂在食品保藏中的应用

脱氧剂是一类新型而简便的化学除氧物质，广泛应用于食品和其他物品的保藏中，防止各种包装加工食品的氧化变质现象和霉变；此外，在防治仓库谷物的虫害方面，脱氧剂也有显著杀虫效果。以日本食品分析中心实验室斋腾富的试验结果为例，进一步说明脱氧剂在防止植物油氧化酸败和保持油炸方便面条品质的效果。

试验采用脱氧剂连二亚硫酸钠（3g 重包装品）与气体置换法，在 40℃条件下进行密封贮藏和测定品质变化结果。图 10-5 及图 10-6 为植物油在 40℃下经 35d 贮存试验分析的酸价和过氧化物质，其结果证明脱氧剂明显优于气体置换法，对照试验的植物油变质严重。从酸值（AV）讲，脱氧剂试验的植物油比气体置换法低 0.12，而过氧化物值（POV）用脱氧剂的植物油仅为气体置换法的 1/3。图 10-7 为油炸方便面条在 40℃下，经六周试验结果，表明酸值和过氧化值均变化甚微，感官评定色泽和香味也非常好。这说明脱氧剂是一种效果显著的脱氧物质。

图 10-5　脱氧剂与气体置换法储藏
植物油脂过氧化值变化
（植物油 10mL，各气体量 200mL，40℃密封保存）
A—脱氧剂；B—N₂ 置换；C—CO₂ 置换；D—空气对照

图 10-6　脱氧剂与气体置换法
保存植物油酸值变化
（植物油 10mL，各气体量 200mL，密封 40℃保存）
A—脱氧剂；B—CO₂ 置换；C—N₂ 置换；D—空气对照

图 10-7　方便面条（油）酸值与过氧化物值变化
（1）酸值：A—脱氧剂；B—对照。（2）过氧化值：C—脱氧剂；D—对照

第五节　食品保鲜剂

食品保鲜剂是指为了增加或延长生鲜食品的保质期或品质而在其表面进行喷涂、喷淋、浸泡或涂膜的化学物。食品保鲜剂的作用机制和防腐剂有所不同。它除了针对微生物的作用外，还针对食品本身的变化，如鲜活食品的呼吸作用、酶促反应等。对生鲜食品进行表面保鲜处理，在我国开始于 12 世纪，当时是用蜂蜡涂在柑橘表面以防止水分损失。16 世纪英国就出现了用涂脂来防止食品干燥的方法。20 世纪 30 年代美国、英国、澳大利亚就开始用天然的或者合成的蜡或树脂处理新鲜水果和蔬菜。在 50 年代以后有关用可食性保鲜剂处理肉制品、糖果食品的报道已不鲜见。近年来用可食性膜进行食品保鲜也进展迅速。

一、保鲜剂的作用

一般地讲，在食品上使用保鲜剂有如下目的：①减少食品的水分散失；②防止食品氧化；③防止食品变色，提高食品外观可接受性；④抑制生鲜食品表面微生物的生长；⑤保持食品的风味；⑥保持和增加食品的质感，如水果的硬度和脆度；⑦维持食品的商品价值。

表面处理过的果蔬，不但可以形成保护膜，起到阻隔的作用还可以减少擦伤，并且可以减少有害病菌的入侵。涂蜡柑橘要比不涂蜡柑橘保藏期长。用蜡包裹奶酪可防止其在成熟过程中长霉。

另外，保鲜材料如树脂、蛋白质和蜡等可以使产品带有光泽，提高其商品价值。

二、保鲜剂种类及其性质

（一）蛋白质

植物来源的蛋白质包括：玉米醇溶蛋白、小麦谷蛋白、大豆蛋白、花生蛋白和棉籽蛋白等。动物来源的蛋白有角蛋白、胶原蛋白、明胶、酪蛋白和乳清蛋白等。它们可分别或复合制成可食性膜用于食品保鲜。如乳蛋白中的酪蛋白和玉米醇溶蛋白即可用于共挤肉制品、坚果和糖果上的保鲜。由于大多数蛋白质膜是亲水的，因此对水的阻隔性差。干燥的蛋白质膜，如玉米醇溶蛋白、小麦谷蛋白和大豆蛋白对氧有阻隔作用。

（二）脂类化合物

脂类化合物包括：石蜡油、蜂蜡、矿物油、蓖麻油、菜油、花生油、乙酰单甘酯及其乳胶体等，它们可以单独或与其他成分混合在一起用于食品涂膜保鲜。当然，这些物质的使用必须符合相关的食品卫生法规。一般地说这类物质亲水性差，因此常与多糖类物质混合使用。

（三）多糖

由多糖形成的亲水性膜，有不同的黏性与结合性能，对气体的阻隔性好，但隔水能力差。

纤维素中的衍生物，如羧甲基纤维素（CMC）可作为成膜材料。

淀粉类（直链淀粉、支链淀粉以及它们的衍生物）可用于制造可食性涂膜。有报道称这些膜对 CO_2、O_2 有一定的阻隔作用。糊精是淀粉的部分水解产物也可以用作成膜剂、微胶囊等。

果胶制成的薄膜由于其亲水性，故水蒸气渗透性高。Miers 等人曾报道甲氧基含量 4% 或更低以及特性黏度在 3.5 以上的果胶，其薄膜强度可以接受。

阿拉伯树胶、海藻中的角叉菜胶、褐藻酸盐、琼脂和海藻酸钠等都是良好的成膜或凝胶材料。

（四）甲壳质类

甲壳质类属于多糖中的一类，由于其较为特殊，近年来尤为引人注目。

甲壳素（chitin），也称几丁质，化学名称为 N-乙酰-2-氨基-2-脱氧-D-葡萄糖，分子式为 $(C_8H_{13}NO_5)_n$。将甲壳素分子中 C2 上的乙酰基脱除后可制成脱乙酰甲壳质，称为壳聚糖。壳聚糖具有成膜性，人体可吸收，有抗辐射和抑菌防霉作用。

壳聚糖有很强的杀菌能力，可用于食品、果蔬的保鲜。通常使用浓度为 0.5％～2％ 的溶液，喷在果蔬表面形成一层薄膜就可达到保鲜效果。

日本将壳聚糖与乳酸钙或醋酸钙制成一种水溶性的保鲜剂，具有高杀菌性、安全无毒的特性。将该保鲜剂与大米混合蒸熟后，在 28℃ 条件下可存放 18d。加拿大学者用羧甲基壳聚糖制成一种叫作 Nutri Sare 的水果保鲜剂可明显延长水果的保鲜期。我国台湾学者用羧甲基壳聚糖制成肉食防腐剂，用量为万分之三，可使肉制品常温下保存 8d 而不发生变质。韩国学者曾尝试用壳聚糖保存鲜蛋。我国也有不少用壳聚糖保存蔬菜的专利。

（五）树脂

天然树脂来源于树或灌木的细胞中。合成的树脂一般是石油产物。

紫胶由紫胶桐酸和紫胶酸组成，与蜡共生，可赋予涂膜食品以明亮的光泽。紫胶在果蔬和糖果中应用广泛。紫胶和其他树脂对气体的阻隔性较好，对水蒸气一般。

松脂可用于柑橘类水果的涂膜保鲜。苯并呋喃-茚树脂也可用于柑橘类水果。

此外，在保鲜剂中常常要加入一些其他成分或采取其他一些措施，以增加保鲜剂的功能。如常用丙三醇、山梨糖醇作为增塑剂；用苯甲酸盐、山梨酸盐、仲丁胺、苯并咪唑类（包括苯来特、特克多、多菌灵、托布津、甲基托布等）作为防腐剂；用单甘酯、蔗糖脂作为乳化剂；用 BHA、BHT、PG 作为抗氧化剂以及浸渍无机盐溶液如 $CaCl_2$ 溶液等。

复习思考题

1. 名词解析：防腐剂、抗氧化剂、脱氧剂、保鲜剂。
2. 食品防腐剂的种类及作用特点有哪些？
3. 为什么说苯甲酸及其钠盐和山梨酸及其钾盐是酸性防腐剂？
4. 试述食品抗氧化剂和脱氧剂的作用特点。
5. 试解释化学保藏及其特点。

参 考 文 献

[1] 凌关庭. 食品添加剂手册. 第 4 版. 北京：化学工业出版社, 2013.
[2] 凌关庭. 天然食品添加剂手册. 北京：化学工业出版社, 2009.
[3] 曾庆孝. 食品加工与保藏原理. 第 2 版. 北京：化学工业出版社, 2007.
[4] 夏文水. 食品工艺学. 北京：中国轻工业出版社, 2007.
[5] 曾名湧, 董士远. 天然食品添加剂. 北京：化学工业出版社, 2005.
[6] 孙平. 食品添加剂使用手册. 北京：化学工业出版社, 2004.
[7] 郝素娥, 庞满坤, 钟耀广等. 食品添加剂制备与应用技术. 北京：化学工业出版社, 2003.
[8] 杜荣标, 谭伟棠. 食品添加剂使用手册. 北京：中国轻工业出版社, 2003.
[9] 陈正行, 狄济乐. 食品添加剂新产品与新技术. 南京：江苏科学技术出版社, 2002.
[10] 温辉梁, 黄绍华, 刘崇波. 食品添加剂生产技术与应用配方. 南昌：江西科学技术出版社, 2002.
[11] 刘钟栋. 食品添加剂在粮油制品的应用. 北京：中国轻工业出版社, 2001.
[12] 宋小平, 韩长日. 香料与食品添加剂制造技术. 北京：科学技术文献出版社, 2001.
[13] 刘树兴, 李宏梁, 黄峻榕. 食品添加剂. 北京：中国石化出版社, 2001.
[14] 周家华, 崔英德, 黎碧娜等. 食品添加剂. 北京：化学工业出版社, 2001.
[15] 袁惠新, 陆振曦, 吕季章等. 食品加工与保藏技术. 北京：化学工业出版社, 2000.

工程训练

食品 pH 值接近中性时，使用苯甲酸钠或山梨酸钾作为防腐剂是否有问题？为什么？

第十一章 食品包装

我国早在 5000 年前就开始制造陶器，埃及人也懂得铸造褐玻璃瓶，并用于盛装、保藏、运输各种粮食及其他食物。直到 19 世纪初，发明了马口铁罐头和玻璃瓶罐头，才使食品得以长期常温贮存。此后，马口铁、铝、玻璃、陶瓷、纸、塑料和木材等作为食品主要包装材料，用于保存食品的包装技术不断得到发展。食品包装已成为食品保藏的重要手段，也是食品流通不可缺少的环节。

食品包装的发展与化学工业、机械工业等行业技术的发展相联系，也与人们对社会与环境的要求相适应。各种包装材料在应用上的竞争与开发，使包装材料的保护功能性增加，食品包装越来越适应于环境保护和生态平衡的要求；机械化、连续化制造容器技术、如电阻焊接技术、二片罐制造技术、塑料共挤复合以及多种材质（铝、纸、塑等）复合技术，玻璃瓶轻量化技术等的发展，提高了食品包装的保护功能和生产速度。无菌包装技术是超高温瞬时杀菌技术、良好包装材料及功能性包装机械等的密切配合的成功例子。它不仅使包装效率提高，而且使食品营养成分的破坏降至最低水平，保质期延长。印刷技术，防伪、防盗包装技术等包装辅助技术的发展，不仅提高了包装食品的保护功能，而且也提高了包装食品的商品价值。

食品包装关系到包装材料的性能与选择、包装容器的结构造型、包装工艺、包装机械以及包装的防护措施和包装装潢的设计等领域，也涉及物理学、化学、生物学、力学、机械学、美学、市场学等方面的知识，是一门综合性的学科。目前包装工业已经成为独立的一门工业体系，并在不断发展中。

第一节 食品包装及其功能

一、食品包装及其分类

（一）食品包装与包装材料

食品包装指用合适的材料、容器、工艺、装潢、结构设计等手段将食品包裹和装饰，以便在食品的加工、运输、贮存、销售过程中保持食品品质或增加其商品价值。

食品包装材料是指用于包装食品的一切材料，包括纸、塑料、金属、玻璃、陶瓷、木材及各种复合材料以及由它们所制成的各种包装容器及辅助品。

容器是指将食品完全或部分包装，以作为商品交货单元的任何包装形式，也包括包装纸。食品作为一种商品，主要是消费品，其商品价值不仅在于其内容物，也包括包装和售后服务。有优质的内容物，没有完善的包装，其商品价值也难以提高，也会出现"一等内容物，二等包装，三等价格"的局面。相反，内容物质量相同，包装合适妥善的食品，尽管销售价格较高，依然会成为市场的畅销品。

本书所指的食品包装是指以销售为主要目的，与食品一起到达消费者（使用者）的销售包装，也包括作为食品工业或其他行业用的工业包装和中性包装。只要经商品流通渠道销售，销售包装的食品就需有相应的食品标签和标志。

我国把经预先定量包装或者制作在包装材料和容器中并且在一定量限范围内具有统一的质量或体积标识的食品，称为预包装食品（prepackaged foods）。对预包装食品和为满足某些特殊人群的生理需要，或某些疾病患者的营养需要，按特殊配方而专门加工的特殊膳食食品（foods for specialdietary user）的标签（包括营养标签）有严格的规定。

食品标签（包括营养标签）是指食品包装上的文字、图形、符号及一切说明物，标签在食品包装中占有极为重要的位置。食品标签的内容详见本章第四节。

食品包装材料及包装应具有以下性质。

（1）对被包装食品的保护性　有适当的阻隔性，如防湿性、防水性、隔气性、保香性、遮光性（紫外线隔绝性）保温性、防虫性、防鼠咬等；使用稳定性，如耐水性、耐油性、耐有机溶剂性、耐腐蚀性、耐光照、耐热性、耐寒性等；有足够的机械强度，如拉伸强度、撕裂强度、破裂强度、抗折强度、抗冲击强度、抗穿刺强度、摩擦强度和延伸率等，以保护食品免受外界环境条件对其造成的危害。

（2）合适的加工特性　便于加工成需求形状的容器，便于密封，便于机械化操作，便于印刷，适于大规模生产的机械化、自动化操作。

（3）卫生和安全性　材料本身无毒，与食品成分不起反应，不因老化而产生有害因子，不含对包装的食品带来危害或安全问题的成分。

（4）方便性　不仅要求重量轻，便于携带运输，还要开启食用方便，有利于费包装的回收，减少环境污染。

（5）经济性　如价格低，便于生产、运输和贮藏等。

（二）食品包装的分类

1. 按包装的功能及层次分类

（1）按包装层次的分类法

① 个体包装（individual packaging）　指与食品直接接触并成为一个独立单元的食品包装。即为保护每种食品的形态、质量，或为提高其商品价值，使用适当的材料、容器和包装技术把单个（种）食品包裹起来的状态。

② 内包装（inner packaging）　指外包装内的辅助包装或个体包装食品的二次包装。主要是考虑到水、湿气、光线、冷热以及冲击等环境条件对个体包装食品的影响，而将分散的个体集合成一小单元、或是为增加个体包装的市场销售需要，而采用适当的包装材料、容器和包装技术把个体包装食品进一步包裹起来的状态。

③ 外包装（external packaging）　即将物品装入箱、袋、桶（带盖）、罐等容器中或用托盘（架）将个体包装单元直接捆扎包裹起来，并标明符号、商标等标志的状态，是以贮藏、堆放和运输为主要目的的包装。

包装按照顺序还可分为初级包装、二级包装和三级以及三级以上的包装。初级包装与个体包装相似，包装材料直接与食品接触，对包装材料要求严格；二级包装相当于内包装，是以销售、运输、分配为目的的包装形式；三级或三级以上包装相当于以运输、贮藏为主要目的的外包装。

（2）按食品包装功能要求分类

① 销售包装　销售包装具有个体包装和内包装的基本保护功能，是一种促进销售，方

便消费者选购的包装形式。它具有保护和美化商品等作用，包装的食品作为整体销售，在这种包装上附有商标、图案、文字、说明等食品标签内容，这类包装常要考虑方便及吸引消费者选购的功能。

② 运输包装　运输包装相似于外包装，通常是将若干个体包装（或内包装）按规定数量组成一个整体。如将 XX 包软包装饮料组成一纸箱，XX 瓶（罐）装饮料组成一箱；或采用集装包、集装袋、集装箱、托盘等集合包装形式。这种包装便于商品长途运输、装卸、暂时存放，可提高商品流通效率，缩短运输时间并减少包装食品的损坏。

2. 按包装的材料及容器性质分类

按包装材料的品种可分为：纸类包装，如纸袋、纸盒、纸罐、纸箱（桶）和瓦楞纸箱等；金属类包装，如马口铁、镀铬钢板、铝和铝合金板等材料包装；玻璃和陶瓷包装，如玻璃瓶（罐）、陶瓷等；木材、塑料和复合材料等包装。不同材料适用的包装形式不同，见表 11-1。

表 11-1　不同材料适用的包装形式

形　式		材　料				
		纸（纸板）	金属	塑料	玻璃	木材
有角度或矩形包装	盒(boxes)	+	+	+	+	+
	盘(trays)	+	+	+	-	+
	纸板箱(cartons)	+	+	+	-	-
	箱(cases)	+	+	+	-	+
	板条(柳条)箱(crates)	+	+	+	-	+
	集装箱(托架)(pallet)	+	+	+	-	+
圆筒形包装	瓶(bottles)	-	-	+	+	-
	广口瓶(罐)(jars)	-	-	+	+	-
	盘(槽)(tubs)	+	-	+	-	-
	罐(头)(cans)	+	+	+	-	-
	管(tubes)	+	-	+	+	-
	圆桶(筒)(drums)	+	+	+	安倍瓶及有保护套的坛	-
	酒桶(casks)	-	-	+		+
	桶(kegs)	-	+	+		+

形　式		材　料				
		纸（光纸，涂/浸渍）	塑料薄膜（涂膜/平膜）	金属薄膜（涂膜平膜）	纸/塑/铝薄膜	编织物
软包装	标签(志)(labels)	+	+	-	+	+
	裹包(wrappers)	+	+	+	+	+
	袋(bags)	+	+	-	+	+
	套封包装(envelopes)	+	+	+	+	-
	小袋(sachets)	+	+	+	+	-
	大包)袋(sacks)	+	+	-	+	+
	捆扎(bales)	+	+	-	-	+
	(肚)袋(pouches)	+	+	+	+	-
	可折叠管(collapsible tubes)	-	+	+	+	-

注："+" 表示可使用；"-" 表示不可使用。

按包装容器的柔软性，可分为软包装和硬包装；按包装的外形状态可分为有角度包装及圆筒形包装。

按包装材料的阻隔性，可分为防湿（潮）包装、阻气包装、隔光包装等。

按包装容器的使用次数可分为：一次性包装，如纸、塑料、金属、复合材料构成的容器；复用性包装，如可直接清洗、消毒、灭菌再使用的玻璃瓶。

按包装材料对环保的影响可分为：可再生材料，包装材料或容器使用后，经一系列的加工可以制成新的包装材料，如纸回收制浆，铝和玻璃再熔炼，某些塑料再塑化等回收处理；某些用过的包装材料废弃后，可被自然界生物及环境因素（如光）降解成低分子并可进入自然循环的物质，这种材料称为可降解性材料；某些包装材料具有可食性能，称为可食性包装材料。

3. 按包装食品的状态和包装工艺要求分类

按包装食品的状态可分为液体包装和固体包装。如饮料、酒、食用油、酱油等液体食品包装，可用小口的瓶（玻璃或塑料）、罐、桶或袋等包装。固体食品包装种类较多，有粉状、颗粒状、块状等，一般采用袋、盒及大口的瓶、罐、桶等包装。

某些食品包装，常需结合该食品生产工艺特征，对包装材料或容器有特殊的要求，按其性质分类，可分为新鲜食品包装（保鲜包装）、热杀菌食品包装、冷冻食品包装、干燥食品包装、微波或辐照食品包装等。

按食品包装操作的工艺特点和要求可分为真空包装、充气包装、气控包装、无菌包装、收缩包装等。

4. 按包装食品的特殊销售要求分类

按包装食品的销售地区和对象不同，可分为内销包装、出口包装、中性包装和特殊包装。内销包装产品在国内流通。出口包装的装潢设计，产品的标签要适合进口国的人种、民族、生活习惯、风土人情以及其食品法规要求。特殊包装是为适合特殊使用对象而专门设计的食品包装，如军用食品、宇航食品包装等。中性包装一般是不标明原产地（或按产销协议要求）的包装，常要经再包装，以便该商品能在受限制的地区销售。

二、食品包装的功能及作用

（一）包装是保持食品品质的重要手段

采用合适的包装，能防止或减少食品在贮运、销售过程中发生如下危害。

1. 防止微生物及其他生物引起的危害

利用包装将食品与环境隔离，防止外界微生物和其他生物侵入食品。采用隔绝性能好的密封包装，配合其他杀（抑）菌保藏方法，如控制包装内不同气体的组成与浓度，降低氧浓度，提高二氧化碳浓度或以惰性气体代替空气成分，可限制（或抑制）包装内残存微生物（或生物）的生长繁殖，延长食品的保质期。

2. 防止化学性的危害

在直射光、荧光灯或者高温、有氧环境下，食品中的脂肪、色素等物质将会发生各种化学反应，引起食品变质。选用隔氧性能高，遮挡光线和紫外线的包装材料，或采用真空、充氮包装，可减缓或防止这种变化。

3. 防止物理性的危害

干燥或焙烤食品，容易吸收环境中的水分而变质；新鲜果蔬中的水分易蒸发失鲜或变质。为了防止这种变化，需选用隔气（汽）性好的包装材料或采用其他保鲜包装。采用合适的包装材料及包装设计，可以保护食品，避免或减轻食品在贮运、销售过程中发生因摩擦、振动、冲击等机械力所造成的危害。

（二）包装有利于食品贮运、销售和使用

合理的包装具有多种方便功能。如便于密封，方便运输、装卸、堆码、陈列、销售、携带、开启、使用和处理回收，具有省时、省力、宜人的特点。

1. 便于运输

现代运输包装能适应车、船等运输工具的特点，充分利用空间，提高运输能力和经济效

益。集合式包装的优点在于加快装卸运输速率，减轻工人劳动强度，节省运输费用，更有效地保护商品，减少破损，防止被盗，促进装卸作业机械化和标准化。

2. 便于商品陈列、销售及管理

经专门设计的包装食品，具有明显的识别性、信赖感和高级感。如单元组合包装、POP广告牌（point of purchase advertising）、开窗盒等包装，有利于立架陈列与销售的管理。通过包装标签上的信息，便于消费者的确认，选择商品，如"绿色食品""有机食品""保健食品""学生饮用奶"等。包装标签上的商品代码、二维码及识别标记的实施，使商场进出货核算、销售计价、统计等操作能采用现代化的计算机管理。各类代码与标记等现代信息在食品质量安全可追索体系中有重要的作用。

3. 便于使用

合适包装的食品便于消费者的选购、携带和使用。包装上的标签说明，如营养成分、食用方法等可指导消费者正确选用食品。各种便于开启食品包装的结构，如罐装婴儿奶粉，其全密封的金属罐结构适于贮运过程对食品的保护要求（隔绝性），但包装开启后，可采用辅助（配套）的塑料盖及配上的计量匙，既有利于保护食品，又能使消费者便于控制婴儿的食用量。

4. 防止盗窃、偷换等人为破坏

采用防盗、防伪包装及标识，并在包装结构设计及包装工艺上进行改进，如防盗盖（封条）、防伪全息摄影标签、收缩包装、集装运输等均有利于防止盗窃和偷换。

（三）包装是一种有效的宣传工具

包装是"无声推销员"。销售包装比较显著地突出商品的特征及标志，对顾客（购买者）有足够的吸引力，有利于宣传产品和建立生产企业的形象。尤其是无人售货的超级商场日益普及，商品销售几乎全靠包装装潢的美观、大方、简要的说明等来吸引顾客。包装装潢通过包装商品的外部设计、标签、图形、色调、文字、符号、包装材料质量与印刷技术等措施的综合效果反映出来。印刷精美，包装动人，可"先声夺人"，引人注目，再加上文字的宣传诱导，便可使顾客产生购买欲，促进产品销售。

第二节　食品包装材料及容器

一、玻璃与陶瓷容器

（一）玻璃容器

玻璃是包装材料中最古老的品种之一，玻璃器皿很早就用作化妆品、油和酒的容器。19世纪发明了自动机械吹瓶机，使玻璃工业获得迅速发展，玻璃瓶和罐广泛应用于食品包装。

1. 玻璃容器的特点及应用

玻璃容器，具有化学稳定性高（热碱溶液除外），有良好的阻隔性，配合适当的密封盖可用于长期食品保藏。玻璃有良好的透明性，可使包装内容物一目了然，有利于增加消费者购买该产品的信心；玻璃可被加工成棕色等颜色，避免光照射引起食品变质；玻璃的硬度和耐压强度高，可耐高温杀菌，便于包装操作（清洗、灌装、封口、贴标等）；玻璃容器可回收循环使用，有利于降低成本。但玻璃容器的最大缺点是重量大，运输费用高，不耐机械冲击和突发性的热冷冲击，容易破碎。因此，长期以来，玻璃容器都以减轻重量，增加强度作为技术革新的主要目标。

玻璃容器常用于各种饮料、罐头、酒、果酱、调味料、粉体等干、湿食品的包装。玻璃瓶种类依其形状及玻璃加工工艺有：普通玻璃瓶（小口瓶与广口瓶）、轻量瓶、轻量强化瓶、塑料强化瓶等。常见玻璃瓶种类、特性及应用见表11-2。

表 11-2 玻璃瓶种类、特性及应用

分 类	品 种	特性	包装食品
普通玻璃瓶	小口瓶	吹制方式成型。封口多采用金属瓶盖（皇冠盖）、塑料瓶盖（塞）或其他软木塞	软饮料、啤酒、黄酒、白酒等酒类,酱油等调味料
	广口瓶	吹塑冲压成型。封口采用易开式,中间封闭,螺旋盖式或金属密封盖	牛奶、果酱、果蔬、罐头、速溶咖啡等固体饮料
轻量瓶	小口瓶	采用细颈压吹法（NNPB）①,瓶重比一般瓶减轻33%～55%	啤酒
轻量强化瓶	小口瓶	化学强化玻璃瓶,重量为原玻璃瓶50%～60%,瓶表面经热涂或冷涂处理	酱油、番茄汁、果汁等果汁饮料或碳酸饮料
塑料强化瓶	小口瓶	在玻璃表面涂覆聚氨酯类的树脂以提高强度、防止破裂	可口可乐等碳酸饮料

① NNPB: Narrow Neck Press & Blow。

玻璃容器的常规溶出物主要为硅和钠的氧化物，对食品的感官性质不会有明显的影响，一般认为玻璃瓶、罐作为食品包装容器是安全的。但有色玻璃生产时需用着色剂，如蓝色玻璃需添加氧化钴，茶色玻璃需添加石墨，淡白色和深褐色玻璃需要用氧化铜和重铬酸钾，无色玻璃需用硒，因此也要严格控制金属化合物的添加量及杂质含量。添加铅制品的玻璃容器，其铅溶出量应限制在 $1\sim2mg\cdot L^{-1}$ 以下。

2. 玻璃容器的开发

（1）玻璃瓶的轻量化　采用细颈压吹法（narrow neck press & blow，简称 NNPB 法）可使小口瓶重量比原来减轻 33% 以上，我国山东某玻璃厂生产的薄壁啤酒瓶比老式瓶重量减轻 54%。德国生产的 300mL 瓶，重量仅 77g，重容比达到 $0.233g\cdot mL^{-1}$（一般重容比 $0.2\sim0.8g\cdot mL^{-1}$）。轻量瓶多数用于非回收的食品包装。

（2）设计强度高的合适瓶型　各种果酱或果蔬罐头瓶多倾向于圆筒形瓶身，这种结构不仅外形美观大方，且强度高（圆筒形瓶的内压强最高可达 1MPa，椭圆形瓶 0.5MPa，正方形仅 0.125MPa），瓶身接触面积大，碰撞时应力分散，破碎率低。在瓶形设计上应尽量避免点接触，以减少操作、运输过程的破损。

（3）玻璃瓶的表面增强处理　增大玻璃瓶的强度可使玻璃瓶轻量化。主要有两种方法：一种是使玻璃表面的钠离子与钾离子互相交换（称化学强化），从而在玻璃表面形成高强度的压缩层，以增强其强度，可使重量比原来的玻璃瓶减轻 60%～50%；另一种是采用表面涂覆方法，如在玻璃瓶刚出模尚未进退火炉之前，把气态或液态的金属化合物（四氯化锡、四氯化钛、二氯化二甲基锡或者其它有机锡）喷涂到炽热的瓶子表面，使之在表面上形成一层氧化锡或氧化钛的箔膜（厚度几十至几百埃），常称为热涂法。经热涂金属氧化膜的玻璃，其抗磨损强度及其他机械强度得以提高，但其表面尚较粗糙，常需进行冷涂层处理，即让瓶子通过退火炉 100～150℃ 区间内的油酸薄雾，使在瓶子的外表面形成一层不溶于水的均匀润滑膜。涂层材料可采用硬脂酸盐、聚乙烯乳剂、油酸、硅烷、聚硅氧烷等。经表面处理的瓶子，强度可提高 30%～40%。

轻量瓶的增强，还可采用涂塑法。如用 PE 等树脂涂覆后的轻量瓶不仅十分结实，而且还可带有白、褐、绿等装饰色彩，增强其保护作用。

玻璃容器的性质取决于玻璃加工和玻璃中的成分。如在玻璃中加入氧化硼、磷、镁、铝、锌和钡等成分，可制得物理性能各异的玻璃。耐高温的硅酸铝玻璃，含 20％左右的 Al_2O_3，这种玻璃可作烹调器皿（煮锅等）。"Pyrex"（派热克斯）玻璃是一种高度耐热冲击（骤冷骤热）的玻璃，其中含有硅酸硼。琥珀色玻璃能阻挡紫外线，用于啤酒包装。翡翠绿色的玻璃用于软饮料和乙醇饮料包装。

3. 玻璃容器的密封

玻璃容器根据瓶口大小划分为"广口瓶"和"窄口瓶"。"广口瓶"多用于罐头食品、腌制食品、粉状、颗粒状食品等包装，"窄口瓶"多用于饮料、酱类及调味料等流动性食品的包装。

玻璃容器的瓶口种类较多，不同代号的瓶口都有其标准瓶口尺寸，各种瓶口都设计有适合密封的盖子，也即密封玻璃容器用的每种盖子都有其特定的适用的瓶口。瓶口上和垫圈或衬垫接触的部分为密封面。密封面可以是瓶口的顶部、瓶口的侧边或是顶部和侧边结合在一起，其密封程度决定封口的密封性。

（1）广口瓶封口　玻璃容器包装的低酸食品多采用真空型瓶盖密封，用金属盖密封后可耐热杀菌。目前广泛采用的真空封盖有三种类型：撬开（边封）盖、爪式旋开盖和套压旋开盖，其与瓶口密封状况见图 11-1。

| (a) 撬开盖 | (b) 撬开盖 | (c) 爪式旋开盖 | (d) 套压旋开盖 |

图 11-1　玻璃罐真空封口的类型

撬开（边封）盖较早用于高压杀菌食品，主要有两种封口形式，见图 11-1(a) 和图11-1(b)。图 11-1(a) 采用压盖机封盖头简单而直接向下压盖在瓶口上，多用于窄口瓶封口，常用王冠盖；图 11-1(b) 则利用滚轮封口机，多用于广口玻璃瓶，撬开盖由钢质壳体和紧扣在卷边下位置的密封橡胶垫圈组成，密封圈的大小、规格、类型和间隙是随着容器瓶口、产品等因素影响而变化的。封口的顶隙真空靠蒸汽冷凝或在真空封口机内完成，密封橡胶紧紧地扣在瓶口的突缘上，需用专用工具才能开启。

爪式旋开盖，见图 11-1(c)。爪式盖由钢质壳体制成，随盖的直径大小有 3～6 盖爪。盖内浇注有塑料溶胶垫圈，它不需要工具就能打开而且能形成良好的再密封性能，被称为"方便"或"实用"盖。爪式旋开盖封盖时，顶隙用蒸汽喷冲，利用旋盖机将盖子在瓶口上旋转或拧紧使盖爪坐落或紧咬在瓶口螺纹线下。盖上的垫圈易受封盖机压头的热量软化而利于密封。盖爪和真空使瓶盖固定在瓶口上。

套压旋开（press-on twist-off 或 PT）盖是美国大陆白盖公司在 20 世纪 80 年代中期研究成功的新型玻璃瓶盖，该种盖封口的接触面积大、牢固、紧密，能抗振动及温差变化，消费者易开启，同时盖中心设计了安全装置——真空辨认钮。套压旋开盖由无盖爪（或突缘）的钢质壳体构成，垫圈为模压的塑料溶胶，从盖面外周边直到卷曲边都形成密封面 [见图 11-1(d)]。套压旋开盖的垫圈在封盖前适当加热，封盖时在压力作用下玻璃螺纹线就会在垫圈侧边上形成压痕，以便拧开时容易将盖子转出。PT 盖子凭借真空并依赖于盖子冷却时垫圈上螺纹压痕的阻力而固定在瓶口上。

(2) 窄口瓶封口　玻璃容器包装酒类及其他液体类食品多采用"窄口瓶"，其封闭物有盖、塞、封口套和封口标等，采用的材料有金属、塑料、软木等，主要封口有以下几种。

① 皇冠盖　皇冠盖（crown cap）又称压盖、撬开盖或牙口盖，由威利安·平特（William Painter）发明并于 1892 年获得专利。皇冠盖用于冠形瓶的封口，见图 11-1(a)。由于封盖容易，密封性强，开盖迅速而广泛用于液态食品瓶封口。盖材料常用马口铁冲压成圆形冠状，边缘有 21 个折痕，盖内经滴塑或加垫片。其密封性能主要决定于密封垫片（胶）的性质、马口铁皮厚度及封盖操作，由于有瓶口或瓶口侧面双重密封，封口紧密，可用于高压杀菌及耐压性封口目的，但马口铁容易生锈而影响包装外观。

② 螺旋盖　螺旋盖用于螺纹口瓶封口，依据螺纹特征有深螺纹、浅螺纹和间断螺纹等。由于材料不同，要使熔化的玻璃压出清晰的牙形角比较困难，故瓶口螺纹不同于螺栓螺纹，其螺纹廓线是一种彼此互渗，曲率半径很大的曲线，以便提高生产效率。正因为这样，常需使用特定的旋盖来配合不同的瓶口。采用某些软性材料制成的螺旋盖，会出现滑牙现象，在贮存或搬运中失去锁紧力，因此螺旋盖的密封性取决于盖子的内衬垫料的弹性、容器封口面平稳度、盖材料的力学性能等因素，一般不能用于杀菌目的的封口。为了增加螺旋盖的密封性能，在一些小尺寸瓶口，采用修正锯齿螺纹，而对大尺寸浅螺纹采用 A 型螺纹，以改善螺纹瓶口与螺旋盖的咬合性能。另一发展趋势是采用扭断盖。

③ 扭断盖　扭断盖又称防盗盖，也用于螺口瓶（如酒瓶）的封口。扭断盖一般采用铝材料。将铝箔冲压成套状（无螺纹）瓶盖，用压头向下将盖内衬垫压在容器口上，与此同时，轧辊压向盖子四周，将薄的金属沿容器螺纹，压入其螺槽内，铝盖上有压线连接点。压线有一道、两道或多道，即多孔安全箍环。在压线未扭断时表示原封，启封时反扭封套压使压线断裂，故称扭断盖。铝套的长度依瓶颈而异，但铝箔的韧度要符合规定，并有一定光洁度。盖内涂有泡塑、防酸漆等材料。

④ 蘑菇式塞　外形似蘑菇状，由塑料塞头加盖组成盖塑一体，或用套卡或盖扣紧盖塞，塑料盖塞上有螺纹或轮纹，以增强密封性。如果在塞封基础上加封口套，则有利于加强密封程度和提高防盗性。

瓶装酒封口还有采用软木塞，或软木塞加防盗套的封口方式。不管采用何种封口物，都要保证其密封性能及不对包装物带来卫生和质量问题。封套和封口标常用于瓶装酒的封口。封口套在封盖或封塞上加套，并套住瓶颈，以提高密封度和美观，封口套常用塑料（如 PVC 等收缩膜）或铝箔材料制成。封口标是封口上的顶标、骑马标、金圈标等的统称，大多用纸印刷而成，也有采用辅助封口的丝绸带、吊牌等，起装潢和保持原封的作用。

(二) 陶瓷容器

陶瓷是利用自然界的黏土（陶土）等材料，经加工调制成型、干燥、装饰和施釉、烧制而成的器物。自从人类懂得生产陶瓷容器（瓶、坛、缸等）开始，陶瓷就被用于贮藏粮食，作为水、酒类、腌菜等食品的包装容器。

陶瓷的许多性质类似玻璃，其制成的容器有一定的机械强度，隔绝性及化学稳定性好，热稳定性高，甚至可以用来直接加热，价格适中。但陶瓷导热性差，抗冲击强度低，笨重，易破碎，不透明，难以密封，使其在食品包装应用上受到一定的限制。但随着陶瓷工艺美术化、包装现代化的发展，用陶瓷包装的食品却独具一格，依然在食品包装材料上占有一定位置，主要用于酱菜、腌渍蔬菜、酒等食品的包装。

陶瓷作为食品包装材料，尤其与食物接触面应注意严格控制彩釉中带来的铅镉溶出量或尽量不用有安全隐患的釉料。许多国家对上釉瓷器的金属溶出物（铅和镉）都有严格的限制。

二、金属包装材料及容器

1810 年英国人彼得·杜兰特（Peter Durant）发明了金属密封罐保藏技术。金属罐作为食品容器，无论在生产效率、流通性、适用性、保存性等各方面，至今仍居食品包装材料的首位。

金属材料制成的容器（主要是金属罐）具有对空气成分、水分、光等完全的阻隔性，对内装物有优良的保护性能；金属材料耐热性强，传热和导电性能好，由其包装及密封后的罐头，可经受高温加热杀菌；金属容器机械强度大，刚性好，便于商品流通及流通过程保持内容物的质量；也有利于制罐及包装过程的高速度、机械化操作和自动控制。金属罐虽有许多优点，它也有不足之处，如无法直接看见内容物，比纸罐、塑料罐重，易锈蚀，废物对环境造成一定的危害。

（一）金属包装材料的种类及性质

食品包装常用的金属材料是镀锡薄钢板、镀铬薄钢板（TFS）和铝。

1. 镀锡薄钢板

镀锡薄钢板（tin plate），也称镀锡板、马口铁，是两面镀有纯锡的低碳薄钢板，依制造工艺有热浸镀锡（hot-dip tinning，HDT）板和电镀锡（electrolytic tinning，ET）板。热浸镀锡板镀锡层较厚，耗锡量较多，而且不够均匀。电镀锡板锡层较薄，且均匀，便于采用"差厚镀锡法"控制钢板两侧面有不同的镀锡量。

（1）镀锡薄钢板的结构　镀锡薄钢板中心层为钢基层。从中心向外，顺次为铁锡合金层、锡层、氧化膜、油膜。镀锡薄钢板结构的厚度、成分和性能见表 11-3。

表 11-3　镀锡薄钢板结构的厚度、成分及性能特点

结构名称	量　度		成　分		性能特点
	热浸镀锡板	电镀锡板	热浸镀锡板	电镀锡板	
钢基层	制罐用 0.2～0.3mm	制罐用 0.2～0.3mm	低碳钢	低碳钢	提供材料强度,有良好加工性能,化学性质活泼,易被腐蚀
锡铁合金层	5g·m^{-2}	<1g·m^{-2}	锡铁合金结晶	锡铁合金结晶	耐腐蚀,如过厚加工性和可焊性不良
锡层	22.4～44.8g·m^{-2}	5.6～22.4g·m^{-2}	纯锡	纯锡	美观,耐腐蚀,易焊,润滑,无毒
氧化膜	3～5mg·cm^{-2}（单面）	1～3mg·cm^{-2}（单面）	氧化亚锡	氧化亚锡 氧化锡 氧化铬 金属铬	锡氧化物的致密性,保护锡层,防锈,防变质,防硫化斑
油膜	20mg·m^{-2}	2～5mg·m^{-2}	棕榈油	棉籽油或癸二酸二辛酯	润滑与防锈

（2）镀锡薄钢板的质量　镀锡薄钢板的质量包括：规格尺寸，镀锡量，调质度等指标。镀锡薄钢板规格尺寸指钢板的厚度、宽度及长度。普通镀锡板厚度在 0.15～0.50mm，二次冷轧镀锡板厚度范围为 0.14～0.29mm。但在制罐工业上习惯使用基准箱（以符号 lb·bb^{-1}，即磅·基箱$^{-1}$表示，1lb＝0.4536kg）。每一基准箱为 112 张 355mm×

508mm（14in×20in）的镀锡钢板，等于 20.23m² （31360in²）薄板面积为一基准箱单位面积。钢板的厚度即可用标准基重来表示。如用基准箱重 90lb，其厚度为 0.25mm （0.0099in），基准箱重 100lb，厚度为 0.279mm （0.0110 in）。基准箱重与钢板厚度关系见表 11-4。

表 11-4　制罐用镀锡钢板的标准基重与厚度关系

名义质量 /lb	厚度		名义质量 /lb	厚度	
	in	mm		in	mm
55	0.0061	0.155	90	0.0099	0.251
60	0.0066	0.168	95	0.0105	0.267
65	0.0072	0.183	100	0.011	0.279
70	0.0077	0.196	107	0.0118	0.3
75	0.0083	0.211	112	0.0123	0.312
80	0.0088	0.224	128	0.0141	0.358
85	0.0094	0.239	135	0.0149	0.378

镀锡量是每平方米薄钢板两面所镀锡的量，单位 $g \cdot m^{-2}$。也惯用每一基箱镀锡钢板两面所镀锡重量（lb）乘 100 的数值作为镀锡量标号。如每面镀锡量为 $11.2g \cdot m^{-2}$（相当于 $0.5lb \cdot bb^{-1}$），即两面镀锡量 $1lb \cdot bb^{-1}$，标号为"100"。一般镀锡板两面的镀锡量是相等的，称等厚镀锡钢板（代号为 E），镀锡量以两面镀锡总量来表示（尤其适于热浸镀锡板），也可分别用两面镀锡量来表示，中间加"/"隔开。如等厚镀锡钢板镀锡量为 $5.6g \cdot m^{-2}$，也可表示为 E2.8/2.8，即每面标称镀锡量为 $2.8g \cdot m^{-2}$。若镀锡钢板两面镀锡量不等，称差厚电镀锡板（代号为 D），可用两个不同数字表示，中间用"/"隔开，并在较厚一层镀锡板印有标记，如 D8.4/2.8 表示差厚电镀锡板，一面镀锡量为 $8.4g \cdot m^{-2}$，另一面为 $2.8g \cdot m^{-2}$。通常镀锡板镀锡量为 $2.2 \sim 32.9g \cdot m^{-2}$。

调质度是表示镀锡钢板经机械加工或热处理后的综合力学性能指标，包括硬度（常用洛氏硬度表示）、极限抗拉强度等。调质度通常用"T"来标示，二次冷轧的用"DR"表示。

我国冷轧电镀锡钢板及钢带的国家标准 GB/T 2520—2008 对电镀薄钢板各项性能指标都有具体规定。

镀锡钢板的性能除厚度、镀锡量、调质度外，还有表面性质和抗腐蚀性能。用于制造食品罐藏容器的镀锡钢板不允许表面产生凹坑、折角、缺角、边裂、气泡及溶剂斑点等缺陷，每平方厘米露铁点不超过 2 点。选用何种镀锡薄钢板制作容器，要视包装品种、罐型大小、食品性质以及杀菌条件等而定。一般来说，罐型较大的应选用比较厚的镀锡钢板，罐型小的选用较薄的镀锡钢板。

随着金属罐制造技术的发展，电阻焊三片罐，及深冲罐（DRD）、冲拔罐（DWI）的生产，对镀锡钢板的要求愈来愈高。如降低镀锡量；改善电镀层的紧密性，可湿性和黏结性；提高涂料漆的性能以适于高速制罐操作；添加不同的元素以改变钢板的硬度等新型镀锡板不断出现在市场上。

低锡薄钢板是一种轻度掺镍的镀锡钢板，其结构是：钢基表面第一层为退火适宜的掺镍层（Fe-Ni）；第二层为铁-镍-锡合金（Fe-Ni-Sn 合金），可减少锡和钢基之间的电位差，保护钢基；第三层为镀锡量 $0.3 \sim 0.5g \cdot m^{-2}$ 的薄镀锡层，适于焊接罐，提高经济性；第四层为特殊的钝化层，包括金属铬和氧化铬的水化物层，以提高表面附着涂料的性能；最外层是防锈油层。

低锡薄钢板与传统的镀锡板比较，镀锡量由传统的 $2.8g \cdot m^{-2}$ 降到 $0.78g \cdot m^{-2}$（澳大利亚产品为 $1.1g \cdot m^{-2}$），适于电阻焊制罐，焊前无需进行处理，抗腐蚀性能和镀锡量 $2.8g \cdot m^{-2}$ 的镀锡板一样，是一种新型的镀锡钢板。日本大量用于运动饮料、乌龙茶等软饮料罐材料。镀锡钢板另一发展趋势是采用连续退火工艺，生产厚度更薄的铁板，目前已有厚度减薄到 $0.16 \sim 0.17mm$（原 $0.21 \sim 0.32mm$）的镀锡钢板产品。

2. 镀铬薄钢板

镀铬薄钢板（tin free steel，TFS）是在低碳钢薄板上镀上一层薄的金属铬制成的，也称无锡钢板、镀铬板。镀铬板的结构由中心向表面顺序为钢基板、金属铬层、水合氧化铬层和油膜，各构成部分的厚度、成分和性能特点见表11-5。

表 11-5　镀铬板各构成部分的厚度、成分和性能特点

名　称	厚　度	成　分	性能特点
钢基板	制罐用 $0.2 \sim 0.3mm$	低碳钢	加工性良好，制罐后具有必要的强度
金属铬层	$32.3 \sim 140mg \cdot m^{-2}$	金属铬	有一定耐腐蚀性，但比纯锡差
水合氧化铬层	$7.5 \sim 27mg \cdot m^{-2}$（以铬计）	水合氧化铬	保护金属铬层，便于涂料和印铁，防止产生孔眼
油膜	$0.1 \sim 0.2g \cdot bb^{-1}$	癸二酸二辛酯	防锈和润滑

镀铬板的规格指标与镀锡板一样，包括尺寸、镀铬量、调质度和表面精度等。

镀铬板有成张镀铬板和成卷镀铬板。前者厚度 $0.16 \sim 0.38mm$，宽 $508 \sim 940mm$，长 $480 \sim 1100mm$；后者厚 $0.16 \sim 0.3mm$，宽 $508 \sim 940mm$，整卷质量 $7 \sim 12t$。食品工业用的镀铬板厚度多为 $0.24mm$。镀铬板上的镀铬量，金属铬层平均试验值为 $32.3 \sim 140mg \cdot m^{-2}$，氧化层中的铬平均试验值为 $7.5 \sim 27mg \cdot m^{-2}$。镀铬板的调质度一般在洛氏硬度（HR30T）$46 \sim 83$。

镀铬板的铬层较薄，厚度仅 $5nm$，相当于 25 号镀锡板锡层厚度的 1%，故价格较低，但其抗腐蚀性能比镀锡板差，常需经内、外涂料后使用。镀铬板对油膜的附着力特别优良，适宜于制罐的底盖和 DRD 二片罐。镀铬板不能用锡焊，但可以熔接或使用尼龙黏合剂粘接。镀铬板制作的容器可用于一般食品、软饮料和啤酒的包装。

3. 铝合金材料

(1) 铝合金材料的特性　纯铝的强度和硬度较低，在使用上受到一定限制，往往需在铝中加入适量的硅、铜、镁、锰等元素，制成二元或三元合金，以增强其强度和硬度。在食品包装中多数采用铝镁和铝锰合金，经铸造、热轧、冷却、退火、冷轧、热处理和矫平等工序制成薄板。其特点为轻便，美观，耐腐蚀性好，用于蔬菜、肉类、水产类罐头不会产生黑色硫斑，经涂料后可广泛应用于果汁、碳酸饮料、啤酒等食品的包装。铝板隔绝性能好，热导率高，对光、辐射热反射率高，具有良好的可加工性，适于各种冷热加工成型，其延展性优于镀锡板与镀铬板，易滚轧为铝箔和深冲成二片罐，常用作易拉罐体和各种易拉盖的材料。废旧铝容器的回收比较容易。

虽然铝合金材料有很多优点，但其力学性能较差，故多用于罐内有正压力的食品包装。有些食品成分，如酸性介质及氯化物对铝会产生腐蚀作用，导致麻点（锈斑）；一些饮料酒，如威士忌、白兰地、葡萄酒均能与铝罐发生反应或引起腐蚀，因此需使用合适的涂料铝罐。

食品包装用的铝合金材料，有纯铝，合金系列编号为 1000 系列，常用合金号有 1050、1100 等；铝-锰合金，编号为 3000 系列，常用合金号为 3003、3004；铝-镁合金，编号为 5000 系列，常用合金号为 5052、5082、5182。几种罐用铝合金材料的力学性能及用途见表11-6。

表 11-6　罐用铝合金材料的力学性能及用途

合金号	状 态	力学性能			用 途
		拉伸强度/MPa	屈服极限/MPa	延伸率/%	
1100	O(软质)	89.2	34.3	35	冲拔罐 (DI罐)
	H14(半硬质)	124.5	117.6	9	
	H18(硬质)	165.6	151.9	5	
3003	O(软质)	110.7	41.2	30	深冲拔罐 (DI罐)
	H14(半硬质)	151.9	145	8	
	H18(硬质)	199.9	186.2	4	
3004	O(软质)	179.3	68.6	20	罐体材料 (DI罐)
	H32(1/4硬质)	213.6	172.5	10	
	H34(半硬质)	241.1	199.9	4	
	H38(硬质)	282.2	247.9	5	
	H19(超硬质)	300.9	265.6	4.6	
	H19(烘烤后)	287.1	250.9	5.3	
5052	O(软质)	193.1	89.2	25	一般食品罐罐盖
	H34(半硬质)	261.7	213.6	10	
	H19(超硬质)	317.5	298.9	5	
	H19(烘烤后)	283.2	244	7.6	
5082	H19(超硬质)	393	372.4	4	啤酒、碳酸饮料罐罐盖、拉环
	H19(烘烤后)	330.3	282.2	9	
5182	H19(超硬质)	420.4	393	4	易拉罐、拉环
	H19(烘烤后)	372.4	309.7	9	

（2）用于食品的铝包装

① 硬性铝包装　硬性铝包装常指易开罐。我国生产的铝质易开罐标准为：罐身高度（122.22±0.38）mm，罐身外径（66.04±0.18）mm，收口内径（62.56±0.13）mm，翻边宽度（2.50±0.25）mm，罐底面耐压大于 608kPa，公称容积 355mL，主要用于啤酒与软饮料包装。

由于全铝罐的生产成本较钢板罐高，为了降低铝罐的价格，除积极回收废铝罐再熔制循环使用外，另一主要发展趋势是采用高强度材料或改变罐底形状对冲拔罐（DI罐）实现轻量化。将罐底由向罐内凸形改为平底形，缩小罐底厚度或直径。美国 Alcoa 公司研制的 B-57DI 平底形罐，重量降至 11.8g·罐$^{-1}$（原标准罐重 22g·罐$^{-1}$）；B-53 罐形将原罐底直径 58～62mm，厚度 10mm 改为罐底直径 55mm，厚度 9mm，即可用 0.345mm 厚的铝合金为 DI 罐材料（原需用 0.42mm 铝合金）；B-57 罐改为平底型，在直径 38mm 圆周上有三个支撑点，则可用 0.255mm 的铝合金材料制罐，降低铝罐的耗铝材量，即降低空罐成本。

② 柔性铝包装　柔性铝包装是指用铝箔（厚度小于 0.15mm）或由铝箔复合的可扭曲包装材料制成的软包装，是最主要的金属箔膜包装。

柔性铝包装材料具有较好的水分与气体阻隔性能。一般认为厚度大于或等于 0.018mm 的铝箔对水、气体是不透过的。较薄的铝箔易出现铝孔（针孔），略具渗透性。铝箔厚度与水汽透过性关系见表 11-7。铝箔耐酸、碱性较差，常需涂料保护；在外观上，铝箔拥有的表面光泽和颜色，可提高包装的档次；铝箔延伸性较好，采用合适的工具可以使其拉伸到一定程度制成适合松散食品的包装，但是铝的拉伸强度不高，易受刮伤和磨损，易被撕裂，因此，较多用于涂塑或复合包装材料。铝箔常用于复合包装材料的内壁（与食品接触层）或复合材料的中间层，如在利乐纸包装材料及蒸煮袋中作为良好的隔绝层。

表 11-7　典型铝箔厚度与水汽透过性关系（38℃，100％RH）

铝箔厚度		透过水汽量/$g \cdot m^{-2} \cdot d^{-1}$
in	mm	
0.00035	0.0089	4.65
0.0005	0.0127	1.55
0.0007	0.0178	0.46
0.001	0.0254	0

根据铝箔的厚度、复合材料特性和机械强度，铝箔可用于制造半硬性浅盘、软包装袋、复合容器的阻隔层材料和装饰性标签、盖衬及热密封盖等。柔性铝合金包装常用的合金号为1100、1145、1235。焙烤用的馅饼盘或需较厚韧性金属箔时，也可用 3003 合金材料。

铝箔与纸黏合而成的铝/纸复合材料，可增加其强度、致密性、防潮性和防腐蚀性。常用于茶叶、香烟、饼干和奶粉等食品包装。铝箔与塑料复合可作为蒸煮袋及可杀菌盘式容器材料。隔绝型铝箔蒸煮袋材料的构成和物理性能见表 11-8。使用隔绝型铝箔的蒸煮袋，要注意酸性食品对铝箔产生的腐蚀作用，以及因折曲产生的针孔易导致内容物变质的缺陷。能经受杀菌的盘状铝箔容器结构，大多数是用 $100 \sim 150 \mu m$ 厚的铝箔（盖材用 $50 \sim 100 \mu m$ 厚铝箔），外面涂一层金色涂料，内面则与 PP 膜（$50 \mu m$ 厚）复合而成的。

表 11-8　隔绝型铝箔蒸煮袋的构成及物理性能

构　成	适用温度/℃	抗张力/N·$(15mm)^{-1}$	粘接强度/g·$(15mm)^{-1}$	封口强度/N·$(15mm)^{-1}$	整体粘连温度/℃	封口温度范围/℃	氧穿透量/mL·m^{-2}·d^{-1}·Pa^{-1}	透湿度/g·m^{-2}·d^{-1}	用途举例
聚酯（12μm）/铝箔（9μm）/特殊高密度聚乙烯（70μm）	≤120	49.0～58.8	600	53.9	125	160～200	0	0	咖喱、牛肉等调理食品
聚酯（12μm）/铝箔（9μm）/特殊聚丙烯（70μm）	≤135	58.8～68.6	700	49	135	190～240	0	0	一般烹调食品
聚酯（12μm）/铝箔（9μm）/尼龙（20μm）/特殊丙烯（70μm）	≤135	78.4～98	800	49	135	190～240	0	0	高级烹调食品

铝箔与塑料和纸的复合材料包装，在液态食品包装上有代替镀锡罐和玻璃罐的趋势。无菌包装用的利乐包就是一类有发展前途的包装。

近年来，真空镀铝技术的发展，在纸或塑料箔膜上镀上更薄的一层金属箔膜，使材料有更好的性能。如无应力开裂，无静电，光亮美观，金属消耗少等。

4. 其他金属包装材料

用于食品包装的金属材料除了镀锡板、镀铬板与铝板外，还有镀锌薄钢板（镀锌板）、锡板、镀锡铅合金板等。

镀锌薄钢板也称白铁皮，它是将热轧的钢板经过酸洗，除去表面氧化物后，再放进熔化的锌槽内镀上一层薄的锌制成的。锌比铁活泼，易形成一层很薄的致密氧化层，阻止空气和潮气的侵蚀，具有一定的耐腐蚀性。镀锌薄钢板多用来制作桶状容器。为了增强其稳定性，常在容器内、外（尤其内表面）涂上各种性能的涂料，但由于其易腐蚀，使用受限制，只用于干食品的包装（但不能用于酸性食品包装），且多数用于外包装。

(二) 金属容器的结构与特点

用金属材料制成的硬与半硬食品容器按其用途分类有食品罐头罐、铝质易拉罐、喷雾罐、钢桶等容器。全密封性食品罐是金属罐的主要形式。根据其容器结构构成常分为三片罐和二片罐。食品罐的结构、成型方法、原材料及主要用途见表11-9。

表 11-9　金属食品罐的结构特点及用途

名称	结 构 特 点			主 要 用 途
	罐体成型方法	主要形状	金属材料	
三片罐	锡焊	圆、方形	镀锡板	已被熔焊罐取代
	粘接	圆、方形	镀锡板、镀铬板、铝板	一般食品、饮料、油、化妆品、工业用品等
	熔焊	圆形	镀锡板、镀铬板	一般食品、饮料、油类化妆品、药品等
二片罐	深冲（DRD）	圆、方、椭圆形	镀锡板、镀铬板、铝板	一般食品
	冲拔（DWI）	圆形	铝板、镀锡板	含气饮料、啤酒（铝）
	冲压	圆形	铝（锌）板	啤酒（铝）、化妆品（锌）

1. 三片罐

三片罐由罐筒体、盖、底三部分构成。其形状除圆形罐外，也有梯形罐、方形罐等。三片罐的罐身有接缝，接缝的固定密封方法有锡焊法、熔焊法和粘接法。罐筒体与盖、底则采用二重卷边法密封，底、面盖周边内侧涂有胶圈，以保证接合部位的密封性。

(1) 锡焊罐　锡焊罐是用熔锡将罐身接缝（踏平后）焊接而制成的食品罐，也称为传统罐（典型罐），其制罐生产流程见图11-2。锡焊罐主要制罐材料是镀锡板。

1　剪切缺口　　2　带钩形的罐坯　　3　罐身成型　　4　侧缝　　5　焊接后的侧缝

6　凸缘　　7　装罐端　　8　卷边位置　　9　二重卷边完毕

图 11-2　典型三片罐制罐生产流程

锡焊罐生产效率高，成本低，曾经是食品罐的主要包装形式。但由于锡焊料含有重金属铅，容易污染食品，受到越来越多国家的禁止或限制使用，自20世纪70年代以来锡焊罐头食品罐已被电阻焊接罐所代替。

(2) 熔焊罐　熔焊罐又称电阻焊接罐。1970年瑞士的Soudronic公司研制出了用铜线作为电极的电阻焊接技术（称为soudronic welding technique），也称铜丝熔焊法（或wire maqsh，简称WIMA、"维码焊"）。用"维码焊"技术，只要经四个工序，即解垛→解除罐身板内应力→塔接成圆→焊接，即可将罐身板制成圆形罐身。电阻焊接制罐原理见图11-3。

电阻焊接制罐技术不仅可降低来自金属容器中的铅对食品污染，而且可节省制罐材料，降低能耗。电阻焊接罐不用焊锡，边缝不需咬接。焊缝厚度仅为罐壁厚度的1.2～1.8倍，叠接宽度最小可达0.4mm。可用0.15mm厚金属镀锡板制罐，节约3%～7%的薄钢板，且熔接质量高，有利于提高制罐速度，最高可达500～600罐·min^{-1}（一般锡焊制罐350罐·min^{-1}）。目前，电阻焊接罐已广泛应用于食品罐头用罐、饮料罐、气溶胶罐、日用品罐和大桶 [55gal，1gal＝4.54609dm^3（英），1gal＝3.78541dm^3（美）] 等容器生产。

图 11-3　电阻焊接制罐原理

电阻焊接多采用镀锡板，适当镀锡量有利于降低二层薄板间和焊轮间的接触电阻，保证焊缝均匀。我国已生产出多种型号的半自动、全自动电阻焊机及各种电阻焊接生产线。

镀铬铁板的电阻焊接采用固态锻接法来完成，与维码技术不同之处是焊接在低于材料熔点温度下进行，焊接滚轮由银和石墨制成，焊接时不用铜丝，而用银/石墨电极和罐身板边缘接触，利用滚轮间的电流和压力使罐身搭焊起来。固态锻接法可采用镀铬铁或镀锡薄板，其生产线包括边缘清理机（除净表面钝化层和金属镀层，露出 1.25mm 宽光洁的金属面）、成圆机、点焊机和锻接机，再连接内外粉末补涂与火焰固化装置。经锻接后接缝均匀，强度大于邻近材料，厚度为基板的 1.6～1.7 倍。该法仅适用于罐型单一、批量大的饮料罐，而且银/石墨焊轮使用寿命短（几十分钟就需更换），使该技术尚未能大量工业化应用。

（3）粘接罐　粘接罐是指罐身边缝由黏合剂粘合的金属罐。粘接罐有两种类型：一种用热塑性有机黏合剂，可用于不需加热杀菌的容器，用于灌装冷冻柑橘浓缩汁等食品；另一种是用聚酰胺作为黏合剂的粘接罐，可用于软饮料及乳品饮料罐，也可用于肉制品罐头。20 世纪 70 年代已有采用尼龙搭接法制成适于低温杀菌的镀铬铁罐，用于罐装软饮料。

粘接罐和锡焊罐的制造工艺有些不同。粘接罐原料薄板裁成罐身料后首先送到粘接剂涂布器，其中有一火焰用于预热每个罐身板，然后再涂以粘接剂。粘接剂先被挤至一涂布轮上，再转涂到罐身板的边缘成连续的细条。接着，罐身迅速地通过冷却滚轮间，并通过切削部位，除去多余的粘接剂。

2. 二片罐

二片罐是指罐底罐身（筒体）为一体的部分与盖再构成的金属罐。有圆形、椭圆形、方形等形状罐。依据罐体的成型方法有深冲罐和冲拔罐。

（1）冲拔罐　冲拔罐（drawn ironed can，DI 罐）或称 DWI 罐（drawn and wall-iron steel can），是在 20 世纪 40 年代发展起来的二片罐。冲拔罐是用深冲初成型，再用一系列拉伸（ironing）操作来增大罐身高度和减少壁厚而制成的金属罐。冲拔罐最初用韧性好的铝材，后来也用镀锡板。

DI 铝罐生产效率较高（可达 1200 罐·min⁻¹），生产时间短（从卷带料到成品仅需 1.5h），材料消耗比三片罐显著下降，但对罐的涂料和材料品质上的要求及设备投资方面比三片罐高，从而使成本增加。

冲拔罐的罐壁较薄（约 0.1mm），耐压力与真空性能较差，故多数用于饮料罐，如啤酒、碳酸饮料等含气饮料的包装。为了扩大 DI 罐的应用，采用镀锡板制成的 DI 罐，常在罐身压出凹凸波形加强圈，或采用缩短罐高度来维持罐的刚性，这类 DI 罐用于某些蔬菜罐头、宠物罐头的包装。

（2）深冲罐　深冲制罐（DRD 罐）是指用连续的深冲（也称拉制，draw）操作（如两次或两次以上）使罐内径尺寸变得越来越小的成型过程，故也叫深冲-再深冲法（draw redraw），由此法制成的二片罐称为 DRD 罐。

DRD 罐终产品的底、壁厚和原材料薄板的厚度差异较小，因此其材料成本比 DI 罐高。但此法对薄板材料品种要求不严格，锡的润滑作用显得不重要，故可用镀锡板、镀铬板和铝合金板，可制成圆形、方形和椭圆形罐。DRD 技术可用于加工收缩径罐，使容器具有足够的强度，易承受制罐等机械操作。DRD 法设备投资成本比 DI 法低（约为 DI 法的 1/2），生产的用罐一般罐高度和直径比为 1∶1 以下，可用于进一步灭菌的食品罐。

二片罐生产线的投资较大，相当于三片罐生产线的 8 倍，且二片罐加工设备在罐尺寸的互换性上仍比不上三片罐。但二片罐的最大优点是省去了侧缝，消除了镀锡板锡焊罐中铅对内容物的污染，且由于没有侧缝和底部接缝，减少了渗漏的可能性，因此其发展仍受到重视。

易拉盖的使用提高了罐头食品食用的方便性，使罐装的饮料、食品在市场的销售大增，但也带来了环境保护问题。易拉盖拉环（耳）多用硬质铝材制成，硬而且边缘锐利，常刺破轮胎，伤害人、畜。为此，许多易拉罐盖采用压下盖（也称 prosto end），开罐时拉环（耳）仍保留在空罐上，方便废罐回收，可减少对环境的危害。

3. 喷雾罐

喷雾罐也称气雾罐（Aerosol），是在第二次世界大战后才发展起来的一种金属罐。罐内装有雾化剂，它与被包装物形成一种气溶胶状态，在罐内形成一定的气压，当阀门被打开，混合物被喷射到空气中形成雾状。其结构原理见图 11-4。

喷雾罐中采用的雾化剂是喷雾的动力源。常用的有碳氢化合物（如甲烷、乙烷、异戊烷、丁烷、异丁烷、丙烷等），压缩气体（如 CO_2、N_2 等）和碳氟化合物（因引起环境污染使用已受到限制），也含有稀释剂（如二氯甲烷、二甲醚、氯乙烯、三氯乙烷、矿物油、煤油等）以增加雾化剂的溶解度或降低其压力。一些雾化剂及稀释剂中含有对人体有害成分，不能用作食品喷雾罐。食品喷雾罐中使用的雾化剂是无毒的氮、二氧化碳等，主要用于泡沫奶油、蛋糕装饰料的包装。

压缩气体雾化剂

液体浓缩物

图 11-4　喷雾罐结构

4. 钢桶

钢桶是镀铅锡合金钢板或镀锌钢板加工的圆形容器，常具有较大容量（如 200L 等），主要用于流态食品或某些干食品（常有内包装）的运输包装。容量 200L 的钢桶，一般直径 500mm、高度 900mm。钢桶按其结构分为顶封式和顶开式两种。

顶封钢桶通常有两个带凸缘的孔，一个直径约 50.8mm，另一个 19mm。也有两个孔是大小一致的。一般小孔用来通气，大孔用来连接进出口。孔口位于桶顶相对的两边；或者一个在桶顶，另一个在桶身的中间；或者一个在桶顶，另一个在桶底。开孔上有螺纹，可装上螺旋盖和橡胶垫或石棉垫。这种结构的钢桶常用来装液态食品，如油，或其他腐蚀性低的流态食品。

顶开式钢桶有一个非密封的桶盖，盖子边上有槽，槽中有衬垫，以便桶的边缘密封，再用活卡铁箍上紧，或由锁紧螺母，螺栓固定。这类钢桶适于有内包装的粉状、块状等固态食品的包装。

为了增加钢桶的强度，防止机械冲击，根据需要可在桶身滚压出翻边、环筋和增加滚箍环，对材料进行抗腐蚀处理或进行适当涂料等处理。

5. 其他金属容器

其他金属容器按其容器的封口形式,有压盖罐和旋盖罐等。

压盖罐有单压盖、双压盖两种。前者用于粉状食品(如麦乳精、奶粉等)包装,为了加强运输贮藏过程的密封隔绝性,通常在压盖里层密封一层铝薄(在二重卷封盖时完成);双压盖封盖较平实,可用于茶叶等易吸湿食品的包装。压盖罐的密封靠金属盖与罐顶密封边的摩擦压紧,其密封性与材料挠性及加工工艺等有关。

旋盖容器常是长方体的,容量可达5gal,用于装食油或其他需密封的液态食品。通常容器出口直径较小,盖子的尺寸用英寸加分数表示(指螺纹的外径),螺纹剖部或螺旋角并未有工业标准,因此,容器与盖子常由同一厂家提供,以保证互相配套。

(三)金属食品罐的涂料

镀锡板、镀铬板和铝合金板等材料制成食品罐(罐头),由于材料的性能差异,包装产品不同,加工过程的机械磨损,使食品罐易受腐蚀,引起内容物变质或影响产品的商品价值,因此多数食品罐均要求对罐内(外)壁进行涂料处理,或采用涂料铁制罐,使内装食品和镀锡板隔开,以减少它们之间的反应,从而保证食品质量和延长罐头的保存期。

1. 食品罐内壁涂料

罐内壁涂层主要是保护金属不受食品介质腐蚀,防止食品成分与金属材料发生不良的化学反应,或降低其相互黏结能力的工艺。罐内壁涂层工艺一种是把专用涂料漆在平张镀锡板(或其他钢板、铝板)上,然后烘烤使其固化,称为制罐前涂料;另一种是在空罐成型后再在罐内壁涂上保护漆,称制罐后涂料。

用于食品罐内壁的涂料漆成膜后应无毒,不影响内容物的色泽与风味,有效防止内容物对罐壁的磨损,漆膜附着力好,具有一定的硬度、耐冲性和耐焊接性,适合制罐工艺要求。罐头经杀菌后,漆膜不能变色、软化和脱落,在罐头贮藏期间,稳定性好。

常用罐内壁的涂料,依其主要目的,有:抗酸涂料、抗硫涂料、双抗涂料、防黏涂料、冲拔罐抗硫涂料及快干接缝补涂涂料等。

食品金属容器内涂料的发展是:采用价格低廉而且比较稳定的树脂和油类,如采用聚丁二烯作为制造涂料的原料;采用高固体含量的涂料,改善涂料后烘干工艺环境条件;以单层涂料代替多层涂料,或开发多种功能和用途涂料,提高生产效率等。由于食品与罐内壁直接接触,会造成罐体金属溶出,对食品造成污染,因此我国对食品金属容器及食品中某些有害金属污染物都有严格的控制标准。

2. 食品罐外壁涂料

食品罐外壁涂料主要是彩印涂料。现代食品罐多以印铁商标(彩印)代替纸商标,既美观光亮,也省去贴标操作,可避免纸商标破损、脱落、褪色和油污等缺点,罐外涂料层可防止罐外表面生锈,也便于使用罐外层镀锡量较低的镀锡板。

罐外涂料层(涂料及油墨等)应具有较高的稳定性,耐沸水和加压蒸汽杀菌,涂膜不变色、软化、脱落和起泡,保持原有的光泽、色彩,有良好的加工性能及经济性。

罐外涂料常由多层涂料构成。不同用途食品罐其外层涂料各层构成成分及涂膜要求虽不相同,但都包括底涂层、白涂料或白油墨层、彩印油墨层、罩光涂料层。

(四)金属食品罐的封口

1810年,发明镀锡罐并用其保藏易腐食品,其封口靠锡焊法,使用孔盖罐(hole and cap can)或称环孔加盖焊封罐。直到20世纪初,出现了新型罐(也称敞口罐),可以使罐盖边卷入罐身周边内,代替焊锡密封,这就是二重卷封罐。二重卷封罐是目前密封性能最佳的金属容器封口形式。

罐头二重卷封通常靠头道卷封(使罐盖卷曲边和罐身翻边相互钩合)和二道卷封(将罐

盖身钩紧压在一起，并将盖钩皱纹压平，使密封胶很好地分布在卷边内）组合的二次卷边操作来完成，因此也称为二重卷边。实际上二重卷边是指罐上盖、身互相卷合所构成的那一部分。二重卷封操作时罐身翻边和罐盖卷曲边相互钩合形成牢固的机械结构。二重卷封由三层罐盖厚度和两层罐身厚度构成，在二重卷边叠层内充填适量密封胶，以保证密封性。

二重卷边的形状和构造直接受封口滚轮的槽沟形状和压头斜度影响。滚轮轮廓大小应随铁皮厚度不同而变化。滚轮轮廓和滚轮压力的调整和封罐机的托盘最后决定二重卷边的形状和完整性及其大小。在正常封口操作中，对二重卷边必须定期检查，一般最长间隔时间不超过 4h 就应从每一封头取样一罐做卷边解剖（或剖析）检查。除此之外，还得增添从封罐机取罐做非破坏性目检，而其间隔时间不应超过 30min，并将检测结果记录。检查过程发现明显的缺陷即迅速纠正，以保证整批生产中能保持封口的密封性。

二重卷边质量是由许多不同的指标参数测定结果进行评定的，见图 11-5。通常使用测微计测定系统，对下列指标进行观察和测量：身钩、盖钩、卷边厚度（或长度、高度）、紧密度（观察皱纹）、卷边厚度、埋头度和叠接长度（计算法）等。

图 11-5 二重卷边罐的卷边结构

三、纸、纸板及纸包装

纸或纸基材料构成的纸包装材料，具有成本低、易获得、易回收等优点，是食品包装的重要材料。

(一) 纸和纸板

纸和纸板分类，常依定量或厚度来划分。定量在 $250g \cdot m^{-2}$ 以下或厚度在 $0.1mm$ 以下称为纸；定量在 $250g \cdot m^{-2}$ 以上或厚度在 $0.1 \sim 8mm$ 以上的称为纸板。

1. 纸的性质及品种

纸和纸板是由木材等提取的纤维素加工制成的，纸的性质主要受制浆和抄纸工艺影响。

常用的食品包装用纸有牛皮纸、羊皮纸、防潮纸等。

(1) 牛皮纸 牛皮纸是用未漂硫酸盐木浆抄制的高级包装用纸。其色泽呈黄褐色，机械强度高，耐破度较好，具有一定的抗水性，主要用于外包装用纸。牛皮纸规格有卷筒纸和平板纸两种。有单面光或双面光，有条纹与无条纹之分，定量为 $32g \cdot m^{-2}$、$38g \cdot m^{-2}$、$40g \cdot m^{-2}$、$50g \cdot m^{-2}$、$60g \cdot m^{-2}$、$70g \cdot m^{-2}$、$80g \cdot m^{-2}$、$120g \cdot m^{-2}$ 等。

(2) 羊皮纸 羊皮纸又称植物羊皮纸或硫酸纸，有较高撕裂强度，抗油性能较好，有较好的湿强度。定量为 $55g \cdot m^{-2}$、$60g \cdot m^{-2}$、$66g \cdot m^{-2}$、$75g \cdot m^{-2}$。有卷筒纸和平板纸两种，可用于奶油、油脂食品、糖果、茶叶食品包装。

(3) 防潮纸 防潮纸又称涂蜡纸。涂蜡纸是成本最低的防水材料之一，并具有良好的抗油脂性和热封性。

(4) 过滤纸 过滤纸有一定的湿强度和良好的滤水性能，无异味，卷筒装，幅度为 94mm 和 145mm，每卷长为 420m。可用于袋泡茶包装。

(5) 防霉防菌纸 防霉防菌包装纸是采用 80% 的漂白针叶硫酸盐木浆和 20% 的漂白阔

叶硫酸盐木浆，打浆时添加 8-羟基喹啉、硫酸铜和氢氧化钠等防霉剂抄制而成的。防霉防菌纸基本上无毒，用于新鲜果蔬、食品、化妆品、衣料的包装。

也有一些有防鼠作用的防鼠纸。是一种涂有己二酰亚胺的牛皮纸。己二酰亚胺毒性较低，但老鼠的牙齿对其特别敏感，受刺激后，就发生忌口作用，可用于粮仓中做成防鼠墙。

2. 纸板

纸板常按其纸浆来源及构成特点分类。常用的纸板有黄纸板、箱纸板、瓦楞纸板、白纸板等。

瓦楞纸板是由瓦楞原纸经机器滚压后成为波纹的瓦楞纸与箱板纸黏合而成的。其结构依瓦楞纸与板纸的组合形式有：单面瓦楞纸板（一层瓦楞纸与一层箱板纸黏合而成），其强度不大，多用于缓冲与不定型包装；双面单瓦楞纸板（一层瓦楞纸两面各与一层箱板纸黏合），用于制作中小型纸箱（盒）；双层瓦楞纸板（由两层瓦楞纸与三层箱板纸构成），多用于水果蔬菜等食品的常规包装箱；三层瓦楞纸板（由三层瓦楞纸与四层箱板纸黏合而成），用于制作大型包装容器和托盘式集合包装箱。此外也有更多层次的瓦楞纸板。

瓦楞纸板具有强度大、重量轻、便于印刷及造型等特点，是主要的纸包装材料。日本研究两类有保鲜作用的瓦楞纸板，可用于果蔬包装保鲜用，一种是由瓦楞纸与 PSP（聚苯乙烯泡沫板层）叠成的，其构造是纸/中芯/PSP/纸；另一种是瓦楞纸与 PE（聚乙烯泡沫）复合的薄板层保鲜瓦楞纸，其构造是 PE/中蕊/纸。保鲜瓦楞纸与其他纸性能比较见表 11-10。

表 11-10 保鲜瓦楞纸板与其他材料阻隔性能比较

项　　目	保鲜瓦楞纸板	普通瓦楞纸板	PE(厚 $30\mu m$)
透湿性/$g \cdot m^{-2} \cdot d^{-1}$	40～45	830～910	24～48
热导率/$W \cdot m^{-2} \cdot K^{-1}$	0.0318	0.049	—
透 O_2 性/$mL \cdot mm \cdot m^{-2} \cdot d^{-1} \cdot kPa^{-1}$	52	过高不能测	220
透 CO_2 性/$mL \cdot mm \cdot m^{-2} \cdot d^{-1} \cdot kPa^{-1}$	160	过高不能测	830

（二）纸容器及其特点

纸容器是以纸或纸板等原料制成的纸袋、纸盒（杯）、纸箱、纸罐、纸筒等容器。按纸容器的用途分为两大类：一类是用于销售包装的（如纸盒、纸罐、纸杯等）；另一类是用于运输包装的（如纸箱等）。

1. 纸袋

纸袋是指用纸（可以多层）或纸复合材料加工而成的容器。纸袋的皮重很轻，因此纸袋包装食品的货运价格也最便宜，其包装容量可达 50kg（用多层运输袋）。纸袋常由牛皮纸、亚硫酸盐纸、玻璃纸、湿强纸等制成。按照纸袋的形式，常用的有自开袋（直立袋）、矩形衣袋、扁平袋、信封袋、书包袋（皮包式袋）等。

纸袋构成及结构形式多样，以便提高包装保护和运输功能。如贝拉（balar）袋，可用来包装多个较小的袋，具有书包袋的袋底（椭圆形式多角形）或自开袋袋底的形式；多层重包装袋，由 3～6 层或更多层材料构成，用于重物包装。纸袋的封口形式有缝制、黏合（胶黏剂或热封合黏胶带等）。袋口也有采用绳子捆扎，金属条开关扣式。袋的侧边多数采用胶黏方法，也有采用缝合方式的（适于重包装）。

2. 纸盒

纸盒也叫纸板盒（carton），是一种半硬性纸包装容器。作为食品包装容器的纸盒的材料一般采用实芯纸板，如白纸板。为了保证食品卫生，防止包装材料带来的污染，与食品接触面往往采用挂面、涂层或加衬里，也有采用涂覆 PE 的。用于冷冻食品的包装则采用增加厚度加工成的耐水性纸盒。而用于高级酒类的包装盒，也有采用"E"型瓦楞纸板制成的盒子以增加强度和防震性能。

　　按纸盒的结构与成型特点分类，有折叠式和固定式纸盒。折叠盒的材料成本、制作与组合方式比较经济，能以扁平的形式贮运而节省空盒占有的空间，经过精美印刷和压凹凸可使其具有优良的货架展示包装性能，但折叠盒的强度有一定限制，受环境气候影响较大，常用于较小的包装盒。固定式纸盒与折叠式纸盒的形状、大小等类似，按使用要求制造，空盒运输过程不能折成扁平形状，其盒结构中许多部位（底角、周边等）都需增强处理，生产成本较高，多用于装饰特殊的食品包装。

　　普通纸盒尚未达到密封性包装要求，但其轻便，便于印刷、装饰和造型，使其在商品陈列包装中备受重视，尤其是在礼品包装中显示出其优越性。纸盒存在的缺陷，可通过改进纸质材料或结构设计等解决。

　　用纸、塑、铝材料复合纸板制成的可折叠纸盒，具有较好的密封性能，其材料构成为PE/纸/PE/Al/PE。常用的有屋顶形长方体、平顶形长方体、正四面体等构形，用于牛奶与果汁等饮料的无菌包装。

3. 瓦楞纸箱

　　瓦楞纸箱（corrugated case）是由瓦楞纸板折合而成的，是纸板箱容器中用量最大的品种，其由于价廉，良好的保护和防震作用，大量用于商品的运输包装。

　　瓦楞纸箱一般为方形，按其结构通常分为：一页成型箱、二页成型箱、三页成型箱及异形纸箱，最常见的食品包装瓦楞纸箱为一页成型箱。

　　瓦楞纸箱的选择及设计应考虑箱型、容量、尺寸、强度要求及箱内附件（如分隔、防震、增强等补充材料）。常见单、双层瓦楞纸箱的技术参数见表11-11。瓦楞纸箱的尺寸常指箱内尺寸。纸箱尺寸的确定除了考虑包装内容物的要求（数量、重量等）之外，也要考虑其强度性质（包括堆叠强度）及经济性，并配合运输交通器材体积及货架尺寸要求。从生产成本考虑，一定容积的最经济纸箱的长、宽、高比为2：1：2，长度为宽度的2倍，便于堆积中的联锁作用，形成稳定的堆积。但箱高度过大，也会造成堆置困难。从搬运贮存考虑，长度为宽度的1.5倍，高度比宽度略小的瓦楞纸箱最便于搬运贮存。

表 11-11　瓦楞纸箱技术参数

种类		最小破裂强度/MPa	纸板最小定量/g·m⁻²	内装最大定量		箱最大内尺寸	
				lb	kg	in	cm
单层	1	0.86	245	20	9.1	40	102
	2	1.21	366	40	18.1	60	152
	3	1.37	410	65	29.1	75	191
	4	1.89	673	90	40.8	90	229
	5	2.4	879	120	54	100	254
双层	1	1.37	449	65	29.5	75	191
	2	1.89	537	90	40.8	90	229
	3	2.4	615	120	54.4	100	254
	4	3.43	1083	140	63.5	110	279
	5	4.12	1318	160	72.6	120	306

注：1. 箱的最大内尺寸是箱子内长、宽、高三项尺寸之和，也称箱之最大容量。

2. 内装最大重量是包装物及纸箱的全部重量。

　　瓦楞纸箱装填物品后的封箱方法有黏合剂法和黏胶带封条。常用的黏胶带封条由60lb牛皮纸、PP、PVC塑料制成；用聚酯材料制成透明的压敏封条，但后者价格较高，容易剥落，强度较低，不宜用于装不满或过分装满的纸箱的封口。较重的包装纸箱尚需用各种捆扎带捆紧，减少运输过程破损。

4. 纸罐（桶）

纸罐又称纤维质硬化纸罐，其罐身呈圆筒形，由纸板或纸基复合材料制成。罐（桶）底、盖可以是纸板，更多的是金属、塑料或其他材料，因此常称为复合罐。习惯上容量小的（如罐头）称为罐，容量大的称为桶。

（1）复合罐　纸复合罐（composite can）20 世纪 50 年代开始用于食品包装。由于选用高性能的纸板、金属薄衬里及树脂薄膜，使复合罐的密封性、防湿性、防油性有所提高。1960 年研究成功双密封结构复合罐，使复合罐可用于流态食品（如橘汁）的包装。复合罐质轻，比常规马口铁罐价廉，机械强度适中，不变形，阻隔性良好，使用方便，抗腐蚀性比马口铁强，可用于干热空气灭菌。但复合罐抗压性比马口铁罐差，不能用于蒸汽、水杀菌。气密封性能尚不如金属罐。

复合罐罐身材料（纸板）结构由内层到外层为 PE 或 PP/Al/牛皮纸/三层纸板/铜版纸（商标）。罐身形成主要有三种形式：螺旋卷绕式、平绕式和搭接式，见图 11-6。三种形式都围绕芯轴来缠卷，然后按定长切断。目前在食品包装中多采用螺旋卷绕式与平绕式。复合罐的底盖可用马口铁、镀铬铁、铝等材料，采用二重卷封方式密封，可采用易开盖；盖（底）采用塑料，则用热封方式密封。国内生产的复合罐内径系列见表 11-12。复合罐多用于粉状、颗粒状干食品或浓缩果汁、酱类的包装。

(a) 螺旋卷绕式　　　(b) 搭接式　　　(c) 平绕式

图 11-6　复合纸罐筒体成型形式

表 11-12　国内制造的复合罐内径系列[①]

代　　号	201	211	300	307	401	404	502	603	610
内直径/mm	52.4	65	72.5	83.2	98.8	104.9	126.1	153	164.5

① 代号数字为罐外径英寸数，如 404 指直径为 $4\frac{4}{16}$in。

（2）纸桶　纸桶也称纤维质硬化纸板桶，或牛皮纸桶。容量一般在 220L 以下，最大装量 100kg。常用于干粉末食品、粮谷类、食品辅料等的包装。若在桶内加塑料内衬，也可用来装膏状物料。其端盖可用金属、木板或纸板，桶身由不同的层合片材制成，表面可以涂布所要求的涂覆物。这种纤维桶在垂直堆叠时，具有优良的强度/质量比，但桶侧抗压强度较低，不宜横向堆叠。为了增加桶的强度，在桶身用金属箍加强。纤维桶比金属桶轻，虽可在桶外壁进行防水处理，仍不适户外存放或长期置于自然环境中。

四、塑料包装材料及容器

塑料是一种以高分子合成树脂为主要成分，在一定条件（如温度、压力等）下可塑制成具有一定形状且在常温下能保持形状不变的材料。按塑料的性质可分为两类：热塑性塑料和热固性塑料。前者是线型高分子化合物，如聚乙烯、聚氯乙烯、聚丙烯、聚苯乙烯、尼龙等。若把固态线型高分子化合物加热，它将逐渐变软直至熔融，冷却后又变硬成固态，这个过程可以反复多次，这就有利于废旧塑料品的再生利用。而热固性塑料，如酚醛塑料、脲醛塑料、环氧树脂等，在受热时，可塑制成一定形状，但再加热时不会熔融，只会分解，因为在加热塑造时其分子间发生了化学交联反应，形成了不溶的网状体型结构，这类塑料只能一次成型，其再生利用比较困难。

工业发达国家，塑料包装材料占塑料消耗的 25％～30％。由于塑料包装材料与其他包装材料相比，具有：质轻、力学性能好；良好的加工性能和装饰性；对一般的酸、碱、盐等介质均有良好的抗耐能力，化学稳定性好；具有良好的透明性，制成包装容器可以清楚地看清内装物，起到良好的展示、促销效果等优点。因此，在各类食品包装中，塑料包装几乎无处不在，从鲜奶、豆浆、酸奶使用的包装袋，到各种食用油、碳酸饮料使用的桶或瓶，从袋装米面所用的编织袋，到各种方便面、小食品外包装，几乎所有的食品包装都离不开塑料的身影，可以说塑料包装与人们的日常生活密不可分。但是，塑料包装多数为一次性使用，用过后的塑料包装物成为都市主要的固体废物及垃圾，已倍受环境保护部门和公众的责难，环境保护对塑料，尤其是塑料包装生产与应用的挑战是严峻的。塑料包装及塑料制品不断发生的安全问题，使食品塑料包装生产过程的安全控制、塑料废物的处理、回收利用及可降解塑料的开发成为塑料包装应用中备受重视的研究课题。

（一）塑料的品种及特性

1. 玻璃纸

玻璃纸也称赛璐玢（cellophane），其主要成分是纤维素糖，属一种天然物质，将其归入塑料是由于多数玻璃纸含有增塑剂，如甘油或乙二醇。普通玻璃纸对水蒸气的扩散缺乏防护作用。为增加玻璃纸的隔绝性能，采用涂层方法（涂上防护剂）加工成防潮玻璃纸，如涂上硝化纤维素、聚偏二氯乙烯共聚物和聚氯乙烯共聚物等。涂聚乙烯的玻璃纸具有较好的防潮性、耐水性和韧性，在低温下不易破裂，在高温下容易与聚乙烯薄膜复合。

涂塑玻璃纸的性能主要决定于涂料层的性质。因此在食品包装时必须依据被包装物的性质采用不同的涂料层或复合薄膜，如普通玻璃纸多用于水分含量低或对水汽不敏感的食品包装，否则需选用防潮涂塑玻璃纸；而需气密性好和需加热杀菌的食品包装，则要选择复合型防潮涂塑玻璃纸。

2. 聚烯烃

聚烯烃（polyolefins）是由有乙烯结构（烯键）的乙烯类热塑性单体聚合而成的塑料，包括聚乙烯、聚丙烯、聚氯乙烯、聚偏二氯乙烯、聚苯乙烯、聚乙烯醇及聚四氟乙烯等。

（1）聚乙烯 PE（polyethylene，PE）是由乙烯聚合而成的高分子化合物。纯净的 PE 是乳白色、蜡状固体粉末，工业上使用的 PE 是已经加了稳定剂的半透明颗粒，密度 0.92～0.96g·cm^{-3}；PE 不溶于水，在常温下也不溶于一般溶剂，但与脂肪烃、芳香烃和卤代烃长时间接触能引起溶胀，在 70℃以上时可稍溶于甲苯、醋酸、戊酯等；PE 在空气中点火能燃烧，发出石蜡燃烧时的气味；PE 吸水性小，能耐大多数酸碱的腐蚀；PE 的低温柔软性较好，其薄膜在－40℃仍能保持柔软性。

由于聚合方法不同，PE 的性能也有不同。在食品包装上常用的几种 PE 产品主要有：低密度聚乙烯、高密度聚乙烯、线型低密度聚乙烯以及其他 PE 品种。

① 低密度聚乙烯 低密度聚乙烯（LDPE）又称高压聚乙烯。由于在高压（通常在100～200MPa）条件下聚合，聚乙烯大分子链中有甲基等侧链（每 1000 个碳原子的主链上大约有 30 个甲基侧链）存在，故其密度较低，一般在 0.910～0.925g·cm^{-3}，软化点 90～100℃。不同的聚乙烯产品平均分子量（0.17～7.6）×10^4。一般用于加工薄膜的低密度聚乙烯，分子量（2.5～4）×10^4，其熔融指数为 0.2～0.7g·(10min)$^{-1}$。

LDPE 可挤压为薄膜，吹塑成各类瓶，或作为纸、铝及纤维素薄膜的涂层。LDPE 对氧、二氧化碳透过性高，不透水且亲水性低，常用于保鲜包装薄膜、收缩薄膜。由于 LDPE薄膜透明、柔软、韧性好、成本低，故其应用最普遍。

② 高密度聚乙烯　高密度聚乙烯（HDPE）又称低压聚乙烯，其密度为 $0.941\sim0.965g\cdot cm^{-3}$，分子量 $(5\sim25)\times10^4$，软化点 $120\sim130℃$，其机械强度、硬度、耐溶剂性和阻气、阻湿性均优于 LDPE，用其制作的容器可在 $100℃$ 煮沸消毒。

用 HDPE 生产的包装袋，如交叉层合复合膜及吹塑制品，用于果汁、果酱、牛奶、啤酒等食品包装。

③ 线型低密度聚乙烯　线型低密度聚乙烯（LLDPE）是乙烯与 α-烯烃的共聚物。其中共聚单体 α-烯烃的链长（$C_4\sim C_8$）和数量可使制得的聚合物密度在一段 LDPE 的密度范围内（$0.915\sim0.935g\cdot cm^{-3}$），而其结构则为带短支链的线型分子链。LLDPE 比一般的 LDPE 具有更好的拉伸强度、刚性、耐冲击性、耐应力开裂性、耐热和耐低温性。

由于 LLDPE 具有线型结构，在密度相同时，LLDPE 的模数较高，可以加工成更薄的薄膜，而其挺度不变。LLDPE 还具有改性剂的作用，与其他树脂掺合，可使掺合体获得良好的综合性能，能保持原有 LLDPE 热黏合强度，即使封口受污仍可热封，适于肉类制品，如午餐肉、香肠、冷冻食品、奶酪等食品的包装。LLDPE 不是离子键聚合物，却具有许多离子键聚合物的优点，因此可取代其他价高的共聚物，如用 LLDPE 代替醋酸乙烯酯共聚物可制造耐低温冰袋。

④ 超低密度聚乙烯　超低密度聚乙烯（ULDPE）也是由乙烯和 α-烯烃共聚而成的。分子结构中不含低密度聚乙烯所具有的长支链，但短支链较多，密度通常仅为 $0.88\sim0.91g\cdot cm^{-3}$。

ULDPE 可用作乙烯-乙酸乙烯共聚物或软聚氯乙烯等的代用品。用作高密度聚乙烯、聚丙烯的改性剂，可改善抗撕裂强度及耐应力开裂性。单独或与线型低密度聚乙烯或高密度聚乙烯共混可生产各种薄膜。除与高密度聚乙烯共挤塑制复合薄膜外，还可制片材、异型材、软管等。

ULDPE 强度、柔韧性、密封性、光学性能均良好，耐化学腐蚀，对各种聚乙烯和聚丙烯有良好的粘接性。

（2）聚丙烯　聚丙烯（polypropylene，PP）是无色、无味、无毒、可燃的带白色蜡状颗粒材料，外观似 PE，但比 PE 更透明更轻。PP 平均分子量 8 万，熔点 $164\sim170℃$，密度 $0.89\sim0.91g\cdot cm^{-3}$。PP 熔融拉伸性极好，容易燃烧，离火后可继续燃烧，火焰上端黄色，下端蓝色有少量黑烟。

PP 具有优异的透明性、光泽、强度、弯曲强度、耐热性以及成纤性，故其拉伸性能非常好。PP 分子在熔融流动的方向定向，因此它的强度也有方向性。垂直于定向方向的拉伸冲击强度，比定向方向减少 50%。PP 的介电常数较低，为 $2.2\sim2.6$，而且基本上不受温度和频率的影响，具有良好电绝缘性；PP 具有良好的耐热性能，也是常用廉价树脂中耐温最高的一种，即使在 $150℃$ 使用也不变形；PP 熔点约 $170℃$，比 PE 高 $35\sim55℃$；PP 脆化温度为 $-35℃$，低温使用温度可达 $-20\sim-15℃$；PP 膜阻隔气性比 PE 膜强，其氧气透过率为 PE 的 $1/2$。虽然 PP 具有很多优点，但却有易于氧化劣化的缺点。

目前包装用的 PP，可分为单纯的 PP，常称均聚物（体），以及改进了耐冲击性的共聚物（与乙烯的共聚物）。此外，也有混合了无机填料的刚性增强 PP 及各种改性 PP。

PP 作为包装材料的主要形式是丝、织、膜，中空制品及注射成型制品。许多食品容器，如杯、盘、碗、盆、盒、周转箱等产品都可用 PP 注射成型方法制造。因为 PP 是结晶型聚合物，当熔融物冷却时，会伴随着明显的体积收缩，其收缩率达 $1.0\%\sim2.5\%$。PP 制品在使用中，还会有后收缩现象，这在考虑容器的密封时要加以注意。普通 PP 耐冲性不如 PE，用 PP 吹塑成型生产中空容器，除小瓶、安瓿等制品外，多采用耐冲性的共聚物。

PP 薄膜依其用途及性能可分为：T 型平膜（多采用均聚物）；环型模口机头薄膜（多采

用共聚物）；双向拉伸 PP 膜（简称 BOPP 膜）。BOPP 膜的透明性和光泽与玻璃纸接近，具有较低的透氧性与透湿性，可取代玻璃纸，在某些领域也可取代 PVC 和 PE，且其原料成本较低，原料来源丰富，有较高的单位面积利用率，力学性能比 LDPE 有明显优势。BOPP 膜的唯一缺点是热封性较差。采用某些适当的工艺技术，如和 PVDC（聚偏二氯乙烯）薄膜复合或涂覆，可改善其热密封性和隔绝性。实际上 BOPP 膜常用作复合膜及真空镀金属薄膜的主要材料，而居塑料薄膜应用的第二位。

拉伸 PP（简称 OPP）具有在拉伸方向强度高、伸长率小的特点，可以用拉伸的窄带或细丝作为织物和绳索的材料。用窄带编织的编织袋，广泛代替麻袋用于食品原材料的包装。

（3）聚氯乙烯　聚氯乙烯（polyvinyl chloride，PVC）树脂是白色或微黄色粉末，密度 $1.4g \cdot cm^{-3}$ 左右。在 PVC 加工过程中，常需添加增塑剂、稳定剂、润滑剂以及其他辅料，以制成不同硬度、不同用途的制品，其物理性能随工艺配方的改变而改变。PVC 可进行吹塑、注射、压延、流延等方法进行成型加工。

PVC 具有可塑性强、透明度高，易着色、印刷、耐磨、阻燃以及对电、热、声的绝缘性等优良性能，用于制作泡沫人造革、密封垫、搪塑制品和各种涂料、建筑材料、唱片片基及各种洗涤剂、化妆品的中空容器。由于采用了无毒助剂以及 PVC 树脂，合成中将氯乙烯单体含量成功地降至 $5mg \cdot kg^{-1}$（或在食品包装容器中氯乙烯单体含量小于 $1mg \cdot kg^{-1}$），可以生产出无毒 PVC，使 PVC 能应用于食品包装。如用于啤酒瓶盖和饮料瓶盖的滴塑内衬；吹塑 PVC 瓶用于调味品、油料及饮料等包装以代替玻璃瓶；PVC 薄膜有较低的水汽透过性和较高二氧化碳透过性，可用于肉类及农产品包装，也可用作糖果的扭结包装膜。定向拉伸 PVC 薄膜作为热收缩包装膜也发展迅速。

在生态环境以及 PVC 塑料的回收问题上，PVC 塑料用于包装材料正面临着严重的挑战，如何改进 PVC 生产技术，克服 PVC 应用存在的环境与安全问题仍是全世界关注的问题。

（4）聚偏二氯乙烯　聚偏二氯乙烯（polyvinyliden chloride，PVDC）主要是由偏二氯乙烯（VDC）和氯乙烯（VC）等共聚而成的，其商品名为赛纶（Saran）。PVDC 的性能随 VDC 的含量及助剂的种类不同而异。PVDC 最大的特点是对气体、水蒸气有很强的阻隔性，又具有较好的粘接性、透明性、保香性和耐化学性。PVDC 在室温时耐油和蜡性能较好，而在高温时会降低，其耐冲击强度在低温时很差。PVDC 虽价格较高，但优越的阻隔性使其仍广泛用作聚烯烃类包装材料的高隔绝性涂料或制成复合薄膜，以延长食品的保质期。

普通 PVDC 薄膜可耐热水加热，而不影响其隔绝性，但其热收缩率较高，在 100℃，达 25％～30％。这种特性使 PVDC 薄膜可大量应用于香肠、火腿包装以代替天然肠衣；高收缩型 PVDC 膜热收缩率达 45％～50％，一般不用于加热杀菌，而用于真空包装材料或作为外包装材料用。

用 PVDC 涂布的塑料薄膜特别适合用作对氧敏感及需长期保存的食品、医药品等的包装材料。涂覆与未涂覆 PVDC 的薄膜氧透过率见表 11-13。

表 11-13　涂覆 PVDC 前后薄膜氧透过率比较　　　　　单位：$cm^3 \cdot m^{-2} \cdot d^{-1}$

底层涂料	未涂覆	涂覆（涂覆量 $6 \sim 8g \cdot m^{-2}$）
BOPP（$20\mu m$）	2000	7
PET（$12\mu m$）	100	5
PE（$25\mu m$）	3000～5000	8
PS（$61\mu m$）	3000	7

(5) 聚苯乙烯 聚苯乙烯 (polystyrene, PS) 是由苯乙烯聚合而成的无规结构高分子链, 侧基苯环体积大, 阻止链的紧密堆积, 因此 PS 是芳香族非极性分子聚合物, 密度 $1.054\text{g} \cdot \text{cm}^{-3}$。在室温下 PS 是质硬、透明、无定形的树脂。

PS 具有良好的电绝缘性, 吸水性低, 即使在潮湿条件下仍保持其电绝缘性; PS 易于着色, 加工成型性好, 尺寸稳定性较好, 可用于注射模塑和真空成型; PS 导热性差, 而发泡聚苯乙烯 (简写 PSP) 导热性更差, 故常用于隔热材料及食品保温盒 (如快餐饭盒)。PS 的缺点是质脆, 不耐沸水, 耐油性有限, 易吸尘, 且不宜用于油性食品包装及加热食品包装。为了改善其性能, 常在 PS 聚合过程添加其他成分制成各种共聚物。PSP 废物难以自然分解, 对环境造成白色污染, 其在食品包装中的使用一直受到责疑。

常见的 PS 有标准聚苯乙烯 (PS), 耐冲击聚苯乙烯 (含有橡胶分散体的 PS 改性产物), 苯乙烯/丙烯腈共聚物系的苯乙烯改性产物 (简称 AS), 用丁二烯橡胶改性 AS 所得的树脂 ABS, 用丙烯酸酯代替丁二烯橡胶改性 AS 所得的树脂 ASA。

PS 的发泡性能好, 常用于制作泡沫塑料, 用于缓冲包装和托盘。改性的 PS 可制作乳制品 (如酸奶、冰淇淋、奶酪和奶油等) 的容器或塑杯。双向拉伸 PS 膜, 达到一定温度时会收缩, 也可用于收缩包装。

(6) 其他乙烯衍生物 乙烯衍生物树脂常具有 $\text{(CH}_2\text{—CXY)}_n$ 通式, 其中 X、Y 为 H 或其他取代基, 取代基为氯的聚合树脂为 PVC, 取代基为苯的聚合树脂为 PS, 取代基为甲基的聚合物为 PP, 取代基为羟基的聚合树脂为 PVA, 以及乙烯-乙烯醇共聚物 (EVAL), 尤其是后者是近年发展的高阻隔性材料。

① 聚乙烯醇 聚乙烯醇 (polyvinyl alcohol, PVA) 是聚醋酸乙烯酯经皂化制得的白色粉末, 是一种成膜性良好的高分子材料。PVA 薄膜可分为两种: 一种是聚合度在 1000 以上并经完全皂化的 PVA 制成的耐水性薄膜, 即 "维尼纶" 薄膜; 另一种是由低聚合度、部分皂化的 PVA 加工成的水溶性薄膜。

维尼纶薄膜透明度高, 不易吸尘, 不带静电, 可作为纤维纺织品用, 也可用于保鲜食品包装, 但其防潮性较差, 多与其他塑料制成复合膜。日本生产的双向拉伸聚乙烯醇复合膜 (商品名 Borlon), 具有优良的阻隔、防潮及可加工性能, 在透光、光泽、抗静电、耐油、耐热、耐化学侵蚀等方面也具有优良性能, 用于防氧化、防霉、防虫等包装。用 PVA 制成的水溶性薄膜, 可用作胶囊包裹材料。

② 乙烯/醋酸乙烯共聚物 乙烯/醋酸乙烯共聚物 (ethylene vinyl acetate, EVA) 在聚乙烯分子链无规则地连接着醋酸基, 因此, 醋酸乙烯 (VA) 的含量和分子量大小 (或称熔融指数) 影响着 EVA 的性能。VA 的含量越高, 塑料越软, 延伸率、耐冲击强度越高, 拉伸强度越小; VA 含量越低, 其性能越类似 LDPE。

EVA 塑料具有优良的韧性和裹包性, 是托盘包装和收缩包装的理想材料。采用熔融指数 $0.25 \sim 0.35\text{g} \cdot (10\text{min})^{-1}$, 分子量高, VA 含量高的 EVA 加工薄膜, 具有较强的耐应力开裂性, 可用于液体包装袋材料。用 EVA 共挤出的复合膜也是快餐食品的良好材料。

③ 乙烯/乙烯醇 乙烯/乙烯醇 (ethylene vinyl alcohol, EVAL 或 EVOH) 是 20 世纪 70 年代才研制出来的具有优异隔绝性能的树脂。把乙烯和乙烯醇共聚, 既可保持其良好的气体阻隔性, 又可改变其防潮性和加工性。EVOH 对干燥气体和芳香气味具有良好的阻隔性。EVOH 依其乙烯含量高低有不同的性能和用途。

乙烯含量低的 EVOH, 用作涂覆材料, 其阻隔性比 PVDC 高 $3 \sim 20$ 倍, 其不透过性比丙烯腈共聚物高 $75 \sim 100$ 倍; 乙烯含量高的 EVOH, 具有与 PVDC 相类似的综合气体阻隔性能, 但 EVOH 对气体的阻隔性随湿度的增加及温度增加而下降。从技术和经济角度考虑, EVOH 比 PVDC 更适合于复合膜中间作为隔绝层。以 PP 或 HDPE 为基材的共挤瓶, 中间隔气层采用 EVOH；以 PS、PC 和 PP 为基材的热成型共挤片材，也可用 EVOH 作隔气层。EVOH 还有防紫外线和防辐射等特殊优点。

④ 其他乙烯共聚物 用乙烯/2-甲基丙烯酸聚合制得的共聚物，再与离子性金属化合物反应，中和共聚物中部分羧基，可制得离子型共聚物，商品名称 Surlyn。Surlyn 与 LDPE 相比，力学性能显著提高，热熔封性、黏合性得以改善，便于改善复合膜的加工性能。

类似 Surlyn 的还有乙烯/甲基丙烯酸的共聚物（简称 EMAA），其价格比前者低 10%，吸湿性比前者显著下降，加工性能提高。乙烯/甲基丙烯酸共聚物最突出的优点是对各种极性材料具有极高的粘接性，并且具有优良的韧性，甚至在低温下仍有较好的韧性。

乙烯/丙烯酸共聚物（简称 EAA），其分子结构上主链和侧链均随机分布羧基，具有许多活化点，容易与极性物质反应，具备极优良的黏合特性，而且相邻链中的羧基可互相形成氢键，具有较好的韧度。因此常用于复合材料中作为黏合树脂或改善树脂性能用。

⑤ 多氟烃化合物 聚四氟乙烯（PTFE）是应用较多的多氟烃化合物（polyfluorocarbons），属于聚烯烃类热塑性树脂。由于聚四氟乙烯的大分子链上有高度的对称性，结晶性大，分子量很高，大分子链没有歧化的侧链，故 PTFE 制品的化学惰性最好，且耐热、耐化学药剂、难燃烧，表面张力非常低，在食品工业上主要用作煎盘和其他烧烤器具上的涂料。

其他的聚氟烃树脂，有聚二氟乙烯、聚三氟氯乙烯、聚三氟乙烯等。因分子中减少了氟原子，其性能稍有差异，但仍具有类似聚四氟乙烯的优异化学、物理以及电性能。PTFE 树脂长期使用温度 260℃，聚三氟氯乙烯树脂 180℃，聚二氟乙烯为 150℃，比其他热塑性树脂耐温性高。且它们有优异的耐低温性，PTFE 耐 -80℃ 以下低温，聚三氟乙烯、聚二氟乙烯树脂在 -60℃ 可以长期使用。

3. 非乙烯热塑性聚合物

（1）聚酰胺 聚酰胺（polyamids，PA）是聚合物链节中含有酰胺基（—CONH—）的一类聚合物，商品称尼龙（Nylon，简写 ON）。第一个尼龙产品是尼龙 66（PA66），由己二酸和己二胺合成。常见的尼龙产品有 PA6、PA1010、PA11、PA12 和 PA1212 等品种，主要用于纤维及工程塑料。在食品包装上，尼龙一般制成薄膜使用。无论是定向还是不定向拉伸的 PA 膜都很透明，具有耐高低温性能（-60～150℃），对碱、油、有机溶剂稳定性好，强度高，韧性好，不易穿孔。但 PA 膜吸湿性大，其水蒸气透过率随温度升高而增加，因此 PA 膜常用于制作复合膜。

常用于软包装材料基材的尼龙多采用双向拉伸尼龙薄膜。其富有柔软性，有高拉伸强度，冲击强度、密封强度与 PET、OPP 差不多，但在低温下耐穿戳强度优于 PET、OPP。尼龙作为复合膜的基层材料有多种不同的形式，如普通型（ON）、防带电型（ONE）、易粘接型（ONM）、高防滑型（ONS），还有中低收缩型、蒸镀型和高阻隔型（涂覆 PVDC）供选择。

（2）聚酯 聚酯（polyethylene terephthalate，PET）是指链节间由酯基（—COO—）相连的高分子化合物。用于食品包装的聚酯类为对苯二甲酸与二元醇（如乙二醇）缩聚而成的聚对苯二甲酸二乙酯。聚酯常分为三类：非结晶聚酯（A-PET）、结晶聚酯（C-PET）和共聚性聚酯（PETG）。聚酯主要用来作纤维（涤纶），制薄膜、包装容器，也用于胶卷、磁带等材料。

无拉伸 PET 薄膜加热至 100℃ 变成易脆的白色不透明体，常用的 PET 膜材都是双向拉伸聚酯（BOPET）。PET 薄膜密度 $1.385～1.395g \cdot cm^{-3}$，具有良好的电绝缘性能、抗张强度和弯曲疲劳性能。其抗张强度比 LDPE 大 10 倍左右，可达到金属的数量级；厚度为 0.025mm 的 PET 薄膜对光透过率仅次于玻璃纸，并能吸收 310nm 的紫外线；PET

膜对气体阻隔性类似 PVDC，且具有良好的保香性，耐热寒性较好（−70～150℃）；热收缩率较低。PET 膜的主要缺点是对缺口敏感，撕裂强度低，难以粘接，因此常将 PET 制成复合膜，如金属蒸镀膜、PVDC 涂布膜，与 MXD$_6$ 尼龙共挤吹塑多层膜等。

虽然 PET 树脂价格较高，但用 PET 吹塑的中空容器（PET 瓶），具有高度表面光泽，透明度高，机械强度高，不易破碎，且质量轻，用于 500mL 以上饮料瓶更显出其用料省、经济的特点，可取代玻璃瓶。改良制瓶工艺，提高 PET 塑料的结晶度（达 30％～45％），可使 PET 瓶不仅可用于冷灌装饮料，还可用于热灌装软饮料。废旧 PET 瓶易回收，不污染环境。

（3）聚碳酸酯　聚碳酸酯（polycarbonates，PC）是指分子链中含有碳酸酯（—ORO—CO—）的一类高分子化合物，碳酸酯分子中的 R 可以是脂肪族、芳香族或脂肪-芳香族的化合物。工业生产的 PC 是以双酚 A（4,4-二羟基二苯基丙烷）为主要原料在碱性介质存在下和光气反应或双酚 A 与碳酸二苯酯在高温减压下进行酯交换和缩聚反应而生成的。

由于 PC 价高，妨碍它在包装材料中的应用，但在要求高坚韧度和高软化温度（133℃）的情况下，它是一种理想材料，就其价格与性能来说，与尼龙薄膜为一类。

由 PC 吹塑、模挤或溶液流延法生产的 PC 膜的主要特点是其力学性能、热性能较稳定，几乎不受热和水分的影响，而且光折射率较高，透明且闪亮，印刷性较好，便于与纸、铝等材料加工成复合材料。PC 对水汽和气体的阻隔性较差。用真空成型制成的 PC 轻量容器，可用于工具、餐具及锐利物品的包装。

4. 热固定化塑料（thermosets）

（1）酚醛塑料　酚醛塑料（phenol-formaldehyde，PF）是苯酚甲醛塑料的简称。在热固塑料中，酚醛塑料成本最低，容易加工，能耐较高的温度。酚醛塑料的性质在很大程度上取决于所用的填料。多数酚醛塑料刚性好，强度高和耐蠕变性，用其制成的瓶盖可承受封盖机的扭力，并能长期保持密封而不松动。酚醛塑料通常是黑色或棕色的，因此会影响其应用范围。

（2）脲醛塑料　脲醛塑料（urea-formaldehyde，UF）是脲甲醛塑料的简称，是由脲与甲醛聚合而成的。脲醛塑料是一种硬质半透明材料，着色性好。虽脲醛塑料比酚醛塑料贵，但其着色范围宽，广泛用于瓶盖及化妆品盒。脲醛塑料不与任何溶剂作用，有优良的耐油性，但它不耐碱和强酸，能经受高温而不软化，但在 199℃ 左右会炭化，在非常潮湿的条件下会吸水，因此不能用于蒸汽消毒。

（3）玻璃纤维增强聚酯（glass-reinforced polyesters）　用玻璃纤维增强聚酯（glass-reinforced polyesters）加工的贮罐及运输容器，具有高的单位重量强度，对外界环境变化耐性强，有良好的抗溶剂化学性能。

（二）塑料包装薄膜

塑料包装薄膜约占塑料包装材料 40％ 以上。塑料薄膜按构成原料及加工工艺可分为塑料单体薄膜、复合塑料薄膜和真空蒸镀金属膜。塑料薄膜用于塑料袋的材料或其他包装形式。按塑料薄膜的包装特点来分类，则有各种专用膜：如热收缩膜，弹性膜，高阻隔性膜，扭结膜，防渗、防潮、耐油膜，保鲜膜及可降解再生膜（可降解塑料膜）等。

1. 塑料单体薄膜

塑料单体薄膜也称单层塑料膜，是由单一品种热塑性塑料制成的薄膜。单体薄膜由于加工成本低，适于各种不同要求的包装，如 PVDC 单层膜阻隔性能好，耐高温杀菌，有一定收缩性而广泛用于香肠、火腿、干酪、蛋糕等食品包装。表 11-14 列出了各种单一薄膜的性能。

表 11-14　各种单一薄膜的性能比较

薄膜种类	物 理 性 能													
	印刷性	热封性	防湿性	气密性	强度	刚性	耐热性	透明性	成型性	光泽	耐寒性	带电性	耐油性	耐药性
普通赛璐玢	◎	×	×	◎	○	○	◎	◎	×	◎	×	◎	◎	×
防潮赛璐玢	◎	△	○	◎	○	○	○	◎	×	◎	△	△	○	×
K涂层赛璐玢	◎	△	◎	◎	○	○	○	◎	×	◎	△	△	○	×
定向 PP	◎	×	◎	△	◎	◎	△	◎	×	◎	◎	×	○	○
PP	○	○	◎	△	○	△	△	○	○	○	△	×	○	○
延伸尼龙	○	×	△	○	◎	○	○	◎	×	○	◎	×	◎	◎
无延伸尼龙	△	○	△	○	○	○	○	◎	○	○	◎	×	◎	◎
延伸 PET	○	×	○	◎	◎	○	◎	◎	×	◎	◎	×	◎	○
PVDC	○	高频密封	◎	◎	○	○	×	○	△	○			◎	◎
PVC	△	高频密封	◎	◎	○	○	×	○	△	○			◎	◎
无增塑 PVC	○	高频密封	◎	◎	○	△	△	○	△	○			◎	◎
PC	△	△	△	○	◎	◎	◎	◎	△	○			◎	○
LDPE	△	◎	◎	×	△	△	△	○	◎	△	◎	×	×	○
HDPE	△	◎	◎	△	○	○	△	△	○	×	◎	×	△	△
维尼龙	△	△	×	◎	○	○	◎	○					×	◎
EVA	△	△	×	◎	△	△	△	○	○				×	○
醋酸纤维素	◎	×	△	△	○	○	△	◎	△	○			×	×
延伸 PS	○	×	△	×	△	◎	△	◎	△	○			×	△
铝箔	◎～×	×	◎	◎	×	×	◎	×	△	◎	◎	◎	◎	×
纸	◎～×	×	×	×	○	◎	◎	×	×	×	×	○	×	×

注：◎为优；○为良；△为尚可；×为不良。

2. 复合塑料薄膜与蒸煮袋

复合塑料薄膜是使某种塑料薄膜按需要与它种或同种塑料薄膜进行复合加工而制成的薄膜。复合膜集合单一薄膜材料的优点，提高膜的包装功能性。如价格低廉的 PE、PP 膜，其热封性较好，但其阻氧性不理想，而阻氧性好的 PET 膜却难以热封成袋，且价格较高。通过充分利用各种不同性能的塑料原料，根据需要进行合理组合，可提高复合膜和片材的整体性能，使它不仅具有优良的物理力学性能，而且具有优良的阻隔性能和热封性能，复合膜层可以是 2～7 层，甚至更多层。

复合膜的复合方法主要有黏胶复合法、熔融复合法和共挤复合法。

目前用作透明的高阻隔性复合材料有由 PE、PP、PA、PET、PVDC、PVDC 涂覆膜、EVAL、PVA（聚乙烯醇）等复合的薄膜。不透明高阻隔性材料可以用铝箔与其他材料复合而成。几种复合薄膜的构成与特性、用途的关系见表 11-15。

表 11-15　几种复合薄膜的构成与特性、用途的关系

复合薄膜的构成	特 性										使用范围
	防湿性	阻气性	耐油性	耐水性	耐煮沸	耐寒性	透明性	防紫外线	成型性	封合性	
PT/PE	◎	◎	○	×	×	×	◎	×	×	◎	方便面、米制糕点、医药
BOPP/PE	◎	○	○	◎	◎	◎	◎	×	○	◎	干紫菜、方便面、米制糕点、冷冻食品
PVDC 涂 PT/PE	◎	○	◎	◎	○	○	◎	○～×	×	◎	豆酱、腌菜、火腿、果子酱、饮料粉

复合薄膜的构成	特性										使用范围
	防湿性	阻气性	耐油性	耐水性	耐煮沸	耐寒性	透明性	防紫外线	成型性	封合性	
BOPP/CPP	◎	○	◎	◎	○	○	◎	×	○	◎	糕点
PT/CPP	◎	◎	◎	×	×	×	◎	◎	×	◎	糕点
BOPP/PVDC涂PT/PE	◎	◎	○	◎	◎	◎	◎	×	×	◎	高级加工肉类食品、豆酱、面汤
BOPP/PVDC/PE	◎	◎	◎	◎	◎	◎	◎	○~×	×	◎	火腿、红肠、年糕
PET/PE	◎	○	◎	◎	◎	◎	◎	○~×	×	◎	蒸煮、冷冻食品、年糕、饮料粉、面汤
PET/PVDC/PE	◎	◎	◎	◎	◎	◎	◎	○~×	◎	◎	豆酱、鱼糕、冷冻食品、熏制食品
ON/PE	○	◎	◎	◎	◎	◎	◎	×	○	◎	鱼糕、汤面、年糕、冷冻食品、饮料粉
ON/PVDC/PE	◎	◎	◎	◎	◎	◎	◎	○~×	○	◎	鱼糕、汤面、年糕、冷冻食品、饮料粉
BOPP/PVA/PE	◎	◎	◎	◎	◎	○	◎	○	○	◎	豆酱、饮料粉
BOPP/EVAL/PE	◎	◎	◎	◎	◎	○	◎	○	○	◎	气密性小袋
PC/PE	○	×	◎	◎	◎	◎	◎	○~×	○	◎	切片火腿、饮料粉
AL/PE	◎	◎	◎	◎	○	◎	×	◎	×	◎	医药、照片用胶卷、糕点
PT/AL/PE	◎	◎	◎	×	×	◎~×	×	◎	×	◎	医药、糕点、茶叶、方便食品
PT/纸/PVDC	◎	◎	◎	×	×	○	×	◎	×	◎	干紫菜、茶叶、干食品
PT/AL/纸/PE	◎	◎	◎	×	×	○~×	×	◎	×	◎	茶叶、汤粉、饮料粉、奶粉
PET/AL/PE	◎	◎	◎	◎	◎	◎	×	◎	×	◎	咖喱、焖制食品、蒸煮食品

注：◎为优；○为良；×为不良。

蒸煮袋是一种具有较高耐热性能的复合塑料薄膜袋，主要有 PET（以 BOPET 为主）、PA（以 BOPA 为主）、PP（以 RCPP 和 SCPP 为主）、Al（以铝箔为主）、共挤 PA 膜、共挤 EVOH 膜、PVDC 涂覆膜等。蒸煮袋的品种和特性见表 11-16 和表 11-17。随着 7 层共挤流延膜生产线和 7 层、8 层吹塑生产线以及各种高阻隔膜的开发，有更多的高阻隔性蒸煮袋出现。5 层共挤膜有 PP/Al/EVOH/Al/PP，或 PE/Al/EVOH/Al/PE。7 层的有 PP/Al/PA/EVOH/PA/Al/PP 或 PE/Al/PA/EVOH/Al/PA/PE。

以结构分类见表 11-16。

表 11-16　蒸煮袋的品种和特性（以结构分类）

类别	结构	透水汽量 /g·m⁻¹·(24h)⁻¹	透氧量 /cm³·m⁻²·(24h)⁻¹·(0.1MPa)⁻¹
A	PA/CPP,PET/CPP	≤15	≤120
B	PA/AL/CPP,PET/AL/CPP	≤0.5	≤0.5
C	PET/PA/AL/CPP,PET/AL/PA/CPP	≤0.5	≤0.5

以蒸煮温度分类（蒸煮时间 30~45min）见表 11-17。

3. 真空蒸镀金属薄膜

真空蒸镀金属薄膜也称金属化塑料薄膜，是在真空或接近真空条件下将合适的金属（可蒸镀的金属）用加热方法蒸发后，凝结在被镀层（塑料）的表面上，形成一层极薄的金属膜。金属化薄膜兼有塑料和金属特性。

表 11-17　**蒸煮袋的品种和特性**（以蒸煮温度分类，蒸煮时间 30～45min）

类　别	蒸煮压力/lbf·in⁻²	蒸煮温度/℃	一般保质期/月
1	110	115	3
2	115	121	6
3	120	126	12
4	130	135	24

注：1lbf·in⁻² = 6894.76Pa。

可用于蒸镀的金属材料有金、银、铜、锌、铬、铝等，常用的为铝金属。蒸镀金属铝的工艺过程是先加热铝丝至 1700℃，在 1.33×10^{-2} Pa 真空度下金属铝会气化，铝微粒向四面八方飞出，同时薄膜在真空室里缓慢展开通过，收卷时就被镀上一层约 50nm 厚的金属膜。用真空蒸镀铝工艺，铝的用量仅为铝箔的 0.5%～1%，性能可与铝箔匹敌，故有生产成本底、生产效率高的特点。

随着塑料材料的改性，真空蒸镀技术日趋完善，尤其是表面处理技术和涂料性能的改善及提高，使能够真空蒸镀金属的塑料越来越多。如 PET、BOPP、CPP、LDPE、BOPA、PVC、ABS（丙烯腈-丁二烯-苯乙烯共聚物）、聚碳酸酯、玻璃纸、纸等。

食品包装用的镀铝薄膜其镀铝层厚度可按要求控制，镀铝层越厚，其阻隔性越好，成本越高。当铝层厚度达 4×10^{-8} m，透湿量随镀铝层厚度的增加而降低的趋势就不显著，因此镀铝层厚度一般控制在 6×10^{-8}～7×10^{-8} m。此时的镀铝层膜由 7～10 层稠密的铝结晶层沉积而成，能够有效地阻隔气体、水汽、香气或异味的渗透，并能阻止可见光和紫外线的透过。

塑料薄膜经真空镀铝后，阻隔性能大大改善。PET 膜经镀铝后，氧气阻隔性可提高 50～100 倍，而 PET 涂覆 PVDC 仅提高 10～15 倍。常见几种镀铝膜其透湿性与透气性见表 11-18、表 11-19。

表 11-18　**真空镀铝薄膜的透湿性比较**[①]（40℃）　　　　单位：g·m⁻²·d⁻¹

塑料薄膜种类	镀　膜　前	镀　膜　后
PET(12μm)	40～45	0.3～0.6
PET(25μm)	20～23	0.3～0.6
LDPE(25μm)	15～25	0.6
HDPE(25μm)	19～20	0.9
PE(单向拉伸)(25μm)	5～6	1.2
PA(15μm)	250～290	0.5～0.8

① JIS Z0208 标准，铝层厚 6×10^{-8}～7×10^{-8} m。

表 11-19　**真空镀铝膜的透气性比较**　　　　单位：cm³·m⁻²·d⁻¹·MPa⁻¹

塑料薄膜种类	镀　膜　前	镀　膜　后
PET(12μm)	850	9
PVDC/PET(12μm)	60	8
PVDC/BOPP(15μm)	150	20

真空镀铝薄膜，尤其是聚酯镀铝膜，具有优良的气密、耐热性，适于高温短时杀菌，有利于保持食品香味用于方便食品、快餐、风味食品的蒸煮袋材料，代替金属罐头，可使生产成本降低 15%～20%。用真空镀铝膜代替压延铝箔，以膜厚 0.02～0.05μm 计，其耗铝量仅为压延铝箔用量的 5%，而生产效率高（450m·min⁻¹），用于包装香烟，可降低成本 30%。食品包装常用的真空镀铝膜一般不单独使用单种塑料镀膜，而是常与其他材料再复合，使之具有更好的机械操作性能和更广的适用性。

4. 其他专用膜

有一些塑料薄膜，经过特殊加工处理，使膜的某一性能加以强化而适于专门的包装目的，如热收缩膜、弹性膜、保鲜膜等。

(1) 热收缩膜 热收缩膜是指具有较大热收缩特性的薄膜。热收缩膜主要用于收缩包装。热收缩膜在薄膜加工中进行定向拉伸（或分子取向）操作，控制纵横拉伸倍率。从原料成分来说，收缩膜与一般膜并没差异，因此收缩膜仍具有或超过其材料的基本性能。

用于制造收缩膜的树脂有 PVC、PP、PE、PET 和 PS 等，不同塑料的热收缩膜的性能见表 11-20。收缩膜广泛用于单元商品外包装、多种（个）商品的组合包装和托盘包装，也可将商标、标签等印刷在收缩膜上，用于硬容器的外表面收缩包装。

表 11-20 不同塑料的热收缩薄膜的性能

聚合物 名称	厚度 /mm	收缩力 /MPa	收缩温度 /℃	烘道温度 /℃	热封温度 /℃	最大收缩 率/%
离子型树脂	0.025~0.076	1.0~1.7	90.5~135	121~177	121~204	20~40
聚丁烯	0.013~0.051	0.1~0.4	88~177	121~204	149~204	40~80
聚酯	0.013~0.017	4.8~10.3	71~121	107~260		45~55
聚乙烯	0.025~0.051	0.3~6.9	88~149	121~190	121~204	20~70
EVA	0.025~0.25	0.3~0.6	66~121	93~160	93~177	20~70
聚丙烯	0.013~0.038	2.0~4.1	93~177	149~232	177~204	50~80
PVC	0.013~0.038	1.0~2.0	66~149	107~154	135~187	30~70

(2) 弹性薄膜 能够边拉边进行包装的薄膜叫弹性薄膜。弹性薄膜主要由具有黏附性的 PVC、EVA 等树脂为主要原料，通过适当加入增塑剂、稳定剂等各种添加剂，可制成不同用途的弹性膜。

以软质 PVC 加工的弹性膜柔软而富有弹性，坚韧，对凹凸不平的商品也能进行贴体包装。弹性膜的模量和断裂强度，随着薄膜的拉长而增大；弹性膜本身具有黏附性，不必特别使用黏胶带或黏合剂封口；弹性膜常具有适宜的透湿透氧性，防雾性能较好，且透明，因此多用于保鲜包装（也称为保鲜膜）。

弹性膜包装简便，容易操作，且有一定的隔绝性能。它具有收缩膜的贴体包装性能，但又无需在高温（或热风下）黏结封口，广泛用于鲜果蔬、肉类、预加工食品（调理食品）、快餐盒的包装，及用于超级市场、饭店、家庭等。常用的弹性膜有 M 型膜，其氧气透过性大，在低温下的强度和防雾性特别好，多用于鲜肉及鲜果蔬包装；V 型、P 型膜具有较好延伸性和强度，多用于鲜果蔬等农副产品包装。

（三）塑料包装容器及其特点

塑料和以塑料材料为主的包装形式有袋、杯、瓶、箱及各种编织物。

1. 塑料袋

塑料袋已从简单的单层薄膜袋发展到多层（5~7 层）的复合薄膜袋和编织袋。塑料袋包装容量可以是几克一袋的调味料，也可以是 100kg 的大包粮食。根据不同的材料特性，塑料袋可用于保鲜包装、热杀菌包装（蒸煮袋）、冷冻食品包装、微波食品包装等专门目的。

塑料袋由卷筒塑料薄膜制造，或由塑料管材经折叠形成中间搭叠焊封而成。袋子可制成扁平形状或具有角撑。袋的顶部可以密封，也可制成扣合式或自封式，便于开启。用于食品的包装多采用边热封袋，以保证袋装食品的密封性。

塑料袋的周边密封采用电热封合或高频封合。

2. 中空塑料容器

中空塑料容器指采用中空吹塑成型的塑料瓶以及用注模成型或加热成型制造的塑料杯、

罐、瓶等容器。吹塑成型包括注射吹塑、挤出吹塑、拉伸吹塑、共挤出和多层注坯吹塑等工艺。用于吹塑制瓶、罐的塑料有 LDPE、HDPE、PE、PVC、PS 和 PET，也有采用 PVDC涂覆的 PP 以及用复合塑料的。根据塑料瓶、罐的硬性，有硬质塑料瓶和软质塑料瓶之分。

硬质塑料瓶采用 PVC 材料，其透明性、成型性良好，用于酱油、油及调味品、软饮料的包装；另一种是阻气性强的共挤多层复合瓶，如 PP/LDPE/EVAL/LDPE，PE/PA，PET/PA 复合瓶。PET 瓶由于其阻气性、透明性和外观美观等特点，可取代其他塑料瓶用于软饮料、啤酒、调味品等包装。软质塑料瓶多采用 PE 制造，为了改善其阻气性能，近来也采用 PVDC 复合材料制成。而 PS、HIPS（耐冲击性聚苯乙烯）、PVC、PP 或多层复合材料多用于塑料杯的制造。

3. 塑料盒

塑料盒具有透明、轻便、柜窗陈列性及适当的密封性而成为许多糖果、蜜饯等小食品的包装形式。用于包装食品的塑料盒成型方法主要有注塑、吸塑和模压成型三种。

注塑成型单位成本较高，用于各种瓶子的塑料盖、密封内塞、糖果盒、果酱瓶以及其他对制品形状精确度要求较高的产品。

吸塑成型也称塑料片材的热成型，包括真空成型、气压成型、回吸成型等方式。吸塑成型的主要材料有 PVC、PE、PP、PS 和 ABS。泡沫塑料片材也可用吸塑成型方法，制成方便饭盒、托盘、盛热饮料的一次性杯子。近来也有共挤多层复合片材，如 PP/PVDC/PP，用于吸塑成型制成食盒，经加盖密封后可耐蒸煮杀菌，适合野外工作人员和军用食品包装。

模压成型主要用于热固塑料的成型加工。某些热塑性材料（如 PP 及其他泡沫塑料）也可用模压成型法加工。

4. 塑料箱

塑料箱具有坚固、外观漂亮、容易清洗的特点，可代替木箱和纸箱。常用的有钙塑瓦楞箱、周转箱、保温箱等。

钙塑瓦楞箱，也称钙塑纸箱。和一般瓦楞纸箱相比，钙塑瓦楞箱的耐水性优良，因此，特别适于冷冻鱼、虾等水产品，以及蔬菜、水果等含水量较高食品的包装。

周转箱用于啤酒、饮料及果蔬等食品的运输销售包装。由于具有体积小、重量轻、坚固、耐用、可以叠合等优点将取代木箱和竹篓。塑料周转箱主要由 HDPE 注塑生产。为了提高箱体的强度，节省原料，通常在箱体的内、外壁和底板处设计加强筋，设置在底板和内壁上的加强筋还起到隔离瓶体的作用，避免互相碰擦，减少破损。为了防止日光中紫外线的影响，可以在加工中加入蓝色颜料和掺入适量的防氧剂和抗紫外线剂，防止紫外线辐射和氧化。

保温箱是指箱的两边用钙塑纸或 PE、PP 片材，中间用钙塑泡沫片材粘接层压制成的隔热性较好的钙塑泡沫板箱。保温箱的隔热层常用 PS 或 PA 泡沫塑料材料。

5. 塑料编织物

塑料编织物以袋的形式用于食品包装，编织袋（网）多用于重包装的场合，常用 PE 和PP 塑料窄带（丝）织成。

五、木材及木制包装容器

（一）木材料的性质

用木材制作的包装箱或容器，常用于运输和贮藏包装，较少直接用于食品的个体包装，仅少量木刻小容器作为装饰工艺品用于某些食品包装，夹板制作的包装箱用于密度较小的干食品包装（如茶叶），仍有一定的应用，但相当部分已被纸及塑料所代替。

木材具有一定的强度和刚度，变形小。选用包装木材时，要兼顾其轻便性、强度及握钉力（木材对钉的抗拔力），一般选择密度 $0.35\sim0.7g \cdot cm^{-3}$ 的木材。不同的木材含有不同成分的挥发油，具有特殊气味。如杉木有精油气味，针叶树大多有松节油气味，阔叶树具有檀香等香味。用它们作为食品包装材料，要注意防止其气味污染食品，如柏木、樟木和松木不宜作茶叶、蜂蜜和糖果的包装。但在某些场合，木材含有的气味却能赋予食品某种特色，用栎木容器装葡萄酒，因其含有单宁反而会增加酒的美味；"白兰地"酒就需在老橡木桶中酿造、陈化、贮存，才能获得优良的酒质。

（二）木制包装容器

木制容器主要是木箱和木桶，有密封与不密封形式，这些容器可由木板、胶合板、层压板制造。箱体的固紧方法可以使用钢丝、铁钉、木螺钉、U形钉以及捆扎带等。由于木材易隐藏病虫害，许多国家对进口食品采用的木制包装有严格的要求。

根据木箱的构成特征，常用的有：钉板箱、钢丝加固箱、板条箱、琵琶桶等。

钉板箱的特点是强度大，抗冲击，耐压，制作容易，但较笨重，无防水性，装货重可达到270kg。

木撑合板箱是用木条制成箱框，再在六个面钉上胶合板而制成的。合板箱有良好的耐堆积强度，皮重轻，有防尘作用，胶合板面平滑，便于印刷标记，但其箱面为胶合板，耐冲穿性差。

琵琶桶是一种鼓形的桶。桶壁木板两端弯曲形成理想的拱形以增强桶的强度。鼓形的桶身容易滚动搬运，也容易竖立。桶的两个端面是平面，便于稳定地贮放。桶的箍环向桶的中部推压箍紧，箍环可用钢带、钢丝或木材制成，箍环数量取决于桶的尺寸与类型，桶端的木板被紧固在桶壁木板的凹槽中。琵琶桶有密封型桶及非密封型桶，后者用于装干燥物品，前者用于装液态物品。根据装放液体性质，密封琵琶桶内壁常涂覆相应的涂料。如装水溶性产品，内壁可涂蜡；装放油性物料，内壁可涂硅酸酯。

六、食品包装辅助材料

（一）缓冲材料

缓冲材料具有吸收冲击能，然后在较长时间内缓慢释放而达到缓冲的目的。缓冲材料适于运输包装作衬垫用。按材料来源可分为两类：普通缓冲材料和合成缓冲材料。普通缓冲材料有瓦楞纸板、纸丝（碎纸）、纸浆模制衬垫、木丝、动植物纤维、海绵、橡胶及金属弹簧等。合成缓冲材料有泡沫塑料、气泡塑料薄膜等。

（二）密封垫料

密封垫料是包装中最小，却又常常是最关键的部分，它影响整个包装的可靠性以及内装物的密封性。硬容器（瓶、罐等）的密封都离不开密封垫料。玻璃瓶盖的密封垫料为塑料溶胶、泡沫塑料和橡胶圈（垫）；金属罐底（面）盖使用的为氨水胶及溶剂胶。

（三）捆扎材料

产品经包装后，常需用带子或绳子捆扎，以加强包装的保护作用，便于运输与贮存。捆扎是包装过程的最后操作，它可以是单件包装捆扎，如木箱、木盒、纸箱等；也可以数件合并捆扎为一单元。捆扎材料可分为两类：金属捆扎材料与非金属捆扎材料。

1. 金属捆扎材料

金属捆扎材料主要有钢带、圆铁丝及钉箱扁铁钉。钢带也称打包铁皮，用于捆扎较重的木箱、纸板箱等。包装用钢带宽度13mm、16mm、19mm，厚度由 $0.36\sim0.90mm$ 等不同规格。钢带的优点是捆扎紧，但操作劳动强度大，钢带易生锈，易割破箱边。扁铁钉用于纸箱箱板之间的固紧，常用的有16号和18号扁铁钉，它们分别由直径1.6mm或1.8mm的镀锌低碳钢丝压扁制成。

2. 非金属捆扎材料

非金属捆扎材料有纸腰带、塑料带及各种胶带。它们具有较好的弹性，易配合包装外形，但其耐气候性不如金属材料稳定，长度易伸长，延伸率较大，易老化。

纸腰带是用 80g 牛皮纸纺成 1.2mm 的纸线，再用聚乙烯醇作黏合剂，将 11 根纸线并列成 15mm 宽的平行纸带（宽度 15.5～16mm）制成的。拉伸强度 14.7MPa，每盘纸带重 2kg。纸腰带的特点是操作轻便，捆扎紧，但受潮易影响带的强度。

我国生产塑料捆扎带的原料有 PVC、PE、PP 等，其中 PP 塑料用量最大，约占捆扎带使用原料的 90%。塑料带可依需要加工成不同的颜色。国产塑料带分为手工用（代号 S）和机械包装用（代号 J）。手工捆扎带规格有宽 15mm、15.5mm 和 16mm 等；机械用塑料捆扎带规格有宽 13.5mm 和 15mm 的。我国生产的不同规格塑料捆扎带采用统一的命名法。塑料捆扎带的型号标示规则是：第一个符号用捆扎带制造塑料的英文缩写字母表示材质，接着用四位数或五位数表示带的宽度和厚度。如为四位数，则头两位表示带的宽度（mm）的 10 倍，后两位表示带的厚度（mm）的 10 倍；如为五位数，则头三位数表示带的宽度（mm）的 10 倍，后两位表示带的厚度（mm）的 10 倍。最后一个代号是表示捆扎带捆扎方式的拼音字母。例：PP13507j，即为宽度 13.5mm，厚度 0.7mm 的机械捆扎用聚丙烯捆扎带。

胶带（tape）通常由底带和胶黏剂两种基本材料构成。根据胶带的底带材料特征有纸质、布质和塑料薄膜胶带。纸质胶带的底带常用牛皮纸，底带可以染色或印刷，在牛皮纸上涂上一层柏油，可加强其防水效果。纸质胶带多用于低、中强度的需要，适用于瓦楞纸箱或纤维纸箱的封合。

布质胶带拉伸强度较高，大多数底带为棉质，也有用其他纤维制成的。布质胶带成本较高，较少用于食品包装。

塑料膜质胶带的底带，通常由纤维素膜、醋酸酯、乙烯基类、聚酯类、泡沫乙烯基或聚氨酯类所组成。纤维素膜胶带中等强度，透明性较好；醋酸酯膜胶带具有中等强度和不透湿性的特点；乙烯基类膜带，具有较高的强度，耐磨，抗湿等特性，可用于罐头纸箱封口；聚酯膜胶带柔韧，有良好的抗化学性，但价格较高。

第三节　食品包装技术

一、环境条件对食品品质的影响

将食品置于空气中容易发生变色、干燥或吸湿、腐败等变化，甚至引起变质，而不能食用，这些变质因素大致可分为三类，即生物性、化学性和物理性变质，见图 11-7。上述变质因素既存在于包装食品本身，也受环境条件的影响。一种食品到达消费者食用时的质量与产品的生产和流通的条件有关，也与包装的保护作用密切相关。合适的包装有利于减少加工及流通中某些营养成分的损耗率。如热加工食品采用阻隔光、气、汽性能好，导热性好的密封包装，不仅可提高热杀菌速率，也可使其有较长的保质期；对于油脂性食品，需采用使油脂处于稳定状态，或是利用包装技术使其处于缺氧及防止光照的环境条件下来达到品质稳定的目的；饼干等焙烤（干燥）食品往往由于破裂或压碎而失去商品价值，这类食品"易碎"是其变质的重要因素，解决这类破碎、变形等变质问题，可以通过控制生产工艺条件来改善或者置于无振动或振动小的环境条件下，即通过缓冲包装来减少变质（坏）。因此，了解食品变质因素，研究出消除变质因素和避免引起变质的环境条件的方法，并应用于食品加工与包装环节及流通过程，就能最大限度地保持食品的品质。

由好氧性细菌、霉菌、丝状菌等好氧微生物引起的食品腐败，是食品变质的主要形式。果蔬的有氧呼吸作用及脂质的氧化、颜色的褪色、非霉褐变等化学变化，这些变质因素受到

图 11-7　食品的变质因素与环境因素关系

食品所处环境氧浓度及其他气体的影响，其中氧气是引起食品变质最主要的气体成分。

二氧化碳是低活性气体。一定浓度的二氧化碳，可阻止霉菌的生长、繁殖，还可抑制果蔬的呼吸作用。在包装食品内，二氧化碳的浓度可通过生鲜果蔬的呼吸作用及微生物活动而有所增加。控制一定浓度的二氧化碳及低氧浓度，常用于果蔬的气调包装。对于许多加工食品，在包装中抽真空或充入惰性气体，如二氧化碳或氮气以置换包装内空气，可延长其保质期。为了防止包装袋内惰性气体的外逸，同时防止大气中氧气透过包装袋，保护袋装食品的质量，必须选择气密性优良的包装材料及密封措施。

环境中相对湿度（水蒸气分压），主要影响干燥或焙烤食品的吸湿性，使包装内食品水分活性增加，质构发生改变（如结块等），有利于微生物等生物的繁殖，也有利于某些食品变质反应发生，而引起食品变质或缩短保质期。

环境气体中的乙烯是果蔬成熟的激活剂，也是果蔬贮藏保鲜需控制的气体成分。食品与食品之间，食品与环境之间的某些气体成分也会互相干扰，影响包装食品的质量。因此，隔绝性包装是阻止或减少环境气体成分对包装食品质量破坏的有效手段。

食品包装的重要作用就是将加工好的食品与环境条件隔离，形成一个保护层。保护层的隔离保护作用与包装材料、包装结构、包装密封操作等有关。环境中气体、光对包装食品的透过作用直接影响到包装食品的保质期。

包装食品受变化的环境中的气体（包括非凝缩气体与凝缩气体）等因素的影响，取决于食品包装的密封性（包括封口）及包装材料的阻隔性。虽然环境的温度对食品的保藏品质影响很大，但其品质控制主要依靠贮藏、运输条件，包装的作用相对来说影响较小，故不在此详论。

二、食品的防氧包装

受氧影响品质变化较大的食品，需选择隔绝氧性能较好的包装材料作为容器，如玻璃瓶、金属容器、纸/塑料/铝复合罐等，并采用可靠的密封材料和密封方式。采用真空包装、脱氧包装或气体置换法，形成低氧状态，以延长或保证食品的品质，也极为重要。

（一）真空包装

真空包装也称"减压包装"。真空（或低压）的形成有两种方式：一是靠热灌装或加热排气后密封；二是采用抽气密封，即真空状态下封口。前者需结合热处理过程，如罐头及可热杀菌饮料食品的排气及热罐装操作，包装容器顶部空间的真空度与装填量、料温和加热状态等有关。后者可以在常温（或低温下）操作，有利于更好地保持食品的原有色、香、味，真空度较易控制。某些食品内的空气靠加热排气,速度慢的产品包装,可采用热灌装与抽气密封方式。一般真空包装是在真空包装封口机上进行的。

真空包装可迅速降低包装内氧的浓度,以降低食品变质速度,同时抑制有害生物(好氧生物)的生长繁殖,延长食品的保质期。真空包装的产品,如需再加热杀菌,还有利于热量的传递,避免气体膨胀使包装袋破裂或发生胀罐。

(二) 气体置换包装

气体置换包装是采用不活泼的气体,如氮气、二氧化碳气体或它们的混合物,置换包装单元内部的活泼气体(如氧、乙烯等),故又常称充气包装。

气体置换有两种方式。一种是一次性置换气体密封包装,也称 MAP 法(modified atmosphere packaging)。工业上常用氮气置换包装空间内的气体,然后密封。有三种方法:先抽真空,再注入氮气,置换率可达99%以上;通过向容器内注入氮气,置换率可达95%~98%;直接在氮气环境中包装,置换率为97%~98.5%。第一种方法效率较高,操作较易,可用液氮或气态氮。一次性置换气体,密封包装,常用于加工食品的隔绝性包装。另一种是非密封性(或半密封性)充气包装,常称 CAP(controlled atmosphere packaging)包装,用于果蔬、粮食等有生理活性食品材料的大容量贮藏包装。为了保证气体置换包装的保存效果,要根据不同食品材料保藏要求,采用不同的气体组成,也要考虑包装材料的气密性和密封的适应性。各种食品的气体置换包装需补充气体的种类和作用见表11-21。

表 11-21　各种食品的气体置换包装需补充气体的种类和作用

食品类别	食品名称	充气种类	充气作用
大豆加工品	豆豉	N_2	可减缓成熟度
	豆制品	N_2	防止氧化
粮食类、果品加工品	年糕	CO_2	防止发霉
	面包	CO_2	防止发霉
	干果仁	N_2	防止氧化、吸潮、香味失散
油脂	花生仁、杏仁	CO_2+N_2	防止氧化、吸潮、香味失散
	食用油	N_2	防止氧化
水产	鱼糕	CO_2	限制微生物和霉菌的发育
	烤鱼肉	CO_2+N_2	限制微生物和霉菌的发育
	紫菜	N_2	防止变色、氧化、香味失落和昆虫发育
乳制品	干酪	CO_2,CO_2+N_2	防止氧化
	奶粉	N_2	防止氧化
肉制品	火腿、香肠	CO_2,N_2	防止氧化、变色,抑制微生物繁殖
	烧鸡	CO_2+N_2	防止氧化、变色,抑制微生物繁殖
点心	蛋糕、点心	CO_2,CO_2+N_2	抑制微生物的繁殖
	油炸果	CO_2,N_2	防止氧化
饮料	咖啡、可可	CO_2,N_2	防止氧化、香味失落、微生物破坏
烧卖	夹馅面包	CO_2	抑制微生物的繁殖

(三) 脱氧包装

采用真空或气体置换包装尚不能完全去除包装内的微量氧气。对氧特别敏感的食品,常需采用或结合化学的方法将袋内的微量氧气去除。

化学脱氧的方法有氢氧化合法,即利用氢气和氧气在催化剂的作用下,反应生成水,以降低包装内空间的氧量。其化学反应式如下:

$$2H_2+O_2 \longrightarrow 2H_2O$$

催化剂铂（Pt）和钯（Pd）可以单独使用，也可混合使用。将充填好的食品放入真空室，抽去包装内绝大部分氧气，然后往容器内充入混合气体（气体组成为氮92%、氢8%），并立即将容器密封。催化剂（铂和钯）可放在瓶盖的内表面。在盖的内表面上，贴有一张印有文字说明的纸，铂和钯就放于这印刷用的油墨中。纸有吸湿性，能将反应生成的水吸附在纸上。该法成本较高，只能在某些特殊场合使用。

利用各种化学物（称脱氧剂）的氧化作用消耗包装袋内的氧是比较常用的方法。脱氧剂的种类很多，有不同的吸氧能力（参考第十章）。如用连二亚硫酸钠在催化剂（活性炭、水）作用下，与氧作用生成硫酸钠，以除去包装中的微量氧，该反应也同时生成二氧化碳。铁系脱氧剂应用比较普遍，虽然它的脱氧速率比连二亚硫酸钠慢，但其吸氧能力较强。脱氧剂也可放在复合包装材料的夹层中，内表面采用透气性材料（如 PE 膜），外表面采用隔绝性材料制成具有脱氧作用的功能性包装袋（sachet）。用葡萄糖氧化酶氧化食品中的葡萄糖生成葡萄糖酸的方法也可降低包装袋中氧的浓度。各种化学脱氧方法，需采用一些化学物质，因此在使用时要注意这些化学物可能带来的卫生及食品安全性等问题。

三、食品的防湿包装

食品的防湿包装包括两方面：一是防止包装内食品从环境中吸收水分（蒸汽）；二是防止包装内的食品水分丧失。前者多用于加工食品，后者多指新鲜食品原料及初加工品的保鲜。食品贮藏的理想水分条件（或水分活性）与环境湿度相差愈大，则对包装的阻湿性要求愈高。

（一）防湿包装材料选择

从阻湿性来说，金属、玻璃材料是最优良的包装材料。而塑料及其复合材料，其阻湿性能依材料而异，变化较大。反映材料的透湿能力可用透湿系数（P_v）或透湿度 R。R 是指单位时间内透过单位面积膜的水蒸气量，单位为 $g \cdot m^{-2} \cdot d^{-1}$。材料的透湿系数或透湿度愈小，其阻湿性愈好。不同材料在不同温度、湿度下的透湿度见表 11-22。显然，几种材料中，PVDC、PVC、PP、HDPE 都具有较好的隔湿性，湿度变化对不同材料膜的透湿度影响是不同的。

表 11-22　各种温度下包装用薄膜的透湿度（R）及透湿系数（P_v）[①]

薄膜	厚度/mm	40℃		25℃		5℃	
		R_{40}	$P_{v40} \times 10^{11}$	R_{25}	$P_{v25} \times 10^{11}$	R_5	$P_{v5} \times 10^{11}$
聚苯乙烯 A	0.03	129	9.02	55.2	8.96	15.6	9.20
聚苯乙烯 B	0.03	126	8.80	55.0	8.93	15.1	8.95
软质聚苯乙烯	0.03	100	6.97	28.0	4.55	4.5	2.65
硬质聚苯乙烯	0.03	30	2.09	11.0	1.79	2.3	1.37
聚酯	0.03	17	1.19	4.8	0.65	0.77	0.45
低密度聚乙烯	0.03	16	1.12	4.0	0.65	0.50	0.30
高密度聚乙烯	0.03	9.0	0.63	2.2	0.36	0.26	0.16
聚丙烯 A	0.03	10	0.70	2.3	0.37	0.24	0.14
聚丙烯 B	0.03	7.3	0.51	1.7	0.27	0.21	0.12
聚氯乙烯	0.03	2.5	0.71	0.50	0.08		
聚乙烯复合纸 1	0.02	29.8	1.39	7.9	0.86		
聚乙烯复合纸 2	0.02	38.1	1.77	10.6	1.16		
聚乙烯复合纸 1	0.04	16.9	1.58	4.5	0.97		
聚乙烯复合纸 2	0.04	20.5	1.91	6.1	1.33		
聚乙烯复合玻璃纸 1	0.03	16.1	1.13	4.1	0.67		

薄膜	厚度/mm	40℃		25℃		5℃	
		R_{40}	$P_{v40} \times 10^{11}$	R_{25}	$P_{v25} \times 10^{11}$	R_5	$P_{v5} \times 10^{11}$
聚乙烯复合玻璃纸 2	0.03	19	1.32	5.1	0.84		
聚乙烯复合纸 1	0.015	43.8	1.53	13.9	1.14		
聚乙烯复合纸 2	0.015	48.7	1.71	15.7	1.29		
聚乙烯复合纸 1	0.025	10.5	0.61	3	0.41		
聚乙烯复合纸 2	0.025	12	0.70	4.1	0.56		
聚偏二氯乙烯	0.03	2.5	—	0.5	—		

① R_{40}、R_{25}、R_5 为在 40℃、25℃、5℃ 及湿度差 0～90％时的透湿度，$g \cdot m^{-2} \cdot d^{-1}$；$P_{v40}$、$P_{v25}$、$P_{v5}$ 为在 40℃、25℃、5℃时的透湿系数，$g \cdot mm \cdot m^{-2} \cdot d^{-1} \cdot kPa^{-1}$；各复合材料的厚度是表示薄膜的加工厚度，透湿系数是据此计算出来的；各复合材料的 1 表示将薄膜面向高湿度侧，2 表示牛皮纸或玻璃纸朝向高湿度侧，分别测得的数据。

塑性薄膜分子结构和聚集状态与水蒸气的透过性关系密切。与气体隔绝性相反，非极性分子塑料（如 PE）的阻湿性优于极性分子塑料（如 PET）；而聚合物结晶态、高密度、分子的取向排列等都有利于增加材料的阻湿性，这一点与隔气性相似。

选择隔湿性包装材料，既要考虑材料的透湿度或透湿系数，也要考虑材料的密封性和经济性，根据包装食品的保藏要求、保质期，合理选择。PVDC 具有较高的防止水蒸气透过和防止氧气渗透的能力，又具有易热封合的特点，可单独或复合成膜用于食品的防湿包装。此外，PP、PE 及铝箔等以复合膜使用可显著改善其性能。

(二) 防湿包装技术

选择优良阻湿性的包装材料，加强包装容器密封环境湿度控制与封口检查，是防湿包装的根本保证。对湿度特别敏感的食品，也可采用内藏吸湿剂的防湿包装，或采用其他有效的包装设计。

使用吸湿剂有两种形式：一种是吸湿剂和食品在同一初级包装内共存，称并列式包装；另一种是食品在初级包装内，吸湿剂在初级包装外，二级包装内；或者相反，都称直列式包装。但要注意防湿包装中的吸湿剂不能与食品直接接触，以免污染食品。

常用的吸湿剂有氯化钙、硅胶等。氯化钙装在纸袋内，它有较强的吸湿作用，但在高湿下容易从纸袋渗出而污染食品。硅胶使用比较普遍，它有人工合成与天然产物两种。在硅胶中，添加钴之后变成蓝色，这种蓝色硅胶吸湿剂具有吸水后逐渐变色的特征（由蓝变粉红）。因此，可依据颜色变化了解其吸湿状况，该吸湿剂尚可通过干热（121℃）再生。

日本工业标准规格（JIS）规定氯化钙、硅胶等吸湿剂的性能要达到：相对湿度 20％时，吸湿度应达到 8％以上（吸湿剂本身吸收水分重量），相对湿度 90％时，吸湿度达到 30％以上。在相对湿度 20％时，24h 内吸湿剂吸收包装内部水分的程度分别是：氧化钙 0.8％；合成硅胶 9.5％；天然硅胶 13.57％。因此要使食品包装袋内相对湿度达 20％时，排出 1g 多余的水分所需的吸湿剂量：氯化钙为 125g，合成硅胶为 10.5g，天然硅胶为 7.4g。

因吸湿剂种类不同，在不同湿度环境下的吸湿效率及吸湿量也不同，且吸湿剂仅是一种辅助防湿方法，其使用也有一定限制。对于水分含量多的食品，使用吸湿剂就显得无意义。不过，像紫菜或酥脆饼干等只要吸收极少的水分就能引起物性变化的食品，在采用阻隔性包装的条件下，配合使用吸湿剂，其保藏效果最好。

适合高吸湿性食品的包装有金属罐、玻璃瓶、复合铝塑纸罐、铝箔袋及铝塑复合袋，并采用真空或充气包装。用软包装袋，比较可靠的包装方式是采用组合包装方式，即袋中装有小袋，小袋的装量适合每次消费量。也有在外包装袋间放入干燥剂或吸氧剂袋，以降低袋内湿度与氧残留量。

（三）防湿包装的设计计算

在考虑食品的防湿包装时，食品吸湿量是重要的参数。不影响食品质量的最大吸湿量称为极限吸湿量。当吸湿量超过这种极限量时，食品质量可能会降至不合格水平。包装食品吸湿达到极限吸湿量的时间称为防湿寿命，或称防湿保存期。

食品极限吸湿量的测定，可以用透湿速率比较快的包装将食品包装好，然后在接近常温的一定高湿度环境中进行加速吸湿，观察吸湿量和食品质量下降的关系，并测定食品始含水量及开始变质时的含水量，按式(11-1)计算食品极限吸湿量 Q：

$$Q = W(c_2 - c_1) \tag{11-1}$$

式中　W——样品绝干质量，g；

c_1——样品初期干基水分含量，%；

c_2——临界水分，即保持该食品质量的最高允许干基水分含量，%。

依据气体透过系数与其他因素关系，透湿系数 P_v 有如下关系：

$$P_v = \frac{QI}{At(p_1 - p_2)} \tag{11-2}$$

式中　p_1，p_2——膜两侧的水蒸气分压，kPa；

Q——食品极限吸湿量，g；

I——膜厚度，mm；

A——薄膜面积，m^2；

t——时间，d。

用透湿度（R）表示一定温度、湿度条件下，面积为 $1 m^2$ 的包装材料或容器在 24h 内透过的水蒸气量，则有式(11-3)。

$$R = \frac{Q}{At} \tag{11-3}$$

R 的单位为 $g \cdot m^{-2} \cdot d^{-1}$，故由式(11-2)、式(11-3)可知，透湿度与透湿系数有如下关系：

$$R = \frac{P_v(p_1 - p_2)}{I} \tag{11-4}$$

若测定包装材料透湿性时的环境温度为 40℃，相对湿度为 90% 的空气，另一侧由无水氯化钙造成干燥的条件下测得的透湿度用 R_{40}，透湿系数用 P_{v40} 表示，则任意温度（T）和湿度下包装材料的透湿度可用下式转换：

$$R_T = R_{40} K_T \Delta h \tag{11-5}$$

式中　Δh——温度 T 时包装材料内外的相对湿度差，%，$\Delta h = H_1 - H_2$；

H_1，H_2——包装外环境的湿度和样品（包装内）的相对湿度（平均相对湿度）；

K_T——薄膜在不同温度下的对 40℃ 时的比例系数。

$$K_T = \frac{P_{vT}}{P_{v40}} \times \frac{p_T}{p_{40}} \times \frac{1}{90} \tag{11-6}$$

式中　P_{vT}，p_T——T 温度下的透湿系数和饱和水蒸气分压；

P_{v40}，p_{40}——40℃，RH 为 90% 时测得的透湿系数和 40℃ 的饱和水蒸气分压。

不同温度下包装用薄膜的透湿度及透湿系数见表 11-22。

由式(11-1)、式(11-3)和式(11-5)可导出任意温度下防湿包装的保质期公式：

$$t = \frac{W(c_2 - c_1)}{A R_{40} K_T \Delta h} \tag{11-7}$$

式中　t——防湿包装的保质期，d。

用上述计算防湿包装保质期公式，需了解包装内外环境的湿度差。在保藏过程中，由于食品有一定的吸（放）湿性，包装内部的相对湿度在初期及保质期终止时是不同的，且测定方法不同，获得的结果也有差异。采用间接方法测定，将未知内部相对湿度和已知内部相对湿度的物质，用同样的包装形态分别包装，置于相同的一定温、湿条件下（接近保存条件），经过一定时间使其吸湿，然后测定两者的吸湿增量。由于包装的外部相对湿度比包装内部相对湿度高，透过包装的吸湿量将与包装内、外的湿度差成正比，则可按式(11-8)计算包装内部相对湿度。

$$\frac{W_s}{W'_s} = \frac{H_1 - H_2}{H_1 - H'_2}$$

或：

$$H_2 = H_1 - \frac{W_s}{W'_s}(H_1 - H'_2) \tag{11-8}$$

式中　H_2——样品的平均内部相对湿度，%；

　　　H'_2——已知物的内部相对湿度，%；

　　　H_1——包装外环境的相对湿度，%；

　　　W_s——样品的吸湿增量，g；

　　　W'_s——已知内部湿度的物质的吸湿增量，g。

包装材料加工成包装容器时其透湿度会发生某些变化，因此，对实际包装进行透湿度测定，计算透湿量较为合适，准确性也较高。

在防湿包装设计计算中，包装外的相对湿度可以根据实际贮运销售地区的气象资料，选择温度和相对湿度参数，预计食品的防湿寿命。

食品包装大多数是多级包装。如塑料袋（盒）装食品，外面还有纸盒、塑料收缩膜、大纸盒或纸板箱等。实际防湿效果是多级防湿包装的综合反映。但作为食品的防湿包装设计应以初级包装为主。如果初级包装的防湿性尚不能达到要求，也可以加强二级及二级以上包装的防湿措施，以获得最佳的防湿目的，确保食品的品质。

四、光对食品的作用及隔光包装

光可以催化许多化学反应，进而影响食品的贮存稳定性。光可促进油脂的氧化，产生复杂的氧化酸败产物，造成食品品质下降；牛奶及奶制品的光促氧化常产生令人讨厌的硫醇味；光尚能引起植物类食品的天然颜色（如绿色、黄色和红色），鲜肉的红色等发生变色；某些维生素对光敏感，如核黄素暴露在光下很容易失去其营养价值，促使其他成分对光活化和敏感。抗坏血酸对光也相当敏感，暴露在光下也能发生各种反应。

光的催化作用在某一特殊的能级范围（如在可见光的较低波长及紫外线）最大。各种食品成分都有其对光作用的某一敏感波长，食品对光波的敏感性也会随着食品成分及加工方法而发生变化。如鲜肉放在紫外线下很快就会变色（褪色），但其对可见光却有阻抗力；用亚硝酸盐防腐剂加工的肉在紫外线或可见光下都会褪色。

光对食品的作用大小除光波长外，照射光的强度，食品暴露在光照下的时间都很重要。因此选择合适的包装材料阻挡某种波长光线的通过或减弱透过光的强度，是隔光包装的主要目的。

各种食品包装材料对可见光的穿透吸收性可用下式表示：

$$I_{abs} = I_0 T_{rp} \frac{1 - R_f}{(1 - R_f)R_p} \tag{11-9}$$

式中　I_{abs}——食品吸收的光的强度，cd；

　　　I_0——入射光的强度，cd；

　　　T_{rp}——包装材料的光透过量，%；

R_p——包装材料的光反射量，%；

R_f——食品的光反射量，%。

多数包装材料在可见光范围内光的透过量变化不大，但在紫外线波长范围内的差异较大。从式(11-9)可知，减少包装材料的光透过量或增加包装材料的反射光量，是隔光材料选用的主要依据。在包装材料制造过程加入染料或采用隔光（吸光）涂料的办法，可大大降低透明包装材料的光透过量。采用涂覆偏二氯乙烯或用铝、纸等隔光性能较好的材料制造复合膜可将光透过量降至最低程度。包装装潢设计中，印刷颜色可降低光的透过性，许多食品的二级或二级以上的包装或运输包装（如纸板箱等）都有良好的隔光性。

五、食品的无菌包装

（一）无菌包装的特点和要求

无菌包装是指将预杀菌（无菌）的食品在无菌条件下充填到无菌的包装容器中，随后在无菌的环境条件下进行包装密封（封口）的全过程。多数无菌包装工艺对食品介质的杀菌采用高温短时或超高温瞬时（UHT）的杀菌条件，因此无菌包装的产品能在保证杀菌效果（无菌）下很好地保存食品中的营养成分，减少热对食品色泽、风味、质构等品质的损害，产品在常温下存放较长时间。无菌包装过程包装容器与食品分别采用不同的杀菌方法，食品与容器不易发生化学反应，使容器中的化学成分向食品渗透减少。无菌包装可采用各种包装材料，如塑料、纸、金属等，包装容器的形状大小可多样化，可采用硬性或柔软性的包装材料。无菌包装适合于自动化连续生产，有利于提高生产效率。但无菌包装设备一次性投资较高，运转维修技术要求也高。

完善的无菌包装系统需具备以下基本条件：可用于杀菌的设备；无菌的产品；无菌的包装材料（容器），尤其与食品接触的包装面应该无菌；需有将无菌食品与包装容器集合到无菌灌装和封口区的设施及条件；设备应能在无污染条件下，完成密封操作。

根据包装材料在包装机内成型（成为容器）状况有：预成型无菌包装机和在机内完成成型→灌装→封口过程的无菌包装机。前者如预成型的纸板盒、塑料杯（盘）等容器，成叠提供给无菌包装机，在无菌包装机内将包装容器打开、杀菌，然后灌装封口；后者多用柔软性、可以热封口的材料，材料以卷装形式进入无菌包装机，并在机内完成连续成型、杀菌、纵封、底封、灌装、封口。对于硬容器，如金属罐、复合纸罐及挤塑塑料瓶（罐），则根据材料特性，容器的供给和杀菌常与填充封口机分开，靠一无菌运输系统（维持正压无菌空气或热空气）将杀菌容器送至无菌包装机，完成灌装、封口等操作。

（二）无菌包装采用的杀菌技术

1. 被包装食品的杀菌

按热杀菌时食品传热特性，无菌包装的食品可分为均质化低黏度液态食品、含有固体颗粒的液态食品和固态食品三类，不同类型的食品采用不同的杀菌方式和工艺。

（1）均质化低黏度食品的连续 UHT 工艺　均质化低黏度食品，如牛奶、植物蛋白奶、果汁等饮料，易泵送，容易在热交换过程获得最佳的热量传递，因此容易在很短的时间内瞬时把食品加热到 130～138℃，保温 2～8s，然后在很短的时间内冷却到 20℃左右，完成杀菌与冷却过程，这就是典型的 UHT 杀菌工艺。

根据加热方式不同，UHT 工艺可分为直接加热工艺和间接加热工艺，其加热特点及工艺见第二章。

（2）含固体颗粒的液态食品 UHT 杀菌工艺　含固体颗粒的液态食品在热杀菌（间接加热）过程热量的传递速率比均质化低黏度食品慢得多，由于液体中有颗粒存在，颗粒与液体之间的热平衡需一定时间。颗粒愈大，达到热平衡的时间愈长。增加液体与颗粒之间的相对运动速率虽然可以提高热平衡（传递）速率，但若颗粒表面所受的剪切力过大，会使固体颗粒受到伤害，且有的颗粒会在加热过程引起黏度增加（如大米粥等）。因此这类食品的UHT杀菌工艺需考虑液体中颗粒的性质（大小、比例及可能发生的变化等）、生产率等因素来选择热交换设备和杀菌工艺条件。将这类食品的液相与固相分离，分别杀菌后再混合的工艺，已获得工业应用，即液相物质采用连续UHT杀菌工艺，固相物质采用蒸汽直接杀菌工艺。

热交换器的选择，直接影响到含固体颗粒的液体食品UHT杀菌工艺的安全性、经济性和食品的质量。一般来说，随着固体颗粒大小的增加，可以依次选用片式热交换器、自由流动式热交换器、管式热交换器、间歇式搅拌锅、连续刮板式热交换器等。采用电阻加热杀菌方法，可比较有效地解决热杀菌过程颗粒与液体的传热速率差异大的问题。

（3）高黏性食品与固体食品的灭菌　高黏性食品（如番茄酱）的杀菌采用蒸汽喷射式直接加热到杀菌温度，结合搅拌式换热器或刮板式换热器方式，以提高传热速率，缩短升温及降温时间，防止物料结垢。对于外观形状有一定要求的固体食品的杀菌，目前尚未有较成功的方法，APV公司曾研究过电阻加热杀菌工艺，其他公司也开发过用传送带输送食品，用蒸汽喷入物料在搅拌下加热的连续杀菌和冷却工艺，但设备投资、生产效率及连续化一直成为其无菌包装过程的难题。

2. 包装材料或容器的杀菌

包装材料或容器的杀菌工艺应达到在有效的时间内具有良好的杀灭微生物孢子的能力，在短时间内能使包装材料及容器表面连续达到杀菌要求；并容易从包装材料或容器表面将残留杀菌剂去除，且对消费者的健康不会带来不利影响；杀菌过程便于安全控制。目前用于包装材料或容器的杀菌有物理方法和化学方法。

物理杀菌方法包括热杀菌工艺（主要采用各种热介质进行杀菌，如饱和蒸汽、过热蒸汽、热空气、热空气与蒸汽混合气和挤压热）和辐照杀菌工艺［如用紫外线和离子射线等具有一定能量的电磁射线（波）］。化学杀菌方法包括使用过氧化氢、过乙酸等化学杀菌剂进行杀菌的方法。各种杀菌方法都有一定的杀菌要求及应用范围（见表11-23）。

表 11-23　无菌包装材料及容器的灭菌方法比较

方　法	应　用	特　点	工艺及效果
饱和蒸汽	金属容器	饱和蒸汽在压力室（0.35MPa）下对金属罐及盖杀菌，有冷凝水残留	147℃/4s,对枯草芽孢杆菌,杀菌数量级 $n=7$
过热蒸汽	金属容器	在压力下高温杀菌,微生物热阻比饱和蒸汽中大。焊锡罐使用温度限于232℃以下	221～224℃/45s（铝罐可缩短20%时间）,罐盖300℃/70～90s
干热空气	金属容器和复合纸罐	压力下高温杀菌,微生物热阻比饱和蒸汽中大	pH<4.6 酸性食品,145℃/180s
挤压热	塑料瓶（罐）	没有化学物残留,仅适于 pH<4.6 酸性食品	挤压温度180～230℃,停留时间3min 以上
辐　射	热敏性塑料	需有辐射源。UV 杀菌效力受功率密度、照射环境、材料表面性质而异。多用于辅助杀菌。γ 射线杀菌效力取决于剂量级	对孢子杀菌率,$n=2～3$
H_2O_2	塑料、复合铝塑材料及包装容器表面	杀菌速度快,效率高	浓度>30%,温度>80℃

从表 11-23 中可见，热杀菌方法的优点是在包装材料上不会存在影响人体健康的残留物，符合环境保护的要求，对操作人员也无毒害，杀菌效率较高，是最重要的包装材料和容器的杀菌方法。但要达到一定的杀菌效率，常要求较高的温度（尤其是在干热状态下）和维持一定的杀菌时间，较长时间的高温接触和升降温对包装材料有破坏作用，如玻璃瓶的冷热冲击破裂，塑料及复合塑料的高温软化等。目前已发展一种"表面高温杀菌"法，即利用高温蒸汽对包装容器内表面进行喷射热杀菌并用冷却介质冷却包装材料外表面，可防止材料过热。采用热杀菌与化学药物杀菌协同作用的方法，对于降低杀菌温度，提高总体杀菌力，也是有效的方法。

利用颗粒塑料在吹塑机内挤压熔融的温度及维持一定时间，也可达到一定的杀菌效果。塑料在挤塑机内的实际温度、停留时间以及原塑料颗粒中的微生物数、吹塑过程无菌空气的无菌程度等都会影响吹塑瓶表面的微生物残留量。用挤压热杀菌的 n 值可达 $3\sim4$，用于 $pH<4.6$ 的酸性食品无菌包装是可行的，若用于 $pH>4.6$ 的低酸性食品的无菌包装，挤压容器常需经 H_2O_2 或过氧乙酸做后处理，才能达到无菌要求。

辐照杀菌工艺不会在包装材料表面残留物质，对环境无多大危险，但并未广泛使用。远红外辐射虽属电磁波辐射范畴，但其杀菌作用主要依赖温度，实际上仍属于热杀菌工艺。紫外线可用于薄膜的表面杀菌，但杀菌力有限。在功率密度 $30mW\cdot cm^{-2}$ 下，对无尘埃表面照射 $4\sim6s$，细菌减少的 n 值为 $4\sim5$。紫外线对孢子的杀灭力较弱，且其杀菌效率受包装材料表面微生物数量、灰尘颗粒、包装材料与辐射器的距离、角度、形状、空气相对湿度等因素影响。在辐照之前将 H_2O_2 喷雾在塑料杯内表面，再经辐照或用无菌空气吹干净表面，可改善紫外线的杀菌效果。

γ 射线或电子束可用于包装材料或容器的灭菌，尤其是来自 ^{60}Co 的 γ 射线已用于盒中袋（一种带有阀门的包装塑料袋）的杀菌。剂量的控制对于杀菌的效果影响很大，一般剂量愈高杀菌效果愈高，但过高的剂量会引起包装材料（尤其是塑料材料）的性质发生变化。对于聚烯烃、聚偏二氯乙烯、氯乙烯、聚苯乙烯、聚酯和聚酰胺等在 60kGy 以内的剂量辐照，通常不会造成材料辐照损伤又可达到杀菌目的。

化学灭菌法常采用化学灭菌剂，主要有过氧化物（如 H_2O_2、臭氧等）、卤素类（如次氯酸盐、氯气、碘仿等）、乙酸系等杀菌剂。用于食品包装材料及容器的化学杀菌剂需有一定的杀菌率，其残留物不会造成食品卫生问题。过氧化氢溶液已广泛用于复合纸包装的无菌包装系统中对包装材料的灭菌。$30\%\sim33\%$ 的 H_2O_2 具有高效的杀菌力，其杀菌力取决于浓度和温度，在无菌包装机中，使用的最低浓度为 30%，最低温度 $80℃$。冷 H_2O_2 仅用于随后进行热空气干燥或有远红外线辐射的灭菌操作，使其达到较高温度才有效。为了增加 H_2O_2 的杀菌效力，应保证 H_2O_2 液能均匀地分布在包装材料表面的每一部分。结合其他灭菌方法，如过乙酸、UV、表面活性剂等，也可提高 H_2O_2 的杀菌效果。

3. 典型的无菌包装系统及其特点

（1）适于金属容器的无菌包装系统　适于金属容器的无菌包装。设备是由美国的詹姆斯·多尔（James Dole）公司发展起来的。该系统采用过热蒸汽（204℃）对金属罐身和罐盖进行杀菌，杀菌温度/时间靠过热蒸汽温度及容器通过杀菌隧道的时间来控制，装灌速率 $100\sim450$ 罐·min^{-1}。

多尔公司还开发了用于复合纸罐的无菌包装系统。其工艺设备流程与金属罐系统相似，不同之处是复合纸罐的无菌包装系统采用热空气作为杀菌介质，而不是过热蒸汽。纸罐罐身由内到外用 PP/Al/PE/牛皮纸/PE/罐用牛皮纸/PE 或 PP，罐盖（底）采用马口铁或镀铬铁板。可用于不同罐形的无菌包装，封口速度 $100\sim500$ 罐·min^{-1}。

（2）适于纸基软包装材料的无菌包装系统　包装材料以卷装形式连续输入包装机，进行杀菌、成型、灌装、封口、切断等过程，见图 11-8。其典型机械为利乐（tetra park）无菌包装机。包装材料从卷筒向上进行，经过浓度大约 35％的过氧化氢（含有 0.3％湿润剂）液槽，附着在材料上的部分微生物被洗去。浴槽中的上滚轮挤压出包装材料上多余的 H_2O_2，包装材料便呈管状向下并进行纵向密封。纸管中有管型加热器（或无菌热空气），利用红外线辐射及对流加热使包装材料接触食品的内表面受热，在管加热器终端部位可加热至 $110\sim115℃$。H_2O_2 被加热蒸发，增加其杀菌效率，避免残留在纸表面。无菌产品随后充填，并在液下热封口。该系统多用于液体食品的无菌灌装。

图 11-8 适于卷装柔性包装材料的无菌包装系统

利乐包装机一般生产量 $4500\sim6000$ 包·h^{-1}，容量 $125\sim2000mL$，其包装有不同形状，如利乐砖形（无菌）包装（tetra brick）、利乐屋形包装（tetra classic）、利乐冠（tetra top）和利乐王（tetra king）。

砖形利乐包装厚度约 0.35mm，一共有八层，分别由塑料、纸和铝复合构成，由内层向外层依次为 PE/PE/Al/PE/纸/纸/印刷油墨/PE。

（3）塑料瓶（PET）的无菌灌装系统　塑料瓶的无菌灌装系统是由意大利西帕（SIPA）公司和 Procomac 共同开发的树脂一体化瓶制造系统与无菌灌装压盖系统结合起来（称 ASIS 无菌系统）的系统。前者生产的 PET 瓶在无菌条件下输送到 Procomac 无菌灌装设备。ASIS 无菌系统设备占用空间少，容器的灭菌靠挤压热和无菌输送，无需使用灭菌剂，可减少废物产生及对环境的污染。

（4）预成型纸盒的无菌灌装系统　由瑞士 SIG 集团开发的 SIG Combibloc 康美包有限公司推出的纸包装无菌灌装系统，与利乐包装系统不同的是，其包装纸盒是在无菌包装机外成型的（即已切割和背封的纸盒）。该系统可提供 1-2L 规格，已用于果汁、牛奶等饮料的包装。同等类似的还有美国国际纸业公司的屋顶形无菌灌装设备，用于酸奶、消毒奶的灌装。

严格来说，由于上述后两种无菌灌装系统的内容物灭菌程度及包装条件等，尚未达到无菌包装系统的要求。因此，该包装系统适用的包装食品的保质条件及保质期都有限制，常需辅以低温贮运且保质期有限，还不能算是真正的无菌包装。

六、食品包装对其他环境因素的防护及活性包装

（一）食品包装对温度、虫鼠害、机械损伤的防护作用

温度对包装食品发生化学、物理和生化变化的影响在前面已有叙述。温度的控制也与包装有关：如用保温性好的包装容器（如发泡聚乙烯等），对冻结食品的运输包装确实起到一定的作用；新鲜食品的保鲜贮运已有保冷或蓄冷作用的各种瓦楞保鲜箱。但对多数初级包装的食品，选择合适的隔汽（气）包装，控制合理的贮运温度等条件，确保包装的保护性能比单纯的保温性包装更为重要。

包装食品对其他生物侵袭应有一定的保护性。密封的软包装可以阻隔大气环境微生物、病毒等生物的侵蚀。但是某些虫害、鼠类对包装的危害一直存在，合适的贮运卫生条件可以减少这种危害，通过包装容器的选择或特殊处理也是重要的防护措施。如保持包装表面光滑，不粘灰尘，则可防止虫害、微生物附着其表面；选择隔香性好的包装，保持包装表面不附着食物，可防止昆虫、鼠类靠近包装（多数昆虫都有敏感嗅觉）；采用纸塑复合结构对昆虫的抗性较强，在包装外表面涂覆防虫防护剂等措施也能起到一定的作用。

环境机械冲击、振动对包装食品的影响依包装容器及食品特性不同而异。所有食品包装容器应具有足够的强度来维持包装食品的完整性。对于"易碎"食品包装，通过合理的包装设计，采用合适的缓冲垫片或托盘可使食品相对固定及减少外力的作用，或采用刚性包装（如铁罐、硬纸罐等）等方法。

（二）活性食品包装

活性食品包装又称"智能型"包装，是近年开发的新型包装。它不仅具有常规包装材料的基本功能，还具有调节控制及其他功能。主要包括两类：一类是在包装材料（通常是复合包装材料）的制造过程中，将活性成分加入其中，控制材料对活性成分的释放（或透过）性能，如抗菌包装、微波吸收型包装材料等；另一类是在食品包装操作（通常是充填、封口）时，在包装内附加的功能小包（称 sachet），如吸氧包、吸湿包、吸乙烯包等性能小包。后者在前面阻隔包装中已有叙述。

在食品的贮运流通过程中，食品包装的保护功能是靠多层次的包装相互配合起作用的，只注意初级包装而忽视贮运包装，都是片面的。贮运包装虽没有初级包装要求严格，除了密封程度低于初级包装外，其他的保护功能（如抗机械性能、隔绝光、湿等）都与初级包装同样重要，有的还是重要的保护方式。如热收缩包装、集装箱包装及托盘组合包装等运输包装，在食品包装功能性中占有相当重要的地位。

第四节　食品包装的安全、包装设计及标签

一、食品包装的安全控制

食品包装的安全控制包括食品包装材料及容器的安全卫生控制，防止不卫生食品进入包装，防止包装过程的污染及包装后的再污染。

食品容器、包装材料和食品包装用工具、设备必须符合安全卫生标准和卫生管理法规的要求；食品容器，包装材料和食品用具、设备的生产必须采用符合卫生要求的原料，产品应当便于清洗和消毒；直接接触食品的纸张、塑料、橡胶等制品和涂料应当由主管部门负责组织专门生产，符合食品卫生法规。

（一）食品包装材料及容器的安全要求

随着食品工业和化学工业的迅速发展，食品包装材料从木、纸、陶瓷、玻璃、金属等发展到现在的塑料、橡胶、涂料、复合材料制品。由于这些材料中可能含有某些有害的化学物质，会缓慢迁移或溶解到食品中，对食品安全性造成一定的威胁，需引起重视。

目前使用的包装材料和容器中，可能对食品造成污染的物质见表 11-24。

表 11-24　食品容器及包装材料中所含的污染物质

包装材料	含有污染食品的物质
纸类（包括玻璃纸）	着色剂（包括荧光染料）、填充剂、上胶剂、残留的纸浆防腐剂
金属制品	铅（由于焊锡的原因）、锡（由于镀锡的原因）、涂覆剂（单体物、添加剂）
陶瓷器具、搪瓷器具、玻璃器具	铅（釉、铅晶体玻璃）、其他重金属（釉）颜料
塑料	残留单体物（氯乙烯、丙烯腈、苯乙烯），添加剂（金属系稳定剂、抗氧化剂、增塑剂等），残留催化剂（金属、过氧化物等）

从表 11-24 中可见包装材料不同，可能污染食品的物质也不同，况且包装的食品种类不同，其污染程度也有差异。目前各国均以模拟溶媒测定包装容器（材料）对食品的污染程

度，并且根据污染程度来限制包装材料及容器的使用范围。我国食品包装安全（卫生）标准和管理规范中既对包装材料、包装容器及其生产中使用添加剂有严格的要求，限制使用品种及最高用量；又对各种食品包装用的树脂及树脂（塑料）成型品及涂料分别规定安全（卫生）标准，以确保食品包装材料（容器）的使用安全。

1. 纸制品的安全

纸浆生产过程需加入施胶剂（防渗剂）、填料（使纸不透明）、漂白剂（使纸变白）、染色剂等添加剂。这些添加剂应该无毒或低毒，添加量应符合相关标准法规，生产加工食品包装用原纸的原料须经省级食品卫生监督机构审批后方可使用。与食品直接接触的包装纸不得采用回收废纸作原料，禁止添加荧光增白剂等有害助剂。食品包装纸用蜡应采用食品级石蜡，不得使用工业级石蜡。印刷油墨、颜料应符合食品卫生要求，印刷层不得与食品直接接触。食品包装用原纸及其制品应符合 GB 11680《食品包装用原纸卫生标准》，并经检验合格后方可出厂。

2. 金属容器的安全

金属容器材料一般为箔（铝箔或锡箔）和金属板材（镀锡板、镀铬板和铝板等）。

铝容器对使用铝材质纯度要求非常高，且需在罐内涂上涂料。国家对食品接触的铝制品容器的卫生标准规定，以 4％乙酸浸泡液中，锌$\leqslant$1mg $\cdot$ L^{-1}，镉$\leqslant$0.021mg $\cdot$ L^{-1}，砷$\leqslant$0.041mg $\cdot$ L^{-1}，精铝$\leqslant$0.21mg $\cdot$ L^{-1}，回收铝$\leqslant$51mg $\cdot$ L^{-1}。

我国《食品安全国家标准　不锈钢制品》（GB 9684）（以不锈钢为主体制成的食具容器及食品生产经营工具、设备）规定：食具容器及食品生产经营工具、设备的主体部分应选用奥氏体型不锈钢、奥氏体·铁素体型不锈钢、铁素体型不锈钢等符合相关国家标准的不锈钢材料制造；餐具和食品生产机械设备的钻磨工具等的主体部分也可采用马氏体型不锈钢材料。用 4％乙酸煮沸 30min，再室温浸泡 24h，各金属溶出量限制：Pb$\leqslant$0.01mg $\cdot$ dm^{-2}，Cr$\leqslant$0.4mg $\cdot$ dm^{-2}，Ni$\leqslant$0.1mg $\cdot$ dm^{-2}，Cd$\leqslant$0.005mg $\cdot$ dm^{-2}，As$\leqslant$0.008mg $\cdot$ dm^{-2}。

3. 陶瓷与搪瓷制品的安全

陶瓷与搪瓷虽有质地差异，但其表面均经过上釉加工，所用的釉是硅酸钠和各种金属盐，含铅较多。瓷器还采用各种颜料做加彩装饰，可引起容器中铅和镉的溶出，带来食品安全问题。

世界各国对上釉瓷器的金属（Pb 和 Cd）溶出量都有限制标准。欧盟对包装与贮存容器（上釉瓷）的 Pb 限量在 (2.5$\pm$0.25)mg $\cdot$ L^{-1} 以下，Cd 为 (0.25$\pm$0.025)mg $\cdot$ L^{-1} 以下。有些国家还规定了其他的金属限量。我国对陶瓷食具容器的卫生标准规定以 4％乙酸，浸泡 24h，溶出量铅（Pb）$\leqslant$7mg $\cdot$ L^{-1}，镉（Cd）$\leqslant$0.5mg $\cdot$ L^{-1}。对搪瓷食品容器规定，Pb$\leqslant$1.0mg $\cdot$ L^{-1}，Cd$\leqslant$0.5mg $\cdot$ L^{-1}，锑（Sb）$\leqslant$0.7mg $\cdot$ L^{-1}。

4. 玻璃制品的安全

玻璃容器的常规溶出物主要为氧化硅和钠的氧化物，对食品的感观性质没有明显的影响，一般认为玻璃瓶罐作为食品包装容器是安全的。但有色玻璃生产需用着色剂，如蓝色玻璃需添加氧化钴，茶色玻璃需添加石墨，淡白色和深褐色玻璃需要用氧化铜和重铬酸钾，无色玻璃需用硒，因此也要严格控制金属盐的添加量及杂质含量。

5. 塑料制品的安全

塑料是多组分体系，塑料构成成分除树脂外尚有多种添加剂，合成树脂是由各种单体聚合而成的。塑料品种多，安全问题较复杂，而且各种复合塑料的构成及生产方法也不同，其安全问题也不同。国家对几种常用的食品包装用塑料成型品、食品容器漆酚涂料、罐头内壁脱模涂料等涂料都制定有各项安全（卫生）标准，同时规定了控制 PVC 单体含量、蒸发残渣、高锰酸钾消耗量和重金属残留量等指标。合成树脂及加工塑料制品应符合各自的安全

（卫生）标准，并经检验合格后方可出厂，凡不符合安全（卫生）标准的，不得经营和使用。生产塑料食具、容器、包装材料不得使用回收塑料，所使用的添加剂应符合食品容器、包装材料用添加剂使用卫生要求，酚醛树脂不得用于制作食具、容器、生产管道、输送带等直接接触食品的材料。

我国《包装用复合膜、袋 通则》（GB/T 21302）规定了由不同材料、不同方法制成的包装用复合膜、袋的各项质量及卫生要求。《复合食品包装袋卫生标准》（GB 9683）对用4%乙酸液浸泡测定条件（浸泡条件）也有不同要求：使用温度（包括杀菌温度）在 60～120℃的复合袋，浸泡条件为 120℃，时间 40min；使用温度在 60℃以下的复合袋，浸泡条件为 60℃，时间 2h。甲苯二胺溶出量≤0.004mg·L⁻¹，重金属（以 Pb 计）≤1mg·L⁻¹，蒸发残渣≤30mg·L⁻¹。

带色塑料制品和彩印塑料制品一般均有一定的毒性，主要来自着色剂等添加剂。据分析，有色塑料袋上的铅含量，橙色最高，其次为绿色，红色，黄色，蓝色及白色。因此，与食品接触的塑料尽量不加着色剂或严格控制添加量。

6. 橡胶制品的安全

橡胶制品主要应用于包装容器的密封垫圈和密封胶、奶嘴、输送管道、手套等。橡胶加工过程要加入硫化剂、防老剂、促进剂、填充剂及着色剂等。加防老剂 J 有致癌作用；促进剂 TMTD 及 M 在体内有蓄积作用并能引起肝脏病变，这些物质在橡胶使用过程中会转移到食品中，对人体造成危害，所以要加以限量或禁止使用。

用于输送食品的橡胶管（增强型胶管）的卫生标准规定蒸发残渣量（mg·L⁻¹）分别是 4%乙酸浸泡液≤2000；65%乙醇浸泡液≤40；水浸泡液≤20；正己烷浸泡液≤1200。水浸出液高锰酸钾消耗量≤45mg·L⁻¹。4%乙酸浸泡液，锌（Zn）≤30mg·L⁻¹；铅（Pb）≤1mg·L⁻¹。

（二）食品包装制品生产企业的要求

2006 年 7 月 18 日国家质检总局发布《食品用塑料包装、容器、工具等制品市场准入通则》和《食品用塑料包装、容器、工具等制品市场准入实施细则》，对 3 大类 6 个单元共 39 个产品开始实施行政许可制度，食品用纸制品的市场准入制度也于 2007 年 7 月 18 日开始实施。

GB/T 23887《食品包装容器及材料生产企业通用良好操作规范》对食品包装容器及材料生产企业提出了基本要求。GB 9685—2008《食品容器、包装材料用添加剂使用卫生标准》也于 2009 年 6 月 1 日生效，是食品包装制品生产过程管理中必须重视的标准。

（三）食品包装过程的卫生

食品包装作业环境的卫生是确保包装食品安全卫生的重要环节。目前多数食品包装系统尚无法采用无菌包装，尤其是对于包装后不杀菌的食品，因包装过程造成或加剧食品污染，而造成食品变质的事故屡有发生。

包装环境的卫生包括：操作人员的个人卫生，生产车间的卫生，生产操作卫生，设备卫生与空气环境的卫生等。其中最重要的是个人卫生与包装充填封口环境的卫生。

食品灌装（充填）到封口过程，常有一定的时间差和距离，因此，包装容器的顶部空间所含的微生物数量及其他成分与充填环境空气中受污染的程度密切相关。减少瓶（罐）顶部空气污染的途径：一是严格控制，降低充填、封口环境中微生物浓度，如将其在生产线上独立隔开，加强封口环境空气的杀菌（如紫外线照射）或用无菌空气定向吹流；采用热灌装（适于液态食品）或真空包装；尽量缩短充填与封口操作的时间差；尽量按无菌包装的要求采用各种有效方法减少外来污染；在可能的情况下减少包装容器顶部空隙，也可减少可能的污染量。

包装容器充填前的清洗、消毒以及充填（灌装）设备的清洁（清洗）消毒也不可忽视。对于容易积垢的液态食品灌装设备需与 CIP 系统连接，定期进行清洗消毒，容易积尘的粉状食品充填设备也要定期清扫，保证设备卫生。

二、食品包装设计

食品包装设计是指对包装问题的构想，包括对包装材料、包装容器的结构造型及包装装潢设计；包装方法、包装机械的选择；包装与运输、销售的关系以及包装试验等。良好的包装设计，必须了解食品的性质；食品的运输及贮藏要求；食品的市场销售要求，包装标签法规及包装成本。

当环境问题成为世界首要问题的时候，绿色包装成为食品包装设计中必须重视的问题。绿色包装是指符合环保要求的包装。要求包装材料选择应考虑那些低能耗、低成本、低污染的材料；要节约资源，能减少废弃物量；用后易于回收、重复使用或再生为其他有用之物；焚烧时可回收热能，不会产生毒害性气体；填埋时少占用土地并能缓慢或迅速自然降解。国家环保总局已经公布了可降解塑料包装制品环境标志以及产品技术要求，实施可降解包装制品标志认可制度。

（一）食品的性质

被包装食品的组成成分、状态、腐败变质特性是选择食品包装材料、包装结构、包装方法首先要考虑的因素。

1. 物理状态

液状食品：依其流动特征有低黏性液体、黏性液体、浆（膏）状和液固混合物。

固状食品：依其外观状态特征有粉状、颗粒状、片状、胶囊状和块状等。

不同性状食品，其大小、形态、重量、密度、硬度等指标对包装材料及充填包裹机械的选择极为重要。

2. 食品的特殊性

食品的腐败性、吸湿性、挥发性、黏结性、脆性以及化学稳定性等性质需选择合适的包装材料加以防护，若外界环境条件（如机械冲击力、空气状态等）的变化对食品的稳定性有较大影响，更需要选择有隔绝性能的包装材料和容器或在包装结构设计时加以注意，以增加其保护功能。

（二）食品的运输及贮藏要求

食品运输、贮藏过程需确保食品的销售包装（预包装食品）不受损坏。食品运输的类型（公路、铁路、海运、空运）、运输过程控制的等级（私运或公共运输）、运输方式、贮运分配、销售过程、机械力与环境气候危害的性质与程度、贮运过程装卸条件及贮藏条件对其质量的影响，是包装容器形态和结构设计、运输包装设计的基本依据。

在食品运输成本上，最少占用空间体积具有重要意义。由于国内外贸易的发展，货物流通扩大，运输工具和港口装卸设备功率的提高，运输包装已趋于大型、重型、组合性发展。集合包装正是为适应这种要求而发展起来的运输包装。

食品运输包装，除了要考虑保护产品、降低成本外，还要符合有关运输包装标志规定。我国已颁布了国家标准《包装贮运指示标志》和《危险货物包装标志》。运输包装标志是用文字或图形在运输包装上附着的特定记号和说明事项，包括识别标志、指示标志和分类标志等。

识别标志是根据贸易合同、发货单据和运输、保险文件中记载有关标志事项的基本要求，包括货物的特定记号、件号标志、目的地标志、体积和重量标志、原产国标志等。

指示标志是根据商品特征，对一些容易破碎、残损、变质的商品，在装卸和存放保管时要求引起注意的标志。例如："向上""防湿""小心轻放""防热""防冻"等文字说明或图形标志，或图形和文字并存的标志。

分类标志用几何图形标示商品类别。如食品用饼干、蛋糕图形表示；农副产品用苹果表示等。商品类别也可用颜色加以区别。

运输包装有了标志，在贮存和运输时，可明显地分清楚是哪一类商品，避免穿货，给装卸、搬运、分类入库及仓贮管理、物流等带来不便。

（三）食品的销售包装与良好的包装设计

包装食品要在市场上流通销售，除前面所述的保护功能外，食品包装应具有良好的商业销售宣传功能。不管包装食品在何处销售，包装应时刻强化并保持以上宣传特点。食品包装的这些特点，主要反映在食品包装容器结构造型和食品包装装潢设计上。

1. 食品包装容器结构造型设计

包装容器结构造型，包括使用的材料、材料构成容器的方法，容器的大小、形状、包装完整性、运输性、陈列性、商品性等内容。现代包装容器设计强调结构造型要有新的功能，多品种，系列化，以适应消费者需求的多样化。容器结构设计含有艺术的因素，也有科学的因素，同时也受社会因素的影响。容器结构设计要考虑以下几个因素。

（1）食品与使用者的关系　食品是供消费的，消费者（顾客）的年龄、性别、经济收入、社会地位以及所处位置（国家、地区、室内室外等）不同，对食品及包装要求也不同。

结构造型应能满足顾客的物质和精神功能的需要。包装容器是包装结构的主题，它影响到食品在装卸运输过程中是否安全和方便，也关系到是否适应国内外市场的贸易习惯和消费者的民情习俗。各国对不同的包装食品都有习惯的包装容量或规定。总的来说，包装容量要与消费需求相适应。销售包装食品的发展趋势是向低容量转化。适量包装有利于维持食品的原有风味及品质，可以使人们方便地享受到多样化的口味，也符合家庭小型化及家庭外食品消费者的需求。

包装结构造型对吸引顾客、提高顾客购买欲有直接的影响效应。开窗式包装盒或透明包装，比其他包装形式更具有直观、真实感。消费者对内容物一目了然，可增加其对质量的信任感，是一种促销的结构形式。

礼品包装往往具有特定的时间、地点和对象。购买者往往追求其式样新颖华贵，要求更多的装饰效应，以获得心理上的高贵感、诚实感，包装内容物的量的多少仅为次要因素。而日常生活必需品的包装结构，应加强其保护性功能设计，有利于降低包装成本。所有包装结构都要便于携带，便于开启，便于密封，便于保存和有利于环境保护，不得欺骗或误导消费者。

（2）食品之间的关系　食品投入市场，必然带来相应的竞争。优良包装设计的食品也需与市场上同类食品进行比较。在考虑包装结构便于运输、便于陈列、便于保藏等条件的基础上应不断改进包装结构造型，突出自己产品的形象。对某些传统食品习惯采用的包装容器造型，则不可随意改换。因为顾客见到这种包装造型就能识别是哪类食品。如：鱼类罐头经常是扁椭圆形的；火腿罐头大多是马蹄形的；猪肉罐头一般是圆形或方形的；牛羊肉罐头多数是梯形的。

（3）食品与流通环境的关系　由于食品运输、贮藏、销售与使用等环境不同，食品的包装结构也要与之适应，如集装箱包装的规格设计，旅游食品的包装结构等，都有一定的要求。

2. 食品包装装潢设计

包装装潢设计是一门艺术，它运用视觉语言传递商品信息，沟通生产、经销者与消费者之间的联系。视觉语言主要通过包装上的图案、色彩、文字及其编排构成等环节及其综合处理。包装视觉信息传递给购买者，引起其心理感应和思维判断，产生购买兴趣和确立消费信心。至于消费者能否长期对该食品感兴趣，则主要决定于该食品的内在质量。

（1）图案设计　包装装潢不同于绘画，它具有商品性和艺术性相结合的两重性，艺术性也隶属于商品性。装潢画面图案往往以照片、绘画、装饰纹样、浮雕等形式表现。

（2）色彩的运用　包装装潢上的色彩是影响视觉感受最活泼的因素，也是最直接的视觉语言。一件食品首先映入眼帘，给人留下深刻印象的也是色彩。不同色彩会给人不同的心理作用。

色彩的感情作用又因人而异。不同民族、人种对色彩所表现的感情也有差异。有些民族或地区对某种颜色有"禁忌"，应小心使用。如白色在日本暗指有质量，在中国暗指悲伤，在阿拉伯及穆斯林国家也避免使用；黄色在马来西亚暗指王族，不能随意使用，在新加坡也有类似效果。而委内瑞拉人则喜爱黄色。

食品包装装潢的设计正是利用色彩这种给人以感性作用，联想作用来表达各种含义的，使色彩更好地反映食品的属性，适应消费者的心理，可促进商品的销售。

（3）文字设计　文字比图案色彩更明确传达商品信息，起到宣传、介绍商品的作用。包装装潢设计可以没有画面，但不能没有文字。文字设计是食品标签设计的主要内容。对标签中的文字描述说明，各国都有法规标准。依照标签上所要求的内容，充分利用各种文字来处理装潢画面。如汉字的书法运用，拉丁文字、外文的字体运用，必须做到准确、规范、清晰和协调。

（4）构成　包装的图形、色彩、文字作为三大形式要素，还必须加以一定的组织构成，才能形成整体包装形象。所谓构成关系就是把不同的形式成分纳入到整体秩序中。这就要充分发挥设计人员的形象思维和逻辑思维作用，采用不同构成形式，使设计成为一个具备一种基本表现趋势的和谐整体。

（5）定位设计　定位设计是一种新的设计理论和设计方法。所谓定位就是突出重点和优势。产品的定位是用来激励消费者的，在林立的同类产品竞争中，定位能使本产品成为鹤立鸡群的一个基本销售对象。没有竞争，就无需定位。竞争愈多，愈强，愈需要培养一个使自己的产品突出于同类产品的定位。定位设计要考虑以下几方面。

① 品牌定位　品牌也称商标，通常是食品生产者或经营者用以区别同类食品出发的标记，它具有显著的特征，给人以较强的标记感，以便识别、记忆。品牌定位适当，可使包装的食品、生产企业（厂家）以简要信息，立即传递给消费者。经注册的食品商标还受注册国家（地区）的法律保护。

要重视在包装装潢上突出注册商标。如健力宝集团公司，在其饮料包装装潢上十分醒目地突出"健力宝"商标图识；美国"可口可乐""百事可乐"采用在产品装潢上，将商标图形放大，以商标图形取代装潢，极其容易为消费者识别。

② 产品定位　产品定位是表明产品名称、品种、特色、用途、使用时间、档次等内容的定位，也即是食品标签要求标注的基本内容。食品名称必须采用表明食品真实属性的专用名称，不允许利用产品名称混淆食品的真实属性而欺骗消费者。当产品标准中已规定了一个或几个名称时，至少使用这些名称中的一个；在其他情况下，应使用国家有关法规中规定的名称和要求。

③ 消费者定位　依据食品消费对象，在包装装潢设计中强化有关内容，增强其心理影响，提高购买意识。如婴儿奶粉的定位设计是针对婴儿的，包装画面多设计为喂养得健康可爱的胖婴形象。

定位设计中的牌子、产品、消费者三因素可以相互结合，通过文字、图形、符号等方式表示。通常情况下，在包装上应突出一个重点，可以是牌名，也可以是有产品特色的名称。

对于一些技术雄厚，产品质量稳定的企业常常把牌名放在突出的位置。

为了在同类食品的竞争中能够脱颖而出，近年来定位设计中出现显示食品特点的所谓"焦点"（focus）新趋向，使包装定位设计进一步深化。特别是竞争最剧烈的食品和饮料包装，针对消费者倾向于天然食品、绿色食品及健康食品的心理，在食品和饮料包装的主要陈列面上，标出了低盐分、低脂肪、低热量、低糖、低胆固醇、不含人工添加剂（合成香精、色素、防腐剂等）、不含咖啡因、不含黄曲霉毒素等说明。有的已在包装上被作为一种固定的设计因素明显地表现出来。如"绿色食品""学生饮用奶""有机食品""食品安全准入""保健食品"等图形标记，使产品属性定位的信息传递更为规范化。

（四）包装总成本

良好的包装应在完成包装的功能基础上有较低的总消耗成本。构成食品包装成本的主要内容有包装材料或容器的价格、包装机械损耗、劳动力消耗、水电消耗、流通成本、包装管理成本等。

包装成本在包装食品总成本中所占的比例依不同食品及不同包装而异。对于工业包装与日常生活必需食品的销售包装应注意降低包装成本；而对某些食品，包装成本虽增加或超过内容物成本，但由于其具有某些特殊功能作用，仍有促进销售的效果。如易拉罐装啤酒和饮料，由于其保藏性、销售性、方便性，使其所占市场份额和效益增大；许多礼品食品，没有豪华精致的包装，也会少人问津，但"过度包装"等有害消费者的包装是应该禁止的。食品包装的效果，应该以该包装食品的市场接受情况来评定。

三、食品包装标签与标记法规

国际性食品法规委员会（CAC）的下属机构——食品包装标记委员会（CC/FL）制定了《包装食品标签通用标准》。欧盟执行委员会（EC）也有食品标记指示，在欧共体成员国内执行。其他各国也都有自己的食品包装标记要求和法规。因此对于出口产品包装，应该符合进口国对进口食品的包装标签要求。

CAC《包装食品标签通用标准》（1991年）要求强制性标示的基本内容有：食品名称；配料表；净含量和沥干物（固形物）重；生产厂商名称和地址；原产国；批次标示；日期标志和贮藏指南；食用方法。附加的强制要求有：配料的定量标示；辐照食品标示等。

我国涉及食品包装标签的主要标准有：《预包装食品标签通则》（GB 7718）、《预包装食品营养标签通则》（GB 28050）和《预包装特殊膳食用食品标签通则》（GB 13432）等。《预包装食品标签通则》适用直接提供给消费者的预包装食品标签和非直接提供给消费者的预包装食品标签；不适用于为预包装食品在贮藏运输过程中提供保护的食品贮运包装标签、散装食品和现制现售食品的标识。

（一）预包装食品标签的基本要求

我国《预包装食品标签通则》（GB 7718）对食品标签的术语和定义、基本要求、标示内容等进行了详细的规定。它是一项通用性的国家食品安全标准，如果其他食品安全国家标准有特殊规定的，应同时执行预包装食品标签的通用性要求和特殊规定。推荐标示内容包括：批号、食用方法、致敏物质等。食品标签标示内容应真实准确，不得使用易使消费者误解或具有欺骗性的文字、图形等方式介绍食品。

直接向消费者提供的预包装食品标签标示应包括食品名称，配料表，净含量和规格，生产者和（或）经销者的名称、地址和联系方式，生产日期和保质期，贮存条件，食品生产许可证编号，产品标准代号及其他需要标示的内容。其他需要标示的内容有：经电离辐射线或电离能量处理过的食品，应在食品名称附近标示"辐照食品"，经电离辐射线或电离能量处理过的任何配料，应在配料表中标明；转基因食品的标示应符合相关法律、法规的规定；特殊膳食类食品和专供婴幼儿的主辅类食品，应当标示主要营养成分及其含量，标示方式按GB 13432执行；其他预包装食品如需标示营养标签，标示方式参照相关法规标准执行；食品所执行的相应产品标准已明确规定质量（品质）等级的，应标示质量（品质）等级。

非直接向消费者提供的预包装食品标签上必须标示食品名称、规格、净含量、生产日期、保质期和贮存条件，其他内容如未在标签上标注，则应在说明书或合同中注明。

（二）食品营养标签

《预包装食品营养标签通则》（GB 28050）适用于预包装食品营养标签上营养信息的描述和说明；不适用于保健食品及预包装特殊膳食用食品的营养标签标示。预包装食品营养标签是指预包装食品标签上向消费者提供食品营养信息和特性的说明，包括营养成分表、营养声称和营养成分功能声称。营养标签是预包装食品标签的一部分。营养标签中的核心营养素包括蛋白质、脂肪、糖类和钠。

所有预包装食品营养标签强制标示的内容包括：能量、核心营养素的含量值及其占营养素参考值（NRV）的百分比。当标示其他成分时，应采取适当形式使能量和核心营养素的标示更加醒目；对除能量和核心营养素外的其他营养成分进行营养声称或营养成分功能声称时，在营养成分表中还应标示出该营养成分的含量及其占营养素参考值（NRV）的百分比；使用了营养强化剂的预包装食品，还要在营养成分表中标示强化后食品中该营养成分的含量值及其占营养素参考值（NRV）的百分比；食品配料含有或生产过程中使用了氢化和（或）部分氢化油脂时，在营养成分表中还应标示出反式脂肪（酸）的含量；上述未规定营养素参考值（NRV）的营养成分仅需标示含量。

豁免强制标示营养标签的预包装食品是指：生鲜食品，如包装的生肉、生鱼、生蔬菜和水果、禽蛋等；乙醇含量≥0.5％的饮料酒类；包装总表面积≤100cm² 或最大表面面积≤20cm² 的食品；现制现售的食品；包装的饮用水；每日食用量≤10g 或 10mL 的预包装食品；其他法律法规标准规定可以不标示营养标签的预包装食品。可选择标示内容：营养成分的表达方式、能量和营养成分含量声称的要求和条件、能量和营养成分比较声称的要求和条件、能量和营养成分含量的允许误差范围等，可参考 GB 28050。

（三）预包装特殊膳食食品的标签

特殊膳食用食品（foods for specialdietary uses）是指为满足特殊的身体或生理状况和（或）疾病、紊乱等状态下的特定膳食需求而专门加工或配方的食品。这类食品的营养素和（或）其他营养成分的含量与可类比的普通食品有显著不同。特殊膳食用食品主要包括：婴幼儿配方食品（包括较大婴儿和幼儿配方食品、特殊医学用途婴儿配方食品），婴幼儿辅助食品（包括婴幼儿谷类辅助食品、婴幼儿罐装辅助食品）和低能量配方食品等。

预包装特殊膳食用食品的标签应符合 GB 7718《预包装食品标签通则》的基本要求的内容，不应以药物名称和/或药物图形（不包括药食两用的物质）暗示疗效、保健功能。预包装特殊膳食用食品，应标示能量、蛋白质、脂肪、糖类和钠及其含量。同时应根据相关国家标准的要求，标示其他营养成分及其含量。如果产品根据相关法规或标准，添加了可选择性成分或强化了某些营养物质，则还需标示这些成分及其含量。

能量和营养成分的标示是特殊膳食用食品标签上最重要的部分。预包装特殊膳食用食品中能量和营养成分的含量应以 $100g \cdot (100mL)^{-1}$ 和（或）每份食品可食部分中的具体数值来标示，当用份标示时，应标明每份食品的量；如有必要或相应国家标准中另有要求的，还应标示出每 100kJ（100千焦）产品中各营养成分的含量；能量或营养成分的标示数值可通过原料计算或产品检测获得；在产品保质期内，能量和营养成分的实际含量不应低于标示值的 80％；若预包装特殊膳食用食品中的蛋白质由氨基酸提供，"蛋白质"项则可以用"蛋白质""蛋白质（等同物）"或"氨基酸总量"来标示；应标示预包装特殊膳食用食品的适宜的人群、食用方法、每日或每餐食用量（需在医生指导下使用的特殊医学用途配方食品除外）。其他标示内容可参阅 GB 13432。

（四）食品包装的其他标示

1. 转基因产品标示

我国对农业转基因生物实行标识制度，规定在中华人民共和国境内销售的，列入农业转基因生物标识目录的农业转基因生物，应当进行标识；未标识和不按要求标识的不得进口和销售。转基因动植物和微生物，转基因动植物、微生物产品，含有转基因动植物、微生物或者其产品成分的种子、种畜禽、水产苗种、农药、兽药、肥料和添加剂等产品，直接标注"转基因××"；转基因农产品的直接加工品，标注为"转基因××加工品（制成品）"或者"加工原料为转基因××"；用农业转基因生物或用含有农业转基因生物成分的产品加工制成的产品，但最终产品销售中已不再含有或检测不出转基因成分的产品，标注为"本产品为转基因××加工制成，但本产品已不再含有转基因成分"，或者标注为"本产品加工原料中有转基因××，但本产品中已不再含有转基因成分"。

2. 商品条形码

20 世纪 70 年代初，美国最先采用"通用产品编码"（Universal Product Code，UPC），1974 年欧洲 12 个国家组成"欧洲产品符号"（European Article Number，EAN）组织，实行 EAN 编码系统。日本 1978 年加入 EAN 组织，其编码为 JAN（Japanese Article Number）。

我国于 1988 年 12 月 28 日成立"中国物品编码中心"，该中心已代表我国正式加入"国际物品编码协会"，从 1991 年 7 月 1 日起正式履行该会会员的权利和义务。我国执行 EAN 商品条形码。EAN 商品条形码分为 EAN-13（标准版）和 EAN-8（缩短版）两种。

EAN-13 通用商品条形码一般由前缀部分、制造厂商代码、商品代码和校验码组成。商品条形码中的前缀码是用来标识国家或地区的代码，赋码权在"国际物品编码协会"，如 00～09 代表美国、加拿大。45、49 代表日本。69 代表中国大陆，471 代表中国台湾地区，489 代表中国香港特别行政区。制造厂商代码的赋权在各个国家或地区的物品编码组织，我国由国家物品编码中心赋予制造厂商代码。商品代码是用来标识商品的代码，赋码权由产品生产企业自己行使，生产企业按照规定条件自己决定在自己的何种商品上使用哪些阿拉伯数字为商品条形码。商品条形码最后用 1 位校验码来校验商品条形码中左起第 1～12 个数字代码的正确性。

3. 包装储运图示标志

《包装储运图示标志》（GB 191）规定了包装储运图示标志的名称、图形、尺寸、颜色及使用方法。

复习思考题

1. **概念解析**：食品包装、食品标签、预包装食品、无菌包装、活性食品包装、防湿包装、防氧包装。
2. 食品包装有哪些功能？预包装食品的标签应该标注哪些内容？
3. 各种食品包装材料和容器的优缺点是什么？如何选择和应用？
4. 根据食品的特性，选择和设计某一食品的包装。

参 考 文 献

[1] 殷涌光等. 食品无菌加工技术与设备. 北京：化学工业出版社，2006.
[2] ［德］皮林格 O G，［美］巴纳 A L. 食品用塑料包装材料阻隔功能、传质、品质保证和立法. 范家起，张玉霞译. 北京：化学工业出版社，2004.
[3] 高愿军，熊卫东. 食品包装. 北京：化学工业出版社，2005.

［4］ Roorey M L. Active Food Packaging. London Glassgow et al：Blakie Academic & Professional，1995.

［5］ Gordon L Robertson. Food Packaging Principles and Practice. New York，Basel，Hong Kong：Marcel Dekker Inc，1993.

［6］ 孙俊华等 . 包装材料与包装技术 . 广州：暨南大学出版社，1993.

［7］ 日本食品流通系统协会编 . 食品流通技术指南 . 中日食品流通开发委员会译 . 北京：中国商业出版社，1992.

［8］ 石镇酋 . 食品包装 . 天津：天津科学出版社，1991.

［9］ ［日］横山理雄，石谷孝佑 . 食品与包装 . 李明珠译 . 北京：中国轻工业出版社，1989.

［10］ 冯绍胜 . 塑料在食品包装中的应用 . 北京：中国食品出版社，1988.

［11］ ［美］约瑟夫 F. 海伦 . 包装工程手册 . 鲁正行等译 . 北京：轻工业部包装科学研究所，轻工业部包装印刷联合总公司，1986.

［12］ Frank A Paine，Heather Y Paine. A Handbook of Food Packaging. London：Blackie & Son Ltd，1983.

［13］ Roger C Griffin，Stanley Sacharow，Aaron L Brody. Principles of Package Development. 2nd. Westport，Connecticut，USA：AVI Publishing Company，Inc，1985.

［14］ 欧建昌 . 食品包装与材料 . 北京：中国轻工业出版社，1989.

［15］ 国际锡研究所 . 镀锡板指南 . 周共良译 . 北京：冶金工业出版社，1989.

［16］ ［日］清水潮，横山理雄 . 软罐头食品生产的理论与实际 . 陈葆新等译 . 北京：中国轻工业出版社，1986.

［17］ 罐头工业手册编写组 . 罐头工业手册 . 北京：中国轻工业出版社，1983.

［18］ Theodore P Labuza. Shelf-life Dating of Foods. Westport：Food & Nutrition Press Inc，1982.

工程训练

从食品包装材料和容器的演变以及食品对包装的要求，分析未来食品包装发展的方向。